• 建筑工程施工监理人员岗位丛书 •

建筑材料质量控制监理

（第二版）

柯国军　编著

中国建筑工业出版社

图书在版编目(CIP)数据

建筑材料质量控制监理/柯国军编著. —2 版. —北京：中国建筑工业出版社，2012.6
（建筑工程施工监理人员岗位丛书）
ISBN 978-7-112-14328-3

Ⅰ.①建… Ⅱ.①柯… Ⅲ.①建筑材料-质量检验-监督管理 Ⅳ.①TU502

中国版本图书馆 CIP 数据核字(2012)第 099926 号

建筑材料质量控制是土木工程建设质量控制最重要的内容之一，本书介绍土木工程建设中常用建筑材料，如天然石材、气硬性胶凝材料、水泥、混凝土、建筑砂浆、建筑钢材、墙体材料、防水材料和装饰材料等的基本性能、最新的技术要求、检验项目、取样方法与数量、试验方法和判定规则，介绍了混凝土、砌体材料、钢材和装修材料等材料最新施工质量控制与验收要求，同时介绍了民用建筑工程室内环境污染控制方法与要求。

本书内容丰富、实用、简洁明了，可供建筑工程施工监理人员培训用，也可供土木工程专业监理工程师使用，同时还可供从事建筑材料教学、建筑设计、施工管理及建筑材料检测等方面人员参考。

* * *

责任编辑：胡永旭 王 梅 杨 允
责任设计：陈 旭
责任校对：刘梦然 赵 颖

建筑工程施工监理人员岗位丛书
建筑材料质量控制监理
（第二版）
柯国军 编著
*
中国建筑工业出版社出版、发行（北京西郊百万庄）
各地新华书店、建筑书店经销
北京天成排版公司制版
北京建筑工业印刷厂印刷
*
开本：787×1092毫米 1/16 印张：$26\frac{1}{2}$ 字数：645千字
2012年11月第二版 2014年12月第九次印刷
定价：**58.00**元
ISBN 978-7-112-14328-3
(22400)

第二版前言

《建筑材料质量控制监理》作为建筑工程施工监理人员岗位丛书之一，于2003年4月第一次出版。出版后，受到建筑工程监理、建筑材料教学、建筑设计、施工管理以及建筑材料检测等方面人员的广泛认可，得到中国建筑工业出版社责任编辑长期大力指导与支持，在此表示衷心感谢！第一版曾多次重印。

近几年，许多重要的建筑材料，如通用硅酸盐水泥、混凝土骨料、混凝土掺合料、混凝土外加剂、建筑砂浆、建筑钢材、墙体材料、防水材料、天然石材、装饰材料等，产品质量标准陆续采用了新的技术标准；重要的结构材料——普通混凝土，其耐久性试验方法和强度检验评定标准等陆续作了更新；重要的结构材料——建筑钢材，其常温试验方法和焊接验收规程等亦作了更新；另外，民用建筑工程室内环境污染控制规范也有新的标准。因此，第一版《建筑材料质量控制监理》已不能适应现行建筑工程质量控制过程中材料质量控制的要求。

第二版《建筑材料质量控制监理》，全面采用了建筑材料最新的产品质量标准、试验方法和验收规程，并对部分材料的写作内容和写作结构做了调整，具有以下几个特点：

1. 标准新

全面采用最新的产品技术标准、试验方法和验收规程。

2. 结构更清晰

在工程建设的建筑材料质量控制过程中，掌握材料的性质是质量控制的基础，材料的技术要求是质量控制的主要依据，材料的抽样方法与检验方法是质量控制的重要手段。因此，本书围绕以下主线来介绍：材料的基本性能与应用特点——技术要求——检验项目——取样方法与数量——试验方法——判定规则。对砌体材料(天然石材、砖、砌块等)、混凝土、建筑砂浆、钢材还介绍了施工质量控制和验收技术要点。因此，更便于专业人员掌握建筑材料质量监理技术。

3. 查阅方便

抽样与检验是现场监理过程中的重要质量控制手段，本书对常用建筑材料的检验项目与抽样方法进行汇总；对有多个品种的材料，如混凝土外加剂、建筑钢材、墙体材料、防水材料等，分别汇总了每种材料常用产品的标准编号、检验项目、抽样方法和试验方法，便于监理人员查阅。

本书力求全面、简捷地介绍常用建筑材料监理知识要点，但由于建筑材料品种繁多，有些产品既有国家标准又有行业标准，既有产品质量标准又有施工质量控制标准，且各标准间存在不一致之处；产品在质量、试验、验收等方面的标准不断更新，这些客观因素，给本书的编写带来一些困难。同时，由于水平有限，疏漏与不妥之处在所难免，敬请广大读者批评指正。

编者

2012年5月

第一版前言

建筑材料是指用于建(构)筑物所有材料的总称。从形态上它包括原材料、成品、半成品、构配件。

建筑材料是土木工程的物质基础，没有材料，土木工程只能是纸上谈兵。材料的质量控制是工程质量控制的基础；是提高工程质量的重要保证；是创造正常施工条件，实现投资控制、进度控制的前提。

作为一名土木工程专业监理人员，如果不懂得常用建筑材料的基本性质与应用特性、技术要求、取样方法和判定规则，不了解试验方法，就无法在材料的选择、供应、检查验收、施工要求和质量保证、资料审查等方面进行科学、合理控制，就会使自己丧失“守法、诚信、公正、科学”的执业准则，就会给业主造成不必要的损失，甚至引起工程质量事故。

作者根据自己多年从事建筑材料教学、科研、检测和监理经验，系统介绍了常用建筑材料的基本性质、技术要求、工程监理过程中对进场材料资料审查、现场材料的检查、材料的取样和判定规则、材料的施工管理要点等内容，力求将建筑材料基本知识与工程监理材料质量控制紧密联系起来，满足土木工程专业监理人员进行材料质量控制的需要。本书力求做到精练实用，注意内容的深度和广度，尽量引用最新的知识、技术标准和规范。因此，希望本书能为从事工程建设监理材料质量控制的监理人员提供重大帮助，能抛砖引玉，与各位专家取得交流，共同促进工程监理事业的发展。

本书同样适合于从事建筑材料教学、建筑设计、施工管理以及建筑材料检测等方面工作人员的需要。

由于时间仓促、水平有限，疏漏与不妥之处在所难免，谨请广大读者批评指正。

编者

2002 年 10 月

目　录

第一章　材料质量控制总则

一、材料质量控制的依据

1. 国家、行业、企业和地方标准，规范、规程和规定。

建筑材料的技术标准分为国家标准、行业标准、企业标准和地方标准等，各级标准分别由相应的标准化管理部门批准并颁布，我国国家技术监督局是国家标准化管理的最高机关。各级标准部门都有各自的代号，建筑材料技术标准中常见代号有：GB—国家标准(过去多采用 GBJ，一度采用过 TJ)，JG—建设部行业标准(原为 JGJ)，JC—国家建材局标准(原为 JCJ)，ZB—国家级专业标准，CECS—中国工程建设标准化协会标准，DBxx—地方性标准(xx 表示序号，由国家统一规定，如北京市的序号为 11，湖南为 43)等。

标准代号由标准名称、部门代号(1991 年以后，对于推荐性标准加"/T"，无"/T"为强制性标准)、编号和批准年份组成。如国家标准《通用硅酸盐水泥》GB 175—2007，部门代号为 GB，编号为 175，批准年份为 2007 年，为强制性标准。

另外，现行部分建材行业标准有 2 个年份，第一个年份为批准年份，随后括号中的年份为重新校对年份。如《砌墙砖检验规则》JC/T 466—1992(1996)。

无论是国家标准还是部门行业标准，都是全国通用标准，属国家指令性技术文件，监理工程师在监理过程中均必须严格遵照执行，尤其是强制性标准。另外，在学习有关标准时应注意到**黑体字标志的条文为强制性条文**，本书亦采用这种方法进行标识。

2. 工程设计文件及施工图。

3. 工程施工合同。

4. 施工组织设计。

5. 工程建设监理合同。

6. 产品说明书、产品质量证明书、产品质量试验报告、质检部门的检测报告、有效鉴定证书、试验室复试报告。

二、材料进场前的质量控制

1. 仔细阅读工程设计文件、施工图、施工合同、施工组织设计及其他与工程所用材料有关的文件，熟悉这些文件对材料品种、规格、型号、强度等级、生产厂家与商标的规定和要求。

2. 认真查阅所用材料的质量标准，学习材料的基本性质，对材料的应用特性、适用范围有全面了解，必要时对主要材料、设备及构配件的选择向业主提供合理建议。

3. 掌握材料信息，认真考察供货厂家。

掌握材料质量、价格、供货能力的信息，可获得质量好、价格低的材料资源，从而既确保工程质量又降低工程造价。对重要的材料、构配件、设备，监理工程师应对其生产厂家的资质、生产工艺、主要生产设备、企业质量管理认证情况等进行审查或实地考察，对产品的商标、包装进行了解，防止假冒伪劣产品和保证产品的质量可靠稳定，同时可掌握供货情况、价格情况。对重要的材料、构配件、设备在订货前，必须要求承包单位申报，经监理工程师论证同意后，报业主备案，方可订货。

三、材料进场时的质量控制

1. 物单必须相符。材料进场时，监理工程师应检查到场材料的实际情况与所要求的材料在品种、规格、型号、强度等级、生产厂家与商标等方面是否相符，检查产品的生产编号或批号、型号规格、生产日期与产品质量证明书是否相符，如有任何一项不符，应要求退货或要求供应商提供材料的资料。标志不清的材料可要求退货(也可进行抽检)。

2. 进入施工现场的各种原材料、半成品、构配件都必须有相应的质量保证资料。

(1) 生产许可证或使用许可证。

(2) 产品合格证，质量证明书或质量试验报告单。合格证等都必须盖有生产单位或供货单位的红章并标明出厂日期、生产批号或产品编号。

四、材料进场后的质量控制

1. 施工现场材料的基本要求

(1) 工程上使用的所有原材料、半成品、构配件及设备，都必须事先经监理工程师审批后方可进入施工现场。

(2) 施工现场不能存放与本工程无关或不合格的材料。

(3) 所有进入现场的原材料与提交的资料在规格、型号、品种、编号上必须一致。

(4) 不同种类、不同厂家、不同品种、不同型号、不同批号的材料必须或分别堆放，界限清晰，并有专人管理。避免使用时造成混乱，便于追踪工程质量，对分析质量事故的原因也有很大帮助。

(5) 应用新材料前必须通过试验和鉴定，代用材料必须通过计算和充分论证，并要符合结构构造的要求。

2. 及时复验

为防止假冒伪劣产品用于工程，或为考察产品生产质量的稳定性，或为掌握材料在存放过程性能的降低情况，或因原材料在施工现场重新配制，对重要的工程材料应及时进行复验。凡标志不清或认为质量有问题的材料，对质量保证资料有怀疑或与合同规定不符的一般材料，由工程重要程度决定、应进行一定比例试验的材料，需要进行追踪检验、以控制和保证其质量的材料等，均应进行复验。对于进口的材料设备和重要工程或关键施工部位所用材料，则应进行全部检验。

(1) 采用正确的取样方法、明确复验项目

在每种产品质量标准中，均规定了取样方法。材料的取样必须按规定的部位、数量和操作要求来进行，确保所抽样品有代表性。抽样时，按要求填写《材料见证取样表》，明确试验项目。常用材料的试验项目如表 1-1 所示，常用材料取样方法如表 1-2 所示。

常用材料试验项目 表 1-1

序号	名称		必试项目	视检项目
01	通用硅酸盐水泥		标准稠度、安定性、凝结时间、强度	细度、碱含量、不溶物、烧失量、三氧化硫、氧化镁、氯离子
02	热轧光圆钢筋		屈服强度、抗拉强度、断后伸长率、最大力总伸长率、冷弯	化学分析 C、Si、Mn、S、P 等
03	热轧带肋钢筋		屈服强度、抗拉强度、断后伸长率、最大力总伸长率、冷弯	化学分析 C、Si、Mn、S、P 等
04	冷轧带肋钢筋		规定非比例延伸强度，抗拉强度、断后伸长率、冷弯或反复弯曲	应力松弛
05	预应力混凝土用钢棒		规定非比例延伸强度，抗拉强度、冷弯或反复弯曲、断后伸长率、最大力总伸长率	应力松弛
06	冷拉钢丝		规定非比例延伸强度，抗拉强度、冷弯或反复弯曲、断后伸长率、最大力总伸长率	应力松弛
07	钢绞丝		抗拉强度，最大力，规定非比例延伸力	
08	型钢		屈服强度、抗拉强度、断后伸长率、断面收缩率、冷弯	冲击韧性，疲劳强度，化学分析 C、Si、Mn、S、P 等
09	钢筋焊接	焊接骨架和焊接网	热轧钢筋：抗剪；冷轧带肋钢筋：抗剪、拉伸	
		闪光对焊	拉伸、弯曲	
		电弧焊	拉伸	
		电渣压力焊	拉伸	
		气压焊	竖向连接：拉伸；水平连接：拉伸、弯曲	
		预埋件钢筋 T 形接头	拉伸	
10	钢筋机械连接		拉伸	
11	钢结构焊接		拉伸、面弯、背弯、侧弯、超声波或 X 射线探伤	冲击
12	砂		颗粒级配、含泥量、泥块含量、有机物含量	表观密度、堆积密度、坚固性
13	碎石或卵石		颗粒级配、含泥量、泥块含量、针片状含量、压碎指标、有机物含量	表观密度、堆积密度、坚固性、碱骨料反应
14	轻骨料		堆积密度、筒压强度、1h 吸水率、级配	颗粒表观密度、软化系数
15	混凝土外加剂		固体含量、减水率、泌水率、抗压强度比、钢筋锈蚀	含水率、凝结时间、坍落度损失、碱含量
16	粉煤灰		细度、烧失量、需水量比	SO_3
17	混凝土、砂浆用水		pH 值、不溶物、可溶物、硫酸盐	硫化物
18	砌筑砂浆		配合比设计、28d 抗压强度	抗冻性、收缩

续表

序号	名称		必试项目	视检项目
19	混凝土		配合比设计、坍落度、28d抗压强度	凝结时间，含气量、抗冻性、抗渗性、抗折强度，氯离子渗透
20	砖		烧结普通砖、烧结多孔砖、烧结空心砖和炉渣砖：强度等级；灰砂砖和粉煤灰砖：抗压强度、抗折强度	抗冻性、吸水率、石灰爆裂、泛霜、放射性、干燥收缩率、碳化
21	混凝土小型空心砌块		普通混凝土：强度等级；轻骨料混凝土：密度等级、强度等级	吸水率、抗冻性、碳化、放射性
22	路面砖		抗压强度	
23	钢化玻璃		热稳定性、抗冲击、抗弯强度、透光度	
24	建筑生石灰粉		CaO+MgO含量、CO_2含量、细度	
25	石油沥青		针入度、软化点、延度	
26	沥青玛蹄脂		耐热度、柔韧性、粘结力	
27	沥青嵌缝油膏		耐热度、粘结性、保油性、低温柔性、浸水粘结性	挥发率、施工度
28	聚氯乙烯胶泥		抗拉强度、粘结力、耐热度、常温延伸率	低温延伸率、迁移性
29	防水涂料	水性沥青基	黏结性、抗裂性、柔韧性、耐热度、不透水性	抗老化
		聚氯酯	抗拉强度、延伸率、低温柔性、不透水性	
30	防水卷材	石油沥青油毡	拉力、耐热度、柔度、不透水性	吸水率
		石油沥青玻璃纤维油毡	拉力、柔度、不透水性	耐霉菌、老化
		石油沥青玻璃布油毡	拉力、耐热度、柔度、不透水性	耐霉菌
		塑性体沥青防水卷材	拉力、耐热性、低温柔性、延伸率、不透水性、接缝剥离强度	可溶物、耐老化、人工老化
		弹性体沥青防水卷材	拉力、耐热性、低温柔性、延伸率、渗油性、接缝剥离强度	可溶物、耐老化、人工老化
		三元丁橡胶防水卷材	不透水性、拉伸强度、断裂伸长率、低温弯折、耐碱性	老化
		高聚物改性沥青防水卷材	拉伸性能、耐热度、柔性、不透水性	
31	混凝土预制构件		允许开裂构件：挠度、裂缝宽度、承载力；限制开裂构件：挠度、抗裂、承载力	
32	民用建筑回填土		干密度、氡浓度	
33	市政土工		颗粒分析、液限和塑性指数、重型击实	相对密度、有机物含量、硫酸盐含量
34	路基回填土		密实度	
35	装饰材料		内(外)照射指数、甲醛含量、TVOC、苯含量	
36	进口钢筋		屈服强度、抗拉强度、伸长率、冷弯、化学成分、焊接性能	

常用材料施工现场取样简表　　表 1-2

序号	材料名称	取样单位	取样数量	取样方法
01	通用硅酸盐水泥	同生产厂、同品种、同强度等级、同编号水泥。散装水泥≤500t/批；袋装水泥≤200t/批。存放期超过3个月必须复试	≥12kg	可连续取，亦可从20个以上不同部位取等量样品。 1. 散装水泥：在散装水泥卸料处或水泥运输机具上取样。当所取水泥深度不超过2m时，每个编号内采用散装水泥取样器随机取样。 2. 袋装水泥：在袋装水泥堆场取样。每个编号内随机抽取不少于20袋水泥，采用袋装水泥取样器取样，将取样器沿对角线方向插入水泥包装袋取样
02	热轧带肋钢筋	同一牌号、炉罐号、尺寸的钢筋≤60t/批。超过60t的部分，每增加40t(或不足40t的余数)，增加1个拉伸试验试样和1个弯曲试验试样。	拉伸2根/批 冷弯2根/批	1. 试件切取时，应在钢筋或盘条的任意一端截去500mm； 2. 凡规定取2个试件的(低碳钢热轧圆盘条冷弯试件除外)均从任意两根(或两盘中)分别切取，每根钢筋中上切取一个拉伸试件、一个冷弯试件； 3. 低碳钢热轧圆盘条冷弯试件应取自同盘的两端； 4. 试件长度：拉力(伸)试件$L\geqslant 5d/10d+200$mm；冷弯试件$L\geqslant 5d+150$mm(d为钢筋直径)； 5. 化学分析试件可利用力学试验的余料钻取，如单项化学分析可取$L=150$mm(本条亦适合于其他类型钢筋)
03	热轧光圆钢筋		拉伸2根/批 冷弯2根/批 反复弯曲1根/批	
04	低碳钢热轧圆盘条	同一牌号、炉号和尺寸的盘条为一批	拉伸1根/批 冷弯2根/批	
05	余热处理钢筋	同一牌号、炉罐号、规格和交货状态的钢筋≤60t/批	拉伸2根/批 冷弯2根/批	
06	冷轧带肋钢筋	同一牌号、外形、规格、生产工艺和交货状态的钢筋≤60t/批	拉伸1根/盘 冷弯2根/批 反复弯曲2根/批	
07	冷拔低碳钢丝	同一钢厂、钢号、总压缩率和直径。甲级≤30t/批，乙级≤50t/批	拉伸1根/盘 反复弯曲1根/盘	甲级逐盘，乙级≥3盘/批。每盘钢丝中任一端截去500mm后再取2个试样，其中1个拉伸，1个反复弯曲。 拉伸试件长$L_1=350$mm；反复弯曲试件$L_1=150$mm
08	预应力混凝土用钢棒	同一牌号、规格和加工状态的钢丝≤60t/批	R_m　1根/盘① $R_{p0.2}$　3根/批① 冷弯3根/批	从任一盘的端头截去500mm后再取试样
09	钢绞线	同一牌号、规格和生产工艺的钢绞线≤60t/批	F_m　3根/批① $F_{p0.2}$　3根/批①	随机抽取一盘，从端头截去500mm后再取试样
10	进口钢筋	抽样条件同上≤60t/批	拉伸2根 冷弯2根	需先经化学成分检验和焊接试验，符合有关规定后方可用于工程，取样方法参照国产钢筋

续表

序号	材料名称		取样单位	取样数量	取样方法
11	钢筋焊接头	钢筋焊接骨架和焊接网	凡钢筋牌号、直径及尺寸相同的焊接骨架和焊接网应为同一类型制品，且每300件作为一批，一周内不足300件的亦应按一批计算	热轧钢筋：剪切3个/批。 冷轧带肋钢筋：剪切3个/批，纵向拉伸1个/批，横向拉伸1个/批	从每批成品中切取。焊接网剪切试件应沿同一横向钢筋随机切取，切剪时应使制品中的纵向钢筋成为试件的受拉钢筋。 剪切试件纵筋长度应≥290mm，横筋长度应≥50mm；拉伸试件纵筋长度应≥300mm
		闪光对焊	在同一台班内，由同一焊工完成的300个同级别、同直径钢筋焊接接头应作为一批。当现一台班内焊接接头数量较少，可在一周内累计计算；累计仍不足300个接头，应按一批计算。 封闭环式箍筋闪光对焊接头，以600个同牌号、同规格的接头作为一批	拉伸3个/批 弯曲3个/批 螺丝端杆接头可只做拉伸试验，封闭环式箍筋闪光对焊接头只做拉伸试验	从每批接头中随机切取。焊接等长的预应力钢筋(包括螺丝端杆与钢筋)，可按生产时同条件制作模拟试件
		电弧焊	在现浇混凝土结构中，应以300个同牌号钢筋、同型式接头作为一批；在房屋结构中，应在不超过二楼层中300个同牌号钢筋、同型式接头作为一批	拉伸3个/批	从每批接头中随机切取。在装配式结构中，可按生产条件制作模拟试件
		电渣压力焊	在一般构筑物中，应以300个同级别钢筋接头作为一批；在现浇钢筋混凝土多层结构中，应以每一楼层或施工区段中300个同级别钢筋接头作为一批；不足300个接头仍应作为一批	拉伸3个/批	从每批接头中随机切取
		预埋件钢筋T形接头埋弧压力焊	应以300个同类型预埋件作为一批。一周内连续焊接时，可累计计算。当不足300个接头时，仍应作为一批	拉伸3个/批	从每批预埋件中随机切取；试件的钢筋长度≥200mm，钢板的长度和宽度均应≥60mm
		气压焊	在现浇混凝土结构中，应以300个同牌号钢筋接头作为一批；在房屋结构中，应在不超过二楼层中300个同牌号钢筋接头作为一批；当不足300个接头时，仍应作为一批	拉伸3个/批，在梁板水平钢筋连接中应加做3个/批弯曲试验	从每批接头中随机切取

续表

序号	材料名称		取样单位	取样数量	取样方法
12	钢筋连接接头	带肋钢筋套筒挤压连接	同一施工条件下采用同一批材料的同等级、同型号、同规格接头≤500个/批；若连续10批拉伸试验一次抽样合格，验收批数量可≥1000个	拉伸不小于3根	随机抽取不小于3个试件做单向拉伸试验，接头试件的钢筋母材应进行抗拉强度试验
		钢筋锥螺纹接头			
13	建筑钢结构焊接工艺试验的焊接接头		每一工艺试验	拉伸、面弯、背弯和侧弯各2个试件；冲击试验9个试件	焊接接头力学性能试验以拉伸和冷弯(面弯、背弯)为主，冲击试验按设计要求决定。有特殊要求时应做侧弯试验
14	砖、砌块	烧结普通砖	同一产地、同一规格(其他砖和砌块亦同) 3.5～15万块/批	抗压强度10块	预先确定抽样方案，在成品堆(垛)中随机抽取，不允许替换
		烧结多孔砖	3.5～15万块/批	抗压强度10块	
		粉煤灰砖(蒸养)	≤10万块/批	抗折强度10块，抗压强度10块	
		炉渣砖	3.5～1.5万块为一批，当天产量不足1.5万块按一批计	抗压强度10块	
		灰砂砖	≤10万块/批	抗折强度5块，抗压强度5块	
		烧结空心砖和空心砌块	3.5～15万块/批	抗压强度10块	
		粉煤灰砌块	≤200m³/批	抗压强度3块	
		普通混凝土小型空心砌块	≤1万块/批	抗压强度5块	预先确定抽样方案，在成品堆(垛)中随机抽取，不允许替换
		轻骨料混凝土小型空心砌块			
15	砂		同分类、规格、适用等级及日产量≤600t/批，日产量超过2000t时≤1000t/批	101.2kg(见表6-12)	见第六章第二节二(二)6
16	碎(卵)石		同分类、规格、适用等级及日产量≤600t/批，日产量超过2000t时≤1000t/批，日产量超过5000t时≤2000t/批	见表6-21	见第六章第二节三(二)8

续表

序号	材料名称		取样单位	取样数量	取样方法
17	轻骨料		按类别、名称、密度等级分批检验，≤400m³/批	细骨：29L 粗骨料： $D_{\max}\leqslant 19.0$mm：101～108L $D_{\max}>19.0$mm：124～132L	随机抽取样品，初次抽取的试样应不少于10份，其总量应多于试验用料量的一倍，对于均匀料堆进行取样时，试样可从料堆锥体从上到下的不同部位、不同方向任选10个点抽取。从袋装料和散装料(车、船)抽取试样时，应从10个不同位置和高度(或料袋)中抽取
18	混凝土外加剂	减水剂、早强剂、缓凝剂、引气剂	聚羧酸系高效减水剂：同一品种≤100t/批。	不小于0.2t水泥所需量	试样应充分混匀，分成两等分
		泵送剂	年产500t以上：≤50t/批； 年产500t以下：≤30t/批	不小于0.2t水泥所需量	从至少10个不同容器中抽取等量试样混合均匀，分成两等分
		防水剂	年产500t以上：≤50t/批； 年产500t以下：≤30t/批	不小于0.2t水泥所需量	试样应充分混匀，分成两等分
		防冻剂	同一品种≤50t/批	不小于0.15t水泥所需量	试样应充分混匀，分成两等分
		膨胀剂	日产量>200t时，200t/批；日产量≤200t时，日产量/批	≥10kg	可连续取，也可从20个以上不同部位抽取等量试样混合均匀，分成两等分
		速凝剂	≤20t/批	4kg	从16个不同点取样，每个点取样250g，共取4000g，将试样混合均匀，分成两等分
19	粉煤灰		连续供应的同厂别、同等级≤200t/批	≥3kg	可连续取样，也可从10个以上不同部位取等量样品。取样方法同水泥
20	建筑石油沥青、道路石油沥青		同一厂、同一品种、同一强度等级≤20t/批	1kg	从均匀分布(不少于5处)的部位，取洁净的等量试样，共1kg
21	防水涂料②	聚氨酯防水涂料	同一厂、同一品种、同一进场时间(其他涂料亦同) 甲组分≤5t/批 乙组分按产品重量配比组批	2kg	随机抽取桶数不低于$\sqrt{\frac{n}{2}}$的整桶样品(n是交货产品的桶数)，逐桶检查外观。然后从初检过的桶内不同部位取相同量的样品，混合均匀
		溶剂型橡胶沥青防水涂料	≤5t/批	2kg	同聚氨酯防水涂料
		聚氯乙烯弹性防水涂料	≤20t/批	2kg	同聚氨酯防水涂料
		水性沥青基防水涂料	以每班的生产量为一批	2kg	同聚氨酯防水涂料

续表

序号	材料名称		取样单位	取样数量	取样方法
22	防水卷材②	石油沥青油毡	同一厂、同一品种、同一强度等级、同一等级(其他卷材亦同)≤1500卷/批	500mm长2块	任抽一卷切除距外层卷头2500mm后，顺纵向截取长为500mm的全幅卷材2块，一块做物理试验，另一块备用
		改性沥青聚乙烯胎防水卷材	≤10000m²/批	1m	随机抽取5卷进行单位面积质量、规格尺寸及外观检查。合格后，任取1卷至少1.5m²，切除距外层卷头2500mm取1m，然后按产品标准规定取样
		弹(塑)性体沥青防水卷材	≤10000 m²/批	1m	随机抽取5卷进行单位面积质量、面积、厚度与外观检查。合格后，任取1卷，切除距外层卷头2500mm取1m，然后按产品标准规定取样
		三元丁橡胶防水卷材	同规格、同等级≤300卷/批	0.5m	任抽3卷。经被检测厚度的卷材上切取0.5m，进行状态调节后切取试样
		聚氯乙烯防水卷材、氯化聚乙烯防水卷材	≤10000m²/批	复验3m 出厂检验1.5m	任抽3卷。从外观质量合格卷材中，任取1卷，距外层端部500mm处截取
23	混凝土预制构件		在生产工艺正常下生产的同强度等级、同工艺、同结构类型构件≤1000件/批，且≤3个月/批；当连续10批抽检合格，可改为≤2000件/批，且≤3个月/批	正常1件 复检2件	随机抽取。抽样时宜从设计荷载最大、受力最不利或生产数量最多的构件中抽取
24	回填土	柱基	柱基的10%	≥5点	环刀法：每段每层进行检验，应在夯实层下半部(至每层表面以上2/3处)用环刀取样； 灌砂法：数量可环刀法适当减少，取样部位应为每层压实后的全部深度
		基槽、管沟、排水沟	每层长度20～50m	≥1点	
		基坑、挖填方、地面、路面、室内回填	每层100～500m²	≥1点	
		场地平整	每层400～900m²	≥1点	
		路基	每层1000m²	3点	环刀法
25	普通混凝土		同一强度等级、同一配合比、同一生产工艺的混凝土，应在浇筑地点随机取样。 强度试件(每组3块)的取样与留置规定如下： **1. 每拌制100盘且不超过100m³的同配合比的混凝土，取样不得少于一次；** **2. 每工作班拌制的同配合比的混凝土不足100盘时，取样不得少于一次；** **3. 当一次连续浇筑超过1000m³时，同一配合比的混凝土每200m³取样不得少于一次；** **4. 每一现浇楼层同配合比的混凝土，其取样不得少于一次；** **5. 每次取样应至少留置一组标准养护试件，同条件养护试件的留置组数应根据实际需要确定。** 对于有抗渗要求的混凝土结构(抗渗试件每组6个)，GB 50204—2002规定：同一工程、同一配合比的混凝土，取样不应少于一次，留置组数可根据实际需要确定；GB 50208—2002规定：连续浇筑混凝土每500m³应留置一组抗渗试件，且每项工程不得小于两组。采用预拌混凝土的抗渗试件，留置组数应视结构的规模和要求而定		

续表

序号	材料名称	取样单位	取样数量	取样方法
26	轻骨料混凝土	同一强度等级、同一配合比、同一生产工艺的混凝土，应在浇筑地点随机取样，每次取样必须取自同一次搅拌的混凝土拌和物。强度试件留置规定如下： 1. 每 100 盘，且不超过 $100m^3$ 的同配合比的混凝土，取样次数不得少于 1 次； 2. 每一工作班拌制的同配合比的混凝土不足 $100m^3$ 盘时，其次数不得少于一次		
27	砌筑砂浆	同一强度等级、同一配合比的砂浆，应在搅拌机出料口随机抽取，强度试件每组 3 个立方体试样。 每一检验批且不超过 $250m^3$ 砌体的各种类型及强度等级的砌筑砂浆，每台搅拌机应至少抽检一次		

① 符号含义：R_m——抗拉强度，$R_{p0.2}$——规定非比例延伸强度，F_m——整根钢绞线的最大力，$F_{p0.2}$——规定非比例延伸力。

② 表中防水材料的取样批和取样数量是指产品的取样批和取样数量，在施工现场取样批和数量可按第十章附表 10-2 和附表 10-3 来执行。

(2) 取样频率应正确

在材料的质量标准中，均明确规定了产品出厂(矿)检验的取样频率，在一些质量验收规范中(如防水材料施工验收规范)也规定取样批次。监理工程师必须确保取样频率不低于这些规定，这是控制材料质量的需要，也工程顺利进行验收的需要。业主、政府主管部门、勘察单位、设计单位在工程施工过程中往往介入得不深入，在主体或竣工验收时，主要是看质量保证资料和外观，如果取样频率不够，多会对工程质量引起质疑，对监理工作效果进行质疑，作为监理工程师应重视这一问题。表 1-2 列出了常见材料取样频率。

(3) 选择资质符合要求的实验室来进行检测

材料取样后，应在规定的时间内送检，送检前监理工程师必须考察实验室的资质等级情况。实验室要经过当地政府主管部门批准，持有在有效期内的《建筑企业实验室资质等级证书》，其试验范围必须在规定的业务范围内。实验室业务范围如表 1-3 所示。

不同企业各级试验室业务范围 **表 1-3**

试验室所属企业	试验室资质等级		
	一	二	三
建筑施工企业	1. 砂、石、砖、轻集料、沥青等原材料 2. 水泥强度等级及有关项目 3. 混凝土、砂浆试配及试块强度 4. 钢筋（含焊件）力学性能试验 5. 道路用材料试验 6. 简易土工试验 7. 外加剂、掺合剂、涂料防腐试验 8. 混凝土抗渗、抗冻试验	1. 砂、石、砖、轻集料、沥青等原材料 2. 水泥强度等级及有关项目 3. 混凝土、砂浆试配及试块强度 4. 钢筋（含焊件）力学性能试验 5. 混凝土抗渗试验 6. 简易土工试验 7. 道路用材料试验	1. 砂、石、砖、沥青等原材料 2. 混凝土、砂浆试配及试块强度 3. 钢筋(含焊件)力学性能试验 4. 简易土工试验 5. 路基材料一般试验

续表

试验室所属企业	试验室资质等级		
	一	二	三
市政施工企业	1. 砂、石、轻集料、外加剂等原材料 2. 水泥强度等级及有关项目 3. 混凝土、砂浆试配及试块强度 4. 钢筋（含焊件）力学性能试验、钢材化学分析 5. 构件结构试验 6. 张拉设备和应力测定仪的校验 7. 根据需要对特种混凝土做冻融、渗透、收缩试验	1. 砂、石、轻集料等原材料 2. 水泥强度等级及有关项目 3. 混凝土、砂浆试配及试块强度 4. 钢筋（含焊件）力学性能试验 5. 构件结构试验	1. 砂、石、轻集料等原材料 2. 混凝土、砂浆试配及试块强度 3. 钢筋（含焊件）力学性能试验 4. 构件结构试验（预应力短向板）
预制构件厂	1. 砂、石、砖、轻集料、防水材料等原材料 2. 水泥强度等级及有关项目 3. 混凝土、砂浆试配及试块强度 4. 钢筋（含焊件）力学性能试验、钢材化学分析 5. 混凝土非破损试验 6. 简易土工试验 7. 外加剂、掺合剂、涂料防腐试验 8. 混凝土抗渗、抗冻试验	1. 砂、石、砖、轻集料、防水材料等原材料 2. 水泥强度等级及有关项目 3. 混凝土、砂浆试配及试块强度 4. 钢筋（含焊件）力学性能试验 5. 混凝土抗渗试验 6. 简易土工试验	1. 砂、石、砖、沥青等原材料 2. 混凝土、砂浆试配及试块强度 3. 钢筋（含焊件）力学性能试验 4. 简易土工试验
预拌混凝土搅拌站	1. 砂、石、外加剂等原材料 2. 水泥强度等级及有关项目 3. 混凝土试配及主要力学性能试验（抗渗、抗冻） 4. 外加剂有关项目试验		

(4) 认真审定抽检报告

与《材料见证取样表》对比，做到物单相符；将试验数据与技术标准规定值或设计要求值进行对照，确认合格后方才允许使用该材料。否则，责令施工单位将该种或该批材料立即运离施工现场，对已应用于工程的材料及时作出处理意见。

3. 合理组织材料供应，确保施工正常进行

监理工程师协助承包商合理地、科学地组织材料采购、加工、储备、运输，建立严密的计划、调度、管理体系，加快材料的周转，减少材料的占用量，按质、按量、如期地满足建设需要。

4. 合理组织材料使用，减少材料的损失，正确按定额计量使用材料，加强运输、仓库保管工作，加强材料限额管理和发放工作，健全现场管理制度避免材料损失。

第二章　建筑材料的基本性质

在建(构)筑物中所用的建筑材料，一方面要能满足建(构)筑物的功能要求，如承载、防水、耐磨、装饰、隔热和隔声等；另一方面要经受和抵御外界环境的物理、化学或生物的破坏作用。因此，在进行建设工程监理时，要充分掌握材料的性质和特点，正确合理地管理、选择和使用建筑材料，使工程建设实现安全、适用、耐久、优质和经济等各项目标，顺利实现工程建设监理“三大控制”。

建筑材料的基本性质包括物理性质、力学性质、耐久性、装饰性、防火性、防射线性等，本章仅讨论基本物理性质和力学性质。

第一节　材料基本物理性质

一、材料的体积组成

大多数建筑材料的内部都含有孔隙，掌握含孔材料的体积组成，是正确理解和掌握材料物理性质的起点。孔隙的多少和孔隙的特征对材料的性能均产生影响。孔隙特征指孔尺寸大小、孔与外界是否连通两个内容。孔隙与外界相连通的叫开口孔，与外界不相连通的叫闭口孔。

含孔材料的体积组成如图 2-1 所示。其中 V_0 表示材料在自然状态下的体积，即材料的实体积与材料所含全部孔隙体积之和；V 表示材料绝对密实体积，即不包括材料内部孔隙的固体物质本身的体积；V_k 表示材料所含孔隙的体积，它分为开口孔体积(记为 $V_{开}$)和闭口孔体积(记为 $V_{闭}$)。上述几种体积存在以下的关系：

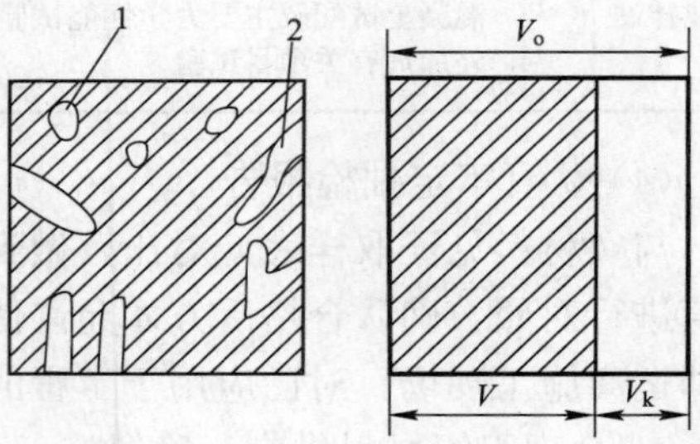

$$V_0=V+V_k \tag{2-1}$$

图 2-1　含孔材料体积组成示意图

1—闭孔；2—开孔

其中

$$V_k=V_{开}+V_{闭} \tag{2-2}$$

散粒状材料的体积组成如图 2-2 所示。其中 V_0'表示材料自然堆积状态体积，是指材料自然状态下的体积和颗粒之间的间隙体积之和，V_j 表示颗粒与颗粒之间的间隙体积。散粒状材料体积关系如下：

$$V_0'=V_0+V_j=V+V_k+V_j \tag{2-3}$$

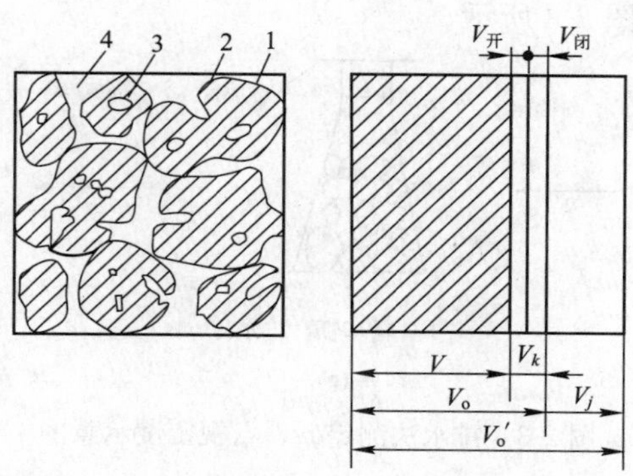

图 2-2　散粒材料松散体积组成示意图

1—颗粒中的固体物质；2—颗粒中的开口孔隙；

3—颗粒的闭口孔隙；4—颗粒间的间隙

二、材料与质量有关的性质

（一）密度（原称比重）

密度是材料在绝对密实状态下单位体积重量（法定量应为“质量”，但“质量”易与“工程质量”等混淆，故本书中仍称为“重量”）。密度按下式计算：

$$\rho=\frac{m}{V} \tag{2-4}$$

式中　ρ——材料的密度（g/cm³）；

m——材料在干燥状态下的重量（g）；

V——材料在绝对密实状态下的体积（cm³）。

密度的单位在SI制中为“kg/m³”，我国建设工程中一般用“g/cm³”，偶尔用“kg/L”，忽略不写时，隐含的单位为“g/cm³”，如水的密度为1。

常用的建筑材料中，除钢、玻璃、沥青等可认为不含孔隙外，绝大多数含有孔隙。测定含孔材料绝对密实体积的简单方法，是将该材料磨成细粉，干燥后用排液法（李氏瓶）测得的粉末体积即为绝对密实体积。由于磨得越细，内部孔隙消除得越完全，测得的体积也就越精确，因此，一般要求细粉的粒径至少应小于0.2mm。多孔材料的密度测定，关键是测出绝对密实体积，密度测定时，体积测定可分成以下几种情况：

1. 完全密实材料：如玻璃、钢、铁、单矿物等。

对于外形规则的材料可测量几何尺寸来计算其绝对密实体积，对于外形不规则的材料可用排水（液）法测定其绝对密实体积。

2. 多孔材料：如砖、岩石等。

磨细烘干用李氏瓶测定绝对密实体积。

3. 粉状材料：如水泥、石膏粉等。

用李氏瓶测定绝对密实体积（瓶中装入的液体根据被测材料的性质而定，如测定水泥时采用煤油）。

4. 工程上近似看成绝对密实的材料：如砂、石子等。

可用排水法测定，如图 2-3 所示。

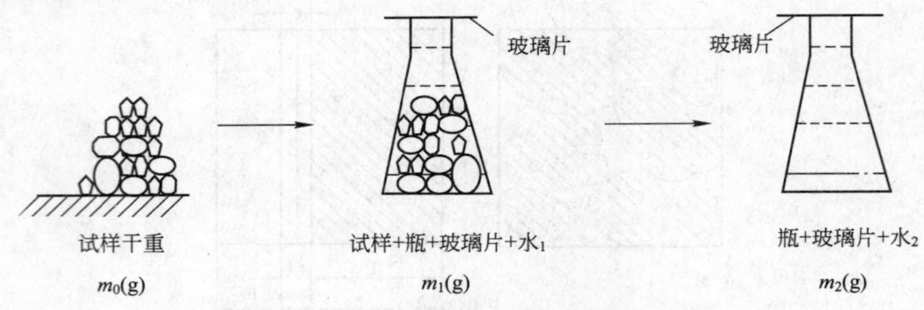

图 2-3 排水法测定砂、石视密度示意图

材料近似密实体积 $V'=m_0+m_2-m_1$(cm^3)。

V'的含义是：$V'=V+V_{闭}$，因砂石孔隙率小，所以 $V_{闭}\approx0$，即 $V'\approx V$。我们把这种方法测定的密度叫视密度(原称视比重)，用 ρ'表示。

$$\rho'=\frac{m_0}{m_0+m_2-m_1}\quad(g/cm^3)\tag{2-5}$$

(二) 材料的表观密度(原称容重)

表观密度是指材料在自然状态下单位体积的重量。

$$\rho_0=\frac{m}{V_0}\tag{2-6}$$

式中 ρ_0——材料的表观密度(kg/m^3)；

m——材料的重量(kg)；

V_0——材料在自然状态下的体积(m^3)。

测定材料自然状态下体积的方法较简单，若材料外观形状规则，可直接度量外形尺寸，按几何公式计算；若外观形状不规则，可用排液法测得，为了防止液体由孔隙渗入材料内部而影响测定值，应在材料表面涂蜡。值得说明一点，对于砂石，一些参考资料常把按图 2-3 方法测得的视密度叫做表观密度，这是因为砂石的孔隙率很小，$V_{开}\approx0$，这样 $V+V_{闭}\approx V_0$，所以才有了这种叫法。如果要测定砂石真正意义上的表观密度，应蜡封开口孔后用排水法测定。

材料的表观密度定义中未注明材料的含水状态，当材料含水时，重量增大，体积也会发生变化，所以测定表观密度时需同时测定其含水率，注明含水状态。材料的含水状态有风干(气干)、烘干、饱和面干和湿润四种。一般为气干状态，烘干状态下的表观密度叫干表观密度。

下面比较一下材料的表观密度与密度的主要区别(表 2-1)。

材料表观密度与密度的主要区别 **表 2-1**

比较内容	密度	表观密度
含水状态	干燥	自然状态(包括烘干、气干、饱和面干和湿润四个状态)
体积含义	绝对密实	自然状态
常用单位	g/cm^3	kg/m^3

(三) 材料的堆积密度(原称堆积容重)

堆积密度是指散粒状材料在自然堆积状态下单位体积的重量。

$$\rho'_0=\frac{m}{V'_0} \tag{2-7}$$

式中 ρ'_0——散粒状材料的堆积密度(kg/m³)；

m——散粒状或粉状材料的重量(kg)；

V'_0——散粒材料的自然堆积体积(m³)。

$$V'_0=V+V_k+V_j \tag{2-8}$$

表 2-2 是常用建筑材料的密度，供监理时备查。

常用建筑材料的密度 **表 2-2**

材料名称	密度(g/cm³)	表观密度(kg/m³)	堆积密度(kg/m³)	材料名称	密度(g/cm³)	表观密度(kg/m³)	堆积密度(kg/m³)
硅酸盐水泥	3.05～3.15		1200～1250	石膏粉			900
普通水泥	3.05～3.15		1200～1250	菱苦土			800～900
火山灰质水泥	2.85～3.0		850～1150	水玻璃	1.35～1.50		
矿渣水泥	2.85～3.0		1100～1300	烧结黏土砖		1800～1900	
砂	2.6～2.7		1400～1700	灰砂砖		1800～1900	
卵 石	2.6～2.8		1550～1700	粉煤灰砖		1400～1500	
碎 石	2.6～2.8		1400～1500	煤渣砖		1700～1850	
粉煤灰	2.2		1000	硅酸盐砖		1700～1900	
水	1.0			加气混凝土		400～800	
冰		900		膨胀珍珠岩			80～250
雪			～300	炉 渣			850
普通混凝土		2400		膨胀蛭石			80～200
钢筋混凝土		2500		玻璃棉			50～100
水泥砂浆		1800		石棉板		1300	
混合砂浆		1700		石油沥青		1000～1100	
石灰砂浆		1700		焦油沥青		1340	
保温砂浆		800		聚苯乙烯板		30	
粉煤灰陶粒			600～900	普通玻璃		2560	
黏土陶粒			300～900	花岗石		2800	
页岩陶粒			300～900	大理石		2600～2700	
轻骨料混凝土		760～1950		胶合板		700～900	
钢 材	7.85			酒 精	0.79～0.82		
铸 铁	7.25			汽 油	0.74		
生石灰块	3.1		1100	灰 土		1750	
生石灰粉			1200	三合土		1750	
石灰膏		1350		黏 土		1600～2000	

(四) 材料的孔隙率与空隙率

1. 孔隙率(P_0)

孔隙率是指材料内部孔隙的体积占总体积的百分率。

$$P_0=\frac{V_0-V}{V_0}\times100\%=\left(1-\frac{\rho_0}{\rho}\right)\times100\% \tag{2-9}$$

由上式可知，通过测定出材料的密度和表观密度来计算材料的孔隙率。另外，该公式在推导过程中，认为表观密度测定时的含水状态为烘干状态，所以，用该式计算材料孔隙率时，应采用干表观密度，也可用气干表观密度近似代替。

2. 空隙率(P_0')

散粒状材料堆积体积中颗粒间隙体积(即 V_j)所占的百分率。用 P_0'表示。

$$P_0'=\frac{V_0'-V_0}{V_0'}\times100\%=\left(1-\frac{\rho_0'}{\rho_0}\right)\times100\% \tag{2-10}$$

三、材料与水有关的性质

(一) 亲水性与憎水性

众所周知，水滴滴在荷叶上成珠状，滴在玻璃上会半铺开，滴在混凝土表面会完全铺开，这说明材料与水接触时，有些能被水润湿，有些不能被水润湿，前者称材料的亲水性，后者称材料的憎水性。

材料的亲水性与憎水性用湿润角 θ 来衡量，θ 是指在材料、水、空气三相的交点处，作沿水滴表面的切线与材料表面的夹角，如图 2-4 所示。

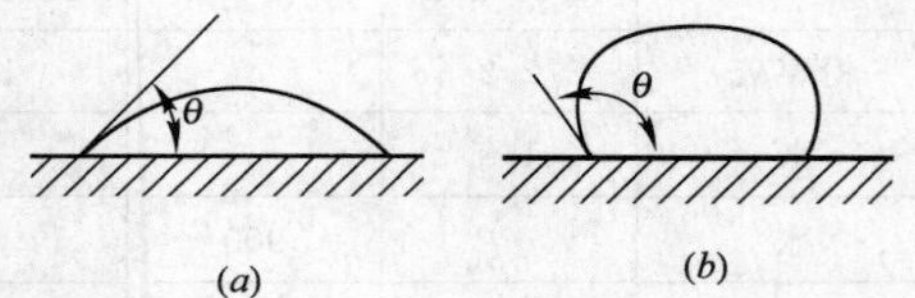

图 2-4 材料润湿示意图

(a)亲水性材料；(b)憎水性材料

湿润角 $\theta\leqslant90°$时，这种材料称为亲水性材料，易被水润湿，且水能通过毛细管作用而被吸入材料内部。建筑材料大多为此类材料，如混凝土、砂、石子、砖、木材、天然石材等。

湿润角 $\theta>90°$时，这种材料称为憎水性材料，能阻止水分渗入毛细管中。建筑材料中少数为此类材料，如沥青、石蜡、油膏等。

(二) 材料的吸水性与吸湿性

1. 吸水性

吸水性是指材料在水中能吸收水分的性质。吸水性的大小用吸水率表示，吸水率有以下两种：

(1) 重量吸水率

重量吸水率指材料在吸水饱和时，内部所吸水分的重量占材料干重的百分率。用公式表示如下：

$$W_m=\frac{m_b-m_g}{m_g}\times100\% \tag{2-11}$$

式中 W_m——材料的质量吸水率(%)；

m_b——材料在吸水饱和状态下的质量(g)；

m_g——材料在干燥状态下的质量(g)。

(2) 体积吸水率

体积吸水率指材料在吸水饱和时，其内部所吸水分的体积占干燥材料自然体积的百分率。用公式表示如下：

$$W_v=\frac{m_b-m_g}{V_0}\cdot\frac{1}{\rho_w}\times100\% \quad (2\text{-}12)$$

式中 W_v——材料的体积吸水率(%)；

m_b——材料在吸水饱和状态下的质量(g)；

m_g——材料在干燥状态下的质量(g)；

V_0——材料的自然体积(cm^3)；

ρ_w——水的密度，常温下取 1.0g/cm^3。

材料的吸水率一般用质量吸水率表示。体积吸水率与质量吸水率之间存在以下关系：

$$W_v=W_m\rho_0 \quad (2\text{-}13)$$

注：上式中 ρ_0 的单位为“g/cm^3”，不是“kg/m^3”。

(3) 材料吸水率大小与孔隙率和孔隙特征的关系

如前所述，材料孔隙特征指孔尺寸大小，孔是开口的还是闭口的。对于细微连通孔隙，孔隙率愈大，吸水率愈大。闭口孔隙水分不能进去，而开口大孔虽然水分易进入，但不能存留，只能润湿孔壁，所以吸水率仍然较小。因此不能简单地说，材料孔隙率越大，吸水率也越大，而应分清材料的孔隙特征来讨论。严格地讲，体积吸水率仅反映材料细小开口孔隙率的大小。

2. 吸湿性

吸湿性是指材料在潮湿空气中吸收水分的性质。

吸水率用含水率表示：

$$W_h=\frac{m_s-m_g}{m_g}\times100\% \quad (2\text{-}14)$$

式中 W_h——材料的含水率(%)；

m_s——材料吸湿后的质量(g)；

m_g——材料在干燥状态下的质量(g)。

吸水性与吸湿性的差别是吸水性反映材料在水中吸水饱和时吸收水分能力的大小，吸湿性反映材料在空气中吸收水分能力的大小。

(三) 材料的耐水性

材料吸水或吸湿后会导致其自重增大，绝热性能降低，强度和耐久性降低。材料长期在水作用下不破坏，强度也不显著降低的性质称为耐水性。

材料吸水后强度均会降低，这是因为水分被组成材料的微粒表面吸附，形成水膜，削弱了微粒间的结合力所致。材料的耐水性用软化系数表示，一般用抗压强度降低程度来衡量：

$$K_R=\frac{f_b}{f_g} \quad (2\text{-}15)$$

式中 K_R——材料的软化系数；

f_b——材料在吸水饱和状态下的抗压强度(MPa)；

f_g——材料在干燥状态下的抗压强度(MPa)。

K_R 在 0～1 之间，K_R 越大，材料的耐水性越好。

$K_R>0.85$ 的材料称为耐水性材料。在设计长期处于水中或潮湿环境中的重要结构时，必须选用 $K_R>0.85$ 的材料。

（四）材料的抗渗性

材料抵抗压力水渗透的性质称为抗渗性，或不透水性。

材料的抗渗性通常用渗透系数表示。渗透系数的物理意义是：一定厚度的材料，在一定水压力下，在单位时间内透过单位面积的水量。用公式表示为：

$$K_s=\frac{Qd}{AtH} \tag{2-16}$$

式中 K_s——材料的渗透系数(cm/h)；

Q——时间 t 内的渗水总量(cm^3)；

d——材料试件的厚度(cm)；

A——材料垂直于渗水方向的渗水面积(cm^2)；

t——渗水时间(h)；

H——材料两侧的水头高度(cm)。

K_S 值愈大，表示材料渗透的水量愈多，抗渗性越差。

材料的抗渗性也可以用抗渗等级表示。抗渗等级是以规定的试件、在标准试验方法下所能承受的最大水压力来确定，以符号“P*n*”表示，*n* 表示材料能承受的最大水压力的1/10MPa 数。如 P4、P6、P8 分别承受 0.4、0.6、0.8MPa 水压力而不渗水。

材料渗水的原因是，材料内部存在连通孔隙，这些孔隙成为渗水的通道。

材料的抗渗性与其孔隙率和孔隙特征的关系：细微连通的孔隙，水易渗入，这种材料孔隙越大，抗渗性越差；闭口孔水不能渗入，即使孔隙率大，但抗渗性仍良好；开口大孔水最易渗入，抗渗性最差。

提高材料抗渗性的方法是：提高材料的密实度或改变材料的孔隙特征(后者一般是将开口孔转化成闭口孔，如引气剂掺入混凝土提高抗渗性就是基于这一基本道理)。

（五）材料的抗冻性

材料的抗冻性是指材料在饱水状态下，能经受多次冻融循环作用而不破坏，强度也不严重降低的性质。

材料的抗冻性用抗冻等级表示。抗冻等级是以规定的试件条件下，测得其强度降低不超过规定值，并无明显损坏和剥落时所能经受的冻融循环次数，用符号“F*n*”表示，其中 *n* 表示最大冻融循环次数，如 F25、F50、F100、F150 等。

材料受冻融破坏的主要原因是材料孔隙中的水结冰时体积增大约 9%，对孔壁造成的压应力使孔壁破裂所致。材料的抗冻能力的好坏，与材料孔隙特征、吸水程度和材料的强度有关。一般说来，在相同冻融条件下，材料含水率越大，材料强度越低及材料中含有开口的毛细孔越多，受到冻融循环的损伤就越大。在寒冷地区和环境中的结构设计和材料选用，必须考虑材料的抗冻性能，如严寒地区海港工程的水位升降部位的混凝土必须考虑其抗冻性。资料表明，我国北方地区一些海港码头潮涨潮落部位的混凝土，每年要经受数十次冻融循环。

提高材料抗冻性的方法是：提高材料的密实度或改变材料的孔隙特征。

四、材料与热有关的性质

(一) 导热性

材料的导热性是指材料两侧存在温差时，热量由高温侧向低温侧传递的能力，常用导热系数表示。计算公式为：

$$\lambda=\frac{Qa}{AT(t_1-t_2)} \tag{2-17}$$

式中 λ——材料的导热系数[W/(m·K)]；

Q——传导的热量(J)；

a——材料的厚度(m)；

A——材料传热的面积(m^2)；

T——传热时间(s)；

t_1-t_2——材料两侧的温度差(K)。

材料的导热系数愈小，其绝热性能愈好。工程上通常把$\lambda<0.23$ W/(m·K)的材料称为绝热材料。几种典型材料的热工性质如表 2-3 所示，从中可以发现：各种材料的导热系数差别很大；空气的导热系数很小，材料中固体物质的导热能力比空气大得多，因此，保温绝热材料是多孔材料。另应注意到，空气、水和冰的导热系数依次递增很快，这意味着绝热材料吸湿或浸水后保温绝热性能下降，结冰后保温绝热性能下降更大。

几种典型材料的热工性质 **表 2-3**

材料	导热系数[W/(m·K)]	比热容[J/(g·K)]
铜	370	0.38
钢	55	0.46
花岗石	2.9	0.80
普通混凝土	1.8	0.88
烧结普通砖	0.55	0.84
绝热用纤维板	0.05	1.46
玻璃棉板	0.04	0.88
松木(横纹)	0.15	1.63
泡沫塑料	0.03	1.30
静止空气	0.025	1.00
水	0.60	4.19
冰	2.20	2.05

材料的导热性与材料的性质、表观密度、湿度和孔隙特征有关。增加材料闭口孔隙的数量能提高材料的保温绝热性能；增加材料开口孔隙的数量，虽然材料的孔隙率增大，但因空气对流作用加强，材料的保温绝热性能反而下降。

(二) 热容量与比热容

热容量是指材料在温度变化时吸收或放出热量的能力；比热容也叫比热，指单位质量的材料在温度每变化 1K 时所吸收或放出的热量。其计算式如下：

$$Q=Cm(t_1-t_2) \tag{2-18}$$

$$C=\frac{Q}{m(t_1-t_2)} \tag{2-19}$$

式中 Q——材料的热容量(kJ)；

C——材料的比热容，kJ/(kg·K)；

m——材料的质量(kg)；

t_1-t_2——材料受热或冷却前后的温差(K)。

比热容与材料质量的积称为材料的热容量值，即材料温度上升 1K 须吸收的热量或温度降低 1K 所放出的热量。材料的热容量值对于保持室内温度稳定作用很大，热容量值大的材料能在热流变化、采暖、空调不均衡时，缓和室内温度的波动；屋面材料也宜选用热容量值大的材料。

材料的导热系数和热容量是设计建筑物围护结构进行热工计算时的重要参数，设计时应选用导热系数较小而热容量较大的建筑材料，以使建筑物保持室内温度的稳定性，冬暖夏凉。

第二节 材料的力学性质

一、材料的强度

材料的强度是指材料在外力作用下，破坏时能承受的最大应力。根据外力作用形式的不同，材料的强度有抗压强度、抗拉强度、抗弯强度及抗剪强度等，如图 2-5 所示。

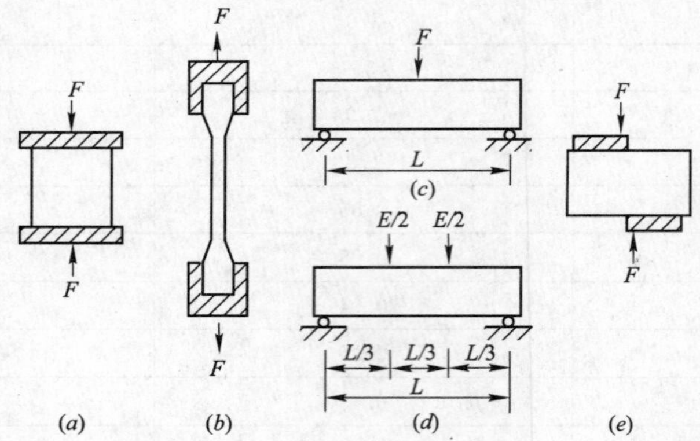

图 2-5 材料受力作用示意图

(a)抗压；(b)抗拉；(c)抗折(弯)；(d)抗剪

抗压强度、抗拉强度、抗剪强度的计算式如下：

$$f=\frac{F}{A} \tag{2-20}$$

式中 f——材料的抗压、抗拉、抗剪强度(MPa)；

F——材料承受的最大荷载(N)；

A——材料的受力面积(mm^2)。

材料的抗折(弯)强度与试件的几何外形及荷载施加情况有关。材料抗折(弯)强度检测试件一般为长方体，横截面为矩形。施加荷载的方式有两种，一种是在两支点的中心作用集中荷载，受力形式见图 2-5(*c*)上，此时，抗折(弯)强度计算式如下：

$$f=\frac{3FL}{2bh^2} \tag{2-21}$$

式中 f——材料的抗折(弯)强度(MPa)；

F——材料承受的最大荷载(N)；

L——两支点间的距离(mm)；

b——材料受力截面的宽度(mm)；

h——材料受力截面的高度(mm)。

另一种是在试件两支点的三分点处作用两个相等的集中荷载，称为三分点加载，见图 2-5(*c*)，计算公式如下：

$$f=\frac{FL}{bh^2} \tag{2-22}$$

试件尺寸和实验条件相同的情况下，二点加载比集中加载测得的抗折强度低。材料抗折(弯)强度测试时，加载方式由材料试验标准来确定，比如，水泥胶砂、砖抗折(弯)强度是集中加载，混凝土抗折强度采用三分点加载。

材料的强度与材料的组成、结构等内在因素有关，如不同品种的材料，强度差异明显；同种材料，其强度随孔隙率增加而降低。另外，外界条件也会影响材料的强度测定值。作为监理工程师，尤其要注意外界条件的影响：

1. 试件尺寸越大，“环箍效应”作用相对较小，测得的强度值越小；反之亦然。

2. 试件表面凹凸平时，产生了应力集中，测得的强度值会显著降低；试件表面涂油，“环箍效应”作用相对较小，测得的强度值偏小。

3. 加荷速度越快，测得的强度值越大；反之亦然。

4. 环境(或试件)湿度或温度越高，测得的强度值越小。

因此，试验标准对上述情况均进行了规定，如混凝土抗压试件的标准尺寸为 150mm×150mm×150mm，砂浆试件标准尺寸为 70.7mm×70.7mm×70.7mm；混凝土、砂浆和水泥胶砂试件加荷面为非成型面(即侧面)，各种材料力学性能试验时规定了相应的加荷速度、实验室环境条件等。

二、材料的弹性和塑性

材料在外力作用下产生变形，当外力取消后，变形即可消失，完全恢复到原始形状的性质称为弹性。材料这种可恢复的变形称为弹性变形(图 2-6)，弹性变形属于可逆变形，其数值大小与外力成正比，其比例系数 E 称为弹性模量。其值可用应力(σ)与应变(ε)之比表示，即：

$$\sigma=E\varepsilon \tag{2-23}$$

式中 E——材料的弹性模量(MPa)；

σ——材料的应力(MPa)；

ε——材料的应变。

弹性模量是衡量材料抵抗变形能力的一个指标，E 值越大，材料越不易变形。

材料在外力作用下产生变形，当外力取消后，有一部分(或全部)变形不能恢复，这种性质称为材料的塑性。这种不能恢复的变形称为塑性变形(图 2-7)。塑性变形为不可逆变形。

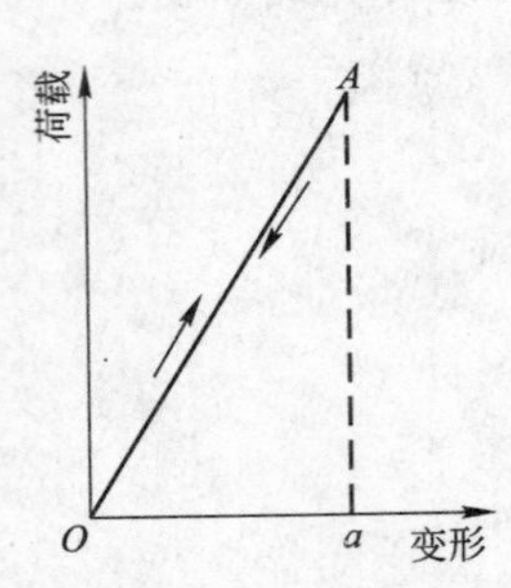

图 2-6 材料的弹性变形曲线

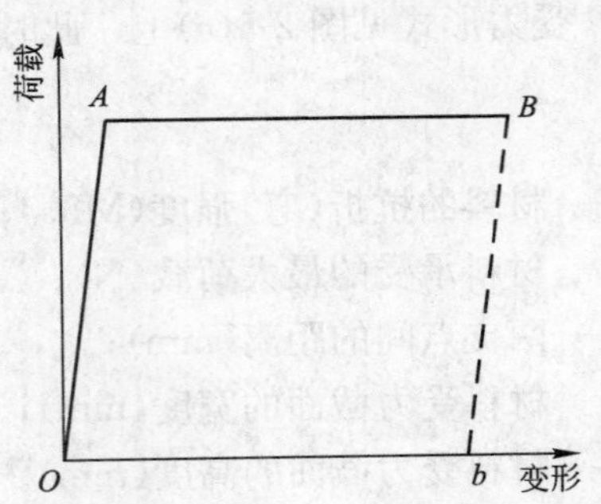

图 2-7 材料的塑性变形曲线

实际上纯弹性变形材料和纯塑性变形材料均是没有的，一些材料在受力不大时，仅产生弹性变形，而当外力超过一定值时，则产生塑性变形，称为弹性塑性材料，如建筑钢材(图 2-8)；有的材料在受力时弹性变形和塑性变形同时产生，称为弹塑性材料，如混凝土(图 2-9)。

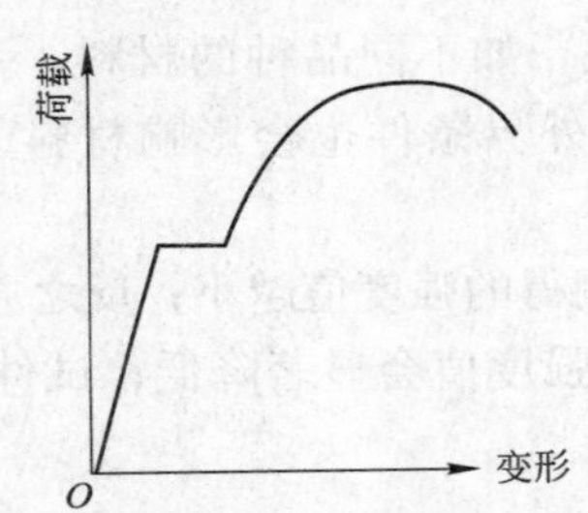

图 2-8 典型弹性塑性材料的变形曲线

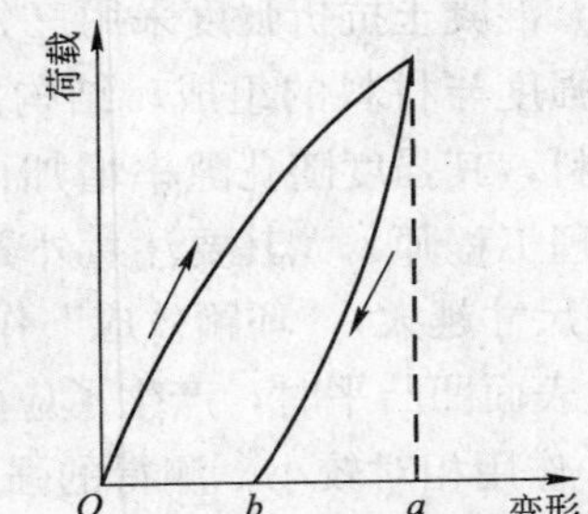

图 2-9 典型弹塑性材料的变形曲线

三、材料的脆性和韧性

材料在外力作用下直至破坏前并无明显的塑性变形而发生突然破坏的性质称为脆性，具有这种性质的材料称为脆性材料。脆性材料抵抗冲击荷载或震动作用的能力很差，其抗压强度远大于其抗拉强度，如混凝土、玻璃、砖、石和陶瓷等。

材料在冲击或振动荷载作用下，能吸收较大的能量，同时产生较大的变形而不破坏的性质称为韧性。材料的韧性用冲击韧性 a_k 表示。冲击韧性指标系指用带缺口的试件做冲击破坏试验时，断口处单位面积所吸收的功。其计算公式为：

$$a_k=\frac{A_k}{A} \tag{2-24}$$

式中 a_k——材料的冲击韧性(J/mm^2)；

A_k——试件破坏时所消耗的功(J)；

A——试件受力净截面积(mm^2)。

在建筑工程中，对于要求承受冲击荷载和有抗震要求的结构，如吊车梁、桥梁、路面等所用的材料，均应具有较高的韧性。

第三章　天　然　石　材

天然石材是指采自地壳，经过加工或不加工的岩石。天然石材是一种古老的建筑材料，它具有较高的抗压强度，良好的耐久性、装饰性和耐磨性，但抗拉强度较低、性质较脆，硬度较高、开采加工较困难，自重大。

天然石材资源分布广，便于就地取材，应用广泛，现今主要用于以下几个方面：

1. 作砌体材料　常用作砌筑基础、桥涵、挡土墙、护坡、沟渠和隧道衬砌等；

2. 作装饰材料　天然石材坚固耐久、色泽美观，有独特的装饰效果，加工成板材后，广泛用作商场、宾馆等公共建筑的墙面、地面装饰；

3. 作混凝土的骨料　天然岩石经自然风化或人工破碎而得的卵石、碎石、砂等，大量用作混凝土的骨料；

4. 作建筑材料的生产原材料　天然石材是生产人造建筑材料的原料，如石灰石是生产硅酸盐水泥、石灰的原料，石英岩是生产陶瓷、玻璃的原料，珍珠岩、蛭石是生产绝热材料的原料，火山灰、凝灰岩、浮石可作为水泥的混合料。

第一节　岩石的分类和技术性质

一、岩石的分类

岩石是由各种不同地质作用所形成的天然固态矿物的集合体。按其成因不同，可分为三大类：岩浆岩、沉积岩和变质岩。

（一）岩浆岩

岩浆岩又称火成岩。它是地壳深处的熔融岩浆上升到地表附近或喷出地表经冷凝而成。根据冷却情况的不同，岩浆岩又可分为深成岩、喷出岩和火山岩三种。

1. 深成岩

深成岩是岩浆在地壳深处，受到上部覆盖层的压力作用，缓慢且均匀地冷却而形成的岩石。其特点是矿物全部结晶且晶粒较粗，呈块状结构，构造致密；具有抗压强度高、吸水率小、表观密度大和抗冻性、耐磨性好等性质。建筑上常用的深成岩有花岗岩、正长岩和闪长岩等。

2. 喷出岩

喷出岩是岩浆喷出地面冷却而成的岩石。岩浆喷出地面时，由于压力骤减和迅速冷却，故大部分结晶不完全，多呈细小结晶或玻璃质结构。当喷出岩形成较厚的岩层时，其结构与深成岩相似；当形成较薄的岩层时，则冷却较快，且岩浆中气体由于压力减低而膨胀，形成多孔结构，近似火山岩。建筑上常用的喷出岩有玄武岩、辉绿岩、安山岩等。

3. 火山岩

火山岩是火山爆发时，岩浆被喷到空中，经急速冷却形成的岩石。其特点是表观密度较小，呈多孔玻璃质结构。建筑上常用的有散粒岩浆岩，如火山灰、火山砂、浮石等；也有散粒岩浆岩受到覆盖层的压力作用积聚成大块的胶结火山岩，如火山灰凝灰岩。

（二）沉积岩

沉积岩又名水成岩，沉积岩系露出地表的各种岩石，在自然和地质作用下经风化、风力搬迁、流水冲移作用后再沉积，在地表及离地表不太深处形成的岩石。其主要特征是呈层状结构，外观多有层理，表观密度小，孔隙率和吸水率大，强度较低，耐久性较差。沉积岩在地球表面分布广，比较容易加工，在建筑上应用甚为广泛。根据生成条件的不同，岩浆岩又可分为机械沉积岩、化学沉积岩和有机沉积岩三种。

1. 机械沉积岩

它是经自然风化而逐渐破碎松散，以后经风雨及冰川等搬运、沉积、重新压实或胶结而成的岩石，如砂岩、页岩等。砂岩的性能与胶结物种类和胶结的密实程度有关，致密坚硬的砂岩可作装饰石材，如山东掖县产的白玉石。

2. 化学沉积岩

它是岩石中的矿物溶融于水中，经聚集沉积而成，如石膏岩、白云岩、菱镁石等。

3. 有机沉积岩

它是各种有机体死亡后的残骸沉积而成的岩石，如石灰岩、硅藻土等。石灰岩主要矿物成分是方解石，还有少量黏土、有机物等杂质，其主要化学成分是 $CaCO_3$；致密石灰岩又称青石；石灰岩虽仅占地壳总量的5%左右，但在地表面分布极广，达地壳表面的75%，它是建筑上用途最广、用量最大的岩石，它不仅是制造石灰和水泥的主要原料，也是普通混凝土常用的骨料，致密者经磨光打蜡，可代替大理石板材使用。

（三）变质岩

变质岩是地壳中原有的岩石，由于岩浆活动和构造运动的影响（主要是温度和压力），原岩石在固态下发生再结晶作用，而使它们的矿物成分、结构构造以至化学成分发生部分或全部改变所形成的新岩石。建筑工程中常用的变质岩有大理岩、石英岩和片麻岩等。

1. 大理岩

大理岩因最初产于云南大理而得名。它是由石灰岩、白云岩、方解石、蛇纹石等受接触变质或区域变质作用而重结晶的产物。大理石的主要矿物成分是方解石，具有等粒或不等粒的变晶结构，颗粒粗细不等，晶粒常用肉眼能看清，晶粒之间结合得很坚固，没有任何胶结物质。

2. 石英岩

石英岩系由硅质砂岩变质而成，其结构均匀致密无层理，矿物成分主要是结晶的二氧化硅。石英岩强度和耐久性均很高，使用年限可达数年至千年以上，但其硬度大，加工困难，常用作承重石材和纪念性建筑用石材。

3. 片麻岩

片麻岩是由花岗岩变质而成。其矿物成分与花岗岩相似，多为片状结构，各方向的物理力学性质不同。易风化，在冻融交替作用下易成层状剥落，只能用于不重要的工程，常用作碎石、块石和人行道石板等。

二、天然石材的技术性质

(一) 物理性质

1. 表观密度

石材表观密度与其矿物组成、孔隙率和含水状态有关。致密的石材，如花岗岩、大理岩等，其表观密度接近于其密度，约为2500～3100kg/m³，而孔隙率较大的石材，如火山凝灰岩、浮石等，其表观密度远小于密度，约为500～1700kg/m³。按表观密度大小将天然石材分为重石和轻石，表观密度大于1800kg/m³的为重石，表观密度小于1800kg/m³的为轻石。

2. 吸水性

石材的吸水性主要与其孔隙率及孔隙特征有关。如花岗岩的吸水率通常小于0.5%，致密的石灰岩的吸水率可小于1%，多孔贝壳石灰岩可高达15%。按吸水率大小将天然石材分为低吸水性岩石、中吸水率岩石和高吸水率岩石，吸水率低于1.5%为低吸水性岩石、吸不率介于1.5%～3.0%为中吸水率岩石，吸水率高于3.0%为高吸水率岩石。

3. 耐水性

石材的耐水性用软化系数表示。根据软化系数(K)的大小石材可分为高、中和低耐水性三等，$K>0.90$的石材为高耐水性石材，$K=0.70～0.90$为中耐水性石材，$K=0.60～0.70$为低耐水性石材。$K<0.80$的石材，一般不允许用于重要建筑。

4. 抗冻性

石材的抗冻性与其矿物组成、吸水性、天然胶结物的胶结性质等有关。吸水率愈低，抗冻性愈好，冻结温度愈低或冷却速度愈快，冻结破坏的速度与程度也愈大。石材的抗冻性是根据石材在水饱和状态下能经受的冻融循环次数(无贯穿裂纹且重量损失不超过5%，强度损失不超过25%时)来表示。抗冻等级有：F5、F10、F15、F25、F50、F100及F200。根据经验，吸水率<0.50%的石材时，认为是抗冻的，可不进行抗冻试验。

5. 耐热性

石材的耐热性取决于其化学成分及矿物组成。含有石膏的石材，在100℃以上时开始破坏；含有碳酸镁的石材，当温度高于625℃时会发生破坏；含有碳酸钙的石材，温度达827℃时开始破坏。由石英和其他矿物组成的结晶石材，如花岗岩等，当温度达到700℃以上时，由于石英受热发生膨胀，强度会迅速下降。

6. 导热性

石材的导热性主要与其表观密度和结构状态有关。重质石材导热系数可达2.91～3.49W/(m·K)。相同成分的石材，玻璃态比结晶态的导热系数小。

(二) 力学性质

1. 抗压强度

天然石材的抗压强度的大小取决于岩石的主要矿物组成、结构与构造特征、胶结物质的种类及均匀性等因素。例如，组成花岗岩的主要矿物成分中石英是很坚强的矿物，其含量越高则花岗岩的强度越高，而云母为片状矿物，易于分裂成柔软薄片，因此，岩石中云母含量愈多，则其强度愈低。结晶质石材强度较玻璃质的为高，等粒状结构的强度较斑状的高，构造致密的强度较疏松多孔的高。具有层状、带状或片状构造的石材，其垂直于层理方向的抗压强度较平行于层理方向的高。

测定石材抗压强度时，将石材加工成 70mm×70mm×70mm 的立方体，每组 3 块试件，取平均值作为试验结果。根据《砌体结构设计规范》GB 50003—2011 规定，石材按其抗压强度的平均值（MPa）分为下列强度等级：MU100、MU80、MU60、MU50、MU40、MU30、和 MU20(共七级)。试件也可采用表 3-1 所列边长尺寸的立方体，但应对其试验结果乘以相应的换算系数后方可作为石材的强度等级。

石材强度等级换算系数 **表 3-1**

立方体边长(mm)	200	150	100	70	50
换算系数	1.43	1.28	1.14	1	0.86

2. 冲击韧性

天然岩石的冲击韧性取决于矿物组成与结构。石英岩、硅质砂岩有较高的脆性，含暗色矿物较多的辉长岩、辉绿岩等具有较高的韧性。通常晶体结构的岩石较非晶体结构的岩石具有较高的韧性。岩石是典型的脆性材料，其抗压强度比抗拉强度小得多，拉压比约为 1/20～1/10。

3. 硬度

岩石的硬度取决于矿物组成的硬度与构造。凡由致密、坚硬矿物组成的石材，其硬度就高。岩石的硬度与抗压强度有很好的相关性，一般抗压强度高的，硬度也大。岩石的硬度常以莫氏硬度或肖氏硬度表示。按刻划法(莫氏硬度)，矿物硬度分为 10 级，其硬度递增的顺序为：滑石 1；石膏 2；方解石 3；萤石 4；磷灰石 5；正长石 6；石英 7；黄玉 8；刚玉 9；金刚石 10。

4. 耐磨性

岩石的耐磨性是指石材在使用条件下抵抗摩擦、边缘剪切以及冲击等复杂作用的性质。石材的耐磨性以单位面积磨耗量表示。石材耐磨性与其组成矿物的硬度、结构、构造特征以及石材的抗压强度和冲击韧性等有关，组成矿物愈坚硬，构造愈致密以及其抗压强度和冲击韧性愈高，则石材的耐磨性愈好。

凡是用于可能遭受磨损作用的场所，如台阶、人行道、地面、楼梯踏步等和可能遭受磨耗作用的场所，如道路路面的碎石等，应采用具有高耐磨性的石材。

第二节 建筑工程常用石材技术要求

一、毛石、料石和荒料

(一) 毛石

毛石亦称片石或块石，系由爆破直接获得的石块。毛石依其平整程度可分为乱毛石和平毛石两类。

1. 乱毛石

乱毛石形状不规则，一般在一个方向的尺寸达 30～40cm，质量约 20～30kg，其强度不宜小于 10MPa，软化系数不应小于 0.75。乱毛石常用于砌筑毛石基础、勒脚、墙身、堤坝、挡土墙等，也可用于毛石混凝土中。

2. 平毛石

平毛石是将乱石略经加工，形状比乱毛石整齐，其形状基本上有六个面，但加工程度不高，表面粗糙，其中部厚度不应小于 20cm。平毛石常用于砌基础、勒脚、墙身、桥墩、涵洞等。

（二）料石

料石亦称为条石，系由人工机械开采出的较规则的六面体石块，经略加凿琢而成。依料石表面加工的平整程度，分为毛料石、粗料石、半细料石和细料石四种。划分标准如表 3-2 所示。

料石的种类 **表 3-2**

种类	尺寸	表面凹凸深度(mm)
毛料石	厚度不小于 200mm，长度为厚度的 1.5～3 倍	无要求
粗料石	厚度和宽度不小于 200mm，长度不大于厚度的 3 倍	20
半细料石	同上	10
细料石	同上	2

料石常用砂岩、花岗岩等质地比较均匀的岩石开采琢制而成，至少有一个面的边角整齐，以便砌筑时两块料石之间互相能合缝，主要用于墙身、踏步、地坪、纪念碑、砌拱等。

（三）荒料

1. 天然大理石荒料

天然大理石荒料是从矿床采出来的具有规则形状的石材。主要用于加工制作建筑装饰材料和其他制品。《天然大理石荒料》JC/T 202—2001 规定，天然大理石荒料有以下技术要求：

(1) 天然大理石荒料的分类及等级

天然大理石荒料按规格尺寸分为大料、中料和小料，如表 3-3 所示。按荒料的长度、宽度和高度的极差及外观质量分为一等品（Ⅰ）和二等品（Ⅱ）。

天然大理石荒料按体积分类(cm) **表 3-3**

类别	大料	中料	小料
长度×宽度×高度，≥	280×80×160	200×80×130	100×50×40

(2) 天然大理石荒料的技术要求

1) 天然大理石荒料的形状与尺寸

荒料应具有直角六面体形状。荒料各部位名称见图 3-1。荒料的最小规格尺寸应符合表 3-4 的规定。荒料的长度、宽度、高度极差应符合表 3-5 的规定。

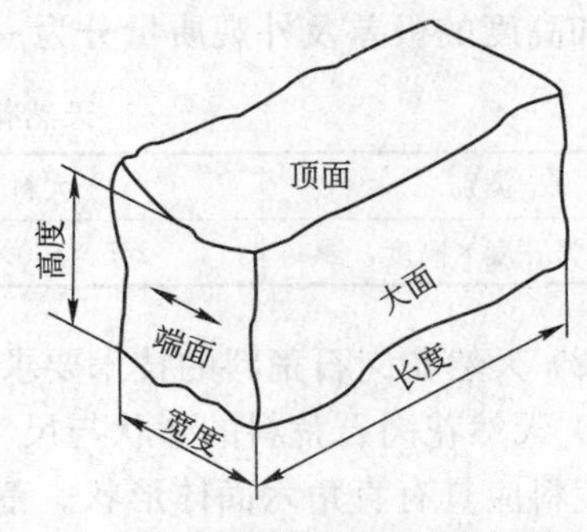

图 3-1 大理石(花岗石)荒料各部位名称

2) 天然大理石荒料的外观质量

天然大理石荒料的同一批荒料的色调、花纹应基本一致。当出现明显裂纹时，应扣除裂纹所造成的荒料体积损失（见 JC/T 202），扣除体积损失后每块荒料的规格尺寸应满足表 3-4 的规定。荒料的色斑、缺陷的质量要求应符合表 3-6 的规定。

天然大理石荒料的最小规格尺寸(cm) **表 3-4**

项目	长度	宽度	高度
指标，≥	100	50	70

天然大理石荒料尺寸的极差(cm) **表 3-5**

等级	一等品	二等品
极差，≤	6.0	10.0

天然大理石荒料的色斑、缺陷的质量要求 **表 3-6**

缺陷名称	规定内容	一等品	二等品
色斑	面积小于 $6cm^2$（面积小于 $2cm^2$ 不计），每面允许个数（个）	2	3

3）天然大理石荒料的物理性能

天然大理石荒料的物理性能应符合表 3-7 的要求。

天然大理石荒料的物理性能 **表 3-7**

项目			指标
体积密度(g/cm^3)		≥	2.60
吸水率(%)		≤	0.50
干燥压缩强度(MPa)		≥	50.0
干燥	弯曲强度(MPa)	≥	7.0
水饱和			

2. 花岗石荒料

花岗石荒料是由矿山岩体开采并经简单加工而成的规则石料。主要用于花岗石饰面板材和工程建筑用料。《天然花岗石荒料》JC/T 204—2001 规定，天然花岗石荒料有以下技术要求：

(1) 天然花岗石荒料的分类及等级

天然大理石荒料按规格尺寸分为大料、中料和小料，如表 3-8 所示。按荒料的长度、宽度和高度的极差及外观质量分为一等品(Ⅰ)和二等品(Ⅱ)。

天然花岗石荒料按体积分类(cm) **表 3-8**

类别	大料	中料	小料
长度×宽度×高度，≥	245×100×150	185×60×95	65×40×70

(2) 天然花岗石荒料的技术要求

1) 天然花岗石荒料的形状与尺寸

荒料应具有直角六面体形状。荒料各部位名称见图 3-1。荒料的最小规格尺寸应符合表 3-9 的规定。荒料的长度、宽度、高度极差应符合表 3-10 的规定。

天然花岗石荒料的最小规格尺寸(cm) 表 3-9

项目	长度	宽度	高度
指标，≥	65	40	70

天然花岗石荒料尺寸的极差(cm) 表 3-10

等级	一等品	二等品
极差，≤	4	6

2）天然花岗石荒料的外观质量

天然花岗石荒料的同一批荒料的色调、花纹应基本一致。荒料的外观质量要求应符合表 3-11 的规定。

天然花岗石荒料的外观质量要求 表 3-11

缺陷名称	规定内容	一等品	二等品
裂纹	允许条数(条)	0	2
色斑	面积小于 $10cm^2$(面积小于 $3cm^2$ 不计)，每面允许个数(个)	2	3
色线	长度小于 50cm，每面允许条数(条)	2	3

注：裂纹所造成的荒料体积损失按 JC/T 204 的规定进行扣除。扣除体积损失后每块荒料的规格尺寸符合表 3-9 的规定。

3）天然花岗石荒料的物理性能

天然花岗石荒料的物理性能应符合表 3-12 的要求。

天然花岗石荒料的物理性能 表 3-12

项目			指标
体积密度(g/cm^3)		≥	2.56
吸水率(%)		≤	0.60
干燥压缩强度(MPa)		≥	100.0
干燥	弯曲强度(MPa)	≥	8.0
水饱和			

二、饰面板材

(一) 天然大理石建筑板材

岩石学中所指的大理岩是由石灰岩或白云岩变质而成的变质岩，主要矿物成分是方解石或白云石，主要化学成分为碳酸钙或碳酸镁。但建筑上所说的大理石是广义的，是指具有装饰功能，并可磨光、抛光的各种沉积岩和变质岩；大致分为两类，一类是以含碳酸盐为主要成分的岩石，如大理岩、石灰岩、白云岩等，另一类是以含结晶二氧化硅为主要成分的岩石，如石英岩、砂岩等。比较多见的是用大理岩、石灰岩、砂岩和白云岩加工的大理石，它们经研磨、抛光后形成的镜面有纹理甚至自然图案。

1. 天然大理石建筑板材的分类及等级

按《天然大理石建筑板材》GB/T 19766—2005 规定，大理石板材根据形状可分为普型板(PX)和圆弧板(HM)两类。普型板按规格尺寸偏差、平面度公差、角度公差及外观质量将板材分为优等品(A)、一等品(B)和合格品(C)三个等级。圆弧板按规格尺寸偏差、直线度公差、线轮廓度公差及外观质量将板材分为优等品(A)、一等品(B)和合格品(C)三个等级。

2. 天然大理石建筑板材的技术要求

(1) 规格尺寸允许偏差

1) 普型板尺寸允许偏差应符合表3-13的规定;

2) 圆弧板壁厚最小值应不小于20mm,规格尺寸允许偏差见表3-14。圆弧板各部位名称如图3-2所示。

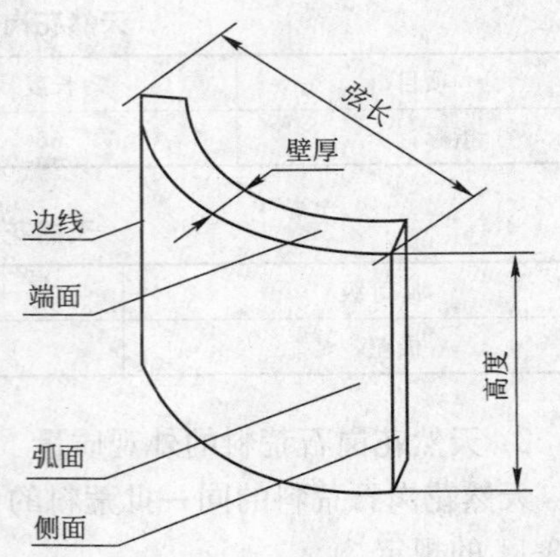

图3-2 天然大理石(花岗石)圆弧板部位名称

天然大理石建筑板材普型板规格尺寸允许偏差(mm) **表3-13**

部位		优等品	一等品	合格品
长、宽度(mm)			0 −1.0	0 −1.5
厚度(mm)	≤12	±0.5	±0.8	±1.0
	>12	±1.0	±1.5	±2.0
干挂板材厚度(mm)			+2.0 0	+3.0 0

天然大理石建筑板材圆弧板规格尺寸允许偏差(mm) **表3-14**

部位	优等品	一等品	合格品
弦长(mm)		0 −1.0	0 −1.5
高度(mm)		0 −1.0	0 −1.5

(2) 平面度允许公差

平面度允许公差应符合表3-15的规定。

天然大理石建筑板材平面度允许公差(mm) **表3-15**

板型	板尺寸(mm)		优等品	一等品	合格品
普型板	板长度	≤400	0.2	0.3	0.5
		>400~≤800	0.5	0.6	0.8
		>800	0.7	0.8	1.0
圆弧板	直线度(按板材高度)	≤800	0.6	0.8	1.0
		>800	0.8	1.0	1.2
	线轮廓度		0.8	1.0	1.2

（3）角度允许公差

1）普型板角度允许公差应符合表3-16的规定；

2）圆弧板端面角度允许公差：优等品为0.4mm，一等品为0.6mm，合格品为0.8mm；

3）普型板拼缝板材正面与侧面的夹角不得大于90°；

4）圆弧板侧面角应不小于90°。

天然大理石建筑板材普型板的角度允许公差（mm）　表3-16

板材长度（mm）	优等品	一等品	合格品
≤400	0.3	0.4	0.5
>400	0.4	0.5	0.7

（4）外观质量

1）同一批板材的色调应基本调和，花纹应基本一致；

2）板材正面的外观缺陷质量要求应符合表3-17的规定。

天然大理石建筑板材的外观缺陷的质量要求　表3-17

名 称	规定内容	优等品	一等品	合格品
裂纹	长度超过10mm的不允许条数（条）		0	
缺棱	长度不超过8mm，宽度不超过1.5mm（长度≤4mm，宽度≤1mm不计），每米长允许个数（个）	0	1	2
缺角	沿板材边长顺延方向，长度≤3mm，宽度≤3mm（长度≤2mm，宽度≤2mm不计），每块板允许个数（个）			
色斑	面积不超过6cm²（面积小于2cm²不计），每块板允许个数（个）			
砂眼	直径在2mm以下		不明显	有，不影响装饰效果

（5）物理性能

1）镜面板材的镜向光泽度应不低于70光泽度单位，若有特殊要求，由供需双方协商确定；

2）板材的其他物理性能指标应符合表3-18的规定。

天然大理石建筑板材的物理性能　表3-18

项 目			指标
体积密度（g/cm³）		≥	2.30
吸水率（%）		≤	0.50
干燥压缩强度（MPa）		≥	50.0
干燥	弯曲强度（MPa）	≥	7.0
水饱和			
耐磨度①（1/cm³）		≥	10

① 为了颜色和设计效果，以两块或多块大理石组合拼接时，耐磨度差异应不大于5，建议适用于经受严重踩踏的阶梯、地面和月台使用的石材耐磨度最小为12。

（二）天然花岗石建筑板材

岩石学中花岗岩是指由石英、长石及少量云母和暗色矿物（橄榄石类、辉石类、角闪石类及黑云母等）组成全晶质的岩石。但建筑上所说的花岗石与大理石一样，也是广义的，是指具有装饰功能、并可磨光、抛光的各类岩浆岩及少量其他类岩石，主要是岩浆岩中的深成岩和部分喷出岩及变质岩，大致包括各种花岗岩、闪长岩、正长岩、辉长岩（以上均属深成岩），辉绿岩、玄武岩、安山岩（以上均属喷出岩），片麻岩（属变质岩）等。这类岩石的组成构造非常致密、矿物全部结晶且晶粒粗大，它们经研磨、抛光后形成的镜面呈斑点状花纹。

1. 天然花岗石建筑板材的分类及等级

《天然花岗石建筑板材》GB/T 18601—2009 规定，天然花岗石板材按形状分为毛光板（MG）、普型板（PX）、圆弧板（HM）和异型板（YX），按表面加工程度分为镜面板（JM）、细面板（YG）和粗面板（CM）。毛光板按厚度偏差、平面度公差、外观质量等将板材分为优等品（A）、一等品（B）、合格品（C）三个等级；普型板按规格尺寸偏差、平面度公差、角度公差、外观质量等分为优等品（A）、一等品（B）、合格品（C）三个等级；圆弧板按规格尺寸偏差、直线度公差、线轮廓度公差、外观质量等分为优等品（A）、一等品（B）、合格品（C）三个等级。

2. 天然花岗石建筑板材的技术要求

（1）一般要求

天然花岗石建筑板材的岩矿结构应符合商业花岗石的定义范畴。规格板的尺寸系列如表 3-19 所示。圆弧板、异型板和特殊要求的普型板规格尺寸由供需双方协商确定。

天然花岗石建筑板材的尺寸系列（mm） **表 3-19**

边长系列	300①、305①、400、500、600①、800、900、1000、1200、1500、1800
厚度系列	10①、12、15、18、20①、25、30、35、40、50

① 常用规格。

（2）加工质量

1）毛光板的平面度公差和厚度偏差应符合表 3-20 的规定；

天然花岗石建筑板材毛光板的平面度公差和厚度偏差（mm） **表 3-20**

项目		镜面和细面板材			粗面板材		
		优等品	一等品	合格品	优等品	一等品	合格品
平面度（mm）		0.80	1.00	1.50	1.50	2.00	3.00
厚度（mm）	≤12	±0.5	±1.0	+1.0 −1.5	—		
	＞12	±1.0	±1.5	±2.0	+1.0 −2.0	±2.0	+2.0 −3.0

2）普型板规格尺寸允许偏差应符合表 3-21 的规定；

3）圆弧板壁厚最小值应不小于 18mm，规格尺寸允许偏差应符合表 3-22 的规定；

天然花岗石建筑板材普型板的规格尺寸允许偏差（mm） **表 3-21**

项目		镜面和细面板材			粗面板材		
		优等品	一等品	合格品	优等品	一等品	合格品
长度、宽度（mm）		0 −1.0		0 −1.5	0 −1.0		0 −1.5
厚度（mm）	≤12	±0.5	±1.0	+1.0 −1.5		—	
	＞12	±1.0	±1.5	±2.0	+1.0 −2.0	±2.0	+2.0 −3.0

天然花岗石建筑板材圆弧板的规格尺寸允许偏差（mm） **表 3-22**

项目	镜面和细面板材			粗面板材		
	优等品	一等品	合格品	优等品	一等品	合格品
弦长（mm）	0 −1.0		0 −1.5	0 −1.5	0 −2.0	0 −2.0
高度（mm）				0 −1.0	0 −1.0	0 −1.5

4）普型板平面度允许公差应符合表 3-23 的要求；

天然花岗石建筑板材普型板平面度允许公差（mm） **表 3-23**

板材长度 L	镜面和细面板材			粗面板材		
	优等品	一等品	合格品	优等品	一等品	合格品
≤400	0.20	0.35	0.50	0.60	0.80	1.00
＞400～≤800	0.50	0.65	0.80	1.20	1.50	1.80
＞800	0.70	0.85	1.00	1.50	1.80	2.00

5）圆弧板直线度与线轮廓度允许公差应符合表 3-24 的要求；

天然花岗石建筑板材圆弧板直线度与线轮廓度允许公差（mm） **表 3-24**

项目		镜面和细面板材			粗面板材		
		优等品	一等品	合格品	优等品	一等品	合格品
直线度（按板材高度）	≤800	0.80	1.00	1.20	1.00	1.20	1.50
	＞800	1.00	1.20	1.50	1.50	1.50	2.00
线轮廓度		0.80	1.00	1.20	1.00	1.50	2.00

6）普型板角度允许公差应符合表 3-25 的要求；

天然花岗石建筑板材普型板角度允许公差（mm） **表 3-25**

板材长度 L	优等品	一等品	合格品
L≤400	0.30	0.50	0.80
L＞400	0.40	0.60	1.00

7）圆弧板端面角度允许差：优等品为 0.4mm，一等品为 0.6mm，合格品为 0.8mm；

8）普型板拼缝板材下正面与侧面的夹角不应大于 90°；

9）圆弧板侧面夹角α(图 3-6)应不小于 90°；

10）镜面板材的镜向光泽度应不低于 80 光泽单位，特殊需要由供需双方协商确定。

（3）外观质量

1）同一批板材的色调应基本调和，花纹应基本一致；

2）板材正面的外观缺陷应符合表 3-26 的规定。毛光板外观缺陷不包括缺棱和缺角。

天然花岗石建筑板材外观质量要求 **表 3-26**

名称	规定内容	优等品	一等品	合格品
缺棱	长度≤10mm，宽度≤1.2mm(长度＜5mm，宽度＜1.0mm 不计)，周边每米长允许个数(个)	0	1	2
缺角	沿板材边长，长度≤3mm，宽度≤3mm(长度≤2mm，宽度≤2mm 不计)，每块板允许个数(个)			
裂纹	长度不超过两端顺延至板边总长度的 1/10(长度＜20mm 不计)，每块板允许条数(条)			
色斑	面积≤15mm×30mm(面积＜10mm×10mm 不计)，每块板允许个数(个)			
色线	长度不超过两端顺延至板边总长度的 1/10(长度＜40mm 不计)，每块板允许条数(条)		2	3

注：干挂板材不允许有裂纹存在。

（4）物理性能

天然花岗石建筑板材的物理性能应符合表 3-27 的规定；工程对石材物理性能项目及指标有特殊要求的，按工程要求执行。

天然花岗石建筑板材的物理性能 **表 3-27**

项目			一般用途	功能用途
体积密度(g/cm^3)		≥	2.56	2.56
吸水率(%)		≤	0.60	0.40
压缩强度(MPa)	≥	干燥	100	131
		水饱和		
弯曲强度(MPa)	≥	干燥	8.0	8.3
		水饱和		
耐磨度①($1/cm^3$)		≥	25	25

① 使用在地面、楼梯踏步、台面等严重踩踏或磨损部位的花岗石石材应检验此项。

（5）放射性

天然花岗石建筑板材放射性应符合 GB 6566 的规定。

第三节 天然石材监理

一、掌握天然石材的选用原则

天然石材的选用原则包括适用性原则和经济性原则。

1. 适用性原则　指选用建筑石材时，应针对建筑物不同部位，选用满足技术要求的石材。

（1）承重石材　承重石材（如基础、勒脚、柱、墙）主要考虑石材的外观（石质是否一致、有无裂纹、有无风化等内容）、强度、耐水性、抗冻性。抗压强度不得小于 10MPa，气温低于－15℃的严寒地区，应做抗冻试验。

（2）围护结构石材　主要考虑石材是否具有良好的绝热性能。

（3）饰面石材　主要考虑尺寸公差、表面平整度、光泽度和外观缺陷；考虑抗风化能力：以含碳酸盐主要成分的大理石板材不耐酸，由于城市空气中常含有二氧化硫，它遇水生亚硫酸、硫酸，再与岩石中的碳酸盐作用，生成易溶于水的石膏，使表面失去光泽，变得粗糙麻面而降低其装饰及使用功能，故以含碳酸盐主要成分的大理石板材不宜用作城市外部饰面材料。而以含二氧化硅晶体为主要成分的大理石板材和花岗石板材不存在这种问题，可用于室内外装修；考虑石材的色彩、纹理、质感与环境的协调性；用于室装修的石材要检测其放射性。

2. 经济性原则　由于天然石材自重大，开采运输不方便，不宜长途运输，故应贯彻就地取材的原则，以便缩短运距，减小劳动强度，降低成本。同时，天然岩石一般质地坚硬，雕琢加工困难，加工费时费工，成本高。一些名贵石材，价格高昂。因此选材时必须予以慎重考虑。

二、掌握大理石板材和花岗石板材的主要特性

大理石板材和花岗石板材的主要特性　　**表 3-28**

特性	大理石板材	花岗石板材
表观密度（kg/m^3）	2600～2700	2600～2800
抗压强度（MPa）	20～140	120～250
加工性	硬度不大（莫氏 3～4），易加工	硬度大（莫氏 6～7），难加工
装饰性	表面呈纹理状，有红、黄、棕、黑、绿等各色，华丽典雅	表面呈斑点状，有灰白、红、浅黄等色，坚实庄重
吸水率（%）	≤0.50%	≤0.60%
耐高温性（抗火性）	不耐高温，碳酸盐在 630℃或 830℃以上开始分解，产生严重破坏	不耐高温，石英在 527℃及 870℃发生晶态转化，产生体积膨胀，产生严重破坏而开裂
耐磨性	好	优异
耐久性	易风化（碳酸盐易被酸雨等侵蚀）	不易风化（石英耐酸性强）

三、大理石板材和花岗石板材进场验收

1. 检查板材的标志和包装情况

板材外包装箱上应注明：企业名称、商标、标记；须有“向上”和“小心轻放”的标志并符合 GB/T 191—2000 中的规定。对安装顺序有要求的板材，应标明安装序号。按板材品种、类别、等级分别包装，并附产品合格证（包括产品名称、规格、等级、批号、检验员、出厂日期）。包装应满足在正常条件下安全装卸、运输的要求。

2. 认真审查质量保证资料

对于天然大理石建筑板材。普型板出厂合格证上，应包括规格尺寸偏差、平面度公差、角度公差、镜向光泽度和外观质量；圆弧板出厂合格证上，应包括规格尺寸偏差、角度公差、直线度公差、线轮廓度公差、镜向光泽度和外观质量。

对于天然花岗石建筑板材。毛光板出厂合格证上，应包括厚度偏差、平面度公差、镜向光泽度和外观质量；普型板出厂合格证上，应包括规格尺寸偏差、平面度公差、角度公差、镜向光泽度和外观质量；圆弧板出厂合格证上，应包括规格尺寸偏差、角度公差、直线度公差、线轮廓度公差和外观质量。

如是型式检验出厂，应包括技术要求中的全部项目。

到场后亦认真查看厂家提供的质量保证资料，杜绝物单不符的现象。用于室内装修的板材应出示放射性检验报告，有些大理石板材和花岗石板材放射剂量超标严重，严禁用于室内装修。

3. 板材的贮存

板材应在室内贮存。室外贮存时应加遮盖。

板材应按品种、规格、等级或工程料部位分别码放。板材直立码放时，应光面相对，倾斜度不大于15°，层间加垫，垛高不得超过1.5m；板材平放时，应光面相对，地面必须平整，垛高不得超过1.2m。包装箱码放高度不得超过2m。

四、大理石板材和花岗石板材的抽查检验

大理石板材和花岗石板材的检验分出厂检验和型式检验两种。有下列情况之一才进行型式检验：新建厂投产时、荒料或生产工艺有较大改变时、正常生产时每年进行一次、国家质量监督机构提出型式检验要求时。监理工程师在选定生产厂时或施工过程中对板材质量产生重大怀疑时可采用型式检验，一般情况下只进行出厂检验。

1. 检验组批的确定

大理石板材以同一品种、等级、规格的板材100m^{2}为一批；不足100m^{2}的按单一工程部位为一批。花岗石板材以同一品种、等级、规格的板材200m^{2}为一批；不足200m^{2}的按单一工程部位为一批。

2. 检验项目的确定

(1) 出厂检验

对于天然大理石建筑板材。普型板出厂合格证上，应包括规格尺寸偏差、平面度公差、角度公差、镜向光泽度和外观质量；圆弧板出厂合格证上，应包括规格尺寸偏差、角度公差、直线度公差、线轮廓度公差、镜面光泽度和外观质量。

对于天然花岗石建筑板材。毛光板出厂合格证上，应包括厚度偏差、平面度公差、镜面光泽度和外观质量；普型板出厂合格证上，应包括规格尺寸偏差、平面度公差、角度公差、镜面光泽度和外观质量；圆弧板出厂合格证上，应包括规格尺寸偏差、角度公差、直线度公差、线轮廓度公差和外观质量。

(2) 型式检验

型式检验项目有：技术要求中的全部项目。

3. 抽样数量的确定

(1) 出厂检验

规格尺寸、平面度、角度、外观质量的检验从同一批板材中随机抽取，大理石板材抽取5%，花岗石板材抽取2%，数量不足10块的，均抽10块。镜面光泽的检验从以上抽取的板材中取5块进行。

(2) 型式检验

规格尺寸偏差、平面度极限公差、角度极限公差、外观质量、镜面光泽度的抽样同出厂检验；表观密度、吸水率、干燥压缩强度、弯曲强度的检验从生产同批板材的荒料中的不同块体上按GB 9966.1～9966.3的规定抽样。

4. 检验方法

(1) 普型板规格尺寸检查

用游标卡尺或能满足测量精度要求的量器具测量板材的长度、宽度、厚度。长度、宽度分别在板材的三个部位测量(见图3-3)；厚度测量4条边的中点部位(图3-4)。分别用偏差的最大值和最小值表示长度、宽度、厚度的尺寸偏差。测量值精确到0.1mm。

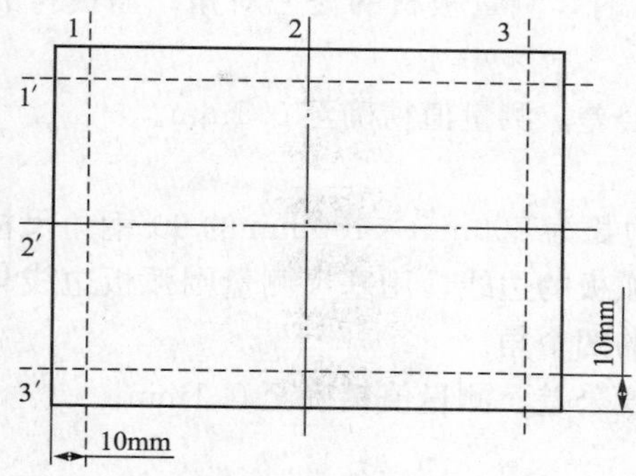

图3-3 长度、宽度的测点图

1、2、3—宽度测量线；1′、2′、3′—长度测量线

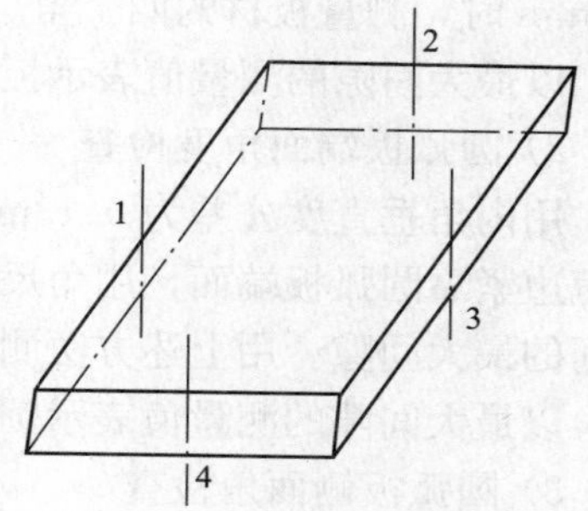

图3-4 厚度的测点图

1、2、3、4—厚度测定点

(2) 圆弧板规格尺寸检查

用游标卡尺或能满足测量精度要求的量器具测量圆弧板的弦长、高度及最大与最小壁厚。在圆弧板的两端面处测量弦长(见图3-2)；在圆弧板端面与侧面测量壁厚(见图3-2)；圆弧板高度测量部位如图3-5所示。分别用偏差的最大值和最小值表示弦长、高度及壁厚的尺寸偏差。测量值精确到0.1mm。

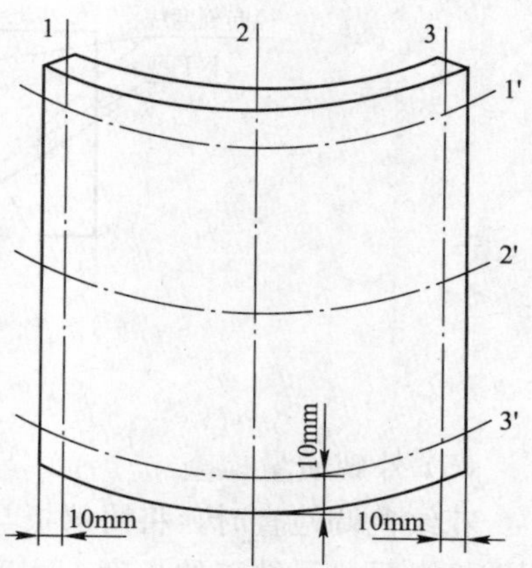

图3-5 圆弧板测量位置

1、2、3—高度和直线测量线；1′、2′、3′—线轮廓度测量线

(3) 平面度检查

1) 普型板平面度检查

将平面度公差为0.01mm的钢平尺分别贴放在距板边10mm处和被检平面的两条对角线上，用塞尺测量尺面与板面的间隙。钢平尺的长度应大于被检面周边和对角线的长度；当被检面周边和对角线长度大于2000mm时，用长度为2000mm的钢平尺沿周边和对

角线分段检测。

以最大间隙的测量值表示板材的平面公差。测量值精确到 0.1mm。

2）圆弧板直线度检查

将平面度公差为 0.1mm 的钢平尺沿圆弧板母线方向贴放在被检弧面上，用塞尺测量尺面与板面的间隙，测量位置如图 3-5 所示。当被检圆弧板高度大于 2000mm 时，用 2000mm 的平尺沿被检测母线分段测量。

3）圆弧板线轮廓度检查

按 GB/T 1800.3—1998 和 GB/T 1801—1999 的规定，采用尺寸精度为 JS7(js7)的圆弧靠模贴靠被检弧面，用塞尺测量靠模与圆弧面之间的间隙，测量位置如图 3-5 所示。

(4) 角度检查

1）普型板角度检查

用内角垂直度公差为 0.13mm，内角边长为 500mm×400mm 的 90°钢角尺检测。将角尺短边紧靠板材的短边，长边贴靠板材的长边，用塞尺测量板材长边与角尺长边之间的最大间隙。当板材的长边小于或等于 500mm 时，测量板材的任一对角；当板材的长边大于 500mm 时，测量板材的四个角。

以最大间隙的测量值表示板材的角度公差。测量值精确至 0.1mm。

2）圆弧板端面角度检查

用内角垂直度公差为 0.13mm，内角边长为 500mm×400mm 的 90°钢角尺检测。将角尺短边紧靠圆弧板端面，用角尺长边靠圆弧板的边线，用塞尺测量圆弧板边线与角尺长边之间的最大间隙。用上述方法测量圆弧板的四个角。

以最大间隙的测量值表示圆弧板的角度公差。测量值精确至 0.1mm。

3）圆弧板侧面角检查

将圆弧靠模贴靠圆弧板装饰面并使其上的径向刻度线延长线与圆弧板边线相交，将小平尺沿径向刻度线置于圆弧靠模上，测量圆弧板侧面与小平尺间的夹角(图 3-6)。

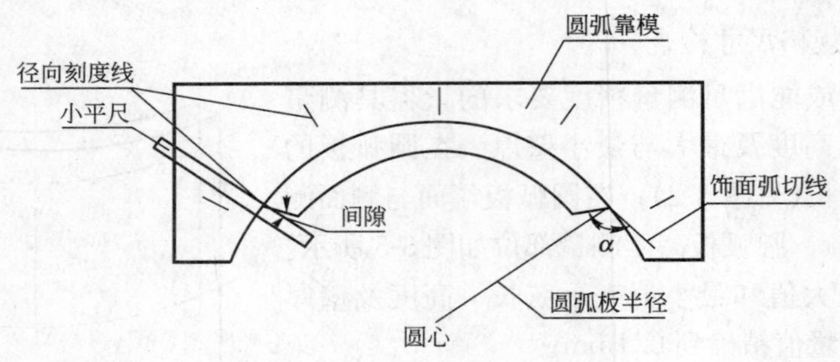

图 3-6 侧面角测量

(5) 外观质量检查

花纹色调检查时，将协议板与被检板材并列平放在地上，距板材 1.5mm 处站立目测。用游标卡尺测量缺陷的长度、宽度，测量值精确到 0.1mm。

(6) 物理性能检查

镜向光泽度检测时，采用入射角为 60°的光泽仪，样品尺寸不小于 300mm×300mm，按 GB/T 13892—1992 的规定检验。干燥压缩强度按 GB/T 9966.1—2001 的规定检验，弯曲强度按 GB/T 9966.2—2001 的规定检验，体积密度和吸水率按 GB/T 9966.3—2001 的规定检验，耐磨性按 GB/T 19766—2005 附录 A 的规定检验，放射性按 GB 6566 的规定检验。

5. 检验结果判定

(1) 出厂检验结果判定

单块板材的所有检验结果均符合技术要求中相应等级时，判为该等级。

根据样本检验结果，若样本中发现的等级不合格数小于或等于合格判定数(A_c)，则判定该批符合该等级；若样本中发现的等级不合格数大于或等于不合格判定数(R_e)，则判定该批不符合该等级。出厂检验判定参数见表 3-29。

天然大理石(花岗石)建筑板材出厂检验判定参数 **表 3-29**

批量范围	样本数	合格判定数(A_c)	不合格判定数(R_e)
≤25	5	0	1
26～50	8	1	2
51～90	13	2	3
91～150	20	3	4
151～280	32	5	6
281～500	50	7	8
501～1200	80	10	11
1201～3200	125	14	15
≥3201	200	21	22

(2) 型式检验结果判定

1) 天然大理石建筑板材

体积密度、吸水率、干燥压缩强度、弯曲强度、耐磨度(使用在地面、楼梯踏步、台面等大理石石材)的试验结果中，有一项不符合表 3-18 时，则判定该批板材为不合格品。其他项目检验结果的判定同出厂检验。

2) 天然花岗石建筑板材

体积密度、吸水率、压缩强度、弯曲强度、耐磨性、放射性水平的试验结果均符合要求时，则判定该批板材以上项目合格；有两项目及以上不符合要求时，则判定该批板材为不合格；有一项不符合要求时，利用备样对该项目进行复检，复检结果合格时，则判定该批板材以上项目合格；否则判定该批板材为不合格。其他项目检验结果的判定同出厂检验。

五、天然大理石荒料和天然花岗石荒料的抽查检验

天然大理石荒料和天然花岗石荒料的检验分出矿检验和型式检验两种。有下列情况之一时进行型式检验：新建矿投产时，矿体色调、花纹和颗粒结构特点有明显变异时，正常生产时每两年进行一次，国家质量监督机构提出型式检验要求时。监理工程师在选定生产厂时或施工过程中对荒料质量产生重大怀疑时可采用型式检验，一般情况下只进行出矿检验。

1. 检验组批的确定

天然大理石荒料以同一色调花纹、类别、等级的荒料以 $10m^3$ 为一检验批，不足 $10m^3$ 的可按一批计；花岗石荒料以同一色调花纹、类别、等级的荒料以 $20m^3$ 为一检验批，不足 $20m^3$ 的可按一批计。

2. 检验项目的确定

(1) 出矿检验

出矿检验项目有：尺寸极差、外观质量。

(2) 型式检验

型式检验项目有：技术要求中的全部项目。

3. 检验数量的确定

(1) 出矿检验

同一批荒料逐块检验。

(2) 型式检验

尺寸极差、外观质量逐块检验；吸水率、体积密度、弯曲强度和干燥压缩强度试验对抽取的样品进行试验。

4. 检验方法

(1) 尺寸极差检查

用钢卷尺测量荒料长度、宽度和高度，分别用最大值与最小值的差值来表示长度、宽度、高度的尺寸极差。精确至 1mm。

(2) 外观质量检查

色调、花纹、颗粒结构用目测检验。色斑用钢卷尺测量色斑的面积，目测色斑个数。色线用目测色线条数。

(3) 物理性能检验

干燥压缩强度按 GB 9966.1 的规定进行，弯曲强度按 GB 9966.2 的规定进行，体积密度和吸水率按 GB 9966.3 的规定进行。

(4) 规定尺寸检查

分别以荒料的长度、宽度和高度的最小值表示。

(5) 验收尺寸检查

大理石荒料验收尺寸分别以荒料的长度、宽度和高度的最小值减去 3cm 表示。花岗石荒料验收尺寸分别以荒料的长度、宽度和高度的最小值减去 5cm 表示。若大理石荒料上有明显裂纹，则按 JC/T 203—2001 中 6.5.2 规定的原则和方法处理。若花岗石荒料上有裂纹，则按 JC/T 204—2001 中 6.5 规定的原则和方法处理。

5. 检验结果判定

(1) 出矿检验

单块荒料的检验结果均符合相应等级的技术要求时，则判定该块荒料符合该等级。

(2) 型式检验

体积密度、吸水率、弯曲强度、干燥压缩强度的检验结果中有一项不符合规定时，则判定该批荒料为不合格品。其他项目检验结果的判定同出矿检验。

六、施工管理

（一）饰面石材

1. 饰面石材施工前，有必要时，设计开料图并按图编号订货。开料图中应力求减少饰面石材的规定种类。按开料图中饰面石材的品种编号并据此订货。施工单位有石材切割机时也可以不作开料图而直接订货。

2. 事先将有缺边掉角、裂纹和局部污染变色的饰面石材挑选出来，完好的进行套方检查，规格尺寸如有偏差，应磨边、修正。

3. 用于室外装饰的板材应该挑选具有耐晒、耐风化、耐腐蚀的块料。用于室内装修的板材应选择放射剂量符合要求的石材(详见第十二章)。

4. 用易退色材料(如草绳)包装大理石板时，拆包前应防止受潮，以免板材被染色。

5. 安装板材所用的锚固件、连接件等应预先准备好铜线或不锈钢材料。

6. 板材铺设前应对块料进行试拼，先对色、拼花、编号再铺贴。

7. 未列事项见第十一章第二节三(五)饰面板(砖)工程。

（二）石砌体

1. 石材及砂浆的强度等级必须符合设计要求。

审查强度指标时，应注意试件尺寸。根据《天然饰面石材试验方法》GB 9966.1—2001 规定，干燥抗压强度的标准尺寸为 50mm×50mm×50mm 或 ϕ50mm×50mm 的圆柱体。而《砌体结构设计规范》GB 50003—2011 规定，石材抗压强度试件的标准尺寸是 70mm×70mm×70mm，当采用 50mm×50mm×50mm 试件时，试验结果应乘上 0.86 的系数。

根据《砌体结构工程施工质量验收规范》GB 50203—2011 规定：同一产地的石材至少应抽检 1 组；每一检验批且不超过 250m^3 石砌体所用砌筑砂浆，每台搅拌机应至少抽检一次，抽检时在搅拌机出料口随机取样。

2. 石砌体采用的石材应质地坚实，无裂纹和无明显风化剥落；用于清水墙、柱表面的石材，尚应色泽均匀；石材的放射性应经检验，其安全性应符合现行国家标准《建筑材料放射性核素限量》GB 6566 的有关规定。

3. 石材表面的泥垢、水锈等杂质，砌筑前应清除干净。

4. 砌筑毛石基础的第一皮石块应坐浆，并将大面向下；砌筑料石基础的第一皮石块应用丁砌层坐浆砌筑。

5. 毛石砌体的第一皮及转角处、交接处和洞口处，应用较大的平毛石砌筑。每个楼层(包括基础)砌体的最上一皮，宜选用较大的毛石砌筑。

6. 毛石砌筑时，对石块间存在较大的缝隙，应先向缝内填灌砂浆并捣实，然后再用小石块嵌填，不得先填小石块后填灌砂浆，石块间不得出现无砂浆相互接触现象。

7. 砌筑毛石挡土墙应按分层高度砌筑，并应符合下列规定：

(1) 每砌 3 皮～4 皮为一个分层高度，每个分层高度应将顶层石块砌平；

(2) 两个分层高度间分层处的错缝不得小于 80mm。

8. 料石挡土墙，当中间部分用毛石砌筑时，丁砌料石伸入毛石部分的长度不应小于 200mm。

9. 毛石、毛料石、粗料石、细料石砌体灰缝厚度应均匀，灰缝厚度应符合下列规定：

(1) 毛石砌体外露面的灰缝厚度不宜大于 40mm；

(2) 毛料石和粗料石的灰缝厚度不宜大于 20mm；

(3) 细料石的灰缝厚度不宜大于 5mm。

10. 挡土墙的泄水孔当设计无规定时，施工应符合下列规定：

(1) 泄水孔应均匀设置，在每米高度上间隔 2m 左右设置一个泄水孔；

(2) 泄水孔与土体间铺设长宽各为 300mm、厚 200mm 的卵石或碎石作疏水层。

11. 挡土墙内侧回填土必须分层夯填，分层松土厚度宜为 300mm。墙顶土面应有适当坡度使流水流向挡土墙外侧面。

12. 在毛石和实心砖的组合墙中，毛石砌体与砖砌体应同时砌筑，并每隔 4 皮～6 皮砖用 2 皮～3 皮丁砖与毛石砌体拉结砌合；两种砌体间的空隙应填实砂浆。

13. 毛石墙和砖墙相接的转角处和交接处应同时砌筑。转角处、交接处应自纵墙（或横墙）每隔 4 皮～6 皮砖高度引出不小于 120mm 与横墙（或纵墙）相接。

14. 砌筑砂浆试块强度验收时其强度合格标准应符合下列规定：

(1) 同一验收批砂浆试块强度平均值大于或等于设计强度等级值的 1.10 倍；

(2) 同一验收批砂浆试块抗压强度的最小一组平均值应大于或等于设计强度等级值的 85%。

注：砌体砂浆的验收批，同一类型、强度等级的砂浆试块不应少于 3 组；同一验收批砂浆只有 1 组或 2 组试块时，每组试块抗压强度平均值应大于或等于设计强度等级值的 1.10 倍；对于建筑结构的安全等级为一级或设计使用年限为 50 年及以上的房屋，同一验收批砂浆试块的数量不得少于 3 组。

第四章　气硬性胶凝材料

建筑上用来将散粒材料(如砂、石子、陶粒等)或块状材料(如砖、石块等)粘结成为整体的材料，统称为胶凝材料。胶凝材料按化学成分可分类如下：

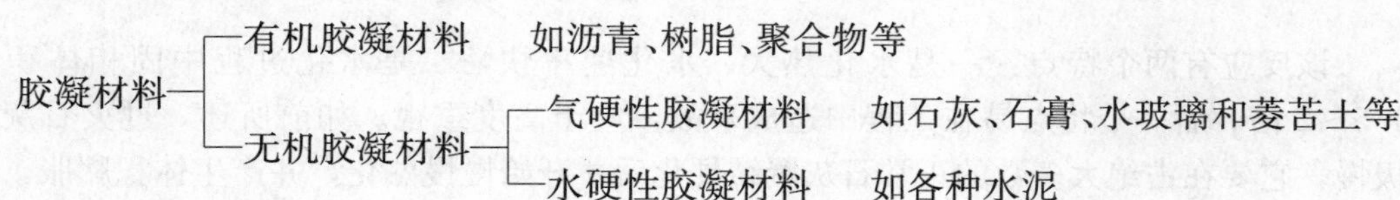

所谓气硬性胶凝材料是指只能在空气中硬化，也只能在空气中保持或继续发展其强度的胶凝材料，这类胶凝材料耐水性差，只适用于地上或干燥环境，不宜用于潮湿环境，更不能用于水中。水硬性胶凝材料是指不仅能在空气中硬化，而且能更好地在水中硬化，并保持和继续发展其强度的胶凝材料，水是这类胶凝材料产生凝结硬化和强度发展的基本前提，所以，它们既适用于地上，也可用于地下或水下环境。

第一节　石灰及其监理

石灰是建筑工程上使用较早的矿物胶凝材料之一，它是具有不同化学成分和物理形态的生石灰、消石灰、水硬性石灰的统称。

一、石灰的基本性能

(一) 石灰的生产和品种

生石灰是以碳酸钙($CaCO_3$)为主要成分的石灰石、白云石、贝壳、白垩等为原料，在低于烧结温度下煅烧所得的产物，其主要成分是 CaO。

煅烧温度对生石灰的质量产生重大影响。$CaCO_3$ 的理论分解温度为 900℃，实际煅烧温度在 1000～1100℃。煅烧温度过低，$CaCO_3$ 分解不完全，会产生欠火石灰，所得石灰胶凝性差；煅烧温度过高或煅烧时间过长，会产生过火石灰。过火石灰内部结构致密，CaO 晶粒粗大，表面被一层玻璃釉状物包裹，与水反应极慢，会引起制品的隆起或开裂。

因石灰原料常含有一些碳酸镁，所以石灰中也会含有一定量的氧化镁。根据《建筑生石灰》JC/T 479-92 规定，按氧化镁含量的多少，建筑石灰分为钙质和镁质两类，前者 MgO 含量小于 5％。

根据成品的加工方法不同，石灰有以下四种成品：

1. 块状生石灰：由原料煅烧得到的块状白色原成品，主要成分为 CaO。
2. 磨细生石灰：由块状生石灰磨细而得到的细粉，主要成分为 CaO。
3. 消石灰(熟石灰)：将生石灰用适量的水消化和干燥而成的粉末，主要成分为

$Ca(OH)_2$。

4. 石灰膏：将块状生石灰用过量水（约为生石灰体积的3～4倍）消化，或将消石灰粉和水拌合，所得到一定稠度的膏状物，主要成分为$Ca(OH)_2$。

（二）石灰的水化和硬化

1. 石灰的水化

生石灰的水化又称熟化或消化，它是指生石灰与水发生水化反应，生成$Ca(OH)_2$的过程，其反应式如下：

$$CaO+H_2O \longrightarrow Ca(OH)_2+64.9kJ$$

该反应有两个特点：一是水化热大、水化速率快，二是水化过程中固相体积增大1.5～2倍。后一个特点易在工程中造成事故，应予高度重视。如前所述，过火石灰水化极慢，它要在占绝大多数的正常石灰凝结硬化后才开始慢慢熟化，并产生体积膨胀，从而引起已硬化的石灰体发生鼓包开裂破坏。为了消除过火石灰的危害，通常生石灰熟化时要陈伏，即将熟化后的石灰浆（膏）在消化池中储存2～3周以上才予使用。

2. 石灰的硬化

石灰浆体在空气中逐渐硬化，是由以下两个同时进行的过程来完成：

(1) 结晶作用　游离水分蒸发，$Ca(OH)_2$逐渐从饱和溶液中结晶析出。

(2) 碳化作用　$Ca(OH)_2$与空气中的CO_2和水化合生成碳酸钙结晶，释放出水分并被蒸发，其反应式为：

$$Ca(OH)_2+CO_2+nH_2O \longrightarrow CaCO_3+(n+1)H_2O$$

碳化作用在有水的情况下才能进行，碳化速度缓慢，生成的$CaCO_3$结构较致密，当表面形成$CaCO_3$层达到一定厚度时，将阻碍CO_2向内渗透，所以石灰浆硬化体的结构为：表面是一层$CaCO_3$外壳，内部为未碳化的$Ca(OH)_2$，这是石灰耐水性差的原因所在。

（三）石灰的特性

1. 可塑性好和保水性好。生石灰熟化后形成的石灰浆，是球状细颗粒高度分散的胶体，表面附有较厚的水膜，降低了颗粒之间的摩擦力，具有良好的塑性，易铺摊成均匀的薄层。在水泥砂浆中加入石灰膏，可使可塑性和保水性显著提高。

2. 生石灰水化时水化热大，固相体积增大。

3. 硬化缓慢，硬化后强度低。

4. 硬化时体积收缩大。施工时为防止石灰硬化时产生收缩，要掺入一定量的骨料（如砂）或纤维材料（如麻刀、纸筋）。

5. 耐水性差。石灰不宜用于潮湿环境。

二、石灰的技术要求

《建筑生石灰》JC/T 479—1992、《建筑生石灰粉》JC/T 480—1992规定的技术要求如表4-1、表4-2所示。建筑消石灰粉按氧化镁含量分为钙质消石灰粉、镁质消石灰粉、白云石消石灰粉三种，如表4-3所示；《建筑消石灰粉》JC/T 481—1992规定的技术要求如表4-4所示。

建筑生石灰技术指标 **表 4-1**

项目		钙质生石灰			镁质生石灰		
		优等品	一等品	合格品	优等品	一等品	合格品
(CaO+MgO)含量(%)	⩾	90	85	80	85	80	75
未消化残渣含量(5mm 圆孔筛筛余)(%)	⩽	5	10	15	5	10	15
CO_2 含量(%)	⩽	5	7	9	6	8	10
产浆量(L/kg)	⩾	2.8	2.3	2.0	2.8	2.3	2.0

建筑生石灰粉技术指标 **表 4-2**

项目			钙质生石灰			镁质生石灰		
			优等品	一等品	合格品	优等品	一等品	合格品
(CaO+MgO)含量(%)		⩾	85	80	75	80	75	70
CO_2 含量(%)		⩽	7	9	11	8	10	12
细度	0.90mm 筛筛余(%)	⩽	0.2	0.5	1.5	0.2	0.5	1.5
	0.125mm 筛筛余(%)	⩽	7.0	12.0	18.0	7.0	12.0	18.0

建筑消石灰粉按氧化镁含量的分类界限 **表 4-3**

品种名称	钙质消石灰粉	镁质消石灰粉	白云石消石灰粉
氧化镁含量(%)	⩽4	4⩽MgO<24	24⩽MgO<30

建筑消石灰粉技术指标 **表 4-4**

项目			钙质消石灰粉			镁质消石灰粉			白云石消石灰粉		
			优等品	一等品	合格品	优等品	一等品	合格品	优等品	一等品	合格品
(CaO+MgO)含量(%)		⩾	70	65	60	65	60	55	65	60	55
游离水(%)			0.4～2	0.4～2	0.4～2	0.4～2	0.4～2	0.4～2	0.4～2	0.4～2	0.4～2
体积安定性			合格	合格	—	合格	合格	—	合格	合格	—
细度	0.90mm 筛筛余(%)	⩽	0	0	0.5	0	0	0.5	0	0	0.5
	0.125mm 筛筛余(%)	⩽	3	10	15	3	10	15	3	10	15

生石灰熟化时的未消化残渣含量和产浆量的测定方法是：将规定重量、一定粒径的生石灰块放入装有水的筛筒内，在规定时间内使其消化，然后测定筛上未消化残渣的含量，再测出筛下生成的石灰浆体积，便得产浆量，单位为 L/kg。一般 1kg 生石灰约加 2.5kg 水，经消化沉淀除水后，可制得表观密度为 1300～1400kg/m^3 的石灰膏 1.5～3L。

消石灰粉的游离水是指在 100～105℃时烘至恒重后的重量级损失。消石灰粉的体积安定性是将一定稠度的消石灰浆做成中间厚、边缘薄的一定直径的试饼，然后在 100～105℃烘干 4h，若无溃散、裂纹、鼓包等现象则为体积安定性合格。

三、石灰的监理

（一）熟悉石灰的基本性质和技术要求

（二）熟悉石灰的主要应用

石灰在建筑工程中应用面大，监理工程师应熟悉其常见用途。常见用途如表 4-5。

石灰的主要用途 表 4-5

石灰品种	主 要 用 途
块状生石灰	(1) 熟化成石灰膏或消石灰粉；(2) 磨细成生石灰粉；(3) 加固含水的软土地基；(4) 制造破碎剂和膨胀剂
磨细生石灰粉	(1) 调制石灰砌筑砂浆或抹面砂浆；(2) 配制无熟料水泥(矿渣、粉煤灰、火山灰质材料等与石灰共同磨细)；(3) 制作硅酸盐制品(如灰砂砖)；(4) 制作碳化制品；(5) 配制三合土和灰土
消石灰粉	(1) 制作硅酸盐制品；(2) 配制三合土和灰土
石灰膏	(1) 调制石灰砌筑砂浆或抹面砂浆；(2) 稀释成石灰乳，用于内墙和平顶刷白

在监理时要注意以下几点：

1. 块状生石灰熟化成石灰膏时，必须在化灰池中陈伏 2～3 周以上，以消除过火石灰的危害。陈伏时，石灰浆表面应保持一层水来隔绝空气，防止碳化。监理工程师应做好事前控制，切忌陈伏时间不足便使用，过火石灰会引起的严重工程质量事故(如砌体开裂、扭曲)。

2. 磨细生石灰具有很高的细度，水化反应速度快，水化时体积膨胀均匀，避免了产生局部膨胀过大现象，所以可不经预先消化和陈伏直接应用。

3. 生石灰可加固地基、制造破碎剂和膨胀剂是利用 CaO 水化时体积产膨胀的特性。

4. 三合土按生石灰粉(或消石灰粉)：黏土：砂子(或碎石、炉渣)＝1：2：3 的比例来配制，灰土按石灰粉(或消石灰粉)：黏土＝1：2 的比例来配制。它们主要用于建筑物的基础、路面或地面的垫层，也就是说用于与水接触的环境，这与其气硬性相矛盾。对这一应用常见的解释为：三合土和灰土在强力夯打之下，密实度大大提高，而且可能是黏土中的少量活性 SiO_2 和活性 Al_2O_3 与石灰粉水化产物作用，生成了水硬性的水化硅酸钙和水化铝酸钙。

5. 生石灰粉能配制无熟料水泥，是利用生石灰水化产物 $Ca(OH)_2$ 对工业废渣碱性激发作用，生成有胶凝性、耐水性的水化硅酸钙和水化铝酸钙。这一原理在利用工业废渣来生产建筑材料时广泛采用。

(三) 石灰的保管和块灰的外观鉴别

1. 石灰的保管

生石灰在运输或贮存时，应避免受潮，以防止生石灰吸收空气中的水分而自行熟化，然后又在空气中碳化而失去胶结能力。将石灰在化灰池陈伏(表面应覆盖一层水，防止使用前发生碳化)、贮存，随用随取。生石灰不能与易爆、易燃及液体物质混存混运，以免引起爆炸和发生火灾，石灰的保管不宜超过一个月。

2. 块灰的外观鉴别

对新运到工地的石灰，通过外观鉴别，可以初步区别石灰质量优劣，方法如下：

(1) 观察其颜色是呈白色或灰黄色，并用指甲刮之，如全部断面硬度相同，则其断面组织一致，否则则为未烧透块灰。

(2) 凡过火块灰，其表面呈玻璃釉状，质硬难化，色泽暗淡呈灰黑色。

(3) 凡欠火块灰，其断面中部色彩深于边缘色彩，以指甲刮之，中部硬于边缘，较新鲜烧透块灰重。投入盐酸内发生沸腾作用，并排出二氧化碳。

(四) 石灰的取样、复检结果判定和试验方法

1. 取样

石灰的取样　　表 4-6

石灰品种	取样批量	取样方法
建筑生石灰	日产量 200t 以上，≤200t/批 日产量 200t 以下，≤100t/批 日产量 100t 以下，≤日产量/批	从整批物料的不同部位选取，取样点不少于 25 个，每个点的取样量不少于 2kg，缩分至 4kg 装入密封容器内
建筑生石灰粉	同上	散装生石灰粉：随机取样或使用自动取样器取样。 袋装生石灰粉：从本批产品中随机抽取 10 袋，样品总量不少于 3kg。 试样采集过程中应贮存于密封容器中，在采样结束后立即用四分法缩至 300g，装于磨口广口瓶中，密封和标示
建筑消石灰粉	≤100t/批	从每一批量的产品中抽取 10 袋，从每袋不同位置抽取 100g 样品，总量不少于 1kg，混合均匀，四分法缩取至 250g

2. 复检结果判定

产品技术指标均达到技术要求中相应等级时判定为该等级，有一项指标低于合格品要求时，判为不合格品。

3. 试验方法

按《建筑石灰试验方法》JC/T 478—1992 进行。

第二节　建筑石膏及其监理

石膏是一种以硫酸钙为主要成分的气硬性胶凝材料。石膏胶凝材料及其制品是一种理想的高效节能材料，在建筑中已得到广泛应用。其制品具有质量轻、抗火、隔音、绝热效果好等优点，同时生产工艺简单，资源丰富。它不仅是一种有悠久历史的胶凝材料，而且是一种有发展前途的新型建筑材料。如美国目前 80%的住宅用石膏板作内墙和吊顶，在日本、欧洲，石膏板的应用也很普遍。我国石膏板的应用正越来越多。

一、石膏的品种和建筑石膏的生产

(一) 石膏的种类

石膏包括以下几个种类：

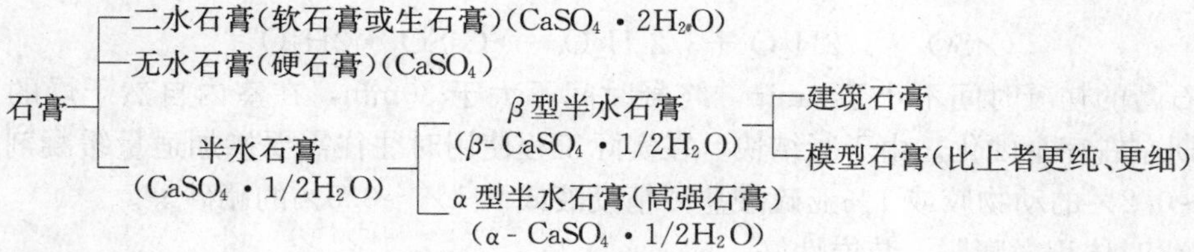

建筑中使用最多的石膏胶凝材料是建筑石膏，其次是高强石膏。

（二）建筑石膏的生产

生产建筑石膏的原料主要是二水石膏，也可采用工业副产石膏。

《天然石膏》GB/T 5483—2008 规定，天然石膏按矿物组分分为石膏(即二水石膏，代号 G)、硬石膏(即无水石膏，代号 A)和混合石膏(二水石膏与无水石膏混合物，代号 M)三类。各类天然石膏按品位分为特级、一级、二级、三级、四级等五个级别，如表 4-7 所示。

天然石膏的等级 **表 4-7**

级别	品位(质量分数)(%)		
	石膏(G)	硬石膏(A)	混合石膏(M)
特级	≥95	—	≥95
一级	≥85		
二级	≥75		
三级	≥65		
四级	≥55		

将 $CaSO_4 \cdot 2H_2O$ 在不同煅烧条件下、不同压力和温度下加热，可制得晶体结构和性质各异的多种石膏胶凝材料，见图 4-1。

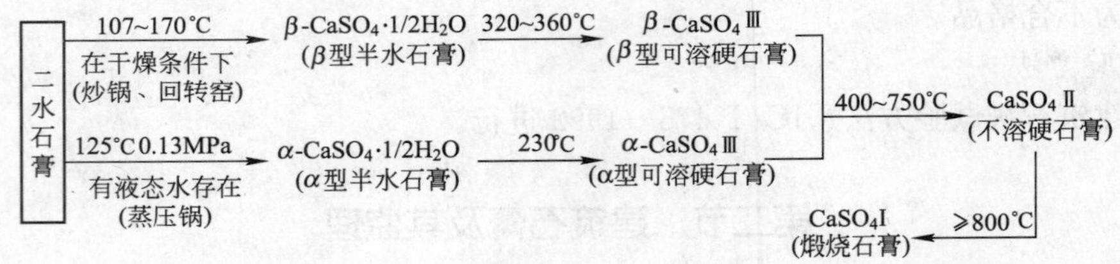

图 4-1 二水石膏的加热变种

从上图可知，建筑石膏是 $CaSO_4 \cdot 2H_2O$ 在干燥条件下经过低温煅烧而成的，主要成分是 β- $CaSO_4 \cdot 1/2H_2O$。

二、建筑石膏的特性

1. 凝结硬化快

建筑石膏与适量水拌合后，最初为可塑的浆体，但很快就失去塑性而产生凝结硬化，继而发展成为固体($CaSO_4 \cdot 2H_2O$ 的结晶结构网)。半水石膏与水反应生成二水石膏，反应式如下：

$$CaSO_4 \cdot 1/2H_2O + 3/2\ H_2O \longrightarrow CaSO_4 \cdot 2H_2O$$

建筑石膏的初凝时间不小于 6min，终凝时间不大于 30min，在室内自然干燥的条件下，一星期左右完全硬化。由于凝结快，在实际工程使用时往往需要掺加适量缓凝剂，如掺 0.1%～0.2%的动物胶或 1%亚硫酸盐酒精废液或 0.1%～0.5%的硼砂等。

2. 硬化时体积微膨胀、装饰性好

石灰和水泥(膨胀水泥、自应力水泥除外)等胶凝材料硬性化时会产生收缩，而建筑石膏却有微膨胀(膨胀率为0.05%～0.15%)，这使石膏制品表面光滑饱满、棱角清晰，干燥时不开裂，装饰性好。

3. 硬化后孔隙率较大，表观密度和强度较低

建筑石膏在使用时，为获得良好的流动性，加入的水量比水化所需的理论水量多。理论需水量为18.6%，而实际加水量约为60%～80%。石膏凝结后，多余水分蒸发，在石膏硬化体内留下大量孔隙，孔隙率高达50%～60%，故表观密度小，强度低。

4. 隔热、吸声性能好

因为石膏硬化体孔隙率高。

5. 抗火性能好

石膏制品的化学成分主要是$CaSO_4 \cdot 2H_2O$，遇火后，结晶水蒸发并吸收热量，在制品表面形成蒸汽水雾，能阻止瞬时火焰。

6. 具有一定的调温调湿性

建筑石膏热容量大，多孔、吸湿性强，具有一定的"呼吸作用"，能对室内温度和湿度有一定调节作用。

7. 耐水性和抗冻性差

建筑石膏吸湿、吸水性大，在潮湿环境中，$CaSO_4 \cdot 2H_2O$的结晶接触点易溶于水，故耐水性差。另外，建筑石膏孔内的水结冰后体积膨胀，加之石膏制品本身的强度低，故抗冻性差。

8. 加工性能好

石膏制品可据、可刨、可钉、可打眼。

三、建筑石膏技术要求

《建筑石膏》GB 9776—2008规定，建筑石膏中的β半水石膏含量不能低于60%，建筑石膏按2h抗折强度分为3.0、2.0、1.6三个等级，其物理力学性能见表4-8。工业副产建筑石膏放射性核素限量应符合GB 6566要求。

建筑石膏物理力学性能 **表4-8**

等级	细度(0.2mm方孔筛筛余)(%)	凝结时间(min)		2h强度(MPa)	
		初凝	终凝	抗折	抗压
3.0	≤10	≥3	≤30	≥3.0	≥6.0
2.0				≥2.0	≥4.0
1.6				≥1.6	≥3.0

四、石膏的监理

(一) 熟悉建筑石膏的基本性质和技术要求

(二) 熟悉石膏的应用

1. 配制粉刷石膏

粉刷石膏是指用二水硫酸钙脱水或无水硫酸钙经煅烧和/或激发，其生成物半水硫酸钙和Ⅱ型无水硫酸钙单独或两者混合后掺入外加剂，也可加入集料制成的抹灰材料。粉刷

石膏根据用途的不同分为面层粉刷石膏(代号 F)、底层粉刷石膏(代号 B)和保温层粉刷石膏(代号 T)。面层粉刷石膏是指用于底层粉刷石膏或其他基底上的最后一层石膏抹灰材料，通常不含集料，具有较高的强度；底层粉刷石膏是指用于基底找平的石膏抹灰材料，通常含有集料；保温层粉刷石膏是一种含有轻集料其硬化体体积密度不大于 500kg/m^3 的石膏抹灰材料，具有较好的热绝缘性。

《粉刷石膏》JC/T 517—2004 规定，面层粉刷石膏的细度以 1.0mm 和 0.2mm 筛的筛余百分率计，分别应不大于 0%和 40%。粉刷石膏的初凝时间应不小于 60min，终凝时间应不大于 8h，可操作时间应不小于 30min。面层粉刷石膏保水率应不小于 90%，底层粉刷石膏保水率应不小于 75%，保温层粉刷石膏保水率应不小于 60%。保温层粉刷石膏的体积密度应不大于 500kg/m^3。粉刷石膏的强度不小于表 4-9 的数值。

粉刷石膏的强度(MPa) **表 4-9**

产品类别	面层粉刷石膏	底层粉刷石膏	保温层粉刷石膏
抗折强度	3.0	2.0	—
抗压强度	6.0	4.0	0.6
剪切粘结强度	0.4	0.3	—

2. 建筑石膏制品

建筑石膏制品的种类很多，如纸面石膏板、空心石膏条板、纤维石膏板、石膏砌块和装饰石膏板等。它们主要用作分室墙、内隔墙、吊顶和装饰。建筑石膏配以纤维增加材料、胶粘剂等还可制成石膏角线、线板、角花、灯圈、罗马柱、雕塑等艺术装饰品。

3. 石膏制品不能用水玻璃涂刷或浸渍。因为二者之间发生化学反应，生成 Na_2SO_4，其在石膏制品孔隙中结晶膨胀，导致破坏。

4. 石膏制品的使用温度不宜超过 70℃。因为 $CaSO_4 \cdot 2H_2O$ 在 100℃左右即开始分解，导致制品强度显著降低。

(三) 石膏的保管

建筑石膏在运输、贮存过程中必须防止受潮，一般贮存 3 个月后，强度下降 30%左右，所以贮存期超过 3 个月，应重新检验。

(四) 石膏的取样、检验项目、复检结果判定和试验方法

1. 取样

石膏的取样 **表 4-10**

石膏品种	取样批量	取样方法
建筑石膏	对于年产量＜15 万 t 的生产厂，以不超过 60t 产品为一批；对于年产量≥15 万 t 的生产厂，以不超过 120t 产品为一批。产品不足一批时按一批计	(1) 产品袋装时，从一批产品中随机抽取 10 袋，每袋抽取约 2kg，总量不小于 20kg；产品散装时，在产品卸料处或产品输送机具上每 3min 抽取约 2kg，总量不小于 20kg。 (2) 将抽取的试样搅拌均匀，一分为二，一份做试验，另一份密封保存三个月，以备复验用
粉刷石膏	以连续生产的 60t 产品为一批，不足 60t 产品时也可以一批计	(1) 从一批中随机抽取 10 袋，每袋抽取约 3L，总共不少于 30L。 (2) 将抽取的试样充分拌匀，分为三等份，保存在密封容器中，以其中 1 份做试验，其余两份在室温下保存 3 个月

2. 检验项目

(1) 出厂检验　建筑石膏出厂检验项目包括细度、凝结时间和抗折强度。面层粉刷石膏出厂检验项目包括细度、凝结时间、抗折强度和保水率；底层粉刷石膏出厂检验项目包括凝结时间、保水率和抗折强度；保温层粉刷石膏出厂检验项目包括凝结时间、体积密度和抗压强度。

(2) 型式检验　建筑石膏型式检验项目有β半水石膏含量、物理力学性能(表 4-8)和放射性核素限量。粉刷石膏型式检验项目包括细度、凝结时间、可操作时间、保水率、体积密度和强度(表 4-9)。

3. 检验结果判定

(1) 建筑石膏　抽取做试验的试样，在标准试验条件下密封放置 24h，之后分为三等份，其中用一份做试验。若检验结果均符合要求，则判定该批产品合格。若有一个以上指标不合格，即判为批不合格。如果只有一个指标不合格，则可用其他两份试样对不合格项目进行重检。重检结果，如两个试样均合格，则该批产品判为批合格；如仍有一个试样不合格，则该批产品判为批不合格。

(2) 粉刷石膏　将抽取的试样充分拌匀，分为三等份，保存在密封容器中。用其中一份做试验，试样检验结果均符合相应等级技术要求，则判为该批产品合格。若有一项以上指标不符合标准要求，即判该批产品不合格。若只有一项指标不符合标准要求，则可用其他两份试样对不合格项目进行复检。复检结果，若两个试样均符合标准要求，则判该批产品合格；如仍有一个试样不符合标准要求，则判该批产品不合格。

4. 试验方法

按《建筑石膏》GB/T 9776—2008 和《粉刷石膏》JC/T 517—2004 进行。

第三节　水玻璃及其监理

水玻璃俗称泡花碱，是一种能溶于水的硅酸盐，由碱金属氧化物和二氧化硅组成，化学通式为 $R_2O \cdot nSiO_2$，式中 n 是 SiO_2 与 R_2O 之间的摩尔比，为水玻璃的模数，一般在 1.5～3.5 之间。常见的水玻璃有钠水玻璃($Na_2O \cdot nSiO_2$)和钾水玻璃($K_2O \cdot nSiO_2$)，以 $Na_2O \cdot nSiO_2$ 最常见。

模数是水玻璃的重要技术参数。水玻璃的模数愈大，愈难溶于水。模数为 1 时，能在常温水中溶解，模数增大，只能在热水中溶解，当模数大于 3 时，要在 0.4MPa 以上的蒸汽中才能溶解。但水玻璃的模数愈大，其水溶液的粘结能力越大。当模数相同时，水玻璃溶液的密度越大，则浓度越稠密、粘结能力越好。建筑工程中常用的水玻璃模数为 2.6～2.8，其密度为 1.3～1.4g/cm^3。

一、水玻璃的特性

水玻璃溶液在空气中吸收 CO_2 形成无定形硅胶，并逐渐干燥而硬化，其反应为：

$$Na_2O \cdot nSiO_2 + CO_2 + mH_2O \longrightarrow Na_2CO_3 + nSiO_2 \cdot mH_2O \xrightarrow{\text{脱水}} nSiO_2$$

上述反应过程进行缓慢。为加速硬化，常在水玻璃中加入促硬剂氟硅酸钠，促使硅酸凝胶加速析出，其反应式如下：

$$2[Na_2O\cdot nSiO_2]+Na_2SiF_6+mH_2O\longrightarrow 6NaF+(2n+1)SiO_2\cdot mH_2O\xrightarrow{\text{脱水}} nSiO_2$$

氟硅酸钠的适宜掺量为水玻璃质量的 12%～15%。用量太少，硬化速度慢、强度低，且未反应的水玻璃易溶于水，导致耐水性差；用量过多，则凝结过快，造成施工困难，且渗透性大，强度也低。

水玻璃有以下特性(水玻璃硬化体的主要成分是 SiO_2，它的一些性质与 SiO_2 相似)：

1. 良好的粘结性。

2. 很强的耐酸性。水玻璃能抵抗多数酸的作用(氢氟酸除外)。

3. 较好的耐高温性。水玻璃可耐 1200℃的高温，在高温下不燃烧，不分解，强度不降低，甚至有所增加。

二、水玻璃的监理

(一) 氟硅酸钠有毒，操作时要戴口罩，以防中毒。

(二) 水玻璃模数的大小可根据要求配制。水玻璃溶液中加入 NaOH 可降低模数，溶入硅胶(或硅灰)可以提高模数。或用模数大小不同的两种水玻璃掺配使用。

(三) 将水玻璃溶液与 $CaCl_2$ 溶液交替灌入土层中，可加固地基。

(四) 用水玻璃涂刷或浸渍黏土砖、硅酸盐制品、水泥混凝土等含 $Ca(OH)_2$ 的多孔材料，可以提高它们的密实性和抗风化能力。但不能涂刷或浸渍石膏制品，否则引起石膏制品的开裂。

(五) 配制快凝防水剂。水玻璃能促进水泥凝结，如在水泥中掺入约为水泥重量 0.7 倍的水玻璃，初凝为 2min，可直接用于堵漏。在水玻璃中加入二至五种矾，能配制各种快凝防水剂，常见的矾有蓝矾、明矾、红矾、紫矾等，防水剂的配制方法为：选取二种、三种、四种或五种矾各 1 份溶于 60 份 100℃的水中，冷却至 50℃后，投入 400 份水玻璃中搅拌均匀即可。这种防水剂分别称为二矾、三矾、四矾或五矾防水剂。

第五章　水　泥

水泥是一种良好的矿物胶凝材料，它是在煅烧石灰的劳动实践中，逐渐由气硬性胶凝材料改进而成的水硬性胶凝材料。水泥不仅能在空气中硬化，而且能更好地在水中硬化，并保持和发展强度。

1824 年，英国人约瑟夫・阿斯帕丁(Joseph Aspdin)设厂制造水泥获得成功，并把制造成的水泥命名为 Portland Cement(波特兰水泥)。从此，近 190 年来波特兰水泥这个名称一直为世界多数国家所沿用。因波特兰水泥的组成中硅酸盐占很大比例，我国将其称为硅酸盐水泥。

水泥工业发展非常快，水泥在土木工程中应用极其广泛，是最重要的建筑材料之一，它同建筑钢材、木材一并成为三大建筑材料。硅酸盐水泥已发展成了硅酸盐系列水泥，另外，水泥还发展有铝酸盐系列水泥、硫酸盐系列水泥等。水泥按用途和性能的分类如表 5-1 所示。本章重点介绍硅酸盐系列水泥。

水泥按用途和性能分类表　　　　**表 5-1**

分类	品　种
通用硅酸盐水泥	硅酸盐水泥、普通硅酸盐水泥、矿渣硅酸盐水泥、火山灰质硅酸盐水泥、粉煤灰硅酸盐水泥、复合硅酸盐水泥
专用水泥	油井水泥、砌筑水泥、耐酸水泥、耐碱水泥、道路水泥等
特性水泥	白色硅酸盐水泥、快硬硅酸盐水泥、铝酸盐水泥、硫铝酸盐水泥、抗硫酸盐水泥、膨胀水泥、自应力水泥等

第一节　通用硅酸盐水泥

通用硅酸盐水泥是以硅酸盐水泥熟料和适量的石膏，及规定的混合材料制成的水硬性胶凝材料。《通用硅酸盐水泥》GB 175—2007 根据水泥中所掺混合材料的种类与掺量的不同，将通用硅酸盐水泥分为硅酸盐水泥、普通硅酸盐水泥(简称普通水泥)、矿渣硅酸盐水泥(简称矿渣水泥)、火山灰质硅酸盐水泥(简称火山灰水泥)、粉煤灰硅酸盐水泥(简称粉煤灰水泥)和复合硅酸盐水泥等六种。通用硅酸盐水泥的分类如表 5-2 所示。

通用硅酸盐水泥的分类　　　　**表 5-2**

品种	代号	组分(质量百分比)				
		熟料＋石膏	粒化高炉矿渣	火山灰质混合材料	粉煤灰	石灰石
硅酸盐水泥	P・Ⅰ	100	—	—	—	—
	P・Ⅱ	≥95	≤5	—	—	—
			—	—	—	≤5

续表

品种	代号	组分(质量百分比)				
		熟料+石膏	粒化高炉矿渣	火山灰质混合材料	粉煤灰	石灰石
普通硅酸盐水泥	P·O	≥80 且<95	>5 且≤20			
矿渣硅酸盐水泥	P·S·A	≥50 且<80	>20 且≤50	—	—	—
	P·S·B	≥30 且<50	>50 且≤70	—	—	—
火山灰质硅酸盐水泥	P·P	≥60 且<80	—	>20 且≤40	—	—
粉煤灰硅酸盐水泥	P·F	≥60 且<80	—	—	>20 且≤40	—
复合硅酸盐水泥	P·C	≥50 且<80	>20 且≤50			

一、硅酸盐水泥熟料、混合材料和外掺石膏

(一) 硅酸盐水泥熟料

硅酸盐水泥熟料是由石灰石、黏土和铁矿粉等生料，按一定比例混合、磨细、煅烧而成的黑色球状粒料或块料。通用水泥的生产过程可概括为“两磨一烧”，如图 5-1 所示。

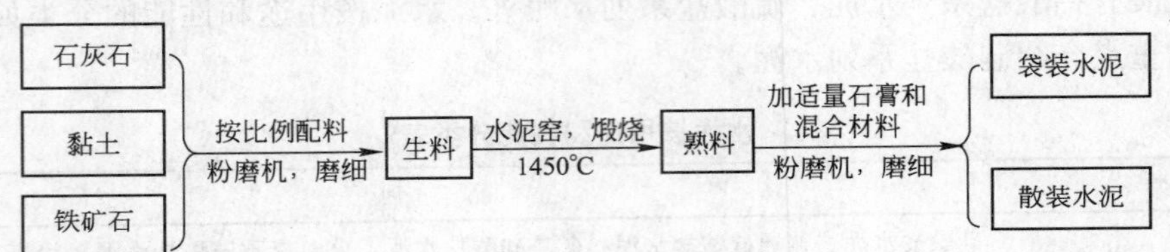

图 5-1 硅酸盐水泥主要生产流程

1. 硅酸盐水泥熟料的主要矿物及含量

硅酸盐水泥熟料的主要矿物名称、含量 **表 5-3**

矿物名称	化学式	简写	含量
硅酸三钙	$3CaO \cdot SiO_2$	C_3S	36%～60%
硅酸二钙	$2CaO \cdot SiO_2$	C_2S	15%～37%
铝酸三钙	$3CaO \cdot Al_2O_3$	C_3A	7%～15%
铁铝酸四钙	$4CaO \cdot Al_2O_3 \cdot Fe_2O_3$	C_4AF	10%～18%

前两种矿物称为硅酸盐矿物，一般占总量的 75%～82%。各矿物的简写式在水泥化学中经常采用，下面是常见化学式简写方法：CaO—C，SiO_2—S，Al_2O_3—A，Fe_2O_3—F，$Ca(OH)_2$—CH，H_2O—H，$CaSO_4$—$\overline{S}$。

2. 硅酸盐水泥矿物熟料的特性

各单矿物在水化凝结硬化过程中表现出的特性有：

(1) 水化速度、28d 水化热：$C_3A > C_3S > C_4AF \gg C_2S$。

(2) 强度：C_3S 的早期和后期强度均高，C_2S 早期强度低、后期强度高(两年后可赶上甚至超过 C_3S)，C_3A 和 C_4AF 强度低。

由矿物特性可知，硅酸盐水泥的强度主要来自于硅酸盐矿物的水化。

（二）混合材料

混合材料指在磨制水泥时掺入的人工的或天然的矿物材料。水泥中掺入混合材料的主要目的是降低水泥成本和改善水泥的性能。混合材料按其性能不同，可分为活性混合材料和非活性混合材料两大类，其中活性混合材料的用量最大。

1. 活性混合材料

磨细的混合材料与石灰、石膏或硅酸盐水泥一起，加水拌合后能发生化学反应，生成有一定胶凝性能的物质，且具有水硬性，这种混合材料称为活性混合材料。活性混合材料的活性来源是活性 SiO_2 和活性 Al_2O_3，应该注意的是，它们的活性必须在碱性激发剂（如石灰）或硫酸盐激发剂（如石膏）作用下，才能表现出来，所以用工业废渣生产建筑材料时需掺入石灰或石膏。常见的活性混合材料有粒化高炉矿渣、火山灰质混合物材料及粉煤灰等。

(1) 粒化高炉矿渣。在高炉冶炼生铁时，将铁水表面的熔融物，经急冷处理成粒径 0.5～5mm 的质地疏松的颗粒材料，称为粒化高炉矿渣。由于采用水淬方法进行急冷，故又称水淬高炉矿渣。

(2) 火山灰质混合材料。水化特性与火山灰相近的一类矿物质称为火山质混合材料。常见的有：火山灰、凝灰岩、浮石、沸石、硅藻土；煤矸石渣、烧页岩、烧黏土、煤渣和硅质渣等。

(3) 粉煤灰。粉煤灰是火力发电厂以煤粉作燃料而排出的燃料渣。它实际上也属于火山灰质混合材料，其水硬性原理与火山灰质混合材料相同。

2. 非活性混合料

凡不具有活性或活性甚低的人工或天然的矿质材料经磨成细粉，掺入水泥中仅起调节水泥性质、降低水化热、降低强度等级、增加产量的混合材料，称为非活性混合材料。如石英砂、石灰石、砂岩等磨成的细粉，黏土。

（三）外掺石膏

生产通用硅酸盐水泥时必须掺入适量石膏，所掺石膏可以是天然石膏，要求其品位达到《天然石膏》GB/T 5483—2008 中规定的 G 类石膏或 M 类二级及其以上混合石膏；也可以是工业副产石膏，工业副产石膏是以硫酸钙为主要成分的工业副产物，采用前应经过试验证明其对水泥性能无害。

掺石膏的作用是延缓水泥的凝结时间，以满足水泥施工性能的要求。石膏能与熟料中反应速度最快的 C_3A 反应，生成难溶于水的钙矾石，它沉淀在水泥颗粒表面形成包裹膜，阻碍 C_3A 的水化，这样达到调节水泥水化速度的目的。

二、通用硅酸盐水泥的特性

（一）水泥的水化

1. 硅酸盐水泥和普通水泥的水化

硅酸盐水泥和普通水泥与其他四种水泥相比，混合材料的掺量少，其水化主要表现为熟料矿物和石膏的水化。

熟料矿物：$2C_3S+6H \longrightarrow C_3S_2H_3$（水化硅酸钙，是一类物质，还有其他形式）$+3CH$

$2C_2S+4H \longrightarrow C_3S_2H_3+3CH$

$$C_3A+6H \longrightarrow C_3AH_6$$（水化铝酸钙，是一类物质，还有其他形式）

$$C_4AF+7H \longrightarrow C_3AH_6+CFH$$（水化铁酸钙）

石膏：$C_3AH_6+3[CaSO_4 \cdot 2H_2O]+19H \rightarrow C_3A\bar{S}_3H_{31}$（高硫型水化硫铝酸钙，又名钙矾石）

$\xrightarrow{\text{石膏耗尽后}} C_3A\bar{S}H_{12}$（单硫型水化硫铝酸钙）

2. 掺大量混合材料的硅酸盐水泥的水化

矿渣水泥、火山灰水泥、粉煤灰水泥和复合水泥的混合材料掺量在20%以上，把它们称为掺大量混合材料的硅酸盐水泥。这四种水泥的水化为“二次水化”：第一次是硅酸盐水泥熟料矿物进行水化，第二次是第一次水化产物 $Ca(OH)_2$ 和掺入的石膏作为活性混合材料的激发剂，促使并参与活性混合材料的水化。

由于二次水化，这四种水泥有以下共同的特性：水化反应速度慢，早期强度低，水化热低，水化产物中 $Ca(OH)_2$ 含量少，同时，C_3A 含量相对较少。上述这些特性会对水泥的应用产生重要的影响（见表5-4）。

综上所述，如果忽略一些次要的和少量的成分，通用水泥与水作用后，生成的主要水化产物为：水化硅酸钙和水化铁酸钙胶体，氢氧化钙、水化铝酸钙和水化硫铝酸钙晶体。但不同种水泥，水化产物的含量有较大差异，如掺大量混合材料的硅酸盐水泥的水化产物中 $Ca(OH)_2$ 和水化铝酸钙含量较硅酸盐水泥和普通水泥少。

（二）水泥石

水泥石是指水泥水化硬化后变成的具有一定强度的坚硬固体。

1. 水泥石的结构

水泥石由水化水泥、未水化水泥和孔隙组成。

水泥的水化是很难完全的。这是由于水化产物包裹了一些水泥颗粒，外界的水分难于渗透到被水化产物包裹的内部，总有少量的水泥不能参与水化。所以，在潮湿环境，水泥混凝土使用了几十年，甚至上百年，强度仍有增长。

水泥石中孔隙的存在也是不可避免的。这是因为水泥水化，理论需水量为水泥重量的23%左右，但为了获得施工所需的流动性，常需要多加一些水，加水量为水泥重量的40%～80%。这些多余的水随着水泥的硬化而蒸发，便在水泥石中留下孔隙，这种孔叫毛细孔。通过改变加水量、采用密实成型手段，可以减少毛细孔的数量。水泥石中另外还有一种孔叫凝胶孔，凝胶孔是存在于水化硅酸钙胶体（CSH凝胶）内部的孔隙，它的体积约占CSH凝胶体积的28%，尚无减少其数量的手段。

2. 水泥石的腐蚀

通用水泥水化硬化后，在一般使用条件下具有较好的耐久性，但在流动的淡水及某些侵蚀性液体中会逐渐受到侵蚀。常见的侵蚀有：

(1) 软水侵蚀（溶出性侵蚀）。软水是指雨水、雪水、蒸馏水、冷凝水及含碳酸盐甚少的水，水泥石长期与这些水接触，$Ca(OH)_2$ 会被溶出。当水流动时，$Ca(OH)_2$ 不断溶解流失；同时因水泥其他水化产物必须在一定碱度条件下才能稳定存在，$Ca(OH)_2$ 流失后其他水化产物也会分解。

(2) 硫酸盐侵蚀。硫酸盐与水泥石接触时，能与水泥石中的固态水化铝酸钙反应，生成比固态水化铝酸钙体积大1.5倍以上的高硫型水化硫铝酸钙，产生体积膨胀，导致水泥石的开裂破坏。前面提到，高硫型水化硫铝酸钙又叫钙矾石，它是针状晶体，通常被称为

“水泥杆菌”。

(3) 镁盐侵蚀。镁盐能与水泥石中 $Ca(OH)_2$ 反应，生成松软无胶凝能力的 $Mg(OH)_2$ 和易溶于水的物质，如 $CaCl_2$。

(4) 酸类侵蚀。由水泥石中的 $Ca(OH)_2$ 引起。$Ca(OH)_2$ 与酸反应，生成易溶于水的物质，同时使水泥石的碱度降低，引起水泥石中其他水化产物的分解。

综上所述，水泥石产生腐蚀的基本内因是：一是水泥石中存在 $Ca(OH)_2$ 和水化铝酸钙；二是水泥石本身不密实，有很多毛细孔通道，侵蚀性介质易于进入其内部。

针对水泥石腐蚀的原理，使用水泥时可采取根据使用环境特点合理选用水泥品种、提高水泥石密实度、在水泥石表面加保护层等措施来防止。

(三) 通用硅酸盐水泥的特性及适用范围

通用硅酸盐水泥的特性如表 5-4 所示。

通用硅酸盐水泥的特性 表 5-4

硅酸盐水泥	普通水泥	矿渣水泥	火山灰水泥	粉煤灰水泥	复合水泥
1. 凝结硬化快 2. 早期强度高 3. 水化热大 4. 抗冻性好 5. 干缩性小 6. 耐腐蚀性差 7. 耐热性差	1. 凝结硬化较快 2. 早期强度高 3. 水化热大 4. 抗冻性好 5. 干缩性小 6. 耐腐蚀性差 7. 耐热性差	1. 凝结硬化慢 2. 早期强度低，后期强度增长较快 3. 水化热较低 4. 抗冻性差 5. 干缩性大 6. 耐腐蚀性较好 7. 耐热性好 8. 泌水性大	抗渗性较好，耐热性不及矿渣水泥，其他同矿渣水泥	干缩性较小，抗裂性较好，其他同矿渣水泥	3d 龄期强度高于矿渣水泥，其他同矿渣水泥

从上表可以看出，通用硅酸盐水泥可分成性质相近的两组，第一组是硅酸盐水泥和普通水泥，第二组是掺大量混合材料的硅酸盐水泥。

三、通用硅酸盐水泥的技术要求

根据国家标准《通用硅酸盐水泥》GB 175—2007 的规定，通用硅酸盐水泥的主要技术要求如表 5-5 所示。

通用硅酸盐水泥的技术要求 表 5-5

项目		硅酸盐水泥 P·Ⅰ	硅酸盐水泥 P·Ⅱ	普通水泥	矿渣水泥、火山灰水泥、粉煤灰水泥、复合水泥
细度		比表面积≥300m²/kg			80μm 方孔筛筛余不大于 10% 或 45μm 方孔筛筛余不大于 30%
凝结时间	初凝	≥45min			
凝结时间	终凝	≤390min		≤600min	
体积安定性	安定性	沸煮法必须合格(若试饼法与雷氏法发生争议，以雷氏法为准)			
体积安定性	MgO	≤5.0%			≤6.0%(P·S·B 水泥不作规定)
体积安定性	SO_3	≤3.5%			矿渣水泥≤4.0%，其他三种水泥≤3.5%
氯离子		≤0.06%			

续表

项目		硅酸盐水泥		普通水泥		矿渣水泥、火山灰水泥、粉煤灰水泥、复合水泥	
		P·Ⅰ	P·Ⅱ				
强度等级	龄期	抗压强度(MPa)≥	抗折强度(MPa)≥	抗压强度(MPa)≥	抗折强度(MPa)≥	抗压强度(MPa)≥	抗折强度(MPa)≥
32.5	3d 28d	—	—	—	—	10.0 32.5	2.5 5.5
32.5R	3d 28d	—	—	—	—	15.0 32.5	3.5 5.5
42.5	3d 28d	17.0 42.5	3.5 6.5	17.0 42.5	3.5 6.5	15.0 42.5	3.5 6.5
42.5R	3d 28d	22.0 42.5	4.0 6.5	22.0 42.5	4.0 6.5	19.0 42.5	4.0 6.5
52.5	3d 28d	23.0 52.5	4.0 7.0	23.0 52.5	4.0 7.0	21.0 52.5	4.0 7.0
52.5R	3d 28d	27.0 52.5	5.0 7.0	27.0 52.5	5.0 7.0	23.0 52.5	4.5 7.0
62.5	3d 28d	28.0 62.5	5.0 8.0	—	—	—	—
62.5R	3d 28d	32.0 62.5	5.5 8.0	—	—	—	—
碱含量(按 $Na_2O+0.658K_2O$ 计算)		若使用活性骨料，用户要求提供低碱水泥时，水泥中的碱含量不大于0.60%或由供需双方商定					

(一) 细度

细度是指水泥颗粒的粗细程度，它对水泥的凝结时间、强度、需水量和安定性有较大影响，是鉴定水泥品质的主要项目之一。

水泥颗粒越细，总表面积越大，与水的接触面积也大，因此水化迅速、凝结硬化也相应增快，早期强度也高。但水泥颗粒过细，会增加磨细的能耗和提高成本，且不宜久存，过细水泥硬化时还会产生较大收缩。一般认为，水泥颗粒小于 40μm 时就具有较高的活性，大于 100μm 时活性较小。通常，水泥颗粒的粒径在 7～200μm 范围内。

硅酸盐水泥和普通水泥的细度用透气式比表面仪测定，其他四种水泥的细度用筛分析法测定。

(二) 凝结时间

水泥的凝结时间有初凝和终凝之分。自加水起至水泥浆开始失去塑性、流动性减小所需的时间，称为初凝时间。自加水起至水泥浆完全失去塑性、开始有一定结构强度所需的时间，称为终凝时间。

水泥凝结时间与水泥的单位加水量有关，单位加水量越大，凝结时间越长，反之越短。国家标准规定，凝结时间的测定是以标准稠度的水泥净浆，在规定温度和湿度下，用凝结时间测定仪来测定。所谓标准稠度是指水泥净浆达到规定稠度时所需的拌合水量，以占水泥重量的百分比表示。通用水泥的标准稠度一般在 23%～28%之间，水泥磨得越细，标准稠度越大，标准稠度与水泥品种亦有较大关系。

水泥凝结时间在施工中具有重要意义。为了保证有足够的时间在初凝之前完成混凝土成型等各种工序，初凝时间不宜过快；为了使混凝土在浇筑完毕后能尽早完成凝结硬化，产生强度，终凝时间不宜过长。

（三）体积安定性

水泥体积安定性是指水泥在凝结硬化过程中体积变化的均匀性。如果水泥硬化后产生不均匀的体积变化，会使水泥制品、混凝土构件产生膨胀性裂缝，降低工程质量，甚至引起严重事故，此即体积安定性不良。

引起水泥体积安定性不良的原因是由于其熟料矿物组成中含有过多的游离氧化钙（*f*-CaO）和游离氧化镁（*f*-MgO），以及粉磨水泥时掺入的石膏（SO_3）超量所致。水泥中所含的 *f*-CaO 和 *f*-MgO 处于过烧状态，水化很慢，它在水泥凝结硬化后才慢慢开始水化，水化时体积膨胀，引起水泥石不均匀体积变化而开裂；石膏（SO_3）过量时，多余的石膏与固态水化铝酸钙反应生成钙矾石，产生体积膨胀 1.5 倍，从而造成硬化水泥石开裂破坏。

由 *f*-CaO 引起的水泥安定性不良用沸煮法检验，沸煮的目的是为了加速 *f*-CaO 的水化。沸煮法包括试饼法和雷氏法，试饼法是将标准稠度水泥净浆做成试饼，连同玻璃在标准条件下（20±2℃，相对湿度大于 90%）养护 24h 后，取下试饼放入沸煮箱煮沸 3h，之后，用肉眼观察未发现裂纹、崩溃，用直尺检查没有弯曲现象，则为安定性合格，反之，为不合格。雷氏法是测定水泥浆在雷氏夹中放入沸煮箱沸煮 3h 后的膨胀值，当两个试件沸煮后的膨胀值的平均值不大于 5.0mm 时，即判为该水泥安定性合格，反之为不合格。当试饼法和雷氏法两者结论相矛盾时，以雷氏法为准。

由 *f*-MgO 和 SO_3 引起的体积安定性不良不便快速检验，*f*-MgO 的危害必须用压蒸法才能检验，SO_3 的危害需经长期在常温水中才能发现。这两种成分的危害，是用水泥生产时严格限制含量的方法来消除。

（四）强度及强度等级

水泥的强度是评定其质量的重要指标，也是划分水泥强度等级的依据。

国家标准规定，采用软练胶砂法测定水泥强度。该法是将水泥和标准砂按 1∶3 混合，水灰比为 0.5，按规定方法制成 40mm×40mm×160mm 的试件，带模进行标准养护（20±3℃，相对湿度大于 90%）24h，再脱模放在标准温度（20±1℃）的水中养护，分别测定其 3d 和 28d 的抗压强度和抗折强度。根据测定结果，按表 5-5 规定，可确定该水泥的强度等级，其中有代号 R 者为早强型水泥。

（五）碱含量

国家标准规定，水泥中的碱含量按 $Na_2O+0.658K_2O$ 计算值来表示。

第二节 通用水泥监理

一、熟悉水泥的基本性质和技术要求

二、掌握水泥选用技术

水泥的不同特性适合于不同的应用。比如，“快硬早强”适合于早期强度要求较高的

工程(如现浇混凝土、高强混凝土、预应力混凝土等)，不适合于蒸汽养护、蒸压养护，而“早期强度低”的应用则相反；“水化热大”不能用于大体积混凝土工程，相反“水化热小”适合于大体积混凝土工程；“抗冻性好”适合于冬季施工、北方地区海水水位变化区域的混凝土；“耐腐蚀性好”适合于受侵蚀性介质作用的混凝土(如污水管道、海港码头的水下工程等)。各类建筑工程，针对其工程性质、结构部位、施工要求和使用环境条件等，可按表 5-6 进行选用。

通用硅酸盐水泥的选用　　表 5-6

混凝土工程特点及所处环境条件			优先选用	可以选用	不宜选用
普通混凝土	1	在一般气候环境中的混凝土	普通水泥	矿渣水泥、火山灰水泥 粉煤灰水泥、复合水泥	
	2	在干燥环境中的混凝土	普通水泥	矿渣水泥	火山灰水泥 粉煤灰水泥
	3	在高湿度环境中或长期处于水中的混凝土	矿渣水泥、火山灰水泥 粉煤灰水泥、复合水泥	普通水泥	
	4	厚大体积的混凝土	矿渣水泥、火山灰水泥 粉煤灰水泥、复合水泥		硅酸盐水泥
	5	蒸汽(压)养护的混凝土	矿渣水泥、火山灰水泥 粉煤灰水泥、复合水泥		硅酸盐水泥 普通水泥
有特殊要求的混凝土	1	要求快硬、高强(>C40)的混凝土	硅酸盐水泥	普通水泥	矿渣水泥、火山灰水泥 粉煤灰水泥、复合水泥
	2	严寒地区的露天混凝土、寒冷地区处于水位升降范围内的混凝土	普通水泥	矿渣水泥 (强度等级>32.5)	火山灰水泥 粉煤灰水泥
	3	严寒地区处于水位升降范围内的混凝土	普通水泥 (强度等级>42.5)		矿渣水泥、火山灰水泥 粉煤灰水泥、复合水泥
	4	有抗渗要求的混凝土	普通水泥、火山灰水泥		矿渣水泥
	5	有耐磨性要求的混凝土	硅酸盐水泥、普通水泥	矿渣水泥 (强度等级>32.5)	矿渣水泥、火山灰水泥 粉煤灰水泥、复合水泥
	6	受侵蚀性介质作用的混凝土	矿渣水泥、火山灰水泥 粉煤灰水泥、复合水泥		硅酸盐水泥

三、注意以下几个问题

1. 审查水泥的包装。水泥进场时监理工程师要审查水泥的包装，水泥袋上应清楚标明：产品名称，代号，净含量，强度等级，生产许可证编号，生产者名称和地址，出厂编号，执行标准号，包装年、月、日，主要混合材料名称，掺火山灰时应注明“掺火山灰”字样。包装袋两侧应印刷水泥名称和强度等级，且印刷字体的颜色也有规定，硅酸盐水泥和普通水泥为红色，矿渣水泥为绿色，其他三种水泥为黑色。散装水泥应有与袋装内容相同的卡片。

2. 检查水泥是否亏重。水泥亏重现象较普遍，如发现亏重应要求厂家补偿。根据 GB 175—2007 的规定：水泥可以散装或袋装，袋装水泥每装净含量为 50kg，且应不少于标志质量的 99%；随机抽取 20 袋总质量(含包装袋)应不少于 1000kg。

3. 安定性不合格的水泥存放一段时间之后可能变为合格。安定性不合格的水泥中，有些是因为水泥在磨制后的存储时间太短，残存的 f-CaO 未完全水消解，如果存放一段时间后，f-CaO 会吸收空气中的水分消解，使其含量减少，安定性有可能变为合格了。

由于这一原因，实验室收到水泥样后通常放入标准间存放 1 周方检测水泥安定性指标，以免发生误判，给水泥生产厂和施工单位造成损失。

当然，并不是说，安定性不合格的水泥存放一段时间后都会变合格，这一点监理工程师应特别注意。

4. 新出厂的水泥不能立即使用。新出厂的水泥的温度一般较高(可达 50～100℃以上)，残存的 f-CaO 未消解，会引起水泥安定性不良，所以规定水泥出厂后存放 10d 左右方可使用，存放的这段时间称为水泥安定期。

5. 水泥会产生“假凝”现象。水泥在加水搅拌后不久，水泥浆即出现凝结固化现象，但通过强力搅拌，凝结固化现象消失，水泥浆重新具有流动性能的现象称为水泥假凝。

引起水泥假凝的原因主要有两个，一是水泥磨细时，磨机温度过高(>110℃)，二水石膏脱水变成半水石膏，半水石膏凝结很快；另一个是混凝土拌合物温度过高(寒冷地区冬季施工时用温水搅拌混凝土)。

防止水泥假凝应从起因着手，如是水泥生产厂的原因，应要求水泥生产厂改进生产控制工艺，使磨机温度在 100℃以下；如是拌合水的问题，可先将热水(<80℃)与砂拌合再加水泥，混凝土拌合物温度控制在 35℃以下。假凝对水泥石的强度没有影响，出现假凝现象时通过强力搅拌即可消除。

6. 水泥水化热对大体积混凝土有重大影响。混凝土是热的不良导体，水泥水化放出的热量在混凝土内不易散出，使混凝土内表温差大(可达 70～80℃以上)，混凝土里表温度变形不一致，里膨表缩，产生温度应力，当温度应力达到一定限度时，混凝土就会开裂。

所以，大体积混凝土施工要采用低热水泥，如矿渣水泥、粉煤灰水泥、火山灰质水泥等，同时配套其他技术措施(详见第七章)。

7. 必要时进行水泥强度快速测定。为了尽快掌握水泥强度信息，不致影响工程进度，可进行水泥强度的快速检测。在水泥快测强度值、安定性和凝结时间均合格的情况下，可批准水泥提前使用，但必须要求试验室测出水泥 28d 实际强度值，因为目前有少数水泥实测 3d 或 7d 强度值合格，而 28d 强度却达不到商品强度等级的要求，如不检测 28d 实际强度值，就可能给工程埋下隐患。当发现实测 28d 强度低于标准值时，监理工程师应立即会同设计单位各施工方研究分析，并采取必要的补救措施。

四、受潮水泥的鉴别和处理

水泥在储存过程中总会吸收空气中的水分和二氧化碳，产生缓慢水化和碳化作用，经 3 个月后水泥强度约降低 10%～20%，6 个月后约降低 15%～30%，1 年后约降低 25%～40%，所以水泥不宜久存，有效储存期为 3 个月。

在施工现场，水泥由于受到保管条件的限制，更易发生受潮。水泥受潮后会固化成粒状或块状，水化活性降低，导致相同水灰比时水泥石强度降低，为避免工程质量事故，监理工程师可按表 5-7 进行处理。

受潮水泥的鉴别与处理 表 5-7

受潮情况	处理方法	使用
有粉块，用手可捏成粉末	将粉末压碎	经试验后，根据实际强度使用
部分结成硬块	将硬块筛除，粉块压碎	经试验后，根据实际强度使用，用于受力小的部位，或强度要求不高的工程，可用于配制砂浆
大部分结成硬块	将硬块压碎磨细	不能作为水泥使用，可掺入新水泥中作为混合材料使用(掺量小于25%)

五、水泥编号(组批)、取样、检验项目及结果判定

1. 水泥编号(组批)

(1) 水泥出厂检验时的取样编号

水泥出厂前按同品种、同强度等级编号和取样。袋装水泥和散装水泥应分别进行编号和取样。每一编号为一取样单位。水泥出厂编号按水泥厂年生产能力规定：

年产量 200 万吨以上时，≤4000t 为一编号；

年产量 120 万吨以上～200 万吨时，≤2400t 为一编号；

年产量 60 万吨以上～120 万吨时，≤1000t 为一编号；

年产量 30 万吨以上～60 万吨时，≤600t 为一编号；

年产量 10 万吨以上～30 万吨时，≤400t 为一编号；

年产量 10 万吨以下时，≤200t 为一编号。

(2) 施工现场复验时的取样组批

根据《混凝土结构工程施工质量验收规范》GB 50204—2002 规定：**水泥进场时按同一生产厂家、同一等级、同一品种、同一批号且连续进场的水泥，袋装水泥不超过 200t 为一批，散装水泥不超过 500t 为一批，每批抽样不少于一次。**

2. 取样方法及取样数量

取样方法按《水泥取样方法》GB 12573—2008 进行。可连续取，亦可从 20 个以上不同部位取等量样品，总量至少 12kg。当散装水泥运输工具的容量超过该厂规定出厂编号吨数时，允许该编号的数量超过取样规定吨数。

(1) 散装水泥

在散装水泥卸料处或水泥运输机具上取样。当所取水泥深度不超过 2m 时，每个编号内采用散装水泥取样器随机取样。通过转动取样取样管内管控制开关，在适当位置插入水泥一定深度，关闭后小心抽出，将所取样品放入洁净、干燥、防潮、密闭、不易破损并且不影响水泥性能的容器中。每次抽取的样量应尽量一致。

(2) 袋装水泥

在袋装水泥堆场取样。每个编号内随机抽取不少于 20 袋水泥，采用袋装水泥取样器取样，将取样器沿对角线方向插入水泥包装袋中，用大拇指按住气孔，小心抽出取样管。将所取样品放入洁净、干燥、防潮、密闭、不易破损并且不影响水泥性能的容器中。每次抽取的样量应尽量一致。

3. 检验项目

GB 175—2007 规定：出厂检验项目包括全部化学指标(不溶物、烧失量、三氧化硫、

氧化镁、氯离子共 5 项）和部分物理指标（凝结时间、安定性、强度共 3 项）。

GB 50204—2002 规定：**水泥进场时应对其品种、级别、包装或散装仓号、出厂日期等进行检查，并应对其强度、安定性及其他必要性能指标进行复验，其质量必须符合 GB 175 等的规定。**

当在使用中对水泥质量有怀疑或水泥出厂超过三个月（快硬硅酸盐水泥超过一个月）时，应进行复验，并按复验结果使用。

4. 检验方法

GB 50204—2002 规定：**检查产品合格证、出厂检验报告和进场复验报告。**

5. 判定规则

检验结果符合 GB 175—2007 规定的化学指标（包括不溶物、烧失量、三氧化硫、氧化镁、氯离子等 5 项）和物理指标（包括凝结时间、安定性、强度等 3 项）的规定的为合格品。检验结果不符合 GB 175—2007 规定的化学指标（包括不溶物、烧失量、三氧化硫、氧化镁、氯离子等 5 项）和物理指标（包括凝结时间、安定性、强度等 3 项）中的任何一项技术要求为不合格品。

六、出厂试验报告审查

GB 175—2007 规定，检验报告内容应包括出厂检验项目、细度、混合材料品种和掺加量、石膏和助磨剂的品种及掺加量、属旋窑或立窑生产及合同约定的其他技术要求。当用户需要时，生产者应在水泥发出之日起 7d 内寄发除 28d 强度以外的各项检验结果，32d 内补报 28d 强度的检验结果。

七、购买水泥时的交货与验收

监理单位有责任提醒或敦促施工单位（或业主），在购买水泥时应按 GB 175—2007 等标准的规定进行交货与验收，以便水泥质量发生争议时进行处理。

1. 交货时水泥的质量验收可抽取实物样以其检验结果为依据，也可以水泥厂同编号水泥的检验报告为依据。采取何种验收由买卖双方商定，并在合同或协议中注明。卖方有告知买方验收方法的责任。当无书面合同或协议，或未在合同、协议中注明验收方法的，卖方应在发货票上注明“以本厂同编号水泥的检验报告为验收依据”字样。

2. 以抽取实物试样的检验结果为验收依据时，买卖双方应在发货前或交货地共同取样和签封。取样方法按 GB 12573 进行，取样数量为 20kg，缩分为二等份。一份由卖方保存 40d，一份由买方按水泥现行国家标准规定的项目和方法进行检验。

在 40d 以内，买方检验认为产品质量不符合标准要求，而卖方又有异议时，则双方应将卖方保存的另一份试样送省级或省级以上国家认可的水泥质量监督检验机构进行仲裁检验。水泥安定性仲裁检验时，应在取样之日起 10d 以内完成。

3. 以生产者同编号水泥的检验报告为验收依据时，在发货前或交货时买方在同编号水泥中抽取试样，双方共同签封后由卖方保存 90d；或认可卖方自行取样、签封并保存 90d 的同编号水泥的封存样。

在 90d 内，买方对水泥质量有疑问时，则买卖双方应将签封的试样送省级或省级以上国家认可的水泥质量监督检验机构进行仲裁检验。

八、试验方法

1. 不溶物、烧失量、氧化镁、三氧化硫和碱含量按《水泥化学分析方法》GB/T 176 进行。

2. 蒸压安定性按《水泥压蒸安定性试验方法》GB/T 750 进行。

3. 氯离子按《水泥原料中氯离子的化学分析方法》JC/T 420 进行。

4. 标准稠度用水量、凝结时间和安定性按《水泥标准稠度用水量、凝结时间、安定性检验方法》GB/T 1346 进行。

5. 强度按《水泥胶砂强度检验方法(ISO 法)》GB/T 17671 进行。

6. 比表面积按《水泥比表面积测定方法 勃氏法》GB/T 8074 进行。

7. 80μm、45μm 筛余按《水泥细度检验方法 筛析法》GB/T 1345 进行。

第三节 其他品种水泥及其监理

一、道路硅酸盐水泥

凡以适当成分的生料烧至部分熔融，所得以硅酸钙为主要成分和较多量的铁铝酸盐水泥熟料，加入 0～10%活性混合材料和适量石膏磨细制成的水硬性胶凝材料称为道路硅酸盐水泥。

(一) 道路硅酸盐水泥的技术要求 GB 13693—2005

道路硅酸盐水泥的技术要求见表 5-8。

道路硅酸盐水泥的技术要求 **表 5-8**

项目		技术要求			
氧化镁		≤5.0%			
三氧化硫		≤3.5%			
烧失量		≤3.0%			
比表面积		300～450m²/kg			
凝结时间		初凝不早于 1.5h，终凝不得迟于 10h			
安定性		用沸煮法检验必须合格			
干缩性		28d 干缩率 ≤ 0.10%			
耐磨性		28d 磨损量≤3.00kg/m²			
强度(MPa)	强度及龄期 / 强度等级	抗折强度		抗压强度	
		3d	28d	3d	28d
	32.5 级	3.5	6.5	16.0	32.5
	42.5 级	4.0	7.0	21.0	42.5
	52.5 级	5.0	7.5	26.0	52.5
碱含量(按 $Na_2O+0.658K_2O$ 计算)		由供需双方商定。若使用活性骨料，用户要求提供低碱水泥时，水泥中的碱含量不大于 0.60%。			

(二) 道路硅酸盐水泥的监理要点

1. 道路硅酸盐水泥具有较高的抗压及抗折强度、较高的耐磨及抗冻性、较小的收缩性，适用于机场跑道和公路路面工程。

2. 水泥编号的规定。水泥编号按水泥厂年产量确定：年产量 10 万 t 以上时，≤400t

为一个编号；年产量10万t以下，≤200t为一个编号。

3. 取样批量、取样方法和取样数量。

取样方法按GB/T 12573进行。当散装水泥运输工具的容量超过该厂规定出厂编号吨数时，允许该编号的数量超过取样规定吨数。取样应有代表性，可连续取，亦可从20个以上不同部位取等量样品，总量至少14kg。

4. 出厂检验和型式检验要求。水泥出厂检验项目应包括除干缩率和耐磨性以外的技术要求。水泥型式检验项目应包括全部技术要求。

5. 废品与不合格品。凡氧化镁、三氧化硫、初凝时间、安定性中的任何一项不符合标准规定均为废品；凡铝酸三钙、铁铝酸四钙、细度、终凝时间、烧失量、干缩率和耐磨性以及混合材料掺量中的任何一项不符合标准规定或强度低于商品强度等级规定的指标时为不合格品。

6. 仲裁检验的规定。在三个月内，买方对水泥质量有疑问时，则买卖双方应将共同签封的试样送省级或省级以上国家认可的水泥质量监督检验机构进行仲裁检验。

二、铝酸盐水泥

凡以铝酸钙为主的铝酸盐水泥熟料，磨细制成的水硬性胶凝材料称为铝酸盐水泥，代号CA。根据需要也可在磨制Al_2O_3含量大于68%的水泥时掺加适量的α-Al_2O_3粉。

铝酸盐水泥按Al_2O_3含量百分数分为四类：CA-50 50%≤Al_2O_3<60%；CA-60 60%≤Al_2O_3<68%；CA-70 68%≤Al_2O_3<77%；CA-80 77%≤Al_2O_3。

（一）铝酸盐水泥的特性

1. 快凝早强，1d强度可达最高强度的80%以上。

2. 水化热大，且集中放出，1d内放出水化热总量的70%～80%。

3. 抗硫酸盐性能很强，但抗碱性极差。

4. 耐热性好，铝酸盐水泥混凝土在1300℃还能保持约53%的强度。

5. 长期强度要下降，一般下降40%～50%。因为铝酸盐水泥的主要矿物成分是铝酸一钙(CA)和二铝酸一钙(CA_2)，它们的水化产物随环境温度的不同而有所差别。环境温度在30℃以下时，水泥水化产物主要是CAH_{10}和C_2AH_8；环境温度在30℃以上时，水泥水化产物主要是C_3AH_6。C_3AH_6强度低、结构稳定，而CAH_{10}和C_2AH_8强度高、结构不稳定，在高温高湿条件下易转化成C_3AH_6，同时固相体积减缩50%。

（二）铝酸盐水泥的技术要求

国家标准GB 201—2000规定，铝酸盐水泥的技术要求如下：

1. 化学成分

铝酸盐水泥化学成分 **表5-9**

类型	Al_2O_3	SiO_2	Fe_2O_3	$R_2O(Na_2O+0.658K_2O)$	S[①]（全硫）	Cl[①]
CA-50	≥50，<60	≤8.0	≤2.5	≤0.40	≤0.1	≤0.1
CA-60	≥60，<68	≤5.0	≤2.0			
CA-70	≥68，<77	≤1.0	≤0.7			
CA-80	≥77	≤0.5	≤0.5			

① 当用户需要时，生产厂应提供结果和测定方法。

2．物理性能

（1）细度

比表面积不小于 300m²/kg 或 0.045mm 筛余不大于 20%，由供需双方商定，在无约定的情况下发生争议时以比表面积为准。

（2）凝结时间（胶砂）应符合表 5-10 要求。

铝酸盐水泥凝结时间 **表 5-10**

水泥类型	初凝时间不得早于(min)	终凝时间不得迟于(h)
CA-50、CA-70、CA-80	30	6
CA-60	60	18

（3）强度

各类型水泥各龄期强度值不得低于表 5-11 数值。

铝酸盐水泥胶砂强度 **表 5-11**

水泥类型	抗压强度(MPa)				抗折强度(MPa)			
	6h	1d	3d	28d	6h	1d	3d	28d
CA-50	20①	40	50	—	3.0①	5.5	6.5	—
CA-60	—	20	45	85	—	2.5	5.0	10.0
CA-70	—	30	40	—	—	5.0	6.0	—
CA-80	—	25	30	—	—	4.0	5.0	—

① 当用户需要时，生产厂应提供结果。

（三）铝酸盐水泥的监理要点

1．铝酸盐水泥的主要用途。配制不定形耐火材料，配制膨胀水泥、自应力水泥、化学建材的添加料等；抢修、抢建、抗硫酸盐侵蚀和冬季施工等特殊需要工程。

2．水泥编号的规定。≤120t 为一个编号。日产量小于 120t 的水泥厂，应以不超过日产量为一个编号。

3．取样批量、取样方法和取样数量。每一个编号为一个取样单位。取样应有代表性，按《水泥取样方法》GB/T 12573—2008 进行，可连续取，也可从 20 个以上不同部位等量样品，总量至少 15kg。

4．废品与不合格品规定。当 R_2O 指标达不到要求时为废品，其余要求中任一项达不到时为不合格品。

5．出厂试验报告的要求。水泥出厂试验报告内容应包括各项技术要求及试验结果。当用户要求时，水泥厂应在水泥发出之日起 6d 内，寄发水泥检验报告。报告中应包括全部物理性能的检验结果，并应附有该水泥的品质标准和出厂日期。如用户要求，CA-60 应补报 28d 强度结果。

6．交货与验收

（1）交货时水泥的质量验收可抽取实物样以其检验结果为依据，也可以水泥厂同编号水泥的检验报告为依据。采取何种验收由买卖双方商定，并在合同或协议中注明。

（2）以抽取实物试样的检验结果为验收依据时，买卖双方应在发货前或交货地共同取样和签封。取样方法按 GB 12573 进行，取样数量为 15kg，缩分为二份。一份由卖方保存 15d，一份由买方按水泥现行国家标准规定的项目和方法进行检验。

在 15d 以内，买方检验认为产品质量不符合标准要求时，而卖方又有异议时，则双方应将卖方保存的另一份试样送国家认可的国家级水泥质量监督检验机构进行仲裁检验。

(3) 以水泥厂同编号水泥的检验报告为验收依据时，在发货前或交货时买方在同编号水泥中抽取试样，双方共同签封后保存二个月。

在二个月内，买方对水泥质量有疑问时，则买卖双方应将签封的试样送国家认可的国家级水泥质量监督检验机构进行仲裁检验。

(4) 当仲裁检验结果可能涉及第三方时，应让第三方参与仲裁检验的全过程。

7. 试验方法

(1) 化学成分　按《铝酸盐水泥化学分析方法》GB/T 205 进行。

(2) 比表面积　按《水泥比表面积测定方法　勃氏法》GB/T 8074 进行(全硫和氯除外)。

(3) 0.045mm 筛余　按《水泥细度检验方法　筛析法》GB/T 1345 进行。

(4) 凝结时间　按《铝酸盐水泥》GB 201 附录 A 进行。

(5) 强度　按《水泥胶砂强度检验方法(ISO 法)》GB/T 17671 进行，但其中的水灰比要按 GB 201 进行修改。

8. 施工要求

(1) 在施工过程中，不能与能析出 $Ca(OH)_2$ 的胶凝材料(如硅酸盐系列水泥)混合存放和使用，以免引起闪凝和强度下降。

(2) 不得用于接触碱性溶液的工程。

(3) 铝酸盐水泥水化热集中于早期释放，从硬化开始应立即浇水养护。一般不宜浇筑大体积混凝土。

(4) 铝酸盐水泥混凝土后期强度下降较大，应按最低稳定强度设计。CA-50 铝酸盐水泥混凝土最低稳定强度值以试体脱模后放入 50±2℃水中养护，取龄期为 7d 和 14d 强度值之低者来确定。

(5) 若用蒸汽养护加速混凝土硬化时，养护温度不得高于 50℃。

(6) 用于钢筋混凝土时，钢筋保护层的厚度不得小于 60mm。

(7) 未经试验，不得加入任何外加物。

(8) 不得与未硬化的硅酸盐水泥接触使用；可以与具有脱模强度的硅酸盐水泥混凝土接触使用，但在接茬处不应长期处于潮湿状态。

三、白色硅酸盐水泥与彩色硅酸盐水泥

凡以适当成分的生料烧至部分熔融，所得以硅酸钙为主要成分、氧化铁含量很少的白色硅酸盐水泥熟料，再加入适量石膏，共同磨细制成的水硬性胶凝材料称为白色硅酸盐水泥。简称白水泥。

生产彩色硅酸盐水泥有三种方法：一是在水泥生料中混入着色物质，烧成彩色熟料再磨成彩色水泥；二是将白色水泥熟料或硅酸盐水泥熟料、适量石膏和碱性着色物质共同磨细制成彩色水泥；三是将干燥状态的着色物质掺入白水泥或硅酸盐水泥中。

（一）白色硅酸盐水泥的技术要求

国家标准 GB/T 2015—2005 规定，白色硅酸盐水泥的技术要求如表 5-12 所示。

白色硅酸盐水泥的技术要求 **表 5-12**

项目		技术要求			
三氧化硫		≤3.5%			
细度		80μm 方孔筛筛余量≤10%			
凝结时间		初凝不早于 45min，终凝不迟于 10h			
安定性		用沸煮法检验必须合格			
水泥白度		≥87			
强度（MPa）	强度及龄期 / 强度等级	抗压强度		抗折强度	
		3d	28d	3d	28d
	32.5	12.0	32.5	3.0	6.0
	42.5	17.0	42.5	3.5	6.5
	52.5	22.0	52.5	4.0	7.0

（二）白色硅酸盐水泥和彩色硅酸盐水泥的监理要点

1. 白色和彩色硅酸盐水泥常用于配制彩色水泥砂浆，配制装饰混凝土，配制各种彩色砂浆用于装饰抹灰，以及制造各种彩色的水刷石、人造大理石及水磨石等制品。贮运时，不同强度等级和白度的水泥应分开，不得混杂。

2. 水泥编号的规定。水泥出厂前按同强度等级编号取样。每一编号为一取样单位。白水泥编号按水泥厂年产量来确定。年产量 5 万吨以上时，≤200t 为一个编号；产量 1～5 万 t 时，≤150t 为一个编号；1 万 t 以下时，≤50t 或不超过 3d 产量为一编号。

3. 取样批量、取样方法和取样数量。取样方法按 GB 12573 进行。取样应有代表性，可连续取，亦可从 20 个以上不同部位取等量样品，总数至少 12kg。

4. 出厂试验报告的要求。白水泥出厂试验报告内容应包括各项技术要求。

5. 废品与不合格品。凡三氧化硫、初凝时间、安定性中任一项不符合本标准规定或强度低于最低等级的指标时为废品。凡细度、终凝时间、强度和白度任一项不符合本标准规定时为不合格品。水泥包装标志中水泥品种、生产者名称和出厂编号不全的也属于不合格品。

6. 仲裁检验的规定。在三个月内，买方对水泥质量有疑问时，则买卖双方应将签封的试样送省级或省级以上国家认可的水泥质量监督机构进行仲裁检验。

7. 彩色硅酸盐水泥的监理要点与其生产方法有关，可根据母水泥相关内容来确定。

四、硅酸盐膨胀水泥

硅酸盐水泥在空气中硬化时，通常会产生收缩，收缩将使水泥混凝土制品内部产生微裂缝，若用硅酸盐水泥来填灌装配式构件的接头、填塞孔洞、修补缝隙等，均达不到预期的效果。但膨胀水泥在硬化时能产生一定体积的膨胀，从而能克服或改善一般水泥的上述缺点。

我国的膨胀水泥主要品种有四种：硅酸盐膨胀水泥、铝酸盐膨胀水泥、硫铝酸盐膨胀水泥和铁铝酸钙膨胀水泥，它们的膨胀源均来自于在水泥石中形成钙矾石产生体积膨胀。

调整各种组成的配合比，控制生成钙矾石的数量，可以制得不同膨胀值、不同类型的膨胀水泥。

凡以适当成分的硅酸盐水泥熟料、膨胀剂和石膏，按一定比例混合粉磨而得的水硬性胶凝材料称为硅酸盐膨胀水泥。

（一）硅酸盐膨胀水泥的技术要求

建标 55-61 规定，硅酸盐膨胀水泥的技术要求如表 5-13 所示。

硅酸盐膨胀水泥的技术要求 **表 5-13**

项目		技术要求					
细度		4900 孔/cm^2 标准筛，筛余量≤10%					
凝结时间		初凝>20min，终凝<10h					
安定性	蒸煮法	体积变化必须均匀					
	浸水法	28d 体积变化必须均匀					
膨胀率	水中养护	1d 的膨胀率不得小于 0.3%；28d 的膨胀率不得大于 1.0%，且又不得大于 3d 的 70%。					
	湿气养护（湿度>90%）	最初 3d 内不应有收缩					
不透水性		在 8 个大气压力下完全不透水					
强度（MPa）	强度及龄期 / 强度等级	抗压强度			抗折强度		
		3d	7d	28d	3d	7d	28d
	400	1.2	1.7	2.3	16.0	26.0	40.0
	500	1.5	2.0	2.6	22.0	35.0	50.0
	600	1.7	2.3	2.9	26.0	42.0	60.0
SO_3		≤5.0%					

（二）硅酸盐膨胀水泥的监理要点

1. 硅酸盐膨胀水泥在水中硬化时体积增大，在湿气中硬化的最初 3d 内不收缩或有微小的膨胀。适用于补偿混凝土收缩的结构工程，作防渗层或防渗混凝土；填灌构件的接缝及管道接头；结构的加固与修补；固结机器底座及地脚螺丝。禁止使用在有硫酸盐侵蚀性的水中工程。

2. 水泥编号的规定。≤50t 为一个编号。

3. 取样方法。取样方法按 GB 12573《水泥取样方法》进行。取样应有代表性，由不同部位的 10 袋中，每袋取 2kg，共取 20kg。

4. 出厂试验报告的要求。试验报告内容应包括标准规定的各项技术要求及试验结果、混合材料名称和掺加量、属旋窑或立窑生产。熟料中氧化镁含量以水泥厂最近 1 个月生产控制检测数据平均值填报。当用户需要时，水泥厂应在水泥发出日起 11d 内寄发除 28d 强度以外的各项试验结果。28d 强度值，应在水泥发出日起 32d 内补报。

5. 试验结果的判定。强度低于标准所规定的最低强度等级或其他性质中有任何一项不符合标准规定值时均为废品；某一强度等级水泥，其强度不符合该强度等级的标准，但在最低强度等级以上，而其他性质以完全符合标准的规定，则为不合格。

第六章　混　凝　土

第一节　混凝土概述

一、混凝土的含义

凡由胶凝材料、骨料和水(或不加水)按适当的比例配合、拌合制成混合物，经一定时间后硬化而成的人造石材，称为混凝土。混凝土是一种人工石材，简写为“砼”。

二、混凝土的分类

混凝土通常从以下几个方面分类：

(一) 按所用胶凝材料分类

混凝土按所用胶凝材料可分为水泥混凝土、沥青混凝土、聚合物混凝土、聚合物水泥混凝土、水玻璃混凝土、石膏混凝土、硅酸盐混凝土等几种。其中使用最多的是以水泥为胶结材料的水泥混凝土，它是当今世界使用最广泛、用量最大的结构材料。

(二) 按表观密度分类

混凝土按表观密度分为三类：

1. 重混凝土。其干表观密度大于 2600kg/m^3。它是采用高密度骨料如重晶石、铁矿石、钢段、钢渣，或同时采用重水泥如钡水泥、锶水泥制成，主要用于防辐射工程，故又称为防辐射混凝土。

2. 普通混凝土。其干表观密度为 2000～2500kg/m^3，一般多在 2400kg/m^3 左右。它是用普通的天然砂、石为骨料和水泥配制而成，是目前建筑工程中使用最多的混凝土。主要用于建筑(构)物的承重结构材料。

3. 轻混凝土。其干表观密度小于 1950kg/m^3。它包括轻骨料混凝土、大孔混凝土和多孔混凝土。可用作承重结构、保温结构和承重兼保温结构。

(三) 按施工工艺分类

混凝土按施工工艺可分为泵送混凝土、预拌混凝土(商品混凝土)、喷射混凝土、真空脱水混凝土、压力灌浆混凝土(预填骨料混凝土)、造壳混凝土(裹砂混凝土)、离心混凝土、挤压混凝土、真空吸水混凝土、热拌混凝土、太阳能养护混凝土等多种。

(四) 按用途分类

混凝土按用途可分为防水混凝土、防射线混凝土、耐酸混凝土、装饰混凝土、耐热混凝土、大体积混凝土、膨胀混凝土、道路混凝土、水下浇筑混凝土等多种。

(五) 按掺合料分类

混凝土按掺合料可分为粉煤灰混凝土、硅灰混凝土、碱矿渣混凝土、纤维混凝土等多种。

另外，混凝土按每立方米中的水泥用量(C)分为贫混凝土($C \leqslant 170$kg)和富混凝土($C \geqslant 230$kg)；按抗压强度(f_{cu})大小可分低强混凝土($f_{cu} < 30$MPa)、中强混凝土($f_{cu} = 30 \sim 60$MPa)、高强混凝土($f_{cu} \geqslant 60$MPa)和超高强混凝土($f_{cu} \geqslant 100$MPa)等。

本章讲述的混凝土，如无特别说明，均指普通混凝土。

三、混凝土的特点

普通混凝土在土建工程能得到广泛的应用，是由于它具有优越的技术性能和经济性能：

1. 原材料丰富，造价低廉。混凝土中砂、石骨料约占 80%，而砂、石材料资源丰富，可就地取材，造价低廉。

2. 混凝土拌合物有良好的可塑性。混凝土未凝结硬化前，可利用模板浇灌成任何形状及尺寸的整体结构或构件。

3. 性能可以调整。通过改变混凝土组成材料的品种及比例，可制得不同物理力学性能的混凝土，来满足各种工程的不同需要。

4. 与钢筋有牢固的粘结力。混凝土与钢筋的线膨胀系数基本相同，二者复合成钢筋混凝土后，能保证共同工作，从而大大扩展了混凝土的应用范围。

5. 良好的耐久性。配制合理的混凝土，具有良好的抗冻、抗渗、抗风化及耐腐蚀等性能，比木材、钢材等材料更耐久，维护费用低。

6. 生产能耗较低。混凝土生产能耗远小于烧土制品及金属材料。

普通混凝土有以下缺点：

1. 自重大，比强度(强度与表观密度之比)小。每立方米普通混凝土重达 2400kg 左右，致使在建筑工程中形成肥梁胖柱、厚基础，对高层、大跨度建筑不利。

2. 抗拉强度低。一般其抗拉强度为抗压强度的 1/20～1/10，因此受拉时易产生脆性破坏。

3. 导热系数大。普通混凝土导热系数为 1.40W/(m·K)，是红砖的两倍，故保温隔热性能差。

4. 硬化较慢，生产周期长。在标准条件下养护 28d 后，混凝土强度增长才趋于稳定，在自然条件下养护的混凝土预制构件，一般要养护 7～14d 方可投入使用。

第二节 混凝土的组成材料及其监理

混凝土的主要组成材料是水泥、水、砂子和石子，有时还常包括适量的掺合料和外加剂。砂、石在混凝土中起骨架作用，故分别称为细骨料和粗骨料。水泥和水形成水泥浆包裹在骨料的表面并填充骨料之间的空隙，在混凝土硬化之前起润滑作用，赋予混凝土拌合物流动性，便于施工；硬化之后起胶结作用，将砂石骨料胶结成一个整体，使混凝土产生强度，成为坚硬的人造石材。掺合料起降低成本和改性作用，外加剂起改性作用。

一、水泥

水泥是混凝土中最重要的组分，同时是混凝土组成材料中总价最高的材料。配制混凝土时，应正确选择水泥品种和水泥强度等级，以配制出性能满足要求、经济性好的混凝土。配制混凝土时，应根据工程性质、部位、施工条件和环境状况等选择水泥的品种。

水泥强度等级的选择应与混凝土的设计强度等级相适应。原则上配制高强度等级的混凝土，选用高强度等级的水泥；配制低强度等级的混凝土，选用低强度等级的水泥。若用低强度等级的水泥配制高强度等级混凝土时，要满足强度要求，必然增大水泥用量，不经济；同时混凝土易于出现干缩开裂和温度裂缝等劣化现象。反之，用高强度等级的水泥配制低强度等级的混凝土时，若只考虑满足混凝土强度要求，水泥用量将较少，难以满足混凝土和易性和耐久性等要求；若水泥用量兼顾了耐久性等性能，又会导致混凝土超强和不经济。

根据经验，水泥的强度等级宜为混凝土强度等级的 1.3～1.7 倍，如配制 C30 混凝土时，水泥胶砂试件 28d 抗压强度宜在 39.0～51.0MPa 之间，宜选用 42.5 级水泥。当然，这种经验关系并不是严格的规定，在实际应用时可略有超出。表 6-1 是各水泥强度等级的水泥宜配制的混凝土。

水泥强度等级可配制的混凝土强度等级 **表 6-1**

水泥强度等级	宜配制的混凝土强度等级	水泥强度等级	宜配制的混凝土强度等级
32.5	C10、C15、C20、C25	52.5	C40、C45、C50、C60、≥C60
42.5	C30、C35、C40、C45	62.5	≥C60

二、细骨料

国家标准《建设用砂》GB/T 14684—2011 将粒径在 150μm～4.75mm 之间的岩石颗粒称为细骨料。建设部行业标准《普通混凝土用砂、石质量及检验方法标准》JGJ 52—2006 将公称粒径在 160μm～5.00mm 之间的岩石颗粒称为细骨料。

细骨料按产源分为天然砂和机制砂。天然砂是指自然生成的，经人工开采和筛分的粒径小于 4.75mm 的岩石颗粒，包括河砂、湖砂、山砂和淡化海砂，但不包括软质、风化的岩石颗粒；机制砂是指经除土处理，由机械破碎、筛分制成的粒径小于 4.75mm 的岩石、矿山尾矿或工业废渣颗粒，但不包括软质、风化的颗粒，俗称人工砂。

砂按细度模数分为粗砂、中砂、细砂三种规格，其细度模数分别为：粗砂：3.7～3.1，中砂：3.0～2.3，细砂：2.2～1.6。砂按技术要求分Ⅰ类、Ⅱ类和Ⅲ类。

(一) 砂的技术要求

国家标准《建设用砂》GB/T 14684—2011 规定的建设用砂技术标准如下：

1. 颗粒级配

砂的颗粒级配应符合表 6-2 的规定；砂的级配类别应符合表 6-3 的规定。对于砂浆用砂，4.75mm 筛孔的累计筛余量应为 0。砂的实际颗粒级配除 4.75mm 和 600μm 筛档外，可以略有超出，但各级累计筛余超出值总和应不大于 5%。

2. 含泥量、石粉含量和泥块含量

含泥量是指天然砂中粒径小于 75μm 的颗粒含量。石粉含量是指机制砂中粒径小于 75μm 的颗粒含量。泥块含量是指砂中原粒径大于 1.18mm，经水浸洗、手捏后小于

600μm 的颗粒含量。亚甲蓝 *MB* 值是用于判定机制砂中粒径小于 75μm 颗粒的吸附性能的指标。天然砂的含泥量和泥块含量应符合表 6-4 的规定。机制砂 *MB* 值≤1.4 或快速法试验合格时，石粉含量和泥块含量应符合表 6-5 的规定；机制砂 *MB* 值＞1.4 或快速法试验不合格时，石粉含量和泥块含量应符合表 6-6 的规定。

砂的颗粒级配 **表 6-2**

砂的分类	天然砂			机制砂		
级配区	1 区	2 区	3 区	1 区	2 区	3 区
方筛孔	累计筛余/(%)					
4.75mm	10～0	10～0	10～0	10～0	10～0	10～0
2.36mm	35～5	25～0	15～0	35～5	25～0	15～0
1.18mm	65～35	50～10	25～0	65～35	50～10	25～0
600μm	85～71	70～41	40～16	85～71	70～41	40～16
300μm	95～80	92～70	85～55	95～80	92～70	85～55
150μm	100～90	100～90	100～90	97～85	94～80	94～75

砂的级配类别 **表 6-3**

类别	Ⅰ	Ⅱ	Ⅲ
级配区	2 区	1、2、3 区	

天然砂的含泥量和泥块含量 **表 6-4**

类别	Ⅰ	Ⅱ	Ⅲ
含泥量(按质量计)(%)	≤1.0	≤3.0	≤5.0
泥块含量(按质量计)(%)	0	≤1.0	≤2.0

机制砂的石粉含量和泥块含量(*MB* 值≤1.4 或快速法试验合格) **表 6-5**

类别	Ⅰ	Ⅱ	Ⅲ
MB 值	≤0.5	≤1.0	≤1.4 或合格
石粉含量(按质量计)(%)①	≤10.0		
泥块含量(按质量计)(%)	0	≤1.0	≤2.0

① 此指标根据使用地区和用途，经试验验证，可由供需双方协商确定。

机制砂的石粉含量和泥块含量(*MB* 值＞1.4 或快速法试验不合格) **表 6-6**

类别	Ⅰ	Ⅱ	Ⅲ
石粉含量(按质量计)(%)	≤1.0	≤3.0	≤5.0
泥块含量(按质量计)(%)	0	≤1.0	≤2.0

3. 有害物质

砂中如含有云母、轻物质、有机物、硫化物及硫酸盐、氯盐、贝壳，其限量应符合表 6-7 的规定。

砂的有害物质含量限值 **表 6-7**

类别	Ⅰ	Ⅱ	Ⅲ
云母(按质量计)(%)	≤1.0	≤2.0	
轻物质(按质量计)(%)	≤1.0		
有机物	合格		
硫化物及硫酸盐(按 SO_3 质量计)(%)	≤0.5		
氯化物(以氯离子质量计)(%)	≤0.01	≤0.02	≤0.06
贝壳(按质量计)(%)①	≤3.0	≤5.0	≤8.0

① 该指标仅用于海砂，其他砂种不作要求。

4. 坚固性

(1) 采用硫酸钠溶液法进行试验，砂的质量损失应符合表 6-8 的规定。

砂的坚固性指标 **表 6-8**

类别	Ⅰ	Ⅱ	Ⅲ
重量损失(%)	≤8		≤10

(2) 机制砂除了要满足表 6-8 的规定外，压碎指标还应满足表 6-9 的规定。

机制砂的压碎指标 **表 6-9**

类别	Ⅰ	Ⅱ	Ⅲ
单级最大压碎指标(%)	≤20	≤25	≤30

5. 表观密度、松散堆积密度、空隙率

表观密度不小于 2500kg/m³，松散堆积密度不小于 1400kg/m³，空隙率不大于 44%。

6. 碱集料反应

经碱集料反应试验后，由砂制备的试件无裂缝、酥裂、胶体外溢等现象，在规定的试验龄期膨胀率应小于 0.10%。

7. 含水率和饱和面干吸水率

当用户有要求时，应报告其实测值。

(二) 细骨料监理

监理工程师在熟悉细骨料技术要求的基础上，掌握以下要点：

1. 细骨料的特性与应用

天然砂是由天然岩石经自然条件作用而形成。河砂和湖砂因长期经受流水和波浪的冲洗，颗粒较圆，比较洁净，且分布较广，一般工程都采用这种砂。海砂因长期受到海流冲刷，颗粒圆滑，比较洁净且粒度一般比较整齐，但常混合有贝壳及盐类等有害杂质。

山砂是从山谷或旧河床中采运而得到，其颗粒多带棱角，表面粗糙，但含泥量和有机物杂质杂质较多，使用时应加以限制。

由天然岩石轧碎而成的机制砂颗粒富有棱角，比较洁净，砂中片状颗粒及石粉含量较大，成本较高；由矿山尾矿或工业废渣生产的机制砂，颗粒也富有棱角，但质地较软，含泥量较大，有些含有对人体、环境有害的成分。随着天然砂资源的日益减少，我国机制砂应用量已明显增大。

2. 砂(石)中各有害杂质对混凝土的危害

砂(石)中各有害杂质对混凝土的危害如表6-10所示。

砂(石)中有害杂质对混凝土的危害 **表6-10**

有害杂质名称	对混凝土的主要危害
泥	包裹于砂石料表面，隔断了水泥石与骨料之间的粘结，使混凝土强度降低。当含泥量多时，会降低混凝土强度和耐久性，并增加混凝土的干缩
泥块	在混凝土中形成薄弱部位，降低混凝土的强度和耐久性
石粉	增大混凝土拌合物需水量，影响和易性，降低混凝土强度
云母	云母是表面光滑的小薄片，降低混凝土拌合物和易性，它降低混凝土的强度和耐久性
SO_3	与水泥石中固态水化铝酸钙反应生成钙矾石，固相体积膨胀1.5倍，会引起混凝土开裂(砂石中的SO_3主要由硫铁矿(FeS_2)和石膏($CaSO_4$)等杂物带入)
有机物	延缓水泥的水化，降低混凝土的强度，尤其是早期强度(砂石中的有机物主要来自于动植物的腐殖质、腐殖土、泥煤和废机油等)
Cl^-	引起钢筋混凝土中的钢筋锈蚀，钢筋锈蚀后体积膨胀，造成混凝土开裂

3. 粗细程度及颗粒级配

砂的粗细程度是指不同粒径的砂粒混合在一起后的平均粗细程度。砂的粗细程度与其总表面有直接的关系，当用砂量相同条件下，采用细砂时，细骨料的总表面积较大，而用粗砂其表面积较小。由于在混凝土中砂粒表面由水泥浆来包裹，因此，当混凝土拌合物和易性要求一定时，细砂较粗砂的水泥用量为省。但若砂子过粗，易使混凝土拌合物产生离析、泌水等现象。因此，混凝土用砂不宜过细，也不宜过粗。

砂的颗粒级配是指砂中不同粒径颗粒的搭配情况。如果砂的粒径在同一尺寸范围内，则会产生很大的空隙率，见图6-1(*a*)；当用两种粒径的砂搭配起来，空隙率就减少了，见图6-1(*b*)；而用三种粒径的砂组配，空隙率就更小了，见图6-1(*c*)。由此可见，当砂中含有较多的粗颗粒，并以适量的中粗颗粒及少量的细颗粒填充其空隙，即具有良好的颗粒级配，可使砂的空隙率和总表面积均较小，从而不仅使水泥浆量较少，而且还可以提高混凝土的和易性、密实度和强度。

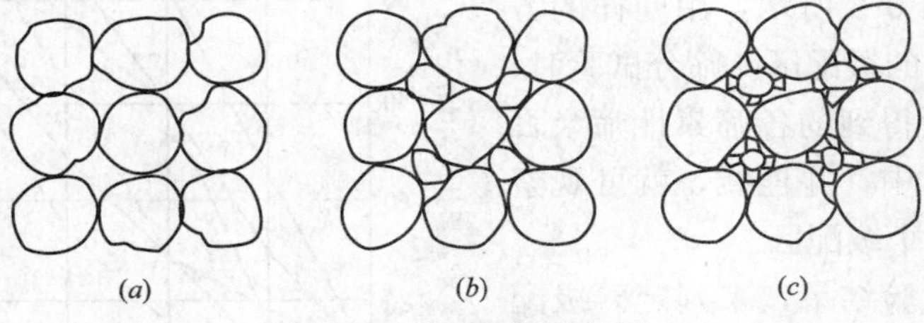

图6-1 骨料的颗粒级配

砂的粗细程度和颗粒级配通常用筛分析的方法进行测定。砂的分析筛法是用4.75mm、2.36mm、1.18mm、600μm、300μm和150μm方孔筛(见表6-2)，将500g干砂样由粗到细依次过筛，然后称取留在各筛上砂的筛余量G_i(G_1、G_2、G_3、G_4、G_5、G_6)和筛底盘上砂重量$G_{底}$。然后计算各筛的分计筛余百分率a_i(各筛上的筛余量占砂样总重的百分率），$a_i=[G_i/(\sum G_i+G_{底})]\times100\%$，计算累计筛余百分率 A_i（各筛及比该筛粗的所有筛的分计筛余百分率之和）。累计筛余与分计筛余的关系见表 6-11。

分计筛余和累计筛余的关系 **表 6-11**

筛孔尺寸	分计筛余（%）	累计筛余（%）
4.75mm	a_1	$A_1=a_1$
2.36mm	a_2	$A_2=a_1+a_2$
1.18mm	a_3	$A_3=a_1+a_2+a_3$
600μm	a_4	$A_4=a_1+a_2+a_3+a_4$
300μm	a_5	$A_5=a_1+a_2+a_3+a_4+a_5$
150μm	a_6	$A_6=a_1+a_2+a_3+a_4+a_5+a_6$
底盘	—	100

砂的粗细程度用通过累计筛余百分率计算而得的细度模数（M_x）来表示，其计算式为：

$$M_x=\frac{(A_2+A_3+A_4+A_5+A_6)-5A_1}{100-A_1} \tag{6-1}$$

用该式计算时，A_i 用百分点而不是百分率来计算。如 $A_2=18.6\%$，计算时代入 18.6 而不是 0.186。

如前所述，GB/T 14684—2011 将砂按细度模数分为粗、中、细三种规格：粗砂 $M_x=3.1\sim3.7$，中砂 $M_x=3.0\sim2.3$，细砂 $M_x=1.6\sim2.2$。但在我国，有些地区（如四川和重庆的部分地区），天然砂的细度模数小于上述范围，一般将 $M_x=0.7\sim1.5$ 的称为特细砂，$M_x<0.7$ 的称为粉砂。

细度模数越大，表示砂越粗。砂的细度模数不能反映砂的级配优劣，细度模数相同的砂，其级配可以很不相同。因此，在配制混凝土时，必须同时考虑砂的级配和砂的细度模数。

将筛分析试验的结果与表 6-2 进行对照来判断砂的级配是否符合要求。但用表 6-2 来判断砂的级配不直观，为了方便应用，常用筛分曲线来判断。所谓筛分曲线是指以累计筛余百分率为纵坐标，以筛孔尺寸为横坐标所画的曲线。

按照表 6-2 中天然砂的限值，画出 1、2、3 三个级配区上下限的筛分曲线得到相应的级配区，如图 6-2 所示，用同样的方法也能画出机制砂的级配区。筛分试验时，将砂样筛分析试验得到的各筛累计筛余百分率标注在图 6-2 中，并连线，就可观察此筛分曲线落在哪个级配区。

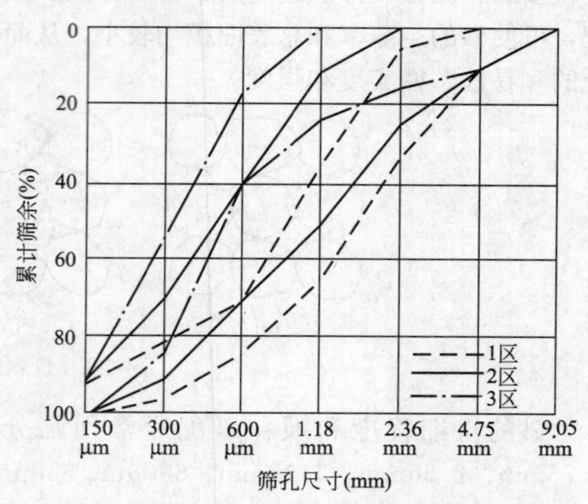

图 6-2 天然砂的级配区曲线

根据砂筛分试验结果，来判定砂级配是否合格：①各筛上的累计筛余百分率原则上应处于表 6-2 所规定的任何一个区；②允许有少量超出，但超出总量应小于 5%；③4.75mm 和 600μm 不允许有任何超出。

配制混凝土时宜优先选用2区砂；当采用1区砂时，应提高砂率，并保持足够的水泥用量，以满足混凝土的和易性；当采用3区砂时，宜适当降低砂率，以保证混凝土强度。

4. 碱集料反应

碱集料反应又称为碱骨料反应，它是指水泥、外加剂等混凝土组成物及环境中的碱与集料(骨料)中碱活性矿物在潮湿环境下缓慢发生并导致混凝土开裂破坏的膨胀反应。有关碱骨料反应条件及防止方法在混凝土章讲述。

5. 检验分类

(1) 出厂检验

1) 天然砂的出厂检验项目为：颗粒级配、含泥量、泥块含量、云母含量、松散堆积密度。

2) 机制砂的出厂检验项目为：颗粒级配、石粉含量(含亚甲蓝试验)、泥块含量、压碎指标、松散堆积密度。

(2) 型式检验

砂型式检验项目为GB/T 14684—2011规定的技术要求的前5项，碱集料反应、含水率和饱和面干吸水率根据需要进行。

有下列情况之一时，应进行型式检验：新产品投产时；原材料产源或生产工艺发生变化时；正常生产时，每年进行一次；长期停产后恢复生产时；出厂检验结果与型式检验有较大差异时。

6. 取样及判定

(1) 组批规则

按同分类、规格、类别及日产量每600t为一批，不足600t亦为一批；日产超过2000t，按1000t为一批，不足1000t亦为一批。

(2) 取样方法

1) 在料堆上取样时，取样部位应均匀分布。取样前先将取样部位表层铲除，然后从不同部位抽取大致等量的砂8份，组成一组样品。

2) 从皮带运输机上取样时，应用与皮带等宽的接料器在皮带运输机机头出料处全断面定时随机抽取大致等量的砂4份，组成一组样品。

3) 从火车、汽车、货船上取样时，从不同部位和深度抽取大致等量的砂8份，组成一组样品。

(3) 试样数量

单项试验的最少取样数量应符合表6-12的规定。若进行几项试验时，如能保证试样经一项试验后不致影响另一项试验的结果，可用同一试样进行几项不同的试验。

砂单项试验取样数量(kg) **表6-12**

序号	试验项目	最少取样数量	序号	试验项目	最少取样数量
1	颗粒级配	4.4	4	石粉含量	6.0
2	含泥量	4.4	5	云母含量	0.6
3	泥块含量	20.0	6	轻物质含量	3.2

续表

序号	试验项目	最少取样数量		序号	试验项目	最少取样数量
7	有机物含量	2.0		12	表现密度	2.6
8	硫化物与硫酸盐含量	0.6		13	松散堆积密度与空隙率	5.0
9	氯化物含量	4.4		14	碱集料反应	20.0
10	贝壳含量	9.6		15	放射性	6.0
11	坚固性	天然砂	8.0	16	饱和面干吸水率	4.4
		机制砂	20.0			

(4) 试样处理

1) 用分料器法，将样品在潮湿状态下拌和均匀，然后通过分料器，取接料斗中的其中一份再次通过分料器。重复上述过程，直到把样品缩分到试验所需量为止。

2) 人工四分法：将所取样品置于平板上，在潮湿状态下拌和均匀，并堆成厚度约20mm的圆饼，然后沿互相垂直的两条直径把圆饼分成大致相等的四份，取其中对角线的两份重新拌匀，再堆成圆饼。重复上述过程，直到把样品缩分到试验所需量为止。

3) 堆积密度、机制砂坚固性检验所用试样可不经缩分，在拌匀后直接进行试验。

(5) 判定规则

1) 试验结果均符合建设用砂技术标准的相应类别规定时，可判为该产品合格。

2) 技术要求1～5条若有一项性能指标不符合标准要求时，则应从同一批产品中加倍取样，对该项进行复检。复检后，若试验结果符合标准规定时，可判为该批产品合格；若仍然不符合标准要求时，则该批产品判为不合格。若有两项及以上试验结果不符合标准规定时，则判该批产品不合格。

7. 试验方法

按《建设用砂》GB/T 14684—2011进行。

三、粗骨料

国家标准《建设用卵石、碎石》GB/T 14685—2011将粒径在4.75～90mm之间的岩石颗粒称为粗骨料。建设部行业标准《普通混凝土用砂、石质量及检验方法标准》JGJ 52—2006将公称粒径在5～100mm之间的岩石颗粒称为粗骨料。

粗骨料分为卵石和碎石两类。卵石是由自然风化、水流搬运和分选、堆积形成的，粒径大于4.75mm的岩石颗粒；碎石是由天然岩石、卵石或矿山废石经机械破碎、筛分制成的，粒径大于4.75mm的岩石颗粒。

卵石、碎石按技术要求分为Ⅰ类、Ⅱ类和Ⅲ类。

(一) 技术要求

国家标准《建设用卵石、碎石》GB/T 14685—2011规定的卵石和碎石技术标准如下：

1. 颗粒级配

卵石和碎石的颗粒级配应符合表6-13的规定。

2. 含泥量和泥块含量

卵石、碎石的含泥量和泥块含量应符合表6-14的规定。

卵石和碎石的颗粒级配　　表 6-13

公称粒级(mm)		累计筛余(%)											
		方筛孔(mm)											
		2.36	4.75	9.50	16.0	19.0	26.5	31.5	37.5	53.0	63.0	75.0	90.0
连续粒级	5～16	95～100	85～100	30～60	0～10	0							
	5～20	95～100	90～100	40～80	—	0～10	0						
	5～25	95～100	90～100	—	30～70	—	0～5	0					
	5～31.5	95～100	90～100	70～90	—	15～45	—	0～5	0				
	5～40	—	95～100	70～90	—	30～65	—	—	0～5	0			
单粒粒级	5～10	95～100	80～100	0～15	0								
	10～16		95～100	80～100	0～15								
	10～20		95～100	85～100		0～15	0						
	16～25			95～100	55～70	25～40	0～10						
	16～31.5		95～100		85～100			0～10	0				
	20～40			95～100		80～100			0～10	0			
	40～80					95～100			70～100		30～60	0～10	0

粗骨料含泥量和泥块含量　　表 6-14

类别	Ⅰ	Ⅱ	Ⅲ
含泥量(按质量计)(%)	≤0.5	≤1.0	≤1.5
泥块含量(按质量计)(%)	0	≤0.2	≤0.5

3. 针片状颗粒含量

卵石、碎石的针、片状颗粒含量应符合表 6-15 的规定。

粗骨料针、片状颗粒含量　　表 6-15

类别	Ⅰ	Ⅱ	Ⅲ
针片状颗粒(按质量计)(%)	≤5	≤10	≤15

4. 有害物质

有害物质含量应符合表 6-16 的规定。

粗骨料有害物质限量　　表 6-16

类别	Ⅰ	Ⅱ	Ⅲ
有机物	合格	合格	合格
硫化物及硫酸盐(按 SO_3 质量计)(%)	≤0.5	≤1.0	≤1.0

5. 坚固性

采用硫酸钠溶液法进行试验，卵石、碎石的质量损失应符合表 6-17 的规定。

6. 强度

(1) 岩石抗压强度

粗骨料坚固性指标 表 6-17

类别	Ⅰ	Ⅱ	Ⅲ
质量损失(%)	≤5	≤8	≤12

在水饱和状态下，其抗压强度火成岩应不小于 80MPa，变质岩应不小于 60MPa，水成岩应不小于 30MPa。

(2) 压碎指标

压碎指标应小于表 6-18 的规定。

粗骨料压碎指标 表 6-18

类别	Ⅰ	Ⅱ	Ⅲ
碎石压碎指标(%)	≤10	≤20	≤30
卵石压碎指标(%)	≤12	≤14	≤16

7. 表观密度、连续级配松散堆积空隙率

表观密度不小于 2600kg/m³，连续级配松散堆积空隙率应符合表 6-19 规定。

粗骨料连续级配松散堆积空隙率 表 6-19

类别	Ⅰ	Ⅱ	Ⅲ
空隙率(%)	≤43	≤45	≤47

8. 吸水率

吸水率应符合表 6-20 的规定。

粗骨料吸水率 表 6-20

类别	Ⅰ	Ⅱ	Ⅲ
吸水率(%)	≤1.0	≤2.0	≤2.0

9. 碱集料反应

经碱集料反应试验后，由卵石、碎石制备的试件无裂缝、酥裂、胶体外溢等现象，在规定的试验龄期膨胀率应小于 0.10%。

10. 含水率和堆积密度

报告其实测值。

(二) 粗骨料监理

监理工程师在熟悉粗骨料技术要求的基础上，掌握以下要点：

1. 粗骨料的特性与应有用

碎石表面粗糙，棱角多，且较洁净，与水泥石粘结比较牢固；卵石它表面光滑，有机杂质含量较多，与水泥石胶结力较差。在相同条件下，卵石混凝土的强度较碎石混凝土低，在单位用水量相同的条件下，卵石混凝土的流动性较碎石混凝土大。

2. 骨料的形状和表面特征对混凝土质量的影响

骨料的颗粒形状以接近球状或立方体形的为好，而针状和片状颗粒含量要少。所谓针状颗粒是指颗粒长度大于骨料平均粒径 2.4 倍者，片状颗粒则是指颗粒厚度小于骨料平均粒径 0.4 倍者(平均粒径指一个粒级的骨料其上、下限粒径的算术平均值)。

粗骨料中针片状颗粒不仅本身受力时易折断，且易产生架空现象，增大骨料空隙率，使混凝土拌合物和易性变差，同时降低混凝土的强度。我国碎石的针片状骨料含量易超标，在监理时应要求施工方认真筛选。

3. 对有害物质的补充说明

粗骨料中严禁混入煅烧过的石灰石或白云石，以免过火生石灰引起混凝土的膨胀开裂。粗骨料中如发现含有颗粒状的硫酸盐或硫化物杂质时，要进行专门试验，当确认能满足混凝土耐久性要求时方能采用。

4. 粗骨料强度与混凝土强度之间的关系

为了保证混凝土的强度粗骨料必须致密并具有足够的强度。碎石的强度可用抗压强度和压碎指标值表示，卵石的强度只用压碎指标值表示。

碎石的抗压强度测定，是将其母岩制成边长为 50mm 的立方体(或直径与高均为 50mm 的圆柱体)试件(每组 6 个试件。对有明显层理的岩石，应制作二组，一组保持层理与受力方向平行，另一组保持层理与受力方向垂直，分别测试)，浸水 48h 后，测定其极限抗压强度值。碎石抗压强度一般在混凝土强度等级大于或等于 C60 时才检验，其他情况如有怀疑或必要时也可进行抗压强度检验。通常要求岩石抗压强度与混凝土强度等级之比不应小于 1.5。

骨料在混凝土中呈堆积状态受力，而采用直接法测定粗骨料抗压强度时，骨料是相对面受力。为了模拟粗骨料在混凝土中的实际受力状态，采用压碎指标法来表示粗骨料强度，即所谓间接法。压碎指标法，它是将一定重量气干状态的 9.5～19.0mm 石子装入标准筒内，按 1kN/s 速度均匀加荷至 200kN，并稳荷 5s。卸荷后称取试样重量 G_0，再用 2.36mm 孔径的筛筛除被压碎的细粒。称出留在筛上的试样重量 G_1，按下式计算压碎指标值 Q_e。

$$Q_e=\frac{G_0-G_1}{G_0}\times100\% \tag{6-2}$$

压碎指标值越小，说明粗骨料抵抗受压破碎能力越强，其强度越大。

5. 最大粒径

粗骨料公称粒级的上限称为骨料的最大粒径。当粗骨料粒径增大时，其总表面积减少，包裹其表面所需的水泥浆数量减少，可节约水泥。因此，在条件许可的情况下，粗骨料的最大粒径应尽量用大些。

但是，骨料粒径大于 40mm，并无多大好处，可能造成混凝土的强度下降。根据《混凝土结构工程施工质量验收规范》GB 50204—2002 的规定，混凝土粗骨料的最大粒径不得超过截面最小尺寸的 1/4，且不得大于钢筋最小净距的 3/4；对于混凝土实心板，骨料最大粒径不宜超过板厚的 1/3，且不得超过 40mm。

6. 颗粒级配

粗骨料有级配要求的目的与细骨料相同，其级配也是通过筛分析试验来测定。试样筛分析时，可按表 6-13 选用部分筛号(细骨料筛分析时，全套标准筛均要使用)进行筛分。将试样的累计筛余百分率结果与表 6-13 对照，来判断该试样级配是否合格。

连续级配是石子由小到大各粒级相连的级配；间断级配是指用小颗粒的粒级石子直接与大颗粒的粒级石子相配，中间缺了一段粒级的级配。建筑工程上多采用连续级配。间断级配虽然可获得比连续级配更小的空隙率，但混凝土拌合物易产生离析现象，不便于施工，工程中较少使用。

单粒级不宜单独配制混凝土，主要用于组合连续级配或间断级配。

7. 检验分类

(1) 出厂检验

卵石和碎石的出厂检验项目为：松散堆积密度、颗粒级配、含泥量、泥块含量、针片状含量；连续粒级的石子应进行空隙率检验；吸水率应根据用户需要进行检验。

(2) 型式检验

卵石和碎石的型式检验项目为 GB/T 14685—2011 规定的技术要求的前 7 项，碱集料反应根据需要进行。

型式检验条件与建设用砂相同。

8. 取样及判定

(1) 组批规则

按同分类、规格、适用等级及日产量每 600t 为一批，不足 600t 亦为一批，日产超过 2000t，按 1000t 为一批，不足 1000t 亦为一批。日产量超过 5000t 按 2000t 为一批，不足 2000t 亦一批。

(2) 取样方法

1) 在料堆上取样时，取样部位应均匀分布。取样前先将取样部位表层铲除，然后从不同部位抽取大致等量的石子 15 份(在料堆的顶部、中部和底部均匀分布的 15 个不同部位取得)组成一组样品。

2) 从皮带运输机上取样时，应用接料器在皮带运输机机头的出料处定时抽取大致等量的石子 8 份，组成一组样品。

3) 从火车、汽车、货船上取样时，从不同部位和深度抽取大致等量的石子 16 份，组成一组样品。

(3) 试样数量

单项试验的最少取样数量应符合表 6-21 的规定。若进行几项试验时，如能保证试样经一项试验后不致影响另一项试验的结果，可用同一试样进行几项不同的试验。

粗骨料单项试验取样数量(kg)　　表 6-21

序号	试验项目	不同最大粒径(mm)下的最少取样量							
		9.5	16.0	19.0	26.5	31.5	37.5	63.0	75.0
1	颗粒级配	9.5	16.0	19.0	25.0	31.5	37.5	63.0	80.0
2	含泥量	8.0	8.0	24.0	24.0	40.0	40.0	80.0	80.0
3	泥块含量	8.0	8.0	24.0	24.0	40.0	40.0	80.0	80.0
4	针片状颗料含量	1.2	4.0	8.0	12.0	20.0	40.0	40.0	40.0
5	有机物含量	按试验要求的粒级和数量取样							
6	硫酸盐和硫化物含量								
7	坚固性								
8	岩石抗压强度	随机选取完整石块锯切或钻取成试验用样品							

续表

序号	试验项目	不同最大粒径(mm)下的最少取样量							
		9.5	16.0	19.0	26.5	31.5	37.5	63.0	75.0
9	压碎指标值	按试验要求的粒级和数量取样							
10	表现密度	8.0	8.0	8.0	8.0	12.0	16.0	24.0	24.0
11	堆积密度与空隙率	40.0	40.0	40.0	40.0	80.0	80.0	120.0	120.0
12	吸水率	2.0	4.0	8.0	12.0	20.0	40.0	40.0	40.0
13	碱集料反应	20.0	20.0	20.0	20.0	20.0	20.0	20.0	20.0
14	放射性	6.0							
15	含水率	按试验要求的粒级和数量取样							

(4) 试样处理

将所取样品置于平板上，在自然状态下拌和均匀，并堆成锥体，然后沿互相垂直的两条直径把锥体分成大致相等的四份，取其中对角线的两份重新拌匀，再堆成锥体。重复上述过程，直至把样品缩分到试验所需量为止。

堆积密度试验所用试样可不经缩分，在拌匀后直接进行试验。

(5) 判定规则

1) 试验结果均符合建设用卵石、碎石技术标准的相应类别规定时，可判为该产品合格。

2) 技术要求 1～7 条若有一项性能指标不符合标准要求时，则应从同一批产品中加倍取样，对该项进行复检。复检后，若试验结果符合标准规定时，可判为该批产品合格；若仍然不符合标准要求时，则该批产品判为不合格。若有两项及以上试验结果不符合标准规定时，则判该批产品不合格。

9. 试验方法

按《建设用卵石、碎石》GB/T 14685—2011 进行。

四、混凝土拌合及养护用水

混凝土用水应不影响混凝土的凝结硬化，无损于混凝土强度发展及耐久性，不加快钢筋锈蚀，不引起预应力钢筋脆断，不污染混凝土表面。根据《混凝土用水标准》JGJ 63—2006 规定，混凝土用水中的物质含量限值如表 6-22 所示。

混凝土用水中的物质含量限值 **表 6-22**

项目	预应力混凝土	钢筋混凝土	素混凝土
pH 值	≥5.0	≥4.5	≥4.5
不溶物(mg/L)	≤2000	≤2000	≤5000
可溶物(mg/L)	≤2000	≤5000	≤10000
Cl^-(mg/L)	≤500	≤1000	≤3500
SO_4^{2-}(mg/L)	≤600	≤2000	≤2700
碱含量(rag/L)	≤1500	≤1500	≤1500

五、掺合料

混凝土掺合料是指在混凝土(或砂浆)搅拌前或在搅拌过程中，为改善混凝土性能、调节混凝土强度等级、节约水泥用量，而与混凝土(或砂浆)其他组分一起，直接加入的人造或天然的矿物材料以及工业废料，掺量一般大于水泥重量的5%。

掺合料与生产水泥时与熟料一起磨细的混合材料在种类上基本相同，主要有粉煤灰、硅灰、磨细矿渣粉、磨细自燃煤矸石以及其他工业废渣。粉煤灰是目前用量最大、使用范围最广的一种掺合料。

(一) 粉煤灰

1. 特性

粉煤灰按电厂除尘方式不同分为湿排灰和干排灰，按CaO的含量高低，分为高钙灰和低钙灰两类。CaO含量在15%以上者属于高钙灰，我国绝大多数电厂排放的粉煤灰为低钙灰，其中湿排灰不如干排灰。

粉煤灰由于其本身的化学成分、结构和颗粒形状等特征，在混凝土中可产生以下三种效应，总称为“粉煤灰效应”。

(1) 活性效应。粉煤灰中所含的 SiO_2 和 Al_2O_3 具有化学活性，它们能与水泥水化产生的 $Ca(OH)_2$ 反应，可作为胶凝材料一部分起增强作用。

(2) 形态效应。煤粉在高温燃烧过程中形成的粉煤灰颗粒，绝大多数为玻璃微珠。掺入混凝土起改变内部质点之间内摩阻力的作用，混凝土硬化之前，玻璃微珠起“滚珠”作用，减小内摩阻力，使混凝土拌合物具有比普通混凝土更好的流动性，便于施工，具有减水作用。

(3) 微骨料效应。粉煤灰中的微细颗粒均匀分布在水泥浆内，填充孔隙和毛细孔，改善了混凝土的孔结构和增大密实度。

粉煤灰掺入混凝土中，可以改善混凝土拌合物的和易性、可泵性和可塑性，能降低混凝土的水化热，使混凝土的弹性模量提高，提高混凝土抗化学侵蚀性、抗渗、抑制碱-骨料反应等耐久性。粉煤灰取代混凝土中部分水泥后，混凝土的早期强度将有所降低，但后期强度可以赶上甚至超过未掺粉煤灰的混凝土。

2. 技术要求

我国粉煤灰质量控制、应用技术有关的技术标准、规范有：《用于水泥和混凝土中的粉煤灰》GB/T 1596—2005、《硅酸盐建筑制品用粉煤灰》JC 409—2001、《粉煤灰混凝土应用技术规范》GBJ 146—1990 和《粉煤灰在混凝土和砂浆中应用技术规程》JGJ 28—1986 等。GB/T 1596—2005 规定，粉煤灰按煤种分为F类(由无烟煤或烟煤煅烧收集的粉煤灰)和C类(由褐煤或次烟煤煅烧收集的粉煤灰，其氧化钙含量一般大于10%)，分为Ⅰ、Ⅱ、Ⅲ三个等级，相应的技术要求如表6-23所示。

3. 编号及取样

(1) 应以连续供应的200t相同等级、相同种类的粉煤灰为一编号，不足200t时按一个编号论，粉煤灰质量按干灰(含水量小于1%)的质量计算。

(2) 每一编号为一取样单位，当散装粉煤灰运输工具的容量超过该厂规定出厂编号吨数时，允许该编号的数量超过取样规定吨数。

用于混凝土中的粉煤灰技术要求(GB/T 1596—2005)　　**表 6-23**

项目		技术要求		
		Ⅰ	Ⅱ	Ⅲ
细度(0.045mm方孔筛筛余)(%)	F类粉煤灰 C类粉煤灰	≤12.0	≤25.0	≤45.0
需水量比(%)		≤95	≤105	≤115
烧失量(%)		≤5.0	≤8.0	≤15.0
含水量(%)		≤1.0		
三氧化硫含量(%)		≤3.0		
游离氧化钙(%)		F类粉煤灰≤1.0；C类粉煤灰≤4.0		
安定性雷氏夹沸煮后增加距离(mm)		C类粉煤灰≤5.0		

(3) 取样方法按 GB 12573 进行。取样应有代表性，可连续取，也可从 10 个以上不同部位取等量样品，总量至少 3kg。

(4) 拌制混凝土和砂浆用粉煤灰，必要时，买方可对粉煤灰的技术要求进行随机抽样检验。

4. 判定法则

产品性能符合表 6-23 要求时为等级品。若其中任何一项不符合要求，允许在同一编号中重新加倍取样进行全部项目的复检，以复检结果判定，复检不合格可降级处理。凡低于表 6-23 中最低级别要求的为不合格品。

(二) 硅灰

硅灰是在生产硅铁、硅钢或其他硅金属时，高纯度石英和煤在电弧炉中还原所得到的以无定形 SiO_2 为主要成分的球状玻璃体颗粒粉尘。硅灰中无定形 SiO_2 的含量在 90%以上，其化学成分随所生产的合金或金属的品种不同而异，一般其化学成分为：SiO_2：85%～92%；Fe_2O_3：2%～3%；MgO：1%～2%；Al_2O_3：0.5%～1.0%；CaO：0.2%～0.5%。

硅灰颗粒极细，平均粒径为 0.1～0.2μm，比表面积 20000～25000m^2/kg。密度 2.2g/cm^3，堆积密度 250～300kg/m^3。由于硅灰单位重量很轻，包装、运输很不方便。

硅灰活性极高，火山灰活性指标高达110%，其中的 SiO_2 在水化早期就可与 $Ca(OH)_2$ 发生反应，可配制出 100MPa 以上的高强混凝土。硅灰取代水泥后，其作用与粉煤灰类似，可改善混凝土拌合物的和易性，降低水化热，提高混凝土抗化学侵蚀性、抗冻、抗渗，抑制碱-骨料反应，且效果比粉煤灰好得多。另外，硅灰掺入混凝土中，可使混凝土的早期强度提高。

硅灰需水量比为134%左右，若掺量过大，将会使水泥浆变得十分黏稠。在土建工程中，硅灰取代水泥量常为 5%～15%，且必须同时掺入高效减水剂。

(三) 磨细矿渣粉

磨细矿渣是将粒化高炉矿渣经磨细而成的粉状掺合料。其主要化学成分为 CaO、SiO_2、Al_2O_3，三者的总量占 90%以上，另外含有 Fe_2O_3 和 MgO 等氧化物及少量 SO_3，其活性较粉煤灰高，掺量也可比粉煤灰大，国外已大量应用于工程，我国尚处于研究开发阶段。

1. 技术要求

根据《用于水泥和混凝土中的粒化高炉矿渣粉》GB/T 18046—2008 的规定，矿渣粉根据 28d 活性指数(%)为 S105、S95 和 S75 三个级别，相应的技术要求如表 6-24 所示。

用于水泥和混凝土中的粒化高炉矿渣粉的技术要求 表 6-24

级别	密度 (g/cm³) ≥	比表面积 (m²/kg) ≥	活性指数(%) ≥		流动度比(%) ≥	含水量 (%) ≤	三氧化硫 (%) ≤	氯离子 (%) ≤	烧失量 (%) ≤	玻璃体 (%) ≥	放射性
			7d	28d							
S105	2.8	500	95	105	95	1.0	4.0	0.06	3.0	85	合格
S95		400	75	95							
S75		350	55	75							

2. 编号及取样

矿渣粉出厂前按同级别进行编号和取样。每一编号为一个取样单位。矿渣粉出厂编号按矿渣粉生产厂年生产能力规定：60 万 t 以上，不超过 2000t 为一编号；30～60 万 t，不超过 1000t 为一编号；10～30 万 t，不超过 600t 为一编号；10 万 t 以下，不超过 200t 为一编号。当散装粉煤灰运输工具的容量超过该厂规定出厂编号吨数时，允许该编号的数量超过该厂规定出厂编号吨位数。

取样按《水泥取样方法》GB 12573—2008 进行，取样应有代表性，可连续取样，也可以在 20 个以上部位取等量样品总量至少 20kg。试样应混合均匀，按四分法缩取出比试验所需量大一倍的试样。

3. 检验项目和检验结果判定

矿渣生产厂应按表 6-24 规定的密度、比表面积、活性指数、流动度比、含水量和三氧化硫含量等要求进行检验。

符合表 6-24 要求的为合格品。若其中任何一项不符合要求，应重新加倍取样，对不合格的项目进行复验，评定时以复验结果为准。

凡不符合表 6-24 要求的矿渣粉为不合格品。

(四) 沸石粉

沸石粉是由沸石岩经粉磨加工制成的含水化硅铝酸盐为主的矿物火山灰质活性掺合材料。沸石岩系有 30 多个品种，用作混凝土掺合料的主要有斜发沸石或绦光沸石，沸石粉的主要化学成分为：SiO_2 占 60%～70%，Al_2O_3 占 10%～30%，可溶硅占 5%～12%，可溶铝占 6%～9%。沸石岩具有较大的内表面积和开放性结构，沸石粉本身没有水化能力，在水泥中碱性物质激发下其活性才表现出来。

沸石粉的技术要求有：细度为 0.080mm 方孔筛筛余≤7%；吸氨值≥100mg/100g；密度 2.2～2.4g/cm³；堆积密度 700～800kg/m³；火山灰试验合格；含量 SO_3≤3%；水泥胶砂 28d 强度比不得低于 62%。

沸石粉掺入混凝土中，可取代 10%～20%的水泥，可以改善混凝土拌合物的黏聚性，减少泌水，宜用于泵送混凝土，可减少混凝土离析及堵泵。沸石粉应用于轻骨料混凝土，可较大改善轻骨料混凝土拌合物的黏聚性，减少轻骨料的上浮。

(五) 其他掺合料

1. 磨细自燃煤矸石粉

自燃煤矸石粉是由煤矿洗煤过程中排出的矸石，经自燃而成的。自燃煤矸石具有一定的火山灰活性，磨细后可作为混凝土的掺合料。

2. 浮石粉、火山渣粉

浮石粉和火山渣粉均是火山喷出的轻质多孔岩石经磨细而得的掺合料。《用于水泥中的火山灰质混合材料》GB/T 2847—2005 规定，浮石粉和火山渣粉的烧失量≤10%；火山灰试验合格；SO_3 含量≤3%；水泥胶砂 28d 强度比不得低于 62%。

六、外加剂

根据《混凝土外加剂的分类、命名与定义》GB/T 8075—2005，混凝土外加剂是一种在混凝土搅拌之前或搅拌过程中掺入的、用以改善新拌混凝土和(或)硬化混凝土性能的材料。由此可见，混凝土外加剂不包括生产水泥时加入的混合材料、石膏和助磨剂，也不同于在混凝土拌制时掺入的大量掺合料。

混凝土外加剂在混凝土中的掺量不多，但对混凝土性能改善效果十分显著。

(一) 常用的混凝土外加剂

1. 减水剂

在混凝土的材料种类和用量不变的情况下，往混凝土中掺入减水剂，混凝土拌合物的流动性将显著提高，若要维持混凝土拌合物的流动性不变，则可减少混凝土的加水量。所以，减水剂是指在混凝土拌合物坍落度基本相同的条件下，能减少拌合用水量的外加剂。

减水剂之所以能减水，是由于它是一种表面活性剂，其分子是由亲水基团和憎水基团两部分组成。水泥加水拌合后，由于颗粒之间分子凝聚力的作用，会形成絮凝结构(图 6-3*a*)，将一部分拌合用水包裹在絮凝结构内，从而使混凝土拌合物的流动性降低。当水泥中加入减水剂后，减水剂的憎水基团定向吸附于水泥颗粒表面，使水泥颗粒表面带有相同的电荷，产生静电斥力，使水泥颗粒相互分开，絮凝结构解体(图 6-3*b*)，释放出游离水，从而增大了混凝土拌合物的流动性。另外，减水剂还能在水泥颗粒表面形成一层稳定的溶剂化水膜(图 6-3*c*)，这层水膜是很好的润滑剂，有利于水泥颗粒的滑动，从而使混凝土拌合物的流动性进一步提高。

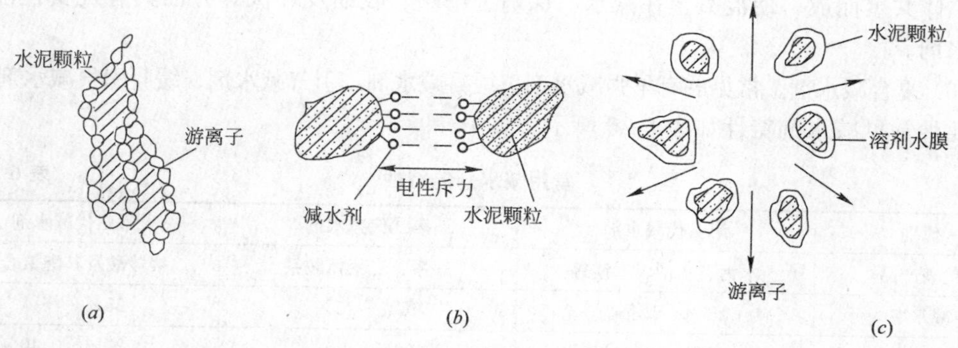

图 6-3 减水剂减水机理示意图

在混凝土中加入减水剂后，可取得以下技术经济效果：

① 在拌合物用水量不变时，混凝土坍落度可增大 100～200mm；

② 保持混凝土拌合物坍落度和水泥用量不变，可减水 10%～15%，混凝土强度可提

高15%～20%，特别是早期强度会显著提高；

③ 保持混凝土强度不变时，可节约水泥用量10%～15%。

另外，缓凝型减水剂可使水泥水化放热速度减慢，热峰出现推迟；引气型减水剂可提高混凝土抗渗性和抗冻性。

土建工程中常用的减水剂有：

(1) 木质素系减水剂。木质素系减水剂属普通减水剂，包括木质素磺酸钙(木钙)、木质素磺酸钠(木钠)和木质素磺酸镁(木镁)。工程上使用最多的是木钙，简称M剂。

M剂其适宜掺量为水泥(或胶凝材料)重量的0.2%～0.3%，减水率约10%，混凝土28d强度约提高10%；若不减水，混凝土坍落度可增大60～100mm；在混凝土拌合物和易性和强度保持基本不变情况下，可节约水泥5%～8%。M剂有缓凝作用，缓凝1～3h；有引气作用，引气量为1%～2%。

(2) 糖蜜类减水剂。糖蜜类减水剂为普通减水剂，常见的有3FG、TF、ST等。糖蜜类减水剂的掺量和性能与M剂相近，但缓凝性更强，多作为缓凝剂。

(3) 萘磺酸盐系减水剂。萘磺酸盐系减水剂简称萘系减水剂，为高效减水剂，主要成分为β-萘磺酸盐甲醛缩合物，常见的有NNO、NF、FDN、UNF、MF、建Ⅰ型、SN-2、AF等，它们的性能与日本“迈蒂”高效减水剂相同。萘系减水剂适宜掺量为胶凝材料重量的0.5～1.0%，其减水率大，为12%～25%；增强效果显著；保持混凝土强度和坍落度相近时，可节约水泥10%～20%缓凝性小；大多为非引气型；坍落度损失大，作泵送剂时不宜单独使用。

(4) 水溶性树脂类减水剂。水溶性树脂类减水剂为高效减水剂，主要为磺化三聚氰胺甲醛树脂减水剂，简称密胺树脂减水剂。常见的是SM树脂减水剂。SM树脂减水剂适宜掺量为胶凝材料重量的0.5%～2.0%，其减水率大，为20%～27%；可大大提高混凝土早期强度，同时后期强度亦有提高；可提高混凝土的抗渗、抗冻性及弹性模量；对蒸汽养护的适应性优于其他外加剂。

(5) 聚羧酸系减水剂。聚羧酸系减水剂为高效减水剂，是由含有羧基的不饱和单体和其他单体共聚而成，使混凝土在减水、保坍、增塑、收缩及环保等方面具有优良性能的系列减水剂。

(6) 复合减水剂。常见的有早强减水剂、缓凝减水剂、引气减水剂、缓凝引气减水剂等。

几种常见减水剂特性如表6-25所示。

常用减水剂的特性 **表6-25**

代别	第一代减水剂	第二代减水剂	第三代减水剂
代表产品	木钙、木钠、木镁等	萘系、三聚氰胺系	聚羧酸及其酯聚合物
减水率	6%～12%	15%～25%	25%～45%
掺量	0.20%～0.30%	0.50%～1.0%	0.20%～0.40%
性能特点	减水率低，有一定的缓凝和引气作用，水泥适应性差，超掺严重降低混凝土性能	减水率高，不引气，不缓凝，增强效果好，但混凝土坍落度损失大，超掺对混凝土性能影响不大	掺量低，减水率高，流动性保持好，水泥适应性好，有害成分含量低，硬化混凝土性能好，适宜配制高性能混凝土

续表

混凝土强度	28d 比强度在 115%左右	28d 比强度在 120%～135% 之间	28d 比强度在 140%～200%之间
混凝土体积稳定性	增加混凝土收缩，收缩率比为 120%	萘系增加混凝土收缩，收缩率比为 120%～135%；三聚氰胺系对混凝土的 28d 收缩影响较小	与萘系相比，大大减少混凝土的塑性收缩，28d 收缩率比约为 95%～110%
混凝土含气量	增加混凝土的含气量 2%～4%	增加混凝土的含气量 1%～2%	一般会增加混凝土的含气量，可以用消泡剂调整

2. 早强剂

早强剂是指能加速混凝土早期强度发展的外加剂。

早强剂能促进水泥的水化和硬化，提高早期强度，缩短养护周期，提高模板和场地周转率，加快施工速度。早强剂可用于蒸汽养护的混凝土及常温、低温和负温(>－5℃)条件下施工的有早强要求或防冻要求的混凝土工程。

常见的早强剂有：

(1) 氯盐类早强剂。主要有氯化钙、氯化钠、氯化钾、氯化铝及三氯化铁等，其中氯化钙应用最广。氯化钙为白色粉末，其适宜掺量为胶凝材料重量的 0.5%～1.0%，能使混凝土 3d 强度提高 50%～100%，7d 强度提高 20%～40%，同时能降低混凝土中水的冰点，防止混凝土早期受冻。

(2) 硫酸盐类早强剂。主要有硫酸钠、硫代硫酸钠、硫酸钙、硫酸铝及硫酸钾铝等，其中应用最多的是硫酸钠。硫酸钠为白色粉末，其适宜掺量为胶凝材料重量的 0.5%～2.0%，达到混凝土强度的 70%的时间可缩短一半，对矿渣水泥混凝土效果更好，但 28d 强度稍有降低。为了防止硫酸盐对水泥石的破坏作用，GB 50119 规定，预应力混凝土硫酸钠掺量不应大于 1%，潮湿环境中的混凝土硫酸钠掺量不应大于 1.5%。

(3) 有机胺类早强剂。主要有三乙醇胺、三异丙醇胺等，其中三乙醇胺最为常用。三乙醇胺掺量为胶凝材料重量的 0.02%～0.05%，能使水泥的凝结时间延缓 1～3h，使混凝土早期强度提高 50%左右，28d 强度不变或略有提高，对普通水泥的早强作用大于矿渣水泥。

(4) 复合早强剂。采用二种或三种以上的早强剂复合，可能取长补短。通常用三乙醇胺、硫酸钠、氯化钠、石膏等组成二元、三元或四元复合早强剂。

3. 引气剂

引气剂是指在搅拌混凝土过程中能引入大量均匀分布、稳定而封闭的微小气泡的外加剂。

混凝土引气剂有松香树脂类、烷基苯磺酸盐类、脂肪醇磺酸盐类、蛋白质盐及石油磺酸盐等几种，其中以松香树脂类应用最为广泛，这类引气剂的主要品种有松香热聚物和松香皂两种。松香热聚物和松香皂掺量极少，一般为胶凝材料重量的 0.005%～0.01%。

引气剂对混凝土的性能有以下的影响：

① 改善混凝土拌合物的和易性。封闭的小气泡在混凝土拌合物中如同滚珠，减少了

骨料间的摩擦，增强了润滑作用，从而提高了混凝土拌合物的流动性。同时微小气泡的存在可阻滞泌水作用并提高保水能力。

② 提高混凝土的抗渗性和抗冻性。引入的封闭气泡能有效隔断毛细孔通道，并能减少泌水造成的渗水通道，从而提高了混凝土的抗渗性。另外，引入的封闭气泡对水结冰产生的膨胀力起缓冲作用，从而提高抗冻性。

③ 强度有所降低。气泡的存在，使混凝土的有效受力面积减少，导致混凝土强度的下降。一般混凝土的含气量每增加 1%，其抗压强度将降低 4%～6%，抗折强度降低 2%～3%。因此引气剂的掺量必须适当。

4．缓凝剂

缓凝剂是指能延缓混凝土凝结时间，而不显著影响混凝土后期强度的外加剂。

缓凝剂分为无机和有机两大类。有机缓凝剂包括：木质素磺酸盐、羟基羧基及其盐、糖类及碳水化合物、多元醇及其衍生物；无机缓凝剂包括：硼砂、氯化锌、碳酸锌、硫酸铁(铜、锌、镉等)、磷酸盐及偏磷酸盐。最常用的是木质素磺酸钙和糖蜜，其中糖蜜的缓凝效果最好。无机缓凝剂的缓凝效果不稳定，故不常使用。

缓凝剂常用于大体积混凝土工程，以延缓水泥水化热的释放；用于分层浇筑的混凝土，以防止混凝土出现冷缝；用于高温下长距离输送混凝土，以防止混凝土拌合物坍落度损失。

（二）常用外加剂标准代号、取样方法和结果判定

常用外加剂标准代号、取样方法和结果判定见表 6-26。

常用外加剂标准代号、取样方法和结果判定 表 6-26

类别	标准名称及代号	取样方法	结果判定
产品	混凝土外加剂(GB/T 8076—2008)	见表 1-1	产品经检验全部符合标准的性能指标，否则作为不合格品
	混凝土泵送剂(JC 473—2001)		产品经检验全部项目都符合某一等级规定时，则判定为相应等级
	混凝土防冻剂(JC 475—2004)		产品经检验新拌混凝土含气量和硬化混凝土性能全部符合标准技术要求，即可判定为相应等级
	混凝土膨胀剂(GB 23439—2009)		经检验各项性能均符合要求时，判该批产品合格；否则为不合格，不合格品不得出厂
	喷射混凝土用速凝剂(JC 477—2005)		所有项目都符合标准规定的某一等级要求，则判为相应等级。不符合相应等级要求，则判定为不合格。对于不合格品，可重新抽样，按型式检验项目复检一次
	砂浆、混凝土防水剂(JC 474—2008)		经检验，各项性能均符合标准技术要求即可判定为相应等级的产品
试验方法	混凝土外加剂匀质性试验方法(GB/T 8077—2000) 混凝土外加剂中释放氨的限量(GB 18588—2001)		

第三节 混凝土的性能

混凝土的性能包括两个部分：一是混凝土硬化之前的性能，主要有和易性；一是混凝土硬化之后的性能，包括强度、变形性能、耐久性等。

一、混凝土拌合物的和易性

由水泥、砂、石、水、掺合料和外加剂拌和而成的尚未凝固时的拌合物，称为混凝土拌合物，又称新拌混凝土。

（一）和易性的概念

和易性指混凝土拌合物在拌和、运输、浇筑、振捣等过程中，不发生分层、离析、泌水等现象，并获得质量均匀、密实的混凝土的性能。和易性反映混凝土拌合物拌合均匀后，在各施工环节中各组成材料能较好地一起流动的特性，是一项综合技术性能，包括流动性、粘聚性和保水性。

混凝土拌合物的流动性、黏聚性和保水性，三者是相互联系又是相互矛盾的，当流动性大时，往往黏聚性和保水性差，反之亦然。因此，和易性良好就是要使这三方面的性质达到良好的统一。

简单地说，和易性是反映混凝土拌合物能流动但组分间又不分离的性能。

和易性测定通常测定其流动性，观察其黏聚性和保水性(测定方法见本章第六节第二部分)。

（二）流动性的选取

混凝土拌合物流动性用坍落度、维勃稠度或扩展度表示。坍落度的选择，可根据结构构件截面尺寸的大小、配筋的疏密和施工捣实的方法来确定。当构件截面尺寸较小时或钢筋较密，或采用人工插捣时，坍落度可选择大些。反之，如构件截面尺寸较大或钢筋较疏，或者采用振动器振捣时，坍落度可选择小些。表 6-27 为非泵送混凝土坍落度的参考值。

非泵送混凝土浇筑时的坍落度 **表 6-27**

结 构 种 类	坍落度(mm)
基础或地面等的垫层、无配筋的大体积结构(挡土墙、基础等)或配筋稀疏的结构	10～30
板、梁或大型及中型截面的柱子等	35～50
配筋密列的结构(薄壁、斗仓、筒仓、细柱等)	55～70
配筋特密的结构	75～90

（三）影响和易性的主要因素

1. 水泥浆数量和水灰比的影响

混凝土拌合物要产生流动必须克服其内部的阻力，拌合物内的阻力主要来自两个方面，一是骨料间的摩擦阻力，一是水泥浆的黏聚力。

骨料间摩擦阻力的大小主要取决于骨料颗粒表面水泥浆的厚度，即水泥浆数量的多少。在水灰比(水与水泥质量之比)不变的情况下，单位体积拌合物内，水泥浆数量愈多，拌合物的流动性愈大。但若水泥浆过多，将会出现流浆现象；若水泥浆过少，则骨料之间缺少粘结物质，易使拌合物发生离析和崩坍。

水泥浆黏聚力大小主要取决于水灰比。在水泥用量、骨料用量均不变的情况下，水灰比增大即增大水的用量，拌合物流动性增大；反之则减小。但水灰比过大，会造成拌合物黏聚性和保水性不良；水灰比过小，会使拌合物流动性过低。

总之，无论是水泥浆数量的影响还是水灰比的影响，实际上都是用水量的影响。因此，影响混凝土和易性的决定性因素是混凝土单位体积用水量的多少。实践证明，在配制混凝土时，当所用粗、细骨料的种类及比例一定时，如果单位用水量一定，即使水泥用量有所变动($1m^3$ 混凝土水泥用量增减 50～100kg)时，混凝土的流动性大体保持不变，这一规律称为恒定需水量法则。这一法则意味着如果其他条件不变，即使水泥用量有某种程度的变化，对混凝土的流动性影响不大，运用于配合比设计，就是通过固定单位用水量，变化水灰比，得到既满足拌合物和易性要求，又满足混凝土强度要求的混凝土。

2. 砂率的影响

砂率是指混凝土中砂的重量占砂、石重量的百分比，即

$$砂率=\frac{砂重}{砂重+石子重}\times 100\% \tag{6-3}$$

砂率大小确定原则是砂子填充满石子的空隙并略有富余。富余的砂子在粗骨料之间起滚珠作用，减少了粗骨料之间的摩擦力，所以砂率在一定范围内增大，混凝土拌合物的流动性提高。另一方面，在砂率增大的同时，骨料的总表面积必随之增大，润湿骨料的水分需增多，在单位用水量一定的条件下，混凝土拌合物的流动性降低，所以当砂率增大超过一定范围后，流动性反而随砂率增加而降低。另外，砂率过小，砂浆不能够包裹石子表面、不能填充满石子间隙，使拌合物黏聚性和保水性变差，产生离析、流浆等现象。

由此可见，在配制混凝土时，砂率不能过大，也不能过小，应有合理砂率。合理砂率是指在用水量及水泥用量一定的情况下，能使混凝土拌合物获得最大的流动性，且能保持黏聚性及保水性能良好时的砂率值(合理砂率可参照表 6-38 来选取)。

3. 组成材料性质的影响

(1) 水泥

水泥对拌合物和易性的影响主要是水泥品种和水泥细度的影响。需水量大的水泥比需水量小的水泥配制的拌合物，在其他条件相同的情况下，流动性要小。如矿渣水泥或火山灰水泥拌制的混凝土拌合物，其流动性比用普通水泥时为小。另外，矿渣水泥易泌水。水泥颗粒越细，总表面积越大，润湿颗粒表面及吸附在颗粒表面的水越多，在其他条件相同的情况下，拌合物的流动性变小。

(2) 骨料

骨料对拌合物和易性的影响主要是骨料总表面积、骨料的空隙率和骨料间摩擦力大小的影响，具体地说，是骨料级配、颗粒形状、表面特征及粒径的影响。一般说来，级配好的骨料，其拌合物流动性较大，黏聚性与保水性较好；表面光滑的骨料，如河砂、卵石，其拌合物流动性较大；骨料的粒径增大，总表面积减小，拌合物流动性就增大。

(3) 外加剂

混凝土拌合物中掺入减水剂或引气剂，拌合物的流动性明显增大，引气剂还可有效改

善混凝土拌合物的黏聚性和保水性。

4. 温度和时间的影响

混凝土拌合物的流动性随温度的升高而降低，据测定，温度每增高10℃，拌合物的坍落度约减小20～40mm，这是由于温度升高，水泥水化加速，增加水分的蒸发。

混凝土拌合物随时间的延长而变干稠，流动性降低，这是由于拌合物中一些水分被骨料吸收，一些水分蒸发，一些水分与水泥水化反应变成水化产物结合水。

二、混凝土的强度

(一) 混凝土常见强度

1. 混凝土立方体抗压强度

根据《普通混凝土力学性能试验方法标准》GB/T 50081—2002规定，混凝土立方体抗压强度是指按标准方法制作的，标准尺寸为150mm×150mm×150mm的立方体试件，在标准养护条件下［(20±2)℃，相对湿度为95%以上的标准养护室或(20±2)℃的不流动的$Ca(OH)_2$饱和溶液中］，养护到28d龄期，以标准试验方法测得的抗压强度值。

非标准试件为200mm×200mm×200mm和100mm×100mm×100mm；当施工涉外工程或必须用圆柱体试件来确定混凝土力学性能等特殊情况时，也可用ϕ150mm×300mm的圆柱体标准试件或ϕ200mm×400mm的圆柱体非标准试件。

2. 混凝土强度等级

混凝土的强度等级按其立方体抗压强度标准值划分。《混凝土质量标准》GB 50164—2011划分的等级为C10、C15、C20、C25、C30、C35、C40、C45、C50、C55、C60、C65、C70、C75 、C80、C85、C90 、C95和C100，共19级；《混凝土结构设计规范》GB 50010—2010划分的等级为C15、C20、C25、C30、C35、C40、C45、C50、C55、C60、C65、C70、C75、C80共14个等级。“C”代表混凝土，是concrete的第一个英文字母，C后面的数字为立方体抗压强度标准值(MPa)。混凝土强度等级是混凝土结构设计时强度计算取值、混凝土施工质量控制和工程验收的依据。

GB 50010—2010规定：混凝土立方体抗压强度标准值系指按照标准方法制作养护的边长为150mm的立方体试件，在28d或设计规定龄期以标准试验方法测得的具有95%保证率的抗压强度值。

3. 混凝土轴心抗压强度

混凝土轴心抗压强度又称为棱柱体抗压强度。在结构设计中，考虑到受压构件常是棱柱体(或圆柱体)而不是立方体，采用棱柱体试件能更好地反映混凝土的实际受压情况。我国采用150mm×150mm×300mm棱柱体进行轴心抗压强度试验，若采用非标准尺寸的棱柱体试件，其高宽比应在2～3范围内。轴心抗压强度比同截面面积的立方体抗压强度要小，当标准立方体抗压强度在10～50MPa范围内时，两者之间的比值近似为0.7～0.8。

(二) 影响混凝土强度的因素

1. 胶凝材料强度和水胶比的影响

胶凝材料强度和水胶比(水与胶凝材料质量之比)是影响混凝土强度决定性的因素。因为混凝土的强度主要取决于水泥石的强度及其与骨料间的粘结力，而水泥石的强度及其与骨料间的粘结力，又取决于胶凝材料强度和水胶比的大小。在相同配合比、相同成型工艺、相同养护条件的情况下，胶凝材料强度越高，配制的混凝土强度越高。

在胶凝材料品种、强度不变时，混凝土在振动密实的条件下，水胶比越小，强度越高，反之亦然(图 6-4)。但是为了使混凝土拌合物获得必要的流动性，常要加入较多的水(水胶比为 0.35～0.75)，它往往超过了胶凝材料水化的理论需水量(水胶比 0.23～0.25)。多余的水残留在混凝土内形成水泡或水道，随着混凝土硬化而蒸发成为孔隙，使混凝土的强度下降。

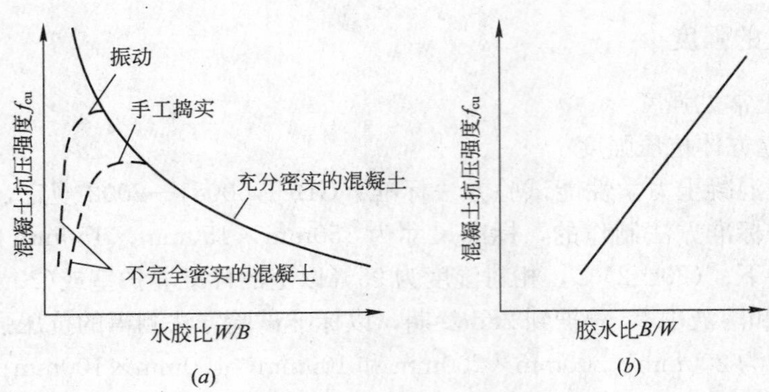

图 6-4 混凝土强度与水胶比及胶水比的关系

(a) 强度与水胶比的关系；(b) 强度与胶水比的关系

大量试验结果表明，在原材料一定的情况下，混凝土 28d 龄期抗压强度(f_{cu})与胶凝材料实际强度(f_b)及胶水比$\left(\frac{B}{W}\right)$之间的关系符合下列经验公式

$$f_{cu}=\alpha_a f_b\left(\frac{B}{W}-\alpha_b\right) \tag{6-4}$$

式中 f_{cu}——混凝土 28d 抗压强度(MPa)。

α_a、α_b——回归系数，它们与粗骨料、细骨料、水泥产地有关，可通过历史资料统计计算得到。若无统计资料，可按《普通混凝土配合比设计规程》JGJ 55—2011 提供的 α_a、α_b 经验值：碎石 $\alpha_a=0.53$，$\alpha_b=0.20$，卵石 $\alpha_a=0.49$，$\alpha_b=0.13$；

B——混凝土中的水泥用量(kg)；

W——混凝土中的用水量(kg)；

$\frac{B}{W}$——混凝土的胶水比(胶凝材料与水的质量之比)；

f_b——胶凝材料 28d 胶砂抗压强度(MPa)。可实测，且试验方法按《水泥胶砂强度检验方法(ISO 法)》GB/T 17671 执行；若无实测值，可用式(6-5)计算。

$$f_b=\gamma_f\gamma_s f_{ce} \tag{6-5}$$

式中 γ_f、γ_s——分别为粉煤灰影响系数和粒化高炉矿渣粉影响系数，按表 6-28 选用；

f_{ce}——水泥 28d 胶砂抗压强度(MPa)，可实测，当无实测值时，按式(6-6)计算

$$f_{ce}=\gamma_c f_{ce,g} \tag{6-6}$$

式中 γ_c——水泥强度等级富余系数，可按实际统计资料确定；当缺乏实际统计资料时，也可按表6-29选用；

$f_{ce,g}$——水泥强度等级值。

粉煤灰影响系数和粒化高炉矿渣粉影响系数 **表6-28**

种类 掺量(%)	粉煤灰影响系数(γ_f)	粒化高炉矿渣粉影响系数(γ_s)
0	1.00	1.00
10	0.85～0.95	1.00
20	0.75～0.85	0.95～1.00
30	0.65～0.75	0.90～1.00
40	0.55～0.65	0.80～0.90
50	—	0.70～0.85

注：1. 采用Ⅰ级、Ⅱ级粉煤灰宜取上限值；

2. 采用S75级粒化高炉矿渣粉宜取下限值，采用S95级粒化高炉矿渣粉宜取上限值，采用S105级粒化高炉矿渣粉宜取上限值加0.05；

3. 当超出表中的掺量时，粉煤灰和粒化高炉矿渣粉影响系数应经试验确定。

水泥强度等级值的富余系数 **表6-29**

水泥强度等级值	32.5	42.5	52.5
富余系数	1.12	1.16	1.10

在混凝土施工过程中，常发现向混凝土拌合物中随意加水的现象，这使混凝土水胶比增大，导致混凝土强度的严重下降，是必须禁止的。在混凝土施工过程中，节约水和节约水泥同等重要。

2. 骨料的影响

骨料本身的强度一般大于水泥石的强度，对混凝土的强度影响很小。但骨料中有害杂质含量较多、级配差均不利于混凝土强度的提高。骨料表面粗糙，则与水泥石粘结力较大，但达到同样流动性时，需水量大，随着水灰比变大，强度降低。因此，水灰比小于0.4时，用碎石配制的混凝土比用卵石配制的混凝土强度约高38%，但随着水灰比增大，两者的差异就不明显了。另外，在相同水灰比和坍落度下，混凝土强度随骨料与胶凝材料之比(即骨灰比)的增大而提高。

3. 龄期与强度的关系

在正常养护条件下，混凝土强度随龄期的增长而增大，最初7～14d发展较快，28d后强度发展趋于平缓(图6-5)，所以混凝土强度以28d强度作为质量评定依据。

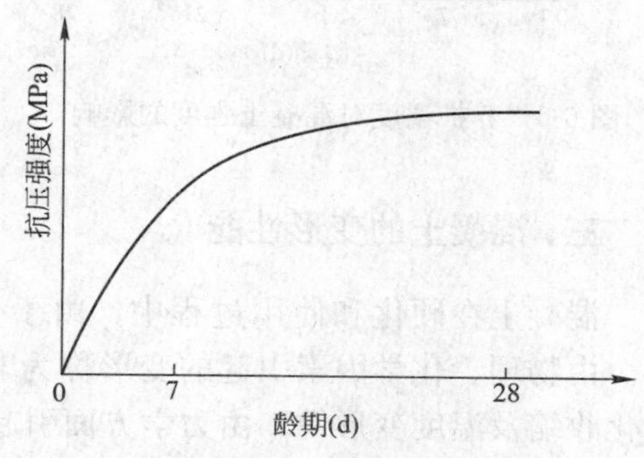

图6-5 混凝土强度随龄期增长曲线

在混凝土施工过程中，经常需要尽快知道已成型混凝土的强度，以便决策，所以快速评定混凝土强度一直受到人们的重视。经过多年的研究，国内外已有多种快速评定混凝土强度的方法，有些方法已被列入国家标准中。

在我国，工程技术人员常用下面的经验公式来估算混凝土28d强度。

$$f_{28}=f_{\mathrm{n}}\frac{\lg 28}{\lg n} \tag{6-7}$$

式中 f_{28}——混凝土28d龄期的抗压强度(MPa)；

f_{n}——混凝土nd龄期的抗压强度(MPa)；

n——养护龄期(d)，$n\geqslant 3$d。

应注意的是，该公式仅适用于在标准条件下养护，中等强度(C20～C30)的混凝土。对较高强度混凝土(≥C35)和掺外加剂的混凝土，用该公式估算会产生很大误差。

实践证明，我国“一小时推定混凝土强度”的方法准确性较好，现场操作较简便。

4. 养护温度及湿度的影响

温度及湿度对混凝土强度的影响，本质上是对水泥水化的影响。

养护温度高，水泥早期水化越快，混凝土的早期强度越高(图6-6)，但混凝土早期养护温度过高(40℃以上)，因水泥水化产物来不及扩散而使混凝土后期强度反而降低。当温度在0℃以下时，水泥水化反应停止，混凝土强度停止发展，这时还会因为混凝土中的水结冻产生体积膨胀，对混凝土产生相当大的膨胀压力，使混凝土结构破坏，强度降低。

湿度是决定水泥能否正常进行水化作用的必要条件，浇筑后的混凝土所处环境湿度相宜，水泥水化反应顺利进行，混凝土强度得以充分发展。若环境湿度较低，水泥不能正常进行水化作用，甚至停止水化，混凝土强度将严重降低或停止发展。所以，混凝土浇筑完毕后，应及时浇水养护，在夏季，由于蒸发较快更应特别注意浇水。图6-7是混凝土强度与保湿养护时间的关系。

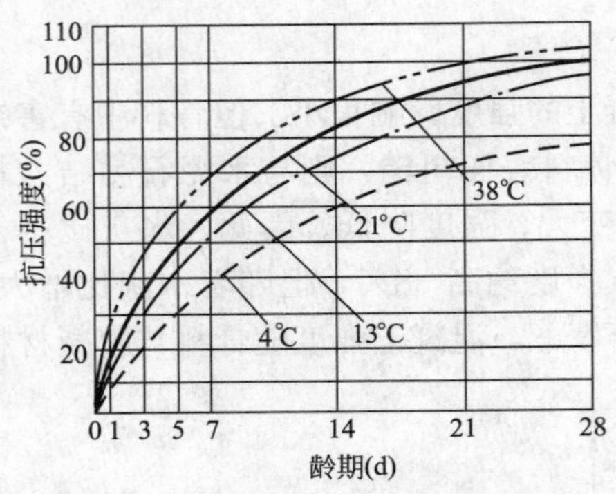

图6-6 养护温度对混凝土强度的影响

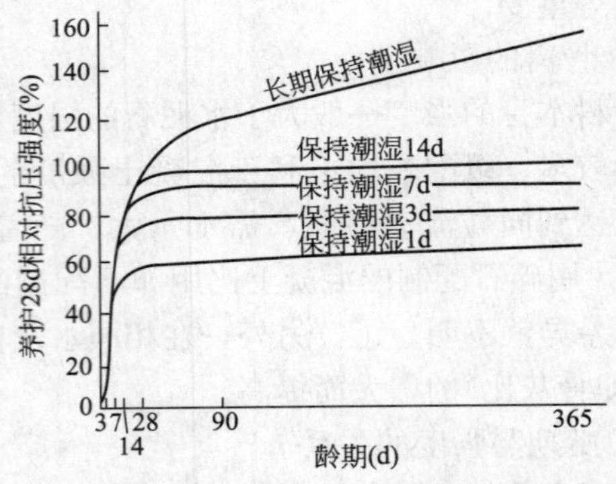

图6-7 混凝土强度与保湿养护时间的关系

三、混凝土的变形性能

混凝土在硬化和使用过程中，由于受到物理、化学和力学等影响，常会发生各种变形。由物理、化学因素引起的变形称为非荷载作用下的变形，包括化学收缩、干湿变形、碳化收缩及温度变形等；由力学方面引起的变形称为在荷载作用下的变形，包括在短期荷载作用下的变形及长期荷载作用下的变形。

(一) 在非荷载作用下的变形

1. 化学收缩

在混凝土硬化过程中，由于水泥水化生成物的体积比反应前物质的总体积小，从而引起混凝土的收缩，此称为化学收缩。混凝土的化学收缩是不可恢复的，收缩量随混凝土硬化龄期的延长而增加，一般在混凝土成型后 40d 内增长较快，以后逐渐趋于稳定。化学收缩值很小(小于 1%)，对混凝土结构没有破坏作用，但在混凝土内部可能产生微裂缝。

2. 干湿变形

混凝土因周围环境湿度变化，会产生干燥收缩和湿胀，统称为干湿变形。

混凝土在水中硬化时，由于凝胶体中的胶体粒子表面的吸附水膜增厚，胶体粒子间距离增大，引起混凝土产生微小的膨胀，即湿胀。湿胀对混凝土无危害。

混凝土在空气中硬化时，首先失去自由水；继续干燥时，毛细管水蒸发，这时使毛细孔中形成负压产生收缩；再继续受干燥则吸附水蒸发，引起胶体失水而紧缩。以上这些作用的结果导致混凝土产生干缩变形，干缩会引起混凝土开裂。混凝土的干缩变形在重新吸水后大部分可以恢复。

混凝土干湿变形是用 100mm×100mm×515mm 的标准试件，在规定试验条件下测得的干缩率来表示，其值可达$(3\sim5)\times10^{-4}$mm/mm。一般条件下混凝土极限收缩值可达$(5\sim9)\times10^{-4}$mm/mm，在结构设计中混凝土干缩率取值为$(1.5\sim2.0)\times10^{-4}$mm/mm，即每米混凝土收缩 0.15～0.20mm。

影响混凝土干缩变形的因素很多，主要有以下几个方面：

(1) 水泥的用量、细度及品种的影响。混凝土中水泥用量越大，干缩率就越大；水泥颗粒越细干缩也越大；掺大量混合材料的硅酸盐水泥配制的混凝土，比用普通水泥配制的混凝土干缩率大，其中火山灰水泥混凝土的干缩率最大，粉煤灰水泥混凝土的干缩率较小。

(2) 水灰比的影响。混凝土水泥用量不变时，水灰比增大，意味着混凝土内部毛细孔增多，因此混凝土的干缩率增大。水灰比对混凝土干缩变形的影响，本质上是用水量的影响，混凝土用水量是影响混凝土干缩率的重要因素。一般用水量平均每增加 1%，干缩率约增大 2%～3%。

(3) 骨料质量的影响。混凝土的干缩变形主要由混凝土中的水泥石的收缩引起，骨料对干缩具有限制作用。在相同条件下，骨料的弹性模量越大，混凝土的干缩率越小。骨料吸水率增大、骨料含泥量较多，都会引起混凝土干缩值的增大。骨料最大粒径较大、级配良好时，混凝土干缩率较小。

(4) 混凝土施工质量的影响。混凝土浇筑成型密实、并延长湿养护时间，可推迟干缩变形的发生和发展，但对混凝土的最终干缩率无显著影响。采用湿热养护的混凝土，可减小混凝土的干缩率。

3. 碳化收缩

混凝土的碳化是指混凝土内水泥石中的 $Ca(OH)_2$ 与空气中的 CO_2，在湿度适宜的条件下发生化学反应，生成 $CaCO_3$ 和 H_2O 的过程，也称为中性化。

混凝土的碳化会引起收缩，这种收缩称为碳化收缩。碳化收缩可能是由于在干燥收缩引起的压应力下，因 $Ca(OH)_2$ 晶体应力释放和在无应力空间 $CaCO_3$ 的沉淀所引起。

碳化收缩会在混凝土表面产生拉应力，导致混凝土表面产生微细裂纹，观察碳化混凝土的切割面，可以发现细裂纹的深度与碳化层的深度相近。但是，碳化收缩与干燥收缩总是相伴发生，很难准确划分开来。

4. 温度变形

混凝土同一般固体材料一样，也会随着温度的变化而产生热胀冷缩变形。混凝土的温度膨胀系数为$(0.6\sim1.3)\times10^{-5}$/℃，一般取$1.0\times10^{-5}$/℃，即温度每1℃改变，1m混凝土将产生0.01mm膨胀或收缩变形。

混凝土是热的不良导体，传热很慢，因此在大体积混凝土硬化初期，由于内部水泥水化热而积聚较多热量，造成混凝土里表温差很大(可达50～80℃)，使混凝土内部热膨胀值大大超过表面的膨胀变形，从而引起混凝土表面产生较大的拉应力并产生开裂破坏。因此，大体积混凝土施工时要采取一些措施(详见本章第九节)，以防止混凝土温度裂缝。

(二) 在荷载作用下的变形

1. 在短期荷载作用下的变形

(1) 混凝土的弹塑性变形

混凝土是一种非均质材料，是一种弹塑性体。混凝土在静力受压时，既产生弹性变形，又产生塑性变形，其应力(σ)与应变(ε)的关系是一条曲线。如图6-8所示。当在图中A点卸荷时，σ-ε曲线沿AC曲线回复，卸荷后弹性变形$\varepsilon_{弹}$恢复了，而残留下塑性变形$\varepsilon_{塑}$。

(2) 混凝土的弹性模量

材料的弹性模量是指σ-ε曲线上任一点的应力与应变之比。由于混凝土σ-ε曲线是一条曲线，所以混凝土的弹性模量是一个变化量，这给混凝土结构设计带来不便。但是，通过大量的试验发现，混凝土在静力受压加荷与卸荷的重复荷载作用下，其σ-ε曲线的变化存在以下的规律：在混凝土轴心抗压强度的50%～70%应力水平下，反复加荷卸荷，混凝土的塑性变形逐渐增大，最后导致混凝土产生疲劳破坏。而在轴心抗压强度的30%～50%的应力水平下，反复加荷卸荷，混凝土的塑性变形的增量逐渐减少，最后得到的σ-ε曲线$A'C'$几乎与初始切线平行，如图6-9所示，用这条曲线的斜率来表示混凝土的弹性模量，通常把这种方法测得的弹性模量称作混凝土割线弹性模量。

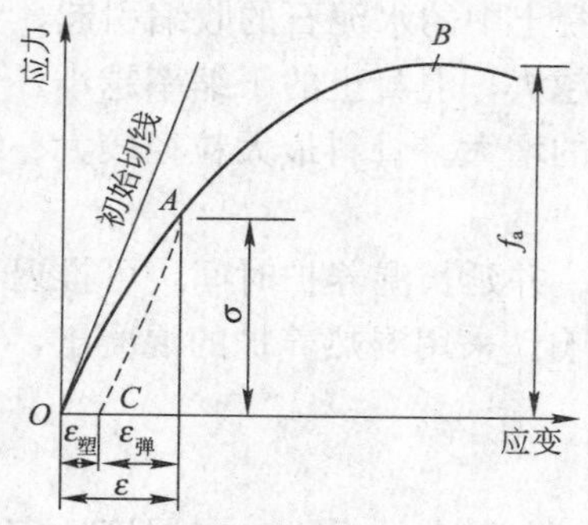

图6-8 混凝土在压力作用下的应力—应变曲线

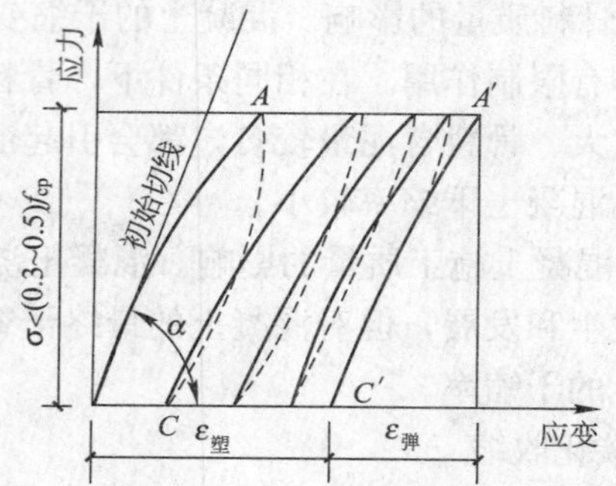

图6-9 混凝土在低应力水平下反复加卸荷时的应力—应变曲线

混凝土的弹性模量与混凝土的强度、骨料的弹性模量、骨料用量和早期养护温度等因素有关。混凝土强度越高、骨料弹性模量越大、骨料用量越多、早期养护温度较低，混凝土的弹性模量越大。C10～C60 的混凝土其弹性模量约为(1.75～4.90)×10^4MPa。

2. 混凝土在长期荷载作用下的变形

混凝土在长期荷载作用下会发生徐变。所谓徐变是指混凝土在长期恒载作用下，随着时间的延长，沿作用力的方向发生的变形，即随时间而发展的变形。

混凝土的徐变在加荷早期增长较快，然后逐渐减慢，2～3 年才趋于稳定。当混凝土卸载后，一部分变形瞬时恢复，一部分要过一段时间才能恢复(称为徐变恢复)，剩余的变形是可恢复部分，称作残余变形。见图 6-10。

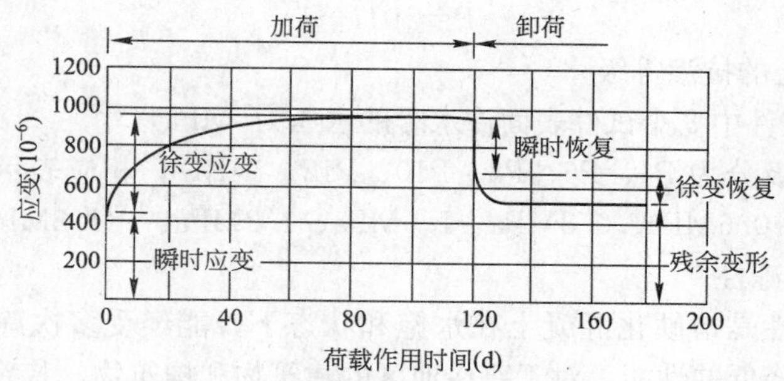

图 6-10 混凝土的应变与持荷时间的关系

混凝土产生徐变的原因，一般认为是由于在长期荷载作用下，水泥石中的凝胶体产生黏性流动，向毛细孔中迁移，或者凝胶体中的吸附水或结晶水向内部毛细孔迁移渗透所致。

因此，影响混凝土徐变的主要因素是水泥用量多少和水灰比大小。水泥用量越多，混凝土中凝胶体含量越大；水灰比越大，混凝土中的毛细孔越多，这两个方面均会使混凝土的徐变增大。

混凝土的徐变对混凝土及钢筋混凝土结构物的影响有有利的一面，也有不利的一面。徐变有利于削弱由温度、干缩等引起的约束变形，从而防止裂缝的产生，但在预应力结构中，徐变将产生应力松弛，引起预应力损失。在混凝土结构设计中，要充分考虑徐变的影响。

(三) 混凝土的耐久性

混凝土的耐久性是指混凝土在使用环境的长期作用下，能抵抗外部和内部不利影响，保持使用性能，经久耐用的性质。

混凝土耐久性与混凝土强度同等重要，已受到人们的重视。下面是常见几种耐久性问题。

1. 混凝土的抗渗性

混凝土的抗渗性是指混凝土抵抗压力液体(水、油、溶液等)渗透作用的能力。它是决定混凝土耐久性最主要的因素，因为外界环境中的侵蚀性介质只有通过渗透才能进入混凝土内部产生破坏作用。在受压力液体作用的工程，如地下建筑、水池、水塔、压力水管、水坝、油罐以及港工、海工等，必须要求混凝土具有一定的抗渗性能。

混凝土在压力液体作用下产生渗透的主要原因，是其内部存在连通的渗水孔道。这些孔道来源于水泥浆中多余水分蒸发留下的毛细管道、混凝土浇筑过程中泌水产生的通道、混凝土拌合物振捣不密实、混凝土干缩和热胀产生的裂缝等。

由此可见，提高混凝土抗渗性的关键是提高混凝土的密实度或改变混凝土孔隙特征(提高混凝土抗渗性措施见本章第九节)。

工程上用抗渗等级来表示混凝土的抗渗性。根据《普通混凝土长期性能和耐久性能试验方法标准》GB/T 50082—2009 的规定，测定混凝土抗渗等级采用顶面直径为 175mm、底面直径为 185mm、高度为 150mm 的圆台体标准试件，在规定的试验条件下，以 6 个试件中 4 个试件未出现渗水时的最大水压力来表示混凝土的抗渗等级，试验时加水压至 6 个试件中有 3 个试件端面渗水时为止。计算公式为：

$$P=10H-1 \tag{6-8}$$

式中 P——混凝土的抗渗等级；

H——6 个试件中 3 个试件表面渗水时的水压力(MPa)。

混凝土抗渗等级分为 P4、P6、P8、P10、P12、>P12，相应表示混凝土抗渗标准试件能抗抗 0.4MPa、0.6MPa、0.8MPa、1.0MPa、1.2MPa、>1.2MPa 的水压不渗漏。

2. 混凝土的抗冻性

混凝土的抗冻性是指硬化混凝土在水饱和状态下，能经受多次冻融循环作用而不破坏，强度也不严重降低的性能。对于寒冷地区的建筑物和构筑物，特别是接触水又受冻的建(构)物(如海港码头、大坝)；寒冷环境的建筑物(如冷库)，要求混凝土必须有一定的抗冻性。

混凝土受冻融破坏的原因是其内部的空隙和毛细孔中的水结冰产生体积膨胀和冷藏水迁移所致。当膨胀力超过混凝土的抗拉强度时，则使混凝土发生微细裂缝，在反复冻融作用下，混凝土内部的微细裂缝逐渐增多和扩大，导致混凝土强度降低甚至破坏。

提高混凝土抗冻性的关键亦是提高混凝土的密实度或改变混凝土孔隙特征，并防止早期受冻。

《普通混凝土长期性能和耐久性能试验方法标准》GB/T 50082—2009 规定，检测混凝土抗冻性的方法有慢冻法、快冻法和单面冻融法(或称盐冻法)。

慢冻法用标准养护 28d 龄期的 100mm×100mm×100mm 立方体试件，浸水饱和后，在－20～－18℃下慢慢冰冻，在 18～20℃的水中慢慢融化，最后以抗压强度下降率不超过 25%、质量损失率不超过 5%时，混凝土所能承受的最大冻融循环次数来表示混凝土抗冻等级。抗冻标号有 D50、D100、D150、D200、>D200。等级越高，混凝土抗冻性越好。

快冻法以标准养护 28d 龄期的 100mm×100mm×400mm 的棱柱体试件，浸水饱和后，进行快速冻融循环，冷冻时试件中心最低温度控制在－16～－20℃内，融化时试件中心最低温度控制在 3～7℃内，最后以相对动弹性模量不小于 60%、质量损失率不超过 5%时的最大冻融循环次数表示混凝土的抗冻性用抗冻等级。抗冻等级有 F50、F100、F150、F200、F250、F300、F350、F400、>F400。等级越高，混凝土抗冻性越好。

单面冻融法是将标准养护 7d 以后的 150mm×150mm×150mm 立方体试件，切割成 150mm×110mm×70mm 试件，然后在室内干燥至 28d 龄期，用环氧树脂密封除测试面及与其平行的顶面外的各面，之后将密封试件放入单面冻融试验箱，让测试面单面吸水，由单面冻融试验箱自动进行冻融循环。最后以混凝土试件经受的冻融循环次数或者单位表面面积剥落物总质量或超声波相对动弹模量来表示混凝土抗冻性能。

3. 混凝土的碳化

混凝土的碳化弊多利少。由于中性化，混凝土中的钢筋因为失去碱性保护而锈蚀，并引起混凝土顺筋开裂；碳化收缩会引起微细裂纹，使混凝土强度降低。但是碳化时生成的碳酸钙填充在水泥石的孔隙中，对提高混凝土的密实度、防止有害杂质的侵入有一定的缓冲作用。

影响混凝土碳化的因素有：

(1) 水泥品种。普通水泥、硅酸盐水泥水化产物碱度高，其碳化能力优于矿渣水泥、火山灰质水泥和粉煤灰水泥，且水泥随混合材料掺量的增多而碳化速度加快。

(2) 水灰比。水灰比愈小，混凝土愈密实，二氧化碳和水不易渗入，故碳化速度慢。

(3) 环境湿度。当环境的相对湿度在50%～75%时，混凝土碳化速度最快，当相对湿度小于25%或达100%时，碳化停止，这是在环境水分太少时碳化不能发生，混凝土孔隙中充满水时，二氧化碳不能渗入扩散所致。

(4) 环境中二氧化碳的浓度。二氧化碳浓度越大，混凝土碳化作用越快。

(5) 外加剂。混凝土中掺入减水剂、引气剂或引气型减水剂时，由于可降低水灰比或引入封闭小气泡，可使混凝土碳化速度明显减慢。

降低水灰比，采用减水剂以提高混凝土密实度，是提高混凝土碳化能力的根本措施。

根据混凝土碳化深度，将混凝土抗碳化等级分五级：T-Ⅰ($d\geqslant30$)、T-Ⅱ($20\leqslant d<30$)、T-Ⅲ($10\leqslant d<20$)、T-Ⅳ($0.1\leqslant d<10$)和T-Ⅴ($d<0.1$)。d为碳化深度(mm)。一般认为碳化深度小于10mm的混凝土，其抗碳化性能良好。

4. 混凝土的抗侵蚀性

环境介质对混凝土的化学侵蚀主要是对水泥石的侵蚀，本书第五章所述软水、盐类、酸类等对水泥石的侵蚀。提高混凝土的抗侵蚀性主要在于选用合适的水泥品种，以及提高混凝土的密实度。

氯化物对混凝土的侵蚀性较强，《混凝土质量控制标准》GB 50164—2011混凝土拌合物中水溶性氯离子最大含量应符合表6-30的规定。

混凝土拌合物中水溶性氯离子最大含量 **表6-30**

环境条件	水溶性氯离子最大含量(%，水泥用量的质量百分比)		
	钢筋混凝土	预应力混凝土	素混凝土
干燥环境	0.30	0.06	1.00
潮湿但不含氯离子的环境	0.20		
潮湿且含有氯离子的环境、盐渍土环境	0.10		
除冰盐等侵蚀性物质的腐蚀环境	0.06		

测定混凝土抗氯离子渗透性能的方法有氯离子迁移系数法(或称RCM法)和电通量法。当采用RCM法划分混凝土抗氯离子渗透性能等级时，用尺寸为ϕ100mm×50mm的圆柱体试件、标准养护28d(也可根据设计要求选用56d或84d)来测试，将混凝土抗氯离子渗透等级分为五级：RCM-Ⅰ($D_{RCM}\geqslant4.5$)、RCM-Ⅱ($3.5\leqslant D_{RCM}<4.5$)、RCM-Ⅲ($2.5\leqslant D_{RCM}<3.5$)、RCM-Ⅳ($1.5\leqslant D_{RCM}<2.5$)和RCM-Ⅴ($D_{RCM}<1.5$)。D_{RCM}为非稳态氯离子迁移系数。

当采用电通量划分混凝土抗氯离子渗透性能等级时，用尺寸为ϕ100mm×50mm的圆柱体试件、标准养护28d(当混凝土中水泥混合材料与矿物掺合料之和超过胶凝材料用量的50%时选用56d)来测试，将混凝土抗氯离子渗透等级分为五级：Q-Ⅰ($Q_s \geqslant 4000$)、Q-Ⅱ($2000 \leqslant Q_s < 4000$)、Q-Ⅲ($1000 \leqslant Q_s < 2000$)、Q-Ⅳ($500 \leqslant Q_s < 1000$)和T-Ⅴ($Q_s < 500$)。$Q_s$为电通量(C)。

从Ⅰ级到Ⅴ级，混凝土抗氯离子渗透性能越来越高。为Ⅰ级时，混凝土耐久性差，为Ⅴ级时，混凝土耐久性很好。

测定混凝土抗硫酸盐侵蚀性时，将混凝土制成100mm×100mm×100mm立方体试件，试件数量为6块(其中3块做硫酸盐侵蚀循环，另外3块作为对比样)，试件进行标准养护。对比试件养护龄期与做硫酸盐侵蚀循环结束时龄期相同。做硫酸盐侵蚀循环试验的试件，标准养护26d后，在80±5℃下烘干48h，冷却后放入pH在6～8之间、温度在25～30℃的5%Na_2SO_4溶液中浸泡15h，之后排液、风干、烘干(80±5℃)、冷却，又重新将试件浸入上述条件的Na_2SO_4溶液中，重复上述过程。以混凝土干湿循环试验后，混凝土抗压强度耐蚀系数不超过75%时的干湿循环次数来表示混凝土抗硫酸盐侵蚀性。混凝土抗硫酸盐等级分为KS30、KS60、KS90、KS120、KS150、>KS150，等级越高，混凝土抗硫酸盐侵蚀性越好。

5. 混凝土的碱—骨料反应

碱—骨料反应(Alkali-Aggregate Reaction，简称AAR)是指混凝土中的碱与具有碱活性的骨料之间发生反应，反应产物吸水膨胀或反应导致骨料膨胀，造成混凝土开裂破坏的现象。根据骨料中活性成分的不同，碱—骨料反应分为三种类型：碱—硅酸反应(Alkali-Silica Reaction，简称ASR)、碱—碳酸盐反应(Alkali-Carbonate Reaction，简称ACR)和碱—硅酸盐反应(Alkali-Silicate Reaction)。

碱—硅酸反应是分布最广、研究最多的碱—骨料反应，该反应是指混凝土内的碱与骨料中的活性SiO_2反应，生成碱—硅酸凝胶，并从周围介质中吸收水分而膨胀，导致混凝土开裂破坏的现象。其化学反应试如下：

$$2ROH + nSiO_2 \longrightarrow R_2O \cdot nSiO_2 \cdot H_2O$$

式中，R代表Na或K。

碱—骨料反应必须同时具备以下三个条件。

(1) 混凝土中含有过量的碱(Na_2O+K_2O)。混凝土中的碱主要来自于水泥，也来自外加剂、掺合料、骨料、拌合水等组分。水泥中的碱($Na_2O+0.658K_2O$)大于0.6%的水泥称为高碱水泥，我国许多水泥碱含量在1%左右，如果加上其他组分引入的碱，混凝土中的碱含量较高。《混凝土碱含量限制标准》CECS 53：1993根据工程环境条件，提出了防止碱—硅酸反应的碱含量限值。

(2) 碱活性骨料占骨料总量的比例大于1%。碱活性骨料包括含活性SiO_2的骨料(引起ASR)、黏土质白云石质石灰石(引起ACR)和层状硅酸盐骨料(引起碱—硅酸盐反应)。含活性SiO_2的碱活性骨料分布最广，目前已被确定的有安山石、蛋白石、玉髓、鳞石英、方石英等。美国、日本、英国等发达国家已建立了区域性碱活性骨料分布图，我国已开始绘制这种图。

(3) 潮湿环境。只有在空气相对湿度大于80%，或直接接触水的环境，AAR破坏才会发生。

碱—骨料反应很慢，引起的破坏往往经过若干年后才会出现。一旦出现，破坏性则很大，难以加固处理，应加强防范。可采取以下措施来预防：

(1) 尽量采用非活性骨料；

(2) 当确认为碱活性骨料又非用不可时，则严格控制混凝土中碱含量，如采用碱含量小于 0.6%的水泥，降低水泥用量，选用含碱量低的外加剂等；

(3) 在水泥中掺入火山灰质混合材料（如粉煤灰、硅灰和矿渣等）。因为它们能吸收溶液中的钠离子和钾离子，使反应产物早期能均匀分布在混凝土中，不致集中于骨料颗粒周围，从而减轻或消除膨胀破坏；

(4) 在混凝土中掺入引气剂或引气减水剂。它们可以产生许多分散的气泡，当发生碱—骨料反应时，反应生成的胶体可渗入或被挤入这些气泡内，降低了膨胀破坏应力；

(5) 在混凝土中掺入碱—骨料反应抑制剂，如锂盐、锂碱等。

第四节 混凝土质量波动与混凝土配制强度

一、混凝土质量会产生波动

混凝土在生产过程中由于受到许多因素的影响，其质量不可避免地存在波动。造成混凝土质量波动的主要因素有：

1. 混凝土生产前的因素。主要包括组成材料、配合比、设备使用状况等。

2. 混凝土生产过程中的因素。主要包括计量、搅拌、运输、浇筑、振捣和养护，试件的制作与养护等。

3. 混凝土生产后的因素。主要包括批量划分、验收界限、检测方法和检测条件等。

虽然混凝土的质量波动是不可避免的，但并不意味着不去控制混凝土的质量。相反，要认识到混凝土质量控制的复杂性，必须将质量管理贯穿于生产的全过程，使混凝土的质量在合理范畴内波动，确保建筑工程的结构安全。

二、混凝土强度的波动规律——正态分布

在正常生产条件下，影响混凝土强度的因素是随机变化的，对同一种混凝土进行系统的随机抽样，测试结果表明其强度的波动规律符合正态分布，如图 6-11 所示。

混凝土强度正态分布曲线有以下特点：

1. 曲线呈钟形，两边对称。对称轴为平均强度，曲线的最高峰出现在该处。这表明混凝土强度接近其平均强度值处出现的次数最多，而随着远离对称轴，强度测定值出现的概率越来越小，最后趋近于零。

2. 曲线和横坐标之间所包围的面积为概率的总和，等于 100%。对称轴两边出现的概率相等，各为 50%。

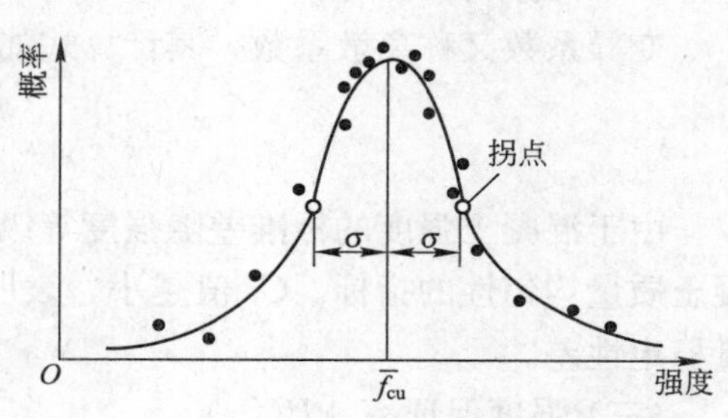

图 6-11 混凝土强度的正态分布曲线

3. 在对称轴两边的曲线上各有一个拐点。两拐点间的曲线向上凸弯，拐点以外的曲线向下凹弯，并以横坐标为渐近线。

三、衡量混凝土施工质量水平的指标

混凝土施工质量的衡量指标主要包括正常生产控制条件下混凝土强度的标准差、变异系数和强度保证率等。

(一) 混凝土强度标准差(σ)

混凝土强度标准差又称均方差，其计算式为：

$$\sigma=\sqrt{\frac{\sum_{i=1}^{n}(f_{cu,i}-\overline{f}_{cu})^2}{n-1}}=\sqrt{\frac{\sum_{i=1}^{n}(f_{cu,i}^2-n\overline{f}_{cu}^2)}{n-1}} \tag{6-9}$$

式中 n——试验组数($n\geqslant 25$)；

$f_{cu,i}$——第 i 组试件的抗压强度，MPa；

$\overline{f}_{cu}$——n 组抗压强度的算术平均值，MPa；

σ——n 组抗压强度的标准差，MPa。

标准差的几何意义是正态分布曲线上拐点至对称轴的垂直距离，见图 6-12。图中是强度平均值相同而标准差不同的两条正态分布曲线，由图可以看出，σ 值越小者曲线高而窄，说明混凝土质量控制较稳定，生产管理水平较高，而 σ 值大者曲线矮而宽，表明强度值离散性大，施工质量控制差。因此，σ 值是评定混凝土质量均匀性的一种指标。

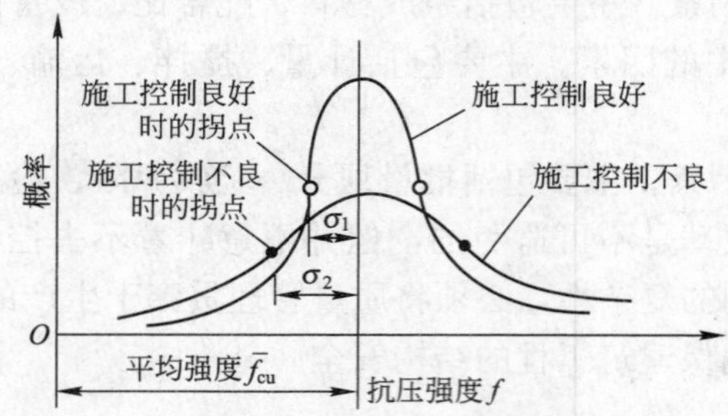

图 6-12 混凝土强度离散性不同的正态分布曲线

但是，并不是 σ 值越小越好，σ 值过小，则意味着不经济。工程上由于影响混凝土质量的因素多，σ 值一般不会过小。

(二) 变异系数(C_v)

变异系数又称离散系数，其计算式如下：

$$C_v=\frac{\sigma}{\overline{f}_{cu}} \tag{6-10}$$

由于混凝土强度的标准差随强度等级的提高而增大，故也可采用变异系数作为评定混凝土质量均匀性的指标。C_v 值越小，表明混凝土质量越稳定；C_v 值大，则表示混凝土质量稳定性差。

(三) 强度保证率［P(%)］

混凝土强度保证率 P(%)是指混凝土强度总体中，大于等于设计强度等级($f_{cu,k}$)的概

率，在混凝土强度正态分布曲线图中以阴影面积表示。

强度保证率 $P(\%)$ 可由正态分布曲线方程积分求得，即：

$$P=\frac{1}{\sqrt{2\pi}}\int_{t}^{\infty}e^{-\frac{t^2}{2}}\mathrm{d}t \tag{6-11}$$

式中 t 表示概率度。t 和 $P(\%)$ 间的关系可按表 6-31 查取。

不同 t 值的保证率 $P(\%)$　　表 6-31

t	0.00	0.50	0.84	1.00	1.20	1.28	1.40	1.60
$P(\%)$	50.0	69.2	80.0	84.1	88.5	90.0	91.9	94.5
t	1.645	1.70	1.81	1.88	2.00	2.05	2.33	3.00
$P(\%)$	95.0	95.5	96.5	97.0	97.7	99.0	99.4	99.87

工程上 $P(\%)$ 值可根据统计周期内混凝土试件强度不低于要求强度等级的组数 N_0 与试件总数 $N(N\geqslant25)$ 之比求得，即

$$P=\frac{N_0}{N}\times100\% \tag{6-12}$$

四、混凝土配制强度的确定

由正态分布曲线的特点可知，如果按设计强度来配制混凝土（即混凝土强度实测值的平均值为设计强度），那么只有 50% 的混凝土强度达到设计强度等级，混凝土强度保证率为 50%（见图 6-13 中阴影部分），显然，这会给建筑工程造成极大的工程隐患。

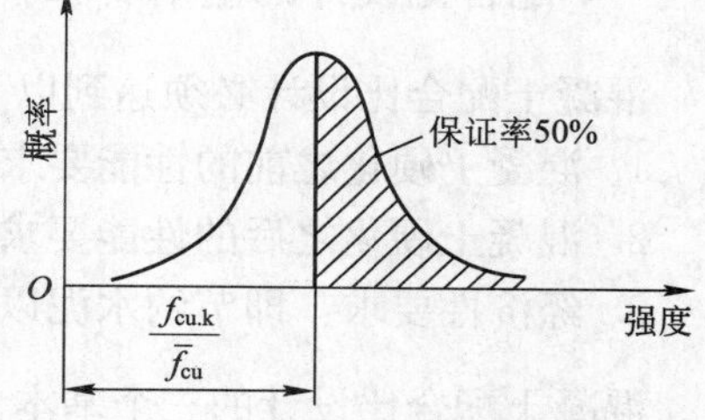

图 6-13　按设计强度来配制混凝土时的强度保证率

为了提高混凝土强度保证率，在混凝土配合比设计时，必须使混凝土的配制强度 $f_{cu,0}$ 大于设计强度等级 $f_{cu,k}$，超出值为 $t\sigma$。即

$$f_{cu,0}=f_{cu,k}+t\sigma \tag{6-13}$$

式中 t——概率度。它与混凝土强度保证率相对应，见表 6-31。

σ——混凝土强度标准差（MPa）。它可根据混凝土生产单位以往同配合比、同生产条件的混凝土强度抽检值，按强度标准差计算式（6-9）来统计计算。当无历史统计资料时，也可按表 6-32 选取。

σ 取值表　　表 6-32

混凝土强度等级	≤C20	C25～C45	C50～C55
σ(MPa)	4.0	5.0	6.0

此时，混凝土强度保证率将大于 50%，见图 6-14 中的阴影部分。$t\sigma$ 越大，混凝土强度保证率越大，$t\sigma$ 的大小可根据施工单位施工管理水平来确定，我国现行混凝土配合比设

计规程规定，混凝土强度保证率为95%，由表6-31可查得$t=1.645$，那么：

$$f_{cu,0}=f_{cu,k}+1.645\sigma \tag{6-14}$$

另外，混凝土配制强度$f_{cu,0}$还可根据强度离散系数C_v来确定。

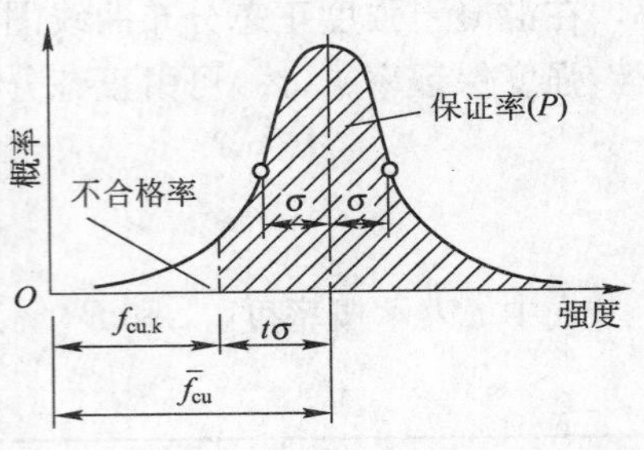

图6-14 混凝土配制强度大于设计强度时的强度保证率

令 $$f_{cu,0}=\bar{f}_{cu} \tag{6-15}$$

则 $$\sigma=f_{cu,0}\cdot C_v \tag{6-16}$$

$$f_{cu,0}=f_{cu,k}+t\cdot(f_{cu,0}\cdot C_v) \tag{6-17}$$

所以 $$f_{cu,0}=\frac{f_{cu,k}}{1-tC_v} \tag{6-18}$$

第五节 普通混凝土配合比设计

普通混凝土配合比设计是确定混凝土中各组成材料质量比。配合比有两种表示方法，一是以$1m^3$混凝土中各材料的质量表示，如水泥300kg、粉煤灰60kg、砂660kg、石子1200kg、水180kg；另一种是以各材料相互间的质量比来表示，以水泥质量为1，按水泥、矿物掺合料(如粉煤灰)、砂子、石子和水的顺序排列，将上例换算成质量比为1：0.20：2.20：4.00：0.60。

一、配合比设计的基本要求、基本参数和符号含义

混凝土配合比设计必须达到以下三项基本要求，即：

1. 混凝土硬化之前的性能要求：和易性；
2. 混凝土硬化之后的性能要求：强度和耐久性；
3. 经济性要求：即节约水泥以降低成本。

混凝土配合比设计的三个基本参数是水胶比$\left(\frac{W}{B}\right)$、砂率(S_p)和单位用水量(W)。

常用符号含义如下：B表示胶凝材料(binder)，C表示水泥(cement)，F表示矿物掺合料(mineral admixture)，S表示砂(sand)，G表示石子(gravel)，W表示水(water)。如ρ_c表示水泥的密度，ρ_{0s}表示砂的表观密度，ρ'_{0g}表示石子的堆积密度。

二、普通混凝土配合比设计方法

1. 绝对体积法。绝对体积法简称体积法，其基本原理是假定刚浇捣完毕的混凝土拌合物的体积，等于其各组成材料的绝对体积及其所含少量空气体积之和。在$1m^3$混凝土中，以C_0、F_0、S_0、G_0、W_0分别表示混凝土的水泥、矿物掺合料、砂子、石子、水的用量，并以ρ_c、ρ_f、ρ_{os}、ρ_{og}、ρ_w分别表示水泥密度、矿物掺合料密度、砂子表观密度、石子表观密度和水密度，又假定混凝土拌合物中含空气体积为10α，则：

$$\frac{C_0}{\rho_c}+\frac{F_0}{\rho_f}+\frac{S_0}{\rho_{0s}}+\frac{G_0}{\rho_{0g}}+\frac{W_0}{\rho_w}+10\alpha=1000(L) \tag{6-19}$$

式中，α为混凝土含气量的百分数(%)。一般为1～2，在不使用引气型外加剂时，α可

取 1。

2. 假定表观密度法。假定表观密度法又称为质量法，其基本原理是假定普通混凝土拌合物表观密度(ρ_{0c})接近一个恒值。对于 1m³ 混凝土拌合物则：

$$C_0+F_0+S_0+G_0+W_0=\rho_{0c} \tag{6-20}$$

ρ_{0c}在 2350kg/m³～2450kg/m³ 之间，可根据混凝土强度等级来确定：C15～C20，ρ_{0c}=2350kg/m³；C25～C40，ρ_{0c}=2400kg/m³；C45～C100，ρ_{0c}=2450kg/m³。

三、普通混凝土配合比设计步骤

普通混凝土配合比设计分三步进行。

第一步：初步配合比设计

第二步：对初步配合比进行试配调整

(1) 和易性调整——确定混凝土的基准配合比；

(2) 强度调整——确定混凝土的实验室配合比。

第三步：计算混凝土施工配合比

(一) 普通混凝土初步配合比设计

普通混凝土初步配合比设计按《普通混凝土配合比设计规程》JGJ 55—2011 进行，设计步骤如表 6-33 所示，设计结果为 1m³ 混凝土各材料的用量(kg)。

普通混凝土初步配合比设计 **表 6-33**

序号	步骤	方法	说明
1	确定配制强度($f_{cu,0}$)	当 $f_{cu,k}$<C60 时： $f_{cu,0}=f_{cu,k}+t\sigma$ 或 $f_{cu,0}=\dfrac{f_{cu,k}}{1-tC_v}$ 当 $f_{cu,k}$≥C60 时： $f_{cu,0}\geqslant 1.15f_{cu,k}$	$f_{cu,k}$——混凝土设计强度等级(MPa)； t——概率度，它与强度保证率 P(%)相对应，可查表 6-31。JGJ 55—2011 规定 P(%)=95%，t=1.645； σ——混凝土强度标准差(MPa)。可根据混凝土生产单位的历史资料，用式(6-9)统计计算。无历史资料时，按表 6-32 选取； C_v——混凝土强度变异系数。根据混凝土生产单位的施工管理水平来确定，一般为 0.13～0.18
2	确定水胶比$\left(\dfrac{W}{B}\right)$	$\dfrac{W}{B}=\dfrac{\alpha_a f_b}{f_{cu,0}+\alpha_a\alpha_b f_b}$	碎石混凝土：α_a=0.53，α_b=0.20 卵石混凝土：α_a=0.49，α_b=0.13 f_b——胶凝材料 28d 胶砂抗压强度(MPa)，可实测；若无实测值，可用式(6-5)计算。计算出 W/B 后查表 6-34 进行耐久性鉴定
3	确定用水量(W_0)	当混凝土水胶比在 0.40～0.80 范围时，查表 6-35。 当混凝土水胶比小于 0.40 时，可通过试验确定	
4	计算胶凝材料用量(B_0)	$B_0=\dfrac{W_0}{W/B}$	计算 B_0 后查表 6-36 进行耐久性鉴定
5	计算矿物掺合料用量(F_0)	$F_0=B_0\beta_f$	β_f——矿物掺合料掺量(%)，结合表 6-37 和表 6-28 确定

续表

序号	步骤	方法	说明
6	计算水泥用量(C_0)	$C_0=B_0-F_0$	
7	确定砂率(S_p)	查表 6-38	
8	计算砂、石用量(S_0、G_0)	(1) 体积法： $\begin{cases}\frac{C_0}{\rho_c}+\frac{F_0}{\rho_f}+\frac{S_0}{\rho_{0s}}+\frac{G_0}{\rho_{0g}}+\frac{W_0}{\rho_w}+10\alpha=1000(L)\\ \frac{S_0}{S_0+G_0}\times100\%=S_p\end{cases}$	不掺引气型外加剂时，α 可取 1；掺引气型外加剂时，$\alpha=2\sim4$。 ρ_c、ρ_f、ρ_{0s}、ρ_{0g}、ρ_w 的单位均为 g/cm^3，即 kg/L
		(2) 质量法： $\begin{cases}C_0+F_0+S_0+G_0+W_0=\rho_{0c}\\ \frac{S_0}{S_0+G_0}\times100\%=S_p\end{cases}$	ρ_{0c}的参考值： C15～C20，$\rho_{0c}=2350kg/m^3$ C25～C40，$\rho_{0c}=2400kg/m^3$ C45～C100，$\rho_{0c}=2450kg/m^3$

结构混凝土的耐久性基本要求　　表 6-34

环境条件	最大水胶比	最低强度等级	最大氯离子含量(%)	最大碱含量(kg/m^3)
室内干燥环境； 无侵蚀性静水浸没环境	0.60	C20	0.30	不限制
室内潮湿环境； 非严寒和非寒冷地区的露天环境； 非严寒和非寒冷地区与无侵蚀性的水或土壤直接接触的环境； 严寒和寒冷地区的冰冻线以下与无侵蚀性的水或土壤直接接触的环境	0.55	C25	0.20	0.30
干湿交替环境； 水位频繁变动环境； 严寒和寒冷地区的露天环境； 严寒和寒冷地区冰冻线以上与无侵蚀性的水或土壤直接接触的环境	0.50(0.55)①	C30(C25)①	0.15	
严寒和寒冷地区冬季水位变动区环境； 受除冰盐影响环境； 海风环境	0.45(0.50)①	C35(C30)①	0.15	
盐渍土环境； 受除冰盐作用环境； 海岸环境	0.40	C40	0.10	

① 处于严寒和寒冷地区环境中的混凝土应使用引气剂，并可采用括号中的有关参数。

混凝土单位用水量选用表(kg/m^3)　　表 6-35

混凝土类型	项目	指标	卵石最大粒径(mm)				碎石最大粒径(mm)			
			10	20	31.5	40	16	20	31.5	40
塑性混凝土	坍落度(mm)	10～30	190	170	160	150	200	185	175	165
		35～50	200	180	170	160	210	195	185	175
		55～70	210	190	180	170	220	205	195	185
		75～90	215	195	185	175	230	215	205	195

续表

混凝土类型	项目	指标	卵石最大粒径(mm)				碎石最大粒径(mm)			
			10	20	31.5	40	16	20	31.5	40
干硬性混凝土	维勃稠度(s)	16～20	175	160	—	145	180	170	—	155
		11～15	180	165	—	150	185	175	—	160
		5～10	185	170	—	155	190	180	—	165

注：1. 塑性混凝土的用水量系采用中砂时的取值。采用细砂时，$1m^3$ 混凝土用水量可增加 5～10kg；采用粗砂则可减少 5～10kg；

2. 塑性混凝土掺用矿物掺合料和外加剂时，用水量应相应调整；

3. 掺外加剂时，每立方米流动性或大流动性混凝土的用水量(W_0)可按公式 $W_0=W'_0(1-\beta)$ 计算。式中 W'_0 是指未掺外加剂时推定的满足实际坍落度要求的每立方米混凝土用水量(kg/m^3)，以本表塑性混凝土中 90mm 坍落度的用水量为基础，按每增大 20mm 坍落度相应增加 $5kg/m^3$ 用水量来计算，当坍落度增大到 180mm 以上时，随坍落度相应增加的用水量可减少。式中 β 为外加剂的减水率(%)。

混凝土的最小胶凝材料用量(kg/m^3) **表 6-36**

最大水胶比	素混凝土	钢筋混凝土	预应力混凝土
0.60	250	280	300
0.55	280	300	300
0.50	320		
≤0.45	330		

注：C15 及其以下强度等级的混凝土不受本表最小胶凝材料用量限制。

钢筋混凝土中矿物掺合料最大掺量(%) **表 6-37**

矿物掺合料种类	水胶比	最大掺量(%)			
		采用硅酸盐水泥时		采用普通硅酸盐水泥时	
		钢筋混凝土	预应力混凝土	钢筋混凝土	预应力混凝土
粉煤灰	≤0.40	45	35	35	30
	>0.40	40	25	30	20
粒化高炉矿渣粉	≤0.40	65	55	55	45
	>0.40	55	45	45	35
钢渣粉	—	30	20	20	10
磷渣粉	—	30	20	20	10
硅灰	—	10	10	10	10
复合掺合料	≤0.40	65	55	55	45
	>0.40	55	45	45	35

注：1. 采用其他通用硅酸盐水泥时，宜将水泥混合材掺量 20%以上的混合材量计入矿物掺合料；

2. 复合掺合料各组分的掺量不宜超过单掺时的最大掺量；

3. 在混合使用两种或两种以上矿物掺合料时，矿物掺合料总掺量应符合表中复合掺合料的规定。

4. 对基础大体积混凝土，粉煤灰、粒化高炉矿渣粉和复合掺合料的最大掺量可增加 5%。

5. 采用掺量大于 30%的 C 类粉煤灰的混凝土应以实际使用的水泥和粉煤灰掺量进行安定性检验。

混凝土砂率选用表(%) 表 6-38

水胶比 (W/B)	卵石最大粒径(mm)			碎石最大粒径(mm)		
	10	20	40	16	20	40
0.40	26～32	25～31	24～30	30～35	29～34	27～32
0.50	30～35	29～34	28～33	33～38	32～37	30～35
0.60	33～38	32～37	31～36	36～41	35～40	33～38
0.70	36～41	35～40	34～39	39～44	38～43	36～41

注：1. 本表数值系中砂的选用砂率，对细砂或粗砂，可相应地减小或增大砂率；
2. 采用人工砂配制混凝土时，砂率可适当增大；
3. 只用一个单粒级粗骨料配制混凝土时，砂率应适当增大；
4. 本表适用于坍落度 10～60mm 的混凝土。对于坍落度大于 60mm 的混凝土，应在上表的基础上，按坍落度每增大 20mm，砂率增大 1%的幅度予以调整。坍落度小于 10mm 的混凝土，其砂率应经试验确定。

(二) 混凝土配合比调整

按表 6-33 计算的混凝土配合比是初步配合比，不能用于工程施工，该配合比须采用工程中实际使用的材料进行试配，经调整和易性、检验强度等后方可用于施工。

1. 和易性调整——确定基准配合比

(1) 按初步配合比试拌一定体积的混凝土，测定混凝土拌合物的和易性。若拌合物不符合设计要求，调整的方法如下：

注：初步配合比设计确定的是 $1m^3$ 混凝土各材料的用量，在实验室进行试配时，为节约材料，通常混凝土试拌体积远小于 $1m^3$。混凝土试拌体积可根据混凝土试件的计算体积，乘上 1.15～1.2 富余系数来确定，如计划配制 1 组(3 块)混凝土立方体抗压强度标准试件，计算体积约为 10L，乘上 1.2 系数后确定试拌体积为 12L。根据《普通混凝土配合比设计规程》JGJ 55—2011 规定：骨料最大粒径≤31.5mm 时，拌合物最小拌合体积为 20L；骨料最大粒径 40mm 时，拌合物最小拌合体积为 25L。

1) 若实测坍落度小于设计要求。保持水胶比不变，增加胶凝材料浆体，每增大 10mm 坍落度，约需增加胶凝材料浆体 5%～8%；

2) 若实测坍落度大于设计要求。保持砂率不变，增加骨料，每减少 10mm 坍落度，约增加骨料 5%～10%；

3) 若黏聚性、保水性不良。单独加砂，即增大砂率。

(2) 测定和易性满足设计要求的混凝土拌合物的表观密度 $\rho_{0c实测}$。

(3) 计算混凝土基准配合比(结果为 $1m^3$ 混凝土各材料用量，kg)。

$$C_{拌}=\frac{C_{拌}}{C_{拌}+F_{拌}+S_{拌}+G_{拌}+W_{拌}}\times\rho_{0c实测} \tag{6-21}$$

$$F_{拌}=\frac{F_{拌}}{C_{拌}+F_{拌}+S_{拌}+G_{拌}+W_{拌}}\times\rho_{0c实测} \tag{6-22}$$

$$S_{拌}=\frac{S_{拌}}{C_{拌}+F_{拌}+S_{拌}+G_{拌}+W_{拌}}\times\rho_{0c实测} \tag{6-23}$$

$$G_{拌}=\frac{G_{拌}}{C_{拌}+F_{拌}+S_{拌}+G_{拌}+W_{拌}}\times\rho_{0c实测} \tag{6-24}$$

$$W_{拌}=\frac{W_{拌}}{C_{拌}+F_{拌}+S_{拌}+G_{拌}+W_{拌}}\times\rho_{0c实测} \tag{6-25}$$

式中$C_{拌}$、$F_{拌}$、$S_{拌}$、$G_{拌}$、$W_{拌}$分别指试拌的混凝土拌合物和易性合格后，水泥、矿物掺合料、砂子、石子和水的实际拌合用量。$C_{基}$、$F_{基}$、$S_{基}$、$G_{基}$、$W_{基}$分别表示混凝土基准配合比中，水泥、矿物掺合料、砂子、石子和水的用量。

2. 强度调整——确定实验室配合比

由基准配合比配制的混凝土虽然满足了和易性要求，但强度是否能满足要求尚不知道，须按下列方法来进行确定。

(1) 调整水胶比。检验强度时至少用三个不同的配合比，其中一个是基准配合比，另外两个配合比的水胶比较基准配合比分别增加和减少0.05，用水量与基准配合比相同，砂率可分别增加或减少1%。

测定每个配合比的和易性及表观密度，并以此结果代表这一配合比的混凝土拌合物的性能，每种配合比按标准方法制作1组(3块)试块，标准养护至28d试压。

注：每个配合比亦可同时制作2组试块，其中1组供快速检验或较早龄期时试压，以便提前定出混凝土配合比，供施工使用，另1组标准养护28d试压。

(2) 确定达到配制强度时各材料的用量。将3个胶水比值$\left(\frac{B}{W}\right)$与对应的混凝土强度值($f_{cu,i}$)作图$\left(f_{cu}-\frac{B}{W}\text{的关系曲线应为直线}\right)$或线性回归计算。从图上找出或用回归方程计算出混凝土配制强度($f_{cu,0}$)对应的胶水比$\left(\frac{B}{W}\right)$。最后按下列原则确定1m^{3}混凝土各材料用量。

用水量(W_q)——取基准配合比中的用水量，并根据制作强度试件时测得的坍落度或维勃稠度进行调整。

胶凝材料用量(B_q)——用W_q乘以选定的胶水比计算确定。

矿物掺合料用量(F_q)——用B_q乘以掺合料掺量(%)计算确定。

水泥用量(C_q)——用B_q-F_q计算确定。

砂子、石子用量(S_q、G_q)——取基准配合比中的砂子、石子用量，并按选定的胶水比作适当调整。

(3) 确定实验室配合比。根据上述配合比混凝土拌合物的实测表观密度$\rho_{0c实测}$和计算表观密度$\rho_{0c计算}$，计算校正系数(δ)。$\rho_{0c计算}$和δ计算方法如下：

$$\rho_{0c计算}=C_q+F_q+S_q+G_q+W_q \tag{6-26}$$

$$\delta=\frac{\rho_{0c实测}}{\rho_{0c计算}} \tag{6-27}$$

然后按下式计算出实验室配合比(结果为1m^{3}混凝土各材料用量)：

$$C_{实}=C_q\cdot\delta \tag{6-28}$$

$$F_{实}=F_q\cdot\delta \tag{6-29}$$

$$S_{实}=S_q\cdot\delta \tag{6-30}$$

$$G_{实}=G_q\cdot\delta \tag{6-31}$$

$$W_{实}=W_q\cdot\delta \tag{6-32}$$

式中 $C_{实}$、$F_{实}$、$S_{实}$、$G_{实}$、$W_{实}$ 分别混凝土实验室配合比中，水泥、矿物掺合料、砂子、石子和水的用量(kg)。

3. 确定混凝土施工配合比

在建筑工程的混凝土配合设计中，无论是初步配合比设计，还是配合比的试配调整，均以干燥材料为基准，而施工工地的砂石一般含有一定的水分，且含水率经常变化。如果按照实验室配合比不作修正地计量，就意味着混凝土实际配合的用水量增大，骨料用量减少，特别是用水量的增大将导致混凝土的水胶比增大，引起混凝土强度的明显降低。因此，施工时必须根据骨料含水情况，随时修正，换算成施工配合比。设工地砂子含水率为 $a\%$，石子含水率为 $b\%$，则施工配合比为：

$$C_{施}=C_{实} \tag{6-33}$$

$$F_{施}=F_{实} \tag{6-34}$$

$$S_{施}=S_{实}(1+a\%) \tag{6-35}$$

$$G_{施}=G_{实}(1+b\%) \tag{6-36}$$

$$W_{施}=W_{实}-S_{实}\times a\%-G_{实}\times b\% \tag{6-37}$$

式中 $C_{施}$、$F_{施}$、$S_{施}$、$G_{施}$、$W_{施}$ 分别混凝土施工配合比中，水泥、矿物掺合料、砂子、石子和水的用量。

四、混凝土配合比设计实例

例 6-1 某工程结构采用“T”形梁，最小截面尺寸为 100mm，钢筋最小净距为 40mm。要求混凝土的设计强度等级为 C30，采用机械搅拌机械振捣，拟采用的材料规格如下：

水泥：普通水泥，强度等级 42.5，实测 28d 胶砂抗压强度 47.9MPa，密度 3.10g/cm^3。

矿物掺合料：S95 粒化高炉矿渣粉，密度 2.85g/cm^3。

砂子：河中砂，级配合格，表观密度为 2630kg/m^3。

石子：碎石，粒径 5～20mm，级配合格，表观密度为 2710kg/m^3。

水：自来水。

试确定该混凝土的配合比。

解： 依题意知，应首先判断原材料是否符合要求。由表 6-1 知，用 42.5 级水泥配制 C30 混凝土是合适的。根据《混凝土结构工程施工质量验收规范》GB 50204—2002 的规定，混凝土粗骨料的最大粒径不得超过截面最小尺寸的 1/4，同时不得大于钢筋最小净距的 3/4，以此为依据进行判断：

$$100\text{mm}\times 1/4=25\text{mm}>20\text{mm}$$

$$40\text{mm}\times 3/4=30\text{mm}>20\text{mm}$$

因此，选用粒径 5～20mm 的碎石符合要求。

1. 确定混凝土配制强度($f_{cu,0}$)

题中无混凝土强度历史资料，因此按表 6-32 选取 σ，$\sigma=5.0$MPa。根据 JGJ 55—2011 规定，取 $P(\%)=95\%$，相应的 t 值为 1.645。

$$f_{cu,0}=f_{cu,k}+t\sigma=30+1.645\times 5.0=38.23\text{MPa}$$

2. 确定水胶比$\left(\frac{W}{B}\right)$

① 确定胶凝材料 28d 胶砂抗压强度值 f_b

水泥 28d 胶砂抗压强度值 f_{ce}=47.9MPa。查表 6-28，S95 粒化高炉矿渣粉影响系数 γ_s 取 1.00。那么，胶凝材料 28d 胶砂抗压强度值 f_b 如下：

$$f_b=\gamma_s f_{ce}=1.00\times47.9=47.9\text{MPa}$$

② 计算水胶比$\left(\frac{W}{B}\right)$

$$\frac{W}{B}=\frac{\alpha_a f_b}{f_{cu,0}+\alpha_a\alpha_b f_b}=\frac{0.53\times47.9}{38.23+0.53\times0.20\times47.9}=0.59$$

“T”形梁处于干燥环境，查表 6-34 知，最大水胶比为 0.60，因此水胶比 0.59 符合耐久性要求。

3. 确定单位用水量(W_0)

根据结构构件截面尺寸的大小、配筋的疏密和施工捣实的方法来确定，查表 6-27，混凝土拌合物的坍落度取 35～50mm。

查表 6-35，对于最大粒径为 20mm 的碎石配制的混凝土，当所需坍落度为 35～50mm 时，1m³ 混凝土的用水量选用 W_0=195kg。

4. 计算胶凝材料用量(B_0)

$$B_0=\frac{W_0}{W/B}=\frac{195}{0.59}=331\text{kg}$$

查表 6-36，最大水胶比为 0.60 时对应的钢筋混凝土最小胶凝材料用量为 280kg，因此 B_0=331kg 符合耐久性要求。

5. 计算粒化高炉矿渣粉用量(F_0)

查表 6-37 可知，水胶比大于 0.40 时，用普通水泥配制的钢筋混凝土，其粒化高炉矿渣粉最大掺量为 45%，结合表 6-28 粒化高炉矿渣粉影响系数 γ_s(1.00)，粒化高炉矿渣粉掺量 β_f 定为 30%。

$$F_0=B_0\beta_f=331\times30\%=99\text{kg}$$

6. 计算水泥用量(C_0)

$$C_0=B_0-F_0=331-99=232\text{kg}$$

7. 确定砂率(S_p)

查表 6-38，对于最大粒径为 20mm 碎石配制的混凝土，当水胶比为 0.59 时，其砂率值可选取 S_p=36%。

8. 计算砂、石用量(S_0、G_0)

(1) 体积法

$$\begin{cases}\frac{232}{3.10}+\frac{99}{2.85}+\frac{S_0}{2.63}+\frac{G_0}{2.71}+\frac{195}{1.00}+10\times1=1000\\ \frac{S_0}{S_0+G_0}\times100\%=36\%\end{cases}$$

解此联立方程得，S_0=661kg，G_0=1175kg

(2) 质量法

$$\begin{cases}232+99+S_0+G_0+195=2400\\ \dfrac{S_0}{S_0+G_0}\times100\%=36\%\end{cases}$$

解此联立方程得，$S_0=675\text{kg}$，$G_0=1200\text{kg}$

由上面的计算可知，用体积法和重量法计算，结果有一定的差别，这种差别在工程上是允许的。在配合比计算时，可任选一种方法进行设计，无需同时用两种方法计算。用重量法设计时，计算快捷简便，但结果欠准确；用体积法设计时，计算略显复杂，但结果相对准确。

9. 列出混凝土初步配合比(用体积法的结果)

1m^3 混凝土各材料用量为：水泥 232kg，粒化高炉矿渣粉 99kg，砂子 661kg，碎石 1175kg，水 195kg。

质量比为：水泥：矿渣粉：砂：石：水＝1：0.43：2.85：5.06：0.84，$\dfrac{W}{B}=0.59$

例 6-2 某工程现浇大体积钢筋混凝土基础，混凝土设计强度等级为 C30，施工采用机拌机捣，混凝土坍落度要求为 35～50mm，并根据施工单位历史资料统计，混凝土强度离散系数 $C_v=0.14$，所用材料如下：

水泥：矿渣水泥，该水泥中粒化高炉矿渣混合材占水泥质量 30%，强度等级 42.5，水泥强度富余系数 1.13，密度 2.90g/cm^3；

粉煤灰：Ⅱ级 C 类粉煤灰，密度 2.23g/cm^3；

砂子：河中砂，级配合格，表观密度为 2640kg/m^3；

石子：卵石，粒径 5～31.5mm，级配合格，表观密度为 2650kg/m^3；

外加剂：NNO 引气型高效减水剂，引气量 1%，适宜掺量为 0.5%；

水：自来水。

试求：

(一) 混凝土初步配合比；

(二) 求掺减水剂混凝土的配合比(混凝土掺加 NNO 减水剂的目的是为了既要使混凝土拌合物和易性有所改善，又要能节约一些胶凝材料，故决定减水 15%，减胶凝材料 10%)。

(三) 若经试配混凝土的和易性和强度等均符合要求，无需作调整，又知现场砂子含水率为 3%，石子含水率为 1%，试计算混凝土施工配合比。

解：(一) 求混凝土初步配合比

1. 确定混凝土配制强度($f_{cu,0}$)

$$f_{cu,0}=\frac{f_{cu,k}}{1-tC_v}=\frac{30}{1-1.645\times0.14}=39.0\text{MPa}$$

C_v 值和 σ 值均是反映施工管理水平的指标，当 C_v 已知时，就不能再用混凝土强度标准 σ 值来计算配制强度。

2. 确定水胶比(W/B)

(1) 确定胶凝材料 28d 胶砂抗压强度 f_b

查表 6-28 得粉煤灰影响系数 $\gamma_f=0.85$，

水泥 28d 胶砂抗压强度 $f_{ce}=\gamma_c f_{ce,g}=1.13\times42.5=48.0\text{MPa}$

胶凝材料 28d 胶砂抗压强度 $f_b=\gamma_f f_{ce}=0.85\times48.0=40.8\text{MPa}$

(2) 计算水胶比$\left(\dfrac{W}{B}\right)$

$$\frac{W}{B}=\frac{\alpha_a f_b}{f_{cu,0}+\alpha_a\alpha_b f_b}=\frac{0.49\times40.8}{39.0+0.49\times0.13\times40.8}=0.48$$

混凝土基础处于室内潮湿环境，最大水胶比为 0.55，因此水胶比 0.48 符合耐久性要求。

3. 确定单位用水量(W_0)。

查表 6-35，对于采用最大粒径为 31.5mm 的卵石混凝土，当所需坍落度为 35～50mm 时，1m^3 混凝土的用水量选用 $W_0=170\text{kg}$。

4. 计算胶凝材料用量(B_0)

$$B_0=\frac{W_0}{W/B}=\frac{170}{0.48}=354\text{kg}$$

查表 6-36 可知，$B_0=354\text{kg}$ 符合最小胶凝材料用量要求，耐久性合格。

5. 计算粉煤灰用量(F_0)

查表 6-37 可知，水胶比大于 0.40 时，用普通水泥配制的钢筋混凝土复合掺合料最大掺量为 45%，结合表 6-28 粉煤灰影响系数 γ_f(0.85)，粉煤灰掺量 β_f定为 20%。外掺的粉煤灰掺量(20%)和矿渣水泥中掺量 20%以上的粒化高炉矿渣(30%－20%＝10%)之和为 20%＋10%＝30%，没有超过复合掺合料的最大掺量(45%)。

$$F_0=B_0\beta_f=354\times20\%=71\text{kg}$$

6. 计算水泥用量(C_0)

$$C_0=B_0-F_0=354-71=283\text{kg}$$

7. 确定砂率(S_p)

查表 6-38，对于最大粒径为 31.5mm 卵石配制的混凝土，当水胶比为 0.48 时，其砂率值可选取 $S_p=31\%$。

8. 计算砂、石用量(S_0、G_0)

用体积法计算，即

$$\begin{cases}\dfrac{283}{2.90}+\dfrac{71}{2.23}+\dfrac{S_0}{2.64}+\dfrac{G_0}{2.65}+\dfrac{170}{1.00}+10\times1=1000\\[2ex]\dfrac{S_0}{S_0+G_0}\times100\%=31\%\end{cases}$$

解此联立方程得，$S_0=567\text{kg}$，$G_0=1262\text{kg}$

(二) 计算掺减水剂混凝土的配合比。

设 1m^3 掺减水剂混凝土中胶凝材料、粉煤灰、水泥、砂子、卵石、水和减水剂的用量分别为 B、F、C、S、G、W、J，则各材料用量如下所示。

胶凝材料：$B=354\times(1-10\%)=319\text{kg}$

粉煤灰：$F=71\times(1-10\%)=64\text{kg}$

水泥：$C=283\times(1-10\%)=255\text{kg}$

水：$W=170\times(1-15\%)=145\text{kg}$

砂、石：用体积法计算，因减水剂 NNO 引气量为 1%，α 取 2。

$$\begin{cases}\frac{255}{2.90}+\frac{64}{2.23}+\frac{S}{2.64}+\frac{G}{2.65}+\frac{145}{1.00}+10\times 2=1000\\ \frac{S}{S+G}\times 100\%=31\%\end{cases}$$

解此联立方程得，$S=589\text{kg}$，$G=1311\text{kg}$

减水剂 NNO：$J=319\times 0.5\%=1.6\text{kg}$

1m^3 混凝土各材料用量为，水泥 255kg，粉煤灰 64kg，砂子 589kg，卵石 1311kg，水 145kg，NNO 1.6kg。以重量比表示为：水泥∶粉煤灰∶砂子∶卵石∶水∶NNO＝1∶0.25∶2.31∶5.14∶0.57∶0.006。

（三）换算成施工配合比

设施工配合比 1m^3 混凝土中水泥、水、砂、石和减水剂的用量分别为 $C_{施}$、$F_{施}$、$W_{施}$、$S_{施}$、$G_{施}$、$J_{施}$，则其各材料用量为：

$$C_{施}=C=255\text{kg}$$

$$F_{施}=F=64\text{kg}$$

$$S_{施}=S(1+a\%)=589\times(1+3\%)=607\text{kg}$$

$$G_{施}=G(1+b\%)=1311\times(1+1\%)=1324\text{kg}$$

$$W_{施}=W-S\times a\%-G\times b\%=145-589\times 3\%-1311\times 1\%=114\text{kg}$$

第六节 普通混凝土监理

普通混凝土是土建工程中应用最广泛的一种混凝土，通常作为承重结构材料来用，其质量的优劣将严重影响建筑物或构筑物的坚固、耐久和适用。作为监理工程师，应懂得影响混凝土质量的主要因素，掌握混凝土质量控制的基本内容和基本方法，及时发现和处理混凝土施工过程中的质量隐患和质量问题，履行监理职责。

由于混凝土现浇成型后其质量的好坏，不能立即被评定，标准条件下需 28d 方可知晓，而混凝土施工作业又是连续进行，混凝土一旦发现质量问题或事故，处理起来必定影响工程的投资、进度和质量。所以，混凝土的监理工作，特别要注意事前控制和事中控制，亡羊补牢的事后控制是监理工作所不期望的。混凝土的施工搅拌成型过程应实行旁站监理。为保证结构的可靠，必须对原材料、混凝土拌合物及硬化后的混凝土进行必要的质量检验和控制。

一、混凝土施工过程质量控制

（一）混凝土施工准备

1. 原材料控制

(1) 水泥进场时应对其品种、级别、包装或散装仓号、出厂日期等进行检查，并应对其强度、安定性及其他必要的性能指标进行复检，其质量必须符合现行国家标准《通用硅酸盐水泥》GB 175 等的规定。

当在使用中对水泥质量有怀疑或水泥出厂超过三个月(快硬硅酸盐水泥超过一个月)

时，应进行复检，并按复验结果使用。

钢筋混凝土结构、预应力混凝土结构中，严禁使用含氯化物的水泥。

检查数量：按同一生产厂家、同一等级、同一品种、同一批号且连续进场的水泥，袋装不超过 200t 为一批，散装不超过 500t 为一批，每批抽样不少于一次。

检查方法：检查产品合格证、出厂检验报告和进场复检报告。

(2) 混凝土外加剂的质量及应用技术应符合现行国家标准《混凝土外加剂》GB 8076、《混凝土外加剂应用技术规范》GB 50119 等有关环境保护的规定。

预应力混凝土结构中，严禁使用含氯化物的外加剂。钢筋混凝土结构中，当使用含氯化物的外加剂时，混凝土中氯化物的总含量应符合现行国家标准《混凝土质量控制标准》GB 50164 的规定。

检查数量：按进场的批次和产品的抽样检验方案确定。

检验方法：检查产品合格证、出厂检验报告和进场复检报告。

(3) 钢筋的质量控制见第八章。

(4) 混凝土中氯化物和碱的总含量应符合现行国家标准《混凝土结构设计规范》GB 50010—2010、《混凝土质量控制标准》GB 50164—2011 和设计的要求。

检验方法：检查原材料试验报告和氯化物、碱的总含量计算书。

(5) 混凝土掺合料的质量应符合现行国家标准《用于水泥和混凝土中的粉煤灰》GB/T 1596 等的规定。矿物掺合料的掺量应通过试验确定。检查数量：按进场的批次和产品的抽样检验方案确定；检验方法：检查出厂合格证和进场复验报告。

(6) 砂、石料的质量应符合国家现行标准《建设用卵石、碎石》GB/T 14685、《建设用砂》GB/T 14684 的规定。检查数量：按进场的批次和产品的抽样检验方案确定；检验方法：进场复验报告。

2. 审查混凝土配合比通知单

主要审查水灰比、单位用水量、坍落度、砂率和胶凝材料(水泥和掺合料)用量。

3. 查验质量工程师签字认可的验筋报告、模板尺寸和位置核实记录等。

4. 实地察看砂石料质量

到施工现场察看砂石料的级配情况，石子的级配如不合格，应加强分筛配制，针片状颗粒偏多的现象比较常见，应进行筛选；检查粗骨料最大粒径是否与施工规范的规定值相符，是否与混凝土配合比通知单中填写的情况相符；检查骨料的含泥量是否明显与复试报告不符，如果含泥量过大，应要求承包商淋洗至符合要求方可使用。

5. 校验计量设备和选定搅拌机

检查砂石料、水泥计量设备是否灵活准确，加水控制装置是否适用与准确。根据混凝土的品种、数量并结合施工单位自身机械设备情况选用混凝土搅拌机，搅拌机分自落式和强制式两种，前者适合于搅拌塑性混凝土或低流动性混凝土，后者适用于搅拌干硬性混凝土和轻骨料混凝土，也可搅拌低流动性混凝土。我国规定搅拌机以出料容量(L)为标定规格，有 50、150、250、350、500、750、1000、1500 和 3000 等。

6. 开盘鉴定

开盘鉴定是通过在现场用搅拌机或人工试拌一盘或几盘混凝土，来验证现场面砂、石的含水率，检查现浇混凝土的配合比是否能够达到和易性要求，必要时还进行强度试验。

开盘鉴定的方法是：

(1) 用简便方法(如用锅炒、酒精烧等)测定现场砂、石的含水率；

(2) 用砂石料的含水率来计算施工配合比；

(3) 试拌一盘或几盘混凝土，测定其坍落度，当实测的坍落度与配合比通知单中的一致时，说明砂石料含水率测定正确，水泥、砂、石、掺合料、外加剂与水用量均准确，即开盘鉴定合格。

7. 审查施工单位提供的搅拌、运输、浇筑和振捣人员资格，要求施工单位准备好防雨、防晒及养护覆盖材料。

（二）计量

混凝土原材料的计量环节十分重要，如果不能按配合比通知单进行投料，所生产的混凝土就可能达不到设计强度，也可能造成材料的浪费。混凝土配料应采用质量比，其允许偏差不得超过下列规定：水泥、外掺混合料±2%，砂、石±3%，水、外加剂溶液±2%。

1. 把每盘材料的施工配合比写在小黑板上，挂在搅拌机旁，并应根据砂石料的实际含水率及时调整施工配合比。

2. 如果是人工投料，应在搅拌机上料斗前的地上嵌埋一个磅秤，每车砂石料均要称量。在混凝土实际施工过程中，常有先用小车在磅秤上称量出一盘混凝土所需各材料的数量，然后不再称量，仅用车数来代替质量计量。这种方法实际上已是体积计量，因砂的堆积体积随含水率而变化(称为砂的容胀)，如当砂的含水率为5%～8%时，砂的堆积体积为干燥时堆积体积的1.2～1.3倍，显然如果用车数计量，会使混凝土拌合物的砂量不足，所以这种计量方法不应提倡。在有条件的情况下，应尽量采用自动上料、自动称量的机械化、自动化设备。

3. 用水量计量一定要准确，要禁止随意加水的不良习惯。水灰比是影响混凝土强度最主要因素，要告知搅拌机操作人员，多加的水将在混凝土中形成毛细孔，将导致混凝土强度严重下降的基本道理。在混凝土拌制中节约水比节约水泥更重要，一些人错误地认为在拌制混凝土时只要水泥用量不少，混凝土强度就可以保证，这一观念一定要更改。

4. 搅拌机操作人员应固定，上岗前应熟知混凝土施工配合比，并要求挂牌上岗，未经监理同意，施工单位不得随意更换操作人员，杜绝不熟悉混凝土施工配合比的人员来操作的情况。

（三）混凝土搅拌

为了获得质量优良的混凝土拌合物，除正确选择搅拌机外，监理工程师应控制好搅拌制度，即搅拌时间、投料顺序和进料容量等。

1. 搅拌时间

为了保证混凝土的质量，混凝土拌合物应充分搅拌，《混凝土结构工程施工规范》GB 50666—2011规定了混凝土最短搅拌时间。监理工程师应要求施工单位在施工组织设计中予以明确，最短搅拌时间通常为60～120s。

2. 投料顺序

在上料斗中先装石子、再加水泥和砂，然后一次投入搅拌机。对自落式搅拌机要在搅拌筒内先加部分水，装入石子、水泥和砂后搅拌一段时间，然后边搅拌边加完剩余的水。

对立轴强制式搅拌机，因出料口在下部，不能先加水，应在投料的同时，缓慢均匀分散地加水。

3. 进料容量

进料容量 V_j 与搅拌机搅拌筒的几何容量 V_g 的比例关系应控制为：$V_j/V_g=0.22\sim0.40$。如任意超载(进料容量超过10%以上)，就会使材料在搅拌筒内无充分的空间进行掺合，影响混凝土拌合物的均匀性。反之，如装料过少，则又不能充分发挥搅拌机的效能。

(四) 混凝土拌合物运输

对混凝土拌合物运输的基本要求是：不产生离析现象，保证浇筑时规定的坍落度和在混凝土初凝之前能有充分时间进行浇筑和捣实。此外，运输混凝土的工具要不吸水、不漏浆。

《混凝土结构工程施工质量验收规范》GB 50204—2002 规定，混凝土运输、浇筑及间歇的全部时间不应超过混凝土的初凝时间。《混凝土质量控制标准》GB 50164—2011 规定，当采用搅拌罐车运送混凝土拌合物时，卸料前应采用快挡旋转搅拌罐不少于 20s，混凝土拌合物从搅拌机卸出至施工现场接收的时间间隔不宜大于 90min。

(五) 混凝土浇筑和捣实

浇筑和捣实是混凝土施工质量控制的重要环节，混凝土的浇筑和捣实要保证混凝土的均匀性和密实性，要保证结构的整体性、尺寸准确和钢筋、预埋件的位置正确，拆模后混凝土表面平整、光洁。

1. 防止混凝土拌合物离析

浇筑时必须避免粗骨料从混凝土中分离出来，产生分层离析现象。混凝土拌合物自高处倾落的自由高度不应超过 2m，在竖向结构中限制自由倾落高度不宜超过 3m，否则应沿串筒、斜槽、溜管或振动溜管等下料。

2. 正确留置施工缝

混凝土结构多要求整体浇筑，如因技术或组织上的原因不能连续浇筑时，且停顿的时间有可能超过混凝土的初凝时间，则应事先确定在适当位置留置施工缝，施工缝是结构中的薄弱环节，宜留在结构剪力较小的部位。《混凝土结构工程施工质量验收规范》GB 50204—2002 规定，施工缝的位置应在混凝土浇筑前按设计要求和施工技术方案确定。

监理工程师可建议按下列方法留置施工缝：柱子宜留在基础顶面、梁或吊车梁牛腿的下面、吊车梁的上面、无梁楼盖柱帽的下面，同时又要照顾到施工的方便；和板连成整体的大断面梁应留在板底面以下 20～30mm 处，当板下有梁托时，留置在梁托下部；单向板应留在平行于板短边的任何位置；有主次梁楼盖宜顺着次梁方向浇筑，应留在次梁跨度的中间 1/3 跨度范围内；楼梯应留在楼梯长度中间 1/3 长度范围内；墙可留在门洞口过梁跨中 1/3 范围内，也可留在纵横墙的交接处；双向受力的楼板、大体积混凝土结构、拱、薄壳、多层框架等及其他结构复杂的结构，应按设计要求留置施工缝。

3. 捣实的控制

浇筑混凝土后开始振捣混凝土，振动棒应等间距垂直插入，均匀捣实全部范围的混凝土，振动间距一般不大于振动半径的 1.5 倍，前后两次振动棒的作用范围应当重叠，振动棒捣实时离未封闭混凝土边缘的距离不得小于 60cm。振动棒应快速插入混凝土底部，并应插入下层混凝土 10cm，振动密实后慢慢拔出，不可太快，约为 8cm/s，拔出后的空穴应立即被混凝土回填。注意控制振捣时间，振捣时间不够会产生不密实、蜂窝麻面，振动时间太长又会导致混凝土的分层离析，振捣时间应以混凝土表面出浆后数秒钟和模板缝出现流浆为宜。控制钢筋保护层厚度，防止漏筋，浇捣后应立即校验外露钢筋的位置是否偏移，如有偏移，立即要求施工单位纠正。

（六）混凝土自然养护

混凝土自然养护是指在平均气温高于5℃的条件下于一定时间内使混凝土保持湿润状态。混凝土浇筑后如气候炎热、空气干燥，不及时进行养护，混凝土中水分会蒸发过快，出现脱水现象，混凝土表面或出现片状粉状剥落，影响混凝土强度，此外，还会使混凝土产生干缩裂纹。监理工程师应敦促施工方在混凝土浇筑完毕12h以内开始养护，干硬性混凝土应于浇筑完毕后立即进行养护。

1. 洒水养护

洒水养护是指用草帘等将混凝土覆盖，经常洒水使其保持湿润。养护时间取决于水泥品种，硅酸盐水泥、普通水泥或矿渣水泥拌制的混凝土，不少于7d；掺有缓凝型外加剂或有抗渗性要求的混凝土不少于14d。洒水次数以能保证混凝土表面湿润为宜，混凝土养护用水应与拌制用水相同。

2. 喷涂薄膜养护

喷涂薄膜养生液养护混凝土适用于不易洒水的高耸构筑物和大面积混凝土结构的养护。它是将过氯乙烯树脂溶液用喷枪喷涂在混凝土表面上，溶液挥发后在混凝土表面形成一层塑料薄膜，将混凝土与空气隔绝，阻止其中水分的蒸发以保证水泥水化用水。有的薄膜在养护完成后能自行老化脱落，否则，不宜于喷洒在以后要做粉刷的混凝土表面上。在夏季薄膜成型后要防晒，否则易产生裂纹。

地下建筑或基础，可在其表面涂刷沥青乳液以防止混凝土内水分蒸发。

3. 混凝土必须养护至表面强度达到1.2MPa以上，方可准许在其上行人或安装模板和支架。

（七）混凝土模板拆除控制

混凝土底模及其支架拆除时的混凝土强度应符合设计要求，当无设计要求时，GB 50204—2002规定混凝土强度应符合表6-39的要求。

底模拆除时的混凝土强度要求 表6-39

构件类型	构件跨度(m)	达到设计的混凝土立方体抗压强度标准值的百分率(%)
板	≤2	≥50
	＞2，≤8	≥75
	＞8	≥100
梁、拱、壳	≤8	≥75
	＞8	≥100
悬臂构件	—	≥100

（八）外观质量检查

混凝土拆模后，监理工程师应及时检查混凝土的外观。现浇混凝土的外观质量缺陷按表6-40确定，现浇结构和混凝土设备基础拆模后的尺寸偏差应符合表6-41和表6-42的规定。

现浇结构外观质量缺陷 **表 6-40**

名称	现象	严重缺陷	一般缺陷
露筋	构件内钢筋未被混凝土包裹而外露	纵向受力钢筋有露筋	其他钢筋有少量露筋
蜂窝	混凝土表面缺少水泥砂浆而形成石子外露	构件主要受力部位有蜂窝	其他部位有少量蜂窝
孔洞	混凝土中孔穴深度和长度均超过保护层厚度	构件主要受力部位有孔洞	其他部位有少量孔洞
夹渣	混凝土中夹有杂物且深度超过保护层厚度	构件主要受力部位有夹渣	其他部位有少量夹渣
疏松	混凝土中局部不密实	构件主要受力部位有疏松	其他部位有少量疏松
裂缝	缝隙从混凝土表面延伸至混凝土内部	构件主要受力部位有影响结构性能或使用功能的裂缝	其他部位有少量不影响结构性能或使用功能的裂缝
连接部位缺陷	构件连接处混凝土缺陷及连接钢筋、连接件松动	连接部位有影响结构传力性能的缺陷	连接部位有基本不影响使用功能的外形缺陷
外形缺陷	缺棱掉角、棱角不直、翘曲不平、飞边凸肋等	清水混凝土构件有影响使用功能或装饰效果的外形缺陷	其他混凝土构件有不影响使用功能的外形缺陷
外表缺陷	构件表面麻面、掉皮、起砂、沾污等	具有重要装饰效果的清水混凝土构件有外表缺陷	其他混凝土构件有不影响使用功能的外表缺陷

现浇结构尺寸允许偏差和检验方法 **表 6-41**

项目			允许偏差(mm)	检验方法
轴线位置	基础		15	钢尺检查
	独立基础		10	
	墙、柱、梁		8	
	剪力墙		5	
垂直度	层高	≤5m	8	经纬仪或吊线、钢尺检查
		>5m	10	经纬仪或吊线、钢尺检查
	全高(H)		$H/1000$ 且≤30	经纬仪、钢尺检查
标高	层高		±10	水准仪或拉线、钢尺检查
	全高		±30	
截面尺寸			+8，-5	钢尺检查
电梯井	井筒长、宽对定位中心线		+25，0	钢尺检查
	井筒全高(H)垂直度		$H/1000$ 且≤30	经纬仪、钢尺检查
表面平整度			8	2m 靠尺和塞尺检查
预埋设施中尺线位置	预埋件		10	钢尺检查
	预埋螺栓		5	
	预埋管		5	
预留洞中心线位置			15	钢尺检查

注：检查轴线、中尺线位置时，应沿纵、横两个方向量测，并取其中较大值。

混凝土设备基础尺寸允许偏差和检验方法 **表 6-42**

项目		允许偏差(mm)	检验方法
坐标位置		20	钢尺检查
不同平面的标高		0，－20	水准仪或拉线、钢尺检查
平面外形尺寸		±20	钢尺检查
凸台上平面外形尺寸		0，－20	钢尺检查
凹穴尺寸		＋20，0	钢尺检查
平面水平度	每米	5	水平尺、塞尺检查
	全长	10	水准仪或拉线、钢尺检查
垂直度	每米	5	经纬低度或吊线、钢尺检查
	全高	10	
预埋地脚螺栓	标高(顶部)	＋20，0	水准仪或拉线、钢尺检查
	中心距	±2	钢尺检查
预埋地脚螺栓孔	中心线位置	10	钢尺检查
	深度	＋20，0	钢尺检查
	孔垂直度	10	吊线、钢尺检查
预埋活动地脚螺栓锚板	标高	＋20，0	水准仪或拉线、钢尺检查
	中尺线位置	5	钢尺检查
	带槽锚板平整度	5	钢尺、塞尺检查
	带螺纹孔锚板平整度	2	钢尺、塞尺检查

注：检查坐标、中心线位置时，应沿纵、横两个方向测，并取其中的较大值。

现浇结构的外观不宜有一般缺陷，**不应有严重缺陷**。对已经出现的一般缺陷，应由施工单位按技术处理方案进行处理，并重新检查验收；**对已经出现的严重缺陷，应由施工单位提出技术处理方案，并经监理(建设)单位认可后进行处理。对经处理的部位，应重新检查验收。**

现浇结构不应有影响结构性能和使用功能的尺寸偏差。混凝土设备基础不应有影响结构性能和设备安装的尺寸偏差。

对超过尺寸允许偏差且影响结构性能和安装、使用功能的部位，应由施工单位提出技术处理方案，并经监理(建设)单位认可后进行处理。对经处理的部位，应重新检查验收。

施工单位擅自进行的任何缺陷处理，监理单位不应承认其有效，并及时将这一情况通报给建设方、设计单位等部门，要求施工方将修补的混凝土凿去，察看混凝土内部缺陷情况，经与有关各方协商来决定是否钻芯取样。

二、混凝土质量控制技术

混凝土拌制前，应测定砂、石含水率并依此确定施工配合比，每工作台班检查一次。在拌制和浇筑过程中，应检查组成材料的称量偏差，每一工作班抽查不应少于一次；坍落度的检查在浇筑地点进行，每一工作班至少检查两次；在每一工作班内，如混凝土配合比由于外界影响而有变动时，应及时检查；对混凝土搅拌时间应随时检查；按要求抽检混凝土强度及其他性能。另外，监理工程师应掌握混凝土质量评定方法。

(一) 抽查

1. 抽查混凝土拌合物和易性

混凝土和易性内涵较复杂，目前尚未有通过一个技术指标来全面反映混凝土拌合物的和易性的方法。通常是测定混凝土拌合物的流动性，辅以直观观察来评定其黏聚性和保水性。流动性测定方法有坍落度筒法、维勃稠度法和扩展度法，在施工现场一般用坍落筒法。

坍落度筒法是将混凝土拌合物分三层(每层装料约 1/3 筒高)装入坍落度筒内(见图 6-15)，每层用 ϕ16 的光圆铁棒插捣 25 次，待装满刮平后，垂直平稳地向上提起坍落度筒，用尺量测筒高与坍落后混凝土试件最高点之间的高度差(mm)，即为该混凝土拌合物的坍落度值。坍落度越大，表明混凝土拌合物的流动性越好。

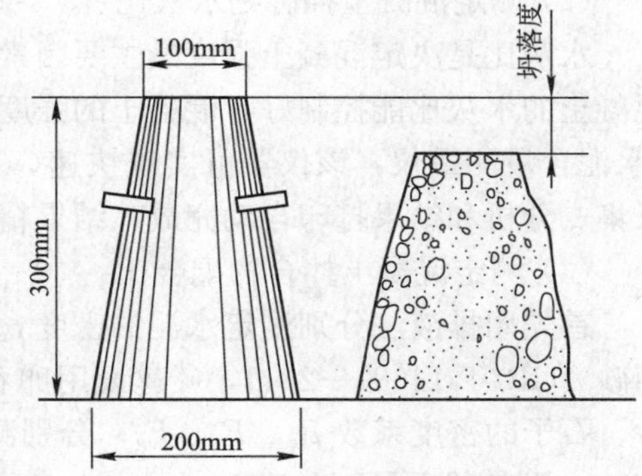

图 6-15 混凝土拌合物坍落度测定

测定混凝土拌合物坍落度后，观察拌合物的黏聚性和保水性。黏聚性的检查方法是用捣棒在已坍落的拌合物锥体侧面轻轻击打，如果锥体逐渐下沉，表示黏聚性良好；如果突然倒坍，部分崩裂或石子离析，即为黏聚性不良。保水性的观察方法是提起坍落度筒后如有较多的稀浆从底部析出(实际上在装捣混凝土拌合物时就可发现)，锥体部分的拌合物也因失浆而骨料外露，则表明保水性不好，若无这种现象，则表明保水性良好。

《混凝土质量控制标准》GB 50164—2011 规定，混凝土坍落度实测值与设计值之间的允许偏差应符合表 6-43 的规定。

混凝土拌合物稠度允许偏差 **表 6-43**

拌合物性能		允许偏差		
坍落度(mm)	设计值	≤40	50～90	≥100
	允许偏差	±10	±20	±30
维勃稠度(s)	设计值	≥11	10～6	≤5
	允许偏差	±3	±2	±1
扩展度(mm)	设计值	≥350		
	允许偏差	±30		

2. 抽查混凝土拌合物配合比

(1) 用混凝土拌合物坍落度来简单评判

混凝土拌合物坍落度检查是施工现场控制混凝土质量的一种直观而简单易行的方法，它能在很大程度上综合反映混凝土拌合物的和易性，同时，可能验证现场拌制的混凝土是否达到设计配合比的要求。如果原材料计量控制不严，则必然在坍落度值上反映出来，只要坍落度实测值与设计值基本一致，就从配料和搅拌的过程保证了混凝土的质量。

有些施工单位只图施工方便，常常在混凝土搅拌过程中随意加水，使混凝土实际水灰比增大，这将严重降低混凝土的强度。监理工程师应特别注意这个问题，随时抽查混凝土拌合物的坍落度，若发现混凝土拌合物过干，应保持与设计配合比相同的水灰比，加水泥浆；若过稀，应保持与设计配合比相同的砂率，加骨料。黏聚性和保水性不良可单独加水。

混凝土的单位加水量与环境温度有很大关系，夏季气温高，水分蒸发快，获得相同坍落度所需的单位用水量应加大，我国混凝土配合比设计规范中给出的单位加水是环境温度在20℃时的加水量，监理工程师应根据气温提出合理的混凝土坍落度设计值。可以将坍落度设计值适当提高(隐含着水泥用量增大)，以减少施工现场随意加水的现象。

(2) 测定混凝土拌合物水灰比

水灰比是决定混凝土强度最主要因素，在混凝土拌合物和易性满足要求的情况下，若混凝土的水灰比能控制好，混凝土的强度就有了保证。有条件的监理公司可购置混凝土水/水泥含量测量仪，该仪器可实现快速(5 分钟内)测定混凝土的水含量和水泥含量，数据采集、分析和结果打印自动完成，结果精确度高。

(3) 测定混凝土拌合物配合比

首先用排液法分别测定水泥的密度 ρ_c(李氏瓶)，砂、石子的视密度 ρ_{0s}、ρ_{0g}(按《建设用砂》GB/T 14684—2011，《建设用卵石、碎石》GB/T14685—2011 进行)，计算水泥、砂、石子的密度系数 F_c、F_s、F_g；分别测定砂、石子中粒径小于 150μm 粉末占粒径大于 150μm 颗粒的重量百分比 C_s、C_g。

然后按下列步骤在现场测定混凝土的配合比，这种方法大约需要 45min。

① 测定容量筒盛满水后总重量 M_A(筒＋水＋盖板之重。加盖板是为了确定容量筒是否盛满水)。

② 在空气中称混凝土拌合物重量 M_h。

③ 将称量好的混凝土拌合物放入容量筒中，加水、搅拌、排气、消泡，加水至满，称重 M_{Bh}(试样＋水＋筒＋盖板之重)。

④ 把试样连水仔细地倒在 4.75mm 及 150μm 套筛上水洗筛分至流出清澈水为止。分别将留在 4.75mm 筛上的石子及 150μm 筛上的砂子放入容量筒中，徐徐加水，摇荡排除气泡，然后加水至满，测定它们在盛满水的容量筒中的重量 M_g(筒＋石子＋水＋盖板之重)和 M_s(筒＋砂子＋水＋盖板之重)。

⑤ 计算混凝土各组分的重量

砂重 S：$S=(M_s-M_A)\cdot F_s(1+C_s)$ (6-38)

石子重 G：$G=(M_g-M_A)\cdot F_g(1+C_g)$ (6-39)

水泥重 C：$C=[(M_{Bh}-M_A)-(M_s-M_A)(1+C_s)-(M_g-M_A)(1+C_g)]\cdot F_c$ (6-40)

水重 W：$W=M_h-S-G-C$ (6-41)

3. 抽查混凝土强度

混凝土强度必须抽查，如设计有特殊要求，还应对混凝土抗渗性、抗冻性等进行检查。

(1) 立方体标准抗压强度

混凝土抗压强度采用按标准方法制作的边长为150mm 的立方体试件(每组 3 块)，在标准条件下((20±2)℃，相对湿度为 95%以上的标准养护室或(20±2)℃的不流动的

$Ca(OH)_2$ 饱和溶液中)养护 28d，按标准方法测得的抗压强度值。当采用非标准试件时，强度换算系数应符合表 6-44 的规定。

混凝土试件尺寸及强度的尺寸换算系数 **表 6-44**

骨料最大粒径(mm)	试件尺寸(mm)	强度的尺寸换算系数
≤31.5	100×100×100	0.95
≤40	150×150×150	1.00
≤63	200×200×200	1.05

注：对强度等级为 C60 及以上的混凝土试件，其强度的尺寸换算系数可通过试验确定。

确定结构构件的拆模、出池、出厂、吊装、张拉、放张及施工期间临时负荷时的混凝土强度，应采用与结构同条件养护的标准尺寸试件的混凝土强度。

监理工程师对于试件的检查，一定要注意试件的代表性与真实性，绝不允许拌制一锅干料做试块，或在做试块时有意挑选大粒径粗骨料填塞入试块内。一些施工单位制作试件时弄虚作假，对成型好的试件疏于管理和养护，乱丢乱扔，导致检测数据失真，使质量控制失去基础，给工程埋下质量隐患。为此，监理工程师应加强这方面的指导、监督工作，混凝土取样与试件制作过程应进行旁站，做好标记，规范编号，集中养护。

混凝土抗压强度试件制作有机械法和人工法两种，具体操作如下：

① 机械法 在混凝土浇筑地点随机铲适量混凝土拌合物入试模中，然后用 ϕ30mm 直径振捣棒上下抽动振捣，也可将试模放在平面振动台上振动，当试件表面泛满水泥浆时，停止振捣，使混凝土面略高出试模，用抹子抹平。

② 人工法 在混凝土浇筑地点随机铲适量混凝土拌合物，分两次装入试模中。第一次装入 1/2 多，然后用 ϕ16mm 光圆钢筋插捣数下；第二次装料应略高出试模，用钢筋捣数下后，用抹子的平面沿试模四壁插入摇动数下，最后把钢筋垫在试模底面下，让试模来回颠数下，当混凝土表面满浆时，用抹子抹平。

(2) 快速评定混凝土强度

混凝土工程施工中，经常需要尽快了解已成型混凝土强度资料，以便决策，所以快速评定混凝土强度一直受到人们的重视。经过多年的研究，国内外已有多种快速评定混凝土强度的方法，有些方法已被列入国家标准中。但快速评定混凝土强度的方法用于混凝土施工现场质量控制的不多，这可能与这些方法现场操作不方便，推定结论不准确，检测费用高等因素有关。

在我国一些施工技术人员经常用公式 $f_{28}=f_n\dfrac{\lg 28}{\lg n}(n\geqslant 3\text{d})$ 来快速推定混凝土 28d 抗压强度。值得注意的是，该推算式仅适用于标准条件下养护的、中等强度的、普通水泥配制的混凝土。而今，随着 C30 以上混凝土及混凝土外加剂的广泛应用，用该公式推定的混凝土 28d 抗压强度值偏差颇大。

实践证明，我国“一小时推定混凝土强度”的方法准确性较好，现场操作较简便。一小时推定混凝土强度的主要步骤是：

1) 在新拌混凝土的湿筛砂浆中加入 CAS 促凝剂，制作砂浆试件；

2) 将砂浆试件，带模放入安装有压力表的家用 24cm 压力锅内压蒸一小时；

3）立即测定砂浆的抗压强度 f_{1h}；

4）代入事先建立的砂浆压蒸一小时抗压强度 f_{1h} 与混凝土标准养护 28d 的抗压强度 f_{28} 之间的经验式中，计算出混凝土标准养护 28d 的抗压强度值。

该方法的关键是建立 f_{1h}—f_{28} 之间的回归公式，回归公式通常为 $f_{28}=Af_{1h}^{B}$。试验时，用有代表性、稳定的原材料配制 100 组以上不同强度的混凝土，分别测定每组混凝土的 f_{1h} 和 f_{28}，然后用上述公式进行回归计算，即可求出 A 和 B。

（二）试件留置

按《混凝土结构工程施工质量验收规范》GB 50204—2002 规定来留置强度试件，详见表 1-2。立方体抗压强度代表值的确定方法如下：

① 取 3 个试件强度的算术平均值；

② 当 3 个试件强度中的最大值或最小值之一与中间值之差超过中间值的 15%时，取中间值；

③ 当 3 个试件强度中的最大值和最小值与中间值之差均超过中间值的 15%时，该组试件不应作为强度评定的依据。

（三）混凝土质量控制的数理统计方法

根据《混凝土及预制混凝土构件质量控制规程》CECS 40—1992 的要求，在正常生产控制的条件下，对收集来的数据，用数理统计的方法，求出混凝土强度的算术平均值、标准差和大于或等于要求强度等级值的百分率等指标，综合评定混凝土质量，绘出混凝土质量控制图，进行混凝土质量控制。

1. 计算强度平均值、标准差、保证率

（1）强度平均值（$\overline{f}_{cu}$）

$$\overline{f}_{cu}=\frac{1}{n}\sum_{i=1}^{n}f_{cu,i} \tag{6-42}$$

式中 $\overline{f}_{cu}$——n 组抗压强度的算术平均值（MPa）。

$f_{cu,i}$——第 i 组试件的抗压强度（MPa）。

n——试件的组数。

（2）标准差（σ）

见式（6-9）。

（3）保证率［P（%）］

见式（6-11）。

2. 画混凝土质量控制图

为了便于及时掌握并分析混凝土质量的波动情况，常将质量检验得到的各项指标，如坍落度、水灰比和强度等，绘成质量控制图。通过质量控制图可以及时发现问题，采取措施，以保证质量的稳定性。现以混凝土强度质量控制图为例来说明（图 6-16）。

质量控制图纵坐标表示试件强度的测定值，横坐标表示试件编号和测定日期。中心控制线为强度平均值 $\overline{f}_{cu}$（即混凝土的配制强度 $f_{cu,0}$），下控制线为混凝土设计强度等级 $f_{cu,k}$，最低限值线 $f_{cu,min}=f_{cu,k}-0.7\sigma_0$。

把每次试验结果逐日填画在图上。点子同时满足下述条件时，认为生产过程处于正常稳定状态。

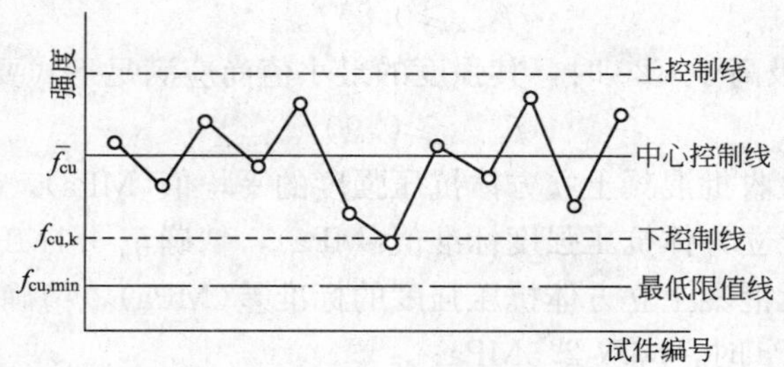

图 6-16 混凝土强度质量控制图

(1) 连续 25 点中没有一点在限外或连续 35 点中最多一点在限外或连续 100 点中最多 2 点在限外；

(2) 控制界限内的点子的排列无下述异常现象：

——连续 7 点或更多点在中心线同一侧；

——连续 7 点或更多点的上升或下降趋势；

——连续 11 点中至少有 10 点在中心线同一侧；

——连续 14 点中至少有 12 点在中心线同一侧；

——连续 17 点中至少有 14 点在中心线同一侧；

——连续 20 点中至少有 16 点在中心线同一侧；

——连续 3 点中至少有 2 点和连续 7 点中至少有 3 点落在二倍标准差与三倍标准差控制界限之间；

——点子呈周期变化。

发现异常点子应立即查明原因并予以纠正，如果强度测定值落于 $f_{cu,min}$ 线以下，则混凝土质量有问题，不能验收。

3. 混凝土强度的检验评定

根据《混凝土强度检验评定标准》GB/T 50107—2010 规定，混凝土强度评定可分为统计方法和非统计方法两种。

(1) 统计方法评定

当采用统计方法评定时，应按下列规定进行：

① 当连续生产的混凝土，生产条件在较长时间内保持一致，且同一品种、同一强度等级混凝土的强度变异性保持稳定时，应按本节“(1)”条的规定进行评定。

② 其他情况应按本节“(2)”条的规定进行评定。

1) 一个检验批的样本容量应为连续的 3 组试件，其强度应同时符合下列规定：

$$mf_{cu} \geqslant f_{cu,k} + 0.7\sigma_0 \tag{6-43}$$

$$f_{cu,min} \geqslant f_{cu,k} - 0.7\sigma_0 \tag{6-44}$$

检验批混凝土立方体抗压强度的标准差应按下式计算：

$$\sigma_0 = \sqrt{\frac{\sum_{i=1}^{n} f_{cu,i}^2 - nm_{f_{cu}}^2}{n-1}} \tag{6-45}$$

当混凝土强度等级不高于 C20 时，其强度的最小值尚应满足下式要求：

$$f_{cu,k} \geqslant 0.85 f_{cu,k} \tag{6-46}$$

当混凝土强度等级高于 C20 时，其强度的最小值尚应满足下式要求：

$$f_{cu,min} \geqslant 0.90 f_{cu,k} \tag{6-47}$$

式中 $m_{f_{cu}}$——同一验收批混凝土立方体抗压强度的平均值(MPa)，精确至 0.1MPa；

$f_{cu,k}$——混凝土立方体抗压强度标准值(MPa)，精确至 0.1MPa；

σ_0——检验批混凝土立方体抗压强度的标准差(MPa)，精确至 0.01MPa；当 $\sigma_0 \leqslant$ 2.5MPa 时，应取 2.5MPa；

$f_{cu,i}$——前一个检验期内同一品种、同一强度等级的第 i 组混凝土试件的立方体抗压强度代表值(MPa)，精确至 0.1MPa；该检验期≥60d 且≤90d；

n——前一检验期内的样本容量，在该期间内样本容量≥45；

$f_{cu,min}$——同一验收批立方体抗压强度的最小值(MPa)，精确至 0.1MPa。

2）当样本容量≥10 组时，其强度应同时满足下列要求：

$$m_{f_{cu}} \geqslant f_{cu,k} + \lambda_1 \cdot S_{f_{cu}} \tag{6-48}$$

$$f_{cu,min} \geqslant \lambda_2 \cdot f_{cu,k} \tag{6-49}$$

同一检验批混凝土立方体抗压强度的标准差应按下式计算：

$$S_{f_{cu}} = \sqrt{\frac{\sum_{i=1}^{n} f_{cu,i}^2 - nm_{f_{cu}}^2}{n-1}} \tag{6-50}$$

式中 $S_{f_{cu}}$——同一检验批混凝土立方体抗压强度的标准差(MPa)，精确至 0.01MPa；当 $S_{f_{cu}} \leqslant$2.5MPa 时，应取 2.5MPa；

λ_1，λ_2——合格评定系数，按表 6-45 取用；

n——本检验期间内样本容量。

混凝土强度的合格评定系数 **表 6-45**

试件组数	10～14	15～19	≥20
λ_1	1.15	1.05	0.95
λ_2	0.90	0.85	

（2）非统计方法评定

当用于评定的样本容量<10 组时，应采用非统计方法评定混凝土强度。按非统计方法评定混凝土强度时，其强度应同时符合下列规定：

$$m_{f_{cu}} \geqslant \lambda_3 \cdot f_{cu,k} \tag{6-51}$$

$$f_{cu,min} \geqslant \lambda_4 \cdot f_{cu,k} \tag{6-52}$$

式中 λ_3，λ_4——合格评定系数，按表 6-46 取用。

混凝土强度的非统计法合格评定系数 **表 6-46**

混凝土强度等级	<C60	≥C60
λ_3	1.15	1.10
λ_4	0.95	

(3) 混凝土强度的合格性判定

1）当检验结果能满足以上评定公式的规定时，则该混凝土判为合格；当不能满足上述规定时，该批混凝土强度判定为不合格。

2）对评定为不合格批的混凝土，可按国家现行的有关标准进行处理。

（四）结构混凝土的强度和内部缺陷的检测

1. 在以下情况下应对结构混凝土强度进行检测

(1) 由于施工控制不严，或施工过程中某种意外事故可能影响混凝土的质量，以及发现预留试块的取样、制作、养护、抗压试验等不符合有关技术规程或标准所规定的条款，怀疑预留的试块强度不能代表结构混凝土的实际强度时。

(2) 当需要了解混凝土强度是否能够满足结构或构件的拆模、吊装、预应力混凝土张拉，以及施工期间荷载对混凝土的强度要求时。

(3) 对已建成结构需要进行维修、加层、加固时。

2. 混凝土的结构强度无损检测方法

(1) 回弹法《回弹法检测混凝土抗压强度技术规程》JGJ/T 23—2001；

(2) 超声波法《超声回弹综合法检测混凝土强度技术规程》CECS 02：2005；

(3) 钻芯取样法《钻芯法检测混凝土强度技术规程》CECS 03：2007；

(4) 拔出法《后装拔出法检测混凝土强度技术规程》CECS 69：2011。

3. 结构混凝土缺陷检测内容及方法

在结构混凝土中出现一些外露或隐蔽的内部缺陷时，即使整个结构或构件的混凝土的普遍强度达到设计强度等级，这些缺陷的存在也会使结构或构件的整体承载力严重下降，因此必须探明缺陷的性质、部位和大小，以便采取切实可行的修补措施，排除工程隐患。以下是常见几种缺陷检测的主要内容：

(1) 混凝土表面出现蜂窝麻面、孔洞、施工缝结合不良等缺陷时，需要检测缺陷的位置、范围和性质。

(2) 混凝土中出现温度裂缝(纹)、干燥收缩裂缝，以及施工过载引起的早期裂缝等时，需要检测裂缝开展的深度和走向。

(3) 结构混凝土受到环境侵蚀或灾害性损害时，应检测受损层的厚度和范围。

(4) 混凝土承载后产生受力损伤，形成裂缝，应检测裂缝的开展深度。

混凝土内部缺陷常用超声波法(《超声法检测混凝土缺陷技术规程》CECS 21：2000)来进行。

第七节　轻骨料混凝土及其监理

用轻粗骨料、轻细骨料(或普通砂)、水泥和水配制而成的混凝土，其干表观密度不大于 1950kg/m^3 者称为轻骨料混凝土。

一、轻骨料

（一）轻骨料的种类

轻骨料是指堆积密度不大于 1200kg/m^3 的骨料。轻骨料通常用天然多孔岩石破碎加工而成，或用地方材料、工业废渣等原材料烧制而成。

1. 按轻骨料粒径分。分为轻粗骨料和轻细骨料。公称粒径大于 5mm 者称为轻粗骨料，公称粒径小于 5mm 者称为轻细骨料，又称轻砂。

2. 按轻骨料形成方式分。人造轻骨料［轻粗骨料(陶粒等)、轻细骨料(陶砂等)］、天然轻骨料(浮石、火山渣等)和工业废渣轻骨料(自燃煤矸石、煤渣等)。

3. 按轻骨料性能分。分为超轻骨料(堆积密度不大于 500kg/m³ 的保温用或结构保温用的轻粗骨料)和高强轻骨料(满足表 6-50 轻粗骨料)。

4. 根据轻骨料颗粒形状分。可分为圆球型、普通型和碎石型三种。

(二) 轻骨料的技术要求

《轻集料及其试验方法 第 1 部分：轻集料》GB/T 17431.1—2010 规定，轻骨料的技术要求如下：

1. 级配

轻粗骨料的级配应符合表 6-47 的要求，但人造轻粗骨料的最大粒径不宜大于 19.0mm。轻细骨料的细度模数宜在 2.3～4.0 范围内。各种粗细混合轻骨料宜满足：①2.36mm筛上累计筛余为(60±2)%；②筛除 2.36mm 以下颗粒后，2.36mm 筛上的颗粒级配满足表 6-47 中公称粒级 5～10mm 的颗粒级配的要求。

轻粗骨料的颗粒级配 **表 6-47**

轻骨料	级配情况	公称粒级(mm)	累计筛余(按质量计)(%) 筛孔尺寸(mm)											
			37.5mm	31.5mm	26.5mm	19.0mm	16.0mm	9.50mm	4.75mm	2.36mm	1.18mm	600μm	300μm	300μm
细骨料	—	0～5	—	—	—	—	—	0	0～10	0～35	20～60	30～80	65～90	75～100
粗骨料	连续粒级	5～40	0～10	—	—	40～60	—	50～85	90～100	95～100	—	—	—	—
		5～31.5	0～5	0～10	—	—	40～75	—	90～100	95～100	—	—	—	—
		5～25	0	0～5	0～10	—	30～70	—	90～100	95～100	—	—	—	—
		5～20	0	0～5	—	0～10	—	40～80	90～100	95～100	—	—	—	—
		5～16	—	—	0	0～5	0～10	20～60	85～100	95～100	—	—	—	—
		5～10	—	—	—	—	0	0～15	80～100	95～100	—	—	—	—
	单粒级	10～16	—	—	—	0	0～15	85～100	90～100	—	—	—	—	—

2. 密度等级

轻骨料按其堆积密度划分密度等级，其指标要求如表 6-48 所示。

3. 轻粗骨料的筒压强度与强度等级

轻粗骨料的强度对混凝土强度影响很大。按《轻骨料混凝土技术规程》JGJ 51—2002 规定，采用筒压法测定轻粗骨料的强度，称为筒压强度。图 6-17 是筒压强度测定方法示意图，测定时将轻粗骨料装入带底圆筒内，上面加冲压模，取冲压模压入深度为 20mm 时的压力值，除以承压面积(10000mm²)，即为轻粗骨料的筒压强度值。不同密度等级的轻粗骨料的筒压强度应不低于表 6-49 的规定。

轻骨料的密度等级 **表 6-48**

密度等级		堆积密度范围(kg/m³)
轻粗骨料	轻细骨料	
200	—	>100，≤200
300	—	>200，≤300
400	—	>300，≤400
500	500	>400，≤500
600	600	>500，≤600
700	700	>600，≤700
800	800	>700，≤800
900	900	>800，≤900
1000	1000	>900，≤1000
1100	1100	>1000，≤1100
1200	1200	>1100，≤1200

轻粗骨料筒压强度 **表 6-49**

轻粗骨料种类	密度等级	筒压强度(MPa)	轻粗骨料种类	密度等级	筒压强度(MPa)
人造轻骨料	200	0.2	天然骨料工业废渣轻骨料	600	0.8
	300	0.5		700	1.0
	400	1.0		800	1.2
	500	1.5		900	1.5
	600	2.0		1000	1.5
	700	3.0	工业废渣轻骨料中的自燃煤矸石	900	3.0
	800	4.0		1000	3.5
	900	5.0		1100～1200	4.0

用筒压法测得的轻骨料的强度是比较低的，因为骨料在压筒内是通过颗粒间的点接触来传递荷载。而在轻骨料混凝土中，骨料被砂浆包裹，处于周围受硬化水泥石约束的状态下受力，加上粗骨料表面粗糙，与水泥浆粘结较好，以及围绕骨料周边的水泥砂浆能起拱架作用。因此，筒压强度不能表征轻骨料在混凝土中的实际强度。

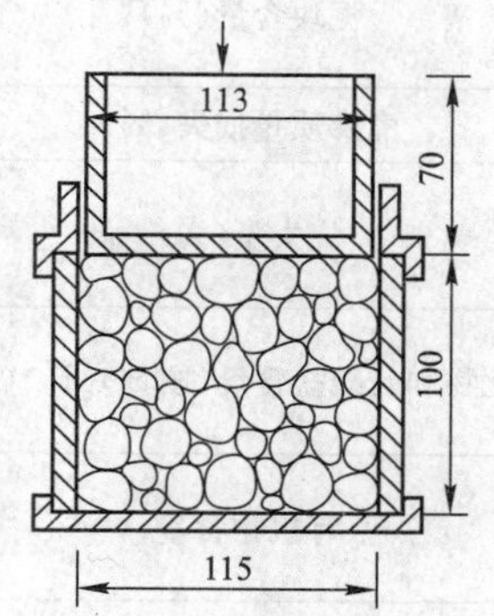

图 6-17 筒压强度测定方法示意图

混凝土的强度可简单看作由粗骨料强度(含粗骨料界面强度)和砂浆强度组合而成。将轻粗骨料配制成混凝土，通过测定混凝土的强度，间接求出该轻粗骨料在混凝土中的实际强度值，称为轻粗骨料的强度等级，它表示该轻粗骨料用于配制混凝土时，所得混凝土合理强度的范围。超轻粗骨料筒强度不低于 0.2～2.0MPa，普通轻粗骨料筒压强度不低于 0.8～6.0MPa，高强轻粗骨料的筒压强度和强度等级不低于表 6-50 的规定值。

4. 吸水率与软化系数

轻骨料的吸水率一般普通砂石大得多，这将导致施工中混凝土拌合物的坍落度损失较大，使混凝土中水灰比和强度不稳定，加大混凝土的收缩。因此轻粗骨料的吸水率不能太大。

高强轻粗骨料的筒压强度及强度等级 **表 6-50**

轻粗骨料种类	密度等级	筒压强度(MPa)	强度等级(MPa)
人造轻骨料	600	4.0	25
	700	5.0	30
	800	6.0	35
	900	6.5	40

人造轻骨料和工业废渣轻骨料 1h 吸水率：密度等级 200 者≤30%，密度等级 300 者≤25%，密度等级 400 者≤20%，密度等级 500 者≤15%，密度等级 600～1200 者≤10%。人造轻骨料中的粉煤灰陶粒 1h 吸水率≤20%。天然轻骨料(密度等级 600～1200) 1h 吸水率不作规定。

人造轻粗骨料和工业废渣轻粗骨料的软化系数应不小于 0.8，天然轻粗骨料的软化系数应不小于 0.7，轻细骨料的吸水率和软化系数不作规定。

5. 有害物质含量

轻骨料中严禁混入煅烧过的石灰石、白云石和硫化铁等体积不稳定的物质。轻骨料的有害物质含量不应大于表 6-51 的规定值。

轻骨料有害物质含量 **表 6-51**

项目名称	技术指标
含泥量(%)	≤3.0
	结构混凝土用轻骨料≤2.0
泥块含量(%)	≤1.0
	结构混凝土用轻骨料≤0.5
煮沸质量损失(%)	≤5.0
烧失量(%)	≤5.0
	天然轻骨料不作规定；用于无筋混凝土的煤渣允许≤2.0
硫化物和硫酸盐含量(按 SO_3 计)(%)	≤1.0
	用于无筋混凝土的自燃煤矸石允许含量≤1.5
有机物含量	不深于标准色，如深于标准色，按 GB/T 17431.2—2010 中 18.6.3 的规定操作，且试验结果不低于 95%
氯化物(以氯离子含量计)(%)	≤0.02
放射性	符合 GB 6763 的规定

二、轻骨料混凝土的技术性能

轻骨料混凝土的强度等级的确定方法与普通混凝土一样，按立方体(标准尺寸为 150mm×150mm×150mm)抗压强度标准值划分为 LC5.0、LC7.5、LC10、LC15、LC20、LC25、LC30、LC35、LC40、LC45、LC50 和 LC60 共 12 个等级。符号“LC”表示轻骨料混凝土(Lightweight Concrete)。轻骨料混凝土按其干表观密度分为 14 密度等级，见表 6-52。

轻骨料混凝土的密度等级 **表 6-52**

密度等级	干表观密度的变化范围(kg/m^3)	密度等级	干表观密度的变化范围(kg/m^3)
800	760～850	1400	1360～1450
900	860～950	1500	1460～1550
1000	960～1050	1600	1560～1650
1100	1060～1150	1700	1660～1750
1200	1160～1250	1800	1760～1850
1300	1260～1350	1900	1860～1950

(一) 轻骨料混凝土的种类

1. 按细骨料品种分类

轻骨料混凝土按细骨料品种分全轻混凝土和砂轻混凝土。前者粗、细骨料均为轻骨料，而后者粗骨料为轻骨料、细骨料全部或部分为普通砂。工程中以砂轻混凝土应用最多。

2. 按粗骨料品种分类

轻骨料混凝土按粗骨料品种可分为工业废渣轻骨料混凝土、天然轻骨料混凝土和人造轻骨料混凝土三类。

3. 轻骨料混凝土按用途分类

轻骨料混凝土按其用途分为三类，见表 6-53。

轻骨料混凝土按用途分类 **表 6-53**

类别名称	混凝土强度等级的合理范围	混凝土密度等级的合理范围	用途
保温轻骨料混凝土	LC5.0	≤800	主要用于保温的围护结构或热工构筑物
结构保温轻骨料混凝土	LC5.0、LC7.5、LC10、LC15	800～1400	主要用于既承重又保温的围护结构
结构轻骨料混凝土	LC15、LC20、LC25、LC30、LC35、LC40、LC45、LC50、LC55、LC60	1400～1900	主要用于承重构件或构筑物

(二) 轻骨料混凝土的技术性能

1. 干表观密度。轻骨料混凝土的表观密度主要取决于其所用轻骨料的表观密度和用量，其干表观密度在 760～1950kg/m^3 之间。

2. 强度。影响轻骨料混凝土的因素很多，除了与普通混凝土相同的以外，轻骨料的强度、堆积密度、颗粒形状、吸水率和用量等也是重要的影响因素。与普通混凝土不同，轻粗骨料因表面粗糙且与水泥之间有化学结合，轻骨料混凝土的薄弱环节不是粗骨料的界面，而是粗骨料本身。所以，轻粗骨料混凝土的破坏主要发生在粗骨料中，有时也发生在水泥石中。当配制高强度轻骨料混凝土时，即使混凝土中水泥用量很大，混凝土的强度也提高不了多少。

轻骨料混凝土的轴心抗压强度与立方体抗压强度的关系、弯曲抗压强度与轴心强度关系、轴心抗拉强度与立方体抗压强度的关系与普通混凝土基本相似，立方体抗压强度的尺寸换算系数也与普通混凝土相同。

3. 弹性模量。轻骨料混凝土的弹性模量较小，为(0.3～2.2)×10^4MPa，一般为同强度等级普通混凝土的30%～70%。这有利于控制建筑构件温度裂缝的发展，也有利于改善建筑物的抗震性能和抵抗动荷载的作用。实验证明，轻骨料混凝土的弹性模量与其干表观密度和立方体抗压强度的关系为：

$$E_{CL}=2.02\rho\sqrt{f_{cu}} \tag{6-53}$$

式中 E_{CL}——轻骨料混凝土弹性模量(MPa)；

ρ——轻骨料混凝土干表观密度(kg/m^3)；

f_{cu}——边长为150mm的立方体抗压强度。

4. 轻骨料混凝土的收缩和徐变分别比普通混凝土大20%～50%和30%～60%，泊松比为0.15～0.25，平均为0.20，热膨胀系数比普通混凝土小20%左右。

5. 轻骨料混凝土具有优良的保温性能。轻骨料混凝土干表观密度从760kg/m^3至1950kg/m^3变化，其导热系数从0.23W/(m·K)至1.01W/(m·K)变化。

6. 轻骨料混凝土具有良好的抗渗性、抗冻性和耐火性。

三、轻骨料混凝土配合比设计

由于轻骨料种类繁多，性质差异很大，加之轻骨料本身的强度对混凝土强度影响较大，故至今仍无像普通混凝土那样的强度公式。对轻骨料混凝土的配合比设计大多是参与普通配合比设计方法，并结合轻骨料混凝土的特点，更多的是依靠经验和试验、试配来确定。

轻骨料混凝土配合比设计的基本要求除了和易性、强度、耐久性和经济性外，还有表观密度的要求。

轻骨料混凝土配合比设计方法依据《轻骨料混凝土技术规程》JGJ 51—2002进行，分绝对体积法和松散体积法两种：

1. 绝对体积法计算配合比步骤：

(1) 根据设计要求的轻骨料混凝土的强度等级、密度等级和混凝土的用途，确定粗细骨料的种类和粗骨料的最大粒径。

(2) 测定粗骨料的堆积密度、颗粒表观密度、筒压强度和1h吸水率，并测定细骨料的堆积密度和相对密度。

(3) 计算混凝土试配强度 $f_{cu,0}$

轻骨料混凝土的试配强度确定方法同普通混凝土，按下式确定。

$$f_{cu,0}\geqslant f_{cu,k}+1.645\sigma \tag{6-54}$$

生产单位有轻骨料混凝土抗压强度资料时按标准差公式计算，无强度资料时按表6-54取用。

(4) 选择水泥用量(m_c)

不同试配强度的轻骨料混凝土的水泥用量可参照表6-55选用。

轻骨料混凝土强度标准差 σ 取值表 **表 6-54**

强度等级	低于 LC20	LC20～LC35	高于 LC35
σ(MPa)	4.0	5.0	6.0

轻骨料混凝土的水泥用量(kg/m³) **表 6-55**

混凝土试配强度(MPa)	轻骨料密度等级						
	400	500	600	700	800	900	1000
<5.0							
5.0～7.5			230～280	220～300			
7.5～10		250～300	240～320	240～320			
10～15	260～320	260～340	260～350	260～340	240～330		
15～20	280～360	280～370	280～350	280～380	270～370	260～360	250～350
20～25			300～400	330～400	320～390	310～380	300～370
25～30				380～450	370～440	360～430	350～420
30～40					390～490	380～480	370～470
40～50				420～500	430～530	420～520	410～510
50～60					450～550	440～540	430～530

注：1. 表中横线以上为采用 32.5 级水泥时的水泥用量值；横线以下采用 42.5 级水泥时的水泥用量值；

2. 表中下限值适用于圆球型和普通型轻骨料；上限适用于碎石型轻粗骨料及全轻混凝土；

3. 最高水泥用量不宜超过 550kg/m³。

（5）确定用水量(m_{wn})

轻骨料吸水率较大，使加到混凝土中的水一部分将被轻骨料吸收，余下部分才供水泥水化和起润滑作用。混凝土总用水量中被轻骨料吸收的那一部分水称为“附加水量”，其余部分则称为“净用水量”。根据制品生产工艺和施工条件要求的混凝土稠度指标选用混凝土的净用水量，见表 6-56。

轻骨料混凝土的净用水量选用表 **表 6-56**

轻骨料混凝土用途	稠　度		净用水量(kg/m³)
	维勃稠度(s)	坍落度(mm)	
预制构件及制品：			
(1) 振动加压成型	10～20	—	45～140
(2) 振动台成型	5～10	0～10	140～180
(3) 振捣棒或平板振动器振实	—	30～80	165～215
现浇混凝土：			
(1) 机械振捣	—	50～100	180～225
(2) 人工振捣或钢筋密集	—	≥80	200～230

注：1. 表中值适用于圆球型和普通型轻粗骨料，对于碎石型轻粗骨料，宜增加 10kg 左右的用水量；

2. 掺加外加剂时，宜按其减水率适当减少用水量，并按施工稠度要求进行调整；

3. 表中值适用于砂轻混凝土；若采用轻砂时，宜取轻砂 1h 吸水量为附加水量；若无轻砂吸水数据时，也可适当增加用水量，并按施工稠度要求进行调整。

（6）确定砂率(S_P)

轻骨料混凝土的砂率以体积砂率表示，即细骨料体积与粗细骨料总体积之比。体积可用密实体积或松散体积表示，其对应的砂率即密实体积砂率或松散体积砂率。根据轻骨料混凝土的用途，按表 6-57 选用体积砂率。

轻骨料混凝土的砂率 **表 6-57**

轻骨料混凝土用途	细骨料品种	砂率(%)
预制构件用	轻砂 普通砂	35～50 30～40
现浇混凝土用	轻砂 普通砂	— 35～45

注：1. 当混合使用普通砂和轻砂作细骨料时，砂率宜取中间值，宜按普通砂和轻砂的混合比例进行插入计算；

2. 采用圆球型轻骨料时，宜取表中值下限，采用碎石型时，则取上限。

(7) 计算粗细骨料的用量(绝对体积法)

绝对体积法是将混凝土的体积($1m^3$)减去水泥和水的绝对体积，求得每立方米混凝土中粗细骨料所占的绝对体积，然后根据砂率分别求得粗骨料和细骨料的绝对体积，再乘以各自的表观密度则可求得粗、细骨料的用量。计算公式如下：

$$V_s=\left[1-\left(\frac{m_c}{\rho_c}+\frac{m_{wn}}{\rho_w}\right)\div 1000\right]S_p \tag{6-55}$$

$$m_s=V_s\times\rho_s\times 1000 \tag{6-56}$$

$$V_a=1-\left(\frac{m_c}{\rho_c}+\frac{m_{wn}}{\rho_w}+\frac{m_s}{\rho_s}\right)\div 1000 \tag{6-57}$$

$$m_a=V_a\times\rho_{ap} \tag{6-58}$$

式中 V_s——每 m^3 混凝土的细骨料绝对体积(m^3)；

V_a——每 m^3 混凝土的粗骨料绝对体积(m^3)；

m_s——每 m^3 混凝土的细骨料用量(kg)；

m_a——每 m^3 混凝土的粗骨料用量(kg)；

m_c——每 m^3 混凝土的水泥用量(kg)；

m_{wn}——每 m^3 混凝土的净用水量(kg)；

S_p——密实体积砂率(%)；

ρ_c——水泥的密度(g/cm^3)，可取 2.9～3.1；

ρ_w——水的密度(g/cm^3)；

ρ_s——细骨料的密度(g/cm^3)。当用普通砂时，为砂的视密度(有些资料将砂的视密度混同为表观密度 ρ_{0s})，可取=2.6；当用轻砂时，为轻砂的颗粒表观密度；

ρ_{ap}——粗骨料的颗粒表观密度(kg/m^3)。

(8) 确定总用水量(m_{wt})

根据净用水量和附加水量的关系，按下式计算总用水量。

$$m_{wt}=m_{wn}+m_{wa} \tag{6-59}$$

式中 m_{wt}——每 m^3 混凝土的总用水量(kg)；

m_{wn}——每 m^3 混凝土的净用水量(kg)；

m_{wa}——每 m^3 混凝土的附加水量(kg)。

在气温 5℃以上的季节施工时，可根据工程需要，对轻粗骨料进行预湿处理。根据粗骨料预湿处理方法和细骨料的品种，附加水量按表 6-58 所列公式计算。

附加水量的计算方法 表 6-58

项目	附加水量(m_{wa})
粗骨料预湿，细骨料普砂	$m_{wa}=0$
粗骨料不预湿，细骨料为普砂	$m_{w,ad}=m_a \cdot w_a$
粗骨料预湿，细骨料为轻砂	$m_{w,aw}=m_s \cdot w_s$
粗骨料不预湿，细骨料为轻砂	$m_{w,a}=m_a \cdot w_a+m_s \cdot w_s$

注：1. w_a、w_s 分别为粗、细骨料的 1h 吸水率；

2. 当轻骨料含水时，必须在附加水量中扣除自然含水量。

(9) 计算混凝土干表观密度(ρ_{cd})

计算完各材料用量后，应计算混凝土干表观密度，并与设计要求的干表观密度进行对比，如其误差大于 3%，则应重新调整和计算配合比。

$$\rho_{cd}=1.15m_c+m_a+m_s \tag{6-60}$$

2. 松散体积法计算配合比步骤

松散体积法与绝对体积法的不同之处有三个方面：砂率为松散体积砂率；粗、细骨料的体积用松散体积来表示；粗、细骨料的密度数据为堆积密度。

(1)～(6) 同绝对体积法。

(7) 确定粗细骨料总体积(V_t)，计算粗细骨料用量(m_s、m_a)。

根据粗细骨料的类型，确定 1m^3 混凝土的粗、细骨料在自然状态下的松散体积之和，然后按松散体积砂率求得粗骨料的松散体积(V_a)和细骨料的松散体积(V_s)，再根据各自的堆积密度求得重量。粗细骨料松散总体积按表 6-59 选取，每立方米混凝土的粗细骨料用量按式(6-55)～式(6-58)计算。

粗、细骨料松散总体积选用表 表 6-59

轻粗骨料粒型	细骨料品种	粗细骨料总体积(m^3)
圆球型	轻砂 普通砂	1.25～1.50 1.10～1.40
普通型	轻砂 普通砂	1.30～1.60 1.10～1.50
碎石型	轻砂 普通砂	1.35～1.65 1.10～1.60

注：1. 当采用膨胀珍珠岩时，宜取表中上限值；

2. 混凝土强度等级较高时，宜取表中下限值。

$$V_s=V_t \times S_p \tag{6-61}$$

$$m_s=V_s \times \rho'_{0s} \tag{6-62}$$

$$V_a=V_t-V_s \tag{6-63}$$

$$m_a=V_a \times \rho'_{0a} \tag{6-64}$$

式中 V_s、V_a、V_t——分别为细骨料、粗骨料和粗细骨料松散体积(m^3)；

m_s、m_a——分别为细骨料和粗骨料的用量(kg)；

S_p——松散体积砂率(%)；

ρ'_{0s}、ρ'_{0a}——分别为细骨料和粗骨料的堆积密度(kg/m^3)。

(8) 同绝对体积法

(9) 同绝对体积法

3. 轻骨料混凝土配合比设计实例

例 6-3 某现浇混凝土工程要求采用强度等级为 LC20，密度等级为 1 800 级的轻骨料混凝土，坍落度为 60～70mm，机拌机捣，用绝对体积法设计其配合比

解：

(1) 根据工程实际情况，选用粉煤灰陶粒作轻粗骨料，其最大粒径不大于 10mm，细骨料选用普通砂。

(2) 经测定原材料的性能指标如下：粉煤灰陶粒堆积密度 $\rho'_{0a}=730kg/m^3$，颗粒表观密度 $\rho_{ap}=1410kg/m^3$，筒压强度 $f_a=4.1MPa$，吸水率 $W_a=20\%$；普通砂的表观密度$\rho_{0s}=2.56g/cm^3$，堆积密度 $\rho'_{0s}=1460kg/m^3$；32.5 级水泥的密度 $\rho_c=3.10g/cm^3$。

(3) 计算配制强度 $f_{cu,0}$

按表 6-54 取 $\sigma=4.0MPa$，按公式(6-54)得：

$$f_{cu,0}=f_{cu,k}+1.645\sigma=20+1.645\times4.0=26.58MPa$$

(4) 选择水泥用量

因陶粒属 800 级，圆球型，$f_{cu,0}=26.58MPa$，水泥为 32.5 级矿渣水泥。

按表 6-55 选用水泥用量，$m_c=370kg$。

(5) 确定净用水量

根据工程要求坍落度为 60~70mm，按表 6-56 选取用水量，$m_{wn}=180kg$。

(6) 确定砂率

因为粉煤灰陶粒属圆球型，对现浇混凝土按表 6-57 选取砂率，$S_p=40\%$。

(7) 计算粗、细骨料用量

细骨料密实体积：

$$V_s=\left[1-\left(\frac{370}{3.1}+\frac{180}{1.0}\right)\div1000\right]\times0.4=0.2804m^3$$

细骨料用量：

$$m_s=0.2804\times2.56\times1000=717kg$$

粗骨料密实体积：

$$V_a=1-\left(\frac{370}{3.1}+\frac{180}{1.0}+\frac{717}{2.56}\right)\div1000=0.421m^3$$

粗骨料用量：

$$m_a=0.421\times1410=594kg$$

(8) 计算总用水量

施工中预湿粗骨料，按表 6-58 选取 $m_{wa}=0$，总用水量 $m_{wt}=180+0=180kg$。

(9) 计算干表观密度

按式(6-60)计算干表观密度 $\rho_{cd}=1.15\times370+594+717=1736kg/m^3$。

与设计 1800kg/m³ 的误差为(1800－1736)/1800＝3.56％＞3％，即干表观密度太小，可能引起强度不能满足设计要求，因此必须重新调整计算参数。可采取提高砂率或增加水泥用量的方法。

若将砂率提高到 43％，轻骨料混凝土的干表观密度为 1760kg/m³，与设计值 1800kg/m³ 的误差为 2.1％＜3％，即满足要求。

若试配后强度不能满足要求，则保持砂率 40％不变，将水泥用量提高至 400kg，于是可得轻骨料混凝土的干表观密度 1750kg/m³，与设计值 1800kg/m³ 的误差为 2.7％＜3％，即满足要求。

例 6-4 利用 600 级页岩陶粒和膨胀珍珠岩砂配制 LC10 级的全轻混凝土，要求其干表观密度为 1000kg/m³。在台座上振动成型，混凝土拌合物的坍落度约为 30～40mm。用松散体积法设计该混凝土配合比。

解：

(1) 根据设计要求，采用 32.5 级矿渣水泥，采用最大粒径不大于 40mm 的页岩陶粒和膨胀珍珠岩砂。经测定原材料的性能指标如下：页岩陶粒堆积密度 ρ'_{0a}＝520kg/m³，筒压强度 f_a＝3.3MPa，吸水率 W_a＝10％；膨胀珍珠岩砂的堆积密度 ρ'_{0s}＝180kg/m³，吸水率 W_s＝120％。

(2) 计算配制强度 $f_{cu,0}$

(3) 按表 6-54 取 σ＝4.0MPa，按公式(6-54)得：

$$f_{cu,0}=10+1.645\times4.0=16.58\text{MPa}$$

(4) 选择水泥用量

因陶粒属 600 级，全轻混凝土，$f_{cu,0}$＝16.58MPa，水泥为 32.5 级矿渣水泥。

按表 6-55 选用水泥用量，m_c＝380kg。

(5) 确定净用水量

根据工程要求坍落度为 30～40mm，页岩陶粒为普通型，全轻混凝土，按表 6-56 选取用水量，m_{wn}＝200kg。

(6) 确定砂率

因用于预制墙板，页岩陶粒为普通型，按表 6-57 选取砂率，S_P＝45％。

(7) 确定粗细骨料的松散总体积，并计算粗、细骨料的用量

因页岩陶粒粒型属普通型，膨胀珍珠岩砂做细骨料，按表 6-59 取 V_t＝1.6m³，细骨料松散体积和用量：

$$V_s=V_t\times S_p=1.6\times0.45=0.72\text{m}^3$$

$$m_s=V_s\times\rho'_{0s}=0.72\times180=130\text{kg}$$

粗骨料松散体积和用量：

$$V_a=V_t-V_s=1.6-0.72=0.88\text{m}^3$$

$$m_a=V_a\times\rho'_{0a}=0.88\times520=458\text{kg}$$

(8) 计算总用水量

施工时粗骨料不预湿时，按表 6-58 可得总用水量：

$$m_{wt}=200+458\times0.1+130\times1.2=402\text{kg}$$

(9) 计算轻骨料混凝土的干表观密度

$$\rho_{cd}=1.15\times380+458+130=1025kg/m^3$$

与设计表观密度 1000kg/m³ 的误差为(1000－1025)/1000＝2.5%＜3%，设计计算可以接受。

四、轻骨料混凝土监理

监理在熟悉轻骨料及轻骨料混凝土的性质和技术要求基础上，做好以下几方面的工作：

(一) 原材料质量控制

1. 轻骨料混凝土所用水泥、砂、外加剂及水的质量要求、进场检查数量与方法等，与普通混凝土相同，所用粉煤灰应符合《粉煤灰混凝土应用技术规程》GBJ 146—1990 的要求。

2. 按批验收轻骨料。每 300m³ 为一批，不足 300m³ 者亦为一批。

每批轻骨料应有出厂合格证，合格证内容应括厂名、编号及日期、商品名称和级别、性能检验结果和供货数量(按体积计)。

3. 轻骨料的堆放和运输应符合下列要求：

(1) 轻骨料应按不同品种分批运输和堆放，避免混杂。

(2) 轻骨料运输和堆放应保持颗粒混合均匀，减少离析。采用自然级配时，其堆放高度不宜超过 2m，并应防止树叶、泥土和其他有害物质混入。

(3) 轻砂在堆放和运输时，宜采用防雨措施。

4. 轻粗骨料可以预湿处理。在气温 5℃以上的季节施工时，可根据工程需要，对轻粗骨料进行预湿处理。预湿时间可根据外界气温和来料的自然含水状态确定，一般应提前半天或一天对骨料进行淋水、预湿，然后滤干水分进行投料。气温在 5℃以下时，不宜进行预湿处理。

5. 轻骨料每批均必须检验(因为轻骨料种类多、来源复杂)。轻粗骨料的检验项目有

堆积密度、颗粒级配、筒压强度和吸水率，轻砂的检验项目有堆积密度和细度模数。另外，天然轻粗骨料尚需检验含泥量，自燃煤矸石和煤渣尚需检验硫酸盐含量、安定性和烧失量。

检验上述项目后，符合产品标准规定的质量要求者为合格品。当其中任一项不符合要求时，则应重新从同一批中加倍取样，对该项进行复验，复验仍不符合要求时，则该批产品为等外品。

所谓等外品不是指废品，是可以使用的。因为当某些技术指标不符合规定要求时，多数情况下是影响混凝土的硬化过程和强度，或者使混凝土的水泥用量增大，密度偏大等，还可以用于低强度的轻骨料混凝土；氯盐等含量过高的轻骨料可以用于无筋轻骨料混凝土；含体积不稳定的物质的轻骨料，经过处理或存放一段时期后，可再经检验后使用。

(二) 配合比审查

轻骨料混凝土配合比审查的内容包括原材料的技术参数(如轻骨料的堆积密度、颗粒表观密度和吸水率是否与工地的轻骨料相符合)、水泥用量、砂率、用水量、轻骨料表观

密度和试配强度等。审查轻骨料混凝土配合比的正确性，可开盘检验轻骨料混凝土的实际表观密度，并与计算表观密度进行比较，来判断配合比的可靠性。

（三）混凝土拌合物拌制

1. 调整用水量，确定施工配合比。轻骨料混凝土开始批量拌制之前、在批量生产过程中、雨天施工或发现拌合物稠度异常均要进行轻骨料的含水率测定。因为轻骨料吸水率大，吸水率的变化会引起混凝土拌合物中水泥浆的水灰比不断变化，从而导致拌合物的和易性和混凝土的强度发生变化。

2. 轻骨料混凝土生产时，砂轻混凝土拌合物中的各组分材料应采用重量计量；全轻混凝土拌合物中的轻骨料组分可采用体积计量，但宜按重量进行校核。粗细骨料、掺合料的重量计量允许偏差为±3%，水、水泥和外加剂的重量计量允许偏差为±2%。

3. 轻骨料比普通砂石轻得多，依靠本身自重下落产生的混合和搅拌作用较弱。搅拌轻骨料混凝土拌合物用的搅拌机类型按下述要求确定：

(1) 全轻混凝土宜采用强制式搅拌机；

(2) 干硬性的砂轻混凝土和采用堆积密度在 500kg/m^3 以下的轻粗骨料配制的干硬性或塑性的砂轻混凝土，宜采用强制式搅拌机；

(3) 采用堆积密度在 500kg/m^3 以上的轻粗骨料配制的塑性砂轻混凝土可采用自落式搅拌机。

4. 对强度低而易破碎的轻骨料，搅拌时尤要严格控制混凝土的搅拌时间。膨胀珍珠岩、超轻陶粒等轻骨料配制的轻骨料混凝土，在搅拌混凝土拌合物时，会使轻骨料粉碎，这样不仅改变了原骨料的颗粒级配、细粒增多，粗粒减少，而且轻骨料破碎后使原来封闭孔隙变成了开口孔隙，使吸水率大增。这些都会影响混凝土的和易性及硬化后的强度。

5. 外加剂应在轻骨料吸水后加入。当用预湿粗骨料时，液状外加剂可与净用水量同时加入，当用干粗骨料，液状外加剂应与剩余水同时加入。粉状外加剂可制成溶液并采用与上述液状外加剂相同的方法加入，也可与水泥相混合同时加入。

（四）拌合物运输

1. 轻骨料混凝土拌合物中轻骨料与其他组成材料间的密度差别较大，在运输过程中受到不同程度颠簸时，容易发生离析现象，轻骨料上浮，砂浆下沉；在运输过程中，轻骨料吸水会使混凝土拌合物变稠。因此，轻骨料混凝土拌合物运输距离应尽量短。在停放或运输过程中，若产生拌合物稠度损失或离析较大，浇筑前应采用人工二次拌合。

2. 拌合物从搅拌机卸料起到浇筑入模止的延续时间不宜超过 45min。这因为轻骨料吸水，轻骨料混凝土拌合物的和易性损失速度比普通混凝土快，为了方便轻骨料混凝土的运输和浇筑，拌合物搅拌后不宜久延。

（五）拌合物的浇筑、成型和养护

1. 轻骨料混凝土拌合物应采用机械振捣成型。对流动性大、能满足强度要求的塑性拌合物以及结构保温类和保温类轻骨料混凝土拌合物，可采用人工插捣成型。

2. 用干硬性拌合物浇筑的配筋预制构件，宜采用振动台表面加压(加压重力约 0.2N/cm^2)成型。

3. 现场浇筑的竖向结构物(如大模板或滑模施工的墙体)，每层浇筑高度宜控制在 30～50cm。拌合物浇筑倾落高度大于 2m 时，应加串筒、倾槽、溜管等辅助工具，避免拌合物离析。

4. 浇筑上表面积较大的构件，若厚度在 20cm 以下，可采用表面振动成型，厚度大于 20cm，宜先用插入式振捣密实后，再采用表面振捣。

5. 用插入式振捣器振捣时，其插入间距不应大于振动作用半径的一倍。连续多层浇筑时，插入式振捣器应插入下层拌合物约 5cm。

6. 振捣延续时间以拌合物捣实为准，振捣时间不宜过长，以防骨料上浮。振捣时间随拌合物稠度、振捣部位等不同，宜在 10～30s 内选用。

7. 轻骨料混凝土浇筑成型后，应及时覆盖或喷水养护。采用自然养护时，湿养护时间规定同普通混凝土。

（六）轻骨料混凝土质量检查

1. 检查拌合物各组成材料的重量是否与配合比相符，每台班至少检验一次；检验拌合物的坍落度或维勃稠度能及密度，每台班至少一次。

2. 轻骨料混凝土的强度检验应按下列规定进行：

（1）每 100 盘，且不超过 $100m^3$ 的同配合比的混凝土，取样次数不得少于一次；

（2）每一工作班拌制的同配合比的混凝土不足 $100m^3$ 盘时，其次数不得少于一次。

轻骨料混凝土强度的检验评定方法按《混凝土强度检验评定标准》GB/T 50107—2010 进行，即与普通混凝土相同。

3. 检查混凝土干表观密度。连续生产的预制厂及预拌混凝土搅拌站对同配合比的混凝土每月不得少于 4 次；单项工程，每 $100m^3$ 混凝土的抽查不得少于一次，不足 $100m^3$ 亦按 $100m^3$ 计算。干表观密度检验结果的平均值不应超过配合比设计值的±3%。

第八节　粉煤灰混凝土及其监理

粉煤灰混凝土是指将粉煤灰在混凝土搅拌前或搅拌过程中与混凝土其他组分一起掺入所制得的混凝土。

一、粉煤灰的技术要求

《用于水泥和混凝土中的粉煤灰》GB/T 1596—2005 规定了粉煤灰的技术指标，按其品质分Ⅰ、Ⅱ、Ⅲ三个级别，见表 6-23。

Ⅰ级粉煤灰的品位最高，一般都是经静电收尘器收集的，细度较细(0.08mm 以下颗粒一般占 95%以上)，并富集大量表面光滑的球状玻璃体。因此，这类粉煤灰的需水量一般小于相同比表面积的需水量，掺入到混凝土中可以取代较多的水泥，并能降低混凝土的用水量和提高密实度。粉煤灰的变形性能优于基准混凝土。

Ⅱ级粉煤灰系我国大多数火力电厂的排出物。通常，Ⅱ级粉煤灰的细度较粗，经加工磨细后方能达到要求的细度。Ⅱ级粉煤灰对混凝土强度的贡献较Ⅰ级粉煤灰小，但掺Ⅱ级粉煤灰的混凝土的其他性能均优于或接近基准混凝土。

Ⅲ级粉煤灰是指火电厂排出的原状干灰或湿灰，其颗粒较粗且未燃尽的炭粒较多。Ⅲ级粉煤灰掺入混凝土中，对混凝土强度贡献较小和减水的效果较差。

二、粉煤灰混凝土的性能

在水泥混凝土中掺入适量粉煤灰后，不但可以节约水泥，而且混凝土的许多性能都可获得改善。表 6-60 是粉煤灰混凝土与基准混凝土的性能比较。

三、粉煤灰最大掺量和取代水泥率

由表 6-60 可知，粉煤灰掺入混凝土后，混凝土的抗碳化性能下降，所以粉煤灰取代水泥的量不能过大，根据《粉煤灰混凝土应用技术规范》GBJ 146—1990 的规定，混凝土中粉煤灰掺量限值应符合表 6-61 的规定。

另外，《粉煤灰在混凝土和砂浆中应用技术规程》JGJ 28—1986 规定，普通混凝土中，粉煤灰取代水泥率不得超过表 6-62 规定的数值。

粉煤灰混凝土与基准混凝土的性能比较 **表 6-60**

性能	掺粉煤灰后混凝土性能变化
和易性	在用水量相同的情况下，混凝土拌合物流动性、黏聚性提高，泌水性小
可泵性	可泵性明显提高
凝结时间	缓凝(不如水泥细度、用水量及气温的影响大)
水化热	降低
引气量	增加
强度	早期强度低，后期强度增长快，60d 后强度大于基准混凝土强度
弹性模量	28d 静弹性模量与基准混凝土的弹性模量相近，但粉煤灰混凝土后期的弹性模量略高于基准混凝土的弹性模量
收缩与徐变	对收缩影响不大(可能降低)，对徐变影响很小(可能降低)
抗渗性	明显增强
抗冻性	早期较差，后期与基准混凝土相近
抗碳化	较基准混凝土差，护筋性下降

粉煤灰取代水泥的最大限量(GBJ 146—1990) **表 6-61**

混凝土种类	粉煤灰取代水泥的最大限量(%)			
	硅酸盐水泥	普通水泥	矿渣水泥	火山灰水泥
预应力混凝土	25	15	10	—
钢筋混凝土 高强度混凝土 高抗冻融性混凝土 蒸养混凝土	30	25	20	15
中、低强度混凝土 泵送混凝土 大体积混凝土 水下混凝土 地下混凝土 压浆混凝土	50	40	30	20
碾压混凝土	65	55	45	35

粉煤灰取代水泥百分率(β_c)(JGJ 28—1986) **表 6-62**

混凝土等级	普通水泥(%)	矿渣水泥(%)
C15以下	15~25	10~20
C20	10~15	10
C25~C30	15~20	10~15

注：1. 以32.5级水泥配制成的混凝土取表中下限值；以42.5级水泥配制的混凝土取上限值。

2. C20以上的混凝土宜采用Ⅰ、Ⅱ级粉煤灰；C15以下的素混凝土可采用Ⅲ级粉煤灰。

3. 在预应力混凝土中的取代水泥率：普通水泥不大于15%；矿渣水泥不大于10%。

四、粉煤灰混凝土配合比设计

粉煤灰混凝土配合比设计的基本要求与普通混凝土相同。关于粉煤灰混凝土配合比设计方法，国家标准《粉煤灰混凝土应用技术规范》GBJ 146—1990和建设部标准《粉煤灰在混凝土和砂浆中应用技术规程》JGJ 28—1986均进行了规定。

(一) 粉煤灰的掺法

根据GBJ 146—1990规定，粉煤灰混凝土配合比设计以不掺粉煤灰的混凝土配合比为基准(基准混凝土配合比)，按绝对体积法计算。根据不同使用情况，掺粉煤灰的混凝土配合比可用以下各种方法进行计算：

1. 等量取代法。以等重量的粉煤灰取代混凝土中的水泥。主要适用于Ⅰ级粉煤灰品质指标明显优良、混凝土超强较大以及大体积混凝土工程。

2. 超量取代法。粉煤灰的掺入量超过其取代水泥的重量，超量的粉煤灰取代部分细骨料。其目的是增加混凝土中胶凝材料用量，以补偿由于粉煤灰取代水泥而造成的强度降低。超量取代法可以使掺粉煤灰的混凝土达到与不掺时相同的强度，并可节约细骨料用量。粉煤灰的超量系数(粉煤灰掺入重量与取代水泥重量之比)应根据粉煤灰的等级而定，通常可按表6-63的规定选用。

粉煤灰的超量系数 **表 6-63**

粉煤灰等级	超量系数	
	GBJ 146—1990，K	JGJ 28—1986，δ_c
Ⅰ	1.1~1.4	1.0~1.4
Ⅱ	1.3~1.7	1.2~1.7
Ⅲ	1.5~2.0	1.5~2.0

3. 外加法。外加法是指在保持混凝土水泥用量不变的情况下，外掺一定数量的粉煤灰，其目的仅为了改善混凝土拌合物的和易性。

(二) GBJ 146—1990规定的粉煤灰混凝土配合比设计步骤

1. 计算基准混凝土配合比

根据《普通混凝土配合比设计技术规程》JGJ 55—2011进行普通混凝土基准配合比设计。设$1m^3$基准混凝土的水泥、砂子、石子和水的用量分别为C_0、S_0、G_0和W_0(kg)。

2. 等量取代法配合比计算方法

(1) 选定与基准混凝土水灰比相等或稍低的水灰比

(2) 根据确定的粉煤灰掺量 f(%)和基准混凝土水泥用量 C_0，计算粉煤灰用量 F(kg)

$$F=C_0 f \tag{6-65}$$

粉煤灰混凝土中的水泥用量 C(kg)为：

$$C=C_0-F \tag{6-66}$$

(3) 确定用水量 W(kg)

$$W=\frac{W_0}{C_0}\times(C+F) \tag{6-67}$$

(4) 计算水泥、粉煤灰浆体体积(V_p)(L)

$$V_p=\frac{C}{\rho_c}+\frac{F}{\rho_f}+W \tag{6-68}$$

式中 ρ_f——粉煤灰的密度(g/cm³)；

ρ_c——水泥的密度(g/cm³)。

(5) 计算粗、细骨料体积(V_A)(L)

$$V_A=1000(1-\alpha)-V_p \tag{6-69}$$

式中 α——混凝土含气量(%)，不使用含气型外加剂时，当粗骨料最大粒径 $D_{max}=20$mm 时，取 $\alpha=2.0$；$D_{max}=40$mm 时，取 $\alpha=1.0$；$D_{max}=80$mm 或 150mm 时，取 $\alpha=0$。

(6) 采用与基准混凝土相同或稍低的砂率 S_p

(7) 计算砂、石用量 S、G(kg)

$$S=V_A\cdot S_p\cdot\rho_{0s} \tag{6-70}$$

$$G=V_A(1-S_p)\rho_{0g} \tag{6-71}$$

式中 S_p——砂率(%)。

ρ_{0s}——砂子的表观密度(g/cm³)。

ρ_{0g}——石子的表观密度(g/cm³)。

3. 超量取代法配合比计算方法

(1) 根据基准混凝土计算的各组成材料用量(C_0、W_0、S_0、G_0)，选取粉煤灰取代水泥率 f(%)和超量系数(K)，对各种材料进行计算调整。

(2) 粉煤灰取代水泥量(F)、总掺量(F_t)及超量部分重量(F_e)，按下式计算：

$$F=C_0 f \tag{6-72}$$

$$F_t=KF \tag{6-73}$$

$$F_e=(K-1)F \tag{6-74}$$

(3) 确定水泥用量(C)

$$C=C_0-F \tag{6-75}$$

(4) 粉煤灰超量部分的体积应按下式计算，即在砂料中扣除同体积的砂重，求出调整后的砂重(S_e)

$$S_e=S_0-\frac{F_e}{\rho_f}\rho_{0s} \tag{6-76}$$

(5) 超量取代粉煤灰混凝土的各种材料用量为 C、F_t、S_e、W_0、G_0

4. 外加法粉煤灰混凝土配合比计算方法

(1) 根据基准混凝土计算的各组成材料用量(C_0、W_0、S_0、G_0)，选定外加粉煤灰掺入率 f_m(%)

(2) 外加粉煤灰的用量(F_m)，应按下式计算

$$F_m = C_0 f_m \tag{6-77}$$

(3) 外加粉煤灰的体积应按下式计算，即在砂料中扣除同体积的砂重，求出调整后的砂重(S_m)

$$S_e = S_0 - \frac{F_e}{\rho_f}\rho_{0s} \tag{6-78}$$

(4) 外加粉煤灰混凝土的各种材料用量为 C_0、F_m、S_m、W_0、G_0

(三) JGJ 28—1986 规定的粉煤灰混凝土配合比设计步骤

JGJ 28—1986 规定的粉煤灰混凝土配合比设计步骤除超量取代法略有不同外，其他两种方法基本相同。超量取代法设计步骤如下：

(1) 按设计要求，根据《普通混凝土配合比设计技术规程》JGJ 55—2011 进行普通混凝土基准配合比设计。

设 1m^3 基准混凝土的水泥、砂、石子和水的用量分别为 m_{c0}、m_{s0}、m_{g0} 和 m_{w0}(kg)。

(2) 按表 6-62 选择粉煤灰取代水泥百分率(β_c)

(3) 按所选的粉煤灰取代水泥百分率(β_c)，求出 1m^3 粉煤灰混凝土的水泥用量(m_c)

$$m_c = m_{c0}(1-\beta_c) \tag{6-79}$$

(4) 按表 6-63 选择粉煤灰超量系数(δ_c)

(5) 按超量系数(δ_c)，求出每立方米混凝土的粉煤灰掺量(m_f)：

$$m_f = \delta_c(m_{c0} - m_c) \tag{6-80}$$

(6) 计算每立方米粉煤灰混凝土中水泥、粉煤灰和细骨料的绝对体积，求出粉煤灰超出水泥的体积

(7) 按粉煤灰超出的体积，扣除同体积的细骨料用量

(8) 粉煤灰混凝土的用水量，按基准配合比的用水量取用

(9) 根据计算的粉煤灰混凝土配合比，通过试验，在保证设计所需和易性的基础上，进行混凝土配合比的调整

(10) 根据调整后的配合比，提出现场施工用的粉煤灰混凝土配合比

例 6-5 已知混凝土设计强度等级为 C30，其标准差 σ=5MPa；混凝土拌合物坍落度为 35～50mm；水泥采用 32.5 级普通水泥，密度 ρ_c取 3.1g/cm^3；粗骨料为 5～20mm 的碎石；细骨料为河中砂，表观密度 ρ_{0s}取 2.6g/cm^3；Ⅱ级粉煤灰，密度 ρ_f取 2.2g/cm^3。试计算该混凝土的配合比。

解：

方法一 依据 GBJ 146—1990 超量取代法

(1) 基准混凝土的配合比(计算过程从略)

1m^3 水泥、砂、石和水的用量分别为 C_0=406kg、S_0=648kg、G_0=1151kg 和 W_0=195kg。按表 6-62 选取粉煤灰取代水泥率 f(%)=15%，按表 6-63 选取超量系数 K=1.5。

(2) 确定粉煤灰取代水泥量(F)、总掺量(F_t)及超量部分重量(F_e)

$F=406\times0.15=61kg/m^3$， $F_t=1.5\times61=92kg/m^3$， $F_e=(1.5-1)\times61=31kg/m^3$

(3) 确定水泥用量(C)

$$C=406-61=345kg$$

(4) 确定调整后砂的重量(S_e)

$$S_e=648-\frac{31}{2.2}\times2.6=611kg/m^3$$

(5) $1m^3$ 粉煤灰混凝土各组成材料的重量

$C=345kg$， $F_t=92kg$， $S_e=611kg$， $W_0=195kg$， $G_0=1151kg$

方法二 依据 JGJ 28—1986 超量取代法

(1) 基准混凝土的配合比(计算过程从略)$1m^3$ 水泥、砂、石和水的用量分别为 $m_{c0}=406kg$，$m_{w0}=195kg/$，$m_{s0}=648kg$，$m_{g0}=1151kg$。

(2) 按表 6-62 选择粉煤灰取代水泥百分率 $\beta_c=15\%$。

(3) 计算每立方米混凝土的水泥用量(m_c)

$$m_c=406\times(1-0.15)$$

(4) 选取粉煤灰超量系数 δ_c。查表 6-63，$\delta_c=1.5$

(5) 确定每立方米混凝土的粉煤灰掺量(m_f)

$$m_f=1.5(406-345)=92kg$$

(6) 计算每立方米粉煤灰混凝土中水泥、粉煤灰和细骨料的绝对体积，求出粉煤灰超出水泥部分的体积，并扣除同体积砂的用量。

粉煤灰混凝土中水泥的绝对体积为$\frac{m_c}{\rho_c}$；粉煤灰的绝对体积为$\frac{m_f}{\rho_f}$。

粉煤灰超出水泥部分的体积为粉煤灰混凝土中胶凝材料的总体积——基准混凝土中水泥体积。

$$\frac{m_c}{\rho_c}+\frac{m_f}{\rho_f}-\frac{m_{c0}}{\rho_c}$$

所以 $$m_s=m_{s0}-\left(\frac{m_c}{\rho_c}+\frac{m_f}{\rho_f}-\frac{m_{c0}}{\rho_c}\right)\times\rho_{0s}=590kg$$

(7) 取 $m_g=m_{g0}$，$m_w=m_{w0}$，由此，$1m^3$ 粉煤灰混凝土的配合比为：

$m_c=345kg$，$m_w=195kg$，$m_s=590kg$，$m_g=1151kg$，$m_f=92kg$。

五、粉煤灰混凝土监理

(一) 熟悉粉煤灰特性与应用

粉煤灰混凝土可广泛用于工业与民用建筑工程、桥梁、道路、水工等土木工程。

1. 粉煤灰的适用范围

(1) Ⅰ级粉煤灰适用于钢筋混凝土和跨度小于 6m 的预应力混凝土；

(2) Ⅱ级粉煤灰适用于钢筋混凝土和无筋混凝土；

(3) Ⅲ粉煤灰主要用于无筋混凝土。对于设计强度等级 C30 及以上的无筋粉煤灰混凝土，宜采用Ⅰ、Ⅱ级粉煤灰；

(4) 用于预应力钢筋混凝土、钢筋混凝土及设计强度等级C30及以上的无筋混凝土的粉煤灰等级，如经试验论证，可采用比上述规定低一级的粉煤灰。

2. 粉煤灰混凝土特别适用于下列情况：

(1) 节约水泥和改善混凝土拌合物和易性的现浇混凝土，尤其是泵送混凝土；

(2) 坝体、房屋及道路地基等低水泥用量、高粉煤灰掺量的碾压混凝土(用Ⅲ级灰)；

(3) C80级以下大流动度高强度混凝土(用Ⅰ级灰)；

(4) 受海水等硫酸盐作用的海工、水工混凝土工程(用Ⅰ级灰)；

(5) 需要降低水化热的大体积混凝土；

(6) 需抑制碱骨料反应的混凝土工程(用Ⅰ级灰)。

(二) 粉煤灰质量控制

1. 购买粉煤灰时，要求供货单位签发出厂合格证，合格证应包括厂名和批号、合格证编号及日期、粉煤灰的级别及数量。

2. 袋装粉煤灰的包装袋上应清楚标明“粉煤灰”、厂名、等级、批号及包装日期。

3. 粉煤灰应按批检验，抽检粉煤灰的方法、数量见表1-2或本章第二节四。

4. 每批粉煤灰必须检验细度和烧失量，有条件时，可以测需水量，其他指标每季度至少检验一次。

5. 检验时，如发现规定的任一项质量指标不符合要求，则应重新从同批中加倍取样，进行复检。复检仍不合格时，则该批粉煤灰应降级处理。

6. 粉煤灰的计量。粉煤灰计量的允许误差为±2%。干粉煤灰单独以质量计量，可与水泥、粗细骨料、水等一起加入搅拌机；湿灰可配成悬浮浆液，按干料换算，或根据现场试拌，用湿料直接加入，扣除含水量。

(三) 粉煤灰混凝土质量控制

1. 搅拌

(1) 坍落度大于20mm的混凝土拌合物宜用自落式搅拌机，坍落度小于20mm的或干硬性混凝土拌合物宜用强制式搅拌机。

(2) 粉煤灰混凝土拌合物一定要搅拌均匀，其搅拌时间宜比基准混凝土拌合物延长30s。

(3) 泵送粉煤灰混凝土拌合物运至施工现场时，其坍落度不得小于80mm，否则不易泵送，同时严禁在装入泵车时加水。

2. 运输、浇灌和成型

粉煤灰混凝土的运输、浇灌和成型与普通混凝土相同。当使用插入式振动器振捣泵送混凝土时，不得漏振或过振，其振动时间为：

坍落度为80～120mm时，15～20s；坍落度为120～180mm时，10～15s。

振捣后的粉煤灰混凝土表面上不得出现明显的浮浆层，用粉煤灰混凝土抹面时，必须进行二次压光。

3. 养护

现浇粉煤灰混凝土振捣完毕后，应及时进行潮湿养护以保持混凝土表面经常湿润，早期应避免太阳曝晒，混凝土表面宜加遮盖。一般情况下潮湿养护不得少于14d，干燥或炎热条件下潮湿养护不得少于21d。对于有特殊要求的结构物，可适当延长养护时间。在低温季节施工，粉煤灰表面最低温度不得低于5℃。寒潮冲击情况下，日降温幅度大于8℃时，应加强粉煤灰混凝土表面的保护，防止产生裂缝。

4. 粉煤灰混凝土质量检查(GBJ 146—1990)

(1) 坍落度检查。每个台班至少测定两次，其测定值允许偏差应为±2cm。

(2) 强度检验。非大体积混凝土每拌制100m^3，至少成型一组试块；大体积粉煤灰混凝土每拌制500m^3至少成型一组试块；不足上述规定数量时，每班至少成型一组试块。

强度检验试块尺寸、制作方法、养护方法、试验方法等同普通混凝土。

第九节 其他品种混凝土及其监理

一、防水混凝土及其监理

防水混凝土是指抗渗等级不低于P6的混凝土，又叫抗渗混凝土。

防水混凝土的施工配合比应通过试验确实，抗渗等级应比设计要求提高一级(0.2MPa)，《地下工程防水技术规范》GB 50108—2008规定，防水混凝土的抗渗等级根据埋置深度来确定，见表6-64。

防水混凝土抗渗等级选择 **表6-64**

工程埋置深度 H(m)	设计抗渗等级
$H<10$	P6
$10\leqslant H<20$	P8
$20\leqslant H<30$	P10
$\geqslant 30$	P12

注：1. 本表适用于Ⅰ、Ⅱ、Ⅲ类围岩(土层及软弱围岩)；

2. 山岭隧道防水混凝土的抗渗等级可按国家现行有关标准执行。

混凝土在压力液体作用下之所以会渗透，是因为其内部有连通孔隙，提高混凝土抗渗性的方法：一是提高混凝土的密实度，二是改变混凝土内部毛细孔特征，即将开口的连通孔隙尽可能转化成封闭独立的小气泡。

防水混凝土包括普通防水混凝土、外加剂或掺合料防水混凝土和膨胀水泥防水混凝土三类。

普通防水混凝土是以调整配合比的方法，提高混凝土自身的密实性和抗渗性。

外加剂防水混凝土是在混凝土拌合物中加入少量改善混凝土抗渗性的有机或无机物，如减水剂、防水剂、引气剂等外加剂；掺合料防水混凝土是在混凝土拌合物中加入少量硅粉、磨细矿渣粉、粉煤灰等无机粉料，以增加混凝土密实性和抗渗性。防水混凝土中的外加剂和掺合料均可单掺，也可以复合掺用。

膨胀水泥防水混凝土是利用膨胀水泥在水化硬化过程中形成大量体积增大的结晶(如钙矾石)，主要是改善混凝土的孔结构，提高混凝土抗渗性能。同时，膨胀后产生的自应力使混凝土处于受压状态，提高混凝土的抗裂能力。

1. 防水混凝土的环境温度，不得高于80℃(混凝土的抗渗能力随温度升高而显著下降，当温度达250℃时几乎失去了抗渗能力）；处于侵蚀性介质中防水混凝土的耐侵蚀要求应根据介质的性质按有关标准执行。

2. 防水混凝土结构底板的混凝土垫层，强度等级不应小于C15，厚度不应小于100mm，在软弱土层中不应小于150mm。

3. 防水混凝土结构，应符合下列规定：

（1）结构厚度不应小于250mm；

（2）裂缝宽度不得大于0.2mm，并不得贯通；

（3）钢筋保护层厚度应根据结构的耐久性和工程环境选用，迎水面钢筋保护层厚度不应小于50mm。

4. 用于防水混凝土的水泥应符合下列规定：

（1）水泥品种宜采用硅酸盐水泥、普通硅酸盐水泥，采用其他品种水泥时应经试验确定；

（2）在受侵蚀介质性作用时，应根据介质的性质选用相应的水泥品种；

（3）不得使用过期或受潮结块的水泥，不得将不同品种或强度等级的水泥混合使用。

5. 防水混凝土选用矿物掺合料时，应符合下列规定：

（1）粉煤灰的品质应符合国家现行标准《用于水泥和混凝土中的粉煤灰》GB 1596的有关规定，粉煤类的级别不应低于Ⅱ级，烧失量不应大于5%，用量宜为胶凝材料总量的20%～30%，当水胶比小于0.45时，粉煤灰的用量可适当提高；

（2）硅粉的比表面积应大于等于15000m^2/kg，二氧化硅含量应大于等于85%，用量宜为胶凝材料总量的2%～5%；

（3）粒化高炉矿渣粉的品质要求应符合国家现行标准《用于水泥和混凝土中的粒化高炉矿渣粉》GB/T 18046的有关规定；

（4）使用复合掺合料时，其品种和用量应通过试验确定。

6. 用于防水混凝土的砂、石，应符合下列规定：

（1）宜选用坚固耐久、粒形良好的洁净石子；最大粒径不宜大于40mm，泵送时其最大粒径应为输送管径的1/4；吸水率不应大于1.5%；不得使用碱活性骨料。其他要求应符合《普通混凝土用砂、石质量及检验方法标准》JGJ 52—2006的有关规定；

（2）砂宜选用坚硬、抗风化性强、洁净的中粗砂，不宜使用海砂；砂的质量应符合《普通混凝土用砂、石质量及检验方法标准》JGJ 52—2006的有关规定。

7. 防水混凝土中各类材料的总碱量（Na_2O当量）不得大于3kg/m^3；氯离子含量不应超过胶凝材料总量的0.1%。

8. 防水混凝土的配合比应符合下列规定：

（1）胶凝材料用量应根据混凝土的抗渗等级和强度等级选用，其总用量不宜小于320kg/m^3；当强度要求较高或地下水有腐蚀性时，胶凝材料用量可通过试验调整。

（2）在满足混凝土抗渗等级、强度等级和耐久性条件下，水泥用量不宜小于260kg/m^3。

（3）砂率宜为35%～40%，泵送时可增至45%；

（4）灰砂比宜为1∶1.5～1∶2.5；

（5）水胶比不得大于0.5，有侵蚀性介质时水胶比不得大于0.45；

(6) 防水混凝土采用预拌混凝土时，入泵坍落度宜控制在120～160mm，坍落度每小时损失值不应大于20mm，坍落度总损失值不应大于40mm。

(7) 掺有引气剂或引气型减水剂时，混凝土含气量应控制在3%～5%。

(8) 预拌混凝土初凝时间宜为6～8h。

9. 施工过程的质量控制

(1) 拌制混凝土所用材料的品种、规格和用量，每工作班检查不应少于两次。每盘混凝土各组成材料计量结果的偏差要求同普通混凝土材料计量要求。

(2) 使用减水剂时，减水剂宜预溶成一定浓度的溶液。

(3) 防水混凝土拌合物必须采用机械搅拌，搅拌时间不应小于2min。掺外加剂时，应根据外加剂的技术要求确定搅拌时间。

(4) **防水混凝土拌合物在运输后如出现离析，必须进行二次搅拌。当坍落度损失后不能满足施工要求时，应加入原水胶比的水泥浆或掺加同品种的减水剂进行搅拌，严禁直接加水。**

(5) 防水混凝土应连续浇筑，宜少留施工缝。当留设施工缝时，应遵守下列规定：

1) 墙体水平施工缝不应留在剪力最大处或底板与侧墙的交接处，应留在高出底板表面不小于300mm的墙体上。拱(板)墙结合的水平施工缝，宜留在拱(板)墙接缝线以下150～300mm处。墙体有预留孔洞时，施工缝距孔洞边缘不应小于300mm；

2) 垂直施工缝应避开地下水和裂隙水较多的地段，并宜与变形缝相结合。

(6) 施工缝的施工应符合下列规定：

1) **水平施工缝浇灌混凝土前，应将其表面浮浆和杂物清除，然后铺设净浆或涂刷混凝土界面处理剂、水泥基渗透结晶型防水涂料等材料，再铺30～50mm厚的1：1水泥砂浆或涂刷混凝土界面处理剂，并及时浇灌混凝土；**

2) **垂直施工缝浇灌混凝土前，应将其表面清理干净，再涂刷混凝土界面处理剂或水泥基渗透结晶型防水涂料，并应及时浇灌混凝土；**

3) 选用的遇水膨胀止水条(胶)应具有缓胀性能，其7d的净膨胀率不应大于最终膨胀率的60%，最终膨胀率宜大于220%。

(7) 大体积防水混凝土的施工，应采取以下措施：

1) 在设计许可的条件下，掺粉煤灰混凝土设计强度等级的龄期宜为60d或90d；

2) 宜选用水化热低和凝结时间长的水泥；

3) 宜掺入减水剂、缓凝剂等外加剂和粉煤灰、磨细矿渣粉等矿物掺合料；

4) 炎热季节施工时，应采取降低原材料温度、减少混凝土运输时吸收外界热量等降温措施，入模温度不应大于30℃；

5) 混凝土内部预埋管道，宜进行水冷散热；

6) 应采取保温保湿养护。混凝土中心温度与表面温度的差值不应大于25℃，混凝土表面温度与大气温度的差值不应大于20℃，温降梯度不得大于3℃/d，养护时间不应少于14d。

(8) 防水混凝土终凝后应立即进行养护，养护时间不得少于14d。

(9) 防水混凝土的冬期施工，应符合下列规定：

1) 混凝土入模温度不应低于5℃；

2）混凝土养护宜采用综合蓄热法、蓄热法、暖棚法、掺化学外加剂等方法，不得采用电热法或蒸汽直接加热法；

3）应采用保温保湿措施。

（10）防水混凝土抗渗性能应采用标准条件下养护混凝土抗渗试件的试验结果评定。试件应在浇筑地点制作。

连续浇筑混凝土每 500m³ 应留置一组抗渗试件(一组 6 个抗渗试件)，且每项工程不得小于两组。采用预拌混凝土的抗渗试件，留置组数应视结构的规模和要求而定。

二、抗冻混凝土及其监理

抗冻混凝土必须具有较强抵抗冻融循环作用的能力，混凝土在冻融循环作用下发生破坏的主要原因是混凝土孔隙内的水结冰产生体积膨胀引起混凝土的开裂剥落和破坏。提高混凝土抗冻性的方法包括提高混凝土的密实度、改变混凝土的孔隙特征(开口孔变成闭口孔，大孔变细孔)和降低混凝土孔隙中水的冰点等。

1. 抗冻混凝土所用材料应与普通混凝土相同外，还应符合下列规定：

（1）应选用硅酸盐水泥或普通水泥(这两种水泥水化热大，不易受冻)，火山灰质水泥不宜使用(因为需水量大)，水泥强度等级不应低于 32.5 级；

（2）宜选用连续级配的粗骨料，含泥量不得大于 1.0%，泥块含量不得大于 0.5%；

（3）砂含泥量不得大于 3.0%，泥块含量不得大于 1.0%；

（4）抗冻等级 F100 及以上的混凝土所用的粗骨料和细骨料均应进行坚固性试验，并应符合现国家标准《建设用卵石、碎石》GB/T 14685—2011 及《建设用砂》GB/T 14684—2011 的规定；

（5）抗冻混凝土宜采用减水剂，对抗冻等级 F100 及以上的混凝土应掺引气剂。引气量以 4%～6%为宜。(它们在混凝土内部产生互不连通的微细气泡，截断了渗水通道，使水分不易渗入混凝土内部。同时封闭的气泡有一定的适应变形能力，对结冰时产生的膨胀力有一定的缓冲作用，引气过多会导致混凝土强度下降。)

（6）抗冻混凝土中可以掺入防冻剂，但防冻剂会对混凝土的性能产生较大影响，使用时必须注意。

1）防冻剂多含有氯盐，无筋混凝土工程对掺入的防冻剂种类没有特别要求，而钢筋混凝土中掺入氯盐类应特别注意，因为氯离子会引起钢筋混凝土中的钢筋锈蚀，从而导致混凝土顺筋开裂。混凝土中掺入氯盐类防冻剂时，应符合下列规定：

① 氯盐的掺量

氯盐的掺量按无水关态计算。对于钢筋混凝土，其掺量不得超过水泥重量的 1%；对于素混凝土，其掺量不得超过水泥重量的 3%。

② 下列钢筋混凝土结构中不得掺用氯盐：

a. 在高湿度空气环境中使用的结构；

b. 处于水位升降部位的结构；

c. 露天结构或经常受水淋的结构；

d. 与含有酸、碱或硫酸盐等侵蚀性介质相接触的结构；

e. 使用冷拉钢筋或冷拔低碳钢丝的结构；

f. 直接靠近直流电源的结构；

g. 直接靠近高压电源(发电站、变电所)的结构；

h. 预应力混凝土结构。

2）硝酸盐、亚硝酸盐和碳酸盐不得用于预应力混凝土工程，以及与镀锌钢材或与铝铁相接触部位的钢筋混凝土结构。

3）含有六价铬盐、亚硝酸盐等有毒，严禁用于饮水工程及与食品接触部位的工程。

4）含有钾、钠离子防冻剂不得用于有活性骨料的工程，以免混凝土发生碱骨料反应破坏。

5）前国产的混凝土防冻剂品种适用于－15～0℃的气温，当更低气温下施工时，应采用其他混凝土冬季施工措施。

气温低于－5℃时，可用热水拌合混凝土；水温高于 65℃时，热水应先与骨料拌合，再加入水泥。

气温低于－10℃时，骨料可移入暖棚或采取加热措施。骨料结冻成块状时须加热，加热温度不得高于 65℃，并应避免灼烧，用蒸汽直接加热骨料带入的水分，应从拌合水中扣除。

2. 抗冻混凝土配合比设计时，应要求其最大水灰比应符合表 6-65 的规定，同时应增加抗冻融性能试验。

抗冻混凝土的最大水灰比 **表 6-65**

抗冻等级	无引气剂时	掺引气时
F50	0.55	0.60
F100	—	0.55
F150 及以上	—	0.50

3. 抗冻混凝土施工过程控制

(1) 搅拌

防冻剂溶液应有专人配制，严格掌握防冻剂的掺量；严格控制水灰比，由骨料带入的水分及防冻剂溶液中的水，均应从拌合水中扣除；搅拌前，应用热水或蒸汽冲搅拌机，搅拌时间应比常温搅拌延长 50%；混凝土拌合物的出机温度不得低于 10℃，永冻地区和采用冻结法施工时，出机温度可通过试验确定，入模温度不得低于 5℃。

(2) 运输及浇筑

混凝土在浇筑前，应清除模板和钢筋上冰雪和污垢，但不得用蒸汽直接融化冰雪，以免再度结冰；混凝土运至浇筑处，应有 15min 内浇筑完毕，浇筑完毕后在混凝土的外露表面，应用塑料薄膜及保温材料覆盖。其他规定同普通混凝土。

(3) 养护

在负温下养护，不得浇水，外露表面必须覆盖；初期养护温度不得低于防冻剂的规定温度，否则应采取保温措施；当混凝土温度降到规定温度以下时，混凝土强度必须达到 3.5MPa；拆模后混凝土的表面温度与环境温度之差大于 15℃时，应采用保温材料覆盖养护。

混凝土受冻之前强度不能过低。硅酸盐水泥或普通水泥配制的混凝土，受冻前的抗压强度不得低于设计强度的30%；矿渣水泥配制的混凝土，受冻前的抗压强度不得低于设计强度的40%，但不大于C10的混凝土，不得小于5.0MPa。

4. 掺防冻剂混凝土的质量控制

(1) 混凝土浇筑后，在结构最薄弱和易受冻的部位，应加强保温防冻措施，并应在布置测温点测定混凝土的温度。测温点的埋入深度应为2～3cm，在达到抗冻临界强度(3.5MPa)前应每隔2h测定一次，以后每隔6h测定一次，并应同时测定环境温度。

(2) 应在浇筑地点制作一定数量的混凝土试件进行强度试验。其中一组试件在标准养护条件下养护，其余放置在与工程相同条件下养护(最好放在易于受冻的部位)。除按规定龄期试压外，在达到抗冻临界强度时，拆模前及拆除支撑前应进行试压。试件不得在冻结状态下试压。100mm立方体试件，应在15～20℃室内解冻3～4h或浸入10℃的水中解冻3h。150mm立方体试件，应在15～20℃室内解冻5～6h或浸入10℃的水中解冻6h，试件擦干后试压。

(3) 检验抗冻、抗渗所用试件，应与工程同条件养护28d后，再按标准养护28d进行抗冻或抗渗试验。

三、高强混凝土及其监理

高强混凝土是指C60及其以上强度等级的混凝土，C100以上称为超高强混凝土。实现混凝土高强度的途径很多，通常是同时采取几种技术措施进行复合，以显著提高混凝土的强度。

1. 高强混凝土的配制原理和相关措施

(1) 掺高效减水剂。其目的是大幅降低混凝土的水灰比，从而减少混凝土内部的孔隙，改善孔结构，提高混凝土的密实度，这是目前提高混凝土强度最有效而简便的措施。

(2) 采用高强度等级的水泥。目的是提高水泥石的强度和骨料界面粘结强度。

(3) 掺入优质掺合料。在混凝土掺入硅灰、优质粉煤灰、优质磨细矿渣和沸石粉等，可提高骨料的界面强度，改善混凝土孔隙结构，提高混凝土的密实度。

(4) 采用优质骨料。在混凝土中使用强度高、界面粘结力强的岩石，如花岗岩、辉绿岩砂岩和石灰岩等，采用水泥熟料作骨料可有效改善骨料界面强度，实现混凝土高强度。

(5) 采用增强材料。在混凝土中掺加纤维材料，如钢纤维、碳纤维等，可显著提高混凝土的抗拉强度和抗弯强度。

(6) 改善水泥水化产物的性质。采用蒸压养护混凝土，先将成型的混凝土构件通过常压蒸汽养护，脱模后再入蒸压釜进行高温蒸汽养护，这时将产生托贝莫莱石水化产物而使混凝土获得高强。

2. 高强混凝土所用原材料要求

(1) 应选用质量稳定、强度等级不低于42.5级的硅酸盐水泥或普通水泥；

(2) 对强度等级为C60级的混凝土，其粗骨料的最大粒径不应大于31.5mm，对强度等级高于C60级的混凝土，其粗骨料的最大粒径应不大于25mm；针片状颗粒含量不宜大于5.0%，含泥量不应大于0.5%，泥块含量不宜大于0.2%；其他质量指标应符合《建设用卵石、碎石》GB/T 14685的规定；

(3) 细骨料的细度模数宜大于2.6，含泥量不应大于2.0%，泥块含量不应大于

0.5%。其他质量指标应符合《建设用砂》GB/T 14684 的规定；

(4) 配制高强混凝土时应掺用高效减水剂或缓凝高效减水剂；

(5) 配制高强混凝土时应掺用活性较好的矿物掺合料，且宜复合使用矿物掺合料。

3. 高强混凝土配合比设计方法

高强混凝土配合比设计方法和步骤与此同时普通混凝土基本相同，在进行高强混凝土配合比设计应符合下列要求：

(1) 基准配合比中的水灰比，可根据现有试验资料选取(C60 级混凝土仍可采用鲍氏公式，C60 级以上的高强混凝土水灰比一般为 0.25～0.30)；

(2) 配制高强混凝土所用砂率及所采用的外加剂和矿物掺合料的品种、掺量，应通过试验确定(砂率一般在 37%～42%)；

(3) 计算高强混凝土配合比时，其用水量可按普通混凝土单位用水量选取(表 6-35)；

(4) 高强混凝土的水泥用量不应大于 550kg/m^3；水泥和矿物掺合料的总量不应大于 600kg/m^3。

(5) 高强混凝土配合比的试配与确定的步骤同普通混凝土。当采用三个不同的配合比进行混凝土强度试验时，其中一个应为基准配合比，另外两个配合比的水灰比，宜较基准配合比分别增加和减少 0.02～0.03；

(6) 高强混凝土设计配合比确定后，尚应用该配合比进行不少于 6 次重复进行验证，其平均值不应低于配制强度。

4. 高强混凝土的施工

(1) 原材料计量。高强度混凝土施工时要严格控制配合比，各种原材料称量误差不应超过以下的规定：水泥±2%，活性矿物掺合料±1%，粗、细骨料±3%，水、高效减水剂±0.1%。外加剂的投放要有专人负责。

(2) 搅拌、运输和振捣。高强度混凝土应采用强制式搅拌机，并适当延长搅拌时间，搅拌时间不能少于 60s。高强混凝土搅拌和运输时间不宜过长，否则会引起混凝土含气量的增加，混凝土强度的下降。高强混凝土应用高频振捣器充分振捣，避免漏振和过振。

(3) 养护。高强混凝土因水泥用量大，水灰比小，应特别注意养护，以免引起混凝土的干缩裂缝。浇筑之后 8h 内应覆盖并浇水养护，养护时间不应小于 14d。

(4) 高强混凝土质量检查。同普通混凝土。

四、泵送混凝土及其监理

泵送混凝土是在混凝土泵的推动下沿输送管道进行运输并在管道出口处直接浇筑的混凝土。对于泵送混凝土，除要求满足设计规定的强度、耐久性等性能外，还需要满足管道输送过程中对混凝土拌合物的要求，即要求混凝土拌合物能顺利通过输送管道，且摩阻力小、不离析、不阻塞和良好的黏塑性。因此，对泵送混凝土的原材料选择和配合比设计应有特别要求。

1. 泵送混凝土所用原材料要求

(1) 泵送混凝土应选用硅酸盐水泥、普通水泥、矿渣水泥和粉煤灰水泥。火山灰质水泥需水量大、易泌水不宜选用。

(2) 为了保证混凝土的可泵性，泵送混凝土的粗骨料宜采用连续级配，其针片状含量不宜大于 10%(针片状含量大易堵管)，粗骨料的最大粒径与输送管径之比宜符合表 6-66

的规定。

粗骨料的最大粒径与输送管之比 表 6-66

石子品种	泵送高度(m)	粗骨料最大粒径与输送管径比
碎石	<50	≤1∶3.0
	50～100	≤1∶4.0
	>100	≤1∶5.0
卵石	< 50	≤1∶2.5
	50～100	≤1∶3.0
	> 100	≤1∶4.0

(3) 泵送混凝土宜采用中砂，其通过 0.315mm 筛孔的颗粒含量不应小于 15%；

(4) 泵送混凝土应掺用泵送剂或减水剂，提高其流动性；宜掺用粉煤灰或其他活性矿物掺合料，以显著提高其泵送性，掺合料的质量应符合国家现行有关标准的规定。

2. 泵送混凝土配合比的设计

泵送混凝土配合比的设计和试配步骤除应符合普通混凝土的规定外，尚应符合下列规定：

(1) 泵送混凝土的用水量与水泥和矿物掺合料的总量之比不宜大于 0.60；

(2) 泵送混凝土的水泥和矿物掺合料的总量不宜小于 300kg/m³；

(3) 泵送混凝土的砂率宜为 35%～45%；

(4) 掺引气型外加剂时，其混凝土含气量不宜大于 4%；

(5) 泵送混凝土试配时要求的坍落度值应按下式计算：

$$T_t = T_p + \Delta T \tag{6-81}$$

式中 T_t——试配时要求的坍落度值；

T_p——入泵时要求的坍落度值；

ΔT——试验测得在预计时间内的坍落度经时损失值。

3. 泵送混凝土的运输

泵送混凝土的运输应采用专用混凝土搅拌运输车。混凝土搅拌车在装料前应将筒内积水、杂物清除干净，运输中，拌筒应保持 3～6r/min 的慢速转动。泵送混凝土运至目的地后，如果坍落度损失较大，可在保持水灰比不变的情况下加水泥浆，并强力搅拌后方可卸料。

泵送混凝土运输延续时间，对未掺外加剂的混凝土，按表 6-67 规定执行。对掺木钙减水剂的混凝土，按表 6-68 规定执行。

泵送混凝土运输延续时间 表 6-67

混凝土出机温度(℃)	运输延续时间(min)	混凝土出机温度(℃)	运输延续时间(min)
25～30	50～60	5～25	60～90

掺木钙减水剂的泵送混凝土运输延续时间(min) 表 6-68

混凝土强度等级	气温(℃)		混凝土强度等级	气温(℃)	
	≤25	>25		≤25	>25
≤C30	120	90	>C30	90	60

采用其他外加剂时，泵送混凝土的运送延续时间不宜超过按实际配合比和气温条件测定的混凝土初凝时间的1/2。

混凝土搅拌运输车给混凝土泵送料时应要求：

(1) 送料前应用中、高速旋转拌筒，使混凝土拌和均匀，避免混凝土出料时出现分层离析；

(2) 送料时反转卸料应配合泵送均匀进行，且使混凝土保持在集料斗内高度标志以上；

(3) 暂时中断泵送作业时，运输车拌筒应保持低转速搅拌混凝土；

(4) 混凝土泵进料斗时，应安置网筛，并设专人监视送料，以防粒径过大的骨料或异物进入混凝土泵，造成混凝土泵堵塞。

4. 混凝土的泵送

(1) 泵送准备

检查混凝土泵的操作人员是否持证上岗，安装好混凝土泵及输运管，并检查安装的牢固性。之后，开机空运转。混凝土泵启动后，应先泵送适量的水，以润湿混凝土泵的料斗、活塞及输送管的内壁等直接与混凝土接触的部位，经泵送水检查，确认混凝土泵和输送管中没有异物后，采用与泵送混凝土配合比成分相同的水泥砂浆(混凝土去粗骨料后的砂浆)，也可以采用纯水泥浆或1∶2水泥砂浆润湿内壁。这种润湿用的水泥浆或水泥砂浆应分散布料，不得集中浇筑在同一处。

(2) 泵送

开始泵送时，混凝土泵应处于慢速、匀速并随时可反泵的状态。泵送的速度应先慢后快，逐步加速。同时观察混凝土的压力和各系统的工作情况，待各系统运转顺利后，再按正常速度进行泵送。混凝土泵送应连续进行，如必须中断时，应保证混凝土从搅拌至浇筑完毕所用的时间不超过混凝土允许的延续时间。

泵送混凝土时，混凝土泵的活塞应尽可能保持在最大行程运行，这样可提高混凝土泵的输送效率，有利于保护泵。混凝土泵的水箱或活塞清洗室中应满水。

充泵送时如输送管内吸入空气，应立即进行反泵吸出混凝土至料斗，并重新搅拌均匀，排出空气后再泵送。

当向下泵送混凝土时，应先把输送管上气阀打开，待输送管下段混凝土有了一定压力时，方可关闭气阀。

当混凝土泵出现压力升高且不稳定、油温升高、输送管有明显振动等现象而泵送困难时，不得强行泵送，应立即查明原因，采取相应措施。

1) 反复进行反泵和正泵，逐步将混凝土吸出至料斗中，重新搅拌后再泵送；

2) 可用木槌敲击的方法，查明堵塞部位，并在管外击松混凝土后，反复进行反泵与正泵，排除堵塞。

3) 当上述两种方法无效后，应在混凝土卸压后，拆除堵塞部位的输送管，排出混凝土堵塞物后，再接通管道。重新泵送前，应先排除管内空气，拧紧接头。

泵送过程需要有计划中断时，应先确定中断浇筑的部位，中断时间不要超过1h。

泵送结束时，应将混凝土泵和输送管清洗干净，并应防止废浆高速喷出伤人。

5. 泵送混凝土的浇筑

泵送混凝土浇筑应遵循由远而近、先纵向结构后水平结构的原则。不允许留设施工缝时，结合部位的间歇时间不得超过混凝土的初凝时间；允许留置施工缝时，应在下层混凝土初凝后，在浇筑上层时，应先按留施工缝的规定处理。

在浇筑竖向结构混凝土时，布料设备的出口离模板内侧面不小于50mm，并不得向模板内侧面直接冲料，也不得将料直冲钢筋骨架。

浇筑水平结构混凝土时，不得在同一处连续布料，应在2～3m范围内水平移动布料。

混凝土分层浇筑时，每层的厚度为300～500mm。泵送混凝土振捣时，捣棒插入间距一般为400mm左右，一次振捣时间一般为15～30s，并且在20～30min后进行二次复振。

6. 泵送混凝土质量控制

与相应的混凝土相同。

五、大体积混凝土及其监理

大体积混凝土(截面最小尺寸大于$1m^2$的混凝土)施工时要采取一些措施，以防止混凝土温度裂缝，目前常用的方法有：

1. 采用低热水泥(如矿渣水泥、粉煤灰水泥、大坝水泥等)和尽量减少水泥用量；
2. 在混凝土拌合物中掺入缓凝剂、减水剂和减少水泥水化热的掺合料，延缓水泥放热速度；
3. 预先冷却原材料，用冰块代替水；
4. 在混凝土中预埋冷却水管；
5. 合理分缝、分块，在建筑结构安全许可的条件下，将大体积化整为零施工，减轻约束，扩大散热面积；
6. 表面绝热，调节混凝土表面温度下降速率。

第七章　建　筑　砂　浆

建筑砂浆是由胶凝材料、细骨料、掺加料和水按一定比例配制而成的建筑材料。砂浆按所用胶凝材料可分为水泥砂浆、石灰砂浆、黏土砂浆、石膏砂浆和混合砂浆；按用途可分为砌筑砂浆、抹面砂浆、装饰砂浆及耐酸、防腐、保温、吸声等特种用途砂浆。

第一节　建筑砂浆基本性质

一、砂浆拌合物的表观密度

砌筑砂浆拌合物的表观密度与砂浆的种类、用途有关，如水泥砌筑砂浆、水泥粉煤灰抹灰砂浆不应小于 1900kg/m^3，水泥混合砂浆、预拌砌筑砂浆不应小于 1800kg/m^3。砂浆配合比设计时，可根据砂浆的表观密度值来确定每立方米砂浆拌合物中各材料的实际用量。

二、和易性

新拌砂浆应具有良好的和易性，和易性包括流动性和保水性两个方面。

1. 流动性

砂浆流动性的选择与砂浆用途、使用部位、砌体种类、施工方法和施工气候情况等有关。砌筑砂浆的施工稠度应按表 7-1 选择。

砌筑砂浆的施工稠度　　**表 7-1**

砌体种类	施工稠度(mm)
烧结普通砖砌体、粉煤灰砖砌体	70～90
混凝土砖砌体、普通混凝土小型空心砌块砌体、灰砂砖砌体	50～70
烧结多孔砖砌体、烧结空心砖砌体、轻集料混凝土小型空心砌块砌体、蒸压加气混凝土砌块砌体	60～80
石砌体	30～50

2. 保水性

保水性是指新拌砂浆保持内部水分的能力。保水性好的砂浆，在存放、运输和使用过程中，能很好保持其中的水分不致很快流失，在砌筑和抹面时容易铺成均匀密实的砂浆薄层，保证砂浆与基面材料有良好的粘结力和较高的强度。

砂浆的保水性用砂浆保水率和分层度表示。保水率测定时，用金属滤网覆盖在砂浆表面，再在滤网上放上 15 片定性滤纸，然后用不透水片盖在滤纸表面，用 2kg 重物压在用不透水片上，2min 后测定滤纸所吸收水分百分率，最后计算砂浆中保持水分的百分率。

测定分层度时，先测搅拌均匀砂浆的沉入度，然后将其拌合物装入分层度筒，静置 30min 后，取底部 1/3 的砂浆，再测其沉入度，两次测得的沉入度之差即为该砂浆的分层度值。砂浆保水率通常要达到 80%以上，分层度以 10～20mm 之间为宜。分层度过大，砂浆易产生离析，不便于施工和水泥硬化；分层度过小，砂浆干稠，容易产生干缩裂缝。

三、强度与强度等级

砂浆以抗压强度作为强度指标。砂浆的强度等级是以 3 块边长为 70.7mm 的立方体试块，在温度 20±2℃、相对湿度为 90%以上的标准养护室中养护 28d 龄期的抗压强度平均值来确定。

根据砂浆的用途、生产方式和原材料等不同，砂浆分为 M2.5、M5、M7.5、M10、M15、M20、M25、M30 八个强度等级，如表 7-2 所示。

砂浆的强度等级 **表 7-2**

砂浆种类		强度等级	标准
砌筑砂浆	水泥砂浆及预拌砂浆	M5、M7.5、M10、M15、M20、M25、M30	《砌筑砂浆配合比设计规程》JGJ/T 98—2010
	水泥混合砂浆	M5、M7.5、M10、M15	
抹灰砂浆	水泥抹灰砂浆	M15、M20、M25、M30	《抹灰砂浆技术规程》JGJ/T 220—2010
	水泥粉煤灰抹灰砂浆	M5、M10、M15	
	水泥石灰抹灰砂浆	M2.5、M5、M7.5、M10	
	掺塑化剂水泥砂浆	M5、M10、M15	
	聚合物水泥抹灰砂浆	≥M5.0	
	石膏抹灰砂浆	≥4.0MPa	
预拌砂浆	砌筑	M5、M7.5、M10、M15、M20、M25、M30	《预拌砂浆》JG/T 230—2007
	抹灰	M5、M10、M15、M20	
	地面	M15、M20、M25	
	防水	M10、M15、M20	

砂浆的强度除受砂浆本身的组成材料及配比影响外，还与基层的吸水性能有关。对于水泥砂浆，可采用下列强度公式估算：

1. 不吸水基面材料(如密实石材)

当基面材料不吸水或吸水率比较小时，影响砂浆抗压强度的因素与混凝土相似，主要取决于水泥强度和水灰比。计算公式如下：

$$f_{m}=Af_{ce}\left(\frac{C}{W}-B\right) \tag{7-1}$$

式中 A、B——经验系数，可根据试验资料统计确定；

f_{ce}——水泥的实测强度，精确至 0.1MPa；

f_{m}——砂浆 28d 抗压强度，精确至 0.1MPa；

C/W——灰水比。

2. 吸水基面材料(如黏土砖或其他多孔材料)

当基面材料的吸水率较大时，由于砂浆具有一定的保水性，无论拌制砂浆时加多少用水量，而保留在砂浆中的水分却基本相同，多余的水分会被基面材料所吸收。因此，砂浆的强度与水灰比关系不大。当原材料质量一定时，砂浆的强度主要取决于水泥的强度等级与水泥用量。计算公式如下：

$$f_{m}=\alpha f_{ce}Q_{c}/1000+\beta \tag{7-2}$$

式中 α、β——砂浆的特征系数，其中 $\alpha=3.03$，$\beta=-15.09$；

Q_c——每立方米砂浆的水泥用量，精确至 1kg；

f_m——砂浆 28d 抗压强度，精确至 0.1MPa；

f_{ce}——水泥的实测强度，精确至 0.1MPa。

四、凝结时间

建筑砂浆凝结时间，以贯入阻力达到 0.7MPa 为评定依据。水泥砂浆不宜超过 8h，水泥混合砂浆不宜超过 10h，加入外加剂后应满足设计和施工的要求。

五、粘结力

一般地说，砂浆粘结力随其抗压强度增大而提高。此外，粘结力还与基底表面的粗糙程度、洁净程度、润湿情况及施工养护条件等因素有关。在充分润湿的、粗糙的、清洁的表面上使用且养护良好的条件下砂浆与表面粘结较好。

六、耐久性

经常与水接触的水工砌体有抗渗及抗冻要求，故水工砂浆应考虑抗渗、抗冻、抗侵蚀性。其影响因素与混凝土大致相同，但因砂浆一般不振捣，所以施工质量对其影响尤为明显。凡按工程技术要求，具有明确冻融循环次数要求的建筑砂浆，经冻融试验后，应同时满足质量损失率不大于 5%，强度损失率不大于 25%。砂浆等级在 M2.5 及 M2.5 以下者，一般不耐冻。

七、变形性

砂浆在承受荷载、温度变化或湿度变化时，均会产生变形。如果变形过大或不均匀，则会降低砌体的质量，引起沉陷或裂缝。轻骨料配制的砂浆，其收缩变形要比普通砂浆大。

第二节 常用建筑砂浆

一、砌筑砂浆

将砖、石、砌块等块材经砌筑成为砌体，起粘结、衬垫和传力作用的砂浆称为砌筑砂浆。砌体的承载能力不仅取决于块体强度而且与砂浆强度有关。

(一) 材料要求

1. 水泥

水泥宜采用通用硅酸盐水泥或砌筑水泥。M15 及以下强度等级的砌筑砂浆宜选用

32.5级通用硅酸盐水泥或砌筑水泥；M15以上强度等级的砌筑砂浆宜选用42.5级通用硅酸盐水泥。

2. 砂

宜选用中砂，应全部通过4.75mm的筛孔。

3. 石膏灰、电石膏

生石灰粉不得直接用于砌筑砂浆中。生石灰熟化成石灰膏时，应用孔径不大于3mm×3mm的网过滤，熟化时间不得小于7d；磨细生石灰粉的熟化时间不得小于2d。储存石灰膏应采取防止干燥、冻结和污染的措施。

制作电石膏的电石渣应用孔径不大于3mm×3mm的网过滤，检验时应加热至70℃并保持20min，没有乙炔气味后方可使用。

4. 其他材料

粉煤灰、粒化高炉矿渣粉、硅灰、天然沸石粉、水、外加剂等应分别符合国家现行标准。

（二）砌筑砂浆的技术条件

根据行业标准《砌筑砂浆配合比设计规程》JGJ/T 98—2010的规定，砌筑砂浆应符合以下技术条件。

1. 水泥砂浆及预拌砌筑砂浆的强度等级分为M5、M7.5、M10、M15、M20、M25和M30共七个等级，水泥混合砂浆的强度等级分为M5、M7.5、M10和M15四个等级。

2. 砂浆拌合物的表观密度应符合要求。水泥砂浆≥1900kg/m^3；水泥混合砂浆≥1800kg/m^3；预拌砌筑砂浆≥1800kg/m^3。

3. 砌筑砂浆的稠度、保水率、试配抗压强度应同时满足要求。砌筑砂浆的施工稠度宜按表7-1选用；水泥砂浆保水率≥80%，水泥混合砂浆保水率≥84%，预拌砌筑砂浆保水率≥88%。

4. 砌筑砂浆中的水泥和石灰膏、电石膏等材料的用量应符合以下规定：水泥砂浆≥200kg/m^3，水泥混合砂浆≥350kg/m^3，预拌砌筑砂浆≥200kg/m^3。

5. 有抗冻性要求的砌体工程，砌筑砂浆应进行冻融试验后，并符合使用条件要求。

6. 砌筑砂浆中可掺入保水增稠材料、外加剂等，掺量应经试配后确定。

7. 砂浆试配时应采用机械搅拌，对水泥砂浆和水泥混合砂浆，搅拌时间不得小于120s；对预拌砂浆、掺用粉煤灰和外加剂的砂浆，搅拌时间不得小于180s。

（三）砌筑砂浆配合比设计

根据工程类别和不同砌体部位首先确定砌筑砂浆的品种和强度等级，然后查有关规范、手册或资料或通过计算方法确定配合比，再经试验调整及验证后才可应用。

1. 现场配制水泥混合砂浆配合比计算

1）确定砂浆的试配强度

$$f_{m,0}=kf_2 \tag{7-3}$$

式中 $f_{m,0}$——砂浆的试配强度(MPa)，精确至0.1；

f_2——砂浆强度等级值(MPa)，精确至0.1；

k——系数，按表7-3取值。

在砂浆配合比设计时，有时要采用砂浆强度标准差σ，σ按以下方法确定：

① 当有统计资料时，σ 应按下式计算：

$$\sigma=\sqrt{\frac{\sum_{i=1}^{n} f_{\mathrm{m},i}^{2}-n\mu_{f_{\mathrm{m}}}^{2}}{n-1}} \tag{7-4}$$

式中 $f_{\mathrm{m},i}$——统计周期内同一品种砂浆第 i 组试件的强度，MPa；

$\mu_{f_{\mathrm{m}}}$——统计周期内同一品种砂浆 n 组试件强度的平均值，MPa；

n——统计周期内同一品种砂浆试件的总组数，$n\geqslant25$。

② 当无统计资料时，σ 可按表 7-3 取用。

砂浆强度标准差 σ 及 k 值 **表 7-3**

砂浆强度等级 / 施工水平	强度标准差 σ(MPa)							k
	M5	M7.5	M10	M15	M20	M25	M30	
优良	1.00	1.50	2.00	3.00	4.00	5.00	6.00	1.15
一般	1.25	1.88	2.50	3.75	5.00	6.25	7.50	1.20
较差	1.50	2.25	3.00	4.50	6.00	7.50	9.00	1.25

2）计算水泥用量 Q_{C}(kg)

每立方米砂浆中的水泥用量，应按下式计算。

$$Q_{\mathrm{C}}=\frac{1000(f_{\mathrm{m},0}-\beta)}{\alpha f_{\mathrm{ce}}} \tag{7-5}$$

式中 f_{ce}——水泥的实测强度，精确至 0.1MPa，当无法取得水泥的实测强度值时，可以取水泥强度等级对应的强度值($f_{\mathrm{ce,k}}$)乘以水泥强度等级值的富余系数。无统计资料时 γ_{c} 可取 1.0。

3）计算石灰膏的用量 Q_{D}(kg)

$$Q_{\mathrm{D}}=Q_{\mathrm{A}}-Q_{\mathrm{C}} \tag{7-6}$$

式中 Q_{D}——每立方米砂浆的石灰膏用量，精确至 1kg，石灰膏使用时的稠度宜为 120±5mm。如果稠度不在规定的范围，按表 7-4 换算；

Q_{A}——每立方米砂浆中水泥和石灰膏总量，精确至 1kg，可为 350kg。

石灰膏不同稠度时的换算系数 **表 7-4**

石灰膏稠度(mm)	120	110	100	90	80	70	60	50	40	30
换算系数	1.00	0.99	0.97	0.95	0.93	0.92	0.90	0.88	0.87	0.86

4）确定砂子用量 Q_{S}

每立方米砂浆中的砂子用量，应按干燥状态(含水率小于 0.5%)的堆积密度值 ρ_{0S} 作为计算值(kg)。当砂子的含水率为 a%时，配制 $1\mathrm{m}^3$ 砂浆所需砂子的质量为：

$$Q_{\mathrm{S}}=\rho_{\mathrm{0S}}(1+a\%) \tag{7-7}$$

5）确定用水量

每立方米砂浆中的用水量，应根据砂浆稠度等要求可选用 210～310kg。混合砂浆中的用水量，不包括石灰膏或黏土膏中的水；当采用细砂或粗砂时，用水量分别取上限或下限；当稠度小于 70mm 时，用水量可小于下限；若施工现场气候炎热或干燥季节，可酌量增加用水量。

2. 现场配制水泥砂浆或水泥粉煤灰砂浆的配合比选用

现场配制的水泥砂浆配合比，其材料用量可直接按表 7-5 选用，选用时注意以下几点：M15 及 M15 以下强度等级水泥砂浆，水泥强度等级为 32.5 级，M15 以上强度等级水泥砂浆，水泥强度等级为 42.5 级；当采用细砂或粗砂时，用水量分别取上限或下限；稠度小于 70mm 时，用水量可小于下限；施工现场气候炎热或干燥季节，可酌量增加用水量；试配强度应按公式(7-3)计算。

现场配制的水泥粉煤灰砂浆，其材料用量可按表 7-6 选用，选用时注意以下几点：水泥强度等级为 32.5 级，当采用细砂或粗砂时，用水量分别取上限或下限；稠度小于 70mm 时，用水量可小于下限；施工现场气候炎热或干燥季节，可酌量增加用水量；试配强度应按公式(7-3)计算。

每立方米水泥砂浆材料用量(kg/m^3) **表 7-5**

强度等级	水泥	砂子	用水量
M5	200～230	砂的堆积密度值	270～330
M7.5	230～260		
M10	260～290		
M15	290～330		
M20	340～400		
M25	360～410		
M30	430～480		

每立方米水泥粉煤灰砂浆材料用量(kg/m^3) **表 7-6**

强度等级	水泥和粉煤灰总量	粉煤灰	砂子	用水量
M5	200～230	粉煤灰掺量可占胶凝材料总量的 15%～25%	砂的堆积密度值	270～330
M7.5	230～260			
M10	260～290			
M15	290～330			

3. 预拌砌筑砂浆的试配要求

预拌砌筑砂浆生产前应进行试配，试配强度按公式(7-3)计算确定，试配时稠度取 70～80mm，预拌砂浆中可掺入保水增稠剂、外加剂等，掺量应经试配后确定。对于湿拌砌筑砂浆，在确定湿拌砌筑砂浆稠度时应考虑砂浆在运输和储存过程中的稠度损失，应根据凝结时间要求确定外加剂掺量。对于干混砌筑砂浆，应明确拌制时的加水量范围。

预拌砌筑砂浆的搅拌、运输、储存和性能应符合《预拌砂浆》JG/T 230 的规定。

4. 砂浆配合比的试验、调整与确定

按计算或查表所得配合比进行试配时，应按现行行业标准《建筑砂浆基本性能试验方法标准》JGJ/T 70 测定砌筑砂浆拌合物的稠度和保水率。当稠度和保水率不能满足要求时，应调整材料用量，直到符合要求为止，然后确定为试配时的砂浆基准配合比。

试配时至少应采用三个不同的配合比，其中一个配合比为按 JGJ/T 98—2010 规程得出的基准配合比，其余两个配合比的水泥用量应按基准配合比分别增加及减少10%。在保证稠度、保水率合格的条件下，可将用水量、石灰膏、保水增稠材料或粉煤灰等活性掺合料用量作相应调整。

砌筑砂浆试配时稠度应满足施工要求，并应按现行行业标准JGJ/T 70分别测定不同配合比砂浆的表观密度及强度；并应选定符合试配强度及和易性要求、水泥用量最低的配合比作为砂浆的试配配合比。

（四）砂浆配合比设计计算实例

例7-1 某工程要求用于砌筑砖墙的砂浆为强度等级为M7.5水泥石灰混合砂浆，砂浆稠度为70～80mm。水泥采用32.5级的矿渣硅酸盐水泥；砂为中砂，含水率为3%，堆积密度为1450kg/m³；石灰膏稠度为80mm；施工水平一般。

解：（1）确定砂浆的试配强度$f_{m,0}$。

$$f_{m,0}=kf_2=1.20\times7.5=9.0\text{MPa}$$

（2）计算水泥用量Q_C。

$$Q_C=\frac{1000(f_{m,0}-\beta)}{\alpha f_{ce}}=\frac{1000\times(9.0+15.09)}{3.03\times32.5}=244\text{kg/m}^3$$

（3）石灰膏用量Q_D。

$$Q_D=Q_A-Q_C=350-244=106\text{kg/m}^3$$

按表7-4换算后重量：$106\times0.93=98.6\text{kg/m}^3$

（4）确定砂子用量Q_S。

$$Q_S=1450\times(1+3\%)=1494\text{kg/m}^3$$

水泥石灰混合砂浆试配时的配合比如下所示：

水泥∶石灰膏∶砂＝244∶98.6∶1494＝1∶0.40∶6.12

二、粉煤灰砂浆

粉煤灰砂浆是指掺入一定量粉煤灰的砂浆。粉煤灰是砂浆中较为理想的掺合料，掺入后会明显提高砂浆强度和改善砂浆的和易性。另外，在砂浆中掺入粉煤灰，可以节约水泥和石灰用量，因此，粉煤灰砂浆在工程上已得到广泛应用。

（一）粉煤灰砂浆的品种及适用范围

粉煤灰砂浆依其组成可分为粉煤灰水泥浆、粉煤灰水泥石灰砂浆（简称为粉煤灰混合砂浆）及粉煤灰石灰砂浆。

根据工程各部位的使用要求和砂浆的性质来选择粉煤灰砂浆的品种。粉煤灰水泥砂浆主要用于内外墙面、台度、踢脚、窗口、沿口、勒脚、磨石地面底层及墙体勾缝等装修工程及各种墙体砌筑和抹灰工程；粉煤灰混合砂浆主要用于地面上墙体的砌筑和抹灰工程；粉煤灰石灰砂浆主要用于地面以上内墙的抹灰工程。

（二）粉煤灰的合理掺量

粉煤灰砂浆中粉煤灰的品种（细度、烧失量）对砂浆强度、和易性及耐久性均有一定影响，适当控制粉煤灰的掺量，才能保证粉煤灰砂浆的质量。

粉煤灰砂浆与粉煤灰混凝土超量取代法相似，砂浆中粉煤灰掺量仍以取代率（β_m）和超量系数（δ_m）乘积量来表示。

据试验资料表明，β_m、δ_m 值与砂浆品种、强度等级以及粉煤灰的品质有关，砂浆中的粉煤灰取代水泥率可根据其设计强度等级及使用要求，参照表 7-7 的推荐值选用。粉煤灰的合理掺量应通过试验确定，其取代水泥率最大不宜超过 40%。粉煤灰取代石灰膏率可通过试验确定，但最大不宜超过 50%。

砂浆中粉煤灰取代水泥率及超量系数 表 7-7

砂浆品种		砂浆强度等级			
		M2.5	M5	M7.5	M10
水泥石灰砂浆	β_m(%)	15～40		10～25	
	δ_m	1.2～1.7		1.1～1.5	
水泥砂浆	β_m(%)	25～40	20～30	15～25	10～20
	δ_m	1.3～2.0		1.2～1.7	

（三）粉煤灰砂浆配合比设计

粉煤灰砂浆配合比设计时，应在满足强度、施工、和易性要求的条件下，尽量节约水泥和石灰膏，按质量比进行粉煤灰砂浆配合比设计。《粉煤灰在混凝土和砂浆中应用技术规程》JGJ 28—1986。

1. 按砂浆设计强度等级及水泥标号计算每立方米不掺粉煤灰砂浆的水泥用量 m_{c0}(kg)

$$m_{c0}=\frac{1.15f_m}{\alpha f_{ce}}\times 1000 \tag{7-8}$$

式中 f_m——砂浆强度等级(MPa)；

f_{ce}——水泥标号(MPa)；

α——调整系数，随砂浆强度等级与水泥标号而变化，其值列入表 7-8。

砂浆强度调整系数(α 值) 表 7-8

水泥标号	砂浆强度等级			
	M10	M7.5	M5	M2.5
	α 值			
525	0.885	0.815	0.725	0.584
425	0.931	0.885	0.758	0.608
325	0.999	0.915	0.806	0.643
275	1.048	0.957	0.839	0.667
225	1.113	1.012	0.884	0.698

上述公式只适用于含水率为 2%的中砂和粗砂，同时每立方米砂浆中的用量为 $1m^3$。

“水泥标号”是原来 GB 175—92 的叫法，在 GB 175—2007 中改为“水泥强度等级”。通过大量试验表明，水泥标号和水泥强度等级之间存在以下的关系：425、525、625 分别相当于 32.5、42.5、52.5。在用公式(7-8)进行计算和查表 7-8 时应注意这种关系。

2. 按求出的水泥用量计算每立方米不掺粉煤灰砂浆的石灰膏量 m_{p0}(kg)

$$m_{p0}=350-m_{c0} \tag{7-9}$$

3. 选择粉煤灰取代水泥率 β_{m1}(查表 7-4)，计算每立方米粉煤灰砂浆中的水泥用量(kg)

$$m_c=m_{c0}(1-\beta_{m1}) \tag{7-10}$$

4. 选择粉煤灰取代石灰膏率 β_{m2}（查表 7-4 或自定，要求 $\beta_{m2} \leqslant 50\%$），计算每立方米粉煤灰砂浆中的石灰膏用量 m_p(kg)

$$m_p = m_{p0}(1-\beta_{m2}) \tag{7-11}$$

5. 选择超量取代系数 δ_m（查表 7-4），计算每立方米粉煤灰砂浆的粉煤灰用量 m_f(kg)

$$m_f = \delta_m[(m_{c0}-m_c)+(m_{p0}-m_p)] \tag{7-12}$$

6. 确定每立方米砂浆中砂的用量 m_{s0}(kg)

配制 $1m^3$ 砂浆用 $1m^3$ 的干砂子，按式(7-7)计算。

7. 计算水泥、粉煤灰、石灰膏和砂的绝对体积，求出粉煤灰超出水泥部分的体积，并扣除同体积的砂的用量，得每立方米粉煤灰砂浆中的砂用量 m_s。

$$m_s = m_{s0} - \left(\frac{m_c}{\rho_c}+\frac{m_f}{\rho_f}+\frac{m_p}{\rho_p}-\frac{m_{c0}}{\rho_c}-\frac{m_{p0}}{\rho_p}\right)\rho_s \tag{7-13}$$

式中 ρ_c、ρ_f、ρ_p——分别为水泥、粉煤灰和石灰膏密度(g/cm^3)；

ρ_s——砂子的表观密度(g/cm^3)。

8. 通过试拌，按稠度要求确定用水量 m_w(kg)。

9. 写出每立方米粉煤灰砂浆各材料的用量，求出配合比。

10. 通过试验调整配合比。

例 7-2 某工程配制 M5 砌砖用的粉煤灰水泥石灰砂浆，采用 32.5 级普通水泥(密度为 $3.1g/cm^3$)、Ⅱ级粉煤灰(密度为 $2.2g/cm^3$)、含水率 2%的河中砂(表观密度为 $2.62g/cm^3$，堆积密度 $\rho_{s0}=1490kg/m^3$)、稠度为 120mm 的石灰膏(密度为 $2.9g/cm^3$)。计算该砂浆的配合比。

(1) 计算每立方米不掺粉煤灰砂浆的水泥用量 m_{c0}(kg)

$$m_{c0} = \frac{1.15 f_m}{\alpha f_{ce}} \times 1000$$

式中 $f_m=5.0MPa$，$f_{ce}=32.5MPa$(32.5 级相当于原国家标准的 425 号)，$\alpha=0.758$(查表 7-8)

$$m_{c0} = [1.15\times5.0/(0.758\times42.5)]\times1000 = 178kg$$

(2) 计算每立方米不掺粉煤灰砂浆的石灰膏量 m_{p0}(kg)

$$m_{p0} = 350 - m_{c0} = 350-178 = 172kg$$

(3) 计算每立方米粉煤灰砂浆中的水泥用量 m_c(kg)

$$m_c = m_{c0}(1-\beta_{m1})$$

式中取 $\beta_{m1}=0.15$(查表 7-7)

$$m_c = 178\times(1-0.15) = 151kg$$

(4) 计算每立方米粉煤灰砂浆中的石灰膏用量 m_p(kg)

$$m_p = m_{p0}(1-\beta_{m2})$$

式中取 $\beta_{m2}=0.50$

$$m_p = 172\times(1-0.50) = 86kg$$

(5) 计算每立方米粉煤灰砂浆的粉煤灰用量 m_f(kg)

$$m_f = \delta_m[(m_{c0}-m_c)+(m_{p0}-m_p)]$$

式中取 $\delta_m=1.4$(查表 7-7)

$$m_f=1.4\times[(178-151)+(172-86)]=158\text{kg}$$

(6) 确定每立方米砂浆中砂的用量 m_{s0}(kg)

$$m_{s0}=\rho_{s0}=1490\text{kg}$$

(7) 计算水泥、粉煤灰、石灰膏和砂的绝对体积，求出粉煤灰超出水泥部分的体积，并扣除同体积的砂的用量，得每立方米粉煤灰砂浆中的砂用量 m_s。

$$m_s=m_{s0}-\left(\frac{m_c}{\rho_c}+\frac{m_f}{\rho_f}+\frac{m_p}{\rho_p}-\frac{m_{c0}}{\rho_c}-\frac{m_{p0}}{\rho_p}\right)\rho_s$$

式中 $\rho_c=3.1\text{g/cm}^3$，$\rho_f=2.2\text{g/cm}^3$，$\rho_p=2.9\text{g/cm}^3$，$\rho_s=2.62\text{g/cm}^3$

$$m_s=1490-(151/3.1+158/2.2+86/2.9-178/3.1-172/2.9)\times2.62=1402\text{kg}$$

(8) 通过试拌，按稠度要求确定用水量 m_w(kg)

经试拌确定 $m_w=250\text{kg}$。

(9) 写出每立方米粉煤灰砂浆各材料的用量，求出配合比

$m_c=151\text{kg}$，$m_p=86\text{kg}$，$m_f=158\text{kg}$，$m_s=1402\text{kg}$，$m_w=250\text{kg}$

该砂浆的配合比为：

水泥：石灰膏：粉煤灰：砂：水＝151：86：158：1402：250＝1：0.57：1.05：9.28：1.66。

三、抹灰砂浆

抹灰砂浆是指大面积涂抹于建筑物墙、顶棚、柱等表面的砂浆，包括水泥抹灰砂浆、水泥粉煤灰抹灰砂浆、水泥石灰抹灰砂浆、掺塑化剂水泥抹灰砂浆、聚合物水泥抹灰砂浆及石膏抹灰砂浆等。

（一）基本要求

1. 材料的要求

1）水泥

宜采用通用硅酸盐水泥和砌筑水泥。配制强度等级不大于 M20 砂浆时，宜用 32.5 级通用硅酸盐水泥或砌筑水泥；配制强度等级大于 M20 砂浆时，宜用不低于 42.5 级通用硅酸盐水泥。通用硅酸盐水泥宜用散装水泥。

2）砂

宜采用中砂，不得含有有害杂质，含泥量不应超过 5%，应全部通过 4.75mm 的筛孔。

3）石灰膏

抹灰砂浆中不能掺入消石灰粉。生石灰熟化成石灰膏应在储灰池中熟化时间≥15d，且用于罩面抹灰砂浆时熟化时间≥30d；磨细生石灰粉熟化时间≥3d。储存石灰膏应采取防止干燥、冻结和污染的措施。石灰膏使用前应用孔径不大于 3mm×3mm 的网过滤。

4）其他材料

水、粉煤灰、粒化高炉矿渣、沸石粉、建筑石膏、纤维、聚合物、外加剂等应分别符合国家现行标准。用砌筑水泥拌制抹灰砂浆时，不得再掺加粉煤灰等矿物掺合料。

2. 其他要求

1）砂浆强度与基体材料强度要匹配。

抹灰砂浆的强度不宜比基体材料强度高出两个及以上强度等级，并应符合以下规定：对于无粘贴饰面砖的外墙，底层抹灰砂浆宜比基体材料高一个强度等级或等于基体材料强度；对于无粘贴饰面砖的内墙，底层抹来砂浆宜比基体材料强度低一个强度等级；对于有粘贴饰面砖的内墙和外墙，中层抹灰砂浆宜比基体材料高一个强度等级且不宜低于 M15，并宜选用水泥抹灰砂浆；孔洞填补和窗台、阳台抹面等宜采用 M15 或 M20 水泥抹灰砂浆。

2）施工稠度

抹灰砂浆施工稠度的底层宜为 90～110mm、中层宜为 70～90mm、面层宜为 70～80mm。聚合物水泥抹灰砂浆的施工稠度宜为 50～60mm，石膏抹灰砂浆的施工稠度宜为 50～70mm。

3）抹灰层的平均厚度

抹灰应分层进行，水泥抹灰砂浆每层厚度宜为 5～7mm，水泥石灰抹灰砂浆每层宜为 7～9mm，并应待前一层达到六七成干后再涂抹后一层。

内墙普通抹灰的平均厚度≤20mm，内墙高级抹灰的平均厚度≤25mm；外墙抹灰的平均厚度≤20mm，勒脚抹灰的平均厚度≤25mm；顶棚现浇混凝土抹灰的平均厚度≤5mm，顶棚条板、预制混凝土抹灰的平均厚度≤10mm。加气混凝土砌块基层抹灰的平均厚度＜15mm，其中当采用聚合物水泥砂浆抹灰时，平均厚度＜5mm；当采用石膏抹灰时，平均厚度＜10mm。

4）抹灰砂浆品种选用

抹灰砂浆的品种宜根据使用部位或基体种类按表 7-9 选用。

抹灰砂浆的品种选用 **表 7-9**

使用部位或基体种类	抹灰砂浆品种
内墙	水泥抹灰砂浆、水泥石灰抹灰砂浆、水泥粉煤灰抹灰砂浆、掺塑化剂水泥抹灰砂浆、聚合物水泥抹灰砂浆、石膏抹灰砂浆
外墙、门窗洞口外侧壁	水泥抹灰砂浆、水泥粉煤灰抹灰砂浆
温（湿）度较高的车间和房屋、地下室、屋檐、勒脚等	水泥抹灰砂浆、水泥粉煤灰抹灰砂浆
混凝土板和墙	水泥抹灰砂浆、水泥石灰抹灰砂浆、聚合物水泥抹灰砂浆、石膏抹灰砂浆
混凝土顶棚、条板	聚合物水泥抹灰砂浆、石膏抹灰砂浆
加气混凝土砌块（板）	水泥石灰抹灰砂浆、水泥粉煤灰抹灰砂浆、掺塑化剂水泥抹灰砂浆、聚合物水泥抹灰砂浆、石膏抹灰砂浆

5）搅拌时间

对水泥砂浆和水泥混合砂浆，搅拌时间不得小于 120s；对预拌砂浆、掺用粉煤灰和外加剂的砂浆，搅拌时间不得小于 180s。

（二）配合比设计

1. 一般规定

1）试配抗压强度

砂浆的试配抗压强度应按式(7-14)计算：

$$f_{m,0}=kf_2 \tag{7-14}$$

式中 $f_{m,0}$——砂浆的试配强度(MPa)，精确至 0.1；

f_2——砂浆强度等级值(MPa)，精确至 0.1；

k——砂浆生产(拌制)质量水平系数，取 1.15～1.25。生产(拌制)水平为优良、一般、较差时，k 值分别取为 1.15、1.20、1.25。

2) 分层度

抹灰砂浆的分层度宜为 10～20mm。

2. 配合比选择

抹灰砂浆的配合比可按表 7-10 选用。砂子的用量均为 $1m^3$ 砂的堆积密度值。

抹灰砂浆配合比选用(kg/m^3) 表 7-10

砂浆种类	强度等级	水泥用量	掺加料	水	其他技术要求
水泥抹灰砂浆	M15	330～380	—	250～300	拌合物表观密度≥1900kg/m³，保水率≥82%，拉伸粘结强度≥0.20MPa
	M20	380～450			
	M25	400～450			
	M30	460～530			
水泥煤粉灰抹灰砂浆	M5	250～290	内掺粉煤灰，等量取代水泥 10%～30%	270～320	拌合物表观密度≥1900kg/m³，保水率≥82%，拉伸粘结强度≥0.15MPa
	M10	320～350			
	M15	350～400			
水泥石灰抹灰砂浆	M2.5	200～230	(350～400)－水泥用量	180～280	拌合物表观密度≥1800kg/m³，保水率≥88%，拉伸粘结强度≥0.15MPa
	M5	230～280			
	M7.5	280～330			
	M10	330～380			
掺塑化剂水泥抹灰砂浆	M5	260～300	—	250～280	拌合物表观密度≥1800kg/m³，保水率≥88%，拉伸粘结强度≥0.15MPa
	M10	330～360			
	M15	360～410			
聚合物水泥抹灰砂浆	≥M5.0	—	—	—	用 42.5 级通用水泥，粒径＜1.18mm 细砂，可操作时间 1.5～4.0h，保水率≥99%，拉伸粘结强度≥0.30MPa
石膏抹灰砂浆	＞4.0MPa	—	石膏 450～650	260～400	初凝时间＞1.0h，终凝时间≤8.0h，拉伸粘结强度≥0.40MPa

另外，列出常用抹灰砂浆的配合比于表 7-11，供参考。

常用抹灰砂浆配合比参考表 表 7-11

材料	配合比(体积比)	使用部位
石灰：砂	1：3	用于砖石墙面打底找平(干燥环境)
石灰：砂	1：1	墙面石灰砂浆面层
石灰：黏土：砂	1：1：4～8	干燥环境墙表面
石灰：石膏：砂	1：0.4：2～1：1：3	用于非潮湿房间的墙及天花板

续表

材料	配合比(体积比)	使用部位
石灰：石膏：砂	1：2：2～4	用于非潮湿房间的线脚及其他装饰工程
石灰膏：麻刀	100：2.5(质量比)	木板条顶棚底层
石灰膏：麻刀	100：1.3(质量比)	木板条顶棚面层
石灰膏：纸筋	100：3.8(质量比)	木板条顶棚面层
石灰膏：纸筋	$1m^3$ 石灰膏掺 3.6kg 纸筋	较高级墙面及顶棚
水泥：砂	1：2.5～3	用于浴室、潮湿车间等墙裙、勒脚或地面基层
水泥：砂	1：1.5～2	用于地面、顶棚或墙面面层
水泥：砂	1：0.5～1	用于混凝土地面随时压光
水泥：石灰：砂	1：1：6	内外墙面混合砂浆打底层
水泥：石灰：砂	1：0.3：3	墙面混合砂浆面层
水泥：石膏：砂：锯末	1：1：3：5	用于吸声粉刷
水泥：白石子	1：1～2	用于水磨石(打底用 1：2.5 水泥砂浆)
水泥：白石子	1：1.5	用于剁假石(打底用 1：2～2.5 水泥砂浆)

3. 配合比试配

抹灰砂浆试配时，至少应采用 3 个不同的配合比，其中一个配合比应为按表 7-15 查得的配合比，其余两个配合比的水泥用应按基准配合比分别增加和减少 10%。在保证稠度、分层度(或保水率)满足要求的条件下，可将用水量或石灰膏、粉煤灰等矿物掺合料用量作相应调整。

四、装饰砂浆

用于建筑物饰面的砂浆称为装饰砂浆。装饰砂浆与抹面砂浆的主要区别在面层。面层应选用具有不同颜色的胶凝材料和骨料并采用特殊的施工操作方法，以便表面呈现各种不同的色彩线条和花纹等装饰效果。

常见几种装饰砂浆如下：

1. 拉毛

先用水泥砂浆做底层，再用水泥石灰砂浆做面层，在砂浆尚未凝结之前用铁抹子或木蟹将表面拉成凹凸不平的形状。拉毛砂浆既有装饰效果又有吸声作用，多用于外墙及影剧院等公共建筑的室内墙壁和顶棚的饰面。

2. 水刷石

用 5mm 左右石渣配制的砂浆做底层，涂抹成型待稍凝固后立即喷水，将面层水泥冲掉，使石渣半露而不脱落，远看颇似花岗石。水刷石主要用于外墙装饰。

3. 水磨石

用水泥(普通水泥、白水泥、彩色水泥)、彩色石渣或白色大理石碎粒及水按适当比例掺入颜料，以拌合、涂抹或浇筑、养护、硬化和表面打磨、洒草酸冲洗、干后上蜡等工序而成。水磨石既可现场制作，也可工厂预制。它不仅美观而且有较好的防水、耐磨性能，多用于室内地面等装饰，如墙裙、踏步、踢脚板、窗台板、隔断板、水池和水槽等。

4. 干粘石

在抹灰层水泥净浆表面粘结彩色石渣和彩色玻璃碎粒而在成，是一种假石饰面。它分人工粘结和机械喷粘两种，要求粘结牢固、不掉粒、不露浆。其装饰效果与水泥石相同，但避免了湿作业，施工效率高，可节省材料。

5. 斩假石

又称剁假石，一种假石饰面。原料和制作工艺与水磨石相同，但表面不磨光，而是在水泥浆硬化后，用斧刃剁毛。表面颇似剁毛的花岗石。

五、特种砂浆

1. 防水砂浆

用作防水层的砂浆叫做防水浆，适用于不受振动和具有一定刚度的混凝土或砖石砌体的表面，应用于地下室、水塔、水池、储液罐等防水工程。

常用的防水砂浆主要有以下三种：

1）水泥砂浆

普通水泥砂浆多层抹面用作防水层，要求水泥强度等级不低于32.5级，砂宜采用洁净的中砂，含泥量不得大于1%，硫化物和硫酸盐含量不得大于1%。

2）水泥砂浆+防水剂

在普通水泥砂浆中掺入适量防水剂，提高砂浆自防水能力。其配合比与水泥砂浆相同。

3）膨胀水泥或无收缩水泥配制砂浆

这种水泥砂浆的抗渗性主要是由于水泥具有微膨胀或补偿收缩性能，提高了砂浆的密实性，有良好的防水效果。其体积配合比为水泥：砂=1：2.5，水灰比为0.4～0.5。

防水砂浆的施工方法有两种，一是喷浆法，即利用高压喷枪将砂浆以每秒100m的高速喷至建筑物表面，砂浆被高压空气强烈压实，密实度大，抗渗性好。另一种是人工抹压，一般要求在涂抹前先将清洁的底面抹一层纯水泥浆，然后抹一层5mm厚的防水砂浆，在初凝前用木抹子压实一遍，共压抹4～5层，约20～30mm厚，最后一层要进行压光。抹完之后要加强养护。

2. 保温砂浆

保温砂浆是以水泥、石灰膏、石膏等胶凝材料与膨胀珍珠岩砂、膨胀蛭石、火山渣或浮石砂、陶砂等轻质多孔骨料按一定比例配制成的砂浆。具有轻质、保温等特性。

常用的保温砂浆有水泥膨胀珍珠岩、水泥膨胀蛭石砂浆、水泥石灰膨胀蛭石砂浆等。水泥膨胀珍珠岩砂浆用42.5级普通水泥配制时，其体积比为水泥：膨胀珍珠岩砂=1：12～15，水灰比为1.5～2.0，导热系数为0.067～0.074W/(m·K)，可用于砖及混凝土内墙表面抹灰或喷涂。水泥石灰膨胀蛭石砂浆是以体积比为水泥：石灰膏：膨胀蛭石=1：1：5～8研制而成。其导热系数为0.076～0.105W/(m·K)，可用于平屋顶保温层及顶棚、内墙抹灰。

3. 吸声砂浆

由轻骨料配制成的保温砂浆，一般均具有良好的吸声性能，也可作吸声砂浆。另外，还可用水泥、石膏、砂、锯末配制(参见表7-9)。若石灰、石膏砂浆中掺入玻璃纤维、矿物棉等松软纤维材料也可获得吸声效果。吸声砂浆用于吸音要求的室内墙壁和顶棚的抹灰。

4. 防辐射砂浆

在水泥浆中掺入重晶石粉、重晶石砂中配制成具有防辐射能力的砂浆。其配合比约为水泥：重晶石粉：重晶石砂＝1：0.25：4～5。在水泥浆中掺加硼砂、硼酸等可配制成具有防中子辐射能力的砂浆。

第三节 砂浆监理

一、学习砂浆的性质、配制和应用要求

二、原材料的质量控制

（一）胶凝材料及掺加料

建筑砂浆常用胶凝材料有水泥、石灰膏、石膏、黏土膏等。这些胶凝材料可以单独使用，亦可两种或两种以上混合使用，几种胶凝材料混合在一起使用的砂浆称为混合砂浆，常见的混合砂浆有水泥石灰混合砂浆、水泥粉煤灰混合砂浆。在干燥环境中使用的砂浆可选用气硬性胶凝材料，亦可采用水硬性胶凝材料；在潮湿环境或水中使用的砂浆，则必须用水硬性胶凝材料。

配制砂浆时，水泥强度等级宜为砂浆强度等级的4～5倍。由于砂浆强度要求不高，为合理利用资源、节约材料，在配制砂浆时要尽量选用低强度等级水泥和砌筑水泥。对于水泥砂浆，水泥强度等级不宜大于32.5级；对于水泥混合砂浆，因粉煤灰、石灰膏、黏土膏等掺加料会降低砂浆的强度，采用的水泥强度等级可以大于32.5级，但不宜大于42.5级。

1. 水泥　可采用普通水泥、矿渣水泥、粉煤灰水泥、火山灰水泥、复合水泥和砌筑水泥等，水泥的质量要求同用于混凝土的水泥。**水泥进场使用前，应分批对其强度、安定性进行复验。检验批应以同一生产厂家、同一编号为一批。当在使用中对水泥质量有怀疑或水泥出厂超过三个月(快硬硅酸盐水泥超过一个月)时，应复查试验，并按其结果使用。不同品种的水泥，不得混合使用。**

2. 粉煤灰　应符合《用于水泥和混凝土中的粉煤灰》GB/T 1596—2005的规定。

3. 石灰　砂浆用的石灰可采用生石灰、消石灰粉和生石灰粉，它们在使用前均需淋成石灰膏。生石灰块和消石灰粉淋成石灰膏时应用不大于3mm×3mm的网过滤，熟化时间不能少于7d；磨细生石灰(应符合《建筑生石灰粉》JC/T 480—1992的要求)可不用网过滤，熟化时间不得小于2d。石灰使用前进行淋灰熟化的目的是为了避免过火CaO颗粒的缓慢熟化，体积膨胀而使已硬化的砂浆产生鼓泡崩裂的现象。沉淀池中贮存的石灰膏，应采取防止干燥、冻结和污染的措施。严禁使用脱水硬化的石灰膏。掺有石灰的混合砂浆不能用于基础等与水接触的部位。

4. 黏土　砂浆中的黏土应选择颗粒细、黏性好、含砂量少、含有机杂质少的黏土。可以干法掺入，即将黏土烘干磨细，直接投入搅拌机与其他材料同时搅拌；也可用湿法，

即将黏土加水淋浆，并通过 3mm×3mm 的网过滤，经沉淀后变成黏土膏来使用。黏土中的有机物含量用比色法鉴定应浅于标准色。

5. 石膏　石膏可采用建筑石膏、电石膏。石膏的凝结时间快，应用时其凝结时间应符合有关规定；电石渣应用不大于 3mm×3mm 的网过筛，检验时应加热至 70℃并保持 20min，没有乙炔味后，方可使用。

（二）细骨料

砂浆所用细骨料主要为天然砂，它应符合混凝土用砂的技术要求。由于砂浆层较薄，对砂子最大粒径应有限制。用于毛石砌体砂浆，砂子最大粒径应小于砂浆层厚度的 1/5～1/4；用于砖砌体的砂浆，宜用中砂，其最大粒径不大于 4.75mm；光滑表面的抹灰及勾缝砂浆，宜选用细砂，其最大粒径不宜大于 1.18mm。当砂浆强度等级大于或等于 M5 时，砂的含泥量不应超过 5%；强度等级为 M5 以下的砂浆，砂的含泥量不应超过 10%。

若用煤渣做骨料，应选用燃烧完全且有害杂质含量少的煤渣，以免影响砂浆质量。

（三）水

砂浆用水与混凝土拌合养护用水的要求相同，采用不含有害杂质的洁净水，一般凡可饮用的水，均可拌制砂浆。

（四）外加剂

为了提高砂浆的和易性并节约石灰膏，可在水泥砂浆或混合砂浆中掺入塑化剂等外加剂。**凡在砂浆中掺入有机塑化剂、早强剂、缓凝剂、防冻剂等，应经检验和试配符合要求后，方可使用。有机塑化剂应有砌体强度的型式检验报告。**在水泥黏土砂浆中不宜使用微沫剂；水泥石灰砂浆中掺微沫剂时，石灰膏用量可以减少，但减少量不宜超过 50%。微沫剂的掺量一般为水泥用量的 0.5/10000～1.0/10000，严禁随意掺加，否则会导致砂浆强度显著下降。

三、重视配合比的控制

砂浆的强度必须符合设计要求。一些施工技术人员比较重视砌体的质量管理，而对砂浆配合比却疏于控制。实际上，砌体的强度不仅依赖于砌块本身的强度，也依赖于砂浆的强度。试验证明，相同的砌块，砂浆强度等级由 M10 降至 M2.5 时，砌体强度会下降 40%～60%，事实上，因砂浆强度低而导致墙体开裂的事故时有发生。所以监理工程师应重视砂浆配合比控制，重点控制胶凝材料的掺量。按现今砂浆配合比设计规程进行配合比设计，砂浆的强度超过设计强度较大(特别是配制低强度砂浆)，为了保证砂浆既满足强度要求，又有良好的和易性，可用适量粉煤灰取代部分水泥，粉煤灰取代率根据试验来决定。

四、砂浆应采用机械搅拌，并随拌随用

施工单位对砌筑砂浆的拌合比较重视，一般均采用机械搅拌。但抹灰砂浆有在施工操作地点，用人工随拌随用的现象，这种施工方法，一方面使操作地点泥泞不堪，严重降低了现场文明施工状况，另一方面可能引起楼面因砂浆堆积过多而开裂的情况。所以，无论是砌筑砂浆，还是抹面砂浆均应采用集中机械搅拌，然后分送到各操作点，并做到随拌

随用。

水泥砂浆和水泥混合砂浆必须分别在拌成后 3h 和 4h 内使用完毕；当施工期间最高气温超过 30℃时，必须分别在拌成后的 2h 和 3h 内使用完毕。

注：对掺用缓凝剂的砂浆，其使用时间可根据具体情况延长。

机械搅拌的时间应符合下列要求：水泥砂浆和水泥混合砂浆，不得少于 120s；水泥粉煤灰砂浆和掺有外加剂的砂浆，不得少于 180s；掺用有机塑化剂的砂浆，为 3～5min。

五、砂浆试块抽样及强度评定

（一）抽样位置及抽样频率

砂浆试样应在搅拌机出料口随机取样、制作，同盘砂浆只应制作一组试样。每一检验批且不超过 250m^3 砌体的各种类型及强度等级的砌筑砂浆，每台搅拌机应至少抽检一次。

（二）试件的制作与养护

采用内尺寸为 70.7mm×70.7mm×70.7mm 的带底试模，每组砂浆试件为 3 个。用黄油等密封材料涂抹试模的外接缝，试模内应涂刷薄层机油或隔离剂。然后将拌制好的砂浆一次性装满砂浆试模，成型方法应根据稠度而确定。当稠度大于 50mm 时，宜采用人工插捣成型，当稠度不大于 50mm 时，宜采用振动台振实成型；

1. 人工插捣：应采用捣棒均匀地由边缘向中心按螺旋方式插捣 25 次，插捣过程中当砂浆沉落低于试模口时，应随时添加砂浆，可用油灰刀插捣数次，并用手将试模一边抬高 5～10mm 各振动 5 次，砂浆应高出试模顶面 6～8mm；

2. 机械振动：将砂浆一次性装满试模，放置到振动台上，振动时试模不得跳动，振动 5～10s 或持续到表面泛浆为止，不得过振；

待砂浆表面水分稍干后，再将高出试模部分的砂浆沿试模顶面刮去并抹平。试件制作后，应在 20±5℃温度环境下停置 24±2h。当气温较低时，或者凝结时间大于 24h 时，可适当延长时间，但不应超过 2d。然后对试件进行编号并拆模。试件拆模后，立即放入温度 20±2℃、相对湿度为 90％以上的标准养护室中养护。养护期间，试件彼此间隔不得小于 10mm，混合砂浆、湿拌砂浆试件上面应覆盖，防止有水滴在试件上。

（三）抗压强度试验

试件从养护地点取出后，先将试件表面擦净，然后测量尺寸(精确到 1mm)，并据此计算试件的受压面积，如实测尺寸与公称尺寸之差不超过 1mm，可按公称尺寸计算，并检查外观。将试件放在试验机的下压板上，使承压面应与成型时的顶面垂直。试件的中心应与试验机下压板中心对准。开动试验机，当上压板与试件接近时，调整球座，使接触面均衡受压，均匀加荷。

加荷速度 0.25～1.5kN/s，砂浆强度不大于 2.5MPa 时，取下限为宜。当试件接近破坏而开始迅速变形时，停止调整试验机油门，直至试件破坏，然后记录破坏荷载。

（四）结果计算

1. 砂浆立方体抗压强度按式(7-15)计算

$$f_{m,cu}=K\frac{N_u}{A} \tag{7-15}$$

式中 $f_{m,cu}$——砂浆立方体抗压强度(MPa)，精确至 0.1MPa；

N_u——试件破坏荷载(N)；

A——试件承压面积(mm^2)；

K——换算系数，取 1.35。

2. 以三个试件测值的算术平均值作为该组试件的砂浆立方体抗压强度(f_2)，精确至 0.1MPa。当三个测值的最大值或最小值中有一个与中间值的差值超过中间值的 15%时，应把最大值及最小值一并舍去，取中间值作为该组试件的抗压强度值。当两个测值与中间值的差值均超过中间值的 15%，该组试验结果为无效。

（五）验收

同一验收批砂浆试块抗压强度平均值必须大于或等于设计强度等级所对应的立方体抗压强度；同一验收批砂浆试块抗压强度的最小一组平均值必须大于或等于设计强度等级所对应的立方体抗压强度的 0.75 倍。

注：砌筑砂浆的验收批，同一类型、强度等级的砂浆试块应不少于 3 组。当同一验收批只有一组试块时，该组试块抗压强度的平均值必须大于或等于设计强度等级所对应的立方体抗压强度。

（六）当施工中或验收时出现下列情况，可采用现场检验方法对砂浆和砌体强度进行原位检测或取样检测，并判定其强度：

1. 砂浆试块缺乏代表性或试块数量不足；
2. 对砂浆试块的试验结果有怀疑或有争议；
3. 砂浆试块的试验结果，不能满足设计要求。

第八章　建　筑　钢　材

建筑钢材是指用于工程建设的各种钢材，包括钢结构用的各种型钢(圆钢、角钢、槽钢和工字钢)；钢板；钢筋混凝土用的各种钢筋、钢丝和钢绞线。除此之外，还包括用作门窗和建筑五金等钢材。

建筑钢材强度高、品质均匀，具有一定的弹性和塑性变形能力，能承受冲击振动荷载。钢材还具有很好的加工性能，可以铸造、锻压、焊接、铆接和切割，装配施工方便。建筑钢材广泛用于大跨度结构、多层及高层建筑、受动力荷载结构和重型工业厂房结构，广泛用于钢筋混凝土之中，因此建筑钢材是最重要的建筑结构材料之一。

钢材的缺点是容易生锈，维护费用大，耐火性差。

第一节　钢的冶炼与分类

一、钢的冶炼

钢和铁的主要成分都是铁和碳，用含碳量的多少加以区分，含碳量大于2.06％的为生铁，小于2.06％的为钢。

钢是由生铁冶炼而成。生铁是由铁矿石、焦炭和少量石灰石等在高温的作用下进行还原反应和其他的化学反应，铁矿石中的氧化铁形成金属铁，然后再吸收碳而成生铁。生铁的主要成分是铁，但含有较多的碳以及硫、磷、硅、锰等杂质，杂质使得生铁的性质硬而脆，塑性很差，抗拉强度很低，使用受到很大限制。炼钢的目的就是通过冶炼将生铁中的含碳量降至2.06％以下，其他杂质含量降至一定的范围内，以显著改善其技术性能，提高质量。

钢的冶炼方法主要有氧气转炉法、电炉法和平炉法三种，不同的冶炼方法对钢材的质量有着不同的影响，如表8-1所示。目前，氧气转炉法已成为现代炼钢的主要方法，而平炉法则已基本被淘汰。

炼钢方法的特点和应用　　**表8-1**

炉种	原料	特点	生产钢种
氧气转炉	铁水、废钢	冶炼速度快，生产效率高，钢质较好	碳素钢、低合金钢
电炉	废钢	容积小，耗电大，控制严格，钢质好，但成本高	合金钢、优质碳素钢
平炉	生铁、废钢	容量大，冶炼时间长，钢质较好且稳定，成本较高	碳素钢、低合金钢

在铸锭冷却过程中，由于钢内某些元素在铁的液相中的溶解度大于固相，这些元素便向凝固较迟的钢锭中心集中，导致化学成分在钢锭中分布不均匀，这种现象称为化学偏析，其中以硫、磷偏析最为严重。偏析会严重降低钢材质量。

在冶炼钢的过程中，由于氧化作用使部分铁被氧化成FeO，使钢的质量降低，因而在炼钢后期精炼时，需在炉内或钢包中加入锰铁、硅铁或铝锭等脱氧剂进行脱氧，脱氧剂与FeO反应生成MnO、SiO_2或Al_2O_3等氧化物，它们成为钢渣而被除去。若脱氧不完全，钢水浇入锭模时，会有大量的CO气体从钢水中逸出，引起钢水呈沸腾状，产生所谓沸腾钢。沸腾钢组织不够致密，成分不太均匀，硫、磷等杂质偏析较严重，故钢材的质量差。

二、钢的分类

根据钢的化学成分、品质和用途不同，可分成不同的钢种。

（一）按化学成分分类

1. 碳素钢。低碳钢(含碳量＜0.25％)，中碳钢(含碳量0.25％～0.6％)高碳钢(含碳量0.6％～2.06％)。

2. 合金钢。低合金钢(合金元素总量＜5％)，中合金钢(合金元素总量5％～10％)，高合金钢(合金元素总量＞5％)。

（二）按冶炼时脱氧程度分类

1. 沸腾钢。是脱氧不完全的钢，其代号为“F”。沸腾钢内部杂质多，材质不均匀，强度低，冲击韧性和可焊性差，但生产成本低，可用于一般建筑工程。

2. 镇静钢。是脱氧完全的钢，其代号为“Z”。镇静钢组织致密，成分均匀，性能稳定，质量好，但成本高，适用于预应力混凝土等重要结构工程。

3. 半镇静钢。脱氧程度介于沸腾钢与镇静钢之间，其代号为“b”，质量较好。

4. 特殊镇静钢。比镇静钢脱氧程度还要充分的钢，其代号为“TZ”。特殊镇静钢质量最好，适用于特别重要的结构工程。

（三）按有害杂质含量分类

1. 普通钢。磷含量≤0.045％；硫含量≤0.050％。

2. 优质钢。磷含量≤0.035％；硫含量≤0.035％。

3. 高级优质钢。磷含量≤0.025％；硫含量≤0.025％。

4. 特级优质钢。磷含量≤0.025％；硫含量≤0.015％。

（四）按用途分类

1. 结构钢。主要用作工程结构构件及机械零件的钢。

2. 工具钢。主要用于各种刀具、量具及模具的钢。

3. 特殊钢。具有特殊物理、化学或机械性能的钢，如不锈钢、耐热钢、耐酸钢、耐磨钢等。建筑上常用的钢种是低碳钢和低合金结构钢。

第二节 建筑钢材的技术性能

建筑钢材的技术性能主要有力学性能(抗拉性能、抗冲击性能、耐疲劳性能和硬度)和工艺性能(冷弯性能和可焊接性能)。

一、力学性能

1. 抗拉性能

抗拉性能是建筑钢材最主要的技术性能。通过拉伸试验可以测得屈服强度、抗拉强度和伸长率，这些是钢材的重要技术性能指标。

建筑钢材的抗拉性能可用低碳钢受拉时的应力—应变图(图 8-1)来阐明。低碳钢从受拉至拉断，分为以下四个阶段：

(1) 弹性阶段

OA 为弹性阶段。在 *OA* 范围内，随着荷载的增加，应变随应力成正比增加。如卸去荷载，试件将恢复原状，表现为弹性变形，与 *A* 点相对应的应力为弹性极限，用 R_p 表示。在这一范围内，应力与应变的比值为一常量，称为弹性模量，用 *E* 表示，即 $E=\sigma/\varepsilon$。弹性模量反映钢材的刚度，是钢材在受力条件下计算结构变形的重要指标。常用低碳钢的弹性模量 $E=(2.0\sim2.1)\times10^5$MPa，弹性极限 $R_p=180\sim200$MPa。

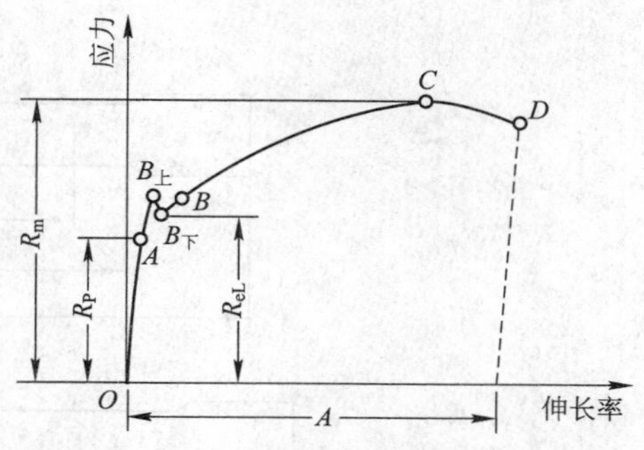

图 8-1 低碳钢受拉时应力—应变图

(2) 屈服阶段

AB 为屈服阶段。在 *AB* 曲线范围内，应力超过 R_p 后，如果卸去拉力，变形不能完全恢复，开始产生塑性变形，应变增加的速度大于应力增长速度。当应力达到 $B_上$ 点后，瞬时下降至 $B_下$，变形迅速增大，而此时应力则大致在恒定的水平上波动，直到 *B* 点，产生了抵抗外力能力的“屈服”。$B_上$ 点对应的应力称为上屈服强度 R_{eH}，$B_下$ 点对应的应力为下屈服强度 R_{eL}。因 $B_下$ 比较稳定易测定，故一般以下屈服强度 R_{eL} 作为钢材屈服点。常用低碳钢的 R_{eL} 为 195～300MPa。

钢材受力达屈服点后，变形即迅速发展，尽管尚未破坏但已不能满足使用要求。故设计中一般以屈服点作为强度取值依据。

(3) 强化阶段

BC 为强化阶段。过 *B* 点后，抵抗塑性变形的能力又重新提高，变形发展速度比较快，随着应力的提高而增强。对应于最高点 *C* 的应力，称为抗拉强度，用 R_m 表示。常用低碳钢的 R_m 为 385～520MPa。

抗拉强度不能直接利用，但屈服点与抗拉强度的比值(即屈强比 R_{eL}/R_m)，能反映钢材的安全可靠程度和利用率。屈强比越小，表明材料的安全性和可靠性越高，结构越安全。但屈强比过小，则钢材有效利用率太低，造成浪费。常用碳素钢的屈强比为 0.58～0.63，合金钢为 0.65～0.75。

(4) 颈缩阶段

CD 为颈缩阶段。过 *C* 点后，材料变形迅速增大，而应力反而下降。试件在拉断前，于薄弱处截面显著缩小，产生“颈缩现象”，直至断裂。

通过拉伸试验，除能检测钢材屈服强度和抗拉强度等强度指标外，还能检测出钢材的塑性。塑性表示钢材在外力作用下发生塑性变形而不破坏的能力，它是钢材的一个重要性指标。钢材塑性通常用伸长率或断面收缩率表示。

钢材拉伸试验，试样拉断前、后试件尺寸示意图如图 8-2 所示。试验时，测量试件原始标距(L_0)，测量拉断后的试件于断裂处对接在一起的断后标距 L_u。试件拉断前后标距的伸长量(L_u-L_0)与原始标距(L_0)的百分比称为断后伸长率(*A*)。断后伸长率 *A* 的计算公式如下：

$$A=\frac{L_u-L_0}{L_0}\times100\% \tag{8-1}$$

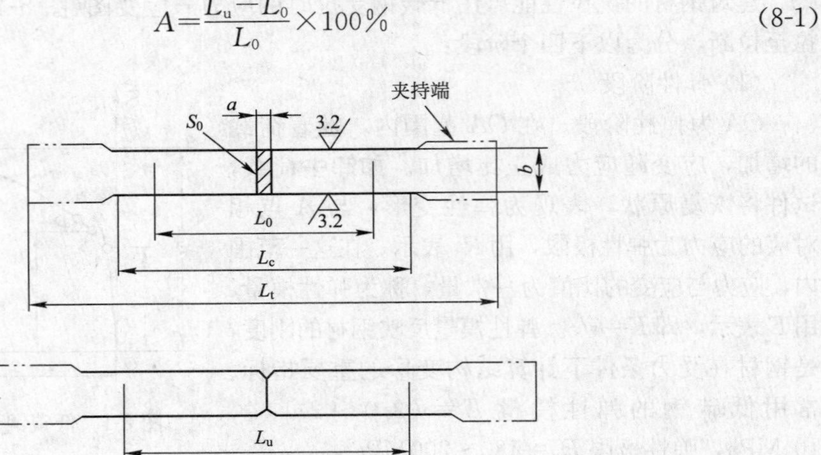

图 8-2 钢材拉断前后的试件

还可用断裂总伸长率 A_t 和最大力伸长率等指标来表达钢材的塑性(图 8-3)。断裂总伸长率 A_t 是指断裂时刻，原始标距的总伸长(弹性伸长＋塑性伸长)与原始标距(L_0)之比的百分率。最大力伸长率是指最大力时，原始标距的伸长与原始标距(L_0)之比的百分率，又分为最大力总伸长率 A_{gt}和最大力非比例伸长率 A_g。

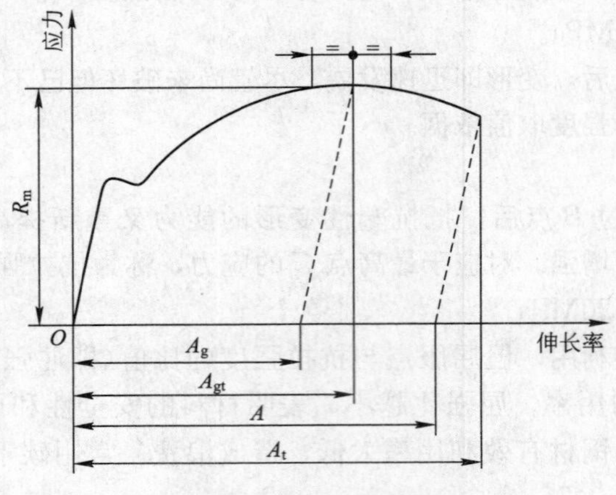

图 8-3 钢材伸长率的定义

钢材拉伸时塑性变形在试件标距内的分布是不均匀的，颈缩处的伸长较大。所以原始标距(L_0)与直径或厚度(d)之比越大，颈缩处的伸长值在总伸长值中所占的比例就越小，计算出的伸长率 A 也越小。通常钢材拉伸试件取 $L_0=5d$ 或 $L_0=10d$，对应的伸长率分别记为 A 和 $A_{11.3}$，对于同一钢材，$A>A_{11.3}$。

测定试件原始截面积(S_0)和拉断处的截面积(S_u)。试件拉断前后截面积的改变量(S_0-S_u)与原始截面积(S_0)的百分比称为断面收缩率(Z)。断面收缩率的计算公式如下：

$$Z=\frac{S_0-S_u}{S_0}\times100\% \tag{8-2}$$

伸长率和断面收缩率都表示钢材断裂前经受塑性变形的能力。伸长率越大或者断面收缩率越高，表示钢材塑性越好。尽管结构是在钢的弹性范围内使用，但在应力集中处，其应力可能超过屈服点，此时产生一定的塑性变形，可使结构中的应力产生重分布，从而使结构免遭破坏。另外，钢材塑性大，则在塑性破坏前，有很明显的塑性变形和较长的变形持续时间，便于人们发现和补救问题，从而保证钢材在建筑上的安全使用；也有利于钢材加工成各种形式。

中碳钢与高碳钢（硬钢）拉伸时的应力-应变曲线与低碳钢不同，无明显屈服现象，伸长率小，断裂时呈脆性破坏，其应力-应变曲线如图 8-4 所示。这类钢材由于不能测定屈服点，通常以产生 0.2% 残余变形时的应力值作为名义屈服点，也称规定非比例延伸强度，用 $R_{p0.2}$ 表示。

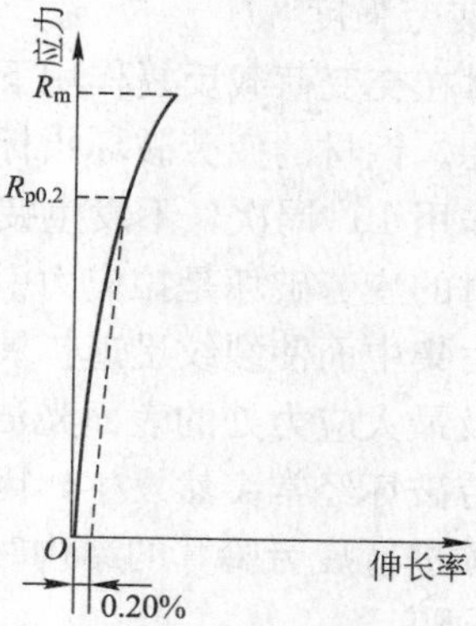

图 8-4 中碳钢、高碳钢的应力-应变曲线

2. 冲击韧性

冲击韧性是指钢材抵抗冲击荷载作用的能力，用冲断试件所需能量的多少来表示。钢材的冲击韧性试验是采用中部加工有 V 形或 U 形缺口的标准弯曲试件，置于冲击机的支架上，试件非切槽的一侧对准冲击摆，如图 8-5 所示。当冲击摆从一定高度自由落下将试件冲断时，试件吸收的能量等于冲击摆所做的功，以缺口底部处单位面积上所消耗的功，即为冲击韧性指标，用冲击韧性值 a_k（J/cm^2）表示。a_k 越大表示钢材抗冲击的能力越强。

影响钢材冲击韧性的因素很多，当钢材内硫、磷的含量高，脱氧不完全，存在化学偏析，含有非金属夹杂物及焊接形成的微裂纹，都会使钢材的冲击韧性显著下降。同时环境温度对钢材的冲击韧性影响也很大。

试验表明，冲击韧性随温度的降低而下降，开始时下降缓慢，当达到一定温度范围时，突然下降很快而呈脆性。这种性质称为钢材的冷脆性，这时的温度称为脆性转变温度，如图 8-6 所示。脆性转变温度越低，钢材的低温冲击韧性越好。因此，在负温下使用的结构，应当选用脆性转变温度低于使用温度的钢材。脆性临界温度的测定较复杂，规范中通常是根据气温条件规定－20℃或－40℃的负温冲击值指标。

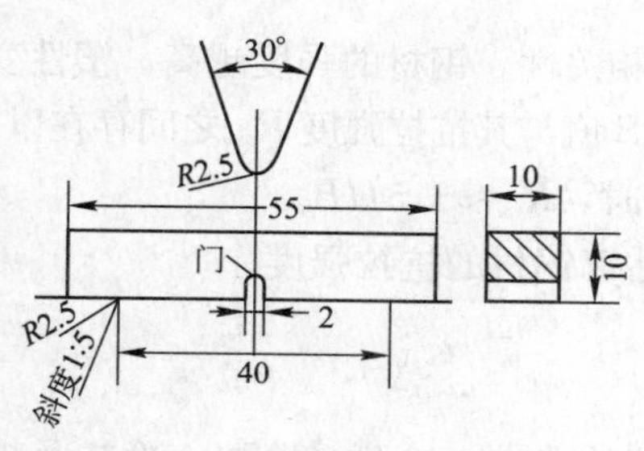

图 8-5 冲击韧性试验示意图

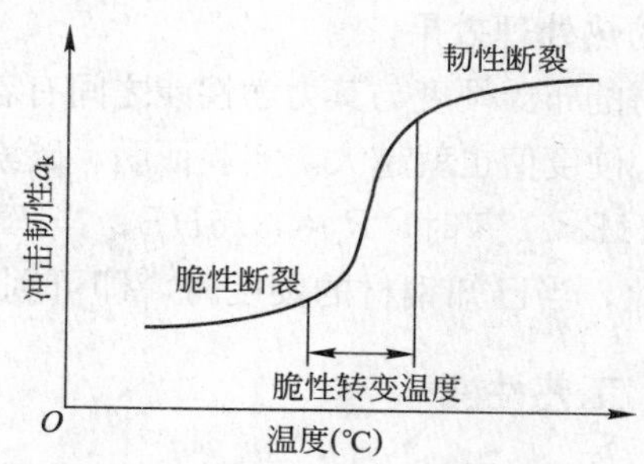

图 8-6 钢材的冲击韧性与温度的关系

冷加工时效处理也会使钢材的冲击韧性下降。钢材的时效是指钢材随时间的延长，钢材强度逐渐提高而塑性、韧性下降的现象。完成时效的过程可达数十年，但钢材如经过冷加工或使用中受振动和反复荷载作用，时效可迅速发展。因时效导致钢材性能改变的程度

称为时效敏感性。时效敏感性大的钢材，经过时效后，冲击韧性的降低越显著。为了保证结构安全，对于承受动荷载的重要结构，应当选用时效敏感性小的钢材。

3. 疲劳强度

钢材在交变荷载反复作用下，可在远小于抗拉强度的情况下突然破坏，这种破坏称为疲劳破坏。钢材的疲劳破坏指标用疲劳强度(或称疲劳极限)来表示，它是指试件在交变应力下，作用 10^7 周次，不发生疲劳破坏的最大应力值。

钢材的疲劳破坏是拉应力引起，首先在局部开始形成微细裂纹，其后由于裂纹尖端处产生应力集中而使裂纹迅速扩展直至钢材断裂。因此，钢材的内部成分的偏析和夹杂物的多少以及最大应力处的表面光洁程度、加工损伤等，都是影响钢材疲劳强度的因素。

疲劳破坏经常突然发生，因而有很大的危险性，往往造成严重事故，在设计承受反复荷载且须进行疲劳验算的结构时，应当了解所用钢材的疲劳强度。

4. 硬度

钢材的硬度是指其表面抵抗硬物压入产生局部变形的能力。测定钢材硬度的方法很多，有布氏法、洛氏法和维氏法等，建筑钢材常用布氏硬度表示，其代号为 HB。

布氏法的测定原理是利用直径为 D(mm)的淬火钢球，以荷载 P(N)将其压入试件表面，经规定的持续时间后卸去荷载，得直径为 d(mm)的压痕，以压痕表面积 A(mm^2)除荷载 P，即得布氏硬度(HB)值，此值无量纲。图 8-7是布氏硬度测定示意图。

测定时所得压痕直径应在 $0.25D<d<0.6D$ 范围内，否则测定结果不准确，故在测定前应根据试件厚度和估计的硬度范围，按试验方法的规定选定钢球直径、所加荷载及荷载持续时间。当被测材料硬度 $HB>450$ 时，钢球本身将发生较大变形，甚至破坏，故这种硬度法仅适用于 $HB<450$ 的钢材。对于 $HB>450$ 的钢材，应采用洛氏法测定其硬度。布氏法比较准确，但压痕较大，不适宜用于成品检验，而洛氏法压痕小，它是以压头压入试件的深度来表示硬度值的，常用于判断工件的热处理效果。

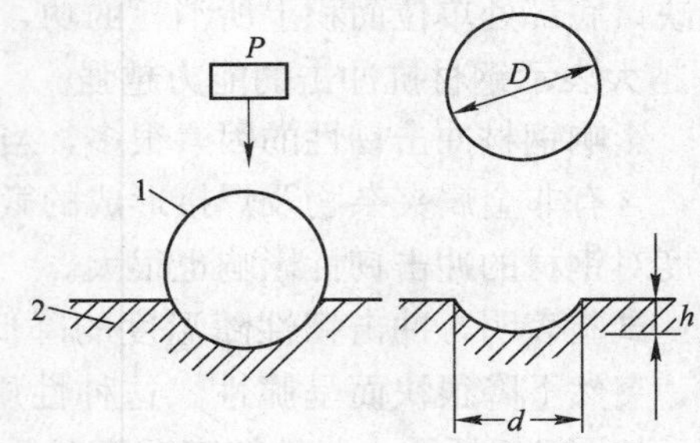

图 8-7 布氏硬度测定示意图

1—钢球；2—试件

钢材的布氏硬度与其力学性能之间有着较好的相关性。钢材的强度越高，塑性变形抵抗力越强，硬度值也就越大。实验证明，碳素钢的 HB 值与其抗拉强度 R_m 之间存在以下关系：

当 $HB<175$ 时，$R_m\approx3.6HB$；当 $HB>175$ 时，$R_m\approx3.5HB$。

由此，当已知钢材的硬度时，即可利用上式估算钢材的抗拉强度。

二、工艺性能

钢材应具有良好的工艺性能，以满足施工工艺的要求。冷弯、冷拉、冷拔及焊接性能是建筑钢材的重要工艺性能。

1. 冷弯性能

冷弯性能是指钢材在常温下承受弯曲变形的能力。钢材的冷弯性能是以试验时的弯曲角度(α)和弯心直径(D)为指标表示，如图 8-8 所示。

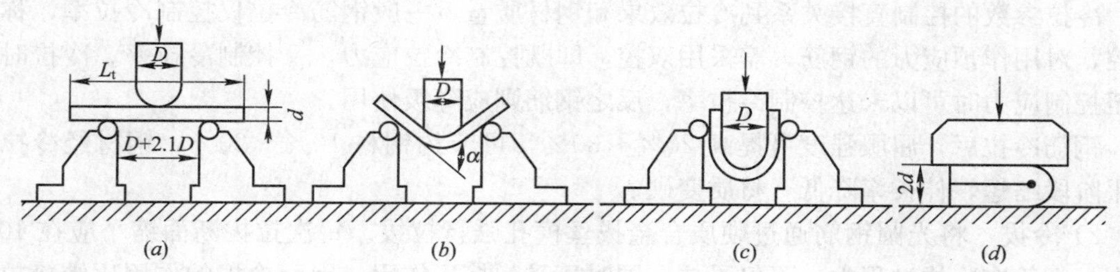

图 8-8 钢材冷弯
(*a*)试件安装；(*b*)弯曲 90°；(*c*)弯曲 180°；(*d*)弯曲至两面重合

钢材冷弯试验时，用直径(或厚度)为 d 的试件，选用弯心直径 $D=nd$ 的弯头(n 为自然数，其大小由试验标准来规定)，弯曲到规定的角度(90°或 180°)后，检查弯曲处若无裂纹、断裂及起层等现象，即认为冷弯试验合格。

钢材的冷弯性能与伸长率一样，也是反映钢材在静荷作用下的塑性，但冷弯试验条件更苛刻，更有助于暴露钢材的内部组织是否均匀，是否存在内应力、微裂纹、表面未熔合及夹杂物等缺陷。

2. 焊接性能

建筑工程中，钢材间的连接 90％以上采用焊接方式。因此，要求钢材应有良好的焊接性能。在焊接中，由于高温作用和焊接后急剧冷却作用，焊缝及其附近的过热区将发生晶体组织及结构变化，产生局部变形及内应力，使焊缝周围的钢材产生硬脆倾向，降低了焊接的质量。可焊性良好的钢材，焊缝处性质应尽可能与母材相同，焊接才牢固可靠。

钢材的化学成分、冶炼质量、冷加工、焊接工艺及焊条材料等都会影响焊接性能。含碳量小于 0.25％的碳素钢具有良好的可焊性，含碳量大于 0.3％时可焊性变差；硫、磷及气体杂质会使可焊性降低；加入过多的合金元素，也会降低可焊性。对于高碳钢和合金钢，为改善焊接质量，一般需要采用预热和焊后处理，以保证质量。

钢材焊接后必须取样进行焊接质量检验，一般包括拉伸试验，有些焊接种类还包括了弯曲试验，要求试验时试件的断裂不能发生在焊接处。同时还要检查焊缝处有无裂纹、砂眼、咬肉、焊件变形等缺陷。

3. 冷加工性能及时效处理

(1) 冷加工强化与时效处理的概念

将钢材于常温下进行冷拉、冷拔或冷轧，使之产生塑性变形，从而提高强度，但钢材的塑性和韧性会降低，这个过程称为冷加工强化处理。

将经过冷拉的钢筋，于常温下存放 15～20d，或加热到 100～200℃并保持 2～3h 后，则钢筋强度将进一步提高，这个过程称为时效处理，前者称为自然时效，后者称为人工时效。通常对强度较低的钢筋可采用自然时效，强度较高的钢筋则需采用人工时效。

对钢材进行冷加工强化与时效处理的目的是提高钢材的屈服强度，以便节约钢材。

(2) 常见冷加工方法

建筑工地或预制构件厂常用的冷加式方法是冷拉和冷拔。

1) 冷拉　将热轧钢筋用冷拉设备进行张拉，拉伸至产生一定的塑性变形后，卸去荷载。冷拉参数的控制直接关系到冷拉效果和钢材质量，一般钢筋冷拉仅控制冷拉率，称为单控，对用作预应力的钢筋，需采用双控，即既控制冷拉应力，又控制冷拉率。冷拉时当拉至控制应力时可以未达控制冷拉率，反之钢筋则应降级使用。

钢筋冷拉后，屈服强度可提高20％～30％，可节约钢材10％～20％，钢材经冷拉后屈服阶段缩短，伸长率降低，材质变硬。

2）冷拔　将光圆钢筋通过硬质合金拔丝模孔强行拉拔。每次拉拔断面缩小应在10％以内。钢筋在冷拔过程中，不仅受拉，同时还受到挤压作用，因而冷拔的作用比纯冷拉作用强烈。经过一次或多次冷拔后的钢筋，表面光滑，屈服强度可提高40％～60％，但塑性大大降低，具有硬钢的性质。

(3) 钢材冷加工强化与时效处理的机理钢筋经冷拉、时效后的力学性能变化规律，可从其拉伸试验的应力-应变图得到反映(图8-9)。

1）图中$OBCD$曲线为未冷拉，其含义是将钢筋原材一次性拉断，而不是指不拉伸。此时，钢筋的屈服点为B点。

2）图中$O'KCD$曲线为冷拉无时效，其含义是将钢筋原材拉伸至超过屈服点但不超过抗拉强度(使之产生塑性变形)的某一点K，卸去荷载，然后立即再将钢筋拉断。卸去荷载后，钢筋的应力-应变曲线沿KO'恢复部分变形(弹性变形部分)，保留OO'残余变形。通过冷拉无时效处理，钢筋的屈服点升高至K点，以后的应力-应变关系与原来曲线KCD相似。这表明钢筋经冷拉后，屈服强度得到提高，抗拉强度和塑性与钢筋原材基本相同。

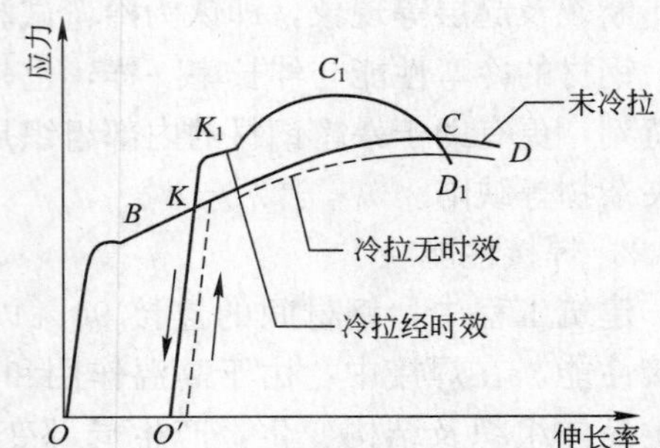

图8-9　钢筋经冷拉时效后应力-应变图的变化

3）图中$O'K_1C_1D_1$曲线为冷拉时效，其含义是将钢筋原材拉伸至超过屈服点但不超过抗拉强度(使之产生塑性变形)的某一点K，卸去荷载，然后进行自然时效或人工时效，再将钢筋拉断。通过冷拉时效处理，钢筋的屈服点升高至K_1点，以后的应力-应变关系$K_1C_1D_1$比原来曲线KCD短。这表明钢筋经冷拉时效后，屈服强度进一步提高，与钢筋原材相比，抗拉强度亦有所提高，塑性和韧性则相应降低。

钢材冷加工强化的原因是：钢材经冷加工产生塑性变形后，塑性变形区域内的晶粒产生相对滑移，导致滑移面下的晶粒破碎，晶格歪曲畸变，滑移面变得凹凸不平，对晶粒进一步滑移起阻碍作用，亦即提高了抵抗外力的能力，故屈服强度得以提高。同时，冷加工强化后的钢材，由于塑性变形后滑移面减少，从而使其塑性降低，脆性增大，且变形中产生的内应力，使钢的弹性模量降低。

钢材产生时效的主要原因是：溶于α-Fe中的碳、氮原子，本来就有向晶格缺陷处移动、集中甚至呈碳化物或氮化物析出的倾向，当钢材经冷加工产生塑性变形后，碳、氮原子的移动和集中大为加快，这将使滑移面缺陷处碳、氮原子富集，使晶格畸变加剧，造成其滑移、变形更为困难，因而强度进一步提高，塑性和韧性则降低，而弹性模量则基本相同。

第三节 钢的组织和化学成分对钢材性能的影响

一、钢的组织及其对钢材性能的影响

纯铁在不同的温度下有不同的晶体结构：

$$液态铁 \xleftrightarrow{1535℃} \delta\text{-Fe} \xleftrightarrow{1394℃} \gamma\text{-Fe} \xleftrightarrow{912℃} \alpha\text{-Fe}$$

体心立方晶体　面心立方晶体　体心立方晶体

但是要得到了含Fe100％纯度的钢是不可能的，实际上，钢是以铁为主的Fe-C合金，其基本元素是Fe和C，虽然C含量很少，但对钢材性能的影响非常大。碳素钢冶炼时在钢水冷却过程中，其Fe和C有以下三种结合形式：

固溶体——铁(Fe)中固溶着微量的碳(C)；化合物——铁和碳结合成化合物Fe_3C；机械混合物——固溶体和化合物的混合物。

以上三种形式的Fe-C合金，于一定条件下能形成具有一定形态的聚合体，称为钢的组织。钢的基本组织及其性能如表8-2所示。

建筑工程中所用的钢材含碳量均在0.8％以下，所以建筑钢材的基本组织是由铁素体和珠光体组成，由此决定了建筑钢材既有较高的强度，同时塑性、韧性也较好，从而能很好地满足工程所需的技术性能。

钢的基本组织及其性能　　表8-2

组织名称	含碳量(％)	结构特征	性能
铁素体	≤0.02	C溶于α-Fe中的固溶体	强度、硬度很低，塑性好，冲击韧性很好
奥氏体	0.8	C溶于γ-Fe中的固溶体	强度、硬度不高，塑性大
渗碳体	6.67	化合物Fe_3C	抗拉强度很低，硬脆，很耐磨，塑性几乎为零
珠光体	0.8	铁素体与渗碳体的机械混合物	强度较高，塑性和韧性介于铁素体和渗碳体之间

二、钢的化学成分对钢材性能的影响

钢的化学成分对钢材性能的影响如表8-3所示。

钢的化学成分对钢材性能的影响　　表8-3

化学成分	化学成分对钢材性能的影响	备注
碳(C)	含碳量在0.8％以下时，随含碳量的增加，钢的强度和硬度提高，塑性和韧性降低；但当含碳量大于1.0％时，随含碳量增加，钢的强度反而下降。含碳量增加，钢的焊接性能变差，尤其当含碳量大于0.3％时，钢的可焊性显著降低	建筑钢材的含碳量不可过高，但是在用途上允许时，可用含碳量较高的钢，最高可达0.6％
硅(Si)	硅含量在1.0％以下时，可提高钢的强度、疲劳极限、耐腐蚀性及抗氧化性，对塑性和韧性影响不大，但可焊性和冷加工性能有所影响。硅可作为合金元素，用以提高合金钢的强度	硅是有益元素，通常碳素钢中硅含量小于0.3％，低合金钢含硅量小于1.8％

续表

化学成分	化学成分对钢材性能的影响	备注
锰(Mn)	锰可提高钢材的强度、硬度及耐磨性。能消减硫和氧引起的热脆性，改善钢材的热工性能。锰可作为合金元素，提高钢材的强度	锰是有益元素，通常锰含量在1%～2%
硫(S)	硫引起钢材的“热脆性”，会降低钢材的各种机械性能，使钢材的可焊性、冲击韧性、耐疲劳性和抗腐蚀性等均降低	硫是有害元素，建筑钢材的含硫量应尽可能减少，一般要求含硫量小于0.045%
磷(P)	磷引起钢材的“冷脆性”，磷含量提高，钢材的强度、硬度、耐磨性和耐蚀性提高，塑性、韧性和可焊性显著下降	磷是有害元素，建筑用钢要求含磷量小于0.045%
氧(O)	含氧量增加，使钢材的机械强度降低、塑性和韧性降低，促进时效，还能使热脆性增加，焊接性能变差	氧是有害元素，建筑钢材的含氧量应尽可能减少，一般要求含氧量小于0.03%
氮(N)	氮使钢材的强度提高，塑性特别是韧性显著下降。氮会加剧钢的时效敏感性和冷脆性，使可焊性变差。但在铝、铌、钒等元素的配合下，可细化晶粒，改善钢的性能，故可作为合金元素	建筑钢材的含氮量应尽可能减少，一般要求含氮量小于0.008%

第四节　建筑钢材的防护

一、钢材锈蚀机理

钢材的锈蚀是指钢材表面与周围介质发生作用而引起破坏的现象。根据钢材与环境介质作用的机理，腐蚀可分为化学锈蚀和电化学锈蚀。

1. 化学锈蚀

化学锈蚀是指钢材与周围介质(如氧气、二氧化碳、二氧化硫和水等)发生化学反应，生成疏松的氧化物而产生的锈蚀。一般情况下，是钢材表面 FeO 保护膜被氧化成黑色的 Fe_3O_4。

在常温下，钢材表面能形成 FeO 保护膜，可以防止钢材进一步锈蚀。所以，在干燥环境中化学锈蚀速度缓慢，但在温度和湿度较大的情况下，这种锈蚀进展加快。

2. 电化学锈蚀

电化学锈蚀是指钢材与电解溶液接触而产生电流，形成原电池而引起的锈蚀。钢材由不同的晶体组织构成，并含有杂质，由于这些成分的电极电位不同，当有电解质溶液存在时，形成许多微电池。电化学锈蚀过程如下：

阳极：$Fe = Fe^{2+} + 2e$

阴极：$H_2O + 1/2O_2 = 2OH^- - 2e$

总反应式：$Fe + H_2O + 1/2O_2 = Fe(OH)_2$

$Fe(OH)_2$ 不溶于水，但易被氧化：$2Fe(OH)_2 + H_2O + 1/2O_2 = 2Fe(OH)_3$(红棕色铁锈)，该氧化过程会发生体积膨胀，从而引起钢筋混凝土顺筋开裂。

由此可知，钢材发生电化学锈蚀的必要条件是水和氧气的存在。

电化学锈蚀是建筑钢材在存放和使用中发生锈蚀的主要形式。

二、钢筋混凝土中钢筋锈蚀

普通混凝土为强碱性环境，pH 为 12.5 左右，使之对埋入其中的钢筋形成碱性保护。在碱性环境中，阴极过程难于进行；即使有原电池反应存在，生成的 $Fe(OH)_2$ 也能稳定存在，并成为钢筋的保护膜。所以，用普通混凝土制作的钢筋混凝土，只要混凝土表面没有缺陷，里面的钢筋是不会锈蚀的。

但是，普通混凝土制作的钢筋混凝土有时也发生钢筋锈蚀现象，其主要原因有以下几个方面：一是混凝土不密实，环境中的水和空气能进入混凝土内部；二是混凝土保护层厚度小或发生了严重的碳化，使混凝土失去了碱性保护作用；三是混凝土内 Cl^- 含量过大，使钢筋表面的保护膜被氧化；四是预应力钢筋存在微裂缝等缺陷，引起应力锈蚀。

加气混凝土碱度较低，电化学腐蚀过程能顺利进行，同时这种混凝土多孔，外界的水和空气易深入内部，所以，加气混凝土中的钢筋在使用前必须进行防腐处理。

轻骨料混凝土和粉煤灰混凝土的护筋性能，经过多年试验研究和应用，证明是良好的，其耐久性不低于普通混凝土。

综上所述，对于普通混凝土、轻骨料混凝土和粉煤灰混凝土，为了防止钢筋锈蚀，应保证混凝土的密实度以及钢筋保护层的厚度，在二氧化碳浓度高的工业区采用硅酸盐水泥或普通水泥，限制含氯盐外加剂的掺量并使用混凝土用钢筋防锈剂(如亚硝酸钠)。预应力混凝土应禁止使用含氯盐的骨料和外加剂。对于加气混凝土等可以在钢筋表面涂环氧树脂或镀锌等方法来防止。

三、钢材锈蚀的防止

1. 表面刷漆

表面刷漆是钢结构防止锈蚀的常用方法。刷漆通常有底漆、中间漆和面漆三道，底漆要求有较好的附着力和防锈能力，常用的有红丹、环氧富锌漆、云母氧化铁和铁红环氧底漆等；中间漆为防锈漆，常用的有红丹、铁红等；面漆要求有较好的牢度和耐候性能保护底漆不受损伤或风化，常用的有灰铅、醇酸磁漆和酚醛磁漆等。

钢材表面涂刷漆时，一般为一道底漆、一道中间漆和两道面漆，要求高时可增加一道中间漆或面漆，使用防锈涂料时，应注意钢构件表面的除锈，注意底漆、中间漆和面漆的匹配。

2. 表面镀金属

用耐腐蚀性好的金属，以电镀或喷镀的方法覆盖在钢材的表面，提高钢材的耐腐蚀能力。常用的方法有：镀锌(如白铁皮)、镀锡(如马口铁)、镀铜和镀铬等。

3. 采用耐候钢

耐候钢即耐大气腐蚀钢。耐候钢是在碳素钢和低合金钢中加入少量的铜、铬、镍、钼等合金元素而制成，耐候钢既有致密的表面防腐保护，又有良好的焊接性能，其强度级别与常用碳素钢和低合金钢一致，技术指标相近。耐候钢的牌号、化学成分、力学性能和工艺性能可参见《焊接结构用耐候钢》GB 4172—84 和《高耐候性结构钢》GB 4171—84。

四、钢的防火

钢尽管不燃，但并不能抵抗火灾。以失去支持能力为标准，无保护层时钢柱和钢屋架的耐火极限只有 15min，而裸露钢梁的耐火极限仅为 9min。温度在 200℃以内，可以认为钢材的性能基本不变；超过 300℃以后，弹性模量、屈服点和极限强度均显著下降，应变急剧增大；到达 600℃时已失去承载能力。2001 年 9 月 11 日，美国世贸大厦遭遇到恐怖分子架飞机冲撞袭击后，引起火灾并导致整个建筑物坍塌，充分说明了钢材的耐火性差的特性。

在钢材表面包裹或覆盖绝热或吸热材料，阻隔火焰和热量，推迟钢结构的升温速度，是钢材防火保护的基本办法。防火方法以包裹法为主，用防火涂料、不燃板材（如石膏板、硅酸钙板、蛭石板、珍珠岩板、矿棉板、岩棉板等）、混凝土和砂浆等将钢构件包裹起来。

第五节 建筑用原料钢的性能和技术要求

建筑工程用钢有钢结构用钢和钢筋混凝土用钢两类，前者主要应用有型钢、钢板和钢管，后者主要应用有钢筋、钢丝和钢绞线，二者钢制品所用的原料用钢多为碳素钢、合金钢和低合金钢。其技术标准及选用如下。

一、碳素结构钢

（一）碳素结构钢的牌号及其表示方法

碳素结构钢的牌号有 Q195、Q215、Q235 和 Q275 四个。牌号由代表屈服强度的字母、屈服强度数值、质量等级符号、脱氧程度符号四个部分组成。

Q——钢材屈服强度“屈”字汉语拼音首字母

屈服强度值——195、215、235 和 275(MPa)。

质量等级——A、B、C、D。按冲击韧性划分，A 级——不要求冲击韧性；B 级——要求＋20℃冲击韧性；C 级——要求 0℃冲击韧性；D 级——要求－20℃冲击韧性。

脱氧程度：F(沸腾钢)、Z(镇静钢)和 TZ(特殊镇静钢)。“Z”和“TZ”可以省略不写。

例：Q235AF 表示屈服强度为 235MPa 的 A 级沸腾钢。

（二）碳素结构钢的技术要求

根据《碳素结构钢》GB/T 700—2006 的规定，各牌号碳素结构钢的技术要求如下：

1. 化学成分

各牌号碳素结构钢的化学成分(熔炼分析)应符合表 8-4 的规定。

碳素结构钢的化学成分 **表 8-4**

牌号	统一数字代码①	等级	厚度/直径(mm)	脱氧方法	化学成分，≤				
					C	Si	Mn	P	S
Q195	U11952	—	—	F、Z	0.12	0.30	0.50	0.035	0.040
Q215	U12152	A	—	F、Z	0.15	0.35	1.20	0.045	0.050
	U12155	B							0.045

续表

牌号	统一数字代码①	等级	厚度/直径(mm)	脱氧方法	化学成分，≤				
					C	Si	Mn	P	S
Q235	U12352	A	—	F、Z	0.22	0.35	1.40	0.045	0.050
	U12355	B			0.20②				0.045
	U12358	C		Z	0.17			0.040	0.040
	U12359	D		TZ				0.035	0.035
Q275	U12752	A	—	F、Z	0.24	0.35	1.50	0.045	0.050
	U12755	B	≤40	Z	0.21			0.045	0.045
			>40		0.22				
	U12758	C	—	Z	0.20			0.040	0.040
	U12759	D		TZ				0.035	0.035

① 表中为镇静钢、特殊镇静钢牌号的统一数字，沸腾钢牌号的统一数字代码如下：Q195—U11950；Q215AF—U12150，Q215BF—U12153；Q235AF—U12350，Q235BF—U12353；Q275AF—U12750。

② 经需方同意，Q235B 的含碳量可≤0.22%。

2. 力学性能

根据《碳素结构钢》GB/T 700—2006 的规定，碳素结构钢的机械性能应符合表 8-5 的规定，冷弯性能应符合表 8-6 的规定。

碳素结构钢的机械性能　　表 8-5

牌号	等级	拉伸试验													冲击试验（V 形缺口）	
		屈服强度 R_{eH}(MPa)，不小于						抗拉强度 R_m(MPa)	断后伸长率 A(%)，不小于					温度(℃)	冲击功（纵向）(J)，不小于
		厚度（或直径）(mm)							厚度（或直径）(mm)						
		≤16	>16～40	>40～60	>60～100	>100～150	>150～200		≤40	>40～60	>60～100	>100～150	>150～200		
Q195	—	195	185	—	—	—	—	315～430	33	—	—	—	—	—	—
Q215	A	215	205	195	185	175	165	335～450	31	30	29	27	26	—	—
	B													+20	27
Q235	A	235	225	215	215	195	185	370～500	26	25	24	22	21	—	—
	B													+20	27
	C													0	
	D													−20	
Q275	A	275	265	255	245	225	215	410～540	22	21	20	18	17	—	—
	B													+20	27
	C													0	
	D													−20	

（三）碳素结构钢的特性及应用

Q195 钢　强度不高，塑性、韧性、加工性能与焊接性能较好。主要用于轧制薄板和盘条等。

碳素结构钢冷弯试验指标 表 8-6

牌号	试样方向	冷弯试验（试样宽度$=2a$，180°）	
		钢材厚度（或直径）a(mm)	
		≤60	>60～100
		弯心直径 d	
Q195	纵 横	0 0.50a	—
Q215	纵 横	0.50a a	1.5a 2a
Q235	纵 横	a 1.5a	2a 2.5a
Q275	纵 横	1.5a 2a	2.5a 3a

Q215 钢 用途与 Q195 钢基本相同，由于其强度稍高，还大量用做管坯、螺栓等。

Q235 钢 既有较高的强度，又有较好的塑性和韧性，可焊性也好，在建筑工程中应用最广泛，大量用于制作钢结构用钢、钢筋和钢板等。其中 Q235-A 级钢，一般仅适用于承受静荷载作用的结构，Q235-C 和 Q235-D 级钢可用于重要的焊接结构。另外，由于 Q235-D 级钢含有足够的形成细晶粒结构的元素，同时对硫、磷有害元素控制严格，故其冲击韧性好，有较强的抵抗振动、冲击荷载能力，尤其适用于负温条件。

Q275 钢 强度、硬度较高，耐磨性较好，但塑性、冲击韧性和可焊性差。不宜用于建筑结构，主要用于制作机械零件和工具等。

二、低合金高强度结构钢

低合金高强度结构钢是一种在碳素结构钢的基础上添加总量不小于 5%合金元素的钢材。所加合金元素主要有锰(Mn)、硅(Si)、钒(V)、钛(Ti)、铌(Nb)、铬(Cr)、镍(Ni)及稀土元素。均为镇静钢。

（一）低合金高强度结构钢的牌号及其表示方法

低合金高强度结构钢有 Q345、Q390、Q420、Q460、Q500、Q550、Q620 和 Q690 八个牌号，牌号由代表屈服强度的汉语拼音字母、屈服强度数值、质量等级符号三个部分组成。

Q——钢的屈服强度的“屈”字汉语拼音的首位字母；

屈服强度数值——345、390、420、460、500、550、620 和 690(MPa)；

质量等级——A、B、C、D、E。按冲击韧性划分，A 级——不要求冲击韧性，B 级——要求+20℃冲击韧性，C 级——要求 0℃冲击韧性，D 级——要求−20℃冲击韧性，E 级——要求−40℃冲击韧性。

当需方要求钢板具有厚度方向性能时，则在上述规定的牌号后加上代表厚度方向(Z 向)性能级别的符号，例如：Q345DZ15。

（二）低合金高强度结构钢的技术要求

《低合金高强度结构钢》GB/T 1591—2006 规定，低合金高强度结构钢的牌号及化学成分(熔炼分析)应符合表 8-7 的要求，机械性能(强度、冲击韧性、冷弯等)应符合表 8-8 的要求。

低合金高强度结构钢的化学成分要求

表 8-7

牌号	质量等级	化学成分														
		C	Si	Mn	P	S	Nb	V	Ti	Cr	Ni	Cu	N	Mo	B	Als
		不大于														不小于
Q345	A	0.20	0.50	1.70	0.035	0.035	0.07	0.15	0.20	0.30	0.50	0.30	0.012	0.10	—	—
	B				0.035	0.035										
	C				0.030	0.030										0.015
	D	0.18			0.030	0.025										
	E				0.025	0.020										
Q390	A	0.20	0.50	1.70	0.035	0.035	0.07	0.20	0.20	0.30	0.50	0.30	0.015	0.10	—	—
	B				0.035	0.035										
	C				0.030	0.030										0.015
	D				0.030	0.025										
	E				0.025	0.020										
Q420	A	0.20	0.50	1.70	0.035	0.035	0.07	0.20	0.20	0.30	0.80	0.30	0.015	0.20	—	—
	B				0.035	0.035										
	C				0.030	0.030										0.015
	D				0.030	0.025										
	E				0.025	0.020										
Q460	C	0.20	0.60	1.80	0.030	0.030	0.11	0.20	0.20	0.30	0.80	0.55	0.015	0.20	0.004	0.015
	D				0.030	0.025										
	E				0.025	0.020										
Q500	C	0.18	0.60	1.80	0.030	0.030	0.11	0.12	0.20	0.60	0.80	0.55	0.015	0.20	0.004	0.015
	D				0.030	0.025										
	E				0.025	0.020										
Q550	C	0.18	0.60	2.00	0.030	0.030	0.11	0.12	0.20	0.80	0.80	0.80	0.015	0.30	0.004	0.015
	D				0.030	0.025										
	E				0.025	0.020										
Q620	C	0.18	0.60	2.00	0.030	0.030	0.11	0.12	0.20	1.00	0.80	0.80	0.015	0.30	0.004	0.015
	D				0.030	0.025										
	E				0.025	0.020										
Q690	C	0.18	0.60	2.00	0.030	0.030	0.11	0.12	0.20	1.00	0.80	0.80	0.015	0.30	0.004	0.015
	D				0.030	0.025										
	E				0.025	0.020										

注：1. 型材及棒材P、S含量可提高0.005%，其中A级钢上限可为0.045%；

2. 当细化晶粒元素组合加入时，20(Nb+V+Ti)≤0.22%，20(Mo+Cr)≤0.30%。

低合金高强度结构钢的力学性能 **表 8-8**

牌号	质量等级	下屈服强度 R_{eL}(MPa)，≥ 厚度(直径，边长)(mm)									抗拉强度 R_m(MPa) 厚度(直径，边长)(mm)							断后伸长率 A(%)，≥ 厚度(直径，边长)(mm)					
		≤16	>16~40	>40~63	>63~80	>80~100	>100~150	>150~200	>200~250	>250~400	≤40	>40~63	>63~80	>80~100	>100~150	>150~250	>250~400	≤40	>40~63	>63~100	>100~150	>150~250	>250~400
Q345	A、B	345	335	325	315	305	285	275	265	—	470~630	470~630	470~630	470~630	450~600	450~600	—	20	19	19	18	17	—
Q345	C	345	335	325	315	305	285	275	265	—	470~630	470~630	470~630	470~630	450~600	450~600	—	21	20	20	19	18	—
Q345	D、E	345	335	325	315	305	285	275	265	265	470~630	470~630	470~630	470~630	450~600	450~600	450~600	21	20	20	19	18	17
Q390	A、B、C、D、E	390	370	350	330	330	310	—	—	—	490~650	490~650	490~650	490~650	470~620	—	—	20	19	19	18	—	—
Q420	A、B、C、D、E	420	400	380	360	360	340	—	—	—	520~680	520~680	520~680	520~680	500~650	—	—	19	18	18	18	—	—
Q460	C、D、E	460	440	420	400	400	380	—	—	—	550~720	550~720	550~720	550~720	530~700	—	—	17	16	16	16	—	—
Q500	C、D、E	500	480	470	450	440	—	—	—	—	610~770	600~760	590~750	540~730	—	—	—	17	17	17	—	—	—
Q550	C、D、E	550	530	520	500	490	—	—	—	—	670~830	620~810	600~790	590~780	—	—	—	16	16	16	—	—	—
Q620	C、D、E	620	600	590	570	—	—	—	—	—	710~880	690~880	670~860	—	—	—	—	15	15	15	—	—	—
Q690	C、D、E	690	670	660	640	—	—	—	—	—	770~940	750~920	730~900	—	—	—	—	14	14	14	—	—	—

注：1. 当屈服不明显时，可测量 $R_{p0.2}$ 代替下屈服强度；
2. 当宽度≥600mm 扁平材，拉伸试验取横向试样；宽度<600mm 扁平材、型材及棒材取纵向试样，断后伸长率最小值相应提高 1%(绝对值)；
3. 厚度>250~400mm 的数值适用于扁平材。

（三）低合金高强度结构钢的特性及应用

由于合金元素的细晶强化作用和固深强化等作用，使低合金高强度结构钢与碳素结构相比，既具有较高的强度，同时又有良好的塑性、低温冲击韧性、可焊性和耐蚀性等特点，是一种综合性能良好的建筑钢材。

Q345 级钢是钢结构的常用牌号，Q390 也是推荐使用的牌号。与碳素结构钢 Q235 相比，低合金高强度结构钢 Q345 的强度更高，等强度代换时可以节省钢材 15%～25%，并减轻结构自重。另外，Q345 具有良好的承受动荷载和耐疲劳性。低合金高强度结构钢广泛应用于钢结构和钢筋混凝土结构中，特别是大型结构、重型结构、大跨度结构、高层建筑、桥梁工程、承受动荷载和冲击荷载的结构。

三、优质碳素结构钢

《优质碳素结构钢》GB/T 699—1999 规定，优质碳素结构钢有 31 个牌号，分为低含锰量(0.25%～0.50%)、普通含锰量(0.35%～0.80%)和较高含锰量(0.70%～1.20%)三组，其表示方法如下：

平均含碳量的万分数—含锰量标识—脱氧程度

31 个牌号是：08F、10F、15F、08、10、15、20、25、30、35、40、45、50、55、60、65、70、75、80、85、15Mn、20Mn、25Mn、30Mn、35Mn、40Mn、45Mn、50Mn、55Mn 、60Mn、65Mn、70Mn。如“10F”表示平均含碳量为 0.10%，低含锰量的沸腾钢；“45”表示平均含碳量为 0.45%，普通含锰量的镇静钢；“30Mn”表示平均含碳量为 0.30%，较高含锰量的镇静钢。

优质碳素结构对有害杂质含量控制严格，质量稳定，综合性能好，但成本较高。其性能主要取决于含碳量的多少，含碳量高，则强度高，塑性和韧性差。在建筑工程中，30～45 号钢主要用于重要结构的钢铸件和高强度螺栓等，45 号钢用做预应力混凝土锚具，65～80 号钢用于生产预应力混凝土用钢丝和钢绞线。

第六节 钢结构用钢的性能和技术要求

钢结构用钢材主要是热轧成型的钢板和型钢等；薄壁轻型钢结构中主要采用薄壁型钢、圆钢和小角钢。钢结构常用型钢有：工字钢、槽钢、等边角钢、不等边角钢、L 型钢、H 型钢、T 型钢等。型钢由于截面形式合理，材料在截面上分布对受力最为有利，且构件间连接方便，所以它是钢结构中采用的主要钢材。

一、热轧型钢

《热轧型钢》GB/T 706—2008 规定了热轧工字钢、热轧槽钢、热轧等边角钢、热轧不等边角钢和热轧 L 型钢的尺寸、外形、重量及允许允许偏差、技术要求、试验方法、检验规则、包装、标志及质量证明书。上述型钢的牌号、化学成分(熔炼分析)和力学性能应符合 GB/T 700 或 GB/T 1591 的有关规定。根据需方要求，经供需双方协议，也可按其他牌号钢材供货。

工字钢是截面为工字型、腿部内侧有 1∶6 斜度的长条钢材。工字钢的规格以“腰高度×腿宽度×腰厚度”(mm)表示，也可用“腰高度”(cm)表示，规格范围为10号～63号。若同一腰高的工字钢，有几种不同的腿宽和腰厚，则在其后标注a、b、c表示该腰高下的相应规格。工字钢广泛应用于各种建筑结构和桥梁，主要用于承受横向弯曲(腹板平面内受弯)的杆件，但不宜单独用作轴心受压构件或双向弯曲的构件。

槽钢是截面为凹槽形、腿部内侧有1∶10斜度的长条钢材。规格以“腰高度×腿宽度×腰厚度”(mm)表示，也可用“腰高度”(cm)表示，规格范围为5号～40号。同一腰高的槽钢，若有几种不同的腿宽和腰厚，则在其后标注a、b、c表示该腰高下的相应规格。槽钢可用做承受轴向力的杆件、承受横向弯曲的梁以及联系杆件，主要用于建筑结构、车辆制造等。

L型钢是截面为L型的长条钢材，规格以“长边宽度×短边宽度×长边厚度×短边厚度”(mm)表示，型号从L250×90×9×13到L500×120×13.5×35。

角钢是两边互相垂直成直角形的长条钢材。等边角钢的两个边宽相等，规格以(边宽度×边宽度×厚度)(mm)或“边宽”(cm)表示。规格范围为20×20×(3～4)～200×200×(14～24)。

不等边角钢的两个边宽不相等，规格以(长边宽度×短边宽度×厚度)(mm)或“长边宽度/短边宽度”(cm)表示。规格范围为25×16×(3～4)～200×125×(12～18)。

角钢主要用做承受轴向力的杆件和支撑杆件，也可作为受力构件之间的连接零件。

二、热轧H型钢和剖分T型钢

《热轧H型钢和剖分T型钢》GB/T 11263—2005规定了热轧H型钢和由热轧H型钢剖分的T型钢的尺寸、外形、重量及允许允许偏差、技术要求、试验方法、检验规则、包装、标志及质量证明书。

H型钢分为宽翼缘(代号HW)、中翼缘(HM)、窄翼缘(HN)及薄壁型(HT)四类。标记方法为：H高度×宽度×腹板厚度×翼缘厚度，如H800×300×14×25。

H型钢由工字钢发展而来，翼缘宽度与腰高度之比大于工字钢。与工字钢相比，H型钢优化了截面的分布，有翼缘宽，侧向刚度大，抗弯能力强，翼缘两表面相互平行、连接构造方便、省劳力，重量轻、节省钢材等优点。常用于承载力大、截面稳定性好的大型建筑，其中宽翼缘和中翼缘H型钢适用于钢柱等轴心受压构件，窄翼缘H型钢适用于钢梁等受弯构件。

T型钢由H型钢对半剖分而成，分为宽翼缘(代号为TW)、中翼缘(TM)和窄翼缘(TN)型三类。标记方法为：T高度×宽度×腹板厚度×翼缘厚度，如T200×400×13×21。

GB/T 11263—2005规定，热轧H型钢和剖分T型钢的牌号、化学成分、力学性能、工艺性能应符合GB/T 700或GB 712或GB/T 714或GB/T 1591或GB/T 4171的规定。经供需双方协商，并在合同中注明，也可按其他牌号钢材供货。

三、冷弯薄壁型钢

(一) 结构用冷弯空心型钢 GB/T 6728—2002

空心型钢是用连续辊式冷弯机组生产的，按形状可分为方形空心型钢(代号为F)和矩形空心型钢(J)。方形空心型钢的规格表示方法为：F边长×壁厚(mm)，规格范围为

F25×(1.2～2.0)～F160×(4.0～8.0)。矩形空心型钢的规格表示方法为：J长边长度×短边长度×壁厚(mm)，规格范围为J50×25×(1.2～1.5)～J200×100×(4.0～8.0)。

(二) 通用冷弯开口型钢 GB/T 6723—2008

冷弯开口型钢是用可冷加工变形的冷轧或热轧钢带在连续辊式冷弯机组上生产的，按形状分为8种：冷弯等边角钢、冷弯不等边角钢、冷弯等边槽钢、冷弯不等边槽钢、冷弯内卷边槽钢、冷弯外卷边槽钢、冷弯Z型钢、冷弯卷边Z型钢。

四、棒钢

(一) 热轧六角钢和八角钢 GB/T 702—2008

热轧六角钢和八角钢是截面为六角形和八角形的长条钢材，规格以“对边距离”表示热轧六角钢的规格范围为8～70mm，热轧八角钢的规格范围为16～40mm。建筑钢结构的螺栓常以此种钢材为坯材。

(二) 热轧扁钢 GB/T 702—2008

扁钢是截面为矩形并稍带钝边的长条钢材，规格以“厚度×宽度”表示，规格范围为3×10～60×150(mm)。扁钢在建筑上用做屋架构件、扶梯、桥梁和栅栏等。

(三) 热轧圆钢和方钢 GB/T 702—2008

圆钢的规格以“直径”(mm)表示，规格范围为5.5～250；方钢的规格以“边长”(mm)表示，规格范围为5.5～200。圆钢和方钢在普通钢结构中很少采用；圆钢可用于轻型钢结构，用作一般杆件和连接件。

五、钢管

钢结构中常用热轧无缝钢管和焊接钢管。钢管在相同截面积下，刚度较大，因而是中心受压杆的理想截面；流线形的表面使其承受风压小，用于高耸结构十分有利。在建筑结构上钢管多用于制作桁架、塔桅等结构，也可用于制作钢管混凝土。钢管混凝土是指在钢管中浇筑混凝土而形成的构件，可使构件承载力大大提高，且有良好的塑性和韧性，经济效果显著，施工简单、工期短。钢管混凝土可用于厂房柱、构架柱、地铁站台柱、塔柱和高层建筑等。

(一) 结构用无缝钢管 GB/T 8162—2008

结构用无缝钢管是以优质碳素结构和低合金高强度结构钢为原材料，采用热轧、冷拔和冷轧无缝方法制造而成的。热轧(挤压、扩)钢管以热轧状态或热处理状态交货，冷拔(轧)钢管以热处理状态交货。钢管规格的表示方法为外径×壁厚(mm)；热轧钢管的规格范围：32×(2.5～8)～530×(9～24)；冷拔钢管的规格范围：6×(0.25～2.0)～200×(4.0～12)。

(二) 焊缝钢管

焊缝钢管由优质或普通碳素钢钢板卷焊而成，价格相对较低，分为直缝电焊钢管GB/T 13793—2008和螺旋焊钢管GB/T 9711.1—1997，适用于各种结构、输送管道等用途。

六、板材

(一) 钢板

钢板是矩形平板状的钢材，可直接轧制成或由宽钢带剪切而成，按轧制方式分为热轧钢板(GB/T 709—2006)和冷轧钢板 GB/T 708—2006。钢板规格表示方法为"宽度×厚度×长度"(mm)。

钢板分为厚板(厚度>4mm)和薄板(厚度≤4mm)两种。厚板主要用于结构，薄板主要用于屋面板、楼板和墙板等。在钢结构中，单块钢板不能独立工作，必须用几块板组合成工字形、箱形等结构来承受荷载。

(二) 花纹钢板(GB/T 3277—1991)

花纹钢板是表面轧有防滑凸纹的钢板，主要用于平台、过道及楼梯等的铺板。花纹钢板有菱形、扁豆形和圆豆形花纹。钢板的基本厚度为 2.5～8.0mm，宽度为 600～1800mm，长度为 2000～12000mm。

(三) 建筑用压型钢板(GB/T 12755—2008)

建筑用压型钢板简称压型钢板，是由薄钢板经辊压冷弯而成的波形板，其截面呈梯形、V形、U形或类似的波形，原板材可用冷轧板、镀锌板、彩色涂层板等不同类别的薄钢板。压型板的波高一般为 21～173mm，波距模数为 50、100、150、200、250、300(mm)，有效覆盖宽度的尺寸系列为 300、450、600、750、900、1000(mm)，板厚为 0.35～1.60mm。

压型钢板曲折的板形大大增加了钢板在其平面外的惯性矩、刚度和抗弯能力，具有重量轻、强度刚度大、施工简便和美观等优点。在建筑上，压型钢板主要用作屋面板、墙板、楼板和装修板等。

(四) 彩色涂层钢板(GB/T 12754—2006)

彩色涂层钢板是以薄钢板为基底，表面涂有各类有机涂料的产品。彩色涂层钢板按用途分为建筑外用(JW)、建筑内用(JN)和家用电器(JD)，按表面状态分为涂层板(TC)、印花板(YH)、压花板(YaH)。彩色涂层钢板可以用多种涂料和基底板材制作。彩色涂层钢板主要用于建筑物的围护和装饰。

第七节 钢筋混凝土用钢材的性能和技术要求

钢筋与混凝土之间有较大的握裹力，能牢固啮合在一起。钢筋抗拉强度高、塑性好，放入混凝土中可很好地改善混凝土脆性，扩展混凝土的应用范围，同时混凝土的碱性环境又很好地保护了钢筋。钢筋混凝土结构用的钢筋主要由碳素结构钢、低合金高强度结构钢和优质碳素钢制成。

一、热轧钢筋

钢筋混凝土用热轧钢筋，根据其表面形状分为光圆钢筋和带肋钢筋两类。

(一) 热轧光圆钢筋

热轧光圆钢筋(hot rolled plain bars)是指经热轧成型，横截面通常为圆形，表面光滑的成品钢筋。公称直径为 6.0mm、8mm、10mm、12mm、16mm、20mm，以直条或盘卷形式供货。根据《钢筋混凝土用钢筋 第 1 部分：热轧光圆钢筋》GB 1499.1—2008 的规定，热轧光圆钢筋级分为 HPB235、HPB300 两个牌号，其化学成分(熔炼分析)应符合表 8-9 的规定，力学性能和工艺性能应符合表 8-10 的规定。

热轧光圆钢筋化学成分要求 表 8-9

牌号	化学成分(%)，≤				
	C	Si	Mn	P	S
HPB235	0.22	0.30	0.65	0.45	0.050
HPB300	0.25	0.55	1.50		

注：钢材中残余元素铬、镍、铜应各不大于 0.30%，供方如能保证可不作分析。

热轧光圆钢筋力学性能和工艺性能要求 表 8-10

牌号	屈服强度 R_{eL}(MPa)	抗拉强度 R_m(MPa)	断后伸长率 A(%)	最大力总伸长率 A_{gt}(%)	冷弯试验 180° D—弯芯直径 d—钢筋公称直径
	不小于				
HPB235	235	370	25.0	10.0	$D=d$
HPB300	300	420			

光圆钢筋的强度低，但塑性和焊接性能好，便于各种冷加工，因而广泛用做小型钢筋混凝土结构中的主要受力钢筋以及各种钢筋混凝土结构中的构造筋。

（二）热轧带肋钢筋

热轧带肋钢筋是指经热轧成型，横截面通常为圆形，表面带肋的混凝土结构用钢材，分为普通热轧钢筋(hot rolled bars)和细晶粒热轧钢筋(hot rolled bars of fine grains)。普通热轧钢筋按热轧状态交货，其金相组织主要是铁素体加珠光体，不得有影响使用性能的其他组织存在；细晶粒热轧钢筋在热轧过程中，通过控轧和控冷工艺形成的细晶粒钢筋，其金相组织主要是铁素体加珠光体，不得有影响使用性能的其他组织存在，晶粒度不粗于 9 级。

热轧带肋钢筋表面有两条纵肋，并沿长度方向均匀分布有牙形横肋，如图 8-10 所示。

(a)

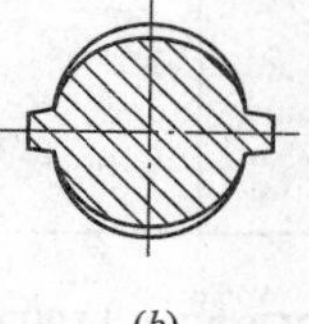

(b)

图 8-10 带肋钢筋外形图

(a)月牙肋；(b)等高肋

根据《钢筋混凝土用钢筋 第 2 部分：热轧带肋钢筋》GB 1499.2—2007 的规定，普通热轧钢筋分为 HRB335、HRB400、HRB500 三个牌号，细晶粒热轧钢筋分为 HRBF335、HRBF400、HRBF500 三个牌号。

热轧带肋钢筋的化学成分(熔炼分析)应符合表 8-11 的要求，力学性能应符合表 8-12 的规定。

弯曲性能应符合以下规定：按表 8-12 规定的弯芯直径弯曲 180°钢筋受弯曲部位表面不得产生裂纹。根据需方要求，钢筋可进行反向弯曲性能试验，反复弯曲试验的弯芯直径比弯曲试验相应增加一个钢筋公称直径，反向弯曲试验时，先正向弯曲 90°后再反向弯曲 20°。两个弯曲角度均应在去载之前测量。经反向弯曲试验后，钢筋受弯曲部位表面不得产生裂纹。

热轧带肋钢筋的化学成分要求 **表 8-11**

<table>
<tr><th rowspan="2">牌号</th><th colspan="6">化学成分(%)，≤</th></tr>
<tr><th>C</th><th>Si</th><th>Mn</th><th>P</th><th>S</th><th>Ceq</th></tr>
<tr><td>HRB335
HRBF335</td><td rowspan="3">0.25</td><td rowspan="3">0.80</td><td rowspan="3">1.60</td><td rowspan="3">0.045</td><td rowspan="3">0.045</td><td>0.52</td></tr>
<tr><td>HRB400
HRBF400</td><td>0.54</td></tr>
<tr><td>HRB500
HRBF500</td><td>0.55</td></tr>
</table>

注：1. 根据需要，钢中还可加入 V、Nb、Ti 等元素；
2. Ceq 指碳当量，Ceq＝C＋Mn/6＋(Cr＋V＋Mo)/5＋(Cu＋Ni)/15。

热轧带肋钢筋的力学性能和工艺性能要求 **表 8-12**

<table>
<tr><th rowspan="2">牌 号</th><th>屈服强度
R_{eL}(MPa)</th><th>抗拉强度
R_m(MPa)</th><th>断后伸长率
A(%)</th><th>最大力总伸长率
A_{gt}(%)</th><th colspan="2">冷弯
D—弯心直径
d—钢筋公称直径</th></tr>
<tr><th colspan="4">不小于</th><th>公称直径(mm)</th><th>弯心直径(mm)</th></tr>
<tr><td rowspan="3">HRB335
HRBF335</td><td rowspan="3">335</td><td rowspan="3">455</td><td rowspan="3">17</td><td rowspan="9">7.5</td><td>6～25</td><td>3d</td></tr>
<tr><td>28～40</td><td>4d</td></tr>
<tr><td>>40～50</td><td>5d</td></tr>
<tr><td rowspan="3">HRB400
HRBF400</td><td rowspan="3">400</td><td rowspan="3">540</td><td rowspan="3">16</td><td>6～25</td><td>4d</td></tr>
<tr><td>28～40</td><td>5d</td></tr>
<tr><td>>40～50</td><td>6d</td></tr>
<tr><td rowspan="3">HRB500
HRBF500</td><td rowspan="3">500</td><td rowspan="3">630</td><td rowspan="3">15</td><td>6～25</td><td>6d</td></tr>
<tr><td>28～40</td><td>7d</td></tr>
<tr><td>>40～50</td><td>8d</td></tr>
</table>

HRB335、HRBF335、HRB400 和 HRBF400 钢筋的强度较高，塑性和焊接性能较好，广泛应用于大、中型钢筋混凝土结构的受力筋。HRB500 和 HRBF500 钢筋强度高，但塑性和焊接性能较差，可用作预应力钢筋。

二、余热处理钢筋

余热处理钢筋是热轧后立即穿水，进行表面控制冷却，然后利用芯部分余热自身完成回火处理所得的成品钢筋。这种钢筋晶粒细小，性能均匀，在保证良好塑性、焊接性能的条件下，屈服点约提高 10%，用作钢筋混凝土的配筋，可节约材料并提高构件的安全可靠性。

余热处理钢筋的公称直径范围为 8～40mm，推荐的钢筋公称直径为 8、10、12、16、20、25、32 和 40mm。该种钢筋的级别为Ⅲ级，外形为月牙肋，强度等级代号为 KL400，其中 K、L 分别为“控制”和“肋”的汉语拼音首字母。

根据《余热处理钢筋》GB 13014—1991 余热处理钢筋的牌号及化学成分(熔炼分析)应符合表 8-13 的规定，力学性能和工艺性能应符合表 8-14 的规定。

余热处理钢筋的牌号及化学成分 表 8-13

表面形状	钢筋级别	强度代号	牌号	化学成分(%)				
				C	Si	Mn	P	S
							不小于	
月牙肋	Ⅲ	KL400	20MnSi	0.17～0.25	0.40～0.80	1.20～1.60	0.045	0.045

余热处理钢筋的力学性能和工艺性能 表 8-14

表面形状	钢筋级别	强度等级代号	公称直径(mm)	屈服点(MPa)	抗拉强度(MPa)	伸长率 δ_5(%)	冷弯 D—弯心直径 d—钢筋公称直径
				不小于			
月牙肋	Ⅲ	KL400	8～25 28～40	440	600	14	90° $D=3d$ 90° $D=4d$

三、低碳钢热轧圆盘条

低碳钢热轧圆盘条是由屈服强度较低的碳素结构钢轧制的盘条。可用作拉丝、建筑、包装及其他用途，是目前用量最大、使用最广的线材，也称普通线材。普通线材大量用作建筑混凝土的配筋、拉制普通低碳钢丝和镀锌低碳钢丝。

低碳钢热轧圆盘条牌号有 Q195、Q215、Q235 和 Q275 四种。根据《低碳钢热轧盘条》GB/T 701—2008 的规定，盘条的化学成分(熔炼分析)应符合表 8-15 的要求，力学性能和工艺性能应符合表 8-16 的要求。经供需双方协商并在合同中注明，可做冷弯性能试验。直径大于 12mm 的盘条，冷弯性能指标由供需双方协商确定。

盘条的化学成分要求 表 8-15

牌号	化学成分(%)				
	C	Mn	Si	S	P
			不大于		
Q195	≤0.12	0.25～0.50	0.30	0.040	0.035
Q215	0.09～0.15	0.25～0.60	0.30	0.045	0.045
Q235	0.12～0.20	0.30～0.70			
Q275	0.14～0.22	0.40～1.00			

供建筑及包装用盘条力学性能和工艺性能 表 8-16

牌号	力学性能		冷弯试验，180° d=弯心直径 a=试样直径
	抗拉强度 R_m(MPa)，不大于	断后伸长率 $A_{11.3}$(%)，不小于	
Q195	410	30	$d=0$
Q215	435	28	$d=0$
Q235	500	23	$d=0.5a$
Q275	540	21	$d=1.5a$

四、冷轧带肋钢筋

冷轧带肋钢筋(cold-rolled ribbed steel wires and bars)是热轧圆盘条经冷轧后，在其表面带有沿长度方向均匀分布的三面或两面横肋钢筋。《冷轧带肋钢筋》GB 13788—2008 规定，冷轧带肋钢筋按抗拉强度最小值分为 CRB550、CRB650、CRB800 和 CRB970 四个牌号。

CRB550 钢筋的公称直径范围为 4～12mm，CRB650 及以上牌号钢筋的公称直径为 4mm、5mm、6mm。

制造钢筋的盘条的参考牌号及化学成分(熔炼分析)可参考表 8-17，60 钢的 Ni、Cr、Cu 含量各不大于 0.25%。

冷轧带肋钢筋的牌号及化学成分 **表 8-17**

钢筋牌号	盘条牌号	化学成分，%					
		C	Si	Mn	V、Ti	S	P
CRB550	Q215	0.09～0.15	≤0.30	0.25～0.55	—	≤0.050	≤0.045
CRB650	Q235	0.14～0.22	≤0.30	0.30～0.65	—	≤0.050	≤0.045
CRB800	24MnTi	0.19～0.27	0.17～0.37	1.20～1.60	Ti：0.01～0.05	≤0.045	≤0.045
	20MnSi	0.17～0.25	0.40～0.80	1.20～1.60	—	≤0.045	≤0.045
CRB970	41MnSiV	0.37～0.45	0.60～1.10	1.00～1.40	V：0.05～0.12	≤0.045	≤0.045
	60	0.57～0.65	0.17～0.37	0.50～0.80	—	≤0.035	≤0.035

GB 13788—2008 规定，钢筋的力学性能和工艺性能应符合表 8-18 的要求。当进行冷弯试验时，受弯曲部位表面不得产生裂纹，反复弯曲试验的弯曲半径应符合表 8-19 的规定。钢筋的强屈比 $R_m/R_{p0.2}$ 比值应不小于 1.03，经供需双方协议可用最大力总伸长率 A_{gt} 代替断后伸长率 A。

冷轧带肋钢筋的力学性能和工艺性能 **表 8-18**

级别代号	规定非比例延伸强度 $R_{p0.2}$ ≥	抗拉强度 R_m (MPa) ≥	伸长率(%)A≥		弯曲试验 180°	反复弯曲次数	应力松弛，初始应力应相当于公称抗拉强度的 70%
			$A_{11.3}$	A_{100}			1000h 松弛率(%)≤
CRB550	500	550	8.0	—	$D=3d$	—	—
CRB650	585	650	—	4.0	—	3	8
CRB800	720	800	—	4.0	—	3	8
CRB970	875	970	—	4.0	—	3	8

注：D 为弯心直径，d 为钢筋公称直径。

冷轧带肋钢筋反复弯曲试验的弯曲半径(mm) **表 8-19**

钢筋公称直径	4	5	6
弯曲半径	10	15	15

冷轧带肋钢筋与冷拉、冷拔钢筋相比，强度相近，但克服了冷拉、冷拔钢筋握裹力

小的缺点，因此，在中、小型预应力混凝土结构构件中和普通混凝土结构构件中得到了越来越广泛的应用。CRB550 为普通钢筋混凝土用钢筋，其他牌号为预应力混凝土用钢筋。

五、预应力混凝土用钢棒

预应力混凝土用钢棒是用低合金钢热轧盘条经冷加工后(或不经冷加工)淬火和回火而制得。其成品不得存在电接头。按钢棒表面形状分为光圆钢棒、螺旋槽钢棒、螺旋肋钢棒和带肋钢棒四种。

钢棒的代号有：PCR—预应力混凝土用钢棒；P—光圆钢棒；HG—螺旋槽钢棒；HR—螺旋肋钢棒；R—带肋钢棒；N—普通松弛；L—低松弛。

钢棒标记方法如下：预应力钢棒、公称直径、公称抗拉强度、代号、延性级别(延性35或延性25)、松弛(N或L)、标准号。例如“PCR 9-1420-35-L-HG-GB/T 5233.3”表示公称直径为9mm、公称抗拉强度为1420MPa、35级延性、低松弛预应力混凝土用螺旋槽钢棒。

《预应力混凝土用钢棒》GB/T 5233.3—2005 规定，制造钢棒所用盘条的有害杂质限量应符合以下规定：P%≤0.025%，S%≤0.025%，Cu%≤0.25%。钢棒的抗拉强度、延伸强度、弯曲性能应符合表 8-20 的规定。钢棒的伸长特性应符合表 8-21 的规定。钢棒应进行初始应力为70%公称抗拉强度时1000h的松弛试验。假如需方有要求，也应测定初始应力为60%和80%公称抗拉强度时1000h的松弛值，其松弛值应符合表 8-22 的规定。

预应力混凝土用钢棒的力学性能和弯曲性能　　表 8-20

<table>
<tr><th rowspan="2">表面形状</th><th rowspan="2">公称直径(mm)</th><th rowspan="2">抗拉强度 R_m(MPa)≥</th><th rowspan="2">规定非比例延伸强度 $R_{p0.2}$(MPa)≥</th><th colspan="2">弯曲性能</th></tr>
<tr><th>性能要求</th><th>弯曲半径(mm)</th></tr>
<tr><td rowspan="5">光圆</td><td>6</td><td rowspan="10">对所有规格钢棒
1080
1230
1420
1570</td><td rowspan="10">对所有规格钢棒
930
1080
1280
1420</td><td rowspan="4">反复弯曲不小于4次/180°</td><td>15</td></tr>
<tr><td>7</td><td>20</td></tr>
<tr><td>8</td><td>20</td></tr>
<tr><td>10</td><td>25</td></tr>
<tr><td>11、12、13、14、16</td><td>弯曲160°～180°后弯曲处无裂纹</td><td>弯芯直径为钢棒公称直径的10倍</td></tr>
<tr><td rowspan="5">螺旋肋</td><td>6</td><td rowspan="4">反复弯曲不小于4次/180°</td><td>15</td></tr>
<tr><td>7</td><td>20</td></tr>
<tr><td>8</td><td>20</td></tr>
<tr><td>10</td><td>25</td></tr>
<tr><td>12、14</td><td>弯曲160°～180°后弯曲处无裂纹</td><td>弯芯直径为钢棒公称直径的10倍</td></tr>
<tr><td>螺旋槽</td><td>7.1、9、10.7、12.6</td><td></td><td></td><td>—</td><td>—</td></tr>
<tr><td>带肋</td><td>6、8、10、12、14、16</td><td></td><td></td><td>—</td><td>—</td></tr>
</table>

预应力混凝土用钢棒的伸长特性 表 8-21

延性级别	最大力总伸长率 A_{gt}(%)，≥	断后伸长率 A(%)，≥
延性 35	3.5	7.0
延性 25	2.5	5.0

注：1. 日常检验可用断后伸长率，仲裁试验以最大力伸长率为准；
2. 最大力伸长率标距 $L_0=200$mm；
3. 断后伸长率标距 L_0 为钢棒公称直径的 8 倍，$L_0=8d_0$。

预应力混凝土用钢棒的最大松弛 表 8-22

初始应力为公称抗拉强度的百分率(%)	1000h 松弛值(%)	
	普通松弛(N)	低松弛(L)
70	4.0	2.0
60	2.0	1.0
80	9.0	4.5

预应力混凝土用钢棒强度高，可代替高强钢丝使用；配筋根数少，节约钢材；锚固性好不易打滑，预应力值稳定；施工简便，开盘后自然伸直，不需调直及焊接。主要用于预应力钢筋混凝土轨枕，也可用于预应力梁、板结构及吊车梁等。

六、预应力混凝土用钢丝和钢绞线

(一) 预应力混凝土用钢丝

预应力混凝土用钢丝是用索氏体化盘条经冷拉或冷拉后消除应力处理而制成。成品不得存在电焊接头。钢丝按加工状态分为冷拉钢丝和消除应力钢丝，消除应力钢丝按松弛性能又分为低松弛级钢丝和普通松弛级钢丝；钢丝按外形分为光圆、螺旋肋和刻痕三种。低松弛钢丝由钢丝在塑性变形下经短时热处理而得到，普通松弛钢丝由钢丝通过矫直工序后在适当温度下进行的短时热处理而得到。

钢丝的代号如下：WCD—冷拉钢丝；WLR—低松弛钢丝；WLR—普通松弛钢丝；P—光圆钢丝；H—螺旋肋钢丝；I—刻痕钢丝。

钢丝标记方法如下：预应力钢丝、公称直径、抗拉强度等级、加工状态代号、外形代号和标准号。例如“预应力钢丝 4.00-1670-WCD-P-GB/T 5223—2002”，表示直径为 4.00mm，抗拉强度为 1670MPa 冷拉光圆钢丝。

制造钢丝用钢的牌号和化学成分应符合 YB/T 146 或 YB/T 170 的规定，也可采用其他牌号制造。

《预应力混凝土用钢丝》GB/T 5223—2002 规定：冷拉钢丝的力学性能应符合表 8-23 的规定，规定非比例延伸强度 $R_{p0.2}$ 值不小于公称抗拉强度的 75%。消除应力的光圆及螺旋肋钢丝的力学性能应符合表 8-24 的规定，规定非比例延伸强度 $R_{p0.2}$ 值对低松弛钢丝应不小于公称抗拉强度的 88%，对普通松弛钢丝应不小于公称抗拉强度的 85%。消除应力的刻痕钢丝的力学性能应符合表 8-25 的规定，规定非比例延伸强度 $R_{p0.2}$ 值对低松弛钢丝应不小于公称抗拉强度的 88%，对普通松弛钢丝应不小于公称抗拉强度的 85%。

冷拉钢丝的力学性能　　表 8-23

公称直径(mm)	抗拉强度 R_m(MPa) ≥	规定非比例延伸强度 $R_{p0.2}$(MPa) ≥	最大力总伸长率 A_{gt}(%)，≥	弯曲次数(次/180°)，≥	弯曲半径(mm)	断面收缩率 Z(%)，≥	每210mm扭矩的扭转次数 n，≥	初始应力相当于70%公称抗拉强度时，1000h后应力松弛率(%)，≤
3.00	对所有规格钢丝 1470 1570 1670 1770	对所有规格钢丝 1100 1180 1250 1330	1.5	4	7.5	—	—	8
4.00					10	35	8	
5.00					15			
6.00				5	15	30	7	
7.00					20		6	
8.00					20		5	

消除应力光圆及螺旋肋钢丝的力学性能　　表 8-24

公称直径(mm)	抗拉强度 R_m(MPa) ≥	规定非比例延伸强度 $R_{p0.2}$(MPa)≥		最大力总伸长率 A_{gt}(%)，≥	弯曲次数(次/180°)，≥	弯曲半径(mm)	应力松弛性能		
							初始应力相当于公称抗拉强度百分率(%)	1000h后应力松弛率(%)，≤	
		WLR	WNR					WLR	WNR
							对所有规定		
4.00	1470 1570 1670 1770 1860	1290 1380 1470 1560 1640	1250 1330 1410 1500 1580	3.5	3	10	60 70 80	1.0 2.0 4.5	4.5 8 12
4.80					4	15			
5.00									
6.00	1470 1570 1670 1770	1290 1380 1470 1560	1250 1330 1410 1500		4	15			
6.25					4	20			
7.00					4	20			
8.00	1470 1570	1290 1380	1250 1330		4	20			
9.00					4	25			
10.00	1470	1290	1250		4	25			
12.00					4	30			

消除应力的刻痕钢丝的力学性能　　表 8-25

公称直径(mm)	抗拉强度 R_m(MPa) ≥	规定非比例延伸强度 $R_{p0.2}$(MPa)≥		最大力总伸长率 A_{gt}(%)，≥	弯曲次数(次/180°)，≥	弯曲半径(mm)	应力松弛性能		
							初始应力相当于公称抗拉强度百分率(%)	1000h后应力松弛率(%)，≤	
		WLR	WNR					WLR	WNR
							对所有规定		
≤5.0	1470 1570 1670 1770 1860	1290 1380 1470 1560 1640	1250 1330 1410 1500 1580	3.5	3	15	60 70 80	1.5 2.5 4.5	4.5 8 12
>5.0	1470 1570 1670 1770	1290 1380 1470 1560	1250 1330 1410 1500			20			

预应力混凝土用钢丝有强度高、柔性好、无接头，质量稳定可靠，施工方便，不需冷拉、不需焊接等优点。主要用于大跨度屋架及薄腹梁、大跨度吊车梁、桥梁、电杆、轨枕等的预应力钢筋等。

（二）预应力混凝土用钢绞丝

预应力混凝土用钢绞丝是以索氏体化盘条，经冷拉后捻制而成。按捻制结构（钢丝的股数）分为五类：用两根钢丝捻制的钢绞线（代号 1×2）、用三根钢丝捻制的钢绞线（代号 1×3）、用三根刻痕钢丝捻制的钢绞线（代号 1×3I）、用七根钢丝捻制的钢绞线（代号 1×7）、用七根钢丝捻制又经模拔的钢绞线［代号(1×7)C］。

制造钢绞线用钢由供方根据产品规格和力学性能确定，牌号和化学成分应符合 YB/T 146 或 YB/T 170 的规定，也可采用其他的牌号制造。

《预应力混凝土用钢绞丝》GB/T 5224—2003 规定：对于所有规格的钢绞线，其最大力总伸长率($L_0=400$mm)A_{gt}不小于 3.5%；初始负荷相当于公称最大力的百分数 60%、70%和 80%，对应的 1000h 后应力松弛率分别不大于 1.0%、2.5%和 4.5%。钢绞线其他力学性能要求如表 8-26 所示。

钢绞线的部分力学性能 表 8-26

钢绞线结构	公称直径(mm)	抗拉强度 R_m(MPa) ≥	整根钢绞线的最大力 F_m(kN) ≥	规定非比例延伸力 $F_{p0.2}$(MPa) ≥	钢绞线结构	公称直径(mm)	抗拉强度 R_m(MPa) ≥	整根钢绞线的最大力 F_m(kN) ≥	规定非比例延伸力 $F_{p0.2}$(MPa) ≥
1×2	5.00	1570	15.4	13.9	1×3	10.80	1470	86.6	77.9
		1720	16.9	15.2			1570	92.5	83.3
		1860	18.3	16.5			1720	101	90.9
		1960	19.2	17.3			1860	110	99.0
	5.80	1570	20.7	18.6			1960	115	104
		1720	22.7	20.4		12.90	1470	125	113
		1860	24.6	22.1			1570	133	120
		1960	25.9	23.3			1720	146	131
	8.00	1470	36.9	33.2			1860	158	142
		1570	39.4	35.5			1960	166	149
		1720	43.2	38.9	1×3I	8.74	1570	60.6	54.5
		1860	46.7	42.0			1670	64.5	58.1
		1960	49.2	44.3			1860	71.8	64.6
	10.00	1470	57.8	52.0	1×7	9.5	1720	94.3	84.9
		1570	61.7	55.5			1860	102	91.8
		1720	67.6	60.8			1960	107	96.3
		1860	73.1	65.8		11.10	1720	128	115
		1960	77.0	69.3			1860	138	124
	12.00	1470	83.1	74.8			1960	145	131
		1570	88.7	79.8		12.70	1720	170	153
		1720	97.2	87.5			1860	184	166
		1860	105	94.5			1960	193	174

续表

钢绞线结构	公称直径（mm）	抗拉强度 R_m（MPa）≥	整根钢绞线的最大力 F_m（kN）≥	规定非比例延伸力 $F_{p0.2}$（MPa）≥	钢绞线结构	公称直径（mm）	抗拉强度 R_m（MPa）≥	整根钢绞线的最大力 F_m（kN）≥	规定非比例延伸力 $F_{p0.2}$（MPa）≥
1×3	6.20	1570	31.1	28.0	1×7	15.20	1470	206	185
		1720	34.1	30.7			1570	220	198
		1860	36.8	33.1			1670	234	211
		1960	38.8	34.9			1720	241	217
	6.50	1570	33.3	30.0			1860	260	234
		1720	36.5	32.9			1960	274	247
		1860	39.4	35.5		15.70	1770	266	239
		1960	41.6	37.4			1860	279	251
	8.60	1470	55.4	49.9		17.80	1720	327	294
		1570	59.2	53.3			1860	353	318
		1720	64.8	58.3	(1×7)C	12.70	1860	208	187
		1860	70.1	63.1		15.20	1820	300	270
		1960	73.9	66.5		18.00	1720	384	346
	8.74	1570	60.6	54.5	—	—	—	—	—
		1670	64.5	58.1	—	—	—	—	—
		1860	71.8	64.6	—	—	—	—	—

注：规定非比例延伸力不小于整根钢绞线的最大力的 90%。

预应力混凝土用钢绞线亦具有强度高、柔韧性好、无接头、质量稳定、施工方便等优点，使用时按要求的长度切割，主要用于大跨度、大负荷的后张法预应力屋架、桥梁和薄腹板等结构的预应力筋。

七、冷拔低碳钢丝

冷拉低碳钢丝是用低碳钢热轧圆盘条或热轧光圆钢筋经一次或多次冷拔制成的光圆钢丝。分为甲级和乙级。甲级适用于作预应力筋；乙级适用于作焊接网、焊接骨架、箍筋和构造钢筋。

冷拉低碳钢丝的代号为 CDW(Cold -Drawn Wire)。标记方法为：冷拉低碳钢丝名称、公称直径、抗拉强度、代号及标准号。例如“甲级冷拉低碳钢丝 5.0—650—CDW JC/T 540—2006”表示公称直径为 5.0mm、抗拉强度为 650MPa 的甲级冷拉低碳钢丝。

《混凝土制品用冷拔低碳钢丝》JC/T 540—2006 规定，冷拔低碳钢丝的力学性能应符合表 8-27 的规定。

《冷拔低碳钢丝应用技术规程》JGJ 19—2010 规定的内容与《混凝土制品用冷拔低碳钢丝》JC/T 540—2006 的技术要求之间有一些不同。JGJ 19—2010 的相关要求如下：

冷拔低碳钢丝仅有 CDW550 级，宜作为构造钢筋使用，作为结构构件中纵向受力钢筋使用时应采用钢丝焊接网。冷拔低碳钢丝不得作预应力钢筋使用。作为箍筋使用时，冷拔低碳钢丝的直径不宜小于 5mm，间距不应大于 200mm。

冷拔低碳钢丝的力学性能 **表 8-27**

级别	公称直径(mm)	抗拉强度 R_m(MPa)，≥	断后伸长率 A_{100}(%)，≥	反复弯曲次数(次/180°)
甲级	5.0	650	3.0	4
		600		
乙级	4.0	700	2.5	
		650		
	3.0，4.0，5.0，6.0	550	2.0	

注：甲级冷拔低碳钢丝作预应力筋用时，如经机械调直则抗拉强度标准值应降低 50MPa。

冷拔低碳钢丝的强度标准值 f_{stk} 应由未经机械调直的冷拔低碳钢丝抗拉强度表示。强度标准值 f_{stk} 应为 550MPa，并应具有不小于 95%的保证率。钢丝焊接网和焊接骨架中冷拔低碳钢丝抗拉强度设计值 f_y 应按表 8-28 的规定进行采用。

钢丝焊接网和焊接骨架中冷拔低碳钢丝的抗拉强度设计值(MPa) **表 8-28**

牌号	符号	f_y
CDW550	ϕ^b	320

CDW550 级冷拔低碳钢丝的直径可为：3mm、4mm、5mm、6mm、7mm 和 8mm。直径小于 5mm 的钢丝焊接网不应作为混凝土结构中的受力钢筋使用；除钢筋混凝土排水管、环形混凝土电杆外，不应使用直径 3mm 的冷拔低碳钢丝；除大直径的预应力混凝土桩外，不宜使用直径 8mm 的冷拔低碳钢丝。

冷拉低碳钢丝的母材可采用低碳钢热轧圆盘条或热轧光圆钢筋，母材的性能应符合《低碳钢热轧圆盘条》GB/T 701 或《钢筋混凝土用钢　第 1 部分：热轧光圆钢筋》GB 1499.1 的规定。母材检验批重量不应大于 60t，抗拉强度不应小于 370MPa。母材的牌号和直径应符合表 8-29 的要求。

冷拔低碳钢丝母材的牌号与直径 **表 8-29**

冷拔低碳钢丝直径(mm)	母材牌号	母材直径(mm)
3	Q195、Q215	6.5，6
4	Q195、Q215	6.5，6
5	Q215、Q235、HPB235	6.5，8
6	Q215、Q235、HPB235	8
7	Q215、Q235、HPB235	10
8	Q235、HPB235	10

冷拔低碳钢丝验收时应按同一生产单位、同一原材料、同一直径，且不应超过 30t 为 1 个检验批，并检查母材进厂或进场院检验报告。每批应抽取不少于 3 盘的冷拔低碳钢丝进行拉伸试验和反复弯曲试验。每盘钢丝中任一端截去 500mm 以后再取 2 个试样：1 个试样进行拉伸试验，1 个试样进行反复弯曲试验。冷拔低碳钢丝拉伸试验、反复弯曲试验的性能要求应符合表 8-30 的规定。

冷拔低碳钢丝拉伸试验、反复弯曲试验的性能要求 表 8-30

冷拔低碳钢丝直径(mm)	抗拉强度 R_m(MPa)，≥	伸长率 A(%)，≥	180°反复弯曲次数次	弯曲半径(mm)
3	550	2.0	4	7.5
4		2.5		10
5		3.0		15
6				15
7				20
8				20

注：1. 抗拉强度试样应取未经机械调直的冷拔低碳钢丝；

2. 冷拔低碳钢丝伸长率测量标距对直径 3～6mm 的钢丝为 100mm，对直径 7mm、8mm 的钢丝为 150mm。

第八节 进口热轧变形钢筋应用及规定

在过去的三十几年里，我国从国外进口了大量的钢筋。在初始进口期，进口钢筋在外贸订货、商品检验、材料供应管理等方面，由于没有明确的办法与规定，存在不少问题。如有的进口钢筋既没有质量保证书也没有商检报告，有的进口钢筋，由于管理混乱不知国别、级别，给使用单位造成不少困难，有些施工单位在使用前未做试验，又未掌握钢材性能就盲目使用，造成了一些工程事故。所以，原国家基本建设委员会于 1980 年 2 月 26 日发出(80)建发施字 82 号文件“关于《进口热轧变形钢筋应用若干规定》”，对进口热轧变形钢筋(指螺纹形、竹节形、十字交叉形、人字形等)的应用作出了规定。该规定的出台，对保证我国进口钢材的质量、保证建筑工程质量等起到了重大作用。本书引用该规定时，将规定中的部分旧标准改成了现行标准。

一、进口钢筋一般技术管理要求、现场检验和应用范围

(一)一般技术管理要求

1. 凡从国外进口热轧变形钢筋(以简称进口钢筋)均应有出厂质量保证书和相应的技术资料。供货部门应随货发给印有中文的钢筋出厂质量保证书和相应的技术资料，使用单位应进行核实，做到物账相符，并按国别、级别、规格和原捆分批堆放，不得混淆。

2. 使用进口钢筋时，应严格遵守先试验、后使用的原则，严禁未经试验盲目使用。

3. 本规定仅适用于日本 SD35 和荷兰、西班牙、德国 BSt42/50RU(35/50RU)四种钢材，其机械性能和化学成分要求如表 8-31、表 8-32 和表 8-33 所示。上述表中的其他进口钢材应通过试验，根据试验结果参考本规定使用。

进口热轧变形钢筋机械性能和化学成分 表 8-31

国别	日本	日本、阿根廷、澳大利亚、新加坡	日本		
材料标准 钢筋代号 屈服点(MPa) 抗拉强度(MPa)	JISG3112 SD30 300 490～630	JISG3112 SD35 350 500	JISG3112 SD40 400 570	JISG3112 SD50 500 630	JISG3112 特殊 SD35 350 500

续表

国别		日本	日本、阿根廷、澳大利亚、新加坡	日本		
断裂伸长率 δ_5(%)	<25 ≥25	>14 >18	>18 >20	>16 >18	>12 >14	>18 >20
冷弯弯曲角		180°	180°	180°	90°	180°
冷弯弯心直径		4*d*	*d*≤41 4*d* *d*=51 5*d*	5*d*	*d*≤25 5*d* *d*>25 6*d*	*d*≤41 4*d* *d*=51 5*d*
化学成分(%)	C	—	<0.27	<0.29	<0.32	0.12～0.22
	Mn	—	<1.60	<1.80	<1.80	1.20～1.60
	P	<0.05	<0.05	<0.05	<0.05	<0.05
	S	<0.05	<0.05	<0.05	<0.05	<0.05
	C+Mn/6	—	<0.50	<0.55	<0.60	—

进口热轧变形钢筋机械性能和化学成分 **表 8-32**

国别		墨西哥	巴西
材料标准		ASTM A615-75①	ASTM A615-75①
钢筋代号		60 级	60 级
屈服点(MPa)		420	420
抗拉强度(MPa)		630	630
断裂伸长率②(%)	*d*≤19	9	9
	d=22～25	8	8
	d=28～32	7	7
冷弯弯曲角		180°	180°
冷弯弯心直径	*d*<16	4*d*	4*d*
	d=16～25	6*d*	6*d*
	d=28～32	8*d*	8*d*
化学成分③(%)	C	0.35～0.44	0.25～0.35
	Mn	>1.0	>1.0
	P	0.03	0.05
	S	0.044	0.05

① 系按美国标准 ASTM A615-75 订货；

② 测量伸长率的标距统一规定为 203.2mm(8 英寸)；

③ 表内化学成分原标准无规定，这是我国外贸订货时的协议。

进口热轧变形钢筋机械性能和化学成分 **表 8-33**

国别		荷兰		德国		西班牙	意大利	法国	比利时
材料标准		DIN488	DIN488	DIN488	DIN488	DIN488	DIN488	DIN488	DIN488
钢筋代号		BSt 42/50RU	BSt 42/50RU	BSt 42/50RU	BSt 42/50RU	BSt 42/50RU	BSt 42/50RU	BSt 42/50RU	BSt 42/50RU
屈服点(MPa)		350	420	350	420	350	420	350	350
抗拉强度(MPa)		500	500	500	500	500	500	500	500
断裂伸长率 δ_{10}(%)		>10	>10	>10	>10	>10	>10	>10	>10
冷弯弯曲角*		180°	180°	90°	90°	180°	180°	180°	180°
冷弯弯心直径*		5*d*	5*d*	未规定	未规定	5*d*	5*d*	5*d*	5*d*
反弯曲试验时的弯心直径	*d*≤12	5*d*	5*d*	5*d*	5*d*	5*d*	5*d*	5*d*	5*d*
	d=13～18	6*d*	6*d*	6*d*	6*d*	6*d*	6*d*	6*d*	6*d*
	d=20～28	8*d*	8*d*	8*d*	8*d*	8*d*	8*d*	8*d*	8*d*

续表

国别		荷兰		德国		西班牙	意大利	法国	比利时
化学成分*（%）	C	0.15～0.30	0.15～0.28	0.32～0.43	0.41～0.45	0.15～0.27	0.30～0.40	0.12～0.25	0.12～0.25
	Mn	0.45～1.60	0.45～1.60	0.9～1.20	1.0～1.2	0.8～1.6	0.8～1.2	0.8～1.6	0.8～1.6
	P	≤0.05	≤0.05	≤0.05	≤0.04	≤0.05	≤0.05	≤0.05	≤0.05
	S	≤0.05	≤0.05	≤0.05	≤0.04	≤0.05	≤0.05	≤0.05	≤0.05
	Si	0.02～0.07	0.02～0.07	0.2～0.4	0.15～0.35	0.2～0.4	0.3～0.5		
	Al				0.025～0.07				
	Nb	<0.04	<0.04						

① 上述六国的钢筋均系按德国DIN488标准订货，都称为BSt 42/50RU级，我国对外订货时，还将部分国家钢筋的屈服点降低为350MPa，表内数字是根据合同填列的；

② 有＊号的各栏原标准无规定，是我国对外订货时补充的，无＊的各栏是标准的规定；

③ 表内荷兰 BSt 42/50RU 钢筋的屈服点分为两种，含碳量上限亦不同，此系合同规定，而原标准屈服点为420MPa。

4. 本规定未列出的有关内容，应遵照《混凝土结构设计规范》GBJ 10、《钢筋混凝土工程施工及验收规范》GB 50204 和《钢筋焊接及验收规程》JGJ 18 等有关规定执行。

（二）钢筋的现场检验

1. 进口钢筋进场后，其机械性能的检验应按《钢筋混凝土工程施工及验收规范》GB 50204—92 有关规定进行。当检验结果符合国产 HRB335 级钢筋（规定中原为Ⅱ级钢筋，下同）的机械性能要求时，则按下述“（三）钢筋的应用范围”使用。抗拉强度 $\sigma_b \geqslant 500$MPa 时，仍可按 HRB335 级钢筋使用。

2. 当进口钢筋的国别及强度级别不明时，应首先按不同外形和标志分类，然后分批进行机械性能试验，并根据试验结果确定钢筋的级别，每批抽取试件的数量应根据实际情况确定。这种钢筋不宜在主要承重结构的重要部位上使用。

（三）钢筋的应用范围

1. 符合国产 HRB335 级钢筋机械性能要求的日本 SD35 和荷兰、西班牙、德国 BSt 42/50RU（35/50RU）钢筋，作非预应力筋时，可代替国产 HRB335 级钢筋使用。

2. 日本 SD35 和荷兰、西班牙、德国 BSt 42/50RU（35/50RU）钢筋，经冷拉加工后可作预应力钢筋使用，其应用范围如下：

（1）冷拉日本 SD35 钢筋的应用范围与国产冷拉Ⅱ级钢筋相同。

（2）冷拉荷兰、西班牙、德国 BSt 42/50RU（35/50RU）钢筋，根据现有试验资料，可按国产冷拉Ⅱ级钢筋的要求，主要用于一般板类预应力混凝土构件。

（3）采用德国 BSt 42/50RU（35/50RU）钢筋，其钢筋焊接接头，如无充分试验数据和保证质量的措施，不得进入构件内。

二、进口钢筋的冷拉

1. 对于日本 SD35 和荷兰、西班牙、德国 BSt 42/50RU（35/50RU）钢筋，当抗拉强度与屈服点之比大于或等于 110%（即 $\sigma_b/\sigma_s \geqslant 100\%$）时，允许进行冷拉。

2. 进口钢筋冷拉时，其控制应力和冷拉率的数值遵守表 8-34 的规定。

3. 用控制冷拉率方法冷拉钢筋时，钢筋应按每一原捆为一批，通过试验确定该批冷拉率。对屈服点大于或等于 450MPa 的进口钢筋代替冷拉Ⅱ级钢筋时，也应进行冷拉，此时钢筋的统一冷拉率取为 1%。

进口钢筋冷拉参数 表 8-34

同时控制应力和冷拉率		控制冷拉率
控制应力(MPa)450	冷拉率(%)≤5.0	冷拉率(%)1.0～5.0

4. 进口钢筋冷拉后的质量应符合国产冷拉Ⅱ级钢筋的各项要求，冷拉钢筋的检查验收方法按《钢筋混凝土工程施工及验收规范》GB 50204—2002 的规定进行。

三、进口钢筋的焊接

1. 进口钢筋进行焊接前，应分批进行化学分析试验；当钢筋化学成分符合下列规定时，采用电弧焊或闪光接触对：

(1) 含碳量≤0.30%；

(2) 碳当量 C_H≤0.55%，碳当量可近似按 $C_H=(C+Mn/6)$计算；

(3) 含硫量≤0.05%；

(4) 含磷量≤0.05%。

注：如含碳量和碳当量超过上述规定时，一般不允许进行电弧焊。如需进行闪光接触对焊，应有试验依据和保证焊接质量的可靠措施。

2. 符合"三、1"要求的进口钢筋，如需与国产钢筋或预埋铁件焊接时，应预先进行焊接试验和质量检验，焊接接头质量不合格时，不得采用焊接连接。

3. 符合"三、1"要求的进口钢筋，如需采用接触点焊或接触电渣焊时，必须先进行焊接试验，并根据试验的结果确定能否采用这种焊接方法。

4. 对进口钢筋严禁采用电弧焊和在非焊接部位打火。在焊接时，还应采取其他防止烧伤主筋的措施。

5. 进口钢筋的电弧焊接，对一般结构应采用 T50X(E50X)型焊条，对于重要结构宜采用 E5016、E5015 型碱性低氢型焊条。

6. 进口钢筋的闪光接触对焊的焊接工艺方法应参照我国的有关规程和规范执行；焊接工艺参数可通过试验确定。在用 LP-75 型对焊机焊接时，其试焊时的焊接工艺参数可参考表 8-35。

进口热轧变形钢筋闪光接触对焊工艺参数表 表 8-35

钢筋直径(mm)	焊接工艺方法	主要焊接参数(LP-75 型)						
		变压器级次	调伸长度(d)	一次闪光留量(mm)	预热留量(mm)	二次闪光留量(mm)	顶锻留量(mm)	
							有电	无电
12	连续闪光焊	Ⅵ	2.5	14			1.5	3.5
14		Ⅵ	2.0	14			1.5	3.5
16	预热闪光焊或闪光预热闪光焊	Ⅵ	2.0	3+e	1	8	1.5	3.5
22		Ⅶ	1.75	3+e	2	8	1.5	3.5
25		Ⅶ	1.50	3+e	2	9	2.0	4.0
28		Ⅶ	1.25	3+e	3	10	2.0	4.0

注：e 为钢筋端部不平整时的两钢筋凸出部分的长度。

7. 符合“三、1”要求的进口钢筋，如需在负温条件下进行闪光接触对焊和电弧焊时，其试焊的工艺方法及焊接工艺参数可参考表 8-36 和表 8-37-1 及 8-37-2。

进口热轧钢筋负温焊接工艺方法及焊接工艺参数 **表 8-36**

钢筋直径(mm)	焊接工艺方法	主要焊接参数(LP-75 型)						
		变压器级次	调伸长度(d)	一次闪光留量(mm)	预热留量(次或 mm)	二次闪光留量(mm)	顶锻留量(mm)	见红区长度(mm)
12	连续闪光焊	V	2.5	10+e			5	2.0～2.5
14		V	2.0	10+e			5	2.0～2.5
16	预热闪光焊或闪光预热闪光焊	V	2.0	3+e	5 次	8	5～6	2.5～3.5
22		V	1.75	3+e	3～4	9	5～6	2.5～3.5
25		V	1.50	3+e	4～5	10	6～7	2.5～4.0
28		V	1.25	3+e	4～5	10	6～7	2.5～4.0

注：1. 负温闪光接触对焊温度系指 0～－20℃；

2. e 为钢筋端部不平整时的钢筋凸出部分的长度。

进口热轧钢筋负温焊接工艺方法及焊接工艺参数(一) **表 8-37-1**

钢筋直径(mm)	搭接、绑条电弧焊					
	焊接工艺方法		主要焊接参数			
	焊接层数	施焊方向	层间温度(℃)	焊条直径(mm)	平焊电流(A)	立焊电流(A)
12～14	一层	从中间引弧，向两边运弧	250～350	3.2	110～140	100～120
16～20	二层	从中间引弧，向两边运弧，返回中部收弧	250～350	4.0	140～160	130～150
22～28	三层	从中间引弧，向两边运弧，返回中部收弧	250～350	4.0	140～180	140～160

进口热轧钢筋负温焊接工艺方法及焊接工艺参数(二) **表 8-37-2**

钢筋直径(mm)	坡口电弧焊						
	焊接工艺方法			主要焊接参数			
	加强焊缝层数	加强焊缝长度 d	退火焊缝长度 d	层间温度(℃)	焊条直径(mm)	平焊电流(A)	立焊电流(A)
16～20	一层	2.0	1.6	250～350	3.2	160～180	140～160
22～28	二层	2.0	1.6	250～350	4.0	180～200	160～180

注：负温电弧焊温度指－20～0℃。

8. 进口钢筋焊接接头的质量，应符合我国有关规程和规范对国产Ⅱ级钢筋焊接接头的要求。

9. 焊接进口钢筋的焊工，应持有焊工合格证，并应在焊接某种进口钢筋前进行焊接试验和检验，合格后方准焊接。

四、进口钢筋的接头与锚固

1. 进口钢筋的接头与锚固，除应符合《混凝土结构设计规范》GB 50010—2010 的有关规定外，其搭接与锚固长度尚应符合下列要求：

（1）日本 SD35 钢筋与国产 HRB335 级钢筋相同；

（2）荷兰、西班牙、德国 BSt 42/50RU（35/50RU）钢筋与国产 HRB335 钢筋作锚固对比试验后确定，如无试验条件者，可按国产 HRB335 级钢筋的搭接与锚固长度的指标相应增加 10d。

2. 进口钢筋的末端一般不设置弯钩，如需设置弯钩时，其弯心直径和弯钩的末端直线长度可参照表 8-38 和表 8-39 的要求进行加工。

日本 SD35 钢筋末端弯钩表 **表 8-38**

弯钩类别	半圆钩	直角钩	箍筋直角钩、脱角钩
弯钩图形	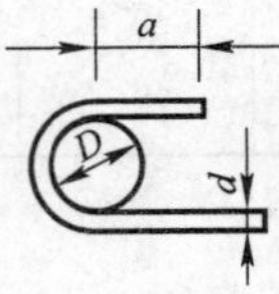 a, D, d	 a, D, d	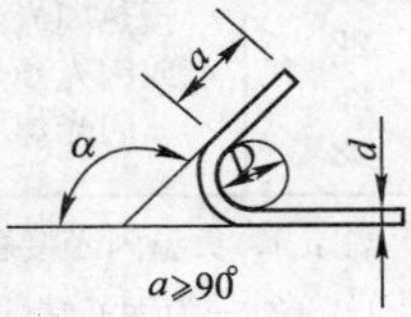 a, α, D, d, α≥90°
钩末端直线长度 a	>4d，且>6cm	>12d	>6d，且>6cm
弯心直径 D	>5d	>5d	>4d

3. 利用进口钢筋作为弯起钢筋和框架节点转角处的弯筋时，其弯心直径不宜小于表 8-38 和表 8-39 的要求；如弯折处附近有焊接接头时，焊接接头位置到弯折起点（即弯心半径起点）的距离应大于 10d。

荷兰、西班牙、德国 BSt 42/50RU（35/50RU）钢筋末端弯钩 **表 8-39**

<table>
<tr><td>弯钩类别</td><td colspan="2">锐角钩</td><td>锐角钩、直角钩</td></tr>
<tr><td>弯钩图形</td><td colspan="2"> 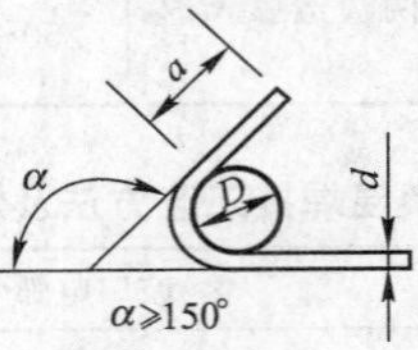a, α, D, d, α≥150°</td><td> 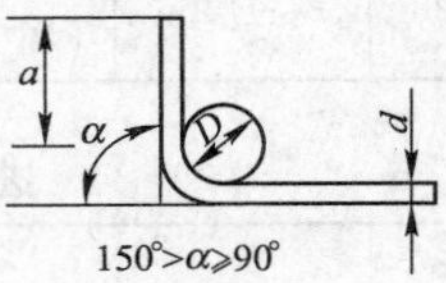a, α, D, d, 150°>α≥90°</td></tr>
<tr><td>钩末端直线长度 a</td><td colspan="2">≥5d</td><td>≥5d</td></tr>
<tr><td>弯心直径 D</td><td>d<20
20≤d≤28</td><td>4d
7d</td><td>4d
7d</td></tr>
</table>

第九节 建筑钢材监理总则

建筑钢材的种类多，技术要求多，为了有效控制其质量，监理工程师应从以下几个方面入手：

1. 学习钢材的基本性能（本章一至四节）；

2. 从建筑用原料钢、钢结构用钢、钢筋混凝土用钢筋和进口热轧变形钢筋四个方面去熟悉建筑钢材的技术要求和应用特性（本章五至八节）；

3. 复检项目、复检取样数量和方法；

4. 出厂合格证和复检结果审查。

钢结构用钢是用原料钢加工成有一定形状的产品，因此，可将原料钢和钢结构用钢合并在一起，统称为钢结构用钢。也就是说，从施工质量控制角度来讲，可将钢材分钢结构用钢和钢筋混凝土用钢两大类。

一、常用建筑钢材质量标准名称

为了便于监理工程师了解建筑钢材质量标准，将常用建筑钢材现行质量标准名称列于表 8-40。

常用建筑钢材质量标准号汇总 **表 8-40**

类别	钢材名称	质量标准代号	类别	钢材名称	质量标准代号
建筑用原料钢	碳素结构钢	GB/T 700—2006	钢结构用钢材	热轧型钢	GB/T 706—2008
	低合金高强度结构钢	GB/T 1591—2008		热轧 H 型钢和剖分 T 型钢	GB/T 11263—2005
	优质碳素结构钢	GB/T 699—1999		热轧圆钢和方钢	GB/T 702—2008
钢筋混凝土用钢材	热轧光圆钢筋	GB 1499.1—2008		结构用无缝钢管	GB/T 8162—2008
	热轧带肋钢筋	GB 1499.2—2007		直缝电焊钢管	GB/T 13793—2008
	余热处理钢筋	GB 13014—1991		螺旋焊钢管	GB/T 9711.1—1997
	低碳热轧圆盘条	GB/T 701—2008		结构用冷弯空心型钢	GB/T 6728—2002
	冷轧带肋钢筋	GB 13788—2008		通用冷弯开口型钢	GB/T 6723—2008
	预应力混凝土用钢棒	GB/T 5223.3—2005		钢板	GB/T 709—2006
	预应力混凝土用钢丝	GB/T 5223—2002		建筑用压型钢板	GB/T 12755—2008
	预应力混凝土用钢绞线	GB/T 5224—2003		彩色涂层钢板	GB/T 12754—2006
	冷拔低碳钢丝	JC/T 540—2006 JGJ 19—2010	进口热轧变形钢筋	进口热轧变形钢筋	原国家基本建设委员会文件(80)建发施字 82 号

二、钢材试验标准

钢材的试验标准如表 8-41 所示。

钢材试验标准 **表 8-41**

试验项目		试验方法名称	试验方法标准代号
化学成分	C	钢铁及合金化学分析方法(GB/T 223 系列) 冶金产品化学分析方法标准的总则及一般规定(GB/T 1467—2008) 钢的成品化学成分允许偏差（GB/T 222—2006）	GB/T 223.69—2008，GB/T 223.71—1997
	Si		GB/T 223.60—1997
	Mn		GB/T 223.58—1987，GB/T 223.63—1988
	S		GB/T 223.67—2008，GB/T 223.68—1997
	P		GB/T 223.59—2008，GB/T 223.61—1988
	O		GB/T 223.35—1985
	N		GB/T 223.36—1994，GB/T 223.37—1989
	Ti		GB/T 223.16—1991
	V		GB/T223.12—1991，GB/T 223.13—2000
	Cr		GB/T 223.9—2009，GB/T 223.11—2008

续表

试验项目	试验方法名称	试验方法标准代号
拉伸	金属拉伸试验方法 钢及钢产品力学性能试验取样位置及试样制备 金属拉伸试验试样	GB/T 228.1—2010 GB/T 2975—1998
弯曲	金属弯曲试验方法，金属线材反复弯曲试验方法	GB/T 232—1999，GB/T 238—2002
冲击韧性	金属夏比缺口冲击试验方法	GB/T 229—2007
低倍组织	钢的低倍组织及缺陷酸蚀检验法	GB 226—1991
断口	钢材断口检验法	GB 1814—1979
硬度	金属布氏硬度试验方法	GB/T 231.1—2009
脱碳	钢的脱碳层深度测定法	GB/T 224—2008
晶粒度	金属平均晶粒度测定法	YB/T 5148—1993
非金属夹杂物	钢中非金属夹杂物显微评定方法	GB/T 10561—2005
显微组织	钢的显微组织评定法	GB/T 13299—1991
顶锻试验	金属顶锻试验方法	GB/T 233—2002
探伤	厚钢板超声波检验方法 无缝钢管超声波探伤检验方法 钢的低倍组织及缺陷超声波检验方法 冷拉圆钢表面超声波探伤方法	GB/T 2970—2004 GB/T 5777—2008 GB/T 7736—2008 GB/T 8361—2001

三、审查钢材出厂质量合格证

监理工程师在钢材进场前应认真审查钢材出厂质量合格证，质量合格证的内容包括炉种、钢号、规格、数量、机械性能(屈服点、抗拉强度、伸长率、冷弯等)、化学成分(C、Si、Mn、S、P等)的数据及结论，出厂日期，厂检验部门印章，合格证书编号。

钢材质量合格证要求填写齐全，不得漏填，在备注栏内施工单位应填明单位工程名称、工程使用部位。监理工程师应将质量证明书中检验数据与钢材的质量要求值一一核对，确定合格后方可允许订货或进场。目前，施工单位提交的钢筋出厂质量合格证多为原产品出厂质量合格证的复印件或质量抄件，监理工程师应要求复印件或抄件加盖红章，并注明原件存放处，有抄件人签证抄件日期。

四、试验结果判断

钢材的试验结果如有一项不符合标准规定数值，应另取双倍数量的试样重做各项试验，当仍有一个试样有一个及以上指标不符合要求，该批钢材为不合格品。

(一) 拉伸试验

1. 测定性能数值修约规定

钢材拉伸性能试验结果按表8-42进行修约，不可随意填写。

2. 试验结果处理

(1) 试验出现下列情况之一者，试验结果无效。

① 试样断在机械刻划的标记上或标距外，造成性能不合格；

② 操作不当；

③ 试验记录有误或设备发生故障影响试验结果。

(2) 遇有试验结果作废时，应补做同样数量试样的试验。

(3) 试验后试样出现两个或两个以上的缩颈以及显示出肉眼可见的冶金缺陷(例如分层、气泡、夹渣、缩孔等)，应在试验记录和报告中注明。

钢材室温拉伸试验结果修约规定(GB/T 228—2002) **表 8-42**

性能	范围	修约间隔	符号说明	
R_{eH}，R_{eL}，R_p，R_t，R_r，R_m	≤200MPa >200～1000MPa >1000MPa	1MPa 5MPa 10MPa	R_{eH}：上屈服强度； R_{eL}：下屈服强度； R_p：规定非比例延伸强度； R_t：规定总延伸强度； R_r：规定残余延伸强度； R_m：抗拉强度	A_e：屈服点伸长率； A：断后伸长率； A_t：断裂总伸长率； A_{gt}：最大力总伸长率； A_g：最大力非比例伸长率； Z：断面收缩率
A_e		0.05%		
A，A_t，A_{gt}，A_g		0.5%		
Z		0.5%		

(二) 冷弯试验

弯曲试验的结果按下述方法评定。

1. 弯曲后，按有关标准规定检查试样弯曲外表面，进行结果评定；

2. 有关标准未作具体规定时，检查试样弯曲外表面(判定标准见下文)，若无裂纹、裂缝或断裂，则评定试样合格。

钢材弯曲后，表面质量检查标准如下：

1. 完好：试样弯曲处的外表面金属基体上无肉眼可见因弯曲变形产生的缺陷。

2. 微裂纹：试样弯曲外表面金属基体上出现的细小裂纹，其长度不大于 2mm，宽度不大于 0.2mm。

3. 裂纹：试样弯曲外表面金属基体上出现的细小裂纹，其长度大于 2mm，而小于等于 5mm，宽度大于 0.2mm，而小于等于 0.5mm。

4. 裂缝：试样弯曲外表面金属基体上出现明显开裂，其长度大于 5mm，宽度大于 0.5mm。

5. 裂断：试样弯曲外表面出现沿宽度贯穿的开裂，其深度超过试样厚度的 1/3。

注：在微裂纹、裂纹、裂缝中规定的长度和宽度，只要有一项达到某规定范围，即应按该级评定。

(三) 冲击试验

金属夏比缺口冲击试验结果按以下方法处理：

1. 冲击吸收功至少应保留两位有效数字，修约方法按 GB 8170 执行。

2. 由于试验机打击能量不足使试样未完全折断时，应在试验数据之前加大于符号“>”，其他情况则应注明“未折断”。

3. 不同类型和尺寸试样的试验结果不能直接对比和换算；试验后试样断口有肉眼可见裂纹或缺陷时，应在试验报告中注明。

4. 试验中如有下列情况之一时，试验结果无效：

(1) 误操作；

(2) 试样打断时有卡锤现象。

第十节 钢结构用钢监理

一、钢结构用钢的必试条件和必试项目

（一）钢结构用钢必试条件

1. 用于结构部位的钢材，必须有出厂质量合格证，对钢材的质量有怀疑时，或重要结构部位的钢材应抽样检验；

2. 进场钢材应查对标牌、炉罐（批）号，进行外观质量检查，并按关标准的规定抽取试样作机械性能试验，合格后方可使用；

3. 钢材在加工过程中，发现焊接性能不良或机械性能显著不正常等现象时，应进行化学成分检验或其他专项的检验。

（二）钢结构用钢必试项目

钢结构用钢必试项目有屈服点、抗拉强度、伸长率、冷弯。必要时试验化学成分、冲击韧性、硬度、耐腐蚀性、耐酸性、耐碱性等。

二、钢结构用原料钢的取样批、取样数量

（一）碳素结构钢的取样批、取样数量

钢材应成批验收，每批由同一牌号、同一炉号、同一质量等级、同一品种、同一尺寸、同一交货状态组成。每批重量不得大于 60t。每批钢材的检验项目、取样数量、取样方法和试验方法应符合表 8-43 的要求。

碳素结构钢的检验项目、取样数量 **表 8-43**

序号	检验项目	取样数量(个)	取样方法	试验方法
1	化学成分	1(每炉)	GB/T 20066	GB/T 223 系列，GB/T 4335
2	拉伸	1/批	GB/T 2975	GB/T 228
3	冷弯	1/批		GB/T 232
4	冲击	3/批		GB/T 229

（二）优质碳素结构钢的取样批、取样数量

钢材应按批检查和验收。每批由同一炉罐号、同一加工方法、同一尺寸、同一交货状态(或同一热处理炉次)的钢材组成。每批取样数量及取样部位应符合表 8-44 的要求。

优质碳素结构钢的检验项目、取样数量和取样部位 **表 8-44**

序号	试验项目	取样数量	取样部位	序号	试验项目	取样数量	取样部位
1	化学成分	1	GB 222	8	晶粒度	1	任一根钢材
2	断口	2	不同根钢材	9	非金属夹杂物	2	不同根钢材
3	硬度	3	不同根钢材	10	显微组织	2	不同根钢材
4	拉伸试验	2	不同根钢材	11	顶锻试验	3	不同根钢材

续表

序号	试验项目	取样数量	取样部位	序号	试验项目	取样数量	取样部位
5	冲击试验	2	不同根钢材	12	尺寸	逐根	—
6	脱碳	2	不同根钢材	13	表面	逐根	—
7	低倍组织	2	相当于钢锭头部的不同根钢坯或钢材				

（三）低合金高强度结构钢的取样批、取样数量

钢材应成批验收，每批由同一牌号、同一质量等级、同一炉罐号、同一规格、同一轧制制度或同一热处理制度的钢材组成，每批钢重量不得大于 60t。

A 级钢或 B 级钢允许同一牌号、同一质量等级、同一冶炼和浇注方法、不同炉罐号组成混合批。但每批不得多于 6 个炉罐号，且各炉罐号 C 含量之差不得大于 0.02%，Mn 含量之差不得大于 0.15%。

对于 Z 向钢的组批，应符合 GB/T 5313 的规定。

每批钢材的检验项目及取样数量应符合表 8-45 的要求。

低合金高强度结构钢的取样批、取样数量 **表 8-45**

序号	检验项目	取样数量(个)	取样方法	试验方法
1	化学分析(熔炼分析)	1/炉	GB/T 20066	GB/T 223 系列，GB/T 4336，GB/T 20125
2	拉伸	1/批	GB/T 2975	GB/T 228
3	弯曲	1/批		GB/T 232
4	冲击	3/批		GB/T 229
5	Z 向钢厚度方向断面收缩率	3/批	GB/T 5313	GB/T 5313
6	无损检验	逐张或逐件	按无损检验标准规定	协商
7	表面质量	逐张/逐件	—	目视及测量
8	尺寸、外形	逐张/逐件	—	合格的量具

三、钢结构用钢取样

（一）力学性能试验取样的位置

根据《钢及钢产品力学性能试验取样位置及试样制备》GB 2975—1998 的规定，钢结构用钢力学性能试验按下面的方法切取样坯。

1. 样坯的切取一般要求

(1) 样坯应在外观及尺寸合格的钢材上切取。

(2) 切取样坯时，应防止因受热、加工硬化及变形而影响其力学及工艺性能。

1) 用烧割法切取样坯时，从样坯切割线至试样边缘必须留有足够的加工余量，一般应不小于钢材的厚度或直径，但最小不得少于 20mm。对厚度或直径大于 60mm 的钢材，

其加工余量可根据双方协议适当减小。

2）冷剪样坯所留的加工余量可按表 8-46 选取。

冷剪样坯所留的加工余量(mm) **表 8-46**

厚度或直径(mm)	加工余量(mm)	厚度或直径(mm)	加工余量(mm)
≤4 ＞4～10 ＞10～20	4 10	＞20～35 ＞35	15 20

（3）应在钢产品表面切取弯曲样坯，弯曲试样应至少保留一个表面，当机加工和试验机能力允许时，应制备全截面或全厚度弯曲试样。

（4）当要求取一个以上试样时，可在规定位置相邻处取样。

2. 样坯切取位置及方向

（1）型钢

1）按图 8-11 在型钢腿部切取拉伸、弯曲和冲击样坯。如型钢尺寸不能满足要求，可将取样位置向中部移。

注：① 对于腿部有斜度的型钢，可在腰部 1/4 处取样（见图 8-11*b*、*d*），经协商也可从腿部取样加工；

② 对于腿部长度不相等的角钢，可从任一腿部取样。

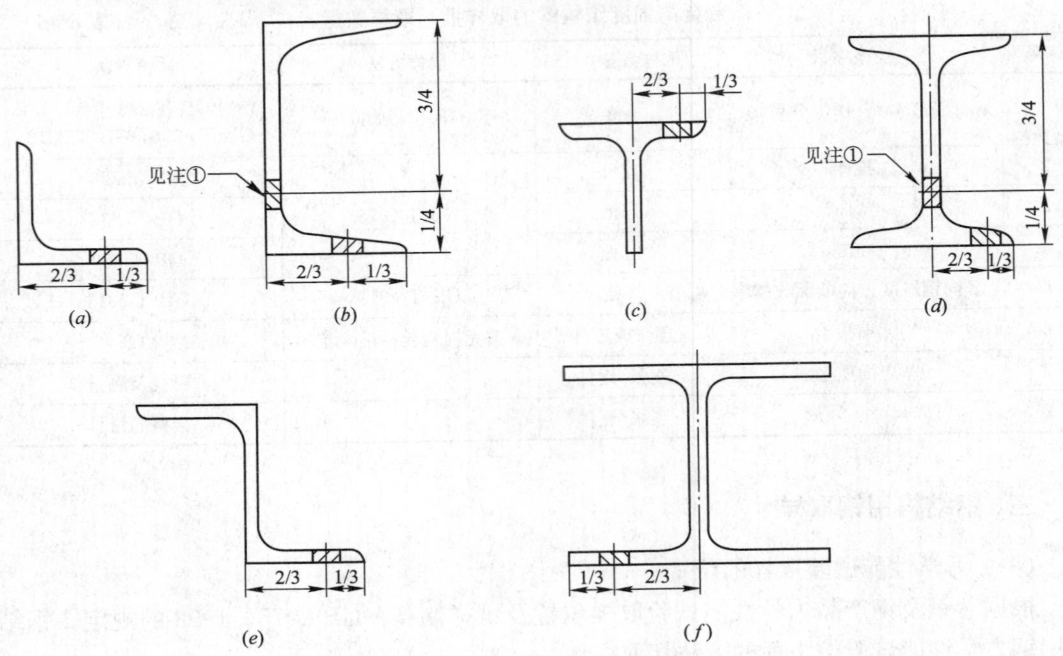

图 8-11 在型钢腿部宽度方向切取样坯的位置

2）对于腿部厚度不大于 50mm 的型钢，当机加工和试验机能力允许时，应按图 8-12(*a*)切取拉伸样坯；当切取圆形横截面拉伸样坯时，按图 8-12(*b*)规定；对于腿部厚度大于 50mm 的型钢，当切取圆形横截面样坯时，按图 8-12(*c*)规定。

3）按图 8-13 在型钢腿部厚度方向切取冲击样坯。

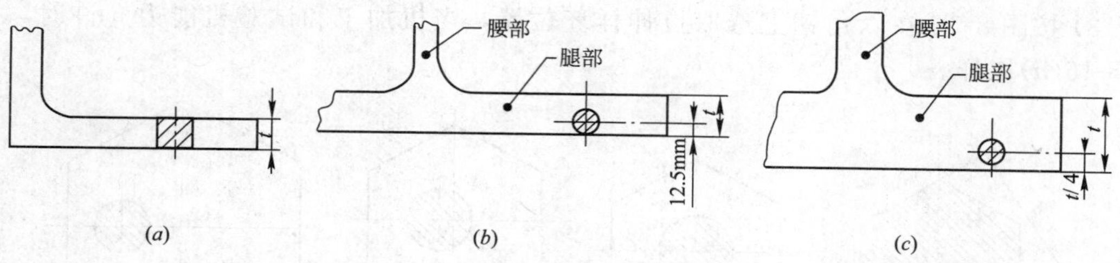

图 8-12 在型钢腿部厚度方向切取拉伸样坯的位置

(a)$t\leqslant$50mm；(b)$t\leqslant$50mm；(c)$t>$50mm

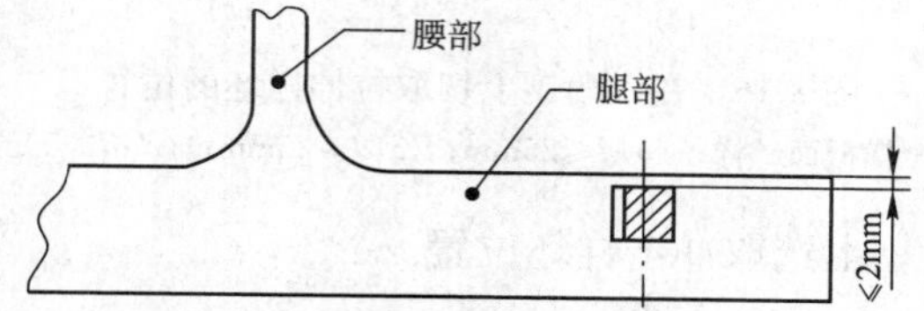

图 8-13 在型钢腿部厚度方向切取冲击样坯的位置

（2）条钢

1）按图 8-14 在圆钢上选取拉伸样坯位置，当机加工和试验机能力允许时，按图 8-14(a)取样。

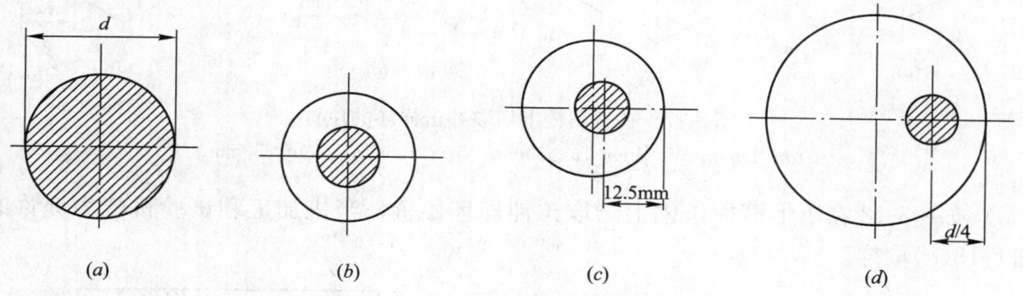

图 8-14 在圆钢上切取拉伸样坯的位置

(a)全横截面试样；(b)$d\leqslant$25mm；(c)$d>$25mm；(d)$d>$50mm

2）按图 8-15 在圆钢上选取冲击样坯位置。

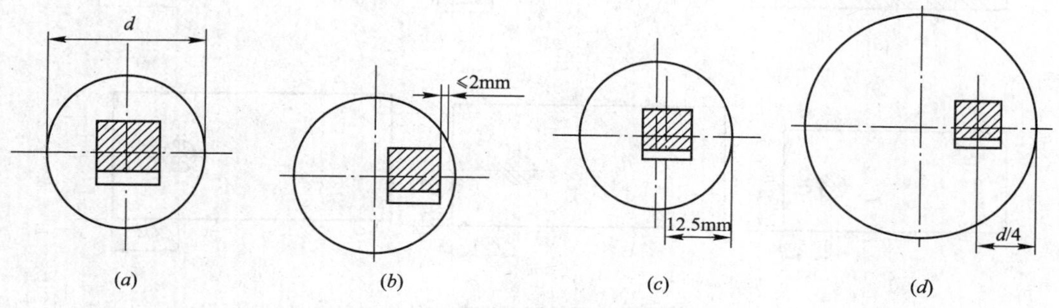

图 8-15 在圆钢上切取冲击样坯的位置

(a)$d\leqslant$25mm；(b)25mm$<d\leqslant$50mm；(c)$d>$25mm；(d)$d>$50mm

3）按图 8-16 在六角钢上选取拉伸样坯位置，当机加工和试验机能力允许时，按图 8-16(*a*)取样。

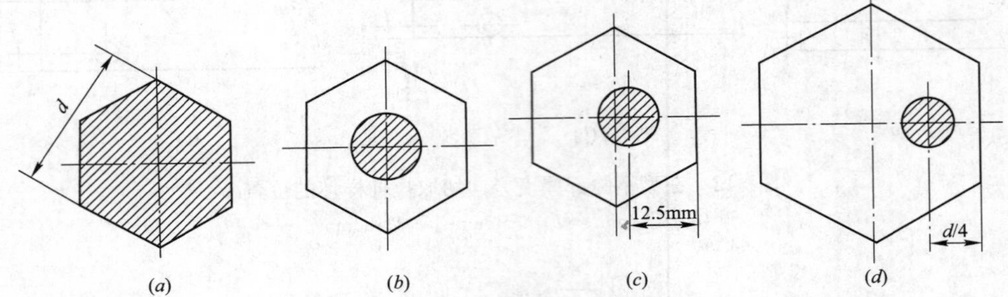

图 8-16 在六角钢上切取拉伸样坯的位置

(*a*)全横截面试样；(*b*)$d \leqslant 25$mm；(*c*)$d > 25$mm；(*d*)$d > 50$mm

4）按图 8-17 在六角钢上选取冲击样坯位置。

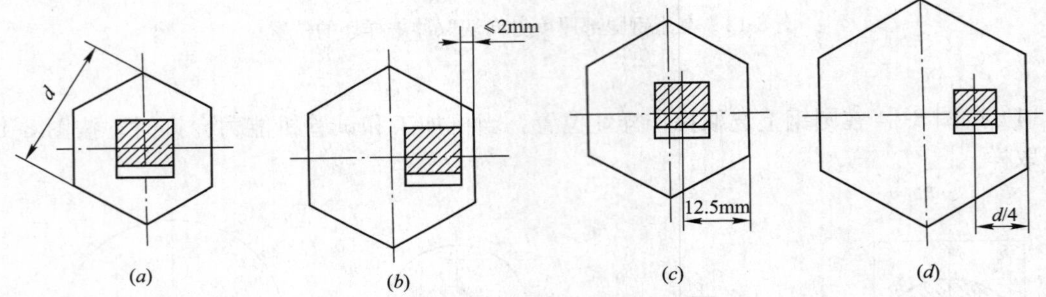

图 8-17 在六角钢上切取冲击样坯的位置

(*a*)$d \leqslant 25$mm；(*b*)25mm$< d \leqslant 50$mm；(*c*)$d > 25$mm；(*d*)$d > 50$mm

5）按图 8-18 在矩形截面条钢上选取拉伸样坯位置，当机加工和试验机能力允许时，按图 8-18(*a*)取样。

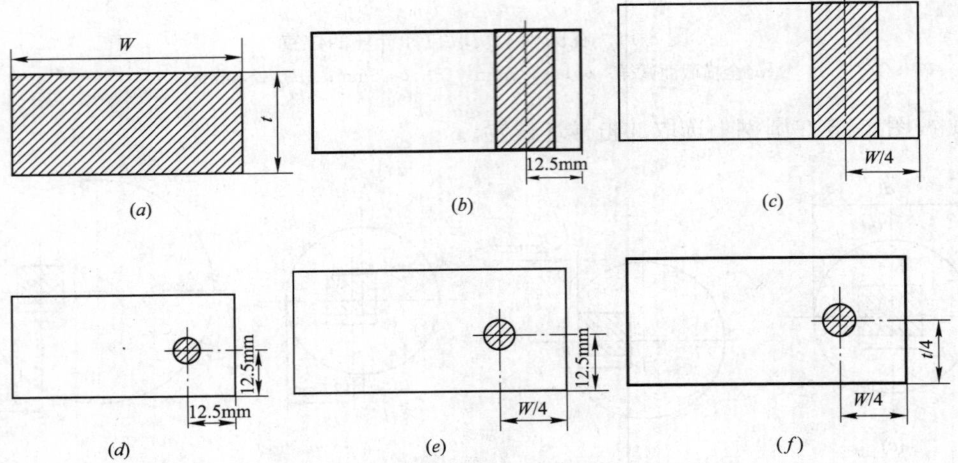

图 8-18 在矩形截面条钢上切取拉伸样坯的位置

(*a*)全横截面试样；(*b*)$W \leqslant 50$mm；(*c*)$W > 50$mm；

(*d*)$W \leqslant 50$mm 和 $t \leqslant 50$mm；(*e*)$W > 50$mm 和 $t \leqslant 50$mm；(*f*)$W > 50$mm 和 $t > 50$mm

6）按图 8-19 在矩形截面条钢上选取冲击样坯。

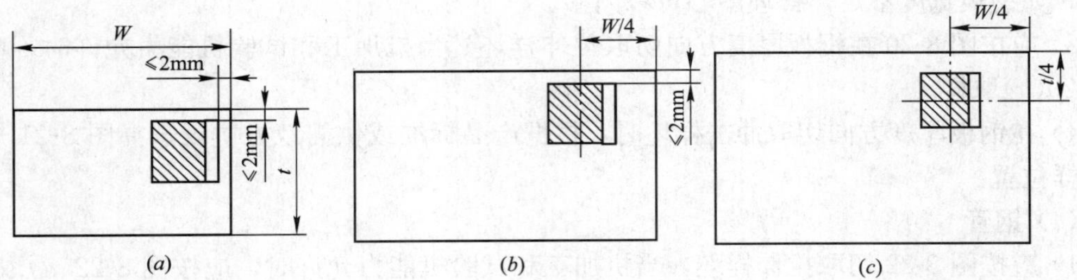

图 8-19 在矩形截面条钢上切取冲击样坯的位置

(a)12mm≤W≤50mm 和 t≤50mm；(b)W＞50mm 和 t≤50mm；(c)W＞50mm 和 t＞50mm

(3) 钢板

1）应在钢板宽度 1/4 处切取拉伸、弯曲或冲击样坯，如图 8-20 和图 8-21 所示。

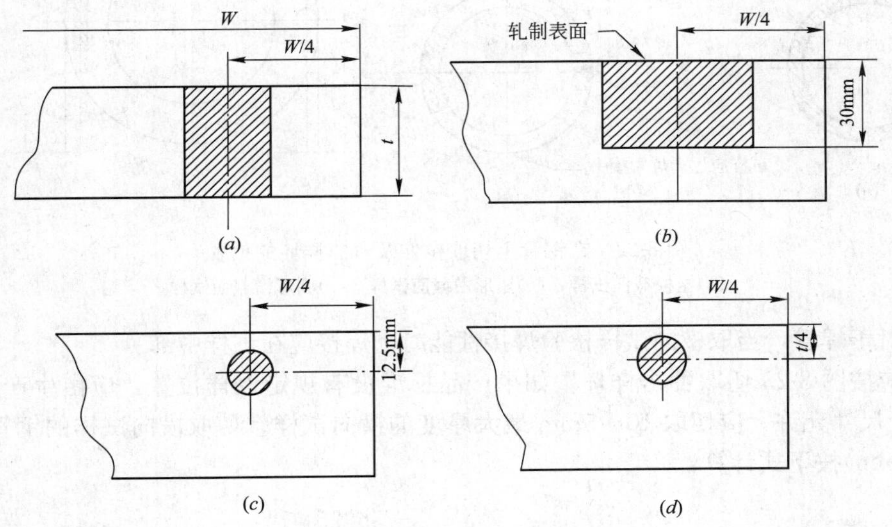

图 8-20 在钢板上切取拉伸样坯的位置

(a)全厚度试样；(b)t＞30mm；(c)25mm＜t＜50mm；(d)t≥50mm

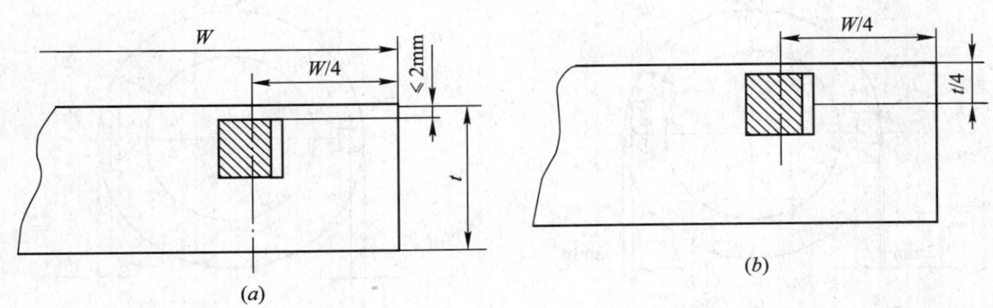

图 8-21 在钢板上切取冲击样坯的位置

(a)对于全部 t 值；(b)t＞40mm

2）对于纵轧钢板，当产品标准没有规定取样方向时，应在钢板宽度 1/4 处切取横向样坯，如钢板宽度不足，样坯中心可以内移。

3）应按图 8-20 在钢板厚度方向切取拉伸样坯。当机加工和试验机能力允许时，应按图 8-20(*a*)取样。

4）在钢板厚度方向切取冲击样坯时，根据产品标准或供需双方协议选择图 8-21 规定的取样位置。

（4）钢管

1）应按图 8-22 切取拉伸样坯，当机加工和试验机能力允许时，应按图 8-22(*a*)取样。对于图 8-22(*c*)，如钢管尺寸不能满足要求，可将取样位置向中部位移。

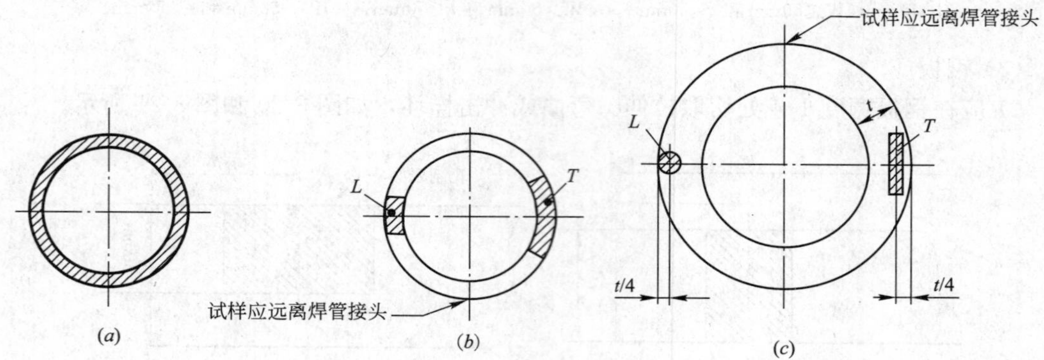

图 8-22 在钢管上切取拉伸及弯曲样坯的位置

(*a*)全横截面试样；(*b*)矩形横截面试样；(*c*)圆形横截面试样

2）对于焊管，当取横向试样检验焊接性能时，焊接应在试样中部。

3）应按图 8-23 切取冲击样坯。如果产品标准没有规定取样位置，应由生产厂提供。如果钢管尺寸允许，应切取 10～5mm 最大厚度的横向试样。切取横向试样的钢管最小外径 D_{min}(mm)按下式计算：

$$D_{min}=(t-5)+\frac{756.25}{t-5} \tag{8-3}$$

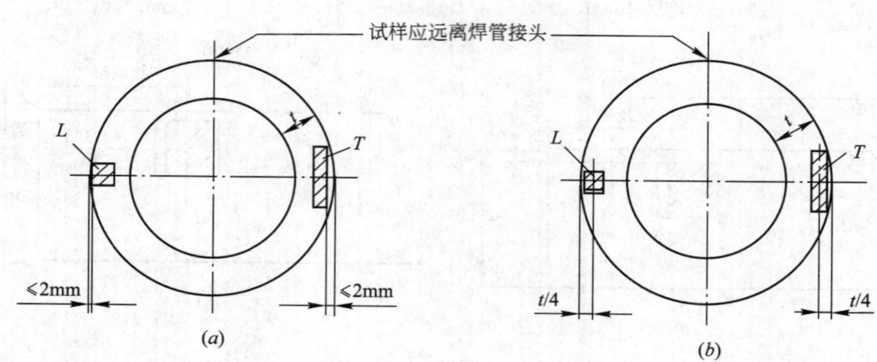

图 8-23 在钢管上切取冲击样坯的位置

(*a*)冲击试样；(*b*)$t>40$mm 冲击试样

如果钢管不能取横向冲击试样，则应切取 10～5mm 最大厚度的纵向试样。

4）用全截面圆形钢管可作为如下试验的试样：压扁试验，扩口试验，卷边试验，环扩试验，管环拉伸试验，弯曲试验。

5）应按图 8-24 在方形钢管上切取拉伸或弯曲样坯。当机加工和试验机能力允许时，应按图 8-24(a)取样。

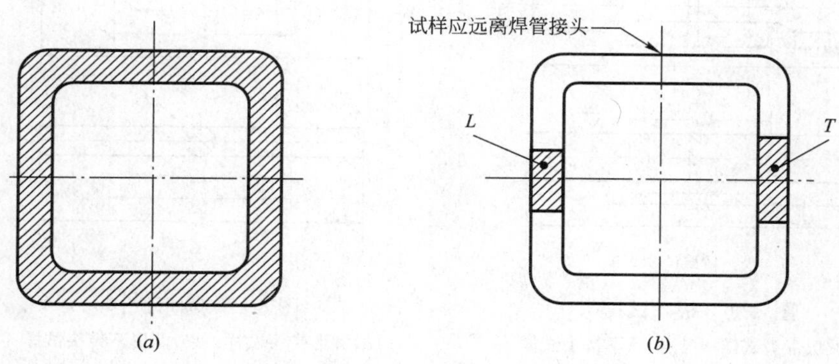

图 8-24　在方形钢管上切取拉伸及弯曲样坯的位置

(a)全横截面试样；(b)矩形横截面试样

6）应按图 8-25 在方形钢管上切取冲击样坯。

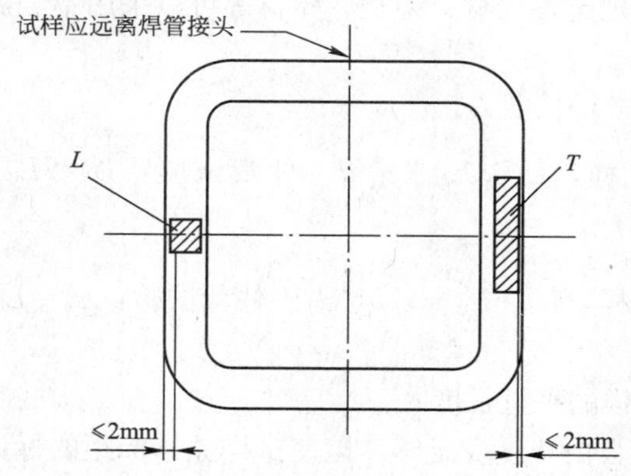

图 8-25　在方形钢管上切取冲击样坯的位置

（二）拉伸试样的形状及尺寸

钢材拉伸试样按是否加工分为加工试样和未加工试样，按原始标距与平行长度段横截面积之间的比例关系分为比例试件和非比例试件，按是否带头分为带头试件和不带头试件。如图 8-26 和图 8-27 所示。仲裁试验时应采用带头试样。

在图 8-26 和图 8-27 中：L_t—试样总长度(mm)；L_c—平行长度(mm)；L_0—原始标距(mm)；a—矩形横截面试样厚度(mm)；b—矩形横截面试样平行长度的宽度(mm)；d—圆形横截面试样平行长度的直径(mm)；r—过渡弧半径(mm)。

《金属材料　室温拉伸试验方法》GB/T 228—2002 规定，厚度≥3mm 的板材和扁材以及直径或厚度≥4mm 线材、棒材和型材使用的拉伸试样，应符合下列要求：

1. 试样的形状

通常，试样进行机加工。平行长度和夹持头部之间应以过渡弧连接，试样头部形状应适合于试验机夹头的夹持。夹持端和平行长度 L_c 之间的过渡弧的半径 r 应为：

圆形横截面试样：$r \geqslant 0.75d$；矩形横截面试样：$r \geqslant 12\text{mm}$。

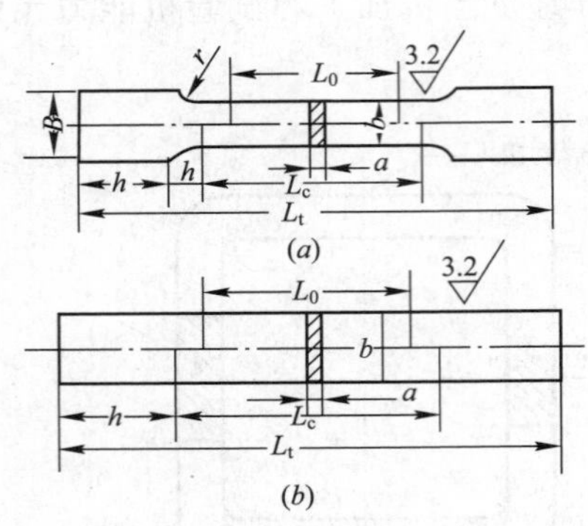

图 8-26 板状试样

(a)板状带头试样；(b)板状不带头试样

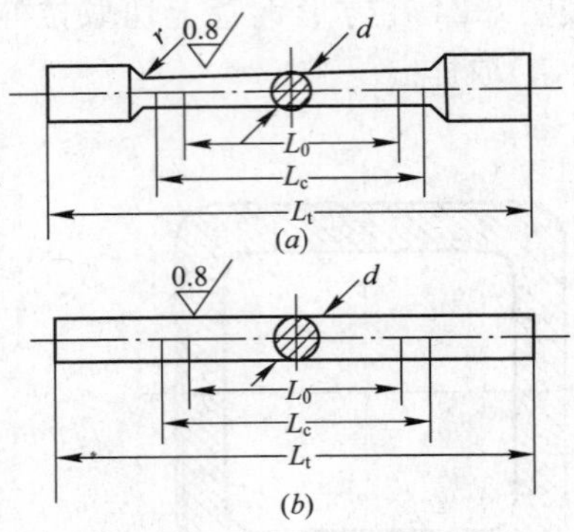

图 8-27 圆形试样

(a)圆形带头试样；(b)圆形不带头试样

试样原始横截面可以为圆形、方形、矩形或特殊情况时为其他形状，矩形横截面试样，推荐其宽厚比不超过 8∶1。机加工的圆形横截面试样其平行长度的直径一般不应小于 3mm。

如相关产品标准有规定，线材、型材、棒材等可以采用不经加工的试样进行试验。

2. 试样的尺寸

(1) 机加工试样的平行长度 L_c

对于圆形横截面试样：$L_c \geqslant L_0 + \frac{1}{2}d$。仲裁试验：$L_c = L_0 + 2d$，除非材料尺寸不足够。

对于矩形横截面试样：$L_c \geqslant L_0 + 1.5\sqrt{S_0}$。仲裁试验：$L_c = L_0 + 2\sqrt{S_0}$，除非材料尺寸不足够。

(2) 不经机加工试样的平行长度

试验机两夹头间的自由长度应足够，以使试样原始标距的标记与最接近夹头间的距离不小于 1.5d 或 1.5b。

3. 原始标距 L_0

(1) 比例试样

使用比例试样时原始标距(L_0)与原始横截面积(S_0)应有以下关系：

$$L_0 = k\sqrt{S_0} \tag{8-4}$$

式中比例系数 k 通常取值 5.65。但如相关产品标准规定，可以采用 11.3 的系数。

圆形横截面比例试样和矩形横截面比例试样分别采用表 8-47 和表 8-48 的试样尺寸。相关产品标准可以规定其他试样尺寸。

(2) 非比例试样

非比例试样的原始标距(L_0)与原始横截面积(S_0)无固定关系。矩形横截面非比例试样采用表 8-49 的试样尺寸。如相关产品标准规定，可能使用其他非比例试样尺寸。

$d \geqslant$4mm 的圆形横截面钢材比例试样尺寸规定 表 8-47

d(mm)	r(mm)	k=5.65			k=11.3		
		L_0(mm)	L_c(mm)	试样编号	L_0(mm)	L_c(mm)	试样编号
25	$\geqslant 0.75d$	$5d$	$\geqslant L_0+d/2$ 仲裁试验： L_0+2d	R1	$10d$	$\geqslant L_0+d/2$ 仲裁试验： L_0+2d	R01
20				R2			R02
15				R3			R03
10				R4			R04
8				R5			R05
6				R6			R06
5				R7			R07
3				R8			R08

注：1. 如相关产品标准无具体规定，优先采用 R2、R4 或 R7 试样；

2. 试样总长度 L_t 取决于夹持方法，原则上 $L_t > L_c+4d$。

$a \geqslant$3mm 矩形横截面钢材比例试样尺寸规定 表 8-48

b(mm)	r(mm)	k=5.65			k=11.3		
		L_0(mm)	L_c(mm)	试样编号	L_0(mm)	L_c(mm)	试样编号
12.5	$\geqslant 12$	$5.65\sqrt{S_0}$	$\geqslant L_0+1.5\sqrt{S_0}$ 仲裁试验： $L_0+2\sqrt{S_0}$	P7	$11.3\sqrt{S_0}$	$L_0+1.5\sqrt{S_0}$ 仲裁试验： $L_0+2\sqrt{S_0}$	P07
15				P8			P08
20				P9			P09
25				P10			P010
30				P11			P011

注：如相关产品标准无具体规定，优先采用比例系数 k=5.65 的比例试样。

$a \geqslant$3mm 矩形横截面钢材非比例试样尺寸规定 表 8-49

b(mm)	r(mm)	L_0(mm)	L_c(mm)	试样编号
12.5	$\geqslant 12$	50	$\geqslant L_0+1.5\sqrt{S_0}$ 仲裁试验： $L_0+2\sqrt{S_0}$	P12
20		80		P13
25		50		P14
38		50		P15
40		200		P16

4. 如相关产品标准无规定具体试样类型，试验设备能力不足够时，经协议厚度大于 25mm 产品可以机加工成圆形横截面或减薄成矩形横截面比例试样。

《金属材料　室温拉伸试验方法》GB/T 228—2002 规定，直径或厚度＜4mm 的线材、棒材和型材使用的拉伸试样，应符合下列要求：

试样不经机加工，采用非比例试样。原始标距(L_0)为 200mm 和 100mm。除小直径线材在两夹头间的自由长度可以等于 L_0 的情况外，其他情况，试验机两夹头间的自由长度应至少为 L_0＋50mm。试样尺寸见表 8-50。如果不测定断后伸长率，两夹头间的最小自由长度可以为 50mm。

d 或 a＜4mm 的线材、棒材和型材非比例试样尺寸 **表 8-50**

d 或 a(mm)	L_0(mm)	L_c(mm)	试样编号
＜4	100	≥150	R9
	200	≥250	R10

（三）弯曲试样的形状及尺寸

根据《金属弯曲试验方法》GB/T 232—1988 规定，钢材弯曲试样的形状及尺寸按表 8-51 的规定切取。

弯曲试样的形状及尺寸 **表 8-51**

材料横截面形状	材料横截面尺寸	试样的直径或厚度和宽度	试样的长度(mm)
圆形或多边形	圆形直径或多边形横截面的内切圆直径≤35mm	试样的横截面为材料的横截面	$L_1 \approx 5a + 150$mm a 为试样的厚度或直径
	直径＞35mm	试样直径加工成为 25mm，并保留一侧原表面	
矩　形	厚度≤3mm	试样厚度为材料的厚度，试样宽度为 20±5mm	
	厚度≤25mm	试样厚度为材料的厚度，试样宽度为 $2a$，且不得小于 10mm	
	厚度＞25mm	试样厚度加工为 25mm，并保留一个原表面，宽度为 30mm	

注：1. 若试验机能量允许，直径≤50mm 的材料，亦可用全截面试样进行试验；
2. 若试验机能量允许，厚度＞25mm 的材料，亦可用全厚度试样进行试验；
3. 弯曲试验时，原表面应位于弯曲的外侧；
4. 对于横截面为矩形材料，仲裁时，按厚度减薄加工的试样进行试验。

（四）钢结构用钢的化学分析取样方法

1. 取样总则

（1）用于钢的化学成分熔炼分析和成品分析的试样，必须在钢液或钢材具有代表性的部位采取。试样应均匀一致，能充分代表每一熔炼号(或每一罐)或每批钢材的化学成分，并应具有足够的数量，以满足全部分析要求。

（2）化学分析用的试样样屑，可以钻取、刨取，或用某些工具机制取。样屑应粉碎并混合均匀。制取样屑时，不能用水、油或其他润滑剂，并应去除表面氧化铁皮和脏物。成品钢材还应除去脱碳层、渗碳层、涂层、镀层金属或其他外来物质。

（3）当用钻头采取试样样屑时，对熔炼分析或小断面钢材成品分析，钻头直径应尽可能的大，至少不应小于 6mm；对大断面钢材成品分析，钻头直径不应小于 12mm。

（4）供仪器分析用的试样样块，使用前应根据分析仪器的要求，适当地予以磨平或抛光。

2. 成品分析取样

（1）成品分析用的试样样屑，应按下列之一采取。不能按下列方法采取时，由供需双方协商。

1）大断面钢材

① 大断面的初轧坯、方坯、扁坯、圆钢、方钢、锻钢件等，样屑应从钢材的整个横断面或半个横断面上刨取；或从钢材横断面中心至边缘的中间部位（或对角线 1/4 处）平行于轴线钻取；或从钢材侧面垂直于轴中心线钻取，此时钻孔深度应达钢材或钢坯轴心处。

② 大断面的中空锻件或管件，应从壁厚内外表面的中间部位钻取，或在端头整个横面上刨取。

2）小断面钢材

小断面钢材包括圆钢、方钢、扁钢、工字钢、槽钢、角钢、复杂断面型钢、钢管、盘条钢带、钢丝等，不适用(1)1)①和(1)1)②条的规定取样时，可按下列规定取样：

① 从钢材的整个横断面上刨取（焊接钢管应避开焊缝）；或从横断面上沿轧制方向钻取，钻孔应对称均匀分布；或从钢材外侧片的中间部位垂直于轧制方向用钻通的方法钻取。

② 当按(1)2)①条的规定不可能时，如钢带、钢丝，应从弯折叠合或捆扎成束的样块横断面上刨取，或从不同根钢带、钢丝上截取。

③ 钢管可围绕其外表面在几个位置钻通管壁钻取，薄壁钢管可压扁叠合后在横断面上刨取。

3）钢板

① 纵轧钢板

钢板宽度小于 1m 时，沿钢板宽度剪切一条宽 50mm 的试料；钢板宽度≥1m 时，沿钢板宽度自边缘至中心剪切一条宽 50mm 的试料。将试料两端对齐，折叠 1～2 次或多次，并压紧弯折处，然后在其长度的中间，沿剪切的内边刨取，或自表面用钻通的方法钻取。

② 横轧钢板

自钢板端部与中央之间，沿板边剪切一条宽 50mm、长 500mm 的试料，将两端对齐、折叠 1～2 次或多次，并压紧弯折处，然后在其长度的中间，沿剪切的内边刨取，或自表面用钻通的方法钻取。

③ 厚钢板不能折叠时，按上述的(1)3)①或(1)3)②条所述相应折叠的位置钻取或刨取，然后将等量样屑混合均匀。

(2) 沸腾钢除在技术条件中或双方协议中有特殊规定外，不做成品分析。

(3) 分析一个化学元素所需试样用量为 0.1～4.0g。

第十一节 钢筋混凝土用钢材监理

一、钢筋的必试条件和必试项目

(一) 钢筋必试条件

钢筋进场时必须抽样复检力学性能，有特殊设计要求时，还应按设计要求进行其他专项检验。在加工中如发现脆裂、脆断、焊接性能不良或机械性能显著不正常等现象时，应进行化学成分检验及其他专项检验。

（二）钢筋的必试项目

1. 国产钢筋

(1) 机械性能：屈服点、抗拉强度、伸长率、冷弯；

(2) 如有必试条件中所列的异常情况，应进行化学试验；

(3) 设计要求的其他专项检验(如疲劳强度、冲击韧性等)。

2. 进口钢筋

按进口热轧变形钢筋规定［(80)建发施字 82 号］进行。

二、钢筋理化性能试样取样

（一）钢筋理化性能试样取样

常见钢筋理化性能试样取样见表 8-52。

常用钢筋检验批、理化检验项目、取样方法和试验方法 **表 8-52**

<table>
<tr><th>钢材种类</th><th>检验批</th><th>检验项目</th><th>取样数量</th><th>取样方法</th><th>试验方法</th></tr>
<tr><td rowspan="3">热轧光圆钢筋</td><td rowspan="9">同一牌号、炉罐号、尺寸的钢筋≤60t/批。超过 60t 的部分，每增加 40t（或不足 40t 的余数），增加 1 个拉伸试验试样和 1 个弯曲试验试样</td><td>拉伸</td><td>2/批</td><td>任选两根钢筋切取</td><td>GB/T 228，GB/T 1499.1</td></tr>
<tr><td>弯曲</td><td>2/批</td><td>任选两根钢筋切取</td><td>GB/T 232，GB/T 1499.1</td></tr>
<tr><td>化学分析</td><td>1 批</td><td>GB/T 20066</td><td>GB/T 223，GB/T 4336</td></tr>
<tr><td rowspan="6">热轧带肋钢筋</td><td>拉伸</td><td>2/批</td><td>任选两根钢筋切取</td><td>GB/T 228，GB/T 1499.2</td></tr>
<tr><td>弯曲</td><td>2/批</td><td>任选两根钢筋切取</td><td>GB/T 232，GB/T 1499.2</td></tr>
<tr><td>反向弯曲</td><td>1/批</td><td></td><td>YB/T 5126，GB/T 1499.2</td></tr>
<tr><td>化学分析</td><td>1 批</td><td>GB/T 20066</td><td>GB/T 223，GB/T 4336</td></tr>
<tr><td>晶粒度</td><td>2 批</td><td>任选两根钢筋切取</td><td>GB/T 6394</td></tr>
<tr><td>疲劳试验</td><td colspan="3">供需双方协议</td></tr>
<tr><td rowspan="4">冷轧带肋钢筋</td><td rowspan="4">同一牌号、外形、规格、生产工艺和交货状态的钢筋≤60t/批</td><td>拉伸</td><td>1/盘</td><td rowspan="4">在每(任一)盘中随机切取</td><td>GB/T 228</td></tr>
<tr><td>弯曲</td><td>2/批</td><td>GB/T 232</td></tr>
<tr><td>反复弯曲</td><td>2/批</td><td>GB/T 238</td></tr>
<tr><td>应力松弛</td><td>定期 1</td><td>GB/T 10120，GB 13788</td></tr>
<tr><td rowspan="3">余热处理钢筋</td><td rowspan="3">同一牌号、炉罐号、规格和交货状态的钢筋≤60t/批</td><td>拉伸</td><td>2/批</td><td>任选两根钢筋切取</td><td>GB/T 228</td></tr>
<tr><td>弯曲</td><td>2/批</td><td>任选两根钢筋切取</td><td>GB/T 232</td></tr>
<tr><td>化学成分</td><td>1/批</td><td>GB/T 222</td><td>GB/T 223</td></tr>
<tr><td rowspan="6">预应力混凝土用钢棒</td><td rowspan="6">同一牌号、规格和加工状态的钢棒≤60t/批</td><td>R_m</td><td>1/盘</td><td rowspan="6">在每(任一)盘中任意一端切取</td><td>GB/T 228</td></tr>
<tr><td>$R_{p0.2}$</td><td>3/批</td><td>GB/T 228</td></tr>
<tr><td>A_{gt}</td><td>3/批</td><td>GB/T 228</td></tr>
<tr><td>A</td><td>1/盘</td><td>GB/T 228</td></tr>
<tr><td>弯曲</td><td>3/批</td><td>GB/T 238，GB/T 232</td></tr>
<tr><td>应力松弛</td><td>≥1/生产线·月</td><td>GB/T 10120</td></tr>
</table>

续表

钢材种类	检验批	检验项目	取样数量	取样方法	试验方法
预应力混凝土用钢丝	同一牌号、规格和加工状态的钢丝≤60t/批	R_m	1/盘	在每（任一）盘中任意一端切取	GB/T 5223
		$R_{p0.2}$	3/批		
		A_{gt}	3/批		
		A	1/盘		
		弯曲	1/盘		
		扭转	1/盘		
		Z	1/盘		
		镦头强度	3/批		
		应力松弛	≥1/合同批		
预应力混凝土用钢绞丝	同一牌号、规格和生产工艺的钢绞线≤60t/批	F_m	3/批	在每（任一）盘卷中任意一端切取	GB/T 5224
		$F_{p0.2}$	3/批		
		A_{gt}	3/批		
		应力松弛	≥1/合同批		
冷拔低碳钢丝	同一钢厂、钢号、总压缩率和直径。甲级≤30t/批，≤50t/批	R_m	1/盘	甲级：逐盘，乙级：≥3盘/批	GB/T 228
		A	1/盘		GB/T 228
		反复弯曲	1/盘		GB/T 238
低碳钢热轧圆盘条	同一牌号、炉号和尺寸的盘条为一批	拉伸	1/批	GB/T 2975	GB/T 228
		弯曲	2/批	GB/T 2975	GB/T 232
		化学成分	1/炉	GB/T 20066	GB/T 223，GB/T 4336

注：1. 拉伸试件长 $L_1 \approx 5d/10d+200$mm，弯曲试件长 $L_1 \approx 5d+150$mm。d 为钢筋直径(mm)；

2. 符号含义：R_m——抗拉强度，$R_{p0.2}$——规定非比例延伸强度，A_{gt}——最大力总伸长率，A——断后伸长率，Z——断面收缩率，F_m——整根钢绞线的最大力，$F_{p0.2}$——规定非比例延伸力。

（二）钢筋化学成分分析试样取样

1. 分析用试屑，可采用刨取或钻取的方法。采取试屑以前应将表面氧化铁皮清除掉。

2. 成品轧材验证分析用钢屑的采取按下列规定进行：

(1) 自轧材整个横截面上刨取或钻取或者不小于截面的1/2对称部分刨取；

(2) 横截面上沿轧制方向钻取钢屑时，钻眼应沿截面均匀分布，各点钻孔的深度，应大致相同；

(3) 垂直于纵轴中线钻取钢屑时，其深度应达钢材轴心处。

3. 供验证分析用钢屑的试样用量为：每分析一个元素需试样 0.1～4.0g。

三、钢筋机械性能检测和试验报告的审核中注意的几个问题

1. 拉伸、冷弯、反向弯曲等机械性能试验，试样不允许进行加工车削加工。

2. 计算钢筋强度用原始截面面积计算，无论外形如何均采用公称横截面积（单位为 mm^2，保留4位有效数字）。常用钢筋的公称横截面积见表 8-53。

常用钢筋的公称横截面积(mm^2) **表 8-53**

公称直径(mm)	8	10	12	14	16	18	20
公称横截面积	50.27	78.54	113.1	153.9	201.1	254.5	314.2
公称直径(mm)	22	25	28	32	36	40	50
公称横截面积	380.1	490.9	615.8	804.2	1018	1257	1964

3. 将拉伸试样原始标距 L_0 按 10 等分分格(一般用机械方法。若用人工方法，注意不可刻划太深，否则会引起刻划处非正常拉断)。测定试样拉断后的标距 L_u时，应注意断口的位置：

(1) 断裂处到邻近标距端点的距离大于 $L_0/3$ 时，可用游标卡尺直接量出 L_u。

(2) 断裂处到邻近标距端点的距离小于等于 $L_0/3$ 时，可按下述移位法确定 L_u(图 8-28)：在长段上自断点起，取等于短段格数得 B 点，再取等于长段所余格数(偶数见图 8-28a)之半得 C 点；或者取所余格数(奇数见图 8-28b)减 1 与加 1 之半得 C 和 C_1 点。则移位后的 L_u分别为 $AB+2BC$ 或 $AB+BC+BC_1$。

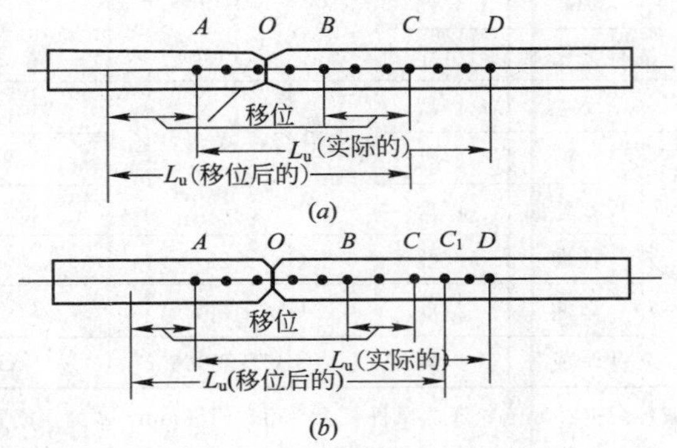

图 8-28 用移位法计算标距

(3) 如用直接法测得的伸长率达到标准要求，则可不采用移位法。

4. 修约要求。测量标距长度精确至 0.1mm，伸长率精确至 1%。强度值修约按表 8-42 来进行，具体操作时，按以下方法进行：

(1) 精确至尾数为 5MPa 时。≤2.5 时尾数取 0；>2.5 且<7.5 时尾数取 5；≥7.5 时尾数取 0 并向左进 1。如计算值为 522.45MPa、415.36MPa、367.81MPa，试验结果应分别为 520MPa、415MPa 和 370MPa。

(2) 精确至尾数为 10MPa 时。≤5.0 时尾数取 0；>5.0 时尾数取并向左进 1。如计算值为 1524.45MPa、1766.36MPa 试验报告数据应分别为 1520MPa 和 1770MPa。

5. 钢筋必试项目如本节一所述，但有些种类的钢筋有时也需作一些特殊项目：

(1) 反向弯曲试验(如热轧带肋钢筋、余热处理钢筋)。试验时，经正向弯曲的试样应在 100℃温度下保温不少于 30min，经自然冷却后再进行反向弯曲。当供方能保证钢筋的反弯性能时，正弯后的试样亦可在室温下直接进行反向弯曲。

(2) 松弛试验(如冷轧带肋钢筋、预应力混凝土用热处理钢筋、刻痕钢丝)应符合下列要求：

1）试验期间试样的环境温度应保持在20±2℃。

2）试样不得在制造后进行任何热处理和冷加工。

3）加在试样上的初始载荷为试样实际强度（冷轧带肋钢筋）或抗拉强度标准规定值（预应力混凝土用热处理钢筋、刻痕钢丝）的70%乘以钢筋的公称横截面积。

4）初始荷载在5min内均匀施加完毕，并保持2min后开始记录松弛值。

5）试样长度不小于公称直径的60倍。

6. 对有抗震设防要求的框架结构，其纵向受力钢筋的强度应满足设计要求；当设计无具体要求时，对一、二级抗震等级，检验所得的强度实测值应符合下列规定：

（1）钢筋的抗拉强度实测值与屈服强度实测值的比值不应小于1.25；

（2）钢筋的屈服强度实测值与强度标准值的比值不应大于1.3。

四、钢筋加工

1. 受力钢筋的弯钩和弯折应符合下列规定：

(1) HPB235级钢筋末端应作180°弯钩，其弯弧内直径不应小于钢筋直径的2.5倍，弯钩的弯后平直部分长度不应小于钢筋直径的3倍；

(2) 当设计要求钢筋末端需作135°弯钩时，HRB335级、HRB400级钢筋的弯弧内直径不应小于钢筋直径的4倍，弯钩的弯后平直部分长度应符合设计要求；

(3) 钢筋作不大于90°的弯折时，弯折处的弯弧内直径不应小于钢筋直径的5倍。

2. 除焊接封闭环式箍筋外，箍筋的末端应作弯钩，弯钩形式应符合设计要求；当设计无具体要求时，应符合下列规定：

(1) 箍筋弯钩内直径除应满足本节四、1的规定外，尚应不小于受力钢筋直径；

(2) 箍筋弯钩的弯折角度：对一般结构，不应小于90°；对有抗震等要求结构，应为135°；

(3) 箍筋弯后平直部分长度：对一般结构，不宜小于箍筋直径的5倍；对有抗震等要求的结构，不应小于箍筋直径的10倍。

3. 钢筋调直宜采用机械方法，也可采用冷拉方法。当采用冷拉方法调直钢筋时，HPB235级钢筋的冷拉率不宜大于4%，HRB335级、HRB400级和RRB400级钢筋的冷拉率不宜大于1%。

4. 钢筋加工允许偏差应符合表8-54的规定。

钢筋加工的允许偏差 **表8-54**

项目	允许偏差(mm)
受力钢筋顺长度方向全长的净尺寸	±10
弯起钢筋的弯折位置	±20
箍筋内净尺寸	±5

五、钢筋连接

1. 钢筋的接头宜设置在受力较小处。同一纵向受力钢筋不宜设置两个或两个以上接头。接头末端至钢筋弯起点的距离不应小于钢筋直径的10倍。

2. 当受力钢筋采用机械连接接头或焊接接头时，设置在同一构件内的接头宜相互错开。纵向受力钢筋机械连接接头及焊接接头连接区段的长度为35倍d(d为纵向受力钢筋的较大直径)且不小于500mm，凡接头中点位于该连接区段长度内的接头均属于同一连接区段。同一连接区段内，纵向受力钢筋机械连接及焊接的接头面积百分率为该区段内有接头的纵向受力钢筋截面面积与全部纵向受力钢筋截面面积的比值。

同一连接区段内，纵向受力钢筋的接头面积百分率应符合设计要求；当设计无具体要求时，应符合下列规定：

(1) 在受拉区不宜大于50%；

(2) 接头不宜设置在有抗震设防要求的框架梁端、柱端的箍筋加密区；当无法避开时，对等强度高质量机械连接接头，不应大于50%；

(3) 直接承受动力荷载的结构构件中，不宜采用焊接接头；当采用机械连接接头时，不应大于50%。

3. 同一构件中相邻纵向受力钢筋的绑扎搭接接头宜相互错开。绑扎搭接接头中钢筋的横向净距不应小于钢筋直径，且不应小于25mm。

钢筋绑扎搭接接头连接区段的长度为$1.3l_l$(l_l为搭接长度)，凡搭接接头中点位于该连接区段长度内的搭接接头均属于同一连接区段。同一连接区段内，纵向钢筋搭接接头面积百分率为该区段内有搭接接头的纵向受力钢筋截面面积与全部纵向受力钢筋截面面积的比值(图8-29)。

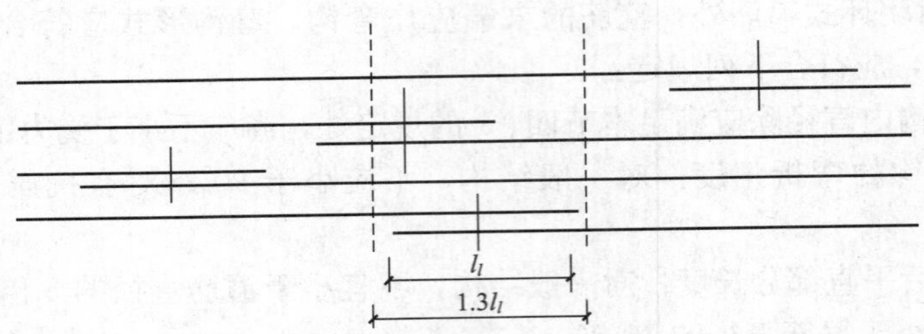

图8-29 钢筋绑扎搭接接头连接区段及接头面积百分率

注：图中所示搭接接头连接区段内的搭接钢筋为两根，当各钢筋直径相同时，接头面积百分率为50%。

同一连接区段内，纵向受拉钢筋搭接接头面积百分率应符合设计要求；当设计无具体要求时，应符合下列规定：

(1) 对梁类、板类及墙类构件，不宜大于25%；

(2) 对柱类构件，不宜大于50%；

(3) 当工程中确有必要增大接头面积百分率时，对梁类构件，不应大于50%；对其他构件，可根据实际情况放宽。

纵向受力钢筋绑扎搭接接头的最小搭接长度应符合下列规定：

① 当纵向受拉钢筋的绑扎搭接接头面积百分率不大于25%时，其最小搭接长度应符合表8-55的规定。

② 当纵向受拉钢筋搭接接头面积百分率大于25%，但不大于50%时，其最小搭接长度应按①条规定的数值乘以系数1.2取用；当接头面积百分率大于50%时，应按①条规定

的数值乘以系数 1.35 取用。

纵向受拉钢筋的最小搭接长度 **表 8-55**

钢筋类型		混凝土强度等级			
		C15	C20～C25		≥C40
光圆钢筋	HPB235 级	45d	35d	30d	25d
带肋钢筋	HRB335 级	55d	45d	35d	30d
	HRB400 级、RRB400 级	—	55d	40d	35d

注：两根直径不同钢筋的搭接长度，以较细钢筋的直径计算。

③ 当符合下列条件时，纵向受拉钢筋的最小搭接长度应根据①、②条确定后，按下列规定进行修正：

a. 当带肋钢筋的直径大于 25mm 时，其最小搭接长度应按相应数值乘以系数 1.1 取用；

b. 对环氧树脂涂层的带肋钢筋，其最小搭接长度应按相应数值乘以系数 1.25 取用；

c. 当在混凝土凝固过程中受力钢筋易受扰动时(如滑模施工)，其最小搭接长度应按相应数值乘以 1.1 系数取用；

d. 对末端采用机械锚固措施的带肋钢筋，其最小搭接长度可按相应数值乘以系数 0.7 取用；

e. 当带肋钢筋的混凝土保护层厚度大于搭接钢筋直径的 3 倍且配有箍筋时，其最小搭接长度可按相应数值乘以系数 0.8 取用；

f. 对有抗震设防要求的结构构件，其受力钢筋的最小搭接长度对一、二级抗震等级应按相应数值乘以系数 1.15 采用；对三级抗震等级应按相应数值乘以系数 1.05 采用。

在任何情况下，受拉钢筋的搭接长度不应小于 300mm。

④ 纵向受压钢筋搭接时，其最小搭接长度应根据①～③条的规定确定相应数值后，乘以系数 0.7 取用。在任何情况下，受压钢筋的搭接长度不应小于 200mm。

4. 在梁、柱构件的纵向受力钢筋搭接长度范围内，应按设计要求配置箍筋。当设计无具体要求时，应符合下列规定：

(1) 箍筋直径不应小于搭接钢筋较大直径 0.25 倍；

(2) 受拉搭接区段的箍筋间距不应大于搭接钢筋较小直径的 5 倍，且不应大于 100mm；

(3) 受压搭接区段的箍筋间距不应大于搭接钢筋较小直径的 10 倍，且不应大于 200mm；

(4) 当柱中纵向受力钢筋直径大于 25mm 时，应在搭接接头两个端面外 100mm 范围内各设置两个箍筋，其间距宜为 50mm。

六、钢筋安装

钢筋安装位置的偏差应符合表 8-56 的规定。

钢筋安装位置的允许偏差和检验方法 **表 8-56**

项　目		允许偏差(mm)	检验方法
绑扎钢筋网	长、宽	±10	钢尺检查
	网眼尺寸	±20	钢尺量连续三档，取最大值

续表

<table>
<tr><th colspan="3">项目</th><th>允许偏差(mm)</th><th>检验方法</th></tr>
<tr><td rowspan="2">绑扎钢筋骨架</td><td colspan="2">长</td><td>±10</td><td>钢尺检查</td></tr>
<tr><td colspan="2">宽、高</td><td>±5</td><td>钢尺检查</td></tr>
<tr><td rowspan="5">受力钢筋</td><td colspan="2">间距</td><td>±10</td><td>钢尺量两端、中间各一点，取最大值</td></tr>
<tr><td colspan="2">排距</td><td>±5</td><td>钢尺检查</td></tr>
<tr><td rowspan="3">保护层厚度</td><td>基础</td><td>±10</td><td>钢尺检查</td></tr>
<tr><td>柱、梁</td><td>±5</td><td>钢尺检查</td></tr>
<tr><td>板、墙、壳</td><td>±3</td><td>钢尺量连续三档，取最大值</td></tr>
<tr><td colspan="3">绑扎箍筋、横向钢筋间距</td><td>±20</td><td>钢尺检查</td></tr>
<tr><td colspan="3">钢筋弯起点位置</td><td>20</td><td>钢尺检查</td></tr>
<tr><td rowspan="2">预埋件</td><td colspan="2">中心线位置</td><td>5</td><td>钢尺检查</td></tr>
<tr><td colspan="2">水平高差</td><td>+3，0</td><td>钢尺和塞尺检查</td></tr>
</table>

注：1. 检查预埋件中心线位置时，应沿纵、横两个方向量测，并取其中的较大值；

2. 表中梁类、板类构件上部纵向受力钢筋保护层厚度的合格点率应达到 90%及以上，且不得有超过表中数值 1.5 倍的尺寸偏差。

第十二节 钢筋焊接接头监理

涉及钢筋焊接接头质量控制、检验、验收等方面的现行标准有《钢筋焊接及验收规程》JGJ 18—2003、《钢筋焊接接头试验方法》JGJ/T 27 —2001、《钢筋混凝土用钢筋焊接网》GB/T 1499.3—2002 和《混凝土结构工程施工质量验收规范》GB 50204—2002 等。

JGJ 18—2003 规定：用作焊接的钢筋有热轧钢筋、余热处理钢筋、冷轧带肋钢筋和低碳钢热轧圆盘条。**从事钢筋焊接施工的焊工必须持有焊工考试合格证，才能上岗操作。凡施焊的各种钢筋、钢板均应有质量证明书；焊条、焊剂应有产品合格证。在工程开工正式焊接之前，参与该项施焊的焊工应进行现场条件下的焊接工艺试验，并经试验合格后，方可正式生产。试验结果应符合质量检验与验收时的要求。**

一、钢筋焊接接头的种类和焊接方法的适用范围

《钢筋焊接及验收规程》JGJ 18—2003 对钢筋焊接方法的适用范围作出了规定，见表 8-57。

钢筋焊接接头的种类和焊接方法的适用范围(JGJ 18—2003) **表 8-57**

<table>
<tr><th rowspan="2">焊接方法</th><th rowspan="2">接头型式</th><th colspan="2">适用范围</th></tr>
<tr><th>钢筋级别</th><th>钢筋直径(mm)</th></tr>
<tr><td>电阻点焊</td><td></td><td>HPB235
HRB335
HRB335
CRB500</td><td>8～16
6～16
6～16
4～12</td></tr>
</table>

续表

焊接方法			接头型式	适用范围	
				钢筋级别	钢筋直径(mm)
闪光对焊			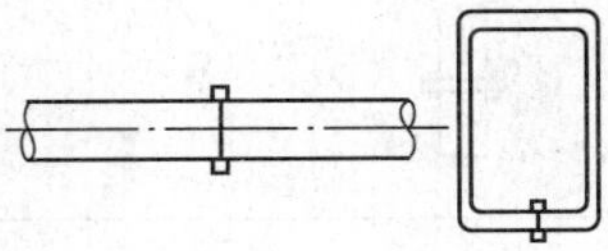	HPB235 HRB335 HRB400 RRB400 HRB540 Q235	8～20 6～40 6～40 10～32 10～40 6～14
电弧焊	帮条焊	双面焊	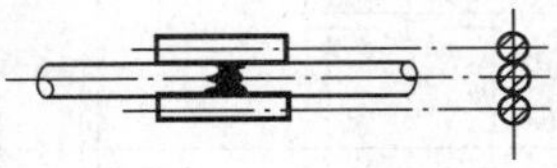	HPB235 HRB335 HRB400 RRB400	10～20 10～40 10～40 10～25
		单面焊	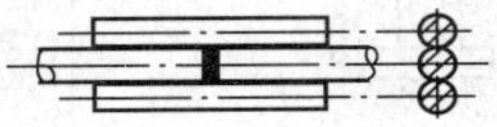	HPB235 HRB335 HRB400 RRB400	10～20 10～40 10～40 10～25
	搭接焊	双面焊	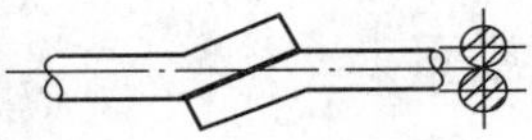	HPB235 HRB335 HRB400 RRB400	10～20 10～40 10～40 10～25
		单面焊	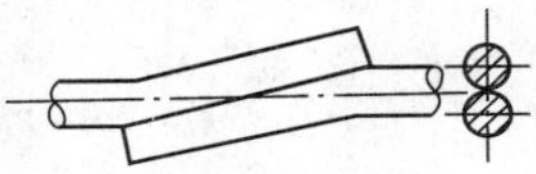	HPB235 HRB335 HRB400 RRB400	10～20 10～40 10～40 10～25
	熔槽帮条焊		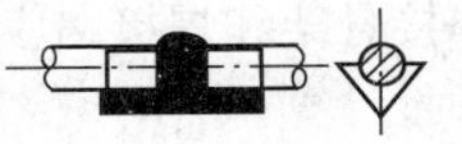	HPB235 HRB335 HRB400 RRB400	20 20～40 20～40 20～25
	坡口焊	平焊	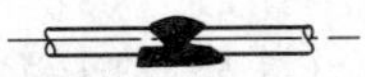	HPB235 HRB335 HRB400 RRB400	18～20 18～40 18～40 18～25
		立焊	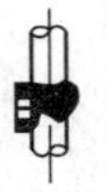	HPB235 HRB335 HRB400 RRB400	18～20 18～40 18～40 18～25
	钢筋与钢板搭接焊		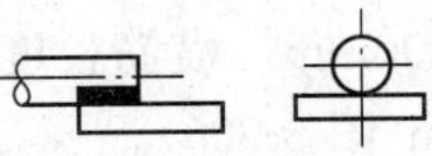	HPB235 HRB335 HRB400	8～20 8～40 8～25
	窄间隙焊		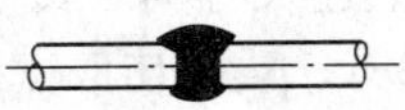	HPB235 HRB335 HRB400	16～20 16～40 16～40
	预埋件电弧焊	角焊	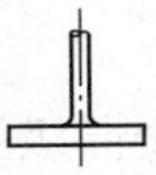	HPB235 HRB335 HRB400	8～20 6～25 6～25
		穿孔塞焊	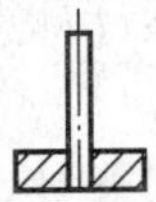	HPB235 HRB335 HRB400	20 20～25 20～25

续表

焊接方法	接头型式	适用范围	
		钢筋级别	钢筋直径(mm)
电渣压力焊		HPB235 HRB335 HRB400	14～20 14～32 14～32
气压焊		HPB235 HRB335 HRB400	14～20 14～40 14～40
预埋件埋弧压力焊		HPB235 HRB335 HRB400	8～20 6～25 6～25

二、钢筋焊接接头检验批和取样数量

《钢筋焊接及验收规程》JGJ 18—2003 对钢筋焊接接头的检验批和试件取样数量的规定如下：

（一）钢筋焊接骨架和焊接网

1. 检验批

凡钢筋牌号、直径及尺寸相同的焊接骨架和焊接网应为同一类型制品，且每 300 件作为一批，一周内不足 300 件的亦应按一批计算。

2. 取样部位

力学性能检验的试件，应从每批成品中切取。焊接网剪切试件应沿同一横向钢筋随机切取，切剪时应使制品中的纵向钢筋成为试件的受拉钢筋。切取过试件的制品，应补焊同牌号、同直径的钢筋，其每边的搭接长度不应小于 2 个孔格的长度。

3. 试样数量与尺寸

热轧钢筋的焊点做剪切试验，每批试件 3 个。冷轧带肋钢筋作剪切试验和拉伸试验，每批成品中，剪切试件 3 个，纵向钢筋拉伸试件 1 个，横向钢筋拉伸试件 1 个。

剪切试件纵筋长度应大于或等于 290mm，横筋长度应大于或等于 50mm(图 8-30*a*)；拉伸试件纵筋长度应大于或等于 300mm(图 8-30*b*)。

当焊接骨架所切取试件的尺寸小于上述尺寸时，或受力钢筋直径大于 8mm 时，可在生产过程中制作模拟焊接试验网(图 8-30*c*)，从中切取试件。

（二）钢筋闪光对焊接头

1. 检验批

在同一台班内，由同一焊工完成的 300 个同级别、同直径钢筋焊接接头应作为一批。当一台班内焊接接头数量较少，可在一周内累计计算；累计仍不足 300 个接头，应按一批计算。

封闭环式箍筋闪光对焊接头，以 600 个同牌号、同规格的接头作为一批。

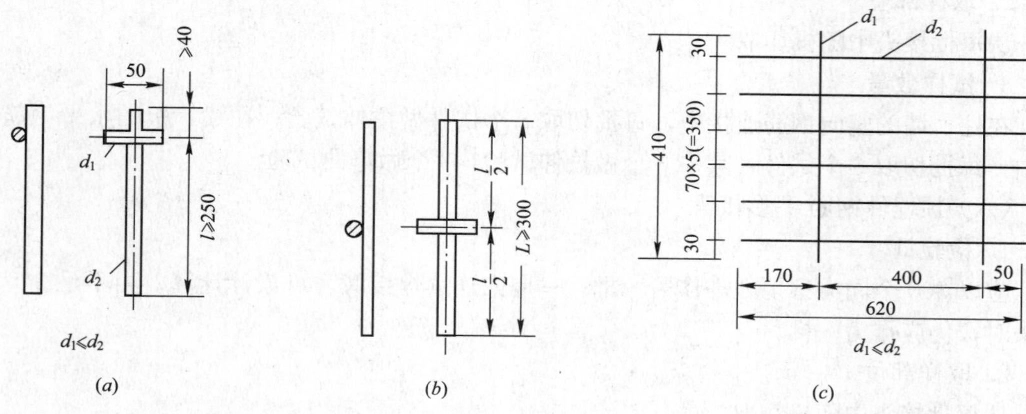

图 8-30　钢筋焊接骨架和焊接网试件

(a)钢筋焊点剪切试件；(b)钢筋焊点拉伸试件；(c)模拟焊接试验网片

2. 取样部位

从每批接头中随机切取。焊接等长的预应力钢筋(包括螺丝端杆与钢筋)时，可按生产时同条件制作模拟试件。

3. 试样数量

通常情况下，每批切取 6 个试件，其中 3 个做拉伸试验，另外 3 个做弯曲试验。螺丝端杆接头可只做拉伸试验，封闭环式箍筋闪光对焊接头只做拉伸试验。

(三) 钢筋电弧焊接头

1. 检验批

在现浇混凝土结构中，应以 300 个同牌号钢筋、同型式接头作为一批；在房屋结构中，应在不超过二楼层中 300 个同牌号钢筋、同型式接头作为一批。

2. 取样部位

从每批接头中随机切取。在装配式结构中，可按生产条件制作模拟试件。

3. 试样数量

每批切取 3 个试件做拉伸试验。

(四) 钢筋电渣压力焊接头

1. 检验批

在现浇混凝土结构中，应以 300 个同牌号钢筋接头作为一批；在房屋结构中，应在不超过二楼层中 300 个同牌号钢筋接头作为一批；当不足 300 个接头时，仍应作为一批。

2. 取样部位

从每批接头中随机切取。

3. 试样数量

每批切取 3 个试件做拉伸试验。

(五) 钢筋气压焊接头

1. 检验批

在现浇混凝土结构中，应以 300 个同牌号钢筋接头作为一批；在房屋结构中，应在不超过二楼层中 300 个同牌号钢筋接头作为一批；当不足 300 个接头时，仍应作为一批。

2. 取样部位

从每批接头中随机切取。

3. 试样数量

在柱、墙的竖向钢筋连接中，每批切取 3 个试件做拉伸试验；在梁、板的水平钢筋连接中，每批切取 6 个试件，其中 3 个做拉伸试验，3 个做弯曲试验。

（六）预埋件钢筋 T 形接头

1. 检验批

应以 300 个同类型预埋件作为一批。一周内连续焊接时，可累计计算。当不足 300 个接头时，仍应作为一批。

2. 取样部位

从每批接头中随机切取。

3. 试样数量与尺寸

每批切取 3 个试件做拉伸试验。试件的钢筋长度应大于或等于 200mm，钢板的长度和宽度均应大于或等于 60mm。

值得注意的是，《钢筋焊接接头试验方法》JGJ/T 27 —2001 规定，钢筋电阻点焊、闪光对焊、电弧焊、电渣压力焊、气压焊和埋弧压力焊焊接接头拉伸试件的尺寸应符合表 8-58 的规定。

钢筋焊接拉伸试件尺寸 **表 8-58**

焊接方法		接头型式	试件尺寸(mm)	
			l_s	$L \geqslant$
电阻点焊			—	300 l_s+2l_j
闪光对焊			$8d$	l_s+2l_j
电弧焊	双面帮条焊		$8d+l_h$	l_s+2l_j
	单面帮条焊		$5d+l_h$	l_s+2l_j
	双面搭接焊		$8d+l_h$	l_s+2l_j
	单面搭接焊		$5d+l_h$	l_s+2l_j
	熔槽帮条焊		$8d+l_h$	l_s+2l_j
	坡口焊		$8d$	l_s+2l_j
	窄间隙焊		$8d$	l_s+2l_j
电渣压力焊			$8d$	l_s+2l_j
气压焊			$8d$	l_s+2l_j
预埋件电弧焊			—	200
预埋件埋弧压力焊				

注：l_s：受试长度，l_h：焊缝长度，l_j：夹持长度（100～120mm），L：试件长度，d：钢筋直径。

三、钢筋焊接接头试验结果判定

（一）拉伸试验和弯曲试验

1. 钢筋闪光对焊接头、电弧焊接头、电渣压力焊接头、气压焊接头拉伸试验结果均应符合下列要求：

(1) 3个热轧钢筋接头试件的抗拉强度均不得小于该牌号钢筋规定的抗拉强度；RRB400钢筋接头试件的抗拉强度均不得小于570MPa。

(2) 至少应有2个试件断于焊缝之外，并应呈延性断裂。

当达到上述2项要求时，应评定该批接头为抗拉强度合格。

当试验结果有2个试件抗拉强度小于钢筋规定的抗拉强度，或3个试件均在焊缝或热影响区发生脆性断裂时，则一次判定该批接头为不合格。

当试验结果有1个试件的抗拉强度小于规定值，或2个试件在焊缝或热影响区发生脆性断裂，其抗拉强度均小于钢筋规定抗拉强度的1.10倍时，应进行复验。

复验时，应再切取6个试件。复验结果，当仍有1个试件的抗拉强度小于规定值，或有3个试件断于焊缝或热影响区，呈脆性断裂，其抗拉强度小于钢筋规定抗拉强度的1.10倍时，应判定该批接头为不合格品。

注：当接头试件虽断于焊缝或热影响区，呈脆性断裂，但其抗拉强度大于或等于钢筋规定抗拉强度的1.10倍时，可按断于焊缝或热影响区之外，呈延性断裂同等对待。

2. 闪光对焊接头、气压焊接头进行弯曲试验时，应将受压面的金属毛刺和镦粗凸起部分消除，且应与钢筋的外表齐平。

弯曲试验可在万能试验机、手动或电动液压弯曲试验器上进行，焊接应处于弯曲中心点，弯心直径和弯曲角应符合表8-59的规定。

钢筋焊接接头弯曲试验指标 **表8-59**

钢筋牌号	弯心直径	弯曲角(°)
HPB235	$2d$	90
HRB335	$4d$	90
HRB400、RRB400	$5d$	90
HRB500	$7d$	90

注：1. d为钢筋直径(mm)；

2. 直径大于25mm的钢筋焊接接头，弯心直径应增加1倍钢筋直径。

当试验结果，弯至90°，有2个或3个试件外侧(含焊缝和热影响区)未发生破裂，应评定该批接头弯曲试验合格。

当3个试件均发生破裂，则一次判定该批接头为不合格品。

当有2个试件发生破裂，应进行复验。

复验时，应再切取6个试件。复验结果，当有3个试件发生破裂时，应判定该批接头为不合格品。

注：当试件外侧横向裂纹宽度达到0.5mm时，应认定已经破裂。

3. 对于闪光对焊接头和电弧焊接头，当采用模拟试件时，如果试验结果不符合要求，应进行复验，复验应从现场焊接接头中切取，其数量和要求与初始试验相同。

4. 预埋件钢筋 T 形接头拉伸试验结果中，3 个试件的抗拉强度均应符合以下要求：HPB235 钢筋接头不得小于 350MPa；HRB335 钢筋接头不得小于 470MPa；HRB400 钢筋接头不得小于 550MPa。

当试验结果，3 个试件中有小于规定值时，应进行复验。

复验时，应再取 6 个试件。复验结果，其抗拉强度均达到上述要求时，应评定该批接头为合格。

5. 用冷轧带肋钢筋制作的钢筋焊接骨架和焊接网，试件抗拉强度不得小于 550MPa。当拉伸试验结果不合格时，应再切取双倍数量试件进行复检验；复验结果均合格时，应评定该批焊制品焊点拉伸试验合格。

（二）剪切试验

钢筋焊接骨架和焊接网的成品才进行剪切试验。剪切试验结果中，3 个试件抗剪力平均值应符合下式要求：

$$F \geqslant 0.30 A_0 \sigma_s \tag{8-5}$$

式中 F——抗剪力(N)；

A_0——较大钢筋的横截面面积(mm^2)；

σ_s——该级别钢筋(丝)规定的屈服强度(MPa)。

注：冷轧带肋钢筋的屈服强度按 440MPa 计算。

当剪切试验结果不合格时，应从该批制品中再切取 6 个试件进行复验；当全部试件平均值达到要求时，应评定该批焊接制品焊点剪切试验合格。

第十三节　钢结构焊接监理

涉及建筑钢结构焊接质量控制、检验、验收等方面的现行标准有《建筑钢结构焊接技术规程》JGJ 81—2002 和《钢结构工程施工质量验收规范》GB 50205—2001 等。

用于桁架或网架(壳)结构、多层和高层梁—柱框架结构等工业与民用建筑和一般构筑物的钢结构工程中钢材的焊接，应是厚度大于或等于 3mm 的碳素结构钢和低合金高强度结构钢的焊接。钢结构焊接方法有：手工电弧焊、气体保护焊、自保护焊、埋弧焊、电渣焊、气电立焊、栓钉焊及相应焊接方法的组合。

建筑钢结构工程焊接难度可分为一般、较难和难三种情况。施工单位在承担钢结构焊接工程时应具备与焊接难度相适应的技术条件。建筑钢结构工程的焊接难度可按表 8-60 区分。

建筑钢结构工程的焊接难度区分原则(JGJ 81—2002)　　**表 8-60**

焊接难度＼焊接难度影响因素	节点复杂程度和拘束度	板厚(mm)	受力状态	钢材碳当量① C_{eq}(%)
一般	简单对接、角接，焊缝能自由收缩	$t<30$	一般静载拉、压	<0.38
较难	复杂节点或已施加限制收缩变形的措施	$30 \leqslant t \leqslant 80$	静载且板厚方向受拉或间接动载	0.38～0.45

续表

焊接难度影响因素 / 焊接难度	节点复杂程度和拘束度	板厚(mm)	受力状态	钢材碳当量① C_{eq}(%)
难	复杂节点或局部返修条件而使焊缝不能自由收缩	$t>80$	直接动载、抗震设防烈度大于8度	>0.45

① 按国际焊接学会(IIW)计算公式，

$C_{eq}(\%)=C+\frac{Mn}{6}+\frac{Cr+Mo+V}{5}+\frac{Cu+Ni}{15}(\%)$（适用于非调质钢）

（一）钢结构焊接材料质量控制关键内容

1. 钢材、钢铸件的品种、规格、性能等应符合现行国家产品标准和设计要求。进口钢材产品的质量应符合设计和合同规定标准的要求。

2. 焊接材料的品种、规格、性能等应符合现行国家产品标准和设计要求。

3. 钢结构连接用高强度大六角头螺栓连接副、扭剪型高强度螺栓连接副、钢网架用高强度螺栓、普通螺栓、铆钉、自攻钉、拉铆钉、射钉、锚栓(机械型和化学试剂型)、地脚锚栓等紧固标准件及螺母、垫圈等标准配件，其品种、规格、性能等应符合现行国家产品标准和设计要求。高强度大六角头螺栓连接副和扭剪型高强度螺栓连接副出厂时应分别随箱带有扭矩系数和紧固轴力(预应力)的检验报告。

4. 焊接球及制造焊接球所采用的原材料、螺栓球及制造螺栓球节点所采用的原材料、封板锥头和套筒及其制造用原材料、金属压型板及制造金属压型板所采用的原材料和涂装材料，其品种、规格、性能等应符合现行国家产品标准和设计要求。

5. 建筑钢结构用钢材及焊接填充材料的选用应符合设计图的要求，并应具有钢厂和焊接材料厂出具的质量证明书或检验报告；其化学成分、力学性能和其他质量要求必须符合国家现行标准规定。当采用其他钢材和焊接材料替代设计选用的材料时，必须经原设计单位同意。

（二）钢结构焊接节点构造质量控制主要内容

1. 焊接坡口的形状和尺寸

2. 焊缝的计算厚度

3. 组焊构件焊接节点

严禁在调质钢上采用塞焊和槽焊焊缝。

4. 防止板材产生层状撕裂的节点形式

5. 构件制作与工地安装焊接节点形式

6. 承受动载与抗震的焊接节点形式

（三）钢结构焊接工艺评定的主要内容

1. 凡符合以下情况之一者，应在钢结构构件制作及安装施工之前进行焊接工艺评定：

(1) 国内首次应用于钢结构工程的钢材(包括钢材牌号与标准相符但微合金强化元素的类别不同和供货状态不同，或国外钢号国内生产)；

(2) 国内首次应用于钢结构工程的焊接材料；

(3) 设计规定的钢材类别、焊接材料、焊接方法、接头形式、焊接位置、焊后热处理制度以及施工单位所采用的焊接工艺参数、预热后热措施等各种参数的组合条件为施工企

业首次采用。

2. 焊工必须经考试合格并取得合格证书。持证焊工必须在其考试合格项目及其认可范围内施焊。

3. 设计要求全焊透的一、二级焊缝应采用超声波探伤进行内部缺陷的检验，超声波探伤不能对缺陷作出判断时，应采用射线探伤，其内部缺陷分级及探伤方法应符合现行国家标准《钢焊缝手工超声波探伤方法和探伤结果分级》GB 11345 或《钢熔化焊对接接头射线照相和质量分级》GB 3323 的规定。

焊接球节点网架焊缝、螺栓球节点网架焊缝及圆管 T、K、Y 形节点相贯线焊缝，其内部缺陷分级及探险伤方法应分别符合国家现行标准《焊接球节点钢网架焊缝超声波探伤方法及质量分级法》JG/T 3034.1、《螺栓球节点钢网架焊缝超声波探伤方法及质量分级法》JG/T 3034.2、《建筑钢结构焊接技术规程》JGJ 81 的规定。

一级、二级焊缝的质量等级及缺陷分级应符合表 8-61 的规定。

一、二级焊缝质量等级及缺陷分级(GB 50205—2001)　　**表 8-61**

焊缝质量等级		一级	二级
内部缺陷超声波探伤	评定等级	Ⅱ	Ⅲ
	检验等级	B级	B级
	探伤比例	100%	20%
内部缺陷射线探伤	评定等级	Ⅱ	Ⅲ
	检验等级	AB级	AB级
	探伤比例	100%	20%

注：探伤比例的计算方法应按以下原则确定：(1)对工厂制作焊缝，应按每条焊缝计算百分比，且探伤长度应不小于 200mm，当焊缝长度不足 200mm 时，应对整条焊缝进行探伤；(2)对现场安装焊缝，应按同一类型、同一施焊条件的焊缝条数计算百分比，探伤长度应不小于 200mm，并应不少于 1 条焊缝。

4. 焊接工艺评定规则

5. 重新进行工艺评定的规定

6. 试件和检验试样的制备

7. 试件和试样的试验与检验

不同焊接接头形式和板厚检验试样的取样种类和数量应符合表 8-62 的规定。

钢结构焊接检验类别和试样数量(JGJ 81—2002)　　**表 8-62**

母材形式	试件形式	试件厚度(mm)	无损探伤	全断面拉伸	试样数量 拉伸	面弯	背弯	侧弯	T形与十字形接头弯曲	冲击③ 焊缝	冲击③ 热影响区粗晶区	宏观酸蚀及硬度④⑤
板、管	对接接头	<14	要	管 2①	2	2	2	—	—	3	3	—
		≥14	要	—	2	—	—	4	—	3	3	—
板、管	板T形、斜T形和管T、K、Y形角接接头	任意	—	—	—	—	—	—	板 2	—	—	板 2⑥、管 4

续表

母材形式	试件形式	试件厚度（mm）	无损探伤	全断面拉伸	试样数量							
					拉伸	面弯	背弯	侧弯	T形与十字形接弯曲	冲击③		宏观酸蚀及硬度④⑤
										焊缝	热影响区粗晶区	
板	十字形接头	≥25	要	—	2	—	—	—	2	3	3	2
管-管	十字形接头	任意	要	2②	—	—	—	—	—	—	—	4
管-球												2
板-焊钉	栓钉焊接头	底板≥12	—	5	—	—	—	—	5	—	—	—

① 管材对接全截面拉伸试样适用于外径小于或等于76mm的圆管对接试件，当管径超过该规定时，应按JGJ 81—2002图5.4.1-6或图5.4.1-7截取拉伸试件；

② 管-管、管-球接头全截面拉伸试样适用的管径和壁厚由试验机的能力决定；

③ 冲击试验温度按设计选用钢材质量等级的要求进行；

④ 硬度试验根据工程实际需要进行；

⑤ 圆管T、K、Y形和十字形相贯接头试件的宏观酸蚀试样应在接头的趾部、侧面及跟部各取一件；矩形管接头全焊透T、K、Y形接头试件的宏观酸蚀应在接头的角部各取一个，详见JGJ 81—2002图5.4.1-4；

⑥ 斜T形接头（锐角根部）按JGJ 81—2002图5.4.1-3进行宏观酸蚀检验。

（四）钢结构焊接工艺质量控制主要内容

1. 焊接预热及后热

2. 防止层状撕裂的工艺措施

3. 控制焊接变形的工艺措施

4. 焊后消除应力处理

5. 熔化焊缝缺陷返修

（五）钢结构焊接质量检查主要内容

1. 质量检查人员应按JGJ 81—2002及施工图纸和技术文件要求，对焊接质量进行监督和检查。

2. 质量检查人员的主要职责应为：

（1）对所有钢材及焊接材料的规格、型号、材质以及外观进行检查，均应符合图约和相关规程、标准的要求；

（2）监督检查焊工合格证及认可施焊范围；

（3）监督检查焊工是否严格按焊接工艺技术文件要求及操作规程施焊；

（4）对焊缝质量按照设计图纸、技术文件及JGJ 81—2002要求进行验收检验。

3. 检查前应根据施工图及说明文件规定的焊缝质量等级要求编制检查方案，由技术负责人批准并报监理工程师备案。检查方案应包括检查批的划分、抽样检查的抽样方法、检查项目、检查方法、检查时机及相应的验收标准等内容。

4. 抽样检查时，应符合下列要求：

（1）焊缝处数的计数方法：工厂制作焊缝长度小于等于1000mm时，每条焊缝为1处；长度大于1000mm时，将其划分为每300mm为1处；现场安装焊缝每条焊缝为1处；

（2）可按下列方法确定检查批；

① 按焊接部位或接头形式分别组成批；

② 工厂制作焊缝可以同一工厂（车间）按一定的焊缝数量组成批；多层框架结构可以每节柱的所有构件组成批；

③ 现场安装焊缝可以区段组成批；多层框架结构可以每层（节）的焊缝组成批。

（3）批的大小宜为 300～600 处；

（4）抽样检查除设计指定焊缝外应采用随机取样方式取样。

5. 抽样检查的焊缝数如不合格率小于 2%时，该批验收应定为合格；不合格率大于 5%时，该批验收应定为不合格；不合格率为 2%～5%时，应加倍抽检，且必须在原不合格部位两侧的焊缝延长线各增加一处，如在所有抽检焊缝中不合格率不大于 3%时，该批验收应定为合格，大于 3%时，该批验收应定为不合格。当批量验收不合格时，应对该批余下焊缝的全数进行检查。当检查出一处裂纹缺陷时，应加倍抽查，如在加倍抽检焊缝中未检查出其他裂纹缺陷时，该批验收应定为合格，当检查出多处裂纹缺陷或加倍抽查又发现裂纹缺陷时，应对该批余下焊缝的全数进行检查。

6. 所有查出的不合格焊接部位应予以补修至检查合格。

7. 所有焊缝隙应冷却到环境温度后进行外观检查，外观检查一般用目测，裂纹的检查应辅以 5 倍放大镜并在合适的光照条件下进行，必要时可采用磁粉探作或渗透探伤，尺寸的测量应用量具、卡规。焊缝外观质量应符合下列规定：

（1）一级焊缝不得存在未焊满、根部收缩、咬边和接头不良等缺陷，一级焊缝和二级焊缝不得存在表面气孔、夹渣、裂纹和电弧擦伤等缺陷；

（2）二级焊缝的外观质量除应满足上一条款的要求外，尚应满足表 8-63 的规定；

（3）三级焊缝的外观质量应符合表 8-63 的规定。

钢结构焊缝外观质量允许偏差（JGJ 81—2002） **表 8-63**

检验项目＼焊缝质量等级	二级	三级
未焊满	≤0.2+0.02t 且≤1mm，每 100mm 长度焊缝内未焊满累积长度≤25mm	≤0.2+0.04t 且≤2mm，每 100mm 长度焊缝内未焊满累积长度≤25mm
根部收缩	≤0.2+0.02t 且≤1mm，长度不限	≤0.2+0.04t 且≤1mm，长度不限
咬边	≤0.05t 且≤0.5mm，连续长度≤100mm，且焊缝两侧咬边总长≤10%焊缝全长	≤0.1t 且≤1mm，长度不限
裂纹	不允许	允许存在长度≤5mm 的弧坑裂纹
电弧擦伤	不允许	允许存在个别电弧擦伤
接头不良	缺口深度≤0.05t 且≤0.5mm，每 1000mm 长度焊缝内不得超过 1 处	缺口深度≤0.1t 且≤1mm，每 1000mm 长度焊缝内不得超过 1 处
表面气孔	不允许	每 50mm 长度焊缝内允许存在直径≤0.4t 且≤3mm 的气孔 2 个；孔距应≥6 倍孔径
表面夹渣	不允许	深≤0.2t，长≤0.5t 且≤20mm

注：t 为钢材厚度（mm）。

8. 无损检测应在外观检查合格后进行。设计要求全焊透的焊缝，其内部缺陷的检验应符合下列要求：

(1) 一级焊缝应进行100%的检验，其合格等级应为现行国家标准《钢焊缝手工超声波探伤方法及质量分级法》GB 11345B级检验的Ⅵ级及Ⅵ级以上；

(2) 二级焊缝应进行抽检，抽检比例应不小于20%，其合格等级应为现行国家标准《钢焊缝手工超声波探伤方法及质量分级法》GB 11345 B级检验的Ⅴ级及Ⅴ级以上；

(3) 全焊透的三级焊缝可不进行无损检测。

焊接球节点网架焊缝的超声波探伤方法及缺陷分级应符合国家现行标准《焊接球节点钢网架焊缝超声波探伤扩质量分级法》JG/T 3034.1的规定，螺栓球节点网架焊缝的超声波探伤方法及缺陷分级应符合国家现行标准《螺栓球节点网架焊缝的超声波探伤及质量分级法》JG/T 3034.2的规定。

下列情况之一应进行表面检测：

(1) 外观检查发现裂纹时，应对该批中同类焊缝进行100%表面检测；

(2) 外观检查怀疑有裂纹时，应对怀疑的部位进行表面探伤；

(3) 设计图纸规定进行表面探伤时；

(4) 检查人员认为有必要时。

9. 建筑钢结构的补强和加固设计应符合现行有关钢结构加固技术标准的规定。补强与加固的方案应由设计、施工和业主等共同确定。

第九章　墙　体　材　料

在建筑工程中，墙体材料具有承重、围护和分隔作用。墙体材料的重量占建筑物总重量的50%以上，合理选用墙体材料对建筑物的结构形式、高度、跨度、安全、使用功能及工程造价等均有重要意义。墙体材料的品种很多，根据外形和尺寸大小分为砌墙砖、砌块和板材三大类，每一类中又分成实心和空心两种形式，砌墙砖还有烧结和非烧结(免烧)砖之分。本章仅介绍常用砌墙砖和砌块。

第一节　烧结砖及其监理

凡以黏土、页岩、煤矸石、粉煤灰等为原料，经成型及焙烧所得的用于砌筑承重或非承重墙体的砖统称为烧结砖。

烧结砖按有无穿孔分为烧结普通砖、烧结多孔砖和烧结空心砖。烧结砖按砖的主要成分又分为烧结黏土砖(N)、烧结页岩砖(Y)、烧结煤矸石砖(M)及烧结粉煤灰砖(F)。

各种烧结砖的生产工艺基本相同，均为原料配制→制坯→干燥→焙烧→成品。原料对制砖工艺性能和砖的质量性能起着决定性的作用，焙烧是重要的工艺环节。

焙烧砖的燃料可以外投，也可以将煤渣、粉煤灰等可燃工业废渣以适量比例掺入制坯黏土原料中作为内燃料。后一种方法称为内燃烧砖法，近几年在我国普遍采用，这种方法可节省大量外投煤，节约原料黏土5%～10%，可变废为宝，减少环境污染；焙烧出的产品，强度提高20%左右，表观密度小，导热系数降低。

当焙烧窑中为氧化气氛时，黏土中所含铁的氧化物被氧化，生成红色的高价氧化铁(Fe_2O_3)，烧得的砖为红色；若窑内为还原气氛，高价的氧化铁还原为青灰色的低价氧化铁(FeO)即得青砖。青砖较红砖结实、耐碱和耐久，但生产效率低，浪费能源，价格较贵。

一、烧结普通砖

以黏土、页岩、煤矸石或粉煤灰为原料制得的没有孔洞或孔洞率(砖面上孔洞总面积占砖面积的百分率)小于15%的烧结砖，称为烧结普通砖。

根据国家标准《烧结普通砖》GB 5101—2003 规定，烧结普通砖根据抗压强度分为MU30、MU25、MU20、MU15、MU10五个强度等级。强度、抗风化性能和放射性物质合格的砖，根据尺寸偏差、外观质量、泛霜和石灰爆裂分为优等品(A)、一等品(B)和合格品(C)。公称尺寸为240mm×115mm×53mm。砖的产品标记按产品名称、类别、强度等级、质量等级和标准编号顺序编写，如“烧结普通砖 N MU15 B GB 5101”表示强度等级为MU15，一等品的黏土砖。

(一) 技术要求(GB 5101—2003)

1. 尺寸允许偏差　尺寸允许偏差应符合表9-1的规定。

烧结普通砖尺寸允许偏差(mm) 表 9-1

公称尺寸	优等品		一等品		合格品	
	样本平均偏差	样本极差≤	样本平均偏差	样本极差≤	样本平均偏差	样本极差≤
240	±2.0	6	±2.5	7	±3.0	8
115	±1.5	5	±2.0	6	±2.5	7
53	±1.5	4	±1.6	5	±2.0	6

2. 外观质量　外观质量应符合表 9-2 的规定。

烧结普通砖外观质量要求(mm) 表 9-2

项　目		优等品	一等品	合格品
两条面高度差	≤	2	3	4
弯曲	≤	2	3	4
杂质凸出高度	≤	2	3	4
缺棱掉角的三个破坏尺寸	不得同时大于	5	20	30
裂纹长度	≤			
(1) 大面上宽度方向及其延伸至条面的长度		30	60	80
(2) 大面上长度方向及其延伸至顶面的长度或条顶面上水平裂纹的长度		50	80	100
完整面	不得少于	二条面和二顶面	一条面和一顶面	—
颜色		基本一致	—	—

注：1. 为装饰而施加的色差、凹凸纹、拉毛、压花等不算作缺陷。
2. 凡有下列缺陷之一者，不得称为完整面：
(1) 缺损在条面或顶面上造成的破坏面尺寸同时大于 10mm×10mm；
(2) 条面或顶面上裂纹宽度大于 1mm，其长度超过 30mm；
(3) 压陷、粘底、焦花在条面或顶面上的凹陷或凸出超过 2mm，区域尺寸同时大于 10mm×10mm。

3. 强度等级

抗压强度测定时，取 10 块砖进行试验，根据试验结果，按平均值－标准差(变异系数 $\delta \leqslant 0.21$ 时)或平均值－最小值方法(变异系数 $\delta > 0.21$ 时)评定砖的强度等级。见表 9-3。

烧结普通砖强度等级划分规定(MPa) 表 9-3

强度等级	抗压强度平均值 $\bar{f} \geqslant$	变异系数 $\delta \leqslant 0.21$	变异系数 $\delta > 0.21$
		强度标准值 $f_k \geqslant$	单块最小抗压强度值 $f_{min} \geqslant$
MU30	30.0	22.0	25.0
MU25	25.0	18.0	22.0
MU20	20.0	14.0	16.0
MU15	15.0	10.0	12.0
MU10	10.0	6.5	7.5

4. 泛霜

泛霜是指黏土原料中的可溶性盐类(如硫酸钠等)在砖使用过程中，随着砖内水分蒸发而在砖表面产生的盐析现象，一般为白霜。这些结晶的白色粉状物不仅有损于建筑物的外观，而且结晶的体积膨胀也会引起砖表层的酥松，同时破坏砖与砂浆之间的粘结。泛霜应符合表 9-4 规定。

5. 石灰爆裂

当原料土或掺入的内燃料中夹杂有石灰质成分，则在烧砖时被烧成过火石灰留在砖中。这些过火石灰在砖体内吸收水分消化时产生体积膨胀，导致砖发生胀裂破坏，这种现象称为石灰爆裂。

烧结普通砖石灰爆裂指标应符合表 9-4 的规定。

烧结普通砖石灰爆裂规定 表 9-4

项目	优等品	一等品	合格品
泛霜	无泛霜	不允许出现中等泛霜	不允许出现严重泛霜
石灰爆裂	不允许出现最大破坏尺寸＞2mm 的爆裂区域	① 最大破坏尺寸＞2mm，且≤10mm 的爆裂区域，每组样砖不得多于 15 处 ② 不允许出现最大破坏尺寸＞10mm的爆裂区域	① 最大破坏尺寸＞2mm，且≤15mm的爆裂区域，每组样砖不得多于 15 处，其中＞10mm 的不得多于 7 处 ② 不允许出现最大破坏尺寸＞15mm的爆裂区域

6. 抗风化性能

抗风化性能是指在干湿变化、温度变化、冻融变化等物理因素作用下，材料不破坏并长期保持其原有性质的能力。风化指数是指日气温从正温降低至负温或负温升至正温的每年平均天数与每年从霜冻之日起至消失霜冻之日止这一期间降雨量(以 mm 计)的平均值的乘积。当风化指数大于等于 12700 为严重风化区，风化指数小于 12700 为非严重风化区，风化区的划分如表 9-5 所示。用于非严重风化区和严重风化区的烧结普通砖，其 5h 沸煮吸水率和饱和系数如表 9-6 所示。

烧结普通砖风化区的划分 表 9-5

严重风化区		非严重风化区	
1. 黑龙江省 2. 吉林省 3. 辽宁省 4. 内蒙古自治区 5. 新疆维吾尔自治区 6. 宁夏回族自治区 7. 甘肃省 8. 青海省 9. 陕西省 10. 山西省	11. 河北省 12. 北京市 13. 天津市	1. 山东省 2. 河南省 3. 安徽省 4. 江苏省 5. 湖北省 6. 江西省 7. 浙江省 8. 四川省 9. 贵州省 10. 湖南省	11. 福建省 12. 台湾省 13. 广东省 14. 广西壮族自治区 15. 海南省 16. 云南省 17. 西藏自治区 18. 上海市 19. 重庆市

砖抗风化性能 表 9-6

砖种类	严重风化区				非严重风化区			
	5h 沸煮吸水率(%)≤		饱和系数≤		5h 沸煮吸水率(%)≤		饱和系数≤	
	平均值	单块最大值	平均值	单块最大值	平均值	单块最大值	平均值	单块最大值
黏土砖	18	20	0.85	0.87	19	20	0.88	0.90
粉煤灰砖①	21	23			23	25		
页岩砖	16	18	0.74	0.77	18	20	0.78	0.80
煤矸石砖								

① 粉煤灰掺入量(体积比)小于 30%时，抗风化性能指标按黏土砖规定判定。

严重风化区中的1、2、3、4、5地区的砖，必须进行冻融试验，其余地区的砖的抗风化性能符合表9-6规定时可不做冻融试验，否则，必须进行冻融试验。冻融试验后，每块砖样不允许出现裂纹、分层、掉皮、缺棱、掉角等冻坏现象，质量损失不得大于2%。

7. 欠火砖、酥砖和螺旋纹砖

产品中不允许有欠火砖、酥砖和螺旋纹砖。

8. 配砖和装饰砖

配砖和装饰砖技术要求应符合以下规定：

(1) 规格

常用配砖规格175mm×115mm×53mm，装饰砖的主规格同烧结普通砖，配砖、装饰砖的其他规格由供需双方协商确定。

(2) 技术要求

① 与烧结普通砖规格相同的装饰砖，其技术要求与烧结普通砖相同。

② 配砖和其他规格的装饰砖的尺寸偏差、强度由供需双方协商确定。但抗风化性能、泛霜、石灰爆裂性能、放射物质的技术要求与烧结普通砖相同。外观质量可参照表9-2执行。

③ 为增强装饰效果，装饰砖可制成本色、一色或多色，装饰面也可具有砂面、光面、压花等起墙面装饰作用的图案。

9. 放射性物质

砖的放射性物质应符合GB 6566的规定。

(二) 烧结普通砖监理

监理工程师在熟悉烧结普通砖技术要求的基础上，掌握以下几个方面的内容：

1. 烧结普通砖的基本性能和应用

烧结普通砖既具有一定强度，又因多孔结构而具有良好的绝热性能、透气性和热稳定性。通常其表观密度为1600～1800kg/m^{3}左右，导热系数仅为0.78W/(m·K)，约为普通混凝土的一半。黏土砖还具有良好的耐久性，加之原料广泛、生产工艺简单，因而它是应用历史最久、使用范围最广的建筑材料之一。

烧结普通砖在建筑工程中主要适用于墙体材料，其中优等品适用于清水墙和墙体装饰，一等品和合格品可用于混水墙。中等泛霜的砖不得用于潮湿部位。烧结普通砖也可用于砌筑柱、拱、烟囱及基础等，还可以作预制振动砖墙板，或与轻混凝土等隔热材料复合使用，砌成两面为砖、中间填充轻质材料的复合墙体。若在砌体中配置适当的钢筋或钢丝网，可代替钢筋混凝土柱、过梁等使用。

2. 推行墙体材料革新是我国的基本政策

烧结普通砖虽然有一些良好性能，但存在着生产能耗大、产品尺寸小、不能机械化施工、自重较大等缺点。目前，我国墙体材料产品85%以上是实心黏土砖，每年墙体材料生产能耗和建筑采暖能耗约占全年能源消耗总量的15%，烧结黏土砖的生产毁坏了大量的良田，破坏了自然环境。因此，大力发展节能、节地、保温、隔热的新型墙体材料，加快墙体材料革新，推进建筑节能工作是一件刻不容缓的大事。原国家建材局、建设部、农业部、国家土地局联合成立了墙体材料革新与领导小组，多次发文要求加快墙体材料革新，试点工作已经结束。墙办发(2000)06号文件规定，2001年在全国160个大中城市限时淘汰使用实心黏土砖，2003年6月30日后县级及以上城市禁止使用烧结实心黏土砖。

限制使用实心黏土砖后，墙体材料将采用混凝土空心砌块、轻骨料混凝土砌块、烧结页岩砖、烧结煤矸石砖、烧结粉煤灰砖、工业废渣蒸养(压)砖等墙体材料来代替。监理工程师在选用墙材料时，应积极向业主、向设计单位宣传国家的基本政策，共同推动我国墙体材料的改革。

3. 各种砌筑方式用砖数量的计算

根据砖的标准尺寸，并考虑到砌筑灰缝10mm，则4块砖长、8块砖宽、16块砖厚均为1m，由此可以计算各种砌筑方式用砖数量：砌筑1m^{3}砌体：4×8×16＝512块；砌筑1m^{2}二四墙：8×16＝128块；砌筑1m^{2}三七墙：(8＋4)×16＝192块；砌筑1m^{2}一二墙：4×16＝64块；砌筑1m^{2}一八墙：4×16＋4×8＝96块。

在确定建筑工程砖用量时，只要计算出砌体的面积或体积，乘以对应的单位数量，再考虑2%的损耗，即可算出工程的砖用量。

4. 石灰爆裂对砖砌体的影响

石灰爆裂对砖砌体影响较大，轻者影响外观，重者将使砖砌体强度降低，有些砖在储存一段时间后，尚未施工就会有自裂成碎块的现象。许多施工技术人员在控制进场砖的质量时，往往只检测砖的强度，这是不够的，石灰爆裂性会给砖砌体造成很大的质量隐患，监理工程师要检测进场砖的石灰爆裂性能，检测可在施工现场进行，具体是：选取5块未淋雨、水的砖，将外观缺陷做好标记，侧立放入盛满水的锅中，加盖蒸煮6个小时，之后，检查每块是否有石灰爆裂点块。

5. 施工质量控制

(1) 砖强度等级必须符合设计要求。

(2) 砌筑砖砌体时，砖应提前1～2d浇水湿润。因为砖砌体的强度不仅取决于砖的强度，而且受砂浆性质的影响很大，如果干砖上墙，砖会将砂浆中的水分吸干，使砂浆不能正常水化而松散，砌体强度会显著降低。但砖含水率过大，对砖砌体的强度亦不利，砌筑时也易走位。烧结普通砖砌筑前适宜的含水率为10%～15%。现场检验砖含水率的简易方法采用断砖法，当砖截面四周融水深度为15～20mm时，视为符合要求的适宜含水率。

(3) 砌砖工程当采用铺浆法砌筑时，宜随铺随砌筑，铺浆长度不得超过750mm；施工期间气温超过30℃时，铺浆长度不得超过500mm。因为试验表明，铺浆长度对砌体的抗剪强度影响明显，如气温15℃时，铺后立即砌筑和铺后3min再砌筑，砌体的抗剪强度降低30%，而高温施工时，影响程度更大。

(4) 240mm厚承重墙的每层墙的最上一皮砖，砖砌体的阶台水平面上及挑出层，应整砖丁砌。这是为了保证砌体的完整性、整体性和受力的合理性。

(5) 砖砌体的转角处和交接处应同时砌筑，严禁无可靠措施的内外墙分砌施工。对于不能同时砌筑而又必须留置的临时间断处应砌成斜槎，斜槎水平投影长度不应小于高度的2/3。这是为了保证砖砌体结构整体性能和抗震性能。

(6) 非抗震设防及抗震设防烈度为6度、7度地区的临时间断处，当不能留斜槎时，除转角处外，可留直槎，但直槎必须做成凸槎。留直槎处应加设拉结钢筋，拉结筋的数量为每 120mm 墙厚放置 1ϕ6 拉结钢筋(120mm 厚墙放置 2ϕ6 拉结钢筋)，间距沿墙高不得超过 500mm；埋入长度从墙的留槎处算起，每边均不应小于 500mm，对于抗震设防烈度 6 度、7 度的地区，不应小于 1000mm；末端应有 90°弯钩。这些规定也是为了保证砖砌体结构整体性能和抗震性能。

(7) 砌体接槎时，必须将接槎处的表面清理干净，浇水湿润，并应填实砂浆，保持灰缝平直。

(8) 砖砌体应上、下错缝，内外搭砌。砖柱不得采用包心砌法。

(9) 砌体水平灰缝的砂浆饱满度不得小于 80%；不得出现透明缝(含水平缝和竖缝)，严禁用水冲浆灌缝。有特殊要求的砌体，灰缝的砂浆饱满度应符合设计要求。

水平缝的饱满度主要影响砌体的抗压强度，试验表明，当水泥混合砂浆水平灰缝饱满度达到 73.6%时，则可满足设计规范规定的砌体抗压强度值。

竖向灰缝砂浆的饱满度主影响砌体的抗剪强度，试验表明，当竖缝砂浆很不饱满甚至完全无砂浆时，其砌体抗剪强度将下降 40%～50%。此外，透明缝、瞎缝和假缝对房屋的使用功能也会产生不良影响。

(10) 砌体的水平灰缝厚度和竖向灰缝的宽度不应小于 8mm，也不应大于 12mm。灰缝厚度影响砌体的外观，厚薄均匀的砂浆有利于砌体均匀受力，影响砌体的抗压强度。试验表明，与标准水平缝厚度 10mm 相比，12mm 水平灰缝厚度砌体的抗压强度降低 5%；8mm 水平灰缝厚度砌体的抗压强度提高 6%。

(11) 在墙上留置临时施工洞口，其侧边离交接处的墙面不应小于 500mm。

(12) 平拱过梁的灰缝应砌成楔形缝。灰缝的宽度在过梁的底面不应小于 5mm；在过梁的顶面不应大于 15mm。

(13) 砖过梁底部模板，应在灰缝砂浆强度不低于设计强度的 50%时，方可拆除。

(14) 不得在下列墙体或部位中设置脚手架眼：

① 120mm 厚墙、料石清水墙和独立；

② 过梁上与过梁成 60°角的三角形范围及过梁净跨度 1/2 的高度范围内；

③ 宽度小于 1m 的窗间墙；

④ 砖砌体的门窗洞口两侧 200mm 和转角处 450mm 的范围内；

⑤ 梁或梁垫下及其左右 500mm 范围内。

(15) 当室外日平均气温连续 5d 稳定低于 5℃时，应采取冬期施工措施：

① 砖(及其他砌块)不得遭水浸冻；石灰膏、电石膏等应防止受冻，如遭冻结，应经融化后使用；拌制砂浆用砂，不得含有冰块和大于 10mm 的冻结块。

② 在气温高于 0℃条件下砌筑时，应浇水湿润。在气温低于等于 0℃条件下砌筑时，可不浇水，但必须增大砂浆稠度。抗震设防烈度为 9 度的建筑物，砖无法浇水湿润时，如无特殊措施，不得砌筑。

③ 在冻结法施工的解冻期间，应经常对砌体进行观测和检查，如发现裂缝、不均匀下沉等情况，应立即采取加固措施。

④ 当采用掺盐法砂浆法施工时，宜将砂浆强度等级按常温施工的强度等级提高一级。

⑤ 配筋砌体不得采用掺盐砂浆法施工。

⑥ 拌合砂浆宜采用两步投料法。水的温度不得超过80℃；砂的温度不得超过40℃。

⑦ 冬期施工砂浆试块的留置，除应按常温规定要求外，尚应增留不少于1组与砌体同条件养护的试块，测试检验28d强度。

6. 检验项目、取样数量及方法

(1) 检验项目

砖产品检验分出厂检验和型式检验。出厂检验项目包括尺寸偏差、外观质量和强度等级。型式检验项目包括标准规定的全部技术要求。

有下列之一情况者，应进行型式检验：

① 新厂生产试制定型检验；

② 正式生产后，原材料、工艺等发生较大的改变化，可能影响产品性能时；

③ 正常生产时，每半年进行一次(放射性物质一年进行一次)；

④ 出厂检验结果与上次型式检验有较大差异时；

⑤ 国家质量监督机构提出进行型式检验要求时。

(2) 取样数量及方法

GB 5101—2003 规定：以3.5～15万块为一检验批，不足3.5万块也按一批计。GB 50203—2002 规定：每一生产厂家的砖到场后，按15万块为一验收批。

外观质量检验的试样采用随机抽样法，尺寸偏差和其他检验项目的样品用随机抽样法从外观质量检验后的样品中抽取。外观质量检验抽取50块($n_1=n_2=50$)，尺寸偏差检验抽取20块，强度等级检验抽取10块，泛霜、石灰爆裂、吸水率和饱和系数、冻融检验各抽取5块，放射性取4块。

采用随机抽样法取样，不可在堆放现场挑选。如果在施工现场的砖是垛码好的，抽样前先制定抽取方案，如××垛的××行××列，再到现场抽样；如果施工现场的砖是散堆在一起，可先让人随机从散堆中取砖摆成一字形，然后决定每隔几块抽取一块。不论抽样位置上砖的质量如何，不允许以任何理由以别的砖替代。

7. 试验方法

普通烧结砖样性能检验按GB/T 2542进行。下面主要介绍抗压强度检验方法。

(1) 抗压强度试样的制作

取10块砖样，试样制作分普通制样和模具制样。两种制样方法并行使用，仲裁检验采用模具制样。

① 普通制样

将试样切断或锯成两个半截砖，断开的半截砖长不得小于100mm。如果不足100mm，应另取备用试样补足。

在试样制备平台上，将已断开的两个半截砖放入室温的净水中浸10～20min后取出，并以断口相反方向叠放，两者中间抹以厚度不超过5mm的用强度等级32.5的普通硅酸盐水泥调制成稠度适宜的水泥净浆粘结，上下两面用厚度不超过3mm的同种水泥浆抹平。制成的试件上下两面须相互平行，并垂直于侧面。

② 模具制样

将试样切断成两个半截砖，截断面应平整，断开的半截砖长度不得小于100mm。如果不足100mm，应另取备用试样补足。

将已断开的半截砖放入室温的净水中浸 20～30min 后取出，在铁丝网架上滴水 20～30min，以断口相反方向装入制样模具中。用插板控制两个半砖间距为 5mm，砖大面与模具间距 3mm，砖断面、顶面与模具间垫以橡胶垫或其他密封材料，模具内表面涂油或脱膜剂。

将经过 1mm 筛的干净细砂 2%～5%与强度等级为 32.5 或 42.5 的普通硅酸盐水泥，用砂浆搅拌机调制砂浆，水灰比 0.5～0.55 左右。

将装好砖样的模具置于振动台上，在砖样上加少量水泥砂浆，接通振动台电源，边振动边向砖缝及砖模缝间加入水泥砂浆，加浆及振动过程为 0.5～1min。关闭电源，停止振动，稍事静置，将模具上表面刮平整。

(2) 抗压强度试样养护

普通制样法制成的抹面试件应置于不低于 10℃的不通风室内养护 3d；机械制样的试件连同模具在不低于 10℃的不通风室内养护 24h 后脱模，再在相同条件下养护 48h，进行试验。

(3) 抗压强度测定

测量试样的两个半砖公共的长 a 与公共的宽 b，受力面积为两者之积，长、宽的测量精确至 1mm。

以 4kN/s 的速度均匀加荷，直至试件破坏，记录破坏荷载 P(N)。通过以下计算来确定砖的强度等级：

① 单块砖样抗压强度测定值(精确至 0.01MPa)

$$f_{ci}=\frac{P}{a\cdot b} \tag{9-1}$$

② 10 块砖样抗压强度平均值(精确至 0.01MPa)

$$\bar{f}=\frac{1}{10}\sum_{i=1}^{10}f_{ci} \tag{9-2}$$

③ 10 块砖样抗压强度标准差(精确至 0.01MPa)

$$S=\sqrt{\frac{1}{9}\sum_{i=1}^{10}(f_{ci}-\bar{f})^2} \tag{9-3}$$

④ 砖抗压强度标准值(精确至 0.1MPa)

$$f_k=f-1.8S \tag{9-4}$$

⑤ 强度变异系数(精确至 0.01)

$$\delta=\frac{S}{\bar{f}} \tag{9-5}$$

⑥ $\delta>0.21$ 时，单块最小抗压强度值精确至 0.1MPa

8. 判定规则

依据《砌墙砖试验方法》GB/T 2542—2003 检测出烧结普通砖各技术要求各项指标后，按下列规则判定：

(1) 尺寸偏差

尺寸偏差符合表 9-1 相应等级规定，判尺寸偏差为该等级。否则，判不合格。

(2) 外观质量

外观质量采用JC466-92(96)二次抽样方案，根据表9-2规定的质量指标，检查出其中不合格品数d_1，按下列规则判定：

$d_1 \leqslant 7$时，外观质量合格；

$d_1 \geqslant 11$时，外观质量不合格；

$d_1 > 7$，且$d_1 < 11$时，需再次从该产品批中抽样50块检验，检查出不合格品数d_2，按下列规则判定：

$(d_1 + d_2) \leqslant 18$时，外观质量合格；

$(d_1 + d_2) \geqslant 19$时，外观质量不合格。

(3) 强度

强度的试验结果符合表9-3的规定。低于MU10判不合格。

(4) 抗风化性能

抗风化性能符合本节一(一)6规定，判定抗风化性能合格。否则，判不合格。

(5) 石灰爆裂和泛霜

石灰爆裂和泛霜试验结果符合本节一(一)4、5相应等级的规定，分别判石灰爆裂和泛霜为相应等级。否则，判不合格。

(6) 放射性物质

放射性物质应符合本节一(一)9的规定。否则，判不合格，并停止该产品的生产和销售。

(7) 总判定

① 出厂检验质量等级的判定

按出厂检验项目和在时效范围内最近一次型式检验中的抗风化性能、石灰爆裂及泛霜项目中最低质量等级进行判定。其中有一项不合格，则判为不合格。

② 型式检验质量等级的判定

强度、风化性能合格，按尺寸偏差、外观质量、泛霜、石灰爆裂检验中最低质量等级判定。其中有一项不合格则判该批产品质量不合格。

③ 外观检验中有欠火砖、酥砖或螺旋纹砖则判该批产品不合格。

9. 质量证明书的内容

产品出厂时，必须提供质量合格证。出厂产品质量证明书主要内容：生产厂名、产品标记、批量及编号、证书编号、本批产品实测技术性能和生产日期等，并由检验员和承检单位签章。

二、烧结多孔砖

烧结多孔砖是以黏土、页岩、煤矸石、粉煤灰为主要原料，经焙烧而成主要用于承重部位的多孔砖。

根据《烧结多孔砖》GB 13544—2000的规定，多孔砖按抗压强度分为MU30、MU25、MU20、MU15和MU10五个强度等级。按主要原料分为黏土砖(N)、页岩砖(Y)、煤矸石砖(M)和粉煤灰砖(F)。根据尺寸偏差、外观质量、孔型及孔洞排列、泛霜、石灰爆裂分为优等品(A)、一等品(B)和合格品(C)。

砖的外形为直角六面体，其长度、宽度、高度应符合下列要求：

a. 290，240，190，180mm；

b. 175，140，115，90mm。

注：其他规格尺寸由供需双方协商确定。

孔洞尺寸见表 9-7。

烧结多孔砖的孔洞尺寸(mm) **表 9-7**

圆孔直径	非圆孔内切圆直径	手抓孔
≤22	≤15	(30～40)×(75～85)

砖的产品标记按产品名称、品种、规格、强度等级、质量等级和标准编号顺序编写，如规格尺寸 290mm×140mm×90mm、强度等级 MU25、优等品的黏土砖，其标记为“烧结多孔砖 N 290×140×90 25 A GB 13544”。

(一) 技术要求(GB 13544—2000)

1. 尺寸允许偏差　尺寸允许偏差应符合表 9-8 的规定。

烧结多孔砖的尺寸允许偏差(mm) **表 9-8**

尺　寸	优等品		一等品		合格品	
	样本平均偏差	样本极差≤	样本平均偏差	样本极差≤	样本平均偏差	样本极差≤
290、240	±2.0	6	±2.5	7	±3.0	8
190、180、175、140、115	±1.5	5	±2.0	6	±2.5	7
90	±1.5	4	±1.7	5	±2.0	6

2. 外观质量　外观质量应符合表 9-9 的规定。

烧结多孔砖外观质量要求(mm) **表 9-9**

项　目	优等品	一等品	合格品
1. 颜色(一条面和一顶面)	一致	基本一致	—
2. 完整面　不得少于	一条面和一顶面	一条面和一顶面	—
3. 缺棱掉角的三个破坏尺寸不得同时大于	15	20	30
4. 裂纹长度　不大于			
a. 大面上深入孔壁 15mm 以上宽度方向及其延伸到条面的长度	60	80	100
b. 大面上深入孔壁 15mm 以上长度方向及其延伸到顶面的长度	60	100	120
c. 条、顶面上的水平裂纹	80	100	120
5. 杂质在砖面上造成的凸出高度　不大于	3	4	5

注：1. 为装饰面施加的色差、凹凸纹、拉毛、压花等不算缺陷。

2. 凡有下列缺陷之一者，不能称为完整面：

(1) 缺损在条面或顶面上造成的破坏面尺寸同时大于 20mm×30mm；

(2) 条面或顶面上裂纹宽度大于 1mm，其长度超过 70mm；

(3) 压陷、粘底、焦花在条面或顶面上的凹陷或凸出超过 2mm，区域尺寸同时大于 20mm×30mm。

3. 强度等级 强度等级符合表 9-10 的规定。

烧结多孔砖强度等级 **表 9-10**

强度等级	抗压强度平均值 $\bar{f}\geqslant$	变异系数 $\delta\leqslant0.21$	变异系数 $\delta>0.21$
		强度标准值 $f_k\geqslant$	单块最小抗压强度值 $f_{min}\geqslant$
MU30	30.0	22.0	25.0
MU25	25.0	18.0	22.0
MU20	20.0	14.0	16.0
MU15	15.0	10.0	12.0
MU10	10.0	6.5	7.5

4. 孔型孔洞率及孔洞排列 孔型孔洞率及孔洞排列应符合表 9-11 的规定。

烧结多孔砖孔型孔洞率及孔洞排列要求 **表 9-11**

产品等级	孔型	孔洞率，%≥	孔洞排列
优等品	矩形条孔或矩形孔	25	交错排列，有序
一等品			
合格品	矩形孔或其他孔形		—

注：1. 所有孔宽 b 应相等，孔长 $L\leqslant50$mm；
2. 孔洞排列上下、左右应对称，分布均匀，手抓孔的长度方向尺寸必须平行于砖的条面；
3. 矩形孔的孔长 L、孔宽 b 满足式 $L\geqslant3b$ 时，为矩形条孔。

5. 泛霜和石灰爆裂 多孔砖的泛霜和石灰爆裂应符合表 9-12 的规定。

烧结多孔砖泛霜、石灰爆裂规定 **表 9-12**

项目	优等品	一等品	合格品
泛霜	无泛霜	不允许出现中等泛霜	不允许出现严重泛霜
石灰爆裂	不允许出现最大破坏尺寸＞2mm 的爆裂区域	① 最大破坏尺寸＞2mm，且≤10mm 的爆裂区域，每组样砖不得多于 15 处；② 不允许出现最大破坏尺寸＞10mm的爆裂区域	① 最大破坏尺寸＞2mm，且≤15mm的爆裂区域，每组样砖不得多于 15 处，其中＞10mm 的不得多于 7 处；② 不允许出现最大破坏尺寸＞15mm的爆裂区域

6. 抗风化性能

风化区的划分见表 9-5。严重风化区中的 1、2、3、4、5 地区的砖，必须进行冻融试验，其余地区的砖的抗风化性能符合表 9-6 规定时可不做冻融试验，否则，必须进行冻融试验。冻融试验后，每块砖样不允许出现裂纹、分层、掉皮、缺棱掉角等冻坏现象。

7. 产品中不允许有欠火砖、酥砖和螺旋纹砖。

（二）烧结多孔砖监理

监理工程师在熟悉烧结多孔砖技术要求的基础上，掌握以下几个方面的内容：

1. 烧结多孔砖的生产符合国家墙体材料改革政策

用烧结多孔砖（及空心砖、空心砌块）代替烧结普通砖，可使建筑物自重减轻 30%左右，节约黏土 20%～30%，节省燃料 10%～20%，墙体施工工效提高 40%，并能改善砖的隔热隔声性能，所以，推广应用多孔砖及空心砖是加快我国墙材料改革的重要措施之一。

2. 施工质量控制

(一) 有冻胀环境和条件的地区，地面以下或防潮层以下的砌体，不宜采用烧结多孔砖。这是因为在这种环境下多孔砖的耐久性会降低较大。

(1) 多孔砖的孔洞应垂直于受压面。这能使砌体有较大的有效受压面积，有利于砂浆结合层进入上下砖块的孔洞中产生“销键”作用，提高砌体的抗剪强度和砌体的整体性。

(2) 其他要求同烧结普通砖(见本节一(二)5)。

3. 检验项目、取样数量及方法

出厂检验项目有尺寸偏差、外观质量和强度等级。型式检验项目包括产品标准要求的全部项目。

以3.5～15万块为一检验批，不足3.5万块也按一批计。外观质量检验的试样采用随机抽样法，在每一检验批的产品堆垛中抽取，其他检验项目的样品用随机抽样法从外观质量检验后的样品中抽取。外观质量检验抽取50块($n_1=n_2=50$)，尺寸偏差检验抽取20块，强度等级检验抽取10块，孔型孔洞率及孔洞排列、泛霜、石灰爆裂、吸水率和饱和系数、冻融检验各抽取5块。

4. 试验方法

烧结多孔砖性能检验GB/T 2542进行。注意以下几点：

(1) 抗压强度砖样采用坐浆法操作。将玻璃板置于试件制备平台上，其上铺一张湿的垫纸，纸上铺一层厚度不超过5mm的用32.5级普通水泥制成稠度适宜的水泥净浆，再将在水中浸泡10～20min的试样(整砖)平稳地将受压面坐放在水泥浆上，在另一受力面上稍加压力，使整个水泥层与砖受压面相互粘结，砖的侧面应垂直于玻璃板上，再进行坐浆，用水平尺校正好玻璃板的水平。

(2) 抗压强度检测时以单块整砖沿竖孔方向加压。

(3) 抗压强度的计算方法和结果评定方法同烧结普通砖。

5. 判定规则

(1) 尺寸偏差　尺寸偏差应符合表9-8相应等级规定。

(2) 外观质量　外观质量采用JC 466—1992(1996)二次抽样方案，根据表9-9规定的外观质量指标，检查出其中不合格数d_1，按烧结普通砖所用规则判定(见本节一(二)8)。

(3) 强度等级　强度等级的试验结果应符合表9-10的规定。

(4) 孔型孔洞率及孔洞排列　孔型孔洞率及孔洞排列应符合表9-11的规定。

(5) 泛霜和石灰爆裂　泛霜和石灰爆裂试验结果应分别符合表9-12的规定。

(6) 抗风化性能　抗风化性能应符合本节二(一)6的规定。

(7) 总判定

① 出厂检验质量等级的判定

按出厂检验项目和在时效范围内最近一次型式检验中的孔型孔洞率及孔洞排列、石灰爆裂、泛霜、抗风化性能等项目中最低质量等级进行判定。其中有一项不合格，则判为不合格。

② 型式检验质量等级的判定

强度和抗风化性能合格，按尺寸偏差、外观质量、孔型孔洞率及孔洞排列、泛霜、石灰爆裂检验中最低质量等级判定。其中有一项不合格则判该批产品质量不合格。

③ 外观检验中有欠火砖、酥砖或螺旋纹砖则判该批产品不合格。

6. 质量证明书的内容

产品出厂时，必须提供质量合格证。出厂产品质量证明书主要内容：生产厂名、产品标记、批量及编号、证书编号、本批产品实测技术性能和生产日期等，并由检验员和承检单位签章。

三、烧结空心砖和空心砌块

烧结空心砖和空心砌块是以黏土、页岩、煤矸石为主要原料，经焙烧而成的多孔砖。孔洞率大于或等于 35%，孔的尺寸大而数量少，主要用于非承重结构。

根据《烧结空心砖和空心砌块》GB 13545—2003 的规定：根据抗压强度分为 MU10、MU7.5、MU5.0、MU3.5、MU2.5 五个级别。根据体积密度分为 800 级、900 级、1000 级和 1100 级四级。强度、密度、抗风化性能和放射性物质合格的砖和砌块，根据尺寸偏差、外观质量、孔洞排列及其结构、泛霜、石灰爆裂、吸水率分为优等品(A)、一等品(B)和合格品(C)三个质量等级。

烧结空心砖和空心砌块外形为直角六面体，其长度、宽度、高度应符合下列要求，单位为毫米(mm)：390，290，240，190，180(175)，140，115，90。其他规格尺寸由供需双方协商确定。

砖和砌块的产品标记按产品名称、类别、规格、密度等级、强度等级、质量等级和标准编号顺序编写。例如：规格尺寸 290mm×190mm×90mm、密度等级 800、强度等级 MU7.5、优等品的页岩空心砖，其标记为：烧结空心砖 Y(290×190×90)800 MU7.5 A GB 13545。

(一) 技术要求(GB 13545—2003)

1. 尺寸允许偏差　尺寸允许偏差应符合表 9-13 的规定。

烧结空心砖和空心砌块的尺寸允许偏差(mm)　**表 9-13**

尺寸	优等品		一等品		合格品	
	样本平均偏差	样本极差≤	样本平均偏差	样本极差≤	样本平均偏差	样本极差≤
>300	±2.5	6.0	±3.0	7.0	±3.5	8.0
200～300	±2.0	5.0	±2.5	6.0	±3.0	7.0
100～200	±1.5	4.0	±2.0	5.0	±2.5	6.0
<100	±1.5	3.0	±1.7	4.0	±2.0	5.0

2. 外观质量　外观质量应符合表 9-14 的规定。

3. 强度　强度符合表 9-15 的规定。

4. 密度等级　密度等级应符合表 9-16 的规定。

烧结空心砖和空心砌块外观质量要求(mm) 表 9-14

项　　目		优等品	一等品	合格品
1. 弯曲	≤	3	4	5
2. 缺棱掉角的三个破坏尺寸	不得同时大于	15	30	40
3. 垂直度差		3	4	5
4. 未贯穿裂纹长度	≤			
① 大面上宽度方向及其延伸到条面的长度		不允许	100	120
② 大面上长度方向或条面上水平方向的长度		不允许	120	140
5. 贯穿裂纹长度	≤			
① 大面上宽度方向及其延伸到条面的长度		不允许	40	60
② 壁、肋沿长度方向、宽度方向及其水平方向的长度		不允许	40	60
6. 肋、壁内残缺长度	≤	不允许	40	60
7. 完整面①	不少于	一条面和一大面	一条面和一大面	—

① 凡有下列缺陷之一者，不能称为完整面：

a. 缺损在大面、条面上造成的破坏面尺寸同时大于 20mm×30mm；

b. 大面、条面上裂纹宽度大于 1mm，其长度超过 70mm；

c. 压陷、粘底、焦花在条面、条面上的凹陷或凸出超过 2mm，区域尺寸同时大于 20mm×30mm。

烧结空心砖和空心砌块强度等级 表 9-15

强度等级	抗压强度(MPa)			密度等级范围(kg/m³)
	抗压强度平均值 $\bar{f}\geqslant$	变异系数 $\delta\leqslant0.21$	变异系数 $\delta>0.21$	
		强度标准值 $f_k\geqslant$	单块最小抗压强度值 $f_{min}\geqslant$	
MU10.0	10.0	7.0	8.0	≤1100
MU7.5	7.5	5.0	5.8	
MU5.0	5.0	3.5	4.0	
MU3.5	3.5	2.5	2.8	
MU2.5	2.5	1.6	1.8	≤800

烧结空心砖和空心砌块密度级别 表 9-16

密度级别	5 块密度平均值(kg/m³)
800	≤800
900	801～900
1000	901～1000
1100	1001～1100

5. 孔洞排列及其结构　孔洞排列及其结构应符合表 9-17 的规定。

烧结空心砖和空心砌块孔洞排列及结构 表 9-17

等级	孔洞排列	孔洞排数(排)		孔洞率(%)
		宽度方向	高度方向	
优等品	有序交错排列	$b\geqslant200$mm　≥7 $b<200$mm　≥5	≥2	≥40
一等品	有序排列	$b\geqslant200$mm　≥5 $b<200$mm　≥4	≥2	
合格品	有序排列	≥3	—	

注：b 为宽度的尺寸。

6. 泛霜

每块砖和砌块中，优等品无泛霜；一等品不允许出现中等泛霜；合格品不允许出现严重泛霜。

7. 石灰爆裂

每组砖和砌块应符合下列规定：

优等品：不允许出现最大破坏尺寸大于 2mm 的爆裂区域。

一等品：①最大破坏尺寸大于 2mm 且小于等于 10mm 的爆裂区域，每组砖和砌块不得多于 15 处；②不允许出现最大破坏尺寸大于 10mm 的爆裂区域。

合格品：①最大破坏尺寸大于 2mm 且小于等于 15mm 的爆裂区域，每组砖和砌块不得多于 15 处，其中大于 10mm 的不得多于 7 处；②不允许出现最大破坏尺寸大于 15mm 的爆裂区域。

8. 吸水率　每组砖和砌块的吸水率平均值应符合表 9-18 的规定：

烧结空心砖和空心砌块吸水率　　**表 9-18**

等级	吸水率(%)，≤	
	黏土砖和砌块、页岩砖和砌块、煤矸石砖和砌块	粉煤灰砖和砌块①
优等品	16.0	20.0
一等品	18.0	22.0
合格品	20.0	24.0

① 粉煤灰掺入量(体积比)小于 30%时，按黏土砖和砌块规定判定。

9. 抗风化性能

风化区的划分如表 9-19 所示。严重风化区中的 1、2、3、4、5 地区的砖和砌块必须进行冻融试验，其余地区的砖和砌块的抗风化性能符合表 9-20 规定时可不做冻融试验，否则，必须进行冻融试验。冻融试验后，每块砖和砌块样不允许出现分层、掉皮、缺棱掉角等冻坏现象；冻后裂纹长度不大于表 9-14 中 4、5 项合格品的规定。

烧结空心砖和空心砌块风化区的划分　　**表 9-19**

严重风化区		非严重风化区	
1. 黑龙江省 2. 吉林省 3. 辽宁省 4. 内蒙古自治区 5. 新疆维吾尔自治区 6. 宁夏回族自治区 7. 甘肃省 8. 青海省 9. 陕西省 10. 山西省	11. 河北省 12. 北京市 13. 天津市	1. 山东省 2. 河南省 3. 安徽省 4. 江苏省 5. 湖北省 6. 江西省 7. 浙江省 8. 四川省 9. 贵州省 10. 湖南省 11. 福建省	12. 台湾省 13. 广东省 14. 广西壮族自治区 15. 海南省 16. 云南省 17. 西藏自治区 18. 上海市 19. 重庆市 20. 香港地区 21. 澳门地区

10. 欠火砖、酥砖　产品中不允许有欠火砖、酥砖。

11. 放射性　原材料中掺入煤矸石、粉煤灰及其他工业废渣的砖和砌块，应进行放射性物质检测，放射性物质应符合 GB 6566 的规定。

烧结空心砖和空心砌块抗风化性能 表 9-20

分类	饱和系数，≤			
	严重风化区		非严重风化区	
	平均值	单块最大值	平均值	单块最大值
黏土砖和砌块 粉煤灰砖和砌块	0.85	0.87	0.88	0.90
页岩砖和砌块 煤矸石砖和砌块	0.74	0.77	0.78	0.80

（二）烧结空心砖和空心砌块监理要点

监理工程师在熟悉烧结空心砖和空心砌块技术要求的基础上，掌握以下几个方面的内容：

1. 施工控制

(1) 在运输、装卸过程中，严禁抛掷和倾倒。进场后应按品种、规格分别堆放整齐，堆置高度不宜超过 2m。因为烧结空心砖和空心砌块强度不太高，吸湿性较大。

(2) 提前 2d 浇水湿润。含水率宜为 10%～15%。

(3) 拉结筋或网片的位置应与块体皮数相符合，拉结筋或网片应置于灰缝中，埋置长度应符合设计要求，竖向位置偏差不应超过一皮高度。

(4) 砂浆灰缝厚度为 8～12mm。

(5) 填充墙砌至接近梁、板底时，应留一定空隙，待填充墙砌筑完并应至少间隔 7d，再将其补砌挤紧。

2. 检验项目、取样数量及方法

(1) 检验项目

烧结空心砖和空心砌块的检验分出厂检验和型式检验。出厂检验项目包括尺寸偏差、外观质量、强度等级和密度等级。型式检验项目包括产品标准的全部项目。

(2) 检验项目、取样数量及方法

出厂检验项目有尺寸偏差、外观质量、强度等级和密度等级。型式检验项目包括产品标准要求的全部项目。

(3) 5～15 万块为一批，不足 3.5 万块按一批计。

外观质量检验的样品采用随机抽样法，在每一批检验批的产品堆垛中抽取。其他检验项目的样品用随机抽样法从外观质量检验后的样品中抽取。

砖的抽样数量如下：外观质量检验 50 块（$n_1=n_2=50$），尺寸偏差检验 20 块，强度检验 10 块，密度、孔洞排列及其结构、泛霜、石灰爆裂、吸水率和饱和系数、冻融检验各 5 块，放射性检验 3 块。

3. 试验方法

烧结空心砖和空心砌块性能检验按 GB/T 2542 进行。注意以下几点：

(1) 抗压强度检验以大面进行抗压强度检验；

(2) 抗压强度砖样采用坐浆法操作。将玻璃板置于试件制备平台上，其上铺一张湿的垫纸，纸上铺一层厚度不超过 5mm 的用 32.5 级普通水泥制成稠度适宜的水泥净浆，再将在水中浸泡 10～20min 的试样(整砖)平稳地将受压面坐放在水泥浆上，在另一受力面上稍加压力，使整个水泥层与砖受压面相互粘结，砖的侧面应垂直于玻璃板上，再进行坐浆，用水平尺校正好玻璃板的水平。

(3) 抗压强度的计算方法和结果评定方法同烧结普通砖。

4. 判定规则

(1) 尺寸偏差　尺寸偏差应符合表 9-13 相应等级规定。否则，判不合格。

(2) 外观质量　同普通烧结砖。

(3) 强度和密度　强度和密度的试验结果应符合表 9-15 和表 9-16 的规定。否则，判不合格。

(4) 孔洞排列及其结构　孔洞排列及其结构的试验结果应符合表 9-17 的规定。否则，判不合格。

(5) 泛霜和石灰爆裂　泛霜和石灰爆裂应符合本节三(一)6、三(一)7 相应等级的规定。否则，判不合格。

(6) 吸水率　吸水率应符合本节三(一)8 相应等级的规定。否则，判不合格。

(7) 抗风化性能　抗风化性能应符合本节三(一)9 相应等级的规定。否则，判不合格。

(8) 放射性物质　放射性物质应符合本节三(一)11 相应等级的规定。否则，判不合格。

(9) 总判定

1) 外观检验的样品中有欠火砖、酥砖则判该批产品不合格。

2) 出厂检验质量等级的判定　按出厂检验项目和在时效范围内最近一次型式检验中的孔洞排列及其结构、石灰爆裂、泛霜、抗风化性能等项目中最低质量等级进行判定。其中有一项不符合标准要求，则判为不合。

3) 型式检验质量等级的判定　强度 、密度、抗风化性能和放射性物质合格的产品，按尺寸偏差、外观质量、孔洞排列及其结构、泛霜、石灰爆裂、吸水率检验中最低质量等级判定。其中有一项不符合标准要求，则判该批产品不合格。

第二节　蒸养(压)砖及其监理

一、蒸压灰砂砖

蒸压灰砂砖(简称灰砂砖)是以石灰和砂为主要原料，经坯料制备、压制成型、蒸压养护而成的实心砖。

《蒸压灰砂砖》GB 11945—1999 规定，蒸压灰砂砖根据灰砂砖的颜色分为彩色的(Co)和本色的(N)，根据抗压强度和抗折强度分为 MU25、MU20、MU15、MU10 四级，根据尺寸偏差和外观质量分为优等品(A)、一等品(B)和合格品(C)。尺寸为 240mm×115mm×53mm。砖的产品标记按产品名称、颜色、强度级别、产品等级、标准编号的顺序编写，如“LSB-Co-20-A-GB 11945”表示强度级别为 20，优等品的彩色灰砂砖。

(一) 技术要求(GB 11945—1999)

1. 尺寸偏差和外观　尺寸偏差和外观应符合表 9-21 的规定。

灰砂砖尺寸偏差和外观质量

表 9-21

<table>
<tr><th colspan="3" rowspan="2">项　目</th><th colspan="3">指　标</th></tr>
<tr><th>优等品</th><th>一等品</th><th>合格品</th></tr>
<tr><td rowspan="3">尺寸允许偏差(mm)</td><td>长度</td><td>L</td><td>±2</td><td rowspan="3">±2</td><td rowspan="3">±3</td></tr>
<tr><td>宽度</td><td>B</td><td>±2</td></tr>
<tr><td>高度</td><td>H</td><td>±1</td></tr>
<tr><td rowspan="3">缺棱掉角</td><td colspan="2">个数，不多于(个)</td><td>1</td><td>1</td><td>2</td></tr>
<tr><td colspan="2">最大尺寸不得大于(mm)</td><td>10</td><td>15</td><td>20</td></tr>
<tr><td colspan="2">最小尺寸不得大于(mm)</td><td>5</td><td>10</td><td>10</td></tr>
<tr><td colspan="3">对应高度差不得大于(mm)</td><td>1</td><td>2</td><td>3</td></tr>
<tr><td rowspan="3">裂纹</td><td colspan="2">条数，不多于(条)</td><td>1</td><td>1</td><td>2</td></tr>
<tr><td colspan="2">大面上宽度方向及其延伸到条面的长度不得大于(mm)</td><td>20</td><td>50</td><td>70</td></tr>
<tr><td colspan="2">大面上长度方向及其延伸到顶面上的长度或条、顶面水平裂纹的长度不得大于(mm)</td><td>30</td><td>70</td><td>100</td></tr>
</table>

2. 抗折强度和抗压强度　抗折强度和抗压强度应符合表 9-22 的规定。

灰砂砖力学性能

表 9-22

强度级别	抗压强度(MPa)		抗折强度(MPa)	
	平均值不小于	单块值不小于	平均值不小于	单块值不小于
MU25	25.0	20.0	5.0	4.0
MU20	20.0	16.0	4.0	3.2
MU15	15.0	12.0	3.3	2.6
MU10	10.0	8.0	2.5	2.0

注：优等品的强度级别不得小于 MU15。

3. 抗冻性　抗冻性应符合表 9-23 的规定。

灰砂砖的抗冻性指标

表 9-23

强度级别	冻后抗压强度(MPa)，平均值不小于	单块砖的干质量损失(%)，不大于
MU25	20.0	2.0
MU20	16.0	2.0
MU15	12.0	2.0
MU10	8.0	2.0

注：优等品的强度级别不得小于 MU15。

（二）灰砂砖监理

监理工程师在熟悉灰砂砖技术要求的基础上，掌握以下几个方面的内容：

1. 应用

(1) MU15、MU20、MU25 的砖可用于基础及其他建筑；MU10 的砖仅可用于防潮层以上的建筑。灰砂砖不得用于长期受热 200℃以上、受急冷急热和有酸性介质侵蚀的建筑部位。

(2) 灰砂砖的耐水性良好，在长期潮湿环境中，其强度变化不显著，但其抗流水冲刷的能力较弱，因此不能用于流水冲刷部位，如落水管出水处和水龙头下面等。

2. 施工质量控制

(1) 灰砂砖自生产之日起，应放置一个月以后，方可用于砌体的施工。因为灰砂砖出釜后早期收缩值大，如果这时用于墙体上，将很容易出现明显的收缩裂缝。

(2) 砌筑灰砂砖砌体时，砖的含水率宜为8%～12%，严禁使用干砖或含水饱和的砖。至少应提前2d浇水，不得随浇随砌，也不宜在雨天砌筑。

(3) 灰砂砖砌体要采用高黏度性能的专用砂浆，宜采用较大灰膏比的混合砂浆；防潮层以上的砖砌体，应采用水泥混合砂浆砌筑。

(4) 灰砂砖的过梁应采用钢筋混凝土过梁。

(5) 灰砂砖不宜与黏土砖或其他品种的砖同层混砌。

(6) 灰砂砖砌体的日砌筑高度不应超过一步脚手架高度或1.5m。

(7) 其他规定与烧结普通砖相同(见本节一(二)5)。

3. 检验项目、取样数量及取样方法

出厂检验项目包括尺寸偏差和外观质量、颜色、抗压强度和抗折强度；型式检验项目包括技术要求中全部项目。

每10万块为一批，不足10万块砖亦为一批。

从堆场用随机抽样法抽取50块进行尺寸偏差、外观检验。从尺寸偏差、外观合格的砖样中按随机法抽样法抽取其他检验项目的样品：颜色检验36块，抗折强度、抗压强度和抗冻性检验各5块砖(可从颜色检验后的样品中抽取)。

4. 试验方法

灰砂砖除颜色按GB 11945—1999检验外，其他性能检验按GB/T 2542的规定进行。下面介绍抗折强度、抗压强度、抗冻性和颜色等性能检验方法要点：

(1) 抗折强度试验

1) 抗折试验的加荷形式为三点加荷，其上压辊和下支辊的曲率半径为15mm，下支辊应有一个为铰接固定。

2) 取5块砖样。

3) 砖样应放在温度为(20±5)℃的水中浸泡24h后取出，用湿布拭去其表面水分进行抗折强度试验。

4) 将试样大面平放在下支辊上，试样两端面与下支辊的距离应相同，当砖样有裂缝或凹陷时，应使裂缝或凹缺的大面朝下。

5) 加荷速度为50～150N/s。

6) 结果计算与评定。

抗折强度R_c(MPa)按下式计算(精确至0.01MPa)：

$$R_c=\frac{3PL}{2bh^2} \tag{9-6}$$

式中 P——破坏荷载(N)；

L——跨距为200mm；

b——砖样宽度(mm)(精确至1mm)；

h——砖样高度(mm)(精确至1mm)。

按5个砖样试验值的算术平均值和最小单块值来确定结果，精确至0.01MPa。

(2) 抗压强度

1) 取5块砖样。

2) 试样制作方法：同一块试样的两半截砖切断口相反叠放，叠合部分不得小于100mm，即为抗压强度试件。如果不足100mm时，则应剔除，另取备用试样补足。

3) 试样不需养护，直接进行试验。

4) 试样抗压强度测定方法同普通烧结砖，每块试样的抗压强度计算时精确至0.01MPa。结果评定按5个砖样试验值的算术平均值和最小单块值来确定，精确至0.1MPa。

(3) 抗冻性

1) 取5块砖样，用毛刷清理试样表面，将试样放入鼓风干燥箱中在105℃±5℃下干燥至恒量(在干燥过程中，前后两次称量相差不超过0.2%，前后两次称量时间间隔为2h)，称其质量G_0，并检查外观，将缺棱掉角和裂纹作标记。

2) 将试样浸在10～20℃的水中，24h后取出，用湿布拭去表面水分，以大于20mm的间距大面侧向立放于预先降温至－15℃以下的冷冻箱中。

3) 当箱内温度再降至－15℃时开始计时，在－15～－20℃下冰冻5h。然后取出放入10～20℃的水中融化不少于3h。如此为一次冻融循环。

4) 每5次冻融循环，检查一次冻融过程中出现的破坏情况，如冻裂、缺棱、掉角、剥落等。

5) 冻融过程中，发现试样的冻坏超过外观规定时，应继续试验至15次冻融循环结束为止。

6) 15次冻融循环后，检查并记录试样在冻融过程中的冻裂长度，缺棱掉角和剥落等破坏情况。

7) 经15次冻融循环后的试样，放入鼓风干燥箱中，干燥至恒量，称其质量G_1。烧结砖若未发现冻坏现象，则可不进行干燥称量。

8) 将干燥后的试样再在10～20℃的水中浸泡24 h，然后按规定进行抗压强度试验。

9) 结果计算与评定

质量损失率按下式计算：

$$G_m=\frac{G_0-G_1}{G_0} \tag{9-7}$$

式中 G_m——质量损失率(%)；

G_0——试样试验前的烘干质量(g)；

G_1——试样试验后的烘干质量(g)。

按5个试样的抗压强度算术平均值和单块砖的质量损失率来确定结果。

(4) 颜色

按GB 11945进行，从批量中随机抽36块灰砂砖，平放在地上，在自然光下距离砖样1.5m处目测，有无明显色差。

5. 判定规则

(1) 尺寸偏差和外观质量

尺寸偏差和外观质量采用二次抽样方案，根据表9-21规定的质量指标，检查出其中

不合格品块数 d_1，按下列规则判定：

$d_1 \leqslant 5$ 时，尺寸偏差和外观质量合格；

$d_1 \geqslant 9$ 时，尺寸偏差和外观质量不合格；

$d_1 > 5$，且 $d_1 < 9$ 时，需再次从该产品中抽样 50 块检验，检查出不合格品数 d_2，按下列规则判定：

$(d_1 + d_2) \leqslant 12$ 时，尺寸偏差和外观质量合格；

$(d_1 + d_2) \geqslant 13$ 时，尺寸偏差和外观质量不合格。

(2) 颜色抽检样品应无明显色差判为合格。

(3) 抗压强度和抗折强度级别由试验结果的平均值和最小值按表 9-22 判定。

(4) 抗冻性按表 9-23 相应强度级别时判为符合该级别，否则判不合格。

(5) 总判定

1) 每一批出厂产品的质量等级按出厂检验项目的检验结果和抗冻性检验结果综合判定。

2) 每一型式检验的质量等级按全部检验项目的检验结果综合判定。

3) 抗冻性和颜色合格，按尺寸偏差、外观质量和强度级别中最低的质量等级判定，其中有一项不合格判该批产品不合格。

二、粉煤灰砖

粉煤灰砖以粉煤灰、石灰为主要原料，掺加适量石膏和骨料经坯料制备、压制成型、高压或常压蒸汽养护而成的实心砖。

根据行业标准《粉煤灰砖》JC 239—2001 规定，粉煤灰砖根据抗压强度和抗折强度分为 MU30、MU25、MU20、MU15 和 MU10 五个强度级别。按颜色分为本色(N)和彩色(Co)。根据尺寸偏差、外观质量、强度等级和干燥收缩分为优等品(A)、一等品(B)和合格品(C)。公称尺寸为 240mm×115mm×53mm。砖的产品标记按产品名称(FB)、颜色、强度级别、质量等级、标准编号的顺序编写，如“FB Co 20 A JC 239—2001”表示强度级别为 20，优等品的彩色粉煤灰砖。

(一) 技术要求(JC 239—2001)

1. 尺寸偏差和外观　尺寸偏差和外观应符合表 9-24 的规定。

粉煤灰砖尺寸偏差和外观　　表 9-24

项目		指标		
		优等品	一等品	合格品
尺寸允许偏差： 长 宽 高		 ±2 ±2 ±2	 ±3 ±3 ±3	 ±4 ±4 ±3
对应高度差	≤	1	2	3
棱掉角的最小破坏尺寸	≤	10	15	25
完整面	不少于	二条面和一顶面或二顶面和一条面	一条面和一顶面	一条面和一顶面

续表

项目	指标		
	优等品	一等品	合格品
裂纹长度 ≤ a. 大面上宽度方向的裂纹(包括延伸到条面上的长度) b. 其他裂纹	 30 50	 50 70	 70 100
层裂	不允许		

注：在条面或顶面上破坏面的两个尺寸同时大于 10mm 和 20mm 者为非完整面。

2. 色差　色差应不显著。

3. 强度等级　强度等级应符合表 9-25 的规定，优等品砖的强度等级应不低于 MU15。

粉煤灰的强度指标　　**表 9-25**

强度级别	抗压强度(MPa)		抗折强度(MPa)	
	10 块平均值≥	单块值≥	10 块平均值≥	单块值≥
MU30	30.0	24.0	6.2	5.0
MU25	25.0	20.0	5.0	4.0
MU20	20.0	16.0	4.0	3.2
MU15	15.0	12.0	3.3	2.6
MU10	10.0	8.0	2.5	2.0

4. 抗冻性　抗冻性应符合表 9-26 规定。

粉煤砖的抗冻性　　**表 9-26**

强度级别	抗压强度(MPa)平均值≥	砖的干质量损失(%)单块值≤
MU30	24.0	2.0
MU25	20.0	
MU20	16.0	
MU15	12.0	
MU10	8.0	

5. 干燥收缩　干燥收缩值：优等品和一等品应不大于 0.65mm/m；一等品应不大于 0.75mm/m。

6. 碳化系数 碳化系数 K_c≥0.8。

(二) 粉煤灰砖监理要点

监理工程师在熟悉粉煤灰砖技术要求的基础上，掌握以下几个方面的内容：

1. 粉煤灰砖可用于工业与民用建筑的墙体和基础，但用于基础或用于易受冻融和干湿交替作用的建筑部位必须使用 MU15 及以上强度等级的砖。

2. 施工质量控制

同灰砂砖。

3. 检验项目、取样数量及方法

出厂检验项目有尺寸偏差和外观、色差、强度等级。型式检验项目包括产品标准的全部项目。

每10万块为一批，不足10万块按一批计。

尺寸偏差和外观质量检验的样品用随机抽样法从每一检验批的产品中抽取。其他检验项目的样品用随机抽样法从尺寸偏差和外观质量检验合格的样品中抽取。

尺寸偏差和外观质量检验抽取100块（$n_1=n_2=50$），色差检验抽取36块，强度等级和抗冻性检验各抽取10块，干燥收缩检验抽取3块，碳化性能检验抽取15块。

4. 试验方法

粉煤灰砖色差按JC 239—2001检验，其他性能按GB/T 2542的规定进行。色差的试验方法为：取36块粉煤灰砖，平放在地上，在自然光照下，距离样品1.5m处目测，无明显色差。

抗折强度、抗压强度和抗冻性等主要性能指标的检验要点同灰砂砖。

5. 判定规则

(1) 尺寸偏差和外观质量

尺寸偏差和外观质量采用二次抽样方案。首先抽取第一样本（$n_1=50$），根据表9-24规定的质量指标，检查出其中不合格品块数d_1，按下列规则判定：

$d_1\leqslant 5$时，尺寸偏差和外观质量合格；

$d_1\geqslant 9$时，尺寸偏差和外观质量不合格；

$d_1>5$，且$d_1<9$时，需对第二样本（$n_2=50$）进行检验，检查出不合格品数d_2，按下列规则判定：

$(d_1+d_2)\leqslant 12$时，尺寸偏差和外观质量合格；

$(d_1+d_2)\geqslant 13$时，尺寸偏差和外观质量不合格。

(2) 色差

彩色粉煤灰砖的色差符合规定时判定为合格。

(3) 强度等级

强度等级符合表9-25相应规定时判为合格，且确定相应等级。否则判不合格。

(4) 抗冻性

抗冻性符合表9-26相应规定时判为合格，否则判不合格。

(5) 干燥收缩

干燥收缩值符合本节二(一)5时判为合格，且确定相应等级，否则判不合格。

(6) 碳化性能

碳化性能符合本节二(一)6时判为合格，否则判不合格。

(7) 总判定

各项检验结果均符合技术要求相应等级时，则判该批产品符合该等级。

三、炉渣砖

炉渣砖是以炉渣为主要原料，掺入适量(水泥、电石渣)石灰、石膏，经混合、压制成型，蒸养或蒸压而成的实心砖。

根据行业标准《炉渣砖》JC/T 525—2007规定，炉渣砖根据抗压强度分为MU25、

MU20 和 MU15 三个强度级别。公称尺寸为 240mm×115mm×53mm。产品标记顺序为产品名称(LZ)、强度等级、标准编号。例如，强度等级为 MU20 的炉渣砖标记为“LZ MU20 JC/T 525—2007”

(一) 技术要求(JC/T 525—2007)

1. 尺寸偏差 尺寸偏差应符合表 9-27 的规定。

炉渣砖的尺寸偏差(mm) **表 9-27**

项目名称	合格品
长度	±2
宽度	±2
高度	±2

2. 外观质量 外观质量应符合表 9-28 的规定。

炉渣砖的外观质量(mm) **表 9-28**

项目名称		合格品
弯曲		≤2.0
缺棱掉角	个数(个)	≤1
	三个方向投影尺寸的最小值	≤10
完整面		不少于一条面和一顶面
裂缝长度 a. 大面上宽度方向及其延伸到条面的长度 b. 大面上长度方向及延伸到顶面上的长度或条、顶面水平裂纹的长度		 ≤30 ≤50
层裂		不允许
颜色		基本一致

3. 强度 强度应符合表 9-29 的规定。

炉渣砖的强度等级 **表 9-29**

强度等级	抗压强度平均值 $\bar{f}\geqslant$	变异系数 $\delta\leqslant0.21$	变异系数 $\delta>0.21$
		强度标准值 $f_k\geqslant$	单块最小抗压强度值 $f_{min}\geqslant$
MU25	25.0	19.0	20.0
MU20	20.0	14.0	16.0
MU15	15.0	10.0	12.0

4. 抗冻性 抗冻性应符合表 9-30 的规定。

炉渣砖的抗冻性 **表 9-30**

强度级别	冻后抗压强度(MPa)平均值不小于	单块砖的干质量损失(%)不大于
MU25	22.0	2.0
MU20	16.0	2.0
MU15	12.0	2.0

5. 碳化性能　碳化性能应符合表 9-31 规定。

炉渣砖的碳化性能　　表 9-31

强度级别	碳化后强度(MPa)平均值　不小于
MU25	22.0
MU20	16.0
MU15	12.0

6. 干燥收缩率　干燥收缩率应不大于 0.06%。

7. 耐火极限　耐火极限不小于 2.0h。

8. 抗渗性　用于清水墙的砖，其抗渗性应满足表 9-32 的规定。

炉渣砖的抗渗性(mm)　　表 9-32

项目名称	指标
水面下降高度	三块中任一块不大于 10

9. 放射性 放射性性应符合 GB 6566。

（二）炉渣砖监理

监理工程师在熟悉炉渣砖技术要求的基础上，掌握以下几个方面的内容：

1. 炉渣砖主要用于建筑物的墙体和基础部位。

2. 施工质量控制

同灰砂砖。

3. 检验项目、取样数量及方法

出厂检验项目有尺寸偏差、外观质量和强度等级。型式检验项目包括产品标准要求的全部项目。

每 3.5～1.5 万块为一批，当天产量不足 1.5 万块按一批。

外观质量检验的试样采用随机抽样法，在每一检验批的产品堆垛中抽取。尺寸允许偏差和其他检验项目的样品用随机抽样法从外观质量检验合格的样品中抽取。

外观质量检验抽取 50 块($n_1=n_2=50$)然后从中随机抽 20 块检测，尺寸允许偏差检验抽取 20 块，强度等级检验抽取 10 块，干燥收缩、抗冻性和碳化性能检验各抽取 5 块，抗渗性检验抽取 3 块，放射性检验抽取 4 块，耐火极限检验按 GB/T 9978 抽取。

4. 试验方法

尺寸允许偏差、外观质量和强度等级按 GB/T 2542 的规定进行，同灰砂砖。干燥收缩率、抗冻性、碳化性能与抗渗性按 GB/T 4111 进行。耐火极限按 GB/T 9978 进行。放射性按 GB 6566 进行。

5. 判定规则

(1) 尺寸偏差

样本平均偏差符合表 9-27 规定，判为合格。否则，判不合格。

(2) 外观质量

采用二次抽样方案。检查出其中不合格品块数 d_1，按下列规则判定：

$d_1\leqslant 7$ 时，外观质量合格；

$d_1 \geqslant 11$ 时，外观质量不合格；

$d_1 > 7$，且 $d_1 < 11$ 时，需再次抽样（$n_2 = 50$）进行检验，检查出不合格品数 d_2，按下列规则判定：

$(d_1 + d_2) \leqslant 18$ 时，外观质量合格；

$(d_1 + d_2) \geqslant 19$ 时，外观质量不合格。

(3) 颜色

颜色抽样样品应基本一致，判为合格。

(4) 强度等级符合表 9-29 相应规定时判为合格，且确定相应等级。否则判不合格。

(5) 干燥收缩率应符合本节三(一)6 的规定。

(6) 抗冻性应符合表 9-30 的规定。

(7) 碳化性能应符合表 9-31 的规定。

(8) 用于清水墙的砖，其抗渗性能应符合表 9-32 的规定。

(9) 放射性应符合 GB 6566 的规定。

(10) 总判定

1) 每一批出厂产品的质量等级按出厂检验项目的检验结果和上次型式检验结果综合判定。

2) 每一型式检验的质量等级按全部检验项目的检验结果综合判定。

3) 干燥收缩 、抗冻性、碳化性能、抗渗性、放射性、尺寸偏差、外观质量和颜色合格，按强度判定强度等级，其中有一项不合格判该批产品不合格。

第三节 砌块及其监理

一、普通混凝土小型空心砌块

普通混凝土小型空心砌块是以水泥、砂、石子制成的，空心率为 25%～50%的，适宜于人工砌筑的混凝土建筑砌块系列制品。其主规格尺寸为 390mm×190mm×190mm。

普通混凝土小型空心砌块具有强度较高、自重较轻、耐久性好、外表尺寸规整，部分类型的混凝土砌块还具有美观的饰面以及良好的保温隔热性能等优点，适用于建造各种居住、公共、工业、教育、国防和安全性质的建筑，包括高层与大跨度的建筑，以及围墙、挡土墙、桥梁、花坛等市政设施，应用范围十分广泛。混凝土砌块施工方法与普通烧结砖相近，在产品生产方面方面还具有原材料来源广泛、可以避免毁坏良田、能利用部分工业废渣、生产能耗较低、对环境的污染程度较小、产品质量容易控制等优点。

混凝土砌块在 19 世纪末起源于美国，经历了手工成型、机械成型、自动振动成型等阶段。混凝土砌块有空心和实心之分，有多种块型，在世界各国得到广泛应用，许多发达国家已经普及了砌块建筑。

我国从 20 世纪 60 年代开始对混凝土砌块的生产和应用进行探索。1974 年，国家建材局开始把混凝土砌块列为积极推广的一种新型建筑材料。20 世纪 80 年代，我国开始研制和生产各种砌块生产设备，有关混凝土砌块的技术立法工作也不断取得进展，并在此基础上建造了许多建筑。在三十几年的时间中，我国混凝土砌块的生产和应用虽然取得了一些成绩，但仍然存在许多问题，比如，空心砌块存在强度不高、块体较重、易产生收缩变形、保温性能差、易破损、不便砍削加工等缺点，这些问题亟待解决。

根据国家标准《混凝土小型空心砌块》GB 8239—1997 的规定，混凝土小型空心砌块根据抗压强度分为：MU3.5、MU5.0、MU7.5、MU10.0、MU15.0、MU20.0 六个等级。按其尺寸偏差，外观质量分为优等品(A)，一等品(B)及合格品(C)。产品标记按产品名称(NHB)、强度等级、外观质量等级和标准编号的顺序进行标记，如“NHB MU7.5 A GB 8239”表示强度等级为 MU7.5，优等品的混凝土小型空心砌块。

(一) 技术要求(GB 8239—1997)

1. 规格

混凝土小型空心砌块的主规格尺寸为 390mm×190mm×190mm，其他规格尺寸可由供需双方协商。最小外壁厚应不小于 30mm，最小肋厚应不小于 25mm。空心率不小于 25%。

尺寸允许偏差符合表 9-33 要求。

混凝土小型空心砌块尺寸允许偏差(mm) **表 9-33**

项目名称	优等品(A)	一等品(B)	合格品(C)
长度	±2	±3	±3
宽度	±2	±3	±3
高度	±2	±3	+3，−4

2. 外观质量应符合表 9-34 的规定。

混凝土小型空心砌块外观质量 **表 9-34**

项目名称			优等品(A)	一等品(B)	合格品(C)
弯曲(mm)		不大于	2	2	3
掉角缺棱	个数(个)	不多于	0	2	2
	三个方向投影尺寸的最小值(mm)	不大于	0	20	30
裂纹延伸的投影尺寸累计(mm)		不大于	0	20	30

3. 强度等级应符合表 9-35 规定。

混凝土小型空心砌块强度等级(MPa) **表 9-35**

强度等级	砌块抗压强度		强度等级	砌块抗压强度	
	平均值不小于	单块最小值不小于		平均值不小于	单块最小值不小于
MU3.5	3.5	2.8	MU10.0	10.0	8.0
MU5.0	5.0	4.0	MU15.0	15.0	12.0
MU7.5	7.5	6.0	MU20.0	20.0	16.0

4. 相对含水率应符合表 9-36 规定。

5. 抗渗性：用于清水墙时的砌块时，其抗渗性应满足表 9-37 规定。

6. 抗冻性：抗冻性应符合表 9-38 规定。

混凝土小型空心砌块相对含水率(%) 表 9-36

使用地区	潮湿	中等	干燥
相对含水率不大于	45	40	35

注：潮湿——系指年平均相对湿度大于 75%的地区；中等——系指年平均相对湿度 50%～75%的地区；
干燥——系指年平均相对湿度 50%的地区。

混凝土小型空心砌块抗渗性(mm) 表 9-37

项目名称	指标
水面下降高度	三块中任一块不大于 10

混凝土小型空心砌块抗冻性 表 9-38

使用环境条件		抗冻等级	指　　标
非采暖地区		不规定	—
采暖地区	一般环境	D15	强度损失≤25%
	干湿交替环境	D25	质量损失≤5%

注：非采暖地区指最冷月份平均气温高于－5℃的地区；采暖地区指最冷月份平均气温低于或等于－5℃的地区。

（二）混凝土小型空心砌块监理

监理工程师在熟悉混凝土小型空心砌块(以下简称小砌块)技术要求的基础上，掌握以下几个方面的内容：

1. 积极推动新型、性能优良砌块的应用

砌块建筑是世界建筑的发展趋势，也是中国建筑的发展趋势，监理工程师应积极建议采用新型高效的混凝土小型空心砌块。空心率大于 30%、符合 GB 8239—1997 要求、抗压强度达到 MU15、MU20 的高强混凝土空心砌块被列入《中国高新技术产品目录》[国科发计字(2000)328 号]。

2. 施工质量控制之一(《砌体工程施工质量验收规范》GB 50203—2002 的有关规定)

(1) **小砌块的强度等级必须符合设计要求，施工时所用的混凝土小型空心砌块的产品龄期不应小于 28d。**因为小砌块龄期达到 28d 之前，自身收缩速度较快，其后收缩速度减慢，且强度趋于稳定。

(2) 砌筑小砌块时，应清除表面污物和芯柱用小砌块孔洞底部的毛边，剔除外观质量不合格的小砌块。

(3) 施工时所用的砂浆，宜选用专用的小砌块砌筑砂浆，**砂浆强度等级必须符合设计要求。**该砂浆是指《混凝土小型空心砌块砌筑砂浆》JC 860—2000 的砌筑砂浆，它可提高小砌块与砂浆间的粘结力，且施工性能好。

(4) 底层室内地面以下或防潮层以下的砌体，应采用强度等级不低于 C20 的混凝土灌实小砌块的孔洞。这样做的目的是提高砌体的耐久性。

(5) 小砌块砌筑时，在天气干燥炎热的情况下，可提前洒水湿润小砌块。小砌块表面有浮水时，不得施工。小砌块具有饱和吸水率低和吸水速度迟缓的特点，一般情况下砌墙时可不浇水，以保证砌筑时砂浆不流淌和保证砂浆不至失水过快。

(6) 承重墙体严禁使用断裂小砌块。因为根据产品标准，断裂小砌块属于废品。

(7) 小砌块墙体应对孔错缝搭砌，搭接长度不应小于 90mm。墙体的个别部位不能满足上述要求时，应在灰缝中设置拉结钢筋或钢筋网片，但竖向通缝仍不得超过两皮小砌块。

(8) 小砌块应底面朝上反砌于墙上。为了确保小砌块砌体的砌筑质量，可简单归纳为六个字：对孔、错缝、反砌。

(9) 浇灌芯柱的混凝土，宜选用专用的小砌块灌孔混凝土，当采用普通混凝土时，其坍落度不应小于 90mm。专用的小砌块灌孔混凝土是指符合国家现行标准《混凝土小型空心砌块灌孔混凝土》JC 861—2000 的规定。

(10) 浇灌芯柱混凝土应遵守下列规定：

① 清除孔洞内的砂浆等杂物，并用水冲洗。

② 砌筑砂浆强度大于 1MPa 时，方可浇灌芯柱混凝土；

③ 在浇灌芯柱混凝土前应先注入适量与芯柱混凝土相同的去石水泥浆，再浇灌混凝土。

(11) 需要移动砌体中的小砌块或小砌块被撞动时，应重新铺砌。

(12) 小砌块和砂浆的强度等级必须符合设计要求。

(13) 砌体水平灰缝的砂浆饱满度，应按净面积计算不得低于 90%；竖向灰缝饱满度不得小于 80%，竖缝凹槽部位应用砌筑砂浆填实；不得出现瞎缝、透明缝。

(14) 墙体转角处和纵横墙交接处应同时砌筑。临时间断处应砌成斜槎，斜槎水平投影长度不应小于高度的 2/3。

(15) 墙体的水平灰缝厚度和竖向灰缝宽度宜为 10mm，但不应大于 12mm，也不应小于 8mm。

(16) 当室外日平均气温连续 5d 稳定低于 5℃时，应采取冬期施工措施(见第一节一(二)5.(15))。

3. 施工控制之二(《混凝土小型空心砌块建筑技术规程》JGJ/T 14—2004 的有关规定)

JGJ/T 14—2004 对砌筑混凝土小型空心砌块施工作出了具体要求，与 GB 50203—2002 的规定相比，内容有增有减，未提及的主要有：

(1) 装卸时，严禁倾卸丢掷，应堆放整齐。

(2) 堆放高度不宜超过 1.6m。

(3) 砌墙时应在房屋四角或楼梯间转角处设立皮数杆，皮数杆间距不宜超过 15m。

(4) 承重墙体不得采用小砌块与黏土砖等有其他块体材料混合砌筑。

(5) 砌体砂浆强度未达到设计要求的 70%时，不得拆除过梁底部的模板。

(6) 当缺少辅助规格小砌块时，墙体通缝不应超过两皮砌块。

(7) 砌筑时的铺灰长度不得超过 800mm，严禁用水冲浆灌缝。

(8) 常温下的日砌高度控制在 1.8m 以内。

(9) 冬期施工。

① 不得使用水浸后受冻的小砌块。砌筑前应清除冰雪等冻结物。不得采用冻结法施工。

② 当日最低气温高于或等于－15℃时采取抗冻砂浆的强度等级应按常温施工提高一级；气温低于－15℃时，不得进行砌块的组砌。

③ 每日砌筑后，应使用保温材料覆盖新砌砌体。

④ 解冻期间应对砌体进行观察，当发现裂缝、不均匀下沉等情况时，应分析原因并采取措施。

4. 检验项目、取样数量及方法

(1) 检验项目

出厂检验项目包括尺寸偏差、外观质量、强度等级和相对含水率，用于清水墙的砌块尚有抗渗性。型式检验项目包括产品技术要求中的全部项目。

在施工现场，复验尺寸偏差、外观质量、强度等级、相对含水率，必要时检验抗渗性能。

(2) 取样数量及方法

砌块按外观质量等级和强度等级分批验收。它以同一种原材料配制成的相同外观质量等级、强度等级和同一工艺生产的10000块砖块为一批，每月生产的块数不足10000块者亦按一批。

每批随机抽取32块做尺寸偏差和外观质量检验。从尺寸偏差和外观质量检验合格的砌块中抽取如下数量进行其他项目检验：强度等级检验抽取5块，相对含水率、抗渗性、空心率检验各抽取3块，抗冻性检验抽取10块。

5. 试验方法

砌块各项性能指标的试验，按《混凝土小型空心砌块试验方法》GB/T 4111—1997进行。下面仅介绍抗压强度检测要点：

(1) 试压前试样处理。

① 将钢板置于稳固的底座上，平整面向上，用水平尺调至水平。在钢板上先薄薄地涂一层机油，或铺一张湿纸，然后铺上一层以1份重量的32.5级以上水泥和2份细砂，加入适量的水调成的砂浆，将试件的坐浆面或铺浆面平稳地压入砂浆层内，使砂浆层尽可能均匀，厚度为3～5mm。将多余的砂浆沿试件棱边刮掉，静置24h以后，再按上述方法处理试件的另一面。为使上下两面能彼此平行，在处理第二面时，应将水平尺置于现已向上的第一面上调至水平。在10℃以上静置3d后做抗压强度试验。

② 为缩短时间，也可以在第一个砂浆层处理后，不经静置，立即在向上的面上铺一层砂浆，压上事先涂油的玻璃平板，边压边观察砂浆层，将气泡全部排除，并用水平尺调至水平，直至砂浆层平而均匀，厚度达3～5mm。

③ 试件表面处理用的水泥砂浆，急需时可掺入适量熟石膏。也可用纯熟石膏浆处理表面。

(2) 测量试件的长度和宽度

长度在条面的中间，宽度在顶面的中间测量。精确至1mm。

(3) 计算试件的毛面积，精确至$1cm^2$。所谓毛面积是指砌块与荷重作用方向相垂直而以外廓尺寸算出的横截面面积。

(4) 试压时，将试件置于试验机内，使试件的轴线与试验机板的压力中心重合，以0.1～0.2MPa/s的速度加荷。

(5) 计算抗压强度，精确至0.1MPa。计算5个试件抗压强度的算术平均值，精确至0.1MPa。

6. 判定规则

(1) 受检砌块的尺寸偏差和外观质量均符合表 9-33 和表 9-34 的相应指标时，则判该砌块符合相应等级。

(2) 受检的 32 块砌块中，尺寸偏差和外观质量的不合格数不超过 7 块时，则判该批砌块符合相应等级。

(3) 所有项目的检验结果均符合各项技术要求的等级时，则判该批砌块为相应等级。

二、轻骨料混凝土小型空心砌块

用轻骨料混凝土制成，空心率等于或大于 25％的小型砌块称为轻集料混凝土小型空心砌块。按其孔的排数分为：单排孔、双排孔、三排孔和四排孔等 4 类。主规格尺寸为 390mm×190mm×190mm。

我国自 20 世纪 70 年代末开始利用浮石、火山渣、煤渣等研制并批量生产轻骨料混凝土小砌块。进入 80 年代以来，轻骨料混凝土小砌块的品种和应用发展很快，有天然轻骨料(如浮石、火山渣)混凝土小型砌块；工业废渣轻骨料(如煤渣、自燃煤矸石)混凝土小砌块；人造轻骨料(如黏土陶粒、页岩陶粒、粉煤灰陶粒等)混凝土小砌块。轻骨料混凝土小砌块以其轻质、高强、保温隔热性能好、抗震性能好等特点，在各种建筑的墙体中得到广泛应用，特别是在保温隔热要求较高的围护结构上的应用。

根据国家标准《轻骨料混凝土小型空心砌块》GB 15229—2002 的规定，按砌块孔的排数分为实心(0)、单排孔(1)、双排孔(2)、三排孔(3)、和四排孔(4)五类。根据抗压强度分为：1.5、2.5、3.5、5.0、7.5、10.0 六个等级。根据砌块密度分为 500、600、700、800、900、1000、1200 和 1400 八级。按尺寸偏差和外观质量分为一等品(B)及合格品(C)。

(一) 技术要求(GB 15229—2002)

1. 规格尺寸

主规格尺寸为 390mm×190mm×190mm。其他规格尺寸可由供需双方商定。尺寸允许偏差应符合 9-39 的要求。

轻骨料混凝土小型空心砌块尺寸允许偏差 **表 9-39**

项目名称	优等品	一等品
长度(mm)	±2	±3
宽度(mm)	±2	±3
高度(mm)	±2	±3

注：1. 承重砌块最小外壁厚不应小于 30mm，肋厚不应小于 25mm；
2. 保温砌块最小外壁厚和肋厚不宜小于 20mm。

2. 外观质量　外观质量应符合表 9-40 要求。

轻骨料混凝土小型空心砌块外观质量要求 **表 9-40**

项目名称		一等品	合格品
缺棱掉角：			
个数	不多于	0	2
3 个方向投影的最小值(mm)	不大于	0	30
裂缝延伸投影的累计尺寸(mm)	不大于	0	30

3. 密度等级　密度等级应符合表 9-41 要求。

轻骨料混凝土小型空心砌块密度等级　表 9-41

密度等级	砌块干燥表观密度的范围（kg/m^3）	密度等级	砌块干燥表观密度的范围（kg/m^3）
500	≤500	900	810～900
600	510～600	1000	910～1000
700	610～700	1200	1010～1200
800	710～800	1400	1210～1400

4. 强度等级

强度等级符合表 9-42 要求者为一等品；密度等级范围不满足要求者为合格品。

轻骨料混凝土小型空心砌块强度等级　表 9-42

强度等级	砌块抗压强度（MPa）		密度等级范围
	平均值	最小值	
1.5	≥1.5	1.2	≤600
2.5	≥2.5	2.0	≤800
3.5	≥3.5	2.8	≤1200
5.0	≥5.0	4.0	
7.5	≥7.5	6.0	≤1400
10.0	≥10.0	8.0	

5. 吸水率、相对含水率和干缩率

吸水率不应大于 20%，干缩率和相对含水率应符合表 9-43 要求。

轻骨料混凝土小型空心砌块干缩率和相对含水率　表 9-43

干缩率（%）	相对含水率（%）		
	潮湿	中等	干燥
<0.03	45	40	35
0.03～0.045	40	35	30
>0.045～0.065	35	30	25

注：1. 相对含水率即砌块出厂含水率与吸水率之比

$$W=\frac{w_1}{w_2}\times 100$$

式中　W——砌块的相对含水率（%）；w_1——砌块出厂时的含水率（%）；w_2——砌块的含水率（%）。

2. 使用地区的湿度条件：

潮湿——系指年平均相对湿度大于 75%的地区；中等——系指年平均相对湿度 50%～75%的地区；干燥——系指年平均相对湿度小于 50%的地区。

6. 碳化系数和软化系数

加入粉煤灰等火山灰质掺合料的小砌块，其碳化系数不应小于 0.3；软化系数不应小于 0.75。

7. 抗冻性

抗冻性应符合表 9-44 的要求。

表 9-44

轻骨料混凝土小型空心砌块抗冻性

使用环境条件	抗冻等级	质量损失(%)	强度损失(%)
非采暖地区	F15	≤5	≤25
采暖地区： 相对湿度≤60% 相对湿度>60%	F25 F35		
水位变化、干湿循环或粉煤灰掺量≥取代水泥量 50%时	≥F50		

注：非采暖地区指最冷月份平均气温高于－5℃的地区；采暖地区指最冷月份平均气温低于或等于－5℃的地区。抗冻性合格的砌块的外观质量也应符合表 9-39 的要求。

8. 放射性

掺工业废渣的砌块其放射性应符合 GB 6566 的要求。

(二) 轻骨料混凝土小型空心砌块监理

监理工程师在熟悉轻骨料混凝土小型空心砌块技术要求的基础上，掌握以下几个方面的内容：

1. 作为填充墙砌体

(1) 砌筑时，产品的龄期应超过 28d。

(2) 在运输、装卸过程中，严禁抛掷和倾倒。进场后应按品种、规格分别堆放整齐，堆置高度不宜超过 2m。

(3) 填充墙砌体砌筑前块材应提前 2d 浇水湿润。

(4) 砌筑墙体时，墙底部应砌筑烧结普通砖或多孔砖，或普通混凝土小型空心砌块，或现浇混凝土坎台等，其高度不宜小于 200mm。

2. 用作承重墙体材料

同混凝土小型空心砌块。

3. 试验方法

砌块各项性能指标的试验，按 GB/T 4111 有关规定进行，其中干燥收缩试验时，试件浸水时间应为 48h。

4. 检验项目、取样数量及方法

出厂检验项目有尺寸偏差、外观质量、密度、强度、吸水率和相对含水率。型式检验的项目除规格尺寸外，尚应进行干缩率、抗冻性、放射性、碳化系数和软化系数等项目。

砌块按密度等级和强度等级分批验收。以同一品种轻骨料配制成的相同密度等级、相同强度等级、质量等级和同一生产工艺制成的 1 万块轻骨料混凝土小砌块为一批；每月生产的砌块数不足 1 万者亦以一批论。

每批随机抽取 32 块做尺寸偏差和外观质量检验；再从尺寸偏差和外观质量检验合格的砌块中，随机抽取如下数量进行其他项目的检验：强度 5 块，密度、含水率、吸水率和相对含水率各 3 块，干缩率 3 块，抗冻性 10 块，放射性按 GB 6566。

5. 判定规则

(1) 判定所有检验结果均符合各项技术要求中某一等级指标时，则为该等级。

(2) 检验后，如有以下情况者可进行复检：

① 按表 9-39、表 9-40 检验的尺寸偏差和外观质量各项指标，32 个砌块中有 7 块不合格者；

② 除表表 9-39、表 9-40 指标外的其他性能指标有一项不合格者；

③ 用户对生产厂家的出厂检验结果有异议时。

(3) 复检的抽检数量和检验项目应与前一次检验相同。

(4) 复检后，若符合相应等级指标要求时，则可判定为该等级；若不符合标准要求时，则判定该批产品为不合格。

三、蒸压加气混凝土砌块

蒸压加气混凝土砌块是以水泥、矿渣、砂或水泥、石灰、粉煤灰基本原料，以铝粉为发气剂，经过蒸压养护等到工艺加工而成。它具有轻质、保温、防火、可锯、可刨加工等特点，可制成建筑砌块，用于建筑内外墙体。

我国从 1958 年开始进行加气混凝土研究；60 年代开始工业性试验和应用，并从国外引进全套技术和装备进行生产；70 年代对引进技术和设备进行消化吸收，并建立了独立的工业体系。目前，中国加气混凝土工业的整体水平还很低，在已有的 200 条生产线中，年生产能力不足 5 万 m^3、工艺设备简陋的生产线占 70%以上，整个产品的合格率也不高，生产管理水平低，整个行业需要加强技术改进。

蒸压加气混凝土砌块的规格尺寸如下：

长度(mm)：600

宽度(mm)：100，120，125，150，180，200，240，250，300。

高度(mm)：200，240，250，300。

如需其他规格尺寸，由供需双方协商解决。

蒸压加气混凝土砌块按强度分为 A1.0、A2.0、A2.5、A3.5、A5.0、A7.5 和 A10 七个级别。按干密度分为 B03、B04、B05、B06、B07 和 B08 六个级别。按尺寸偏差、干密度、抗压强度和抗冻性分为优等品(A)和合格品(B)二个等级。

砌块标记顺序为产品代号(ACB)、强度级别、干密度级别、规格等级、规格尺寸和标准号。例如强度级别为 A3.5、干密度级别为 B05、优等品、规格尺寸为 600mm×200mm×250mm 的蒸压加气混凝土砌块，其标记为：ACB A3.5 B05 600×200×250A GB 11968。

(一) 技术要求(GB/T 11968—2006)

1. 尺寸允许偏差和外观　尺寸允许偏差和外观应符合表 9-45 的规定。

蒸压加气混凝土砌块的尺寸偏差和外观　　**表 9-45**

项　目			指标	
			优等品(A)	合格品(B)
尺寸允许偏差(mm)	长度	L	±3	±4
	宽度	B	±1	±2
	高度	H	±1	±2

续表

项目		指标	
		优等品(A)	合格品(B)
缺棱掉角	最小尺寸不得大于(mm)	0	30
	最大尺寸不得大于(mm)	0	70
	大于以上尺寸的缺棱掉角个数，不多于(个)	0	2
裂纹	贯穿一棱二面的裂纹长度不得大于裂纹所在面的裂纹方向尺寸总和的	0	1/3
	任一面上的裂纹长度不得大于裂纹方向尺寸的	0	1/2
	大于以上尺寸的裂纹条数，不多于(条)	0	2
爆裂、黏模和损坏深度不得大于(mm)		10	30
平面弯曲		不允许	
表面疏松、层裂		不允许	
表面油污		不允许	

2. 抗压强度　砌块立方体抗压强度应符合 9-46 的规定。

蒸压加气混凝土砌块的立方体抗压强度　　**表 9-46**

强度级别	立方体抗压强度(MPa)	
	平均值不小于	单块最小值不小于
A1.0	1.0	0.8
A2.0	2.0	1.6
A2.5	2.5	2.0
A3.5	3.5	2.8
A5.0	5.0	4.0
A7.5	7.5	6.0
A10.0	10.0	8.0

3. 干密度　砌块的干密度应符合表 9-47 的规定。

蒸压加气混凝土砌块的干密度　　**表 9-47**

干密度级别		B03	B04	B05	B06	B07	B08
干密度 (kg/m^3)	优等品(A)≤	300	400	500	600	700	800
	合格品(B)≤	325	425	525	625	725	825

4. 强度级别　砌块的强度级别应符合表 9-48 的规定。

蒸压加气混凝土砌块的强度级别　　**表 9-48**

干密度级别		B03	B04	B05	B06	B07	B08
强度级别	优等品(A)	A1.0	A2.0	A3.5	A5.0	A7.5	A10.0
	合格品(B)			A2.5	A3.5	A5.0	A7.5

5. 干燥收缩、抗冻性和导热系数　砌块的干燥收缩、抗冻性和导热系数(干态)应符合表 9-49 的规定。

蒸压加气混凝土砌块的干燥收缩、抗冻性和导热系数 **表 9-49**

干密度级别				B03	B04	B05	B06	B07	B08
干燥收缩值①	标准法(mm/m)		≤	0.50					
	快速法(mm/m)		≤	0.80					
抗冻性	质量损失(%)		≤	5.0					
	冻后强度(MPa)≥	优等品(A)		0.8	1.6	2.8	4.0	6.0	8.0
		合格品(B)				2.0	2.8	4.0	6.0
导热系数(干态)[W/(m·K)]			≤	0.10	0.12	0.14	0.16	0.18	0.20

① 规定采用标准法、快速法测定砌块干燥收缩值，若测定结果发生矛盾不能判定时，则以标准法测定的结果为准。

（二）蒸压加气混凝土砌块监理

监理工程师在熟悉蒸压加气混凝土砌块技术要求的基础上，掌握以下几个方面的内容：

1. 适用于作民用工业建筑物的承重和非承重墙体和保温隔热。

2. 施工质量控制

(1) 砌筑时，产品的龄期应超过 28d。

(2) 在运输、装卸过程中，严禁抛掷和倾倒。进场后应按品种、规格分别堆放整齐，堆置高度不宜超过 2m，防止雨淋。

(3) 填充墙砌体砌筑前块材应提前 2d 浇水湿润。砌筑时，应向砌筑面适量浇水。

(4) 砌筑墙体时，墙底部应砌筑烧结普通砖或多孔砖，或普通混凝土小型空心砌块，或现浇混凝土坎台等，其高度不宜小于 200mm。

3. 出厂检验的检验项目、抽样数量及方法、判定规则

(1) 出厂检验项目有尺寸偏差、外观质量、立方体抗压强度和干密度。

(2) 同品种、同规格、同等级的砌块，以 1 万块为一批，不足 1 万块亦为一批，随机抽取 50 块，进行尺寸偏差、外观检验。从外观与尺寸偏差检验合格的砌块中，随机抽取 6 块砌块制作试件，进行干密度和强度级别检验，干密度和强度级别检验各抽取 3 组 9 块。

(3) 判定规则

1) 若受检的 50 块砌块中，尺寸偏差和外观质量不符合表 9-45 规定的砌块数量不超过 5 块时，判定该批砌块符合相应等级；若不符合表 9-45 规定的砌块超过 5 块时，判定该批砌块不符合相应等级。

2) 以 3 组干密度试件的测定结果平均值判定砌块的干密度级别，符合表 9-47 规定时则判定该批砌块合格。

3) 以 3 组抗压强度试件测定结果按表 9-46 判定其强度级别。当强度和干密度级别关系符合表 9-48 规定，同时，3 组试件中各个单组抗压强度平均值全部大于表 9-48 规定的此强度级别的最小值时，判定该批砌块符合相应等级；若有 1 组或 1 组以上此强度级别的最小值时，判定该批砌块不符合相应等级。

4) 出厂检验中受检验产品的尺寸偏差、外观质量、立方体抗压强度、干密度各项检验全部符合相应等级的技术要求规定时，判定为相应等级；否则降等或判定为不合格。

4. 型式检验的检验项目、抽样数量及方法、判定规则

(1) 型式检验项目包括标准规定的全部指标。

(2) 在受检验的一批产品中，随机抽取 80 块，进行尺寸偏差和外观检验。从外观与尺寸偏差检验合格的砌块中，随机抽取 17 块砌块制作试件，进行如下项目检验：干密度 3 组 9 块，强度级别 5 组 15 块，干燥收缩 3 组 9 块，抗冻性 3 组 9 块，导热系数 1 组 2 块。

(3) 判定规则

1) 若受检的 80 块砌块中，尺寸偏差和外观质量不符合表 9-45 规定的砌块数量不超过 7 块，判定该批砌块符合相应等级；若不符合表 9-45 规定的砌块数量超过 7 块时，判定该批砌块不符合相应等级。

2) 以 3 组干密度试件的测定结果平均值判定砌块的干密度级别，符合表 9-47 规定时则判定该批砌块合格。

3) 以 5 组抗压强度试件测定结果按表 9-46 判定其强度级别。当强度和干密度级别关系符合表 9-48 规定，同时，5 组件中各个单组抗压强度平均值全部大于表 9-48 规定的此强度级别的最小值时，判定该批砌块符合相应等级；若有 1 组或 1 组以上此强度级别的最小值时，判定该批砌块不符合相应等级。

4) 干燥收缩测定结果，当其单组最大值符合表 9-49 规定时，判定该项合格。

5) 抗冻性测定结果，当质量损失单组最大值和冻后强度单组最小值符合表 9-49 规定的相应等级时，判定该批砌块符合相应等级，否则判定不符合相应等级。

6) 导热系数符合表 9-49 的规定，判定此项指标合格，否则判定该批砌块不合格。

7) 型式检验中受检验产品的尺寸偏差、外观质量、立方体抗压强度、干密度、干燥收缩值、抗冻性、导热系数各项检验全部符合相应等级的技术要求规定时，判定为相应等级；否则降等或判定为不合格。

5. 试验方法

尺寸、外观检测方法按《蒸压加气混凝土砌块》GB/T 11968—2006 的规定进行，其他性能按《蒸压加气混凝土性能试验方法》GB/T 11969—2008 的规定进行。

常用墙体材料现行标准 **附表 9-1**

类别	产品名称	产品质量标准	抽样方法	试验方法
烧结砖	烧结普通砖	《烧结普通砖》GB 5101—2003	砌墙砖检验规则 JC 466—1992(1996) GB 5101—2003	砌墙砖试验方法 GB/T 2542—2003
	烧结多孔砖	《烧结多孔砖》GB 13544—2000	GB 13544—2000	GB/T 2542—2003
	烧结空心砖和空心砌块	《烧结空心砖和空心砌块》GB 13545—2003	GB 13545—2003	GB/T 2542—2003
免烧砖	蒸压灰砂砖	《蒸压灰砂砖》GB 11945—1999	GB 11945—1999	颜色 GB 11945—1999 其他 GB/T 2542—2003
	粉煤灰砖	《粉煤灰砖》JC 239—2001	JC 239—2001	色差 JC 239—2001 其他 GB/T 2542—2003
	炉渣砖	《炉渣砖》JC/T 525—2007	JC/T 525—2007	混凝土小型空心砌块检验方法 GB/T 4111—1997，GB/T 2542—2003，GB/T 9978
	非烧结普通黏土砖	《非烧结普通黏土砖》JC/T 422—2007	JC/T 422—2007	GB/T 2542—2003 JC/T 422—2007

续表

类别	产品名称	产品质量标准	抽样方法	试验方法
砌块	普通混凝土小型空心砌块	《普通混凝土小型空心砌块》GB 8239—1997	GB 8239—1997	GB/T 4111—1997
	轻骨料混凝土小型空心砌块	《轻骨料混凝土小型空心砌块》GB 15229—2002	GB 15229—2002	GB/T 4111—1997
	蒸压加气混凝土砌块	《蒸压加气混凝土砌块》GB/T 11968—2006	GB/T 11968—2006	尺寸和外观 GB/T 11968—2006，其他《蒸压加气混凝土性能试验方法》GB/T 11969—2008
	粉煤灰砌块	《粉煤灰砌块》JC 238—1991(1996)	JC 238—1991(1996)	JC 238—1991(1996)
	中型空心砌块	《中型空心砌块》ZBQ 15001—1986	ZBQ 15001—1986	ZBQ 15001—1986

第十章　防　水　材　料

防水材料是土木工程建设中不可缺少的建筑材料，在建筑、公路、桥梁等工程中有着广泛的应用，起防止雨水、地下水和其他水分渗透的作用。

建筑工程防水材料按材料特性分为柔性防水材料、刚性防水材料和瓦防水材料。柔性防水材料如防水卷材、防水涂料和密封膏等，刚性防水材料如防水砂浆、防水混凝土等，瓦防水材料如烧结瓦、油毡瓦和混凝土平瓦等。目前建筑行业一般采用柔性材料和刚性材料相结合的方式防水。

沥青防水材料是传统的防水材料，因其耐热性、低温柔性和粘结性等性能不良，通过掺加矿物填充料和高分子填充料进行改性后，发展出了沥青基防水材料。沥青基防水材料是目前应用较多的防水材料，但耐用寿命较短。

随着石油化工的发展，各类高分子材料的出现，为研制性能优良的新型防水材料提供了广阔的原料来源。目前已研制出了性能优良的橡胶基防水材料和树脂基防水材料，它们统称为高分子防水材料。

沥青基、橡胶基和树脂基防水材料，按用途均可分为防水涂料和防水卷材两个部分。柔性防水材料的发展趋势是：沥青基已向橡胶基和树脂基防水材料或高聚物改性沥青系列发展；油毡的胎体由纸胎向玻纤胎或化纤胎方面发展；密封材料和防水涂料由低塑性的产品向高弹性、高耐久性产品的方向发展；防水层的构造亦由多层向单层防水方向发展；施工方法则由热熔法向冷粘贴法方向发展。

第一节　沥青及其监理

沥青是由许多高分子碳氢化合物及非金属衍生物(如氧、硫、氮等)组成的复杂混合物，是一种有机胶凝材料。在常温下呈褐色或黑褐色的固态或半固态、液态。沥青按产源可分为地沥青(包括天然沥青、石油沥青)和焦油沥青(包括煤沥青、页岩沥青)。目前工程中常用的主要是石油沥青，另外还使用少量的煤沥青。

一、石油沥青

石油沥青是由石油原油经蒸馏提炼出各种轻质油(如汽油、柴油等)及润滑油以后的残留物，再经过加工而得的产品。

(一) 石油沥青的组分

沥青的化学组成复杂，对组成进行分析很困难，且其化学组成也不能反映出沥青性质的差异，所以一般不作沥青的化学分析。通常从使用角度出发，将沥青中按化学成分和物理力学性质相近的成分划分为若干个组，这些组就称为“组分”。在沥青中各组分含量的多寡与沥青的技术性质有着直接的关系。石油沥青的组分及其主要特性见表10-1。

石油沥青各组分的特性 表 10-1

组分名称	颜色	状态	密度(g/cm³)	含量(%)	特点	作用
油分	无色至淡黄色	液体	0.7～1.0	40～60	溶于苯等有机溶剂，不溶于酒精	赋予沥青以流动性
树脂	黄色至黑褐色	半固体	1.0～1.1	15～30	溶于汽油等有机溶剂，难溶于酒精和丙酮	赋予沥青以塑性和黏性
地沥青质	深褐色至黑色	固体	1.1～1.5	10～30	溶于三氯甲烷、二硫化碳，不溶于酒精	赋予沥青温度稳定性和黏性

此外，石油沥青中还含2%～3%的沥青碳和似碳物，为无定形的黑色固体粉末，它会降低石油沥青的粘结力。石油沥青中还含有蜡，它会降低石油沥青的粘结性和塑性，对温度特别敏感(即温度稳定性差)。蜡是石油沥青的有害成分。

（二）石油沥青的胶体结构

油分、树脂和地沥青是石油沥青的三大组分，其中油分和树脂可以互相溶解，树脂能浸润地沥青质，并在地沥青质的超细颗粒表面形成树脂薄膜。所以石油沥青的结构是以地沥青质为核心，周围吸附部分树脂和油分的互溶物而构成胶团，无数胶团分散在油分中而形成胶体结构。根据沥青中各组分的相对比例不同，胶体结构可分为溶胶型、凝胶型和溶-凝胶型三种类型。

（三）石油沥青的技术性质

1. 黏滞性

石油沥青的黏滞性又称黏性，它是反映沥青材料内部阻碍其相对流动的一种特性，是沥青材料软硬、稀稠程度的反映。是划分沥青牌号的主要指标。

液体沥青的黏滞性是用黏滞度(即标准黏度)来表示。黏滞度是指液体沥青在规定温度t(通常为25℃或60℃)，从一定直径d(3mm、5mm或10mm)的小孔流出50cm³所需的时间秒数。常用符号“C_t^dT”表示黏滞度。时间越长，表示黏滞度越大。

固态或半固态沥青的黏滞性用针入度表示。针入度是沥青在规定温度25℃下，用100g的标准针，在5s内插入沥青试样中的深度来表示，单位为1/10mm。针入度值越小，表示黏度越大。

地沥青质含量高，有适量的树脂和较少的油分时，石油沥青黏滞性大。在一定的温度范围内，温度升高时，黏滞性降低，反之增大。

2. 塑性

塑性指石油沥青在外力作用下产生变形而不破坏，除去外力后，仍能保持变形后的形状的性质。是石油沥青的重要技术指标之一。

石油沥青的塑性用延度表示。延度测定是把沥青制成“8”字形标准试件(中间最小截面面积为1cm²)，置于延度仪内25℃水中，以5cm/min的速度拉伸，用拉断时的伸长度来表示，单位用cm计。延度愈大，塑性愈好。

沥青中油分和地沥青质适量，树脂含量较多时，则塑性较好。温度升高，沥青的塑性增大。地沥青质颗粒表面膜层增厚，塑性也增大，反之则塑性越差。

3. 温度敏感性

温度敏感性是指石油沥青的黏滞性和塑性随温度升降而变化的性能。是石油沥青的重要技术指标之一。

温度敏感性以软化点指标表示。由于沥青材料从固态至液态有一定的变态间隔，故规定以其中某一状态作为从固态转变到黏流态的起点，相应的温度则称为沥青的软化点。

沥青软化点一般采用“环球法”测定。它是把沥青试样装入规定尺寸(直径15.88mm，高6mm)的铜环内，试样上放置一标准钢球(直径9.5mm，质量3.5g)，浸入水或甘油(沥青软化点大于100℃时要用甘油)中，以规定的速度升温(5℃/min)，当沥青软化下垂至规定距离(25.4mm)时的温度即为其软化点，以摄氏度(℃)计。软化点越高，表明沥青的耐热性越好，即温度稳定性越好。

另外，沥青的脆点是反映温度敏感性的另一个指标，它是指沥青从高弹态转到玻璃态过程中的某一规定状态的相应温度，该指标主要反映沥青的低温变形能力。寒冷地区应用的沥青考虑沥青的脆点。沥青的软化点愈高，脆点愈低，则沥青的温度敏感性越小。

石油沥青中地沥青质含量较多时，其温度敏感性较小。在工程使用时往往加入滑石粉、石灰石粉等矿物填料，以减小其温度敏感性。沥青中含蜡量较多时，则会在温度不太高(60℃左右)时发生流淌，在温度较低时又易变硬开裂。

4. 大气稳定性

大气稳定性是指石油沥青在热、阳光、氧气和潮湿等大气因素的长期综合作用下抵抗老化的性能，反映沥青的耐久性。在大气因素的综合作用下，沥青中各组分会发生不断递变，低分子化合物将逐步转变成高分子化合物，即油分⟶树脂⟶地沥青质。实验证明，树脂转变为地沥青质比油分变为树脂的速度快得多(约快50%)。因此，石油沥青随着时间的进展，流动性和塑性将逐渐减小，硬脆性逐渐增大，直至脆裂。这个过程称为石油沥青的“老化”。所以大气稳定性即为沥青抵抗老化的性能。

石油沥青的大气稳定性以加热蒸发损失百分率和加热后针入度比来评定。其测定方法是：先测定沥青试样的质量以及其针入度，然后将试样置于烘箱中，在160℃下加热蒸发5h，待冷却再测定其质量及针入度。计算出蒸发损失质量占原质量的百分数，称为蒸发损失百分率；测得蒸发后针入度占原针入度的百分数，称为蒸发后针入度比。蒸发损失百分数愈小和蒸发后针入度比愈大，则表示沥青的大气稳定性愈好。

以上四种性质是石油沥青材料的主要性质，前三项是划分石油沥青牌号的依据。此外，为评定沥青的品质和保证施工安全，还应了解石油沥青的溶解度、闪点和燃点等性质。

闪点和燃点的高低，表明沥青引起火灾或爆炸的可能性的大小，它关系到运输，贮存和加热使用等方面的安全。例如建筑石油沥青闪点约230℃，在熬制时一般温度应控制在185～200℃，为安全起见，沥青加热还应与火焰隔离。

(四) 石油沥青的技术标准

常用石油沥青有建筑石油沥青、道路石油沥青、防水防潮石油沥青和普通石油沥青等四种，各品种按技术性质划分牌号。各牌号石油沥青的技术指标要求见表10-2、表10-3、表10-4和表10-5。

建筑石油沥青的技术要求(GB/T 494—2010) **表 10-2**

项目		质量指标		
		10 号	30 号	40 号
针入度(25℃，100g，5s)(1/10mm)		10～25	26～35	36～50
针入度(46℃，100g，5s)(1/10mm)		实测值	实测值	实测值
针入度(0℃，100g，5s)(1/10mm)	不小于	3	6	6
延度(25℃，5cm/min)(cm)	不小于	1.5	2.5	3.5
软化点(环球法)(℃)	不低于	95	75	60
溶解度(三氯乙烯)(%)	不小于	99.0		
蒸发后质量变化(160℃，5h)(%)	不大于	1		
蒸发后25℃针入度比(%)	不小于	65		
闪点(开口杯法)(℃)	不低于	260		

道路石油沥青的技术要求(NB/SH/T 0522—2010) **表 10-3**

项目		质量指标					试验方法
		200 号	180 号	140 号	100 号	60 号	
针入度(25℃，100g，5s)(1/10mm)		200～300	150～200	110～150	80～110	50～80	GB/T 4509
延度[①](25℃)(cm)	≥	20	100	100	90	70	GB/T 4508
软化点(℃)		30～48	35～48	38～51	42～55	45～58	GB/T 4507
溶解度(%)	≥	99.0					GB/T 11148
闪点(开口)(℃)	≥	180	200	230			GB/T 267
密度(25℃)(g/cm³)		报告					GB/T 8928
蜡含量(%)	≤	4.5					SH/T 0425
薄膜烘箱试验(165℃，5h)							
质量变化(%)	≤	1.3	1.3	1.3	1.2	1.0	GB/T 5304
针入度比(%)		报告					GB/T 4509
延度(25℃)(cm)		报告					GB/T 4508

① 如25℃延度达不到，15℃延度达到时，也可认为是合格的，指标要求与25℃一致。

防水防潮石油沥青(SH/T 0002—1990) **表 10-4**

项　目	质量指标			
	3 号	4 号	5 号	6 号
针入度(25℃，100g，1/10mm)	25～45	20～40	20～40	30～50
软化点(环球法，℃)不低于	85	90	100	95
针入度指数，不小于	3	4	5	6
溶解度(三氯甲烷、三氯乙烯、四氯化碳或苯，%)不小于	98	98	95	92
蒸发损失(163℃，5h，%)不大于	1	1	1	1
闪点(开口，℃)不低于	250	270	270	270
脆点(℃)，不高于	−5	−10	−15	−20

普通石油沥青(SY 1665—1977)　　**表 10-5**

项　目	质量指标		
	75	65	55
针入度(25℃，100g，1/10mm)	75	65	55
延度(25℃，cm)不小于	2	1.5	1
软化点(环球法，℃)不低于	60	80	100
溶解度(三氯甲烷、三氯乙烯、四氯化碳或苯，%)不小于	98	98	98
闪点(开口，℃)不低于	230	230	230

(五) 石油沥青的选用

在选用沥青时，应根据工程性质、气候条件和所处工程部位来选用不同品种和牌号的沥青。选用的基本原则是：在满足黏性、塑性和温度敏感性等主要性质的前提下，尽量选用牌号较大的沥青。牌号大的沥青，耐老化能力强，从而保证沥青有较长的使用年限。

1. 建筑石油沥青。主要用于制造油毡、油纸、防水涂料和沥青胶。它们绝大多数用于屋面及地下防水、沟槽防水、防腐蚀及管道防腐等工程。对于屋面防水工程，为了防止夏季流淌，沥青的软化点应比当地气温屋面可能达到的最高温度高 20～25℃。

2. 道路石油沥青。拌制沥青混凝土、沥青砂浆，用于道路路面或车间地面等工程。也可制作密封材料、黏结剂及沥青涂料等。

3. 防水防潮石油沥青。适合做油毡的涂覆材料及建筑屋面和地下防水的粘结材料。

4. 普通石油沥青。在工程中不宜单独使用，只能与其他种类石油沥青掺配使用。

(六) 沥青的掺配和改性

1. 沥青的掺配

施工中，若采用一种沥青不能满足配制沥青胶所要求的软化点时，可用两种或三种沥青进行掺配。掺配要注意遵循石油沥青只与石油沥青掺配，煤沥青只与煤沥青掺配的原则。

两种沥青的掺配比例可用下式估算。当三种及以上沥青进行掺配时，仍然按此式用两两相配的原则计算。

$$Q_1=\frac{T_2-T}{T_2-T_1}\times 100\% \tag{10-1}$$

$$Q_2=100-Q_1 \tag{10-2}$$

式中 Q_1——较软沥青用量(%)；

Q_2——较硬沥青用量(%)；

T——掺配后沥青软化点(℃)；

T_1——较软沥青软化点(℃)；

T_2——较硬沥青软化点(℃)。

以估算的掺配比例和其邻近的比例(±5%～±10%)进行试配(混合熬制均匀)，测定掺配后沥青软化点，然后绘制掺配比-软化点关系曲线，即可从曲线上确定所要求的掺配。

2. 石油沥青改性

为了改善石油沥青的某些性能，经常在石油沥青中掺入一定数量的矿物填充料或聚合物填充料。

(1) 矿物填充料

常用的矿物填充料有粉状材料和纤维状材料，如滑石粉、石灰石粉、硅藻土和石棉等。石油沥青中掺入这些矿物填充料后，沥青的黏性和耐热性提高，温度敏感性降低。这种方法主要用生产沥青胶。

(2) 聚合物填充料

用于石油沥青改性的聚合物很多，目前使用最多是SBS橡胶和APP树脂。

SBS是苯乙烯-丁二烯-苯乙烯的缩写，它有两个聚合物嵌段，即聚苯乙烯和聚丁二烯，其中聚苯乙烯嵌段的抗拉强度高、耐高温性好，聚丁二烯嵌段的弹性高、耐疲劳性和柔软性好。在机械搅拌和助剂的参与下，一定量的SBS聚合物(一般为沥青重量的12%左右)与沥青通过相互作用，使沥青产生吸收、膨胀，形成分子键合牢固的沥青混合物，从而显著改善了沥青的弹性、延伸率、高温稳定性、低温柔软性、耐疲劳性和耐老化等性能。用SBS改性沥青制作的防水卷材称为弹性体防水卷材，这种卷材的最大特点是低温柔性好。

APP是无规聚丙烯的缩写，是生产有规聚丙烯(IPP)的副产品。将占石油沥青重量25%～30%的APP加入热熔沥青内搅拌，使之溶解，即可制得APP改性沥青。APP可大幅度提高沥青的软化点，并使沥青的低温柔性明显改善。用APP改性沥青制作的防水卷材称为塑性体防水卷材，这种卷材的最大特点是耐高温性能好(130℃不流淌)，且热熔性好。

(七) 石油沥青取样

石油沥青的取样应根据沥青的形态、贮运设备类型等不同分别采用不同的方式。《沥青取样法》GB/T 11147—2010规定的取样内容有：

1. 样品数量

液体沥青样品常规检验取样量为1L(乳化沥青4L)，从贮罐中取样为4L，从桶中取样为1L。固体或半固体样品取样量为1～2kg。

2. 取样方式

(1) 流体沥青

1) 从沥青贮罐中取样

① 从不带搅拌设备的贮罐中取样

② 从有搅拌设备的贮罐中取样

上述两种情况的取样方法有：取样阀法、底部进样取样器法(不适用于黏稠沥青)和上部进样取样器法。

2) 从槽车、罐车、沥青洒布车中取样

3) 从油轮和驳船中取样

4) 从桶中取样

(2) 半固体或固体沥青

1) 半固体或未破碎的固体沥青的取样

2) 碎块或粉末状沥青的取样

① 散装贮存的沥青

② 桶、袋、箱装贮存的沥青

3. 半固体或水破碎的固体沥青的取样

1）取样方式

从桶、袋、箱中取样应在样品表面以下及容器侧面以内至少 75mm 处采取。若沥青是能够打碎的，则用干净的适当工具打碎后取样；若沥青是软的，则用干净的适当工具切割取。

2）取样数量

① 同批产品的取样数量

当能确认是同一批生产的产品时，随机取出一件按上述取样方式取 4kg 供检验用。

② 非同批产品的取样数量

当不能确认是同一批生产的产品或按同批产品要求取出的样品经检验不符合规范要求时，则应按随机取样原则选出若干件再按上述取样方式取样，其件数等于总件的立方根。表 10-6 给出了不同装载件数所要取出的样品件数。当取样件数超过一件，每个样品重量应不少于 0.1kg，这样取出的样品，经充分混合均匀后取 4kg 供检验用。

当不是一批产品且批次可以明显分出，从每一批次中取出 4kg 样品供检验。

沥青非同批产品的取样数量 **表 10-6**

装载件数	选取件数	装载件数	选取件数
2～8	2	217～343	7
9～27	3	344～512	8
28～64	4	513～729	9
65～125	5	730～1000	10
126～216	6	1001～1331	11

（八）试验方法

石油沥青各项性能测定时所用的方法如表 10-7 所示。

石油沥青试验方法 **表 10-7**

测定项目	试验方法	测定项目	试验方法
软化点	《沥青软化点测定法（环球法）》GB/T 4507—1999	蒸发损失	《石油沥青蒸发损失测定法》GB/T 11964—2008
延度	《沥青延度测定法》GB/T 4508—2010	闪点与燃点	《石油产品闪点与燃点测定法（开口杯法）》GB/T 267—1988 《石油产品闪点和燃点的测定 克利夫兰开口杯法》GB/T 3536—2008
针入度	《沥青针入度测定法》GB/T 4509—2010	闪点	《闪点的测定 宾斯基-马丁闭口杯法》GB/T 261—2008
脆点	《石油沥青脆点测定法 弗拉斯法》GB/T 4510—2010	比重和密度	《固体和半固体石油沥青密度测定法》GB/T 8928—2008
溶解度	《石油沥青溶解度测定法》GB/T 11148—2008	—	—

二、煤沥青

煤沥青是炼焦厂或煤气厂的副产品。烟煤在干馏过程中的挥发物质，经冷凝而成黑色黏性液体称为煤焦油，煤焦油经分馏加工提取轻油、中油、重油、蒽油以后，所得残渣即为煤沥青。根据蒸馏程度不同，煤沥青分为低温沥青、中温沥青和高温沥青三种。建筑上所采用的煤沥青多为黏稠或半固体的低温沥青。煤沥青的有关技术指标可参阅国家标准GB/T 2290—1994 的规定。

（一）煤沥青的特性

煤沥青的主要组分为油分、脂胶、游离碳等，常含少量酸、碱物质。由于煤沥青的组分和石油沥青不同，故其性能也不同，主要表现如下：

(1) 温度敏感性大。因含可溶性树脂多，由固态或黏稠转变为黏流态(或液态)的温度间隔较窄，夏天易软化流淌而冬天易脆裂。

(2) 大气稳定性较差。含挥发性成分和化学稳定性差的成分较多，在热、阳光、氧气等长期综合作用下，煤沥青的组成变化较大，易硬脆。

(3) 塑性较差。含有较多的游离碳，使用中易因变形而开裂。

(4) 黏附力较好。煤沥青中的酸、碱物质都是表面活性物质，与矿料表面的黏附力强。

(5) 防腐性好。因含酚、蒽等有毒物质、防腐蚀能力较强，故适用于木材的防腐处理。又因酚易溶于水，故防水性不及石油沥青。

煤沥青在贮存和施工中要遵守有关操作和劳保规定，以防止发生中毒事故。

（二）煤沥青与石油沥青的鉴别方法

根据煤沥青和石油沥青的某些特征，可按表 10-8 所列方法进行鉴别。

煤沥青与石油沥青简易鉴别方法 **表 10-8**

鉴别方法	石油沥青	煤沥青
密度(g/cm^3)	密度近似于 1.0	1.25～1.28
锤击	声哑，有弹性，韧性好	声脆，韧性差
颜色	辉亮褐色	浓黑色
燃烧	烟无色，基本无刺激性气味	烟呈黄色，有刺激性臭味
溶液比色	用 30～50 倍汽油或煤油溶解后，将溶液滴于纸上，斑点呈棕色	溶解方法同左。斑点有两圈，内黑外棕

（三）煤沥青的应用

煤沥青具有很好的防腐能力、良好的粘结能力。因此可用于配制防腐涂料、胶粘剂、防水涂料，油膏以及制作油毡等。

第二节 沥青和沥青改性防水卷材及其监理

石油沥青纸胎油毡、油纸，石油玻璃纤维胎油毡等传统防水材料，价格低，低温脆裂，高温流淌，抗拉强度低，延伸性差，易老化，易腐烂，耐用寿命短(3～5 年)。

200 号油毡适用于简易防水、临时性建筑防水、建筑防潮及包装。350 号和 500 号粉毡适用于屋面、地下、水利等工程的多层防水；片毡用于单层防水。油纸适用于建筑防潮和包装，也可用于多层防水层的下层。

与石油沥青油毡相比，防水性能略好，耐化学侵蚀性好，柔性好，但拉力较小，其他性能与石油油毡相近。这种油毡和石油沥青玻璃布油毡将会逐渐取代石油沥青油毡、油纸。适用于地下防水、防腐层，屋面防水层及非热力管道的保护层。

目前大部分发达国家已淘汰了纸胎油毡，在我国，性能优异的防水材料也不断涌现，本书不详细介绍这些性能差的传统防水材料。

一、弹性体改性沥青防水卷材

弹性体改性沥青防水卷材(简称 SBS 防水卷材)是用沥青或热塑性弹性体(如 SBS)改性沥青浸渍胎基，两面涂以弹性体沥青涂盖层，上表面撒以细砂、矿物粒(片)或覆盖聚乙烯膜，下表面撒以细砂或覆盖聚乙烯膜所制成的一类防水卷材。

SBS 防水卷材按胎基分为聚酯胎(PY)、玻纤胎(G)和玻纤增强聚酯毡(PYG)三类。按上表面隔离材料分为聚乙烯膜(PE)、细砂(S)与矿物粒(片)料(M)三种。按下表面隔离材料分为细砂(S)和聚乙烯膜(PE)两类。按性能分为Ⅰ型和Ⅱ型。

需说明的是，上述细砂是指粒径不超过 0.60mm 的矿物颗粒。

SBS 防水卷材的规格如下：卷材公称宽度为 1000mm；聚酯毡卷材公称厚度为 3mm、4mm、5mm，玻纤毡卷材公称厚度为 3mm、4mm，玻纤增强聚酯毡卷材公称厚度为 5mm；每卷卷材公称面积为 7.5m^2、10m^2 和 15m^2。

SBS 防水卷材标记顺序为产品名称、型号、胎基、上表面材料、下表面材料、厚度、面积和标准编号。例如 10m^2、3mm 厚、上表面为矿物粒料、下表面为聚乙烯膜、聚酯毡Ⅰ型弹性体改性沥青防水卷材标记为“SBS I PY M PE 3 10 GB 18242—2008”。

(一) 技术要求(GB 18242—2008)

1. 单位面积质量、面积及厚度

单位面积质量、面积及厚度应符合表 10-9 的规定。

SBS 卷材单位面积质量、面积及厚度 　　**表 10-9**

规格(公称厚度)(mm)		3			4			5		
上表面材料		PE	S	M	PE	S	M	PE	S	M
下表面材料		PE	PE、S		PE	PE、S		PE	PE、S	
面积(m^2/卷)	公称面积	10、15			10、7.5			7.5		
	偏差	±0.10			±0.10			±0.10		
单位面积质量(kg/m^2) ≥		3.3	3.5	4.0	4.3	4.5	5.0	5.3	5.5	6.0
厚度(mm)	平均值 ≥	3.0			4.0			5.0		
	最小单值	2.7			3.7			4.7		

2. 外观

(1) 成卷卷材应卷紧卷齐，端面里进外出不得超过 10mm。

(2) 成卷卷材在 4～50℃任一产品温度下展开，在距卷芯 1000mm 长度外不应有

10mm 以上的裂纹或粘结。

(3) 胎基应浸透，不应有未被浸渍的条纹。

(4) 卷材表面必须平整，不允许有孔洞、缺边和裂口、疙瘩，矿物粒料粒度应均匀一致并紧密地粘附于卷材表面。

(5) 每卷接头处不应超过 1 个，较短的一段不应少于 1000mm，接头应剪切整齐，并加长 150mm。

3. 材料性能(强制性标准)

SBS 卷材材料性能应符合表 10-10 的规定。

SBS 卷材材料性能 表 10-10

项目			Ⅰ		Ⅱ		
			PY	G	PY	G	GYG
可溶物含量(g/m²)≥	3mm		2100				—
	4mm		2900				—
	5mm		3500				
	试验现象		—	胎基不燃	—	胎基不燃	—
耐热性	℃		90		105		
	≤mm		2				
	试验现象		无流淌、滴落				
低温柔性(℃)			−20		−25		
			无裂缝				
不透水性 30min			0.3MPa	0.2MPa	0.3MPa		
拉力	最大峰拉力(N/50mm)	≥	500	350	800	500	900
	次高峰拉力(N/50mm)	≥	—	—	—	—	800
	试验现象		拉伸过程中，试件中部无沥青涂盖层开裂或与胎基分离现象				
延伸率(%)	最大峰时延伸率(%)	≥	30	—	40	—	—
	第二峰时延伸率(%)	≥	—		—		15
浸水后质量增加(%) ≤	PE、S		1.0				
	M		2.0				
耐老化	拉力保持率(%)	≥	90				
	延伸率保持率(%)	≥	80				
	低温柔性(℃)		−15		−20		
			无裂缝				
	尺寸变化率(%)	≤	0.7	—	0.7	—	0.3
	质量损失率(%)	≤	1.0				
渗油性	张数≤		2				
接缝剥离强度(N/mm)		≥	1.5				
钉杆撕裂强度①(N)		≥	—				300
矿物粒料粘附性②(g)		≤	2.0				

续表

项目			Ⅰ		Ⅱ		
			PY	G	PY	G	GYG
卷材下表面沥青涂盖层厚度③(mm)		≥	1.0				
人工气候加速老化	外观		无滑动、流淌、滴落				
	拉力保持率(%)	≥	80				
	低温柔度(℃)		−15		−20		
			无裂纹				

① 仅适用于单层机械固定施工方式卷材;

② 仅适用于矿物粒料表面的卷材;

③ 仅适用于热熔施工的卷材。

(二) SBS 防水卷材监理

监理工程师在熟悉 SBS 防水卷材技术要求的基础上，掌握以下几个方面的内容：

1. 特性与应用

SBS 卷材在常温下有弹性，在高温下有热塑性，低温柔性好，耐热性、耐水性和耐腐蚀性好。其中聚酯毡机械性能、耐水性和耐腐蚀性性能最优；玻纤毡价格低，但强度较低，无延伸性。

SBS 卷材主要适用于工业与民用建筑的屋面和地下防水工程，尤其适用于较低气温环境的建筑防水。玻纤增强聚酯毡卷材可用于机械固定单层防水，但需通过抗风荷载试验。玻纤毡卷材适用于多层防水中的底层防水。外露使用采用上表面隔离材料为不透明矿物粒料的防水卷材。地下工程防水采用表面隔离材料为细砂的防水卷材。

SBS 卷材可用纸包装或塑胶带包装，纸包装时应以全柱面包装，柱面两端未包装长度总计不应超过 100mm，**外包装上应标记生产厂名和地址、商标、产品标记、能否热熔施工、生产日期或批号、检验合格标识、生产许可证号及其标志。**产品应在包装或产品说明书中注明贮存与运输注意事项等内容。

贮存与运输时，不同类型、规格的产品应分别存放，不应混杂。避免日晒雨淋，注意通风。贮存温度不应高于 50℃，立放贮存只能单层，运输过程中立放不超过两层。

2. 检验项目、取样方法及数量

(1) 检验项目

SBS 防水卷材按检验类型分为出厂检验、周期检验和型式检验。

出厂检验项目有：单位面积质量、面积、厚度、外观、可溶物含量、不透水性、耐热性、低温柔性、拉力、延伸率、渗油性、卷材下表面沥青涂盖层厚度。

周期检验项目为热老化，每三个月至少一次。

型式检验项目包括产品标准中全部技术要求。

(2) 检验组批

以同一类型、同一规格 10000m^2 为一批，不足 10000m^2 时亦可作为一批。

(3) 抽样

在每批产品中随机抽取 5 卷进行单位面积质量、面积、厚度与外观检查。

(4) 试件切取

将取样卷材切除距外层卷头 2500mm 后，取 1m 长的卷材按 GB/T 328.4 取样方法均匀分布裁取试件，卷材性能的形状和数量按表 10-11 裁取。

SBS 卷材试件形状和数量 **表 10-11**

试验项目		试件形状(纵向×横向)(mm×mm)	数量(个)
可溶物含量		100×100	3
耐热性		125×100	纵向 3
低温柔性		150×25	纵向 10
不透水性		150×150	3
拉力及延伸率		(250～320)×50	纵横向各 5
浸水后质量增加		(250～320)×50	纵向 5
热老化	拉力及延伸率保持率	(250～320)×50	纵横向各 5
	低温柔性	150×25	纵向 10
	尺寸变化率及质量损失	(250～320)×50	纵向 5
渗油性		50×50	3
接缝剥离强度		400×200(搭接边处)	纵向 2
钉杆撕裂强度		200×100	纵向 5
矿物粒料粘附性		265×50	纵向 3
卷材下表面沥青涂盖层厚度		200×50	横向 3
人工气候加速老化	拉力保持率(%) ≥	120×25	纵横向各 5
	低温柔度(℃)	120×25	纵向 10

3. 试验方法

面积按 GB/T 328.6 进行，厚度按 GB/T 328.4 进行，外观按 GB/T 328.2 进行，可溶物按 GB/T 328.26 进行，耐热性按 GB/T 328.11—2007 中 A 法进行，低温柔性按 GB/T 328.14 进行，不透水性按 GB/T 328.10—2007 中方法 B 进行，拉力及延伸率按 GB/T 328.8 进行，浸水后质量增加、热老化、渗油性按 GB 18242—2008 进行，接缝剥离强度按 GB/T 328.20 进行，钉杆撕裂强度按 GB/T 328.18 进行，矿物粒料粘附性按 GB/T 328.17—2007 进行，卷材下表面沥青涂盖层厚度按 GB/T 328.4 进行，人工气候加速老化按 GB/T 18244 进行。

4. 判定规则

(1) 单项判定

1) 单位面积质量、面积、厚度及外观

抽取的 5 卷样品均符合标准规定时，判为单位面积质量、面积、厚度及外观合格。若其中有一项不符合规定，允许从该批产品中再随机抽取 5 卷样品，对不合格项进行复查。如全部达到标准规定时则判为合格；否则，判该批产品不合格。

2) 材料性能

从单位面积质量、面积、厚度及外观合格的卷材中任取 1 卷进行材料性能试验。

① 可溶物含量、拉力、延伸率、吸水率、耐热性、接缝剥离强度、钉杆撕裂强度、矿物粒料粘附性、卷材下表面沥青涂盖层厚度以其算术平均值达到标准规定的指标判为该项合格。

② 不透水性以3个试件分别达到标准规定时判为该项合格。

③ 低温柔性两面分别达到标准规定时判为该项合格。

④ 渗油性以最大值符合标准规定判为该项合格。

⑤ 热老化、人工气候加速老化各项结果达到表10-10规定时判为该项合格。

⑥ 各项试验结果均符合表10-10规定，则判该批产品材料性能合格。若有一项指标不符合规定，允许在该产品中再随机抽取5卷，并从中任取1卷对不合格项进行单项复验。达到标准规定时，则判该批产品合格。

(2) 总判定

试验结果符合标准规定的全部要求时，则判该批产品合格。

二、塑性体改性沥青防水卷材

塑性体改性沥青防水卷材(简称APP防水卷材)是用沥青或热塑性弹性体(如无规聚丙烯APP或聚烯烃类聚合物APAO、APO)改性沥青浸渍胎基，两面涂以塑性体沥青涂盖层，上表面撒以细砂、矿物粒(片)或覆盖聚乙烯膜，下表面撒以细砂或覆盖聚乙烯膜所制成的一类防水卷材。

APP防水卷材按胎基分为聚酯胎(PY)、玻纤胎(G)和玻纤增强聚酯毡(PYG)三类，按上表面隔离材料分为聚乙烯膜(PE)、细砂(S)与矿物粒(片)料(M)三种，按下表面隔离材料分为细砂(S)和聚乙烯膜(PE)两类，按性能分为Ⅰ型和Ⅱ型。

需说明的是，上述细砂是指粒径不超过0.60mm的矿物颗粒。

APP防水卷材的规格如下：卷材公称宽度为1000mm；聚酯毡卷材公称厚度为3mm、4mm、5mm，玻纤毡卷材公称厚度为3mm、4mm，玻纤增强聚酯毡卷材公称厚度为5mm；每卷卷材公称面积为7.5m^2、10m^2和15m^2。

APP防水卷材标记顺序为产品名称、型号、胎基、上表面材料、下表面材料、厚度、面积和标准编号。例如10m^2、3mm厚、上表面为矿物粒料、下表面为聚乙烯膜、聚酯毡Ⅰ型塑性体改性沥青防水卷材标记为“APP I PY M PE 3 10 GB 18243—2008”。

(一) 技术要求(GB 18243—2008)

1. 单位面积质量、面积及厚度

单位面积质量、面积及厚度应符合表10-9的规定。

2. 外观

(1) 成卷卷材应卷紧卷齐，端面里进外出不得超过10mm。

(2) 成卷卷材在4～60℃任一产品温度下展开，在距卷芯1000mm长度外不应有10mm以上的裂纹或粘结。

(3) 胎基应浸透，不应有未被浸渍的条纹。

(4) 卷材表面必须平整，不允许有孔洞、缺边和裂口、疙瘩，矿物粒料粒度应均匀一致并紧密地粘附于卷材表面。

(5) 每卷接头处不应超过1个，较短的一段不应少于1000mm，接头应剪切整齐，并加长150mm。

3. 材料性能(强制性标准)

APP卷材材料性能应符合表10-12的规定。

APP 卷材材料性能 **表 10-12**

项目			Ⅰ		Ⅱ		
			PY	G	PY	G	GYG
可溶物含量(g/m^2)⩾	3mm		2100				—
	4mm		2900				—
	5mm		3500				
	试验现象		—	胎基不燃	—	胎基不燃	—
耐热性	℃		90		105		
	⩽mm		2				
	试验现象		无流淌、滴落				
低温柔性(℃)			−7		−15		
			无裂缝				
不透水性 30min			0.3MPa	0.2MPa	0.3MPa		
拉力	最大峰拉力(N/50mm)	⩾	500	350	800	500	900
	次高峰拉力(N/50mm)	⩾	—	—	—	—	800
	试验现象		拉伸过程中，试件中部无沥青涂盖层开裂或与胎基分离现象				
延伸率(%)	最大峰时延伸率(%)	⩾	20	—	40	—	—
	第二峰时延伸率(%)	⩾	—		—		15
浸水后质量增加(%)	⩽	PE、S	1.0				
		M	2.0				
耐老化	拉力保持率(%)	⩾	90				
	延伸率保持率(%)	⩾	80				
	低温柔性(℃)		−2		−10		
			无裂缝				
	尺寸变化率(%)	⩽	0.7	—	0.7	—	0.3
	质量损失率(%)	⩽	1.0				
接缝剥离强度(N/mm)		⩾	1.0				
钉杆撕裂强度①(N)		⩾	—				300
矿物粒料粘附性②(g)		⩽	2.0				
卷材下表面沥青涂盖层厚度③(mm)		⩾	1.0				
人工气候加速老化	外观		无滑动、流淌、滴落				
	拉力保持率(%)	⩾	80				
	低温柔度(℃)		−2		−10		
			无裂纹				

① 仅适用于单层机械固定施工方式卷材；

② 仅适用于矿物粒料表面的卷材；

③ 仅适用于热熔施工的卷材。

（二）APP 防水卷材监理

监理工程师在熟悉 APP 防水卷材技术要求的基础上，掌握以下几个方面的内容：

1. 特性与应用

APP 卷材耐热性优异，耐水性、耐腐蚀性好，低温柔性较好(但不及 SBS 卷材)。其中聚酯毡机械性能、耐水性和耐腐蚀性性能优良；玻纤毡价格低，但强度较低，无延伸性。

APP 卷材适用于工业与民用建筑的屋面和地下防水工程，尤其适用于较高气温环境的建筑防水。玻纤增强聚酯毡卷材可用于机械固定单层防水，但需通过抗风荷载试验。玻纤毡卷材适用于多层防水中的底层防水。外露使用采用上表面隔离材料为不透明矿物粒料的防水卷材。地下工程防水采用表面隔离材料为细砂的防水卷材。

APP 卷材可用纸包装或塑胶带包装，纸包装时应以全柱面包装，柱面两端未包装长度总计不应超过 100mm，**外包装上应标记生产厂名和地址、商标、产品标记、能否热熔施工、生产日期或批号、检验合格标识、生产许可证号及其标志。**产品应在包装或产品说明书中注明贮存与运输注意事项等内容。

贮存与运输时，不同类型、规格的产品应分别存放，不应混杂。避免日晒雨淋，注意通风。贮存温度不应高于 50℃，立放贮存只能单层，运输过程中立放不超过两层。

2. 检验项目、取样方法及数量

(1) 检验项目

APP 防水卷材按检验类型分为出厂检验、周期检验和型式检验。

出厂检验项目有：单位面积质量、面积、厚度、外观、可溶物含量、不透水性、耐热性、低温柔性、拉力、延伸率、卷材下表面沥青涂盖层厚度。

周期检验项目为热老化，每三个月至少一次。

型式检验项目包括产品标准中全部技术要求。

(2) 检验组批

以同一类型、同一规格 10000m^2 为一批，不足 10000m^2 时亦可作为一批。

(3) 抽样

在每批产品中随机抽取 5 卷进行卷重、面积、厚度与外观检查。

(4) 试件切取

将取样卷材切除距外层卷头 2500mm 后，取 1m 长的卷材按 GB/T 328.4 取样方法均匀分布裁取试件，卷材性能的形状和数量参照表 10-11 裁取(不含渗油性指标)。

3. 试验方法

同 SBS 防水卷材(不含渗油性指标)。

4. 判定规则

(1) 单项判定

1) 单位面积质量、面积、厚度及外观

抽取的 5 卷样品均符合标准规定时，判为单位面积质量、面积、厚度及外观合格。若其中有一项不符合规定，允许从该批产品中再随机抽取 5 卷样品，对不合格项进行复查。如全部达到标准规定时则判为合格；否则，判该批产品不合格。

2) 材料性能

从单位面积质量、面积、厚度及外观合格的卷材中任取 1 卷进行材料性能试验。

① 可溶物含量、拉力、延伸率、吸水率、耐热性、接缝剥离强度、钉杆撕裂强度、矿物粒料粘附性、卷材下表面沥青涂盖层厚度以其算术平均值达到标准规定的指标判为该项合格。

② 不透水性以 3 个试件分别达到标准规定时判为该项合格。

③ 低温柔性两面分别达到标准规定时判为该项合格。

④ 热老化、人工气候加速老化各项结果达到表 10-12 规定时判为该项合格。

⑤ 各项试验结果均符合表 10-12 规定，则判该批产品材料性能合格。若有一项指标不符合规定，允许在该产品中再随机抽取 5 卷，并从中任取 1 卷对不合格项进行单项复验。达到标准规定时，则判该批产品合格。

(2) 总判定

试验结果符合标准规定的全部要求时，则判该批产品合格。

三、改性沥青聚乙烯胎防水卷材

改性沥青聚乙烯胎防水卷材是以高密度聚乙烯膜为胎基，上下两面为改性沥青或自粘沥青，表面覆盖隔离材料制成的防水卷材。

改性沥青聚乙烯胎防水卷材按产品的施工工艺分为热熔型(代号 T)和自粘型(代号 S)。热熔型卷材上下表面隔离材料为聚乙烯膜，自粘型卷材上下表面隔离材料为防粘材料。

热熔型按改性剂的成分为改性氧化沥青防水卷材(代号 O)、丁苯橡胶改性氧化沥青防水卷材(代号 M)、高聚物改性沥青防水卷材(代号 P)和高聚物改性沥青耐根穿刺防水卷材(代号 R)四类。另外，高密度聚乙烯膜胎体代号 E，聚乙烯膜覆面材料代号 E。

改性沥青聚乙烯胎防水卷材的规格有：公称宽度 1000mm、1100m；热熔型厚度 3.0mm、4.0mm，其中耐根穿刺卷材 4.0mm；自粘型厚度 2.0mm、3.0mm；每卷公称面积 $10m^2$、$11m^2$。生产其他规格的卷材，可由供需双方协商确定。

改性沥青聚乙烯胎防水卷材的标记顺序为施工工艺、产品类型、胎体、上表面覆盖材料、厚度和标准号。例如 3.0mm 厚的热熔型聚乙烯胎聚乙烯膜覆面高聚物改性沥青防水卷材，其标记为“T PEE 3 GB 18967—2009”。

(一) 技术要求(GB 18967—2009)

1. 单位面积质量和规格尺寸

单位面积质量和规格尺寸应符合表 10-13 的规定。

改性沥青聚乙烯胎防水卷材的单位面积质量和规格尺寸　　表 10-13

公称厚度(mm)			3	3	4
单位面积质量(kg/m^2)		≥	2.1	3.1	4.2
每卷面积偏差(m^2)			±0.20		
厚度(mm)	平均值	≥	2.0	3.0	4.0
	最小单值	≥	1.8	2.7	3.7

2. 外观

(1) 成卷卷材应卷紧卷齐，端面里进外出不得超过 20mm。

(2) 成卷卷材在 4～45℃任一产品温度下展开，在距卷芯 1000mm 长度外不应有裂纹或 10mm 以上的粘结。

(3) 卷材表面必须平整，不允许有孔洞、缺边和裂口、疙瘩或其他能观察到的缺陷存在。

(4) 每卷接头处不应超过 1 个，较短的一段不应少于 1000mm，接头应剪切整齐，并加长 150mm。

3. 物理力学性能(强制性标准)

物理力学性能应符合表 10-14 的规定。

改性沥青聚乙烯胎防水卷材的物理力学性能 **表 10-14**

项目			T				S
			O	M	P	R	M
不透水性			0.4MPa，30min 不透水				
耐热性(℃)			90				70
			无流淌，无起泡				
低温柔性(℃)			−5	−10	−20	−20	−20
			无裂纹				
拉伸性能	拉力(N/50mm)≥	纵向/横向	200			400	200
	断裂延伸率(%)	纵向/横向	120				
尺寸稳定性		℃	90				70
		%，≤	2.5				
卷材下表面沥青涂盖层厚度(mm)			1.0				—
剥离强度(N/mm)	≥	卷材与卷材	—				1.0
		卷材与板材					1.5
钉杆水密性			—				通过
持粘性(min)		≥	—				15
自粘沥青再剥离强度(与铝板)(N/mm)		≥	—				1.5
热空气老化	纵向拉力(N/50mm)	≥	200			400	200
	纵向断裂延伸率(%)	≥	120				
	低温柔性(℃)		5	0	−10	−10	−10
			无裂纹				

4. 耐根穿刺卷材应用性能

高聚物改性沥青耐根穿刺防水卷材(R)的性能除符合表 10-14 的要求外，其耐根穿刺与耐霉菌腐蚀性能应符合 JC/T 1075—2008 表 2 的规定。

(二) 改性沥青聚乙烯胎防水卷材监理

监理工程师在熟悉改性沥青聚乙烯胎防水卷材技术要求的基础上，掌握以下几个方面的内容：

1. 特性与应用

改性沥青聚乙烯胎防水卷材具有防水、隔热、保温、装饰、耐老化、耐低温的多重功能，其抗拉强度高、延伸率大、施工方便、价格较低。适用于非外露的建筑与基础设施的防水工程。

卷材宜以塑料膜包装，柱面两端热塑封好，外用胶带捆扎；也可用编织袋包装。包装上应标记产品名称、生产厂名和地址、商标、产品标记、生产日期或批号、检验合格标识、生产许可证号及其标志、贮存与运输注意事项。

运输时，防止倾斜或横压，必要时加盖苫布。

贮存与运输时，不同类型、规格的产品应分别存放，不应混杂。避免日晒雨淋，注意通风。贮存温度不应高于 45℃，卷材平放贮存，码放高度不超过 5 层。

2. 检验项目、取样方法及数量

(1) 检验项目

防水卷材按检验类型分为出厂检验和型式检验。

出厂检验项目有：面积、单位面积质量、厚度、外观、不透水性、耐热性、低温柔性、拉伸性能、卷材下表面沥青涂盖层厚度(T)、卷材与铝板剥离强度(S)、持粘性(S)、自粘沥青再剥离强度(S)。

型式检验项目包括产品标准中全部技术要求。

(2) 检验组批

以同一类型、同一规格 10000m² 为一批，不足 10000m² 时亦可作为一批。

(3) 抽样

在每批产品中随机抽取 5 卷进行单位面积质量、规格尺寸及外观质量。

在上述检查合格后，从中随机抽取 1 卷取至少 1.5m² 的试样进行物理力学性能检测。

(4) 试件切取

将取样卷材切除距外层卷头 2500mm 后，取 1m 长的卷材按 GB/T 328.4 取样方法均匀分布裁取试件，卷材性能的形状和数量按表 10-15 裁取。

改性沥青聚乙烯胎防水卷材的试件形状和数量 **表 10-15**

试验项目		试件尺寸(纵向×横向)(mm×mm)	数量(个)
不透水性		150×150	3
耐热性		100×50	3
低温柔性		150×25	纵向 10
拉伸性能		150×50	纵横向各 5
尺寸稳定性		250×250	3
卷材下表面沥青涂盖层厚度		200×50	3
剥离强度	卷材与卷材	150×50	10(5 组)
	卷材与铝板	250×50	5
钉杆水密性		300×300	2
持粘性		150×50	5
自粘沥青再剥离强度		250×50	5
热空气老化		200×200	5

3. 试验方法

面积按 GB/T 328.6 进行，厚度按 GB/T 328.4 进行，外观按 GB/T 328.2 进行，不透水性按 GB/T 328.10—2007 中方法 B 进行，耐热性按 GB/T 328.11 进行，低温柔性按

GB/T 328.14 进行，拉伸性能按 GB/T 328.8 进行，尺寸稳定性按 GB/T 328.13 进行，卷材下表面沥青涂盖层厚度按 GB/T 328.5，剥离强度按 GB/T 328.20 进行，钉杆水密性、持粘性、自粘沥青再剥离强度按 GB/T 18967—2009 进行，热空气老化按 GB/T 18244 进行，耐根穿刺卷材应用性能按 JC/T 1075—2008 中 6.3.1 与 6.3.2 进行。

4. 判定规则

(1) 单项判定

1) 单位面积质量及规格尺寸

抽取的 5 卷样品均符合标准规定时，判为单位面积质量及规格尺寸合格。若其中有一项不符合规定，允许从该批产品中再随机抽取 5 卷样品，对不合格项进行复查。如全部达到标准规定时则判为合格；否则，判该批产品不合格。

2) 物理力学性能

① 耐热性、拉力、断裂延伸率、尺寸稳定性、卷材下表面涂盖层厚度以其算术平均值达到标准规定的指标判为该项合格。

② 不透水性、钉杆水密性以每个试件分别达到标准规定时判为该项合格。

③ 低温柔性两面分别达到标准规定时判为该项合格。

④ 渗油性以最大值符合标准规定判为该项合格。

⑤ 各项试验结果均符合表 10-14 规定，则判该批产品材料性能合格。若有一项指标不符合规定，允许在该产品中再随机抽取 1 卷对不合格项进行单项复验。达到标准规定时，则判该批产品物理力学性能合格。

(2) 总判定

试验结果符合标准规定的全部要求时，则判该批产品合格。

第三节　高分子防水卷材及其监理

一、聚氯乙烯防水卷材

聚氯乙烯(PVC)防水卷材是以聚氯乙烯树脂为主要原料，掺加填充料(如铝矾土)和适量的改性剂、增塑剂(如邻苯二甲酸二辛酯)及其他助剂(如煤焦油)，经混炼、压延或挤出成型而成的防水卷材。

卷材按有无复合层分为 N 类(无复合层)、L 类(用纤维单面复合)和 W 类(织物内增强)三类。每类产品按理化性能分为Ⅰ型和Ⅱ型。

卷材规格如下：长度为 10m、15m 和 20m，厚度为 1.2mm、1.5mm 和 2.0mm，其他长度、厚度规格可由供需双方商定，厚度规格不得小于 1.2mm。

卷材标记顺序为产品名称(PVC 卷材)、外露或非外露使用、类、型、厚度、长×宽和标准编号。例如长度 20m、宽度 1.2m、厚度 1.5mmⅡ型 L 类外露使用聚氯乙烯防水卷材，标记为“PVC 卷材 外露 L Ⅱ 1.5/201.2 GB 12952—2003”。

(一) 技术要求(GB 12952—2003)

1. 尺寸偏差

长度、宽度不小于规定值的 99.5%，厚度偏差和最小单值见表 10-16。

聚氯乙烯防水卷材厚度偏差和最小单值(mm) 表 10-16

厚　度	允许偏差	最小单个值
1.2	±0.10	1.00
1.5	±0.15	1.30
2.0	±0.20	1.70

2. 外观

卷材的接头不多于一处，其中较短的一段长度不少于 1.5m，接头处应剪切整齐，并加长 150mm。卷材表面应平整、边缘整齐，无裂纹、孔洞、粘结、气泡和疤痕。

3. 理化性能(强制性标准)

N 类无复合层的卷材理化性能应符合表 10-17 的规定，L 类纤维单面复合及 W 类织物内增强的卷材应符合表 10-18 的规定。

聚氯乙烯防水卷材 N 类理化性能 表 10-17

项　目			Ⅰ型	Ⅱ型
拉伸强度(MPa)		≥	8.0	12.0
断裂伸长率(%)		≥	200	250
热处理尺寸变化率(%)		≤	3.0	2.0
低温弯折性			−20℃无裂纹	−25℃无裂纹
抗穿孔性			不渗水	
不透水性			不透水	
剪切状态下的粘合性(N/mm)		≥	3.0 或卷材破坏	
热老化处理	外观		无起泡、裂纹、粘结和孔洞	
	拉伸强度变化率(%)		±25	±20
	断裂伸长率变化率(%)			
	低温弯折性		−15℃无裂纹	−20℃无裂纹
耐化学侵蚀	拉伸强度变化率(%)		±25	±20
	断裂伸长率变化率(%)			
	低温弯折性		−15℃无裂纹	−20℃无裂纹
人工气候加速老化	拉伸强度相对变化率(%)		±25	±20
	断裂伸长率相对变化率(%)			
	低温弯折性		−15℃无裂纹	−20℃无裂纹

注：非外露使用可以不考核人工气候加速老化性能。

聚氯乙烯防水卷材 L 类及 W 类理化性能 表 10-18

项　目		Ⅰ型	Ⅱ型
拉力(N/cm)	≥	100	160
断裂伸长率(%)	≥	150	200
热处理尺寸变化率(%)	≤	1.5	1.0
低温弯折性		−20℃无裂纹	−25℃无裂纹

续表

项目		Ⅰ型	Ⅱ型
抗穿孔性		不渗水	
不透水性		不透水	
剪切状态下的粘合性(N/mm) ≥	L类	3.0或卷材破坏	
	W类	6.0或卷材破坏	
热老化处理	外观	无起泡、裂纹、粘结和孔洞	
	拉伸强度变化率(%)	±25	±20
	断裂伸长率变化率(%)		
	低温弯折性	−15℃无裂纹	−20℃无裂纹
耐化学侵蚀	拉伸强度变化率(%)	±25	±20
	断裂伸长率变化率(%)		
	低温弯折性	−15℃无裂纹	−20℃无裂纹
人工气候加速老化	拉伸强度相对变化率(%)	±25	±20
	断裂伸长率相对变化率(%)		
	低温弯折性	−15℃无裂纹	−20℃无裂纹

注：非外露使用可以不考核人工气候加速老化性能。

（二）聚氯乙烯防水卷材监理

监理工程师在熟悉聚氯乙烯防水卷材技术要求的基础上，掌握以下几个方面的内容：

1. 特性与应用

PVC防水卷材耐老化性能好(耐用年限25年以上)，拉伸强度高，断裂伸长率极大，原材料丰富，价格便宜。用热风焊铺贴，施工方便，不污染环境。适用于我国南北方广大地区防水要求高、耐用年限长的工业与民用建筑的防水工程。用于屋面防水时，可做成单层外露防水。

卷材用硬质芯卷取包装，宜用塑料袋或编织袋包装。包装上应标记生产厂名和地址、商标、产品标记、生产日期或批号、生产许可证号、贮存与运输注意事项、检验合格标识、复合层纤维或织物种类。外露与非外露使用的卷材及其包装上应有明显的标识区别。

贮存与运输时，不同类型、规格的产品应分别存放，不应混杂。避免日晒雨淋，注意通风。贮存温度不应高于45℃，平放贮存堆放高度不超过5层，立放单层堆放，禁止与酸、碱、油类及有机溶剂等接触。

运输时，防止倾斜或横压，必要时加盖苫布。在正常贮存、运输条件下，贮存期自生产日起为1年。

2. 检验项目、取样方法及数量

(1) 检验项目

出厂检验项目有：拉伸强度(拉力)、断裂伸长率、热处理尺寸变化率、低温弯折性。

型式检验项目包括产品标准中全部技术要求。

(2) 检验组批与抽样

以同一类型、同一规格 $10000m^2$ 为一批，不足 $10000m^2$ 时亦可作为一批。在该批产品中随机抽取3卷进行尺寸偏差和外观检查，在上述检查合格的样品中任取1卷，在距外层端部500mm处裁取3m(出厂检验为1.5m)进行理化性能检验。

(3) 试件切取

将被测样品在温度(23±2)℃、相对湿度(60±15)%标准试验条件下放置24h，按图10-1和表10-19裁取所需试件，试件距卷材边缘不小于100mm。裁切织物增强卷材时应顺着织物的走向，尽量使工作部位有最多的纤维根数。

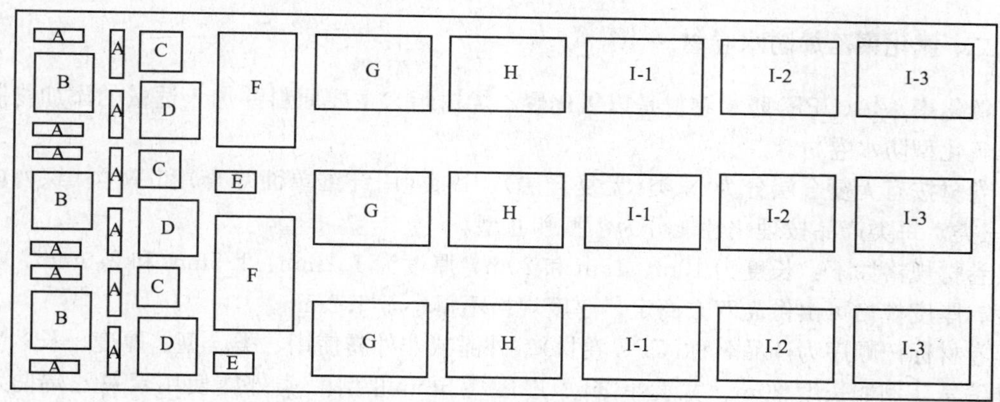

图10-1　聚氯乙烯防水卷材试样裁取布置图

聚氯乙烯防水卷材试件尺寸和数量　　　　**表10-19**

试验项目	符　号	尺寸(纵向×横向)(mm×mm)	数　量
拉伸性能	A、A′	120×25	各6
热处理尺寸变化率	C	100×100	3
抗穿孔性	B	150×150	3
不透水性	D	150×150	3
低温弯折性	E	100×50	2
剪切状态下的粘合性	F	200×300	2
热老化处理	G	300×200	3
耐化学侵蚀	Ⅰ-1、Ⅰ-2、Ⅰ-3	300×200	各3
人工气候加速老化	H	300×200	3

3. 试验方法

按《聚氯乙烯防水卷材》GB 12952—2003进行。

4. 判定规则

(1) 尺寸偏差、外观

尺寸偏差和外观符合标准要求时，判其尺寸偏差、外观合格。对不合格的，允许在该批产品中随机另抽3卷重新检验，全部达到标准规定即判其尺寸偏差、外观合格，若仍有不符合标准规定的即判该批产品不合格。

(2) 理化性能

1) 对于拉伸性能、热处理尺寸变化率、剪切状态下的粘合性以同一方向试件的算术平均值分别达到标准规定，即判该项合格。

2) 低温弯折性、抗穿孔性、不透水性所有试件都符合标准规定，判该项合格，若有一个试件不符合标准规定则为不合格。

3）试验结果符合表10-17和表1-18规定，判该批产品理化性能合格。若仅有一项不符合标准规定，允许在该批产品中随机另取1卷进行单项复测，合格则判该批产品理化性能合格，否则判该批产品理化性能不合格。

（3）总判定

试样结果符合标准全部要求、且标记符合规定时，判该批产品合格。

二、氯化聚乙烯防水卷材

氯化聚乙烯(CPE)防水卷材是以氯化聚乙烯树脂为主要原料并加入适量的添加物制成的非硫化型防水卷材。

卷材按有无复合层分为N类(无复合层)、L类(用纤维单面复合)和W类(织物内增强)三类。每类产品按理化性能分为Ⅰ型和Ⅱ型。

卷材规格如下：长度为10m、15m和20m，厚度为1.2mm、1.5mm和2.0mm，其他长度、厚度规格可由供需双方商定，厚度规格不得小于1.2mm。

卷材标记顺序为产品名称(CPE卷材)、外露或非外露使用、类、型、厚度、长×宽和标准编号。例如长度20m、宽度1.2m、厚度1.5mmⅡ型L类外露使用聚氯乙烯防水卷材，标记为“CPE卷材 外露 L Ⅱ 1.5/20×1.2 GB 12953—2003”。

（一）技术要求(GB 12953—2003)

1. 尺寸偏差

长度、宽度不小于规定值的99.5%，厚度偏差和最小单值见表10-20。

氯化聚乙烯防水卷材厚度偏差和最小单值(mm) **表10-20**

厚度	允许偏差	最小单个值
1.2	±0.10	1.00
1.5	±0.15	1.30
2.0	±0.20	1.70

2. 外观

卷材的接头不多于一处，其中较短的一段长度不少于1.5m，接头处应剪切整齐，并加长150mm。卷材表面应平整、边缘整齐，无裂纹、孔洞、粘结、气泡和疤痕。

3. 理化性能(强制性标准)

N类无复合层的卷材理化性能应符合表10-21的规定，L类纤维单面复合及W类织物内增强的卷材应符合表10-22的规定。

氯化聚乙烯防水卷材N类理化性能 **表10-21**

项　目		Ⅰ型	Ⅱ型
拉伸强度(MPa)	≥	**5.0**	**8.0**
断裂伸长率(%)	≥	**200**	**300**
热处理尺寸变化率(%)	≤	**3.0**	**纵向2.5，横向1.5**
低温弯折性		**−20℃无裂纹**	**−25℃无裂纹**

续表

项目			Ⅰ型	Ⅱ型
抗穿孔性			不渗水	
不透水性			不透水	
剪切状态下的粘合性(N/mm)		≥	3.0或卷材破坏	
热老化处理	外观		无起泡、裂纹、粘结和孔洞	
	拉伸强度变化率(%)		+50 −20	±20
	断裂伸长率变化率(%)		+50 −30	±20
	低温弯折性		−15℃无裂纹	−20℃无裂纹
耐化学侵蚀	拉伸强度变化率(%) 断裂伸长率变化率(%)		±30	±20
	低温弯折性		−15℃无裂纹	−20℃无裂纹
人工气候加速老化	拉伸强度相对变化率(%)		+50 −20	±20
	断裂伸长率相对变化率(%)		+50 −30	±20
	低温弯折性		−15℃无裂纹	−20℃无裂纹

注：非外露使用可以不考核人工气候加速老化性能。

氯化聚乙烯防水卷材L类及W类理化性能　　表10-22

项目			Ⅰ型	Ⅱ型
拉力(N/cm)		≥	70	120
断裂伸长率(%)		≥	125	250
热处理尺寸变化率(%)		≤	1.0	1.0
低温弯折性			−20℃无裂纹	−25℃无裂纹
抗穿孔性			不渗水	
不透水性			不透水	
剪切状态下的粘合性(N/mm) ≥	L类		3.0或卷材破坏	
	W类		6.0或卷材破坏	
热老化处理	外观		无起泡、裂纹、粘结和孔洞	
	拉力(N/cm)	≥	55	100
	断裂伸长率(%)	≥	100	200
	低温弯折性		−15℃无裂纹	−20℃无裂纹
耐化学侵蚀	拉力(N/cm)	≥	55	100
	断裂伸长率(%)	≥	100	200
	低温弯折性		−15℃无裂纹	−20℃无裂纹
人工气候加速老化	拉力(N/cm)	≥	55	100
	断裂伸长率(%)	≥	100	200
	低温弯折性		−15℃无裂纹	−20℃无裂纹

注：非外露使用可以不考核人工气候加速老化性能。

（二）氯化聚乙烯防水卷材监理

监理工程师在熟悉氯化聚乙烯防水卷材技术要求的基础上，掌握以下几个方面的内容：

1. 特性与应用

氯化聚乙烯防水卷材是聚氯乙烯防水卷材的改进型，氯化聚乙烯是由氯取代聚乙烯分子中部分氢原子而成的无规氯化聚合物。改性后，其耐臭氧性、耐热老化、阻燃性等有明显提高，其应用范围与聚氯乙烯防水卷材相近。另外 CPE 卷材的耐磨性好，还可作为室内地面材料，兼具防水和装饰效果。

卷材用硬质芯卷取包装，宜用塑料袋或编织袋包装。外包装上应标记生产厂名和地址、商标、产品标记、生产日期或批号、生产许可证号、贮存与运输注意事项、检验合格标识、复合层纤维或织物种类。外露与非外露使用的卷材及其包装上应有明显的标识区别。

贮存与运输时，不同类型、规格的产品应分别存放，不应混杂。避免日晒雨淋，注意通风。贮存温度不应高于 45℃，平放贮存堆放高度不超过 5 层，立放单层堆放，禁止与酸、碱、油类及有机溶剂等接触。

运输时防止倾斜或横压，必要时加盖苫布。在正常贮存、运输条件下，贮存期自生产日起为 1 年。

2. 检验项目、取样方法及数量

（1）检验项目

出厂检验项目有：拉伸强度(拉力)、断裂伸长率、热处理尺寸变化率、低温弯折性。

型式检验项目包括产品标准中全部技术要求。

（2）检验组批与抽样

以同类同型的 10000m^2 卷材为一批，不满 10000m^2 时也可作为一批。在该批产品中随机抽取 3 卷进行尺寸偏差和外观检查，在上述检查合格的样品中任取 1 卷，在距外层端部 500mm 处裁取 3m(出厂检验为 1.5m)进行理化性能检验。

（3）试件切取

将被测样品在温度(23±2)℃、相对湿度(60±15)%标准试验条件下放置 24h，按图 10-1和表 10-19 裁取所需试件，试件距卷材边缘不小于 100mm。裁切织物增强卷材时应顺着织物的走向，尽量使工作部位有最多的纤维根数。

3. 试验方法

按《氯化聚乙烯防水卷材》GB 12953—2003 进行。

4. 判定规则

（1）尺寸偏差、外观

尺寸偏差和外观符合标准要求时，判其尺寸偏差、外观合格。对不合格的，允许在该批产品中随机另抽 3 卷重新检验，全部达到标准规定即判其尺寸偏差、外观合格，若仍有不符合标准规定的即判该批产品不合格。

（2）理化性能

1）对于拉伸性能、热处理尺寸变化率、剪切状态下的粘合性以同一方向试件的算术平均值分别达到标准规定，即判该项合格。

2）低温弯折性、抗穿孔性、不透水性所有试件都符合标准规定，判该项合格，若有一个试件不符合标准规定则为不合格。

3）试验结果符合表 10-21 和表 10-22 规定，判该批产品理化性能合格。若仅有一项不符合标准规定，允许在该批产品中随机另取 1 卷进行单项复测，合格则判该批产品理化性能合格，否则判该批产品理化性能不合格。

（3）总判定

试样结果符合标准全部要求、且标记符合规定时，判该批产品合格。

三、三元丁橡胶防水卷材

三元丁橡胶防水卷材是以废旧丁基橡胶为主，加入丁酯作改性剂，丁醇作促进剂，加工制成的无胎卷材(简称“三元丁卷材”)。

三元丁橡胶防水卷材按物理性能分为一等品(B)和合格品(C)，产品规格如表 10-23 所示。产品标记顺序为产品名称、厚度、等级、标准编号，例如厚度为 1.2mm、一等品的三元丁橡胶防水卷材，标记为“三元丁卷材 1.2 B JC/T 645”。

三元丁橡胶防水卷材产品规格 **表 10-23**

厚度(mm)	宽度(mm)	长度(mm)	厚度(mm)	宽度(mm)	长度(mm)
1.2 1.5	1000	20 10	2.0	1000	10

注：其他规格尺寸由供需双方协商确定。

（一）技术要求(JC/T 645—1996)

1. 产品尺寸允许偏差

产品尺寸允许偏差应符合表 10-24 的规定。

三元丁橡胶防水卷材尺寸允许偏差 **表 10-24**

项　目	允许偏差
厚度(mm)	±0.1
长度(m)	不允许出现负值
宽度(mm)	不允许出现负值

注：1.2mm 厚规格不允许出现偏差。

2. 外观质量

（1）成卷卷材应卷紧卷齐，端面里进外出不得超过 10mm。

（2）成卷卷材在环境温度为低温弯折性规定的温度以上时应易于展开。

（3）卷材表面应平整，不允许有孔洞、缺边、裂口和夹杂物。

（4）每卷卷材的接头不应超过一个。较短的一段不应少于 2500mm，接头处应剪整齐，并加长 150mm。一等品中，有接头的卷材不得超过批量的 3%。

3. 物理力学性能

物理力学性能应符合表 10-25 的规定。

三元丁橡胶防水卷材物理力学性能　　表 10-25

产品等级			一等品	合格品
不透水性	压力(MPa)	≥	0.3	
	保持时间(min)	≥	90，不透水	
纵向拉伸强度(MPa)		≥	2.2	2.0
纵向断裂伸长率(%)		≥	200	150
低温弯折性(−30℃)			无裂纹	
耐碱性	纵向拉伸强度的保持率，%，	≥	80	
	纵向断裂伸长的保持率，%，	≥	80	
热老化处理	纵向拉伸强度的保持率(80±2℃，168h)(%)	≥	80	
	纵向断裂伸长的保持率(80±2℃，168h)(%)	≥	70	
热处理尺寸变化率(80±2℃，168h)(%)		≥	−4，+2	
人工加速气候老化 27 周期	外观		无裂纹，无气泡，不粘结	
	纵向拉伸强度的保持率，%，	≥	80	
	纵向断裂伸长的保持率，%，	≥	70	
	低温弯折性		−20℃，无裂缝	

（二）三元丁橡胶防水卷材监理

监理工程师在熟悉三元丁橡胶防水卷材技术要求的基础上，掌握以下几个方面的内容：

1. 特性与应用

三元丁橡胶防水卷材耐热性好(使用温度可达 120℃以上)，耐化学腐蚀性、耐老化、不透气性和绝缘性好，弹性和可粘贴性略差。最大的特点是耐低温性好，特别适用于严寒地区的防水工程及冷库防水工程等，可用作屋面的单层防水。

产品应在硬质卷芯上卷紧包装，每卷卷材应沿包装纸面整个宽度包装，两端未包装长度不得超过 5mm。每卷产品包装上应标记生产厂名、商标、产品标记、生产日期或批号、贮存与运输注意事项。

贮存与运输时，不同规格、等级的产品不应混放。卷材应在室内干燥、通风的环境下平放贮存，垛高不得超过 1m。运输时产品必须平放成垛，垛高不应超过 1m，不得倾斜，必要时加盖苫布。在正常运输与贮存条件下，贮存期自生产日起为 1 年。

2. 检验项目、取样方法及数量

(1) 检验项目

出厂检验项目有：规格尺寸、外观、不透水性、纵向拉伸强度、纵向断裂伸长率、低温弯折性。

型式检验项目包括产品标准中全部技术要求。

(2) 组批与抽样

以同规格、同等级的卷材 300 卷为一批，不足 300 卷时亦可作为一批计，从每批产品中任取 3 卷进行检验。

(3) 试件切取

从被检测厚度的卷材上切取 0.5m 的样品置于温度 23±2℃，相对湿度 45%～55%的条件进行状态调节，试验前的调节时间少于 16h，仲裁检验时不少于 96h。然后按图 10-2 与表 10-26 切取所需试样。耐碱性与热处理尺寸变化率的试样按 GB 18173.1 切取；热老化处理的试样按 GB 12952 切取；人工加速气候老化的试样按 GB/T 14686 附录 B 切取。

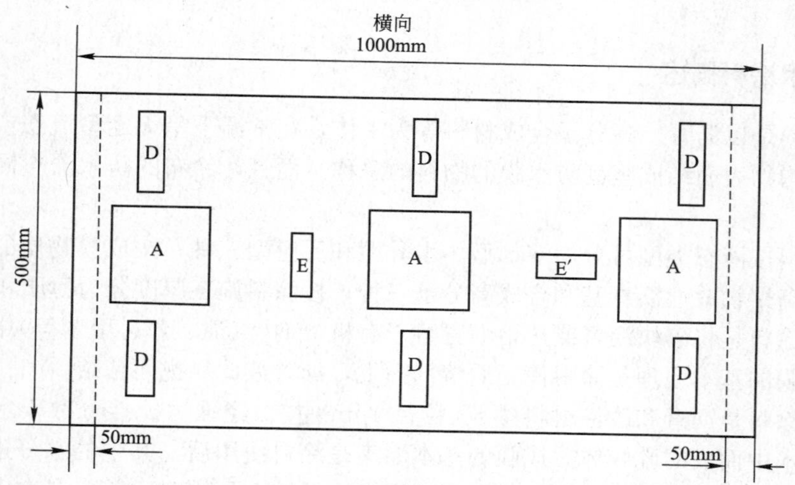

图 10-2 三元丁橡胶防水卷材试样切取部位示意图

三元丁橡胶防水卷材试样尺寸和数量 **表 10-26**

试验项目		试件部位	试件尺寸(mm)	数量
不透水性		A	150×150	3
纵向拉伸强度、伸长率		B	按 GB528 1 型裁刀	6
低温弯折性	纵向	E	50×100	1
	横向	E′	50×100	1
耐碱性		—	按 GB 18173.1	6
热老化处理		—	300×200	3
热处理尺寸变化率		—	100×100	3
人工加速气候老化		—	300×70	6

3. 试验方法

按《三元丁橡胶防水卷材》JC/T 645—1996 进行。

4. 判定规则

(1) 规格尺寸和外观质量

检查 3 卷的规格尺寸、外观全部符合标准要求时则判为合格；若有 1 项指标未达到要求时，则应从同批产品中再任取 6 卷进行检查，全部符合标准要求时，则判为合格；若仍有 1 项指标未达到要求时，则判该批产品不合格。

(2) 物理力学性能

从规格尺寸、外观检查合格的卷材中任取 1 卷做物理力学性能检验。检验结果符合表 10-25 相应等级指标时，则判为该等级。若有 1 项指标不符合标准要求时，则在另一卷上重新取样对该项指标进行复验，达到要求时，则判为该等级；若仍未达到要求时，则判该批产品降等或不合格。

第四节 防水涂料及其监理

一、防水涂料概述

防水涂料是以沥青、高分子合成材料等为主体，在常温下呈无定型流态或半流态，经涂布能在结构物表面结成坚韧防水膜的物料的总称。而且，涂布的防水涂料同时起粘结剂作用。

防水材料按液态类型可分为溶剂型、水乳型和反应型三种；按成膜物质的主要成分分为沥青基、高聚物改性沥青基和合成高分子三种；按涂料施工厚度分为薄质和厚质两类。

溶剂型涂料是将碎块沥青或热熔沥青溶于有机溶剂(汽油、苯、甲苯等)中，经强力搅拌而成。成膜的基本原理是涂料使用后溶剂挥发，沥青彼此靠拢而粘结。

水乳型涂料是沥青和改性材料微粒(粒径 1μm 左右)经强力搅拌分散于水中或分散在有乳化剂的水中而成的乳胶体。成膜的基本原理是涂料使用后，其中的水分逐渐散失，沥青微粒靠拢而将乳化剂薄膜挤破，从而相互团聚而粘结。配制时，首先在水中加入少量乳化剂，再将热熔沥青缓缓倒入，同时高速搅拌，使沥青分散成微小颗粒，均匀分散在溶有乳化剂的水中。常用的乳化剂有：阴离子乳化剂，如钠皂或肥皂、洗衣粉等；阳离子乳化剂，如双甲基十八烷溴胺和三甲基十六烷溴胺等；非离子乳化剂，如聚乙烯醇，平平加(烷基苯酚环氧乙烷缩合物)等；矿物胶体乳化剂，如石灰膏及膨润土等。

反应型涂料是组分之间能发生化学反应，并能形成防水膜的涂料。

1. 常见的沥青基防水涂料

① 冷底子油(属溶剂型)。

② 沥青玛蹄脂(实际上是胶结料)。

③ 水性沥青基厚质防水涂料：以矿物胶体乳化剂配制的乳化沥青为基料，加入石棉纤维或其他无机矿物填充料形成的防水涂料，属水乳型，JC/T 408—2005 将其称为 AE-1 涂料。

④ 水性沥青基薄质防水涂料：以化学乳化剂配制的乳化沥青为基料，掺入氯丁胶乳或再生橡胶，形成水分散体的防水涂料，属水乳型，JC/T 408—2005 将其称为 AE-2 涂料。

2. 常见的聚合物改性沥青防水涂料

① 再生橡胶改性沥青防水涂料：以再生橡胶为改性剂，汽油为溶剂，添加其他填料(滑石粉、石灰石粉等)，经加热搅拌而成。

② 氯丁橡胶改性沥青防水涂料：分为溶剂型和水乳型。溶剂型是以氯丁橡胶为改性剂，汽油(或甲苯)为溶剂，加入填料、防老化剂等制成；水乳型是以水代替汽油(或甲苯)，借助于表面活性剂，使氯丁橡胶和石油沥青微粒稳定地分散在水中，形成的乳液状涂料。

③ 树脂改性沥青防水涂料：以 SBS 树脂改性沥青，再加表面活性剂及少许其他树脂等制成的水乳型的弹性防水涂料。

3. 常见的高分子防水涂料

① 聚氨酯防水涂料：是双组分反应型涂料。甲组分是含有异氰酸基的预聚体，乙组分由含有多羧基的固化剂与增塑剂、填充料、稀释剂等组成。甲乙两组分混合后，经固化反应，即形成均匀、富有弹性的防水涂膜。

② 硅橡胶防水涂料：以硅橡胶乳液和其他高分子乳液配制成复合乳液成为膜物质，再加上增塑剂、消泡剂、稳定剂、填料等生产的乳液型防水涂料。有Ⅰ型和Ⅱ型两种。

二、冷底子油

冷底子油是用汽油、煤油、柴油、工业苯等有机溶剂与沥青材料融合制得的沥青溶液。它黏度小，具有良好的流动性，涂刷在混凝土、砂浆或木材等基面上，能很快渗入基层孔隙中，待溶剂挥发后，便与基面牢固结合，使基面具有一定的憎水性，为粘结同类材料创造了条件。因它多在常温下用作防水工程的底层，故称冷底子油。

冷底子油形成的涂膜较薄，一般不单独做防水材料使用，只做某些防水材料的配套。施工时在基层上先涂刷一道冷底子油，再刷沥青防水涂料或铺防水卷材。

冷底子油随配随用，配制时应采用与沥青相同产源的溶剂。通常采用 30％～40％的 30 号或 10 号石油沥青，与 60％～70％的有机溶剂(多用汽油)配制而成。配制方法有热配法和冷配法两种。热配法是先将沥青加热熔化脱水后，待冷却至约 70℃时再缓慢加入溶剂，搅拌均匀即成。冷配法是将沥青打碎成小块后，按质量比加入溶剂中，不停搅拌至沥青全部溶化为止。

三、水乳型沥青基防水涂料

水乳型沥青基防水涂料是以乳化沥青为基料的防水涂料。按产品类型分为 H 型和 L 型。产品标记顺序为产品类型、标准编号，例如 H 型水乳型沥青防水涂料，标记为“水乳型沥青防水涂料 H JC/T 408—2005”。

(一) 技术要求(JC/T 408—2005)

1. 外观

样品搅拌后均匀无色差、无凝胶、无结块、无明显沥青丝。

2. 物理力学性能

水乳型沥青基防水涂料物理力学性能应满足表 10-27 的要求。

水乳型沥青基防水涂料物理力学性能　　表 10-27

项目		L	H
固体含量(％)	≥	45	
耐热度(℃)		80±2	110±2
		无流淌、滑动、滴落	
不透水性		0.1MPa，30min 无渗水	
粘结强度(MPa)	≥	0.30	
表干时间(h)	≤	8	
实干时间(h)	≤	24	

续表

<table>
<tr><th colspan="2">项 目</th><th>L</th><th>H</th></tr>
<tr><td rowspan="4">低温柔度[1](℃)</td><td>标准条件</td><td>-15</td><td>0</td></tr>
<tr><td>碱处理</td><td rowspan="3">-10</td><td rowspan="3">5</td></tr>
<tr><td>热处理</td></tr>
<tr><td>紫外线处理</td></tr>
<tr><td rowspan="4">断裂伸长率(%) ≥</td><td>标准条件</td><td colspan="2" rowspan="4">600</td></tr>
<tr><td>碱处理</td></tr>
<tr><td>热处理</td></tr>
<tr><td>紫外线处理</td></tr>
</table>

① 供需双方可以商定温度更低的低温柔度指标。

(二) 水乳型沥青基防水涂料监理

1. 特性与应用

水乳型沥青基防水涂料可在复杂表面形成无接缝较柔韧防水膜，无毒，不燃，冷作业，不污染。但性能较低，一般可涂刷或喷涂在材料表面作为防潮或防水层，也可做冷底子油用。做屋面防水工程时，必须与其他材料配套使用，或用于油毡屋面的保护层，不宜单独使用。

水乳型沥青基防水涂料可直接在潮湿但无积水的表面上施工。施工时温度不宜低于5℃，以免水分结冰破坏防水层；也不宜在夏季烈日下施工，以防水分蒸发过快，乳化沥青结膜过快，膜内水分蒸发不出而产生气泡。

产品用带盖的铁桶或塑料桶密封包装，产品外包装上应标记生产厂名和地址、商标、产品标记、产品净质量、安全使用事项以及使用说明、生产日期或批号、运输与贮存注意事项、贮存期。

运输与贮存时，不同类型的产品应分别堆放，不应混放。避免日晒雨淋，注意通风，贮存温度为5～40℃。在正常运输与贮存条件下，贮存期自生产日起至少为6个月。

2. 检验项目、取样方法及数量

(1) 检验项目

出厂检验项目包括外观、固体含量、耐热度、表干时间、实干时间、低温柔度(标准条件)、断裂伸长率(标准条件)。

型式检验项目包括产品标准中全部技术要求。

(2) 组批与抽样

以同一类型、同一规格5t为一批，不足5t亦作为一批。在每批产品中按GB 3186规定取样，总共取2kg样品，放入干燥密闭容器中密封好。

3. 试验方法

按《水乳型沥青基防水涂料》JC/T 408—2005进行。

4. 判定规则

(1) 单项判定

1) 外观

抽取的样品外观符合标准规定时，判该项合格，否则判该批产品不合格。

2）物理力学性能

① 固体含量、粘结强度、断裂伸长率以其算术平均值达到标准规定的指标判为该项合格。

② 耐热度、不透水性、低温柔度以每组 3 个试件分别达到标准规定判为该项合格。

③ 表干时间、实干时间达到标准规定时判为该项合格。

④ 各项试验结果均符合表 10-27 规定，则判该批产品物理力学性能合格。

⑤ 若有两项或两项以上不符合标准规定，则判该批产品物理力学性能不合格。

⑥ 若仅有一项指标不符合标准规定，允许在该批产品中再抽同样数量的样品，对不合格项进行单项复验。达到标准规定时，则判该批产品物理力学性能合格，否则判为不合格。

(2) 总判定

外观、物理力学性能均符合标准规定的全部要求时，判该批产品合格。

四、聚氨酯防水涂料

聚氨酯防水涂料是高分子反应型涂料。这一类涂料通过组分间的化学反应直接由液态变为固态，固化时几乎不产生体积收缩，易形成厚膜。

聚氨酯防水涂料按组分分为单组分(S)、多组分(M)两种。按拉伸性能分为Ⅰ、Ⅱ两类。产品标记顺序为按产品名称、组分、类和标准编号，例如Ⅰ类单组分聚氨酯防水涂料标记为“PU 防水涂料 S Ⅰ GB/T 19250—2003”。

(一) 技术要求(GB/T 19250—2003)

1. 外观

产品为均匀黏稠体，无凝胶、结块。

2. 物理力学性能

单组分聚氨酯防水涂料物理力学性能应符合表 10-28 的规定，多组分聚氨酯防水涂料物理力学性能应符合表 10-29 的规定。

单组分聚氨酯防水涂料物理力学性能 **表 10-28**

项目			Ⅰ	Ⅱ
拉伸强度(MPa)		≥	1.9	2.45
断裂伸长率(%)		≥	550	450
撕裂强度(N/mm)		≥	12	14
低温弯折性(℃)		≤	−40	
不透水性 0.3MPa 30min			不透水	
固体含量(%)		≥	80	
表干时间(h)		≤	12	
实干时间(h)		≤	24	
加热伸长率(%)		≤	1.0	
		≥	−4.0	

续表

项目			Ⅰ	Ⅱ
潮湿基面粘结强度①(MPa)		≥	0.50	
拉伸时老化	加热老化		无裂纹及变形	
	人工气候老化②		无裂纹及变形	
热处理	拉伸强度保持率(%)		80～150	
	断裂伸长率(%)	≥	500	400
	低温弯折性(℃)	≤	−35	
碱处理	拉伸强度保持率(%)		60～150	
	断裂伸长率(%)	≥	500	400
	低温弯折性(℃)	≤	−35	
酸处理	拉伸强度保持率(%)		80～150	
	断裂伸长率(%)	≥	500	400
	低温弯折性(℃)	≤	−35	
人工气候老化②	拉伸强度保持率(%)		80～150	
	断裂伸长率(%)	≥	500	400
	低温弯折性(℃)	≤	−35	

① 仅用于地下工程潮湿基面时要求；
② 仅用于外露使用的产品。

多组分聚氨酯防水涂料物理力学性能 **表 10-29**

项目			Ⅰ	Ⅱ
拉伸强度(MPa)		≥	1.9	2.45
断裂伸长率(%)		≥	550	450
撕裂强度(N/mm)		≥	12	14
低温弯折性(℃)		≤	−35	
不透水性 0.3MPa 30min			不透水	
固体含量(%)		≥	92	80
表干时间(h)		≤	8	12
实干时间(h)		≤	24	24
加热伸长率(%)		≤	1.0	
		≥	−4.0	
潮湿基面粘结强度①(MPa)		≥	0.50	
拉伸时老化	加热老化		无裂纹及变形	
	人工气候老化②		无裂纹及变形	
热处理	拉伸强度保持率(%)		80～150	
	断裂伸长率(%)	≥	400	
	低温弯折性(℃)	≤	−30	
碱处理	拉伸强度保持率(%)		60～150	
	断裂伸长率(%)	≥	400	
	低温弯折性(℃)	≤	−30	

续表

项 目			Ⅰ	Ⅱ
酸处理	拉伸强度保持率(%)		80～150	
	断裂伸长率(%)	≥	400	
	低温弯折性(℃)	≤	−30	
人工气候老化②	拉伸强度保持率(%)		80～150	
	断裂伸长率(%)	≥	400	
	低温弯折性(℃)	≤	−30	

① 仅用于地下工程潮湿基面时要求；

② 仅用于外露使用的产品。

（二）聚氨酯防水涂料监理

1. 特性与应用

聚氨酯防水涂料弹性好，延伸率大，耐臭氧，耐候性好，耐腐蚀性好，耐磨性好，不燃烧，施工操作简便。涂刷3～4层时耐用年限在10年以上。这种涂料主要用于高级建筑的卫生间、厨房、厕所、水池及地下室防水工程和有保护层的屋面防水工程。

产品用带盖的铁桶或塑料桶密封包装，多组分产品按组分分别包装，不同组分的包装应有明显区别。产品外包装上应标记生产厂名和地址、商标、产品标记、产品使用配比(多组分)与产品净质量、产品用途(外露或非外露、地下潮湿基面使用)、安全使用事项以及使用说明、生产日期或批号、运输与贮存注意事项、贮存期。

运输与贮存时，不同类型的产品应分别堆放，不应混放。避免日晒雨淋，注意通风，贮存温度不应高于40℃。在正常运输与贮存条件下，贮存期自生产日起至少为6个月。

2. 检验项目、取样方法及数量

(1) 检验项目

出厂检验项目包括外观、拉伸强度、断裂伸长率、低温弯折性、不透水性、固体含量、表干时间、实干时间、潮湿基面粘结强度(用于地下潮湿基面时)。

型式检验项目包括产品标准中全部技术要求。

(2) 组批与抽样

以同一类型、同一规格15t为一批，不足15t亦作为一批(多组分产品按组分配套组批)。在每批产品中按GB/T 3186规定取样，总共取3kg样品(多组分产品按配比取)。放入不与涂料发生反应的干燥密闭容器中密封好。

3. 试验方法

按《聚氨酯防水涂料》GB/T 19250—2003进行。

4. 判定规则

(1) 单项判定

1）外观

抽取的样品外观符合标准规定时，判该项合格。

2）物理力学性能

① 拉伸强度、断裂伸长率、撕裂强度、固体含量、加热伸缩率、潮湿基面粘结强度、处理后拉伸强度保持率、处理后断裂伸长率以其算术平均值达到标准规定的指标判为该项

合格。

② 不透水性、低温弯折性、拉伸时老化以3个试件分别达到标准规定判为该项合格。

③ 表干时间、实干时间达到标准规定时判为该项合格。

④ 各项试验结果均符合表10-28、表10-29规定，则判该批产品物理力学性能合格。

⑤ 若有两项或两项以上不符合标准规定，则判该批产品物理力学性能不合格。

⑥ 若仅有一项指标不符合标准规定，允许在该批产品中再抽同样数量的样品，对不合格项进行单项复验。达到标准规定时，则判该批产品物理力学性能合格，否则判为不合格。

(2) 总判定

外观、物理力学性能均符合标准规定的全部要求时，判该批产品合格。

第五节　密封材料及其监理

能承受建筑物接缝位移以达到气密、水密目的而嵌入接缝中的材料称为建筑密封材料。具有一定形状和尺寸的密封材料称为定型密封材料。非定型材料又称密封胶、剂，是溶剂型、乳液型、化学反应型等黏稠状材料，又称密封膏。主要用于防水工程嵌填各种变形缝、分档缝、分格缝、墙板缝、门窗框、幕墙材料周边，密封细部构造及卷材搭接缝等部位。

一、聚氨酯建筑密封胶

聚氨酯建筑密封胶是以聚氨基甲酸酯聚合物为主要成分的双组分反应固化型的建筑密封材料。甲组分含有异氰酸基的预聚体，乙组分含有多羧基的固化剂与其他辅料。使用时，将甲乙两组分按比例混合，经固化反应成为弹性体。

聚氨酯建筑密封胶产品按包装形式分为单组分(Ⅰ)和多组分(Ⅱ)两个品种；按流动性分为非下垂型(N)和自流平型(L)两个类型；按位移能力分为25、20两个级别，见表10-30。按拉伸模量分为高模量(HM)和低模量A(LM)两个次级别。

聚氨酯建筑密封胶的级别　　表10-30

级　别	试验拉压幅度(%)	位移能力(%)
25	±25	25
20	±20	20

产品按标记顺序为：名称、品种、类型、级别、次级别、标准号。例如25级低模量单组分非下垂型聚氨酯建筑密封胶的标记为“聚氨酯建筑密封胶ⅠN 25LM JC/T 482—2003”。

(一) 技术要求(JC/T 482—2003)

1. 外观

产品应为细腻、均匀膏状物或黏稠液，不应有气泡。产品的颜色与供需双方商定的样品相比，不得有明显差异，多组分产品各组分的颜色间应有明显差异。

2. 物理力学性能

聚氨酯建筑密封胶的物理力学性能应符合表10-31的规定。

聚氨酯建筑密封胶物理力学性能 **表 10-31**

试验项目		技术指标		
		20HM	25LM	20LM
密度(g/cm³)		规定值±0.1		
流动性	下垂度(N型)(mm)	≤3		
	流平性(L型)	光滑平整		
表干时间(h)		≤24		
挤出性[①](mL/min)		≥80		
适用期[②](h)		≥1		
弹性恢复率(%)		≥70		
拉伸模量(MPa)	23℃	>0.4或>0.6		≤0.4和≤0.6
	-20℃			
定伸粘结性		无破坏		
浸水后定伸粘结性		无破坏		
冷拉—热压后的粘结性		无破坏		
质量损失率(%)		≤7		

① 此项仅适用于单组分产品；

② 此项仅适用于多组分产品，允许采用供需双方商定的其他指标值。

（二）聚氨酯建筑密封胶监理

1. 特性与应用

聚氨酯建筑密封胶弹性好，粘结力强，耐疲劳性和耐候性优良，且耐水、耐油，是一种中高档密封材料。广泛用于屋面、墙板、地下室、门窗、管道、卫生间、蓄水池、机场跑道、公路、桥梁等的接缝密封防水。

产品采用支装或桶装，包装容器应密闭。多组分产品应配套分装。

产品最小包装上应有牢固的不褪色标志，内容包括：产品名称、产品标记、组分标记、生产日期、批号及保质期、净容量或净质量、制造方名称和地址、商标、使用说明及注意事项、防雨防潮防日晒防撞击标志。

运输时应防止日晒雨淋，撞击、挤压包装、产品按非危险品运输。产品贮存在干燥、通风、阴凉的场所，贮存温度不超过27℃。产品自生产之日起，保质期不少于6个月。

2. 检验项目、取样方法及数量

(1) 检验项目

出厂检验项目包括：外观、下垂度(N型)、流平性(L型)、表干时间、挤出性(单组分)、适用期(多组分)、拉伸模量、拉伸粘结性。

型式检验项目包括产品标准中全部技术要求。

(2) 组批与抽样

以同一品种、同一类型的产品每5t为一批进行检验，不足5t也作为一批。单组分支装产品由该批产品中随机抽取3件包装箱，从每件包装箱中随机抽取2～3支样品，共取6～9支。多组分桶装产品的抽样方法及数量按照GB 3186的规定执行，样品总量为4kg，取样后应立即密封包装。

3. 试验方法

按《建筑密封材料试验方法》GB/T 13477—2002 和《聚氨酯建筑密封胶》JC/T 482—2003 进行。

4. 判定规则

(1) 单项判定

1) 下垂度、流平性、表干时间、拉伸粘结性、浸水后拉伸粘结性、冷拉—热压后粘结性试验，每个试件均符合规定，则判该项合格。

2) 挤出性、适用期试验每个试样均符合规定，则判该项合格。

3) 密度、弹性恢复率、质量损失率试验每组试件的平均值符合规定，则判该项合格。

4) 高模量产品在 23℃和−20℃的拉伸模量有一项符合表 10-31 中高模量(HM)指标规定时，则判该项合格(以修约值判定)。

5) 低模量产品在 23℃和−20℃时的拉伸模量均符合表 10-31 中低模量(LM)指标规定时，则判该项合格(以修约值判定)。

(2) 综合判定

1) 检验结果符合标准全部要求时，则判该批产品合格。

2) 外观质量不符合规定时，则判该批产品不合格。

3) 有两项或两项以上指标不符合规定时，则判该批产品为不合格；若有一项指标不符合规定时，在同批产品中再次抽取相同数量的样品进行单项复验，如该项仍不合格，则判该批产品为不合格。

二、聚硫建筑密封胶

聚硫建筑密封胶是以液态聚硫橡胶为基料的常温硫化双组分建筑密封胶。

聚硫建筑密封胶按流动性分为非下垂型(N)和自流平型(L)两个类型；按位移能力分为 25、20 两个级别，见表 10-32。按拉伸模量分为高模量(HM)和低模量 A(LM)两个次级别。

聚硫建筑密封胶的级别 **表 10-32**

级别	试验拉压幅度(%)	位移能力(%)
25	±25	25
20	±20	20

产品按标记顺序为：名称、类型、级别、次级别、标准号。例如 25 级低模量非下垂型聚硫建筑密封胶的标记为“聚硫建筑密封胶 N 25LM JC/T 483—2006”。

(一) 技术要求(JC/T 483—2006)

1. 外观

产品应为均匀膏状物、无结皮结块，组分间颜色间应有明显差异。产品颜色与供需双方商定的标准样品相比，不得有明显差异。

2. 物理力学性能

聚硫建筑密封胶的物理力学性能应符合表 10-33 的规定。

聚硫建筑密封胶物理力学性能 **表 10-33**

<table>
<tr><th colspan="2" rowspan="2">试验项目</th><th colspan="3">技术指标</th></tr>
<tr><th>20HM</th><th>25LM</th><th>20LM</th></tr>
<tr><td colspan="2">密度(g/cm³)</td><td colspan="3">规定值±0.1</td></tr>
<tr><td rowspan="2">流动性</td><td>下垂度(N 型)(mm)</td><td colspan="3">≤3</td></tr>
<tr><td>流平性(L 型)</td><td colspan="3">光滑平整</td></tr>
<tr><td colspan="2">表干时间(h)</td><td colspan="3">≤24</td></tr>
<tr><td colspan="2">适用期 (h)</td><td colspan="3">≥2</td></tr>
<tr><td colspan="2">弹性恢复率(%)</td><td colspan="3">≥70</td></tr>
<tr><td rowspan="2">拉伸模量(MPa)</td><td>23℃</td><td rowspan="2">>0.4 或>0.6</td><td colspan="2" rowspan="2">≤0.4 和≤0.6</td></tr>
<tr><td>-20℃</td></tr>
<tr><td colspan="2">定伸粘结性</td><td colspan="3">无破坏</td></tr>
<tr><td colspan="2">浸水后定伸粘结性</td><td colspan="3">无破坏</td></tr>
<tr><td colspan="2">冷拉—热压后的粘结性</td><td colspan="3">无破坏</td></tr>
<tr><td colspan="2">质量损失率(%)</td><td colspan="3">≤5</td></tr>
</table>

注：适用期允许采用供需双方商定的其他指标值。

（二）聚硫建筑密封胶监理

1. 特性与应用

聚硫建筑密封胶耐候性优异，低温柔性好，粘结力强，且防耐水、耐油、耐湿热，是一种高档密封材料。它广泛用于建筑物上部结构、地下结构、水下结构及门窗玻璃、管道接缝等的接缝密封防水。施工时，粘接面应清洁干燥，多孔材料表面应打底。

产品基膏需用镀锌铁桶或塑料桶包装，硫化膏用塑料袋或内筒隔离包装。

产品包装桶及包装箱上应有明显标志，其内容包括：产品名称、产品标记、组分标记、生产日期、批号及保质期、净容量或净质量、制造方名称和地址、商标、使用说明及注意事项、防雨防潮防日晒防撞击标志。

运输时应防止日晒雨淋，撞击、挤压包装。产品贮存在干燥、通风、阴凉的场所，贮存温度不超过 27℃。产品自生产之日起，保质期不少于 6 个月。

2. 检验项目、取样方法及数量

(1) 检验项目

出厂检验项目包括：外观、下垂度(N 型)或流平性(L 型)、表干时间、适用期、弹性恢复率、定伸粘结性(长期有水环境用胶检验浸水后定伸粘结性)。

型式检验项目包括产品标准中全部技术要求。

(2) 组批与抽样

以同一品种、同一类型的产品每 10t 为一批进行检验，不足 10t 也作为一批。抽样方法及数量按照 GB 3186 的规定执行，样品总量为 4kg，取样后应立即密封包装。

3. 试验方法

按《建筑密封材料试验方法》GB/T 13477—2002 和《聚硫建筑密封胶》JC/T 483—2003 进行。

4. 判定规则

(1) 单项判定

1) 下垂度、流平性、表干时间、定伸粘结性、浸水后定伸粘结性、冷拉—热压后粘结性试验，每个试件均符合规定，则判该项合格。

2) 密度、适用期、弹性恢复率、质量损失率试验每组试件的平均值符合规定，则判该项合格。

3) 高模量产品在23℃和－20℃的拉伸模量有一项符合表10-33中高模量(HM)指标规定时，则判该项合格(以修约值判定)。

4) 低模量产品在23℃和－20℃时的拉伸模量均符合表10-33中低模量(LM)指标规定时，则判该项合格(以修约值判定)。

(2) 综合判定

1) 检验结果符合标准全部要求时，则判该批产品合格。

2) 外观质量不符合规定时，则判该批产品不合格。

3) 有两项或两项以上指标不符合规定时，则判该批产品为不合格；若有一项指标不符合规定时，在同批产品中再次抽取相同数量的样品进行单项复验，如该项仍不合格，则判该批产品为不合格。

三、丙烯酸酯建筑密封胶

丙烯酸酯建筑密封胶是以丙烯酸酯乳液为基料的单组分水乳型建筑密封胶。

丙烯酸酯建筑密封胶按位移能力分为12.5和7.5两个级别。12.5级为位移能力12.5%，其试验拉伸压缩幅度为±12.5%；7.5级为位移能力7.5%，其试验拉伸压缩幅度为±7.5%。

12.5级密封胶按其弹性恢复率又分为两个次级别：

弹性体(记号12.5E)：弹性恢复率≥40%；

塑性体(记号12.5P和7.5P)：弹性恢复率＜40%。

产品标记顺序为：名称、级别、次级别、标准号。例如12.5E丙烯酸酯建筑密封胶记为“丙烯酸酯建筑密封胶 12.5 E JC/T 484—2006”。

(一) 技术要求(JC/T 484—2006)

1. 外观

产品应为无结块、无离析的均匀细腻膏状体。产品颜色与供需双方商定的标准样品相比，不得有明显差异。

2. 物理力学性能

丙烯酸酯建筑密封胶的物理力学性能应符合表10-34的规定。

丙烯酸酯建筑密封胶物理力学性能 **表10-34**

试验项目	技术指标		
	12.5E	12.5P	7.5P
密度(g/cm^3)	规定值±0.1		
下垂度(mm)	≤3		

续表

试验项目	技术指标		
	12.5E	12.5P	7.5P
表干时间(h)	≤1		
挤出性(mL/min)	≥100		
弹性恢复率(%)	≥40	见表注	
拉伸粘结性	无破坏	—	
浸水后拉伸粘结性	无破坏	—	
冷拉—热压后的粘结性	无破坏	—	
断裂伸长率(%)	—	≥100	
浸水后断裂伸长率(%)	—	≥100	
同一温度下拉伸—压缩循环后粘结性	—	无破坏	
低温柔性(℃)	−20	−5	
体积变化率(%)	≤30		

注：报告实测值。

（二）丙烯酸酯建筑密封胶监理

1. 特性与应用

丙烯酸酯建筑密封胶延伸性、耐候性和粘结性均较好，耐水性差，属中档密封膏。它不能用于长期浸水部位。施工前应打底，可用于潮湿但无积水的基面。施工温度应在5℃以上；也不能在高温气候施工，如施工温度超过40℃，应用水冲刷冷却，待稍干后再施工。

12.5E级为弹性密封胶，主要用于接缝密封；12.5P和7.5P级为塑性密封胶，主要用于一般装饰装修装修工程的填缝；12.5E、12.5P和7.5P级产品均不宜用于长期浸水的部位。

产品应密闭包装。产品最小包装上应有牢固不褪色标志，其内容包括：产品名称、产品标记、生产日期、批号及保质期、净容量或净质量、制造方名称和地址、商标、色别、使用说明及注意事项、防雨防潮防日晒防撞击标志。

运输时应防止日晒雨淋，撞击、挤压包装，产品按非危险品运输。产品贮存在干燥、通风、阴凉的场所，贮存温度为5～27℃。产品自生产之日起，保质期不少于6个月。

2. 检验项目、取样方法及数量

(1) 检验项目

出厂检验项目包括：外观、下垂度、表干时间、挤出性、弹性恢复率、拉伸粘结性(12.5E级)、断裂伸长率(12.5P和7.5P级)。

型式检验项目包括产品标准中全部技术要求。

(2) 组批与抽样

以同一级别的产品每10t为一批进行检验，不足10t也作为一批。产品由该批产品中随机抽取3件包装箱，从每件包装箱中随机抽取2～3支样品，共取6～9支。散装产品约4kg。

3. 试验方法

按《建筑密封材料试验方法》GB/T 13477—2002和《丙烯酸酯建筑密封胶》JC/T 484—2006进行。

4. 判定规则

(1) 单项判定

1) 下垂度、表干时间、定伸粘结性、浸水后定伸粘结性、冷拉—热压后粘结性、同一温度下拉伸—压缩循环后粘结性、低温柔性试验，每个试件均符合规定，则判该项合格。

2) 挤出性试验每个试样均符合规定，则判该项合格。

3) 密度、断裂伸长率、浸水后断裂伸长率、体积变化率试验每组试件的平均值符合规定，则判该项合格。

4) 弹性恢复率试验取3块试件的平均值，若有1块试件破坏，取2块试件的平均值，若有2块试件破坏，则判该项不合格。

(2) 综合判定

1) 检验结果符合标准全部要求时，则判该批产品合格。

2) 外观质量不符合规定时，则判该批产品不合格。

3) 有两项或两项以上指标不符合规定时，则判该批产品为不合格；若有一项指标不符合规定时，在同批产品中再次抽取相同数量的样品进行单项复验，如该项仍不合格，则判该批产品为不合格。

四、建筑用硅酮结构密封胶

建筑用硅酮结构密封胶是以聚硅氧烷为主要成分的单组分和双组分室温固化型的建筑密封材料。

建筑用硅酮结构密封胶按产品组成分为单组分型和双组分型，分别用数字1和2表示。产品适用的基材分类代号为：金属基材代号M，玻璃基材代号G，其他基材代号Q。

产品标记顺序为型别、适用基材类别、标准号。例如适用于金属、玻璃的双组分硅酮结构胶标记为“硅酮结构密封胶 2MG GB 16776—2005”。

(一) 技术要求(GB 16776—2005)

1. 外观

(1) 产品应为细腻、均匀膏状物，无结块、凝胶、结皮及不易迅速分散的析出物。

(2) 双组分结构胶的两组分颜色应有明显区别。

2. 物理力学性能

产品的物理力学性能应符合表10-35的要求。

3. 硅酮结构胶与结构装配系统用附件的相容性应符合GB 16776—2006附录A规定，硅酮结构胶与实际工程用基材的粘结性应符合GB 16776—2006附录B规定。

4. 报告23℃时伸长率为10%、20%及40%时的模量。

建筑用硅酮结构密封胶物理力学性能 **表 10-35**

项目			技术指标
下垂度	垂直放置(mm)		≤3
	水平放置		不变形
挤出性①(s)			≤10
适用期②(min)			≥20
表干时间(h)			≤3
硬度/shore A			20～60
拉伸粘结性	拉伸粘结强度(MPa)	23℃	≥0.60
		90℃	≥0.45
		−30℃	≥0.45
		浸水后	≥0.45
		水-紫外线光照后	≥0.45
	粘结破坏面积(%)		≤5
	23℃时最大拉伸强度时伸长率(%)		≥100
热老化	热失重(%)		≤10
	龟裂		无
	粉化		无

① 仅适用于单组分产品；

② 仅适用于双组分产品。

（二）建筑用硅酮结构密封胶监理

1. 特性与应用

建筑用硅酮结构密封胶具有优异的耐热、耐寒性，良好的耐候性、耐疲劳性、耐水性，与各种金属、非金属材料均有良好的粘结性能。适用于建筑玻璃幕墙及其他结构的粘结、密封。

单组分结构胶用密封的管状包装，外包装用纸箱或其他材料包装，每箱产品内应附一份产品合格证。双组分结构胶应分别装入两个密闭桶内，每桶应附一份产品合格证，批检验应附出厂检验单。

产品包装容器外应注明：生产厂名称及地址、产品名称、产品标记、生产日期、产品生产批号、贮存期、包装产品净容量、产品颜色、产品使用说明。

产品为非易燃易爆材料，可按一般非危险品运输。贮存运输中应防止日晒、雨淋，防止撞击、挤压产品包装。贮存温度不高于 27℃。产品自生产之日起，贮存期不少于 6 个月。

2. 检验项目、取样方法及数量

（1）检验项目

出厂检验项目包括：外观、下垂度、挤出性、适用期、表干时间、硬度、23℃拉伸粘结性(包括拉伸强度，粘结破坏面积，最大拉伸强度时伸长率，伸长率为10%、20%及40%时的模量)。

型式检验项目包括外观、全部物理力学性能和23℃时伸长率为10%、20%及40%时的模量。

(2) 组批与抽样

连续生产时每3t为一批，不足3t也作为一批；间断生产时，每釜投料为一批。随机抽样，单组分产品抽样量为5支；双组分产品从原包装中抽样，抽样量为3～5kg，抽取的样品应立即密封包装。

3. 试验方法

按《建筑密封材料试验方法》GB/T 13477—2002和《建筑用硅酮结构密封胶》GB 16776—2005进行。

4. 判定规则

(1) 外观质量不符合标准规定，则判定该批产品不合格。

(2) 单项结果判定

1) 表干时间、下垂度、拉伸粘结性试验项目，每个试件的试验结果均符合表10-35规定，则判定为该项合格；其余试验项目的试验结果的算术平均值符合表10-35规定，则判定为该项合格。

2) 23℃伸长率10%、20%及40%的模量不作为判定项目，但必须报告。

(3) 产品外观和物理力学性能的所有项目符合标准要求时，判该批产品合格。检验中若有两项达不到表10-35规定，则判定该批产品不合格；若仅有一项达不到规定，允许在该批产品中双倍抽样进行单项复验，如该项仍达不到规定，该批产品即判定为不合格。

五、建筑防水沥青嵌缝油膏

建筑防水沥青嵌缝油膏(简称油膏)是以石油沥青为基料，加入改性材料及填充料混合制成的冷用膏状材料。

(一) 技术要求(JC/T 207—2011)

1. 外观　油膏应为黑色均匀膏状，无结块和未浸透的填料。

2. 物理性能　油膏的各项物理力学性能应符合表10-36的要求。

油膏物理力学性能 **表10-36**

指标名称 \ 标号			技术指标	
			701	801
密度(g/cm^3)			规定值±0.1	
施工度(mm)		≥	22.0	20.0
耐热度	温度(℃)		70	80
	下垂值(mm)	≤	4.0	
低温柔性	温度(℃)		−20	−10
	粘结状况		无裂纹和剥离现象	
拉伸粘结性(%)		≥	125	

续表

指标名称 \ 标号			技术指标	
			701	801
浸水后粘结性(%)		≥	125	
保油性	渗油幅度(mm)	≤	5	
	渗油张数(张)	≤	4	
挥发率(%)		≤	2.8	

注：规定值由厂方提供或供需双方商定。

(二) 建筑防水沥青嵌缝油膏监理

1. 特性与应用

建筑防水沥青嵌缝油膏价格低，各种性能均较差，在发达国家已逐渐被淘汰。

2. 批量与取样

用户以同一强度等级的产品 20t 作为 1 批进行验收，不足 20t 者也作为 1 批。每批随机抽取 3 件产品，离表皮约 50mm 处各取样 1kg，装于密封容器内，1 份作试验用，另 2 份留作备查。

3. 试验方法

按《建筑防水沥青嵌缝油膏》JC/T 207—2011 进行。

4. 判定规则

(1) 单项结果判定

1) 外观不符合标准的规定则为不合格品。

2) 耐热性、低温柔性、渗出性试验每个试件均符合规定，则判该项目合格。密度、施工度、拉伸粘结性、浸水后拉伸粘结性、挥发性每组试件的平均值符合规定，则判该项目合格。

(2) 在出厂检验和型式检验中，若有两项或两项以上指标不符合规定时，则该批产品为不合格品；若有一项不符合规定时，可用备用样品复验。若仍有一项不符合要求，则该批产品为不合格。

第六节 其他防水材料

一、水泥基渗透结晶型防水材料

水泥基渗透结晶型防水材料(简称：CCCW)是以硅酸盐水泥或普通硅酸盐水泥、石英砂等为基材，掺入活性化学物质制成的刚性防水材料。与水作用后，材料中含有的活性化学物质通过载体向混凝土内部渗透，在混凝土中形成不溶于水的结晶体，填塞毛细孔道，从而使混凝土致密、防水。

水泥基渗透结晶型防水材料按使用方法分为水泥基渗透结晶型防水涂料(C)、水泥基渗透结晶型防水剂(A)两种，其中防水涂料按物理力学性能又分为Ⅰ型和Ⅱ型两种。

水泥基渗透结晶型防水涂料是一种粉状材料，经与水拌合可调配成刷涂或喷涂在水泥混凝土表面的浆料；亦可将其以干粉撒覆并压入未完全凝固的水泥混凝土表面。

水泥基渗透结晶型防水剂是一种掺入混凝土内部的粉状材料。

（一）技术要求（GB 18445—2001）

1. 匀质性指标　匀质性指标应符合表 10-37 的规定。

匀质性指标　表 10-37

试验项目	指　标	试验项目	指　标
含水量	应在生产厂控制值相对量的5%之内	氯离子含量	应在生产厂控制值相对量的5%之内
总碱量（$Na_2O+0.658K_2O$）		细度（0.315mm筛）	应在生产厂控制值相对量的10%之内

注：生产厂控制值应在产品说明书中告知用户。

2. 水泥基渗透结果型防水涂料的物理力学性能

受检涂料的性能应符合表 10-38 的规定。

受检涂料的物理力学性能　表 10-38

序号	试验项目			性能指标 Ⅰ	性能指标 Ⅱ
1	安定性			合格	
2	凝结时间	初凝时间，min	≥	20	
		终凝时间，h	≤	24	
3	抗折强度，MPa ≥	7d		2.8	
		28d		3.50	
4	抗压强度，MPa ≥	7d		12.0	
		28d		18.0	
5	湿基面粘结强度，MPa		≥	1.0	
6	**抗渗压力(28d)，MPa**		≥	**0.8**	**1.2**
7	**第二次抗渗压力(56d)，MPa**		≥	**0.6**	**0.8**
8	**渗透压力比(28d)，%**		≥	**200**	**300**

注：1. 表中 6～8 项为强制性指标，其余为推荐性指标。

2. 第二次抗渗压力表示该种材料抗渗试验渗水自愈后的抗渗能力。试验时，指第一次抗渗试验透水后的试件置于水中继续养护 28d，再进行第二次抗渗试验所测得的抗渗压力。

3. 水泥基渗透结晶型防水剂的物理力学性能

掺防水剂的混凝土性能应符合表 10-39 的规定。

掺防水剂混凝土的物理力学性能　表 10-39

序号	试验项目			性能指标
1	减水率，%		≥	10
2	泌水率，%		≤	70
3	**抗压强度比**	**7d，%**	≥	**120**
		28d，%	≥	**120**
4	含气量，%		≤	4.0
5	凝结时间差	初凝，min		>−90
		终凝，min		—

续表

序号	试验项目		性能指标
6	收缩率比(28d)，%		125
7	**渗透压力比(28d)，%**	≥	**200**
8	**第二次抗渗压力(56d)，MPa**	≥	**0.6**
9	对钢筋的锈蚀作用		对钢筋无锈蚀危害

注：表3、7、8项为强制性指标，其余为推荐性指标。

（二）取样和判定

1. 批量

同一类型、型号的50t为一批量，不足50t的亦可按一批量计。一个批量为一个编号。

2. 取样

可以在产品包装时，按一定的时间间隔，分10次随机取样；也可在包装后10个不同的部位随机取样。水泥基渗透结晶型防水涂料每次取样10kg；水泥基渗透结晶型防水剂每次取样量不少于0.2t水泥所需的外加剂量。取样后应充分拌合均匀，一分为二，一份按标准进行试验；另一份密封保存一年，以备复验或仲裁用。

3. 判定规则

产品经检验，各项性能均符合技术要求，则判定该批产品为合格品；若有一项性能指标不符合技术要求，允许在同一批量中重新取样检验。若检验结果均符合技术要求，则判该批产品合格；否则，判该批产品为不合格品。

（三）试验方法

按《水泥基渗透结晶型防水材料》GB 18445—2001进行。

二、高分子防水卷材胶粘剂

高分子防水卷材胶粘剂是适用于高分子防水卷材冷粘结的、以合成弹性体为基料的胶粘剂。

高分子防水卷材胶粘剂按固化机理分为单组分(Ⅰ)和双组分(Ⅱ)两个类型；按施工部位分为基底胶(J)、搭接胶(D)和通用胶(T)三个品种。

基底胶指用于卷材与防水基层粘结的胶粘剂。搭接胶指用于卷材与卷材粘结的胶粘剂。通用胶指兼有基底和搭接功能的胶粘剂。

（一）技术要求(JC/T 863—2011)

1. 外观　胶粘剂经搅拌应为均匀液体，无杂质，无发散颗粒或凝胶。

2. 物理力学性能　高分子防水卷材胶粘剂的物理力学性能应符合表10-40的规定。

高分子防水卷材胶粘剂物理力学性能　　表10-40

序号	项　目		技术指标		
			基底胶J	搭接胶D	通用胶T
1	黏度(Pa·s)		规定值[①]±20%		
2	不挥发物含量(%)		规定值[①]±2		
3	适用期[②](min)	≥	180		

续表

序号	项目				技术指标		
					基底胶 J	搭接胶 D	通用胶 T
4	剪切状态下的粘合性	卷材—卷材	标准试验条件(N/mm)	≥	—	2.0	2.0
			热处理后保持率(%)80℃，168h	≥	—	70	70
			碱处理后保持率(%)10% $Ca(OH)_2$，168h	≥	—	70	70
		卷材—基底	标准试验条件(N/mm)	≥	1.8	—	1.8
			热处理后保持率(%)80℃，168h	≥	70	—	70
			碱处理后保持率(%)10% $Ca(OH)_2$，168h	≥	70	—	70
5	**剥离强度③**		**标准试验条件(N/mm)**	≥	**—**	**1.5**	**1.5**
			浸水后保持率(%)80℃，168h	≥	**—**	**70**	**70**

① 规定值是指企业标准、产品说明书或供需双方商定的指标量值；

② 仅适用于双组分产品，指标也可由供需双方协商确定；

③ 剥离强度为强制性指标。

（二）取样与判定

1. 组批

以同一类型、同一品种的5t产品为一批，不足5t也可作为一批。

2. 抽样

按《建筑胶粘剂试验方法》GB/T 12954.1—2008进行。

3. 判定规则

(1) 在出厂检验和型式检验中，所测项目符合技术要求的产品为合格品。

(2) 外观不符合标准规定的产品为不合格品。

(3) 在出厂检验和型式检验中，产品有2项或2项以上指标不符合规定时，则该批产品不合格；产品有1项指标不符合规定时，允许在同批产品中加倍抽样进行单项复验；如该项仍不合格，则该批产品为不合格。

（三）试验方法

按《高分子防水卷材胶粘剂》JC/T 863—2011进行。

三、沥青胶

沥青胶又称沥青玛蹄脂，它是在沥青中掺入适量的矿物粉料或再掺入部分纤维状填充料配制而成的材料。与纯沥青相比，沥青胶具有较好的黏性、耐热性、柔韧性和抗老化性，主要用于粘贴卷材、嵌缝、接头、补漏及做防水层的底层。

（一）沥青玛蹄脂的配合成分和调制方法

1. 配合成分

(1) 配制沥青玛蹄脂用的沥青，可采用10号、30号的建筑石油沥青和60号甲、60号乙的道路石油沥青或其熔合物。

(2) 选择沥青玛蹄脂的配合成分时，应先配具有所需软化点的一种沥青或两种沥青的熔合物。当采用两种沥青时，每种沥青的配合量宜按公式(10-1)计算。

(3) 在配制沥青玛蹄脂的石油沥青中，可掺入10%～25%的粉状填充状或掺入5%～

10%的纤维填充料。填充料宜采用滑石粉、石灰石粉、云母粉、石棉粉。填充料的含水率不宜大于 3%。粉状填充料应全部通过 0.21mm(900 孔/cm^2)孔径的筛子，其中大于 0.085mm(4900 孔/cm^2)的颗粒不应超过 15%。

2. 调制方法

(1) 将沥青放入锅中熔化，使其脱水并不再起沫为止。

当采用熔化的沥青配料时，可采用体积比；当采用块状材料配料时，应采用质量比。

当采用体积配料时，熔化的沥青应用量勺配料，石油沥青的密度，可按 1.00g/cm^3 计。

(2) 调制沥青玛蹄脂时，应在沥青完全熔化和脱水后，再慢慢地加入填充料，同时不停地搅拌至均匀为止。填充料在掺入沥青前，应干燥并宜加热。

(二) 沥青玛蹄脂的技术要求和选用

1. 技术要求

根据《屋面工程质量验收规范》GB 50207—2012 的规定，沥青玛蹄脂的技术要求，应符合表 10-41。

沥青玛蹄脂的技术要求 **表 10-41**

指标名称 \ 标号	S-60	S-65	S-70	S-75	S-80	S-85
耐热度	用 2mm 厚的沥青玛蹄脂粘合两张沥青油纸，在不低于下列温度(℃)中，在 1∶1 坡度上停放 5h 后，沥青玛蹄脂不应流淌，油纸不应滑动					
	60	65	70	75	80	85
柔韧性	涂在沥青油纸上的 2mm 厚的沥青玛蹄脂层，在 18±2℃时围绕下列直径(mm)的圆棒，用 2s 的时间以均衡速度弯成半周，沥青玛蹄脂不应有裂纹					
	10	15	15	20	25	30
粘结力	用手将两张粘在一起的油纸慢慢地一次撕开，从油纸和沥青玛蹄脂粘贴面的任何一面的撕开部分，应不大于粘贴面的 1/2					

2. 沥青玛蹄脂选用标号

根据《屋面工程质量验收规范》GB 50207—2012 的规定，粘结各层沥青防水材料和粘结绿豆砂保护层采用沥青玛蹄脂，其标号应根据屋面的使用条件、坡度和当地历年极端气温按表 10-42 选用。

沥青玛蹄脂选用等级 **表 10-42**

屋面坡度	历年极端最高气温	沥青玛蹄脂等级
2%～3%	小于 38℃ 38～41℃ 41%～45%	S-60 S-65 S-70
3%～15%	小于 38℃ 38～41℃ 41%～45%	S-65 S-70 S-75
15%～25%	小于 38℃ 38～41℃ 41%～45%	S75 S80 S85

注：1. 卷材防水层上有块体保护层或整体刚性保护层时，沥青玛蹄脂等级可按本表降低 5 号；

2. 屋面受其他热源影响(如高温车间等)或屋面坡度超过 25%时，应将沥青玛蹄脂的等级适当提高。

(三) 试验方法

1. 沥青玛蹄脂的各项试验，每项应至少 3 个试件，试验结果均应合格。

2. 耐热度测定：应将已干燥的 110mm×50mm 的 350 号石油沥青油纸，由干燥器中取出，放在瓷板或金属板上，将熔化的沥青玛蹄脂均匀涂布在油纸上，其厚度应为 2mm，并不得有气泡。但在油纸的一端应留出 10mm×50mm 空白面积以备固定。以另一块 100mm×50mm 的油纸平行地置于其上，将两块油纸的 3 边对齐，同时用热刀将边上多余的沥青玛蹄脂刮下。将试件置放于 15～25℃的空气中，上置一木制薄板，并将 2kg 重的金属块放在木板中心，使均匀加压 1h，然后卸掉试件上的负荷，将试件平置于预先已加热的电烘箱中(电烘箱的温度低于沥青玛蹄脂软化点 30℃)停放 30min，再将油纸未涂沥青玛蹄脂的一端向上，固定在 40°角的坡度板上，在电烘箱中继续停放 5h，然后取出试件，并仔细察看有无沥青玛蹄脂流淌和油纸下滑现象。如果未发生沥青玛蹄脂流淌或油纸下滑，应认为沥青玛蹄脂的耐热度在该温度下合格。然后将电烘箱温度提高 5℃，另取一试件重复以上步骤，直至出现沥青玛蹄脂流淌或油纸下滑时为止，此时可认为在该温度下沥青玛蹄脂的耐热度不合格。

3. 柔韧性测定：应在 100mm×50mm 的 350 号沥青油纸上，均匀地涂布 1 层厚约 2mm 的沥青玛蹄脂(每一试件用 10g 沥青玛蹄脂)，静置 2h 以上且冷却至温度为 18±2℃后，将试件和规定直径的圆棒放在温度为 18±2℃的水中浸泡 15min，然后取出并用 2s 时间以均衡速度弯曲成半周。此时沥青玛蹄脂层上不应出现裂纹。

4. 粘结力测定：将已干燥的 100mm×50mm 的 350 号石油沥青油纸，由干燥器中取出，放在成型板上，将熔化的沥青玛蹄脂均匀涂布在油纸上，厚度宜为 2mm，面积为 80mm×50mm，并不得有气泡，但在油纸的一端应留出 20mm×50mm 的空白，以另一块 100mm×50mm 的沥青油纸平行的置于其上，将两块油纸的四边对齐，同时用热刀把边上多余的沥青玛蹄脂刮下。试件置于 15～25℃的空气中，上置一木制薄板，并将 2kg 重的金属块放在木板中心，使均匀加压 1h，然后卸掉试件上的负荷，将试件平置于 18±2℃的电烘箱中 30min 取出，用两手的拇指捏住试件未涂沥青玛蹄脂的部分，一次慢慢地揭开，若油纸的任何一面被撕开的面积不超过原粘贴面积的 1/2 时，应认为合格。

第七节　防水材料质量总要求

防水材料品种繁多，且新产品不断涌现，这些产品有些已有质量标准(国家标准或行业标准)，有些产品尚无相应的质量标准。为了适应这一情况和指导防水材料生产，国家标准《屋面工程技术规范》GB 50345—2012 和《地下防水工程质量验收规范》GB 50208—2011 分别对屋面防水材料和地下防水材料提出了总体质量要求，对同类型材料，GB 50208 的质量要求较 GB 50345 更高。在监理过程中，应以这些要求为指导，选择符合要求的防水材料。

一、屋面工程用防水及保温材料主要性能指标

(一) 防水材料主要性能指标

1. 高聚物改性沥青防水卷材主要性能指标应符合表 10-43 的要求。

高聚物改性沥青防水卷材主要性能指标 **表 10-43**

项目		指标				
		聚酯毡胎体	玻纤毡胎体	聚乙烯胎体	自粘聚酯胎体	自粘无胎体
可溶物含量(g/m²)		3mm 厚≥2100 4mm 厚≥2900		—	2mm 厚≥1300 3mm 厚≥2100	—
拉力(N/50mm)		≥500	纵向≥350	≥200	2mm 厚>350 3mm 厚>450	≥150
延伸率(%)		最大拉力时 SBS≥30 APP≥25	—	断裂时 ≥120	最大拉力时 ≥30	最大拉力时 ≥200
耐热度(℃，2h)		SBS 卷材 90，APP 卷材 110，无滑动、流淌、滴落		PEE 卷材 90，无流淌、起泡	70，无滑动、流淌、滴落	70，滑动不超过 2mm
低温柔性(℃)		SBS 卷材-20；APP 卷材-7；PEE 卷材-20			−20	
不透水性	压力(MPa)	≥0.3	≥0.2	≥0.4	≥0.3	≥0.2
	保持时间(min)	≥30				≥120

注：SBS 卷材为弹性体改性沥青防水卷材；APP 卷材为塑性体改性沥青防水卷材；PEE 卷材为改性沥青聚乙烯胎防水卷材。

2. 合成高分子防水卷材主要性能指标应符合表 10-44 的要求。

合成高分子防水卷材主要性能指标 **表 10-44**

项目		指标			
		硫化橡胶类	非硫化橡胶类	树脂类	树脂类(复合片)
断裂拉伸强度(MPa)		≥6	≥3	≥10	≥60N/10mm
扯断拉伸率(%)		≥400	≥200	≥200	≥400
低温弯折(℃)		−30	−20	−25	−20
不透水性	压力(MPa)	≥0.3	≥0.2	≥0.3	≥0.3
	保持时间(min)	≥30			
加热收缩率(%)		<1.2	<2.0	≤2.0	≤2.0
加热老化保持率(80℃×168h,%)	断裂拉伸强度	≥80		≥85	≥80
	扯断伸长率	≥70		≥80	≥70

3. 基层处理剂、胶粘剂、胶粘带主要性能指标应符合表 10-45 的要求。

基层处理剂、胶粘剂、胶粘带主要性能指标 **表 10-45**

项目	指标			
	沥青基防水卷材用基层处理剂	改性沥青胶粘剂	高分子胶粘剂	双面胶粘剂
剥离强度(N/10mm)	≥8	≥8	≥15	≥6
浸水 168h 剥离强度保持率(%)	≥8N/10mm	≥8N/10mm	70	70
固体含量(%)	水性≥40 溶剂性≥30	—	—	—
耐热性	80℃无流淌	80℃无流淌	—	—
低温柔性	0℃无裂纹	0℃无裂纹	—	—

4. 高聚物改性沥青防水涂料主要性能指标应符合表10-46的要求。

高聚物改性沥青防水涂料主要性能指标 **表10-46**

项目		指标	
		水乳型	溶剂型
固体含量(%)		≥45	≥48
耐热性(80℃，5h)		无流淌、起泡、滑动	
低温柔性(℃，2h)		−15，无裂纹	−15，无裂纹
不透水性	压力(MPa)	≥0.1	≥0.2
	保持时间(min)	≥30	≥30
断裂伸长率(%)		≥600	—
抗裂性(mm)		—	基层裂缝0.3mm，涂膜无裂纹

5. 合成高分子防水涂料(反应型固化)主要性能指标应符合表10-47的要求。

合成高分子防水涂料(反应型固化)主要性能指标 **表10-47**

项目		指标	
		Ⅰ类	Ⅱ类
固体含量(%)		单组分≥80；多组分≥92	
拉伸强度(MPa)		单组分，多组分≥1.9	单组分，多组分≥2.45
断裂伸长率(%)		单组分≥550；多组分≥450	单组分，多组分≥450
低温柔性(℃，2h)		单组分-40；多组分-35，无裂纹	
不透水性	压力(MPa)	≥0.3	
	保持时间(min)	≥30	

注：产品按拉伸性能分Ⅰ类和Ⅱ类。

6. 合成高分子防水涂料(挥发固化型)主要性能指标应符合表10-48的要求。

合成高分子防水涂料(挥发固化型)主要性能指标 **表10-48**

项目		指标
固体含量(%)		≥65
拉伸强度(MPa)		≥1.5
断裂伸长率(%)		≥300
低温柔性(℃，2h)		−20，无裂纹
不透水性	压力(MPa)	≥0.3
	保持时间(min)	≥30

7. 聚合物水泥防水涂料主要性能指标应符合表10-49的要求。

聚合物水泥防水涂料主要性能指标 **表10-49**

项目	指标
固体含量(%)	≥70
拉伸强度(MPa)	≥1.2

续表

项目		指标
断裂伸长率(%)		≥200
低温柔性(℃，2h)		-10，无裂纹
不透水性	压力(MPa)	≥0.3
	保持时间(min)	≥30

8. 聚合物水泥防水胶结材料主要性能指标应符合表10-50的要求。

聚合物水泥防水胶结材料主要性能指标　　表10-50

项目		指标
与水泥基层的拉伸粘结强度(MPa)	常温7d	≥0.6
	耐水	≥0.4
	耐冻融	≥0.4
可操作时间(h)		≥2
抗渗性能(MPa，7d)	抗渗性	≥1.0
抗压强度(MPa)		≥9
柔韧性28d	抗压强度/抗折强度	≤3
剪切状态下的粘合性(N/mm，常温)	卷材与卷材	≥2.0
	卷材与基底	≥1.8

9. 胎体增强材料主要性能指标应符合表10-51的要求。

胎体增强材料主要性能指标　　表10-51

项目		指标	
		聚酯无纺布	化纤无纺布
外观		均匀、无团状，平整无皱折	
拉力(N/50mm)	纵向	≥150	≥45
	横向	≥100	≥35
拉伸率(%)	纵向	≥10	≥20
	横向	≥20	≥25

10. 合成高分子密封材料主要性能指标应符合表10-52的要求。

合成高分子密封材料主要性能指标　　表10-52

项目		指标						
		25LM	25HM	20LM	20HM	12.5E	12.5P	7.5P
拉伸模量(MPa)	23℃ -20℃	≤0.4和≤0.6	>0.4或>0.6	≤0.4和≤0.6	>0.4或>0.6	—		
定伸粘结性		无破坏					—	

续表

项目	指标						
	25LM	25HM	20LM	20HM	12.5E	12.5P	7.5P
浸水后定伸粘结性	无破坏					—	
热压冷拉后粘结性	无破坏					—	
拉伸压缩后粘结性	—					无破坏	
断裂伸长率(%)	—					≥100	≥20
浸水后断裂伸长率(%)	—					≥100	≥20

注：产品按位移性能分为25、20、12.5、7.5四个级别；25级和20级密封材料按伸拉模量分为低模量(LM)和高模量(HM)两个次级别；12.5级密封材料按弹性恢复率分为弹性(E)和塑性(P)两个次级别。

11. 改性石油沥青密封材料主要性能指标应符合表10-53的要求。

改性石油沥青密封材料主要性能指标 **表10-53**

项目		指标	
		Ⅰ类	Ⅱ类
耐热性	温度(℃)	70	80
	下垂值(mm)	≤4.0	
低温柔性	温度(℃)	-20	-10
	粘结状态	无裂纹和剥离现象	
拉伸粘结性(%)		≥125	
浸水后拉伸粘结性(%)		125	
挥发性(%)		≤2.8	
施工度(mm)		≥22.0	≥20.0

注：产品按耐热度和低温柔性分为Ⅰ类和Ⅱ类。

12. 烧结瓦主要性能指标应符合表10-54的要求。

烧结瓦主要性能指标 **表10-54**

项目	指标	
	有釉类	无釉类
抗弯曲性能(N)	平瓦1200，波形瓦1600	
抗冻性能(15次冻融循环)	无剥落、掉角、掉棱及裂纹增加现象	
耐急冷急热性(10次急冷急热循环)	无炸裂、剥落及裂纹延长现象	
吸水率(浸水24h，%)	≤10	≤18
抗渗性能(3h)	—	背面无水滴

13. 混凝土瓦主要性能指标应符合表10-55的要求。

混凝土瓦主要性能指标 表 10-55

项目	指标			
	波形瓦		平板瓦	
	覆盖宽度≥300mm	覆盖宽度≤200mm	覆盖宽度≥300mm	覆盖宽度≤200mm
承载力标准值(N)	1200	900	1000	800
抗冻性(25 次冻融循环)	外观质量合格，承载力仍不小于标准值			
吸水率(浸水 24h,%)	≤10			
抗渗性能(24h)	背面无滴水			

14. 沥青瓦主要性能指标应符合表 10-56 的要求。

沥青瓦主要性能指标 表 10-56

项目		指标
可溶物含量(g/m^2)		平瓦≥1000，叠瓦≥1800
拉力(N/50mm)	纵向	≥500
	横向	≥400
耐热度(℃)		90，无流淌、滑动、滴落、气泡
柔度(℃)		10，无裂纹
撕裂强度(N)		≥9
不透水性(0.1MPa，30min)		不透水
人工气候老化(720h)	外观	无气泡、渗油、裂纹
	柔度	10℃无裂纹
自粘胶耐热度	50℃	发黏
	70℃	滑动≤2mm
叠层剥离强度(N)		≥20

15. 防水透气膜主要性能指标应符合表 10-57 的要求。

防水透气膜主要性能指标 表 10-57

项目		指标	
		Ⅰ类	Ⅱ类
水蒸汽透过量(g/m^2，24h，23℃)		≥1000	
不透水性(mm，2h)		≥1000	
最大拉力(N/50mm)		≥100	≥250
断裂伸长率(%)		≥35	≥10
撕裂性能(N，钉杆法)		≥40	
热老化(80℃，168h)	拉力保持率(%)	≥80	
	断裂伸长保持率(%)		
	水蒸汽透过量保持率(%)		

（二）保温材料主要性能指标

1．板状保温材料的主要性能指标应符合表10-58的要求。

板状保温材料的主要性能指标 **表10-58**

项目	指标						
	聚苯乙烯泡沫塑料		硬质聚氨酯泡沫塑料	泡沫玻璃	憎水型膨胀珍珠岩	加气混凝土	泡沫混凝土
	挤塑	模塑					
表观密度或干密度（kg/m^3）	—	≥20	≥30	≤200	≤350	≤425	≤530
压缩强度（kPa）	≥150	≥100	≥120	—	—	—	—
抗压强度（MPa）	—	—	—	≥0.4	≥0.3	≥1.0	≥0.5
导热系数［W/(m·k)］	≤0.030	≤0.041	≤0.024	≤0.070	≤0.087	≤0.120	≤0.120
尺寸稳定性（70℃，48h,%）	≤2.0	≤3.0	≤2.0	—	—	—	—
水蒸气渗透系数［ng/(Pa·m·s)］	≤3.5	≤4.5	≤6.5	—	—	—	—
吸水率（v/v,%）	≤1.5	≤4.0	≤4.0	≤0.5	—	—	—
燃烧性能	不低于B_2级			A级			

2．纤维保温材料主要性能指标应符合表10-59的要求

纤维保温材料主要性能指标 **表10-59**

项目	指标			
	岩棉、矿渣棉板	岩棉、矿渣棉毡	玻璃棉板	玻璃棉毡
表观密度（kg/m^3）	≥40	≥40	≥24	≥10
导热系数［W/(m·k)］	≤0.040	≤0.040	≤0.043	≤0.050
燃烧性能	A级			

3．喷涂硬泡聚氨酯主要性能指标应符合表10-60的要求。

喷涂硬泡聚氨酯主要性能指标 **表10-60**

项目	指标
表观密度（kg/m^3）	≥35
导热系数［W/(m·k)］	≤0.024
压缩强度（kPa）	≥150
尺寸稳定性（70℃，48h,%）	≤1
闭孔率（%）	≥92
水蒸气渗透系数［ng/(Pa·m·s)］	≤5
吸水率（v/v,%）	≤3
燃烧性能	不低于B_2级

4．现浇泡沫混凝土主要性能指标应符合表10-61的要求。

现浇泡沫混凝土主要性能指标 **表 10-61**

项目	指标
干密度(kg/m^3)	≤600
导热系数[W/(m·k)]	≤0.14
抗压强度(MPa)	≥0.5
吸水率(%)	≤20%
燃烧性能	A级

5. 金属面绝热夹芯板主要性能指标应符合表 10-62 的要求。

金属面绝热夹芯板主要性能指标 **表 10-62**

项目	指标				
	模塑聚苯乙烯夹芯板	挤塑聚苯乙烯夹芯板	硬质聚氨酯夹芯板	岩棉、矿渣棉夹芯板	玻璃棉夹芯板
传热系数[W/(m^2·k)]	≤0.68	≤0.63	≤0.45	≤0.85	≤0.90
粘结强度(MPa)	≥0.10	≥0.10	≥0.10	≥0.06	≥0.03
金属面材厚度	彩色涂层钢板基板≥0.5mm,压型钢板≥0.5mm				
芯材密度(kg/m^3)	≥18	—	≥38	≥100	≥64
剥离性能	粘结在金属面材上的芯材应均匀分布,并且每个剥离面的粘结面积不应小于85%				
抗弯承载力	夹芯板挠度为支座间距的1/200时,均匀荷载不应小于0.5kN/m^2				
防火性能	芯材燃烧性能按《建筑材料及制品燃烧性能分级》GB 8624的有关规定分级。 岩棉、矿渣棉夹芯板,当夹芯板厚度小于或等于80mm时,耐火极限应大于或等于30min;当夹芯板厚度大于80mm时,耐火极限应大于或等于60min				

二、地下工程用防水材料的质量指标

(一)防水卷材的质量指标

1. 高聚物改性沥青类防水卷材的主要物理性能应符合表 10-63 的要求。

高聚物改性沥青类防水卷材的主要物理性能 **表 10-63**

项目		指标				
		弹性体改性沥青防水卷材			自粘聚合物改性沥青防水卷材	
		聚酯毡胎体	玻纤毡胎体	聚乙烯膜胎体	聚酯毡胎体	无胎体
可溶物含量(g/m^2)		3mm厚≥2100 4mm厚≥2900			3mm厚≥2100	—
拉伸性能	拉力(N/50mm)	≥800(纵横向)	≥500(纵横向)	≥140(纵向) ≥120(横向)	≥450(纵横向)	≥180(纵横向)
	延伸率(%)	最大拉力时≥40(纵横向)	—	断裂时≥250(纵横向)	最大拉力时≥30(纵横向)	断裂时≥200(纵横向)
低温柔度(℃)		−25,无裂纹				
热老化后低温柔度(℃)		−20,无裂纹		−22,无裂纹		
不透水性		压力0.3MPa,保持时间120min,不透水				

2. 合成高分子类防水卷材的主要物理性能应符合表10-64的要求。

合成高分子类防水卷材的主要物理性能 **表10-64**

项目	指标			
	三元乙丙橡胶防水卷材	聚氯乙烯防水卷材	聚乙烯丙纶复合防水卷材	高分子自粘胶膜防水卷材
断裂拉伸强度	≥7.5MPa	≥12MPa	≥60N/10mm	≥100N/10mm
断裂伸长率(%)	≥450	≥250	≥300	≥400
低温弯折性(℃)	-40，无裂纹	-20，无裂纹	-20，无裂纹	-20，无裂纹
不透水性	压力0.3MPa，保持时间120min，不透水			
撕裂强度	≥25kN/m	≥40kN/m	≥20N/10mm	≥120N/10mm
复合强度(表层和芯层)	—	—	≥1.2N/mm	—

3. 聚合物水泥防水粘结材料的主要物理性能应符合表10-65的要求。

聚合物水泥防水粘结材料的主要物理性能 **表10-65**

项目		指标
与水泥基面的粘结拉伸强度(MPa)	常温7d	≥0.6
	耐水性	≥0.4
	耐冻性	≥0.4
可操作时间(h)		≥2
抗渗性(MPa，7d)		≥1.0
剪切状态下的粘合性(N/mm，常温)	卷材与卷材	≥2.0或卷材断裂
	卷材与基面	≥1.8或卷材断裂

(二) 防水涂料的质量指标

1. 有机防水涂料的主要物理性能应符合表10-66的要求。

有机防水涂料的主要物理性能 **表10-66**

项目		指标		
		反应型防水涂料	水乳型防水涂料	聚合物水泥防水涂料
可操作时间(min)		≥20	≥50	≥30
潮湿基面粘结强度(MPa)		≥0.5	≥0.2	≥1.0
抗渗性(MPa)	涂膜(120min)	≥0.3	≥0.3	≥0.3
	砂浆迎水面	≥0.8	≥0.8	≥0.8
	砂浆背水面	≥0.3	≥0.3	≥0.6
浸水168h后拉伸强度(MPa)		≥1.7	≥0.5	≥1.5
浸水168h后断裂伸长率(%)		≥400	≥350	≥80
耐水性(%)		≥80	≥80	≥80
表干(h)		≤12	≤4	≤4
实干(h)		≤24	≤12	≤12

注：1. 浸水168h后的拉伸强度和断裂伸长率是在浸水取出后只经擦干即进行试验所得的值；

2. 耐水性指标是指材料浸水168h后取出擦干即进行试验，其粘结强度及抗渗性的保持率。

2. 无机防水涂料的主要物理性能应符合表 10-67 的要求。

无机防水涂料的主要物理性能 **表 10-67**

项目	指标	
	掺外加剂、掺合料水泥基防水涂料	水泥基渗透结晶型防水涂料
抗折强度(MPa)	>4	≥4
粘结强度(MPa)	>1.0	≥1.0
一次抗渗性(MPa)	>0.8	>1.0
二次抗渗性(MPa)	—	>0.8
冻融循环(次)	>50	>50

(三) 止水密封材料的质量指标

1. 橡胶止水带的主要物理性能应符合表 10-68 的要求。

橡胶止水带的主要物理性能 **表 10-68**

项目			指标		
			变形缝用止水带	施工缝用止水带	有特殊耐老化要求的接缝用止水带
硬度(邵尔 A，度)			60±5	60±5	60±5
拉伸强度(MPa)			≥15	≥12	≥10
扯断伸长率(%)			≥380	≥380	≥300
压缩永久变形(%)	70℃×24h		≤35	≤35	≤25
	23℃×168h		≤20	≤20	≤20
撕裂强度(kN/m)			≥30	≥25	≥25
脆性温度(℃)			≤−45	≤−40	≤−40
热空气老化	70℃×168h	硬度变化(邵尔 A，度)	+8	+8	—
		拉伸强度(MPa)	≥12	≥10	—
		扯断伸长率(%)	≥300	≥300	—
	100℃×168h	硬度变化(邵尔 A，度)	—	—	+8
		拉伸强度(MPa)	—	—	≥9
		扯断伸长率(%)	—	—	≥250
橡胶与金属粘合			断面在弹性体内		

注：橡胶与金属粘合指标仅用于具有钢边的止水带。

2. 混凝土建筑接缝用密封胶的主要物理性能应符合表 10-69 的要求。

混凝土建筑接缝用密封胶的主要物理性能 **表 10-69**

项目			指标			
			25(低模量)	25(高模量)	20(低模量)	20(高模量)
流动性	下垂度(N 型)	垂直(mm)	≤3			
		水平(mm)	≤3			
	流平性(S 型)		光滑平整			

续表

项目		指标			
		25(低模量)	25(高模量)	20(低模量)	20(高模量)
挤出性(mL/min)		≥80			
弹性恢复率(%)		≥80		≥60	
拉伸模量(MPa)	23℃－20℃	≤0.4 和≤0.6	>0.4 或>0.6	≤0.4 和≤0.6	>0.4 或>0.6
定伸粘结性		无破坏			
浸水后定伸粘结性		无破坏			
热压冷拉后粘结性		无破坏			
体积收缩率(%)		≤25			

注：体积收缩率仅适用于乳胶型和溶剂型产品。

3. 腻子型遇水膨胀止水条的主要物理性能应符合表 10-70 的要求。

腻子型遇水膨胀止水条的主要物理性能 **表 10-70**

项目	指标
硬度(C 型微孔材料硬度计，度)	≤40
7d 膨胀率	≤最终膨胀率的 60%
最终膨胀率(21d,%)	≥220
耐热性(80℃×2h)	无流淌
低温柔性(－20℃×2h，绕 ϕ10 圆棒)	无裂纹
耐水性(浸泡 15h)	整体膨胀无碎块

4. 遇水膨胀止水胶的主要物理性能应符合表 10-71 的要求。

遇水膨胀止水胶的主要物理性能 **表 10-71**

项目		指标	
		PJ220	PJ400
固含量(%)		≥85	
密度(g/cm^3)		规定值±0.1	
下垂度(mm)		≤2	
表干时间(h)		≤24	
7d 拉伸粘结强度(MPa)		≥0.4	≥0.2
低温柔性(－20℃)		无裂纹	
拉伸性能	拉伸强度(MPa)	≥0.5	
	断裂伸长率(%)	≥400	
体积膨胀倍率(%)		≥220	≥400
长期浸水体积膨胀倍率保持率(%)		≥90	
抗水压(MPa)		1.5，不渗水	2.5，不渗水

5. 弹性橡胶密封垫材料的主要物理性能应符合表 10-72 的要求。

弹性橡胶密封垫材料的主要物理性能 表 10-72

项目		指标	
		氯丁橡胶	三元乙丙橡胶
硬度(邵尔 A，度)		45±5～60±5	55±5～70±5
伸长率(%)		≥350	≥330
拉伸强度(MPa)		≥10.5	≥9.5
热空气老化(70℃×96h)	硬度变化值(邵尔 A，度)	≤+8	≤+6
	拉伸强度变化率(%)	≥−20	≥−15
	扯断伸长率变化率(%)	≥−30	≥−30
压缩永久变形(70℃×24h，%)		≤35	≤28
防霉等级		达到与优于 2 级	达到与优于 2 级

注：以上指标均为成品切片测试的数据，若只能以橡胶制成试样测试，则其伸长率、拉伸强度应达到本指标的 120%。

6. 遇水膨胀橡胶密封垫胶料的主要物理性能应符合表 10-73 的要求。

遇水膨胀橡胶密封垫胶料的主要物理性能 表 10-73

项目		指标		
		PZ-150	PZ-250	PZ-400
硬度(邵尔 A，度)		42±7	42±7	45±7
拉伸强度(MPa)		≥3.5	≥3.5	≥3.0
扯断伸长率(%)		≥450	≥450	≥350
体积膨胀倍率(%)		≥150	≥250	≥400
反复浸水试验	拉伸强度(MPa)	≥3	≥3	≥2
	扯断伸长率(%)	≥350	≥350	≥250
	体积膨胀倍率(%)	≥150	≥250	≥300
低温弯折(−20℃×2h)		无裂纹		
防霉等级		达到与优于 2 级		

注：1. PZ-×××是指产品工艺为制品型，按产品在静态蒸馏水中的体积膨胀倍率(即浸泡后的试样质量与浸泡前的试样质量的比率)划分的类型；
2. 成品切片测试应达到本指标的 80%；
3. 接头部位的拉伸强度指标不得低于本指标的 50%。

(四) 其他防水材料的质量指标

1. 防水砂浆的主要物理性能应符合表 10-74 的要求。

防水砂浆的主要物理性能 表 10-74

项目	指标	
	掺外加剂、掺合料的防水砂浆	聚合物水泥防水砂浆
粘结强度(MPa)	>0.6	>1.2
抗渗性(MPa)	≥0.8	≥1.5

续表

项目	指标	
	掺外加剂、掺合料的防水砂浆	聚合物水泥防水砂浆
抗折强度(MPa)	同普通砂浆	≥8.0
干缩率(%)	同普通砂浆	≤0.15
吸水率(%)	≤3	≤4
冻融循环(次)	>50	>50
耐碱性	10%NaOH 溶液浸泡 14d 无变化	—
耐水性(%)	—	≥80

注：耐水性指标是指砂浆浸水 168h 后材料的粘结强度及抗渗性的保持率。

2. 塑料防水板的主要物理性能应符合表 10-75 的要求。

塑料防水板的主要物理性能 **表 10-75**

项目	指标			
	乙烯—醋酸乙烯共聚物	乙烯—沥青共混聚合物	聚氯乙烯	高密度聚乙烯
拉伸强度(MPa)	≥16	≥14	≥10	≥16
断裂延伸率(%)	≥550	≥500	≥200	≥550
不透水性(120min，MPa)	≥0.3	≥0.3	≥0.3	≥0.3
低温弯折性(℃)	−35，无裂纹	−35，无裂纹	−20，无裂纹	−35，无裂纹
热处理尺寸变化率(%)	≤2.0	≤2.5	≤2.0	≤2.0

3. 膨润土防水毯的主要物理性能应符合表 10-76 的要求。

膨润土防水毯的主要物理性能 **表 10-76**

项目		指标		
		针刺法钠基膨润土防水毯	刺覆膜法钠基膨润土防水毯	胶粘法钠基膨润土防水毯
单位面积质量(干重，g/m^2)		≥4000		
膨润土膨胀指数(mL/2g)		≥24		
拉伸强度(N/100mm)		≥600	≥700	≥600
最大负荷下伸长率(%)		≥10	≥10	≥8
剥离强度	非织造布—编织布(N/100mm)	≥40	≥40	—
	PE 膜—非织造布(N/100mm)	—	≥30	—
渗透系数(m/s)		≤5.0×10^{-11}	≤5.0×10^{-12}	≤1.0×10^{-12}
虑失量(mL)		≤18		
膨润土耐久性(mL/2g)		≥20		

第八节 防水材料施工监理

工程防水部位发生渗漏，一直是困扰我国建筑物质量的老大难问题，据抽查统计，我国70%以上的房屋发生过渗漏。要解决这一问题，不仅依赖于使用性能优良的防水材料，而且在很大程度上取决于施工质量，只有将防水材料的产品质量和施工质量结合在一起才能获得优良的防水效果。下面从屋面防水和地下防水两个方面来讲述。

一、屋面防水工程

（一）屋面工程的基本规定

1. 屋面防水等级和设防要求

屋面防水工程应根据建筑物的类别、重要程度、使用功能要求确定防水等级，并应按相应等级进行防水设防；对防水有特殊要求的建筑物面，应进行专项防水设计。屋面防水等级和设防要求应符合表10-77的规定。

屋面防水等级和设防要求

表10-77

防水等级	建筑类别	设防要求
Ⅰ级	重要建筑和高层建筑	两道防水设防
Ⅱ级	一般建筑	一道防水设防

2. 施工单位应取得建筑防水和保温工程相应等级的资质证书；作业人员应持证上岗。

3. 施工单位应建立、健全施工质量的检验制度，严格工序管理，做好隐蔽工程的质量检查和记录。

4. 屋面工程施工前应通过图纸会审，施工单位应掌握施工图中的细部构造及有关技术要求；施工单位应编制屋面工程专项施工方案，并应经监理单位或建设单位审查确认后执行。

5. 对屋面工程采用的新技术，应按有关规定经过科技成果鉴定、评估或新产品、新技术鉴定。施工单位应对新的或首次采用的新技术进行工艺评价，并应制定相应技术质量标准。

6. **屋面工程所采用的防水、保温材料应有产品合格证书和性能检测报告，材料的品种、规格、性能等必须符合国家现行产品标准和设计要求。产品质量应由经过省级以上建设行政主管部门对其资质认可和质量技术监督部门对其计量认证的质量检测单位进行检测。**

7. 防水、保温材料进行现场验收应符合下列规定：

(1) 应根据设计要求对材料的质量证明文件进行检查，并应经监理工程师或建设单位代表确认，纳入工程技术档案；

(2) 应对材料的品种、规格、包装、外观和尺寸等进行检查验收，并应经监理工程师或建设单位代表确认，形成相应验收记录；

(3) 防水、保温材料材料标准及进场检验项目应符合附表10-1和附表10-2的规定。材料进场检验应执行见证取样送检制度，并应提出进场检验报告；

(4) 进场检验报告的全部项目指标均达到技术标准规定应为合格；不合格材料不得在工程中使用。

8. 进场检验报告的全部项目指标均达到技术标准规定应为合格；不合格材料不得在工程中使用。

9. 屋面工程各构造层的组成材料，应分别与相邻层次的材料相容。

10. 屋面工程施工时，应建立各道工序的自检、交接检和专职人员检查的“三检”制度，并应有完整的检查记录。每道工序施工完成后，应经监理单位或建设单位检查验收，并应在合格后再进行下道工序的施工。

11. 当进行下道工序或相邻工程施工时，应对屋面已完成的部分采取保护措施。伸出屋面的管道、设备或预埋件等，应在保温层和防水层施工前安设完毕。屋面保温层和防水层完工后，不得进行凿孔、打洞或重物冲击等有损屋面的作业。

12. 屋面防水工程完工后，应进行观感质量检查和雨后观察或淋水、蓄水试验，不得有渗漏和积水现象。

13. 屋面工程各子分工程和分项工程的划分，应符合表10-78的要求。

屋面工程各子分工程和分项工程的划分 **表 10-78**

分部工程	子分部工程	分项工程
屋面工程	基层与保护	找坡层，找平层，隔汽层，隔离层，保护层
	保温与隔热	板状材料保温层，纤维材料保温层，喷涂硬泡聚氨酯保温层，现浇泡沫混凝土保温层，种植隔热层，架空隔热层，蓄水隔热层
	防水与密封	卷材防水层，涂膜防水层，复合防水层，接缝密封防水
	瓦面与板面	烧结瓦和混凝土瓦铺装，沥青瓦铺装，金属板铺装，玻璃采光顶铺装
	细部构造	檐口，檐沟和天沟，女儿墙和山墙，水落口，变形缝，伸出屋面管道，屋面出入口，反梁过水孔，设施基座，屋脊，屋顶窗

14. 屋面工程各分项工程宜按屋面面积每500～1000m^2划分为一个检验批，不足500m^2应按一个检验批；每个检验批的抽检数量应按《屋面工程质量验收规范》GB 50207—2012第4～第8章的规定执行。

（二）基层与保护工程施工要求

1. 一般规定

(1) 屋面混凝土结构层的施工，应符合现行国家标准《混凝土结构工程施工质量验收规范》GB 50204的有关规定。

(2) 屋面找坡应满足设计排水坡度要求，结构找坡不应小于3%，材料找坡宜为2%；檐沟、天沟纵向找坡不应小于1%，沟底水落差不得超过200mm。

(3) 上人屋面或其他使用功能屋面，其保护及铺面的施工除应符合现行国家标准《屋面工程质量验收规范》GB 50207的规定外，尚应符合现行国家标准《建筑地面工程施工质量验收规范》GB 50209等的有关规定。

(4) 基层与保护工程各分项工程每个检验批的抽检数量，应按屋面面积每100m^2抽查一处，每处应为10m^2，且不得少于3处。

2. 找坡层和找平层

(1) 装配式钢筋混凝土板的板缝嵌填施工，应符合下列要求：

1) 嵌填混凝土时板缝内应清理干净，并保持湿润；

2) 当板缝宽度大于40mm或上窄下宽时，板缝内应按设计要求配置钢筋；

3) 嵌填细石混凝土的强度不应低于C20，嵌填深度宜低于板面10～20mm，且应振捣密实和浇水养护；

4）板端缝应按设计要求增加防裂的构造措施。

(2) 找坡层宜采用轻骨料混凝土；找坡材料应分层铺设和适当压实，表面应平整。

(3) 找平层宜采用水泥砂浆或细石混凝土；找平层的抹平工序应在初凝前完成，压光工序应在终凝前完成，终凝后应进行养护。

(4) 找平层分格缝纵横间距不宜大于 6m，分格缝的宽度宜为 5～20mm。

3. 隔汽层

(1) 隔汽层的基层应平整、干净、干燥。

(2) 隔汽层应设置在结构层与保温层之间；隔汽层应选用气密性、水密型好的材料。

(3) 在屋面与墙的连接处，隔汽层应沿墙面向上连续铺设，高出保温层上表面不得小于 150mm。

(4) 隔汽层采用卷材时宜空铺，卷材搭接缝应满粘，其搭接宽度不应小于 80mm；隔汽层采用涂料时，应涂刷均匀。

(5) 穿过隔汽层的管线周围应封严，转角处应无折损；隔气层凡有缺陷或破损的部位，均应进行返修。

4. 隔离层

(1) 块体材料、水泥砂浆或细石混凝土保护层与卷材、涂膜防水层之间，应设置隔离层。

(2) 隔离层可采用干铺塑料膜、土工布、卷材或铺抹低强度等级砂浆。

5. 保护层

(1) 防水层上的保护层施工，应待卷材铺贴完成或涂料固化成膜，并经检验合格后进行。

(2) 用块体材料做保护层时，宜设分格缝，分格缝纵横间距不应大于 10m，分格缝宽度宜为 20mm。

(3) 用水泥砂浆做保护层时，表面应抹平压光，并应设表面分格缝，分格面积宜为 $1m^2$。

(4) 用细石混凝土做保护层时，混凝土应振捣密实，表面应抹平压光，分格缝纵横间距不应大于 6m。分格缝的宽度宜为 10～20mm。

(5) 块体材料、水泥砂浆或细石混凝土保护层与女儿墙和山墙之间，应预留宽度为 30mm 的缝隙，缝内宜填塞聚苯乙烯泡沫塑料，并应用密封材料嵌填密实。

(三) 保温与隔热工程施工要求

1. 一般规定

(1) 保温材料使用时的含水率，应相当于该材料在当地自然风干状态下的平衡含水率。

(2) 保温材料的导热系数、表观密度或干密度、抗压强度或压缩强度、燃烧性能，必须符合设计要求。

(3) 种植、架空、蓄水隔热层施工前，防水层均应验收合格。

(4) 保温与隔热工程各分项工程每个检验批的抽检数量，应按屋面面积每 $100m^2$ 抽查 1 处，每处应为 $10m^2$，且不得少于 3 处。

2. 板状材料保温层

(1) 板状材料保温层采用干铺法施工，板状保温层材料应紧靠在基层表面上，应铺平垫稳；分层铺设的板块上下层接缝应相互错开，板间缝隙应采用同类材料的碎屑嵌填密实。

(2) 板状材料保温层采用粘贴法施工时，胶粘剂应与保温材料的材能相容，并应贴严、粘牢；板状材料保温层的平面接缝应挤紧挤严，不得在板块侧面涂抹胶粘剂，超过2mm的缝隙应采用相同材料板条或片填塞严实。

(3) 板状保温材料采用机械固定法施工时，应选用专用螺钉和垫片；固定件与结构层之间应连接牢固。

3. 纤维材料保温层

(1) 纤维材料保温层施工应符合下列规定：

1) 纤维保温材料应紧靠在基层表面上，平面接缝应挤紧拼严，上下层接缝相互错开；

2) 屋面坡度较大时，宜采用金属或塑料专用固定件将纤维保温材料与基层固定；

3) 纤维材料填充后，不得上人踩踏。

(2) 装配式骨架纤维保温材料施工时，应先在基层上铺设保温龙骨或金属龙骨，龙骨之间应填充纤维保温材料，再在龙骨上铺钉水泥纤维板。金属龙骨和固定件应经防锈处理，金属龙骨与基层之间应采取隔热断桥措施。

4. 喷涂硬泡聚氨酯保温层

(1) 保温层施工前应对喷涂设备进行调试，并应制备试样进行硬泡聚氨酯的性能检测。

(2) 喷涂硬泡聚氨酯的配比应准确计量，发泡厚度应均匀一致。

(3) 喷涂时喷嘴与施工基面的间距应由试验确定。

(4) 一个作业面应分遍喷涂完成，每遍厚度不宜大于15mm；当日的作业面应当日连续地喷涂施工完毕。

(5) 硬泡聚氨酯喷涂后20min内严禁上人；喷涂硬泡聚氨酯保温层完成后，应及时做保护层。

5. 现浇泡沫混凝土保温层

(1) 在浇筑泡沫混凝土前，应将基层上的杂物和油污清理干净；基层应浇水湿润，但不得有积水。

(2) 保温层施工前应对设备进行调试，并应制备试样进行泡沫混凝土的性能检测。

(3) 泡沫混凝土的配合比应准确计量，制备好的泡沫加入水泥料浆中搅拌均匀。

(4) 浇筑过程中，应随时检查泡沫混凝土的湿密度。

6. 种植隔热层

(1) 种植隔热层与防水层之间宜设细石混凝土保护层。

(2) 种植隔热层的屋面坡度大于20%时，其排水层、种植土层应采取防滑措施。

(3) 排水层施工应符合下列要求：

1) 陶粒的粒径不应小于25mm，大粒径应在下，小粒径应在上。

2) 凹凸形排水板宜采用搭接施工法，网状交织排水板宜采用对接施工。

3) 排水层上应铺设过滤层土工布。

4）挡墙或挡板的下部应设泄水孔，孔周围应放置疏水粗细骨料。

（4）过滤层土工布应沿种植土周边向上铺设至种植土高度，并应于挡土墙或挡板粘牢；土工布的搭接宽度不应小于 100mm，接缝宜采用粘合或缝合。

（5）种植土的厚度及自重应符合设计要求。种植土表面应低于挡墙高度 100mm。

7. 架空隔热层

（1）架空隔热层的高度应按屋面宽度或坡度大小确定。设计无要求时，架空隔热层的高度宜为 180～300mm。

（2）当屋面宽度大于 10m 时，应在屋面中部设置通风屋脊，通风口处应设置通风箅子。

（3）架空隔热制品支座底面的卷材、涂膜防水层，应采取加强措施。

（4）架空隔热制品的质量应符合下列要求：

1）非上人屋面的砌块强度等级不应低于 MU7.5；上人屋面的砌块强度等级不应低于 MU10。

2）混凝土板的强度等级不应低于 C20，板厚及配筋应符合设计要求。

8. 蓄水隔热层

（1）蓄水隔热层应与屋面防水层之间设隔离层。

（2）蓄水池的所有孔洞应预留，不得后凿；所涉及的给水管、排水管和溢水管等，均应在蓄水池混凝土施工前安装完毕。

（3）每个蓄水区的防水混凝土应一次浇筑完毕，不得留施工缝。

（4）防水混凝土应用机械振捣密实，表面应抹平和压光，初凝后应覆盖养护，终凝后浇水养护不得少于 14d；蓄水后不得断水。

（四）防水与密封工程施工要求

卷材防水层应采用高聚物改性沥青防水卷材、合成高分子防水卷材或沥青防水卷材。防水卷材选用时，应结合当地气候条件、使用环境和防水等级等因素，首先应考虑防水材料的性能，材料的价格应放在第二位。所选用的基层处理剂、接缝胶粘剂、密封材料等配套材料应与铺贴的卷材材性相容，如石油沥青油毡只能用石油沥青胶粘贴，煤沥青油毡只能用煤沥青胶粘贴。

1. 一般规定

防水与密封工程各分项工程每个检验批的抽检数量，防水层应按屋面面积每 100m^2 抽查一处，每处应为 10m^2，且不得少于 3 处，接缝密封防水应按每 50m 抽查一处，每处应为 5m，且不得少于 3 处。

2. 卷材防水层

（1）屋面坡度大于 25%时，卷材应采取满粘和钉压固定措施。

（2）卷材铺贴方向应符合下列规定：

1）卷材宜平行屋脊铺贴；

2）上下层卷材不得相互垂直铺贴。

（3）卷材搭接缝应符合下列规定：

1）平行屋脊的卷材搭接缝应顺水方向，卷材搭接宽度应符合表 10-79 的规定；

2）相邻两幅卷材短边搭接缝应错开，且不得小于 500mm；

卷材搭接宽度 **表 10-79**

卷材类别		搭接宽度
合成高分子防水卷材	胶粘剂	80
	胶粘带	50
	单缝焊	60，有效焊接宽度不小于 25
	双缝焊	80，有效焊接宽度 10×2+空腔宽
高聚物改性沥青防水卷材	胶粘剂	100
	自粘	80

3）上下层卷材长边搭接缝应错开，且不得小于幅宽的 1/3。

（4）冷粘法铺贴卷材应符合下列规定：

1）胶粘剂涂刷应均匀，不应露底，不应堆积；

2）应控制胶粘剂涂刷与卷材铺贴的间隔时间；

3）卷材下面的空气应排尽，并应辊压粘牢固；

4）卷材铺贴应平整顺直，搭接尺寸应准确，不得扭曲、皱折；

5）接缝口应用密封材料封严，宽度不应小于 10mm。

（5）热粘法铺贴卷材应符合下列规定：

1）熔化热熔型改性沥青胶结料时，宜采用专用导热油炉加热，加热温度不应高于 200℃，使用温度不宜低于 180℃；

2）粘贴卷材的热熔型改性沥青胶结料厚度宜为 1.0～1.5mm；

3）采用热熔型改性沥青胶结料粘贴卷材时，应随刮随铺，并应展平压实。

（6）热熔法铺贴卷材应符合下列规定：

1）火焰加热器加热卷材应均匀，不得加热不足或烧穿卷材；

2）卷材表面热熔后应立即滚铺，卷材下面的空气应排尽，并应辊压粘贴牢固；

3）卷材接缝部位应溢出热熔的改性沥青胶，溢出的改性沥青胶宽度宜为 8mm；

4）铺贴的卷材应平整顺直，搭接尺寸应准确，不得扭曲、皱折；

5）厚度小于 3mm 的高聚物改性沥青防水卷材，严禁采用热熔法施工。

（7）自粘法铺贴应符合下列规定：

1）铺贴卷材时，应将自粘胶底面的隔离纸全部撕净；

2）卷材下面的空气应排尽，并应辊压粘贴牢固；

3）铺贴的卷材应平整顺直，搭接尺寸应准确，不得扭曲、皱折；

4）接缝口应用密封材料封严，宽度不应小于 10mm；

5）低温施工时，接缝部位宜采用热风加热，并应随即粘贴牢固。

（8）焊接法铺贴卷材应符合下列规定：

1）焊接前卷材应铺设平整、顺直，搭接尺寸应准确，不得扭曲、皱折；

2）卷材焊接缝的结合面应干净、干燥，不得有水滴、油污及附着物；

3）焊接时应先焊接长边搭接缝，后焊短边搭接缝；

4）控制加热温度和时间，焊接缝不得有漏焊、跳焊、焊焦或焊接不牢固现象；

5）焊接时不得损害非焊接部位的卷材。

(9) 机械固定法铺贴卷材应符合下列规定：

1) 卷材应采用专用固定件进行机械固定；

2) 固定件应设置在卷材搭接缝内，外露固定件应用卷材封严；

3) 固定件应垂直钉入结构层有效固定，固定件数量和位置应符合设计要求；

4) 卷材搭接缝应粘结或焊接牢固，密封应严密；

5) 卷材周边 800mm 范围内应满粘。

3. 涂膜防水层

(1) 防水涂料应多遍涂布，并应待前一遍涂布的涂料干燥成膜后，再涂布后一遍涂料，且前后两遍涂料的涂布方向应相互垂直。

(2) 铺设胎体增强材料应符合下列规定：

1) 胎体增强材料宜采用聚酯无纺布或化纤无纺布；

2) 胎体增强材料长边搭接宽度不应小于 50mm，短边搭接宽度不应小于 70mm；

3) 上下层胎体增强材料的长边搭接缝应错开，且不得小于幅宽的 1/3；

4) 上下层胎体增强材料不得相互垂直铺设。

(3) 多组分防水涂料应按配合比准确计量，搅拌应均匀，并应根据有效时间确定每次配置的数量。

4. 复合防水层

(1) 卷材与涂料复合使用时，涂膜防水层宜设置在卷材防水层的下面。

(2) 卷材与涂料复合使用时，防水卷材的粘结质量应符合表 10-80 的规定。

防水卷材的粘结质量 **表 10-80**

项目	自粘聚合物改性沥青防水卷材和带自粘层防水卷材	高聚物改性沥青防水卷材胶粘剂	合成高分子防水卷材胶粘剂
粘结剥离强度(N/10mm)	≥10 或卷材断裂	≥8 或卷材断裂	≥15 或卷材断裂
剪切状态下的粘合强度(N/10mm)	≥20 或卷材断裂	≥20 或卷材断裂	≥20 或卷材断裂
浸水 168h 后粘结剥离强度保持率(%)	—	—	≥70

注：防水涂料作为卷材粘结材料复合使用时，应符合相应的防水卷材胶粘剂规定。

5. 接缝密封防水

(1) 密封防水部位的基层应符合下列要求：

1) 基层应牢固，表面应平整、密实，不得有裂缝、蜂窝、麻面、起皮和起砂现象；

2) 基层应清洁、干燥，并应无油污、无灰尘；

3) 嵌入的背衬材料与接缝壁之间不得留有空隙；

4) 密封防水部位的基层宜涂刷基层处理剂，涂刷应均匀，不得漏涂。

(2) 多组分密封材料应按配合比准确计量，拌合应均匀，并应根据有效时间确定每次配制的数量。

(3) 密封材料嵌填完成后，在固化前应避免灰尘、破损及污染，且不得踩踏。

（五）瓦面与板面工程施工要求

1. 一般规定

（1）在大风及地震设防地区或屋面坡度大于100%时，瓦材应采取固定加强措施。

（2）严寒和寒冷地区的檐口部位，应采取防雪融冰坠的安全措施。

（3）瓦面与板面工程各分项工程每个检验批的抽检数量，应按屋面面积每 $100m^2$ 抽查一处，每处应为 $10m^2$，且不得少于3处。

2. 烧结瓦和混凝土瓦铺装

（1）平瓦和脊瓦应边缘整齐，表面光洁，不得有分层、裂缝和露砂等缺陷；平瓦的瓦爪与瓦槽的尺寸应配合。

（2）基层、顺水条、挂瓦条的铺设应符合下列规定：

1）基层应平整，干净，干燥；持钉层厚度应符合设计要求；

2）顺水条应垂直正脊方向铺钉在基层上，顺水条表面应平整，其间距不宜大于500mm；

3）挂瓦条的间距应根据瓦片尺寸和屋面坡长经计算确定；

4）挂瓦条应铺钉平整，牢固，上棱应成一直线。

（3）挂瓦应符合下列规定：

1）挂瓦应从两坡的檐口同时对称进行。瓦后爪应与挂瓦条挂牢，并应与邻边、下面两瓦落槽密合；

2）槽口瓦、斜天沟瓦应用镀锌铁丝拴牢再挂瓦条上，每片瓦应与挂瓦条固定牢固；

3）整坡瓦面应平整，行列应横平竖直，不得有翘角和张口现象；

4）正脊和斜脊应铺平挂直，脊瓦搭盖应顺主导风向和流水方向。

（4）烧结瓦和混凝土瓦铺装的有关尺寸，应符合以下规定：

1）瓦屋面檐口挑出墙面的长度不宜小于300mm；

2）脊瓦在两坡面瓦上的搭盖宽度，每边不应小于40mm；

3）脊瓦下端距离面瓦的高度不宜大于80mm；

4）瓦头伸入檐沟，天沟内的长度宜为50～70mm；

5）金属檐沟、天沟伸入瓦内的宽度不应小于150mm；

6）瓦头挑出檐口的长度宜为50～70mm；

7）突出屋面结构的侧面瓦伸入泛水的宽度不应小于50mm。

（5）瓦片必须铺置牢固。在大风及地震设防地区或屋面坡度大于100%时，应按设计要求采取固定加强措施。

3. 沥青瓦铺装

（1）沥青瓦应边缘整齐，切槽应清晰，厚薄应均匀，表面应无空洞、楞伤、裂痕和气泡等缺陷。

（2）沥青瓦应自檐口向上铺设，起始层瓦应由瓦片经切除垂片部分后制得，且起始层瓦沿檐口平行铺设并伸出檐口10mm，并应用沥青基胶粘材料与基层粘结；第一层瓦应与起始层瓦叠合，但瓦切口应向下指向檐口；第二层瓦应压在第一层瓦上且露出瓦切口，但不得超过切口长度。相邻两层沥青瓦的拼缝及切口应均匀错开。

（3）铺设脊瓦时，宜将沥青瓦沿切口剪开分成三块作为脊瓦，并应用2个固定钉固定，同时应用沥青基胶粘材料密封；脊瓦搭盖应顺主导风向。

(4) 沥青瓦的固定应符合下列规定：

1) 沥青瓦铺设时，每张瓦片不得少于 4 个固定钉，在大风地区或屋面坡度大于 100% 时，每张瓦片不得少于 6 个固定钉；

2) 固定钉应垂直钉入沥青瓦压盖面，钉帽应与瓦片表面齐平；

3) 固定钉钉入持钉层深度应复合设计要求；

4) 屋面边缘部位沥青瓦之间以及起始瓦与基层之间，均应采用沥青基胶粘材料满粘。

(5) 沥青瓦铺装的有关尺寸应符合下列规定：

1) 脊瓦在两坡面瓦上的搭盖宽度，每边不应小于 150mm；

2) 脊瓦与脊瓦的压盖面不应小于脊瓦面积的 1/2；

3) 沥青瓦挑出檐口的长度宜为 10～20mm；

4) 金属泛水板与沥青瓦的搭盖宽度不应小于 100mm；

5) 金属泛水板与突出屋面墙体的搭接高度不应小于 250mm；

6) 金属滴水版伸入沥青瓦下的宽度不应小于 80mm。

4. 金属板铺装

(1) 金属板材应边缘整齐，表面应光滑，色泽应均匀，外形应规则，不得有挠曲、脱模和锈蚀等缺陷。

(2) 金属板材应用专用吊具安装，安装和运输过程中不得损伤金属板材。

(3) 金属板材应根据要求板型和深化设计的排板图铺设，并应按设计图纸规定的连接方式固定。

(4) 金属板固定支架或支座位置应准确，安装应牢固。

(5) 金属板屋面铺装的有关尺寸应符合下列规定：

1) 金属板檐口挑出墙面的长度不应小于 200mm；

2) 金属板伸入檐沟、天沟内的长度不应小于 100mm；

3) 金属泛水板与突出屋面墙体的搭接高度不应小于 250mm；

4) 金属泛水板、变形缝盖板与金属板的搭接宽度不应小于 200mm；

5) 金属屋脊盖板在两坡面金属板上的搭盖宽度不应小于 250mm。

5. 玻璃采光顶铺装

(1) 玻璃采光顶的预埋件应位置准确，安装应牢固。

(2) 采光顶玻璃及玻璃组件，应符合现行行业标准《建筑玻璃采光顶》JG/T 231 的有关规定。

(3) 采光顶玻璃表面应平整、洁净，颜色应均匀一致。

(4) 玻璃采光顶与周边墙体之间的连接，应符合设计要求。

(六) 细部构造构工程

1. 细部构造工程各分项工程每个检验批应全数进行检验。

2. 细部构造所使用卷材、涂料和密封材料的质量应符合设计要求，两种材料之间应具有相容性。

3. 檐口 800mm 范围内的卷材应满粘，檐口卷材收头应在找平层的凹槽内用金属压条钉压固定，并应用密封材料封严，檐口端部应抹聚合物水泥砂浆，其下端应做成鹰嘴和滴水槽。

4. 檐沟防水层应由沟底翻上至外侧顶部，卷材收头应用金属压条钉压固定，并应用密封材料封严；涂膜收头应用防水涂料多遍涂刷。

5. 檐沟外侧顶部及侧面均应抹聚合物水泥砂浆，其下端应做成鹰嘴和滴水槽。

6. 女儿墙和山墙的压顶向内排水坡度不应小于5%，压顶内侧下端做成鹰嘴或滴水槽。

7. 女儿墙和山墙的卷材应满粘，卷材收头应用金属压条钉压固定，并应用密封材料封严；涂膜应直接涂刷至压顶下，其收头应用防水涂料多遍涂刷。

8. 水落口杯上口应设在沟底的最低处，水落口周围直径500mm范围内坡度不应小于5%，水落口周围的附加层铺设应符合设计要求。防水层及附加层伸入水落口杯内不应小于50mm，并应粘结牢固。

9. 等高变形缝顶部宜加扣混凝土或金属盖板。混凝土盖板的接缝应用密封材料封严；金属盖板应铺钉牢固，搭接缝应顺流水方向，并应做好防锈处理。

10. 高低跨变形缝在高跨墙面上的防水卷材封盖和金属盖板，应用金属压条钉压固定，并应用密封材料封严。

11. 伸出屋面管道周围的找平层应抹出高度不小于30mm的排水坡。伸出屋面管道的卷材防水层收头应用金属箍固定，并应用密封材料封严；涂膜防水层收头应用防水材料多遍涂刷。

12. 屋面出入口的泛水高度不应小于250mm。

13. 反梁过水孔的孔洞四周应涂刷防水涂料，预埋管道两端周围与混凝土接触处应留凹槽，并应用密封材料封严。

14. 设施基座与结构层相连时，防水层应包裹设施基座的上部，并应在地脚螺栓周围做密封处理。

15. 设施基座直接放置在防水层上时，设施基座下部应增设附加层，必要时应在其上浇筑细石混凝土，其厚度不应小于50mm。

二、地下防水工程

(一) 地下防水工程的基本规定

1. 地下工程的防水等级标准应符合表10-81的规定。

地下工程防水等级标准　　表10-81

防水等级	防水标准
一级	不允许渗水，结构表面无湿渍
二级	不允许漏水，结构表面可有少量湿渍； 房屋建筑地下工程：总湿渍面积不应大于总防水面积(包括顶板、墙面、地面)的1/1000；任意100m² 防水面积上的湿渍不超过2处，单个湿渍的最大面积不大于0.1m²； 其他地下工程：总湿渍面积不应大于总防水面积的2/1000；任意100m² 防水面积上的湿渍不超过3处，单个湿渍的最大面积不大于0.2m²；其中，隧道工程平均渗水量不大于0.05L/(m²·d)，任意100m² 防水面积上的渗水量不大于0.15L/(m²·d)
三级	有少量漏水点，不得有线流和漏泥浆； 任意100m² 防水面积上的漏水或湿渍点数不超过7处，单个漏水点的最大漏水量不大于2.5L/d，单个湿渍的最大面积不大于0.3m²
四级	有漏水点，不得有线流和漏泥浆； 整个工程平均漏水量不大于2L/(m²·d)；任意100m² 防水面积上的平均漏水量不大于100m² 防水面积上4L/(m²·d)

2. 明挖法和暗挖法地下工程的防水设防应按表 10-82 和表 10-83 选用。

明挖法地下工程防水设防 **表 10-82**

<table>
<tr><td colspan="2">工程部位</td><td colspan="7">主体</td><td colspan="7">施工缝</td><td colspan="4">后浇带</td><td colspan="6">变形缝、诱导缝</td></tr>
<tr><td colspan="2">防水措施</td><td>防水混凝土</td><td>防水卷材</td><td>防水涂料</td><td>塑料防水板</td><td>膨润土防水材料</td><td>防水砂浆</td><td>金属板</td><td>遇水膨胀止水条或止水胶</td><td>外贴式止水带</td><td>中埋式止水带</td><td>外抹防水砂浆</td><td>外涂防水涂料</td><td>水泥基渗透结晶型防水涂料</td><td>预埋注浆管</td><td>补偿收缩混凝土</td><td>外贴式止水带</td><td>预埋注浆管</td><td>遇水膨胀止水条或止水胶</td><td>中埋式止水带</td><td>外贴式止水带</td><td>可卸式止水带</td><td>防水密封材料</td><td>外贴防水卷材</td><td>外涂防水涂料</td></tr>
<tr><td rowspan="4">防水等级</td><td>一级</td><td>应选</td><td colspan="6">应选一种至二种</td><td colspan="7">应选二种</td><td>应选</td><td colspan="3">应选二种</td><td>应选</td><td colspan="5">应选二种</td></tr>
<tr><td>二级</td><td>应选</td><td colspan="6">应选一种</td><td colspan="7">应选一种至二种</td><td>应选</td><td colspan="3">应选一种至二种</td><td>应选</td><td colspan="5">应选一种至二种</td></tr>
<tr><td>三级</td><td>应选</td><td colspan="6">宜选一种</td><td colspan="7">宜选一种至二种</td><td>应选</td><td colspan="3">宜选一种至二种</td><td>应选</td><td colspan="5">宜选一种至二种</td></tr>
<tr><td>四级</td><td>宜选</td><td colspan="6">—</td><td colspan="7">宜选一种</td><td>应选</td><td colspan="3">宜选一种</td><td>应选</td><td colspan="5">宜选一种</td></tr>
</table>

暗挖地下工程防水设防 **表 10-83**

<table>
<tr><td colspan="2">工程部位</td><td colspan="7">衬砌结构</td><td colspan="6">内衬砌施工缝</td><td colspan="4">内衬砌变形缝、诱导缝</td></tr>
<tr><td colspan="2">防水措施</td><td>防水混凝土</td><td>防水卷材</td><td>防水涂料</td><td>塑料防水板</td><td>膨润土防水材料</td><td>防水砂浆</td><td>金属板</td><td>遇水膨胀止水条或止水胶</td><td>外贴式止水带</td><td>中埋式止水带</td><td>防水密封材料</td><td>水泥基渗透结晶型防水涂料</td><td>预埋注浆管</td><td>中埋式止水带</td><td>外贴式止水带</td><td>可卸式止水带</td><td>防水密封材料</td></tr>
<tr><td rowspan="4">防水等级</td><td>一级</td><td>必选</td><td colspan="6">应选一种至二种</td><td colspan="6">应选一种至二种</td><td>应选</td><td colspan="3">应选一种至二种</td></tr>
<tr><td>二级</td><td>应选</td><td colspan="6">应选一种</td><td colspan="6">应选一种</td><td>应选</td><td colspan="3">应选一种</td></tr>
<tr><td>三级</td><td>宜选</td><td colspan="6">宜选一种</td><td colspan="6">宜选一种</td><td>应选</td><td colspan="3">宜选一种</td></tr>
<tr><td>四级</td><td>宜选</td><td colspan="6">宜选一种</td><td colspan="6">宜选一种</td><td>应选</td><td colspan="3">宜选一种</td></tr>
</table>

3. 地下防水工程必须由持有资质等级证书的防水专业队伍进行施工，主要施工人员应持有省级及以上建设行政主管部门或指定单位颁发的执业资格证书或防水专业岗位证书。

4. 地下防水工程施工前，应通过图纸会审，掌握结构主体及细部构造的防水要求，施工单位应编制防水工程专项施工方案，经监理单位或建设单位审查批准后执行。

5. 地下工程所使用防水材料的品种、规格、性能等必须符合现行国家或行业产品标准和设计要求。

6. 防水材料必须经具备相应资质的检测单位进行抽样检验，并出具产品性能检测报告。

7. 防水材料的进场验收应符合下列规定：

(1) 对材料的外观、品种、规格、包装、尺寸和数量等进行检查验收，并经监理单位或建设单位代表检查确认，形成相应验收记录；

(2) 对材料的质量证明文件进行检查，并经监理单位或建设单位代表检查确认，纳入工程技术档案；

(3) 材料进场后应按地下工程用防水材料质量指标、附表10-1和附表10-3的规定抽样检验，检验应执行见证取样送检制度，并出具材料进场检验报告；

(4) 材料的物理性能检验项目全部指标达到标准规定时，即为合格；若有一项指标不符合标准规定，应在受检产品中重新取样进行该项指标复验，复验结果符合标准规定，则判定该批材料为合格。

8. 地下工程使用的防水材料及其配套材料，应符合现行行业标准《建筑防水涂料中有害物质限量》JC 1066的规定，不得对周围环境造成污染。

9. 地下防水工程的施工，应建立各道工序的自检、交接检和专职人员检查的制度，并有完整的检查记录；工程隐蔽前，应由施工单位通知有关单位进行验收，并形成隐蔽工程验收记录；未经监理单位或建设单位代表对上道工序的检查确认，不得进行下道工序的施工。

10. 地下防水工程施工期间，必须保持地下水位稳定在工程底部最低高程500mm以下，必要时应采取降水措施。对采用明沟排水的基坑，应保持基坑干燥。

11. 地下防水工程不得在雨天、雪天和五级风及其以上时施工；防水材料施工环境气温条件宜符合表10-84的规定。

防水材料施工环境气温条件 **表10-84**

防水材料	施工环境气温条件
高聚物改性沥青防水卷材	冷粘法、自粘法不低于5℃，热熔法不低于－10℃
合成高分子防水卷材	冷粘法、自粘法不低于5℃，焊接法不低于－10℃
有机防水涂料	溶剂型－5℃～35℃，反应型、水乳型5℃～35℃
无机防水涂料	5℃～35℃
防水混凝土、防水砂浆	5℃～35℃
膨润土防水材料	不低于－20℃

12. 地下防水工程是一个子分部工程，其分项工程的划分应符合表10-85的规定。

地下防水工程的分项工程 **表10-85**

子分部工程		分项工程
地下防水工程	主体结构防水	防水混凝土、水泥砂浆防水层、卷材防水层、涂料防水层、塑料防水板防水层、金属板防水层、膨润土防水材料防水层
	细部构造防水	施工缝、变形缝、后浇带、穿墙管、埋设件、预留通道接头、桩头、孔口、坑、池
	特殊施工法结构防水	锚喷支护、地下连续墙、盾构隧道、沉井、逆筑结构
	排水	渗排水、盲沟排水、隧道排水、坑道排水、塑料排水板排水
	注浆	预注浆、后注浆、结构裂缝注浆

13. 地下防水工程的分项工程检验批和抽样检验数量应符合下列规定：

(1) 主体结构防水工程和细部构造防水工程应按结构层、变形缝或后浇带等施工段划分检验批；

(2) 特殊施工法结构防水工程应按隧道区间、变形缝等施工段划分检验批；

(3) 排水工程和注浆工程应各为一个检验批；

(4) 各检验批的抽样检验数量：细部构造应为全数检查，其他均应符合本规范的规定。

(二) 防水混凝土施工要求

见第六章第九节。

(三) 防水砂浆施工要求

见第七章第二节及第三节。

(四) 防水卷材施工要求

1. 卷材防水层适用于受侵蚀性介质作用或受振动作用的地下工程；卷材防水层应铺设在主体结构的迎水面。

2. 卷材防水层应采用高聚物改性沥青类防水卷材和合成高分子类防水卷材。所选用的基层处理剂、胶粘剂、密封材料等均应与铺贴的卷材相匹配。

3. 在进场材料检验的同时，防水卷材接缝粘结质量检验应按《地下防水工程质量验收规范》GB 50208—2011 附录 D 执行。

4. 铺贴防水卷材前，基面应干净、干燥，并应涂刷基层处理剂；当基面潮湿时，应涂刷湿固化型胶粘剂或潮湿界面隔离剂。

5. 基层阴阳角应做成圆弧或 45°坡角，其尺寸应根据卷材品种确定；在转角处、变形缝、施工缝，穿墙管等部位应铺贴卷材加强层，加强层宽度不应小于 500mm。

6. 防水卷材的搭接宽度应符合表 10-86 的要求。铺贴双层卷材时，上下两层和相邻两幅卷材的接缝应错开 1/3～1/2 的幅宽，且两层卷材不得相互垂直铺贴。

防水卷材的搭接宽度 **表 10-86**

卷材品种	搭接宽度(mm)
弹性体改性沥青防水卷材	100
改性沥青聚乙烯胎防水卷材	100
自粘聚合物改性沥青防水卷材	80
三元乙丙橡胶防水卷材	100/60(胶粘剂/胶粘带)
聚氯乙烯防水卷材	60/80(单焊缝/双焊缝)
	100(胶粘剂)
聚乙烯丙纶复合防水卷材	100(粘结料)
高分子自粘胶膜防水卷材	70/80(自粘胶/胶粘带)

7. 冷粘法铺贴卷材应符合下列规定：

(1) 胶粘剂应涂刷均匀，不得露底、堆积；

(2) 根据胶粘剂的性能，应控制胶粘剂涂刷与卷材铺贴的间隔时间；

(3) 铺贴时不得用力拉伸卷材，排除卷材下面的空气，辊压粘贴牢固；

(4) 铺贴卷材应平整、顺直，搭接尺寸准确，不得扭曲、皱折；

(5) 卷材接缝部位应采用专用胶粘剂或胶粘带满粘，接缝口应用密封材料封严，其宽度不应小于 10mm。

8. 热熔法铺贴卷材应符合下列规定：

(1) 火焰加热器加热卷材应均匀，不得加热不足或烧穿卷材；

(2) 卷材表面热熔后应立即滚铺，排除卷材下面的空气，并粘贴牢固；

(3) 铺贴卷材应平整、顺直，搭接尺寸准确，不得扭曲、皱折；

(4) 卷材接缝部位应溢出热熔的改性沥青胶料，并粘贴牢固，封闭严密。

9. 自粘法铺贴卷材应符合下列规定：

(1) 铺贴卷材时，应将有黏性的一面朝向主体结构；

(2) 外墙、顶板铺贴时，排除卷材下面的空气，辊压粘贴牢固；

(3) 铺贴卷材应平整、顺直，搭接尺寸准确，不得扭曲、皱折和起泡；

(4) 立面卷材铺贴完成后，应将卷材端头固定，并应用密封材料封严；

(5) 低温施工时，宜对卷材和基面采用热风适当加热，然后铺贴卷材。

10. 卷材接缝采用焊接法施工应符合下列规定：

(1) 焊接前卷材应铺放平整，搭接尺寸准确，焊接缝的结合面应清扫干净；

(2) 焊接时应先焊长边搭接缝，后焊短边搭接缝；

(3) 控制热风加热温度和时间，焊接处不得漏焊、跳焊或焊接不牢；

(4) 焊接时不得损害非焊接部位的卷材。

11. 铺贴聚乙烯丙纶复合防水卷材应符合下列规定：

(1) 应采用配套的聚合物水泥防水粘结材料；

(2) 卷材与基层粘贴应采用满粘法，粘结面积不应小于 90%，刮涂粘结料应均匀，不得露底、堆积、流淌；

(3) 固化后的粘结料厚度不应小于 1.3mm；

(4) 卷材接缝部位应挤出粘结料，接缝表面处应涂刮 1.3mm 厚 50mm 宽聚合物水泥粘结料封边；

(5) 聚合物水泥粘结料固化前，不得在其上行走或进行后续作业。

12. 高分子自粘胶膜防水卷材宜采用预铺反粘法施工，并应符合下列规定：

(1) 卷材宜单层铺设；

(2) 在潮湿基面铺设时，基面应平整坚固、无明水；

(3) 卷材长边应采用自粘边搭接，短边应采用胶粘带搭接，卷材端部搭接区应相互错开；

(4) 立面施工时，在自粘边位置距离卷材边缘 10～20mm 内，每隔 400～600mm 应进行机械固定，并应保证固定位置被卷材完全覆盖；

(5) 浇筑结构混凝土时不得损伤防水层。

13. 卷材防水层完工并经验收合格后应及时做保护层。保护层应符合下列规定：

(1) 顶板的细石混凝土保护层与防水层之间宜设置隔离层。细石混凝土保护层厚度：机械回填时不宜下于 70mm，人工回填时不宜小于 50mm；

(2) 底板的细石混凝土保护层厚度不应小于 50mm；

(3) 侧墙宜采用软质保护材料或铺抹 20mm 厚 1∶2.5 水泥砂浆。

14. 卷材防水层分项工程检验批的抽样检验数量，应按铺贴面积每 $100m^2$ 抽查一处，每处 $10m^2$，且不得少于 3 处。

15. 采用外防外贴法铺贴卷材防水层时，立面卷材接槎的搭接宽度，高聚物改性沥青类卷材应为 150mm，合成高分子类卷材应为 100mm，且上层卷材应盖过下层卷材。

16. 卷材搭接宽度的允许偏差应为-10mm。

(五) 涂料防水层施工要求

1. 涂料防水层适用于受侵蚀性介质作用或受振动作用的地下工程；有机防水涂料宜用于主体结构的迎水面，无机防水涂料宜用于主体结构的迎水面或背水面。

2. 有机防水涂料应采用反应型、水乳型、聚合物水泥等涂料；无机防水涂料应采用掺外加剂、掺合料的水泥基防水涂料或水泥基渗透结晶型防水涂料。

3. 有机防水涂料基面应干燥。当基面较潮湿时，应涂刷湿固化型胶结剂或潮湿界面隔离剂；无机防水涂料施工前，基面应充分润湿，但不得有明水。

4. 涂料防水层的施工应符合下列规定：

(1) 多组分涂料应按配合比准确计量，搅拌均匀，并应根据有效时间确定每次配制的用量；

(2) 涂料应分层涂刷或喷涂，涂层应均匀，涂刷应待前遍涂层干燥成膜后进行。每遍涂刷时应交替改变涂层的涂刷方向，同层涂膜的先后搭压宽度宜为 30～50mm；

(3) 涂料防水层的甩槎处接槎宽度不应小于 100mm，接涂前应将其甩槎表面处理干净；

(4) 采用有机防水涂料时，基层阴阳角处应做成圆弧；在转角处、变形缝、施工缝、穿墙管等部位应增加胎体增强材料和增涂防水涂料，宽度不应小于 500mm；

(5) 胎体增强材料的搭接宽度不应小于 100mm。上下两层和相邻两幅胎体的接缝应错开 1/3 幅宽，且上下两层胎体不得相互垂直铺贴。

5. 涂料防水层完工并经验收合格后应及时做保护层。

6. 涂料防水层分项工程检验批的抽样检验数量，应按涂层面积每 $100m^2$ 抽查 1 处，每处 $10m^2$，且不得少于 3 处。

7. 涂料防水层的平均厚度应符合设计要求，最小厚度不得小于设计厚度的 90%。

(六) 塑料防水板防水层施工要求

1. 塑料防水板防水层适用于经常承受水压、侵蚀性介质或有振动作用的地下工程；塑料防水板宜铺设在复合式衬砌的初期支护与二次衬砌之间。

2. 塑料防水板防水层的基面应平整，无尖锐突出物，基面平整度 D/L 不应大于 1/6。

注：D 为初期支护基面相邻两凸面间凹进去的深度；L 为初期支护基面相邻两凸面间的距离。

3. 初期支护的渗漏水，应在塑料防水板防水层铺设前封堵或引排。

4. 塑料防水板的铺设应符合下列规定：

(1) 铺设塑料防水板前应先铺缓冲层，缓冲层应用暗钉圈固定在基面上；缓冲层搭接宽度不应小于 50mm；铺设塑料防水板时，应边铺边用压焊机将塑料防水板与暗钉圈焊接；

(2) 两幅塑料防水板的搭接宽度不应小于 100mm，下部塑料防水板应压住上部塑料防水板。接缝焊接时，塑料防水板的搭接层数不得超过3层；

(3) 塑料防水板的搭接缝应采用双焊缝，每条焊缝的有效宽度不应小于10mm；

(4) 塑料防水板铺设时宜设置分区预埋注浆系统；

(5) 分段设置塑料防水板防水层时，两端应采用封闭措施。

5. 塑料防水板的铺设应超前二次衬砌混凝土施工，超前距离宜为5～20m。

6. 塑料防水板应牢固地固定在基面上，固定点间距应根据基面平整情况确定，拱部宜为0.5～0.8m，边墙宜为1.0～1.5m，底部宜为1.5～2.0m；局部凹凸较大时，应在凹处加密固定点。

7. 塑料防水板防水层分项工程检验批的抽样检验数量，应按铺设面积每$100m^2$抽查一处，每处$10m^2$，且不得少于3处。焊缝检验应按焊缝条数抽查5%，每条焊缝为1处，且不得少于3处。

8. 塑料防水板的搭接缝必须采用双缝热熔焊接，每条焊缝的有效宽度不应小于10mm。

9. 塑料防水板搭接宽度的允许偏差应为−10mm。

(七) 金属板防水层施工要求

1. 金属板防水层适用于抗渗性能要求较高的地下工程；金属板应铺设在主体结构迎水面。

2. 金属板防水层所采用的金属材料和保护材料应符合设计要求。金属板及其焊接材料的规格、外观质量和主要物理性能，应符合国家现行有关标准的规定。

3. 金属板的拼接及金属板与工程结构的锚固件连接应采用焊接。金属板的拼接焊缝应进行外观检查和无损检验。

4. 金属板表面有锈蚀、麻点或划痕等缺陷时，其深度不得大于该板材厚度的负偏差值。

5. 金属板防水层分项工程检验批的抽样检验数量，应按铺设面积每$10m^2$抽查1处，每处$1m^2$，且不得少于3处。焊缝表面缺陷检验应按焊缝的条数抽查5%，且不得少于1条焊缝；每条焊缝检查1处，总抽查数不得少于10处。

(八) 膨润土防水材料防水层施工要求

1. 膨润土防水材料防水层适用于pH为4～10的地下环境中；膨润土防水材料防水层应用于复合式衬砌的初期支护与二次衬砌之间以及明挖法地下工程主体结构迎水面，防水层两侧应具有一定的夹持力。

2. 膨润土防水材料中的膨润土颗粒应采用钠基膨润土，不应采用钙基膨润土。

3. 膨润土防水材料防水层基面应坚实、清洁，不得有明水，基面平整度应符合本节“二(六)2”条的规定；基层阴阳角应做成圆弧或坡角。

4. 膨润土防水毯的织布面与膨润土防水板的膨润土面，均应与结构外表面密贴。

5. 膨润土防水材料应采用水泥钉和垫片固定；立面和斜面上的固定间距宜为400～500mm，平面上应在搭接缝处固定。

6. 膨润土防水材料的搭接宽度应大于100mm；搭接部位的固定间距宜为200～300mm，固定点与搭接边缘的距离宜为25～30mm，搭接处应涂抹膨润土密封膏。平面搭接缝处可干撒膨润土颗粒，其用量宜为0.3～0.5kg/m。

7. 膨润土防水材料的收口部位应采用金属压条与水泥钉固定，并用膨润土密封膏覆盖。

8. 转角处和变形缝、施工缝、后浇带等部位均应设置宽度不小于 500mm 加强层，加强层应设置在防水层与结构外表面之间。穿墙管件宜采用膨润土橡胶止水条、膨润土密封膏进行加强处理。

9. 膨润土防水材料分段铺设时，应采取临时遮挡防护措施。

10. 膨润土防水材料防水层分项工程检验批的抽检数量，应按铺贴面积每 $100m^2$ 抽查 1 处，每处 $10m^2$，且不得少于 3 处。

11. 膨润土防水材料搭接宽度的允许偏差应为－10mm。

现行建筑防水工程材料标准 **附表 10-1**

类别	标准名称	标准编号
改性沥青防水卷材	1. 弹性体改性沥青防水卷材(W、D)	GB 18242
	2. 塑性体改性沥青防水卷材(W)	GB 18243
	3. 改性沥青聚乙烯胎防水卷材(W、D)	GB 18967
	4. 带自粘层的防水卷材(W、D)	GB/T 23260
	5. 自粘聚合物改性沥青防水卷材(W、D)	GB 23441
合成高分子防水卷材	1. 聚氯乙烯防水卷材(W、D)	GB 12952
	2. 氯化聚氯乙烯防水卷材(W)	GB 12953
	3. 高分子防水卷材(第一部分：片材)(W、D)	GB 18173.1
	4. 氯化聚乙烯-橡胶共混防水卷材(W)	JC/T 684
	5. 预铺/湿铺防水卷材(D)	GB/T 23457
防水涂料	1. 聚氨酯防水涂料(W、D)	GB/T 19250
	2. 聚合物水泥防水涂料(W、D)	GB/T 23445
	3. 水乳型沥青防水涂料(W)	JC/T 408
	4. 溶剂型橡胶沥青防水涂料(W)	JC/T 852
	5. 聚合物乳液建筑防水涂料(W、D)	JC/T 864
	6. 建筑防水涂料用聚合物乳液(D)	JC/T 1017
密封材料	1. 硅酮建筑密封胶(W)	GB/T 14683
	2. 建筑用硅酮结构密封胶(W)	GB 16776
	3. 建筑防水沥青嵌缝油膏(W)	JC/T 207
	4. 聚氨酯建筑密封胶(W、D)	JC/T 482
	5. 聚硫建筑密封胶(W、D)	JC/T 483
	6. 中空玻璃用弹性密封胶(W)	JC/T 486
	7. 混凝土建筑接缝用密封胶(W、D)	JC/T 881
	8. 幕墙玻璃接缝用密封胶(W)	JC/T 882
	9. 彩色涂层钢板用建筑密封胶(W)	JC/T 884
瓦	1. 玻纤胎沥青瓦(W)	GB/T 20474
	2. 烧结瓦(W)	GB/T 21149
	3. 混凝土瓦(W)	JC/T 746

续表

类别	标准名称	标准编号
刚性防水材料	1. 水泥基渗透结晶型防水材料(D)	GB 18445
	2. 砂浆、混凝土防水剂(D)	JC 474
	3. 混凝土膨胀剂(D)	GB 23439
	4. 聚合物水泥防水砂浆(D)	JC/T 984
配套材料	1. 高分子防水卷材胶粘剂(W、D)	JC/T 863
	2. 丁基橡胶防水密封胶粘带(W、D)	JC/T 942
	3. 坡屋面用防水材料 聚合物改性沥青防水垫层(W)	JC/T 1067
	4. 坡屋面用防水材料 自粘聚合物沥青防水垫层(W)	JC/T 1068
	5. 沥青防水卷材用基层处理剂(W、D)	JC/T 1069
	6. 自粘聚合物沥青泛水带(W)	JC/T 1070
	7. 种植屋面用耐根穿刺防水卷材(W)	JC/T 1075
	8. 高分子防水材料 第2部分 止水带(D)	GB 18173.2
	9. 高分子防水材料 第3部分 遇水膨胀橡胶(D)	GB 18173.3
	10. 膨润土橡胶遇水膨胀止水条(D)	JG/T 141
	11. 遇水膨胀止水胶(D)	JG/T 312
	12. 钠基膨润土防水毯(D)	JG/T 193
防水材料试验方法	1. 沥青防水卷材试验方法(W、D)	GB/T 328
	2. 建筑胶粘剂试验方法(W、D)	GB/T 12954
	3. 建筑密封材料试验方法(W、D)	GB/T 13477
	4. 建筑防水涂料试验方法(W、D)	GB/T 16777
	5. 建筑防水材料老化试验方法(W、D)	GB/T 18244

注："W"表示在屋面工程中使用的防水材料；"D"表示在地下工程中使用的防水材料。

屋面防水材料进场检验项目 **附表 10-2**

序号	防水材料名称	现场抽样数量	外观质量检验	物理性能检验
1	高聚物改性沥青防水卷材	大于1000卷抽5卷，每500～1000卷抽4卷，100～499卷抽3卷，100卷一下抽2卷，进行规格尺寸和外观质量检验。在外观质量检验合格的卷材中，任取一卷作物理性能检验	表面平整，边缘整齐，无孔洞、缺边、裂口、胎基未浸透，矿物粒料粒度，每卷卷材的接头	可溶物含量、拉力、最大拉力时延伸率、耐热度、低温柔度、不透水性
2	合成高分子防水卷材		表面平整，边缘整齐，无气泡、裂纹、粘结疤痕，每卷卷材的接头	断裂拉伸强度、扯断伸长率、低温弯折性、不透水性
3	高聚物改性沥青防水涂料	每10t为一批，不足10t按一批抽样	水乳型：无色差、凝胶、结块、明显沥青丝； 溶剂型：黑色黏稠状，细腻、均匀胶状液体	固体含量、耐热性、低温柔性、不透水性、断裂伸长率或抗裂性
4	合成高分子防水涂料		反应固化型：均匀黏稠状、无凝胶、结块； 挥发固化型：经搅拌后无结块，呈均匀状态	固体含量、拉伸强度、断裂伸长率、低温柔性、不透水性
5	聚合物水泥防水涂料		液体组分：无杂质、无凝胶的均匀乳液； 固体组分：无杂质、无结块的粉末	固体含量、拉伸强度、断裂伸长率、低温柔性、不透水性

续表

序号	防水材料名称	现场抽样数量	外观质量检验	物理性能检验
6	胎体增强材料	每 $3000m^2$ 为一批，不足 $3000m^2$ 的按一批抽样	表面平整，边缘整齐，无折痕、无孔洞、无污迹	拉力、延伸率
7	沥青基防水卷材用基层处理剂	每5t产品为一批，不足5t按一批抽样	均匀液体，无结块、无凝胶	固体含量、耐热性、低温柔性、剥离强度
8	高分子胶粘剂		均匀液体，无杂质、无分散颗粒或凝胶	剥离强度、浸水168h后的剥离强度保持率
9	改性沥青胶粘剂		均匀液体，无结块、无凝胶	剥离强度
10	合成橡胶胶粘剂	每1000m为一批，不足1000 m的按一批抽样	表面平整，无固块、杂物、孔洞、外伤及色差	剥离强度、浸水168h后的剥离强度保持率
11	改性石油沥青密封材料	每1t为一批，不足1t按一批抽样	黑色均匀膏状，无结块和未浸透的填料	耐热性、低温柔性、拉伸粘结性、施工度
12	合成高分子密封材料		均匀膏状物或黏稠液体，无结皮、凝胶或不易分散的固体团状	拉伸模量、断裂伸长率、定伸粘结性
13	烧结瓦、混凝土瓦	同一批至少抽一次	边缘整齐，表面光滑，不得有分层、裂纹、露砂	抗渗性、抗冻性、吸水率
14	玻纤胎沥青瓦		边缘整齐，切槽清晰，厚薄均匀，表面无孔洞、硌伤、裂纹、皱折及起泡	可溶物含量、拉力、耐热度、柔度、不透水性、叠层剥离强度
15	彩色涂层钢板及钢带	同牌号、同规格、同镀层重量、同涂层厚度、同涂料种类和颜色为一批	钢板表面不应有气泡、缩孔、漏涂等缺陷	屈服强度、抗拉强度、断后伸长率、镀层重量、涂层厚度

注：此表摘自《屋面工程质量验收规范》GB 50207—2012，表中对抽样数量的规定与产品标准中规定的抽样数量可能不完全相同，建议此时按产品标准执行。

地下工程用防水材料进场抽样检验 **附表 10-3**

序号	材料名称	抽样数量	外观质量检验	物理性能检验
1	高聚物改性沥青类防水卷材	大于1000卷抽5卷，每500～1000卷抽4卷，100～499卷抽3卷，100卷以下抽2卷，进行规格尺寸和外观质量检验。在外观质量检验合格的卷材中，任取一卷作物理性能检验	断裂、皱折、孔洞、剥离、边缘不整齐，胎体露白、未浸透，撒布材料粒度、颜色，每卷卷材的接头	可溶物含量，拉力，延伸率，低温柔度，热老化后低温柔度，不透水性
2	合成高分子类防水卷材	大于1000卷抽5卷，每500～1000卷抽4卷，100～499卷抽3卷，100卷以下抽2卷，进行规格尺寸和外观质量检验。在外观质量检验合格的卷材中，任取一卷作物理性能检验	折痕、杂质、胶块、凹痕，每卷卷材的接头	断裂拉伸强度，断裂伸长率，低温弯折性，不透水性，撕裂强度
3	有机防水涂料	每5t为一批，不足5t按一批抽样	均匀黏稠体，无凝胶，无结块	潮湿基面粘结强度，涂膜抗渗性，浸水168h后拉伸强度，浸水168h后断裂伸长率，耐水性

续表

序号	材料名称	抽样数量	外观质量检验	物理性能检验
4	无机防水涂料	每10t为一批，不足10t按一批抽样	液体组份：无杂质、凝胶的均匀乳液 固体组分：无杂质、结块的粉末	抗折强度，粘结强度，抗渗性
5	膨润土防水材料	每100卷为一批，不足100卷按1批抽样；100卷以下抽5卷，进行尺寸偏差和外观质量检验。在外观质量检验合格的卷材中，任取一卷作物理性能检验	表面平整，厚度均匀，无破洞、破边，无残留断针，针刺均匀	单位面积质量，膨润土膨胀系数，渗透系数、滤失量
6	混凝土建筑接缝用密封胶	每2t为一批，不足2t按一批抽样	细腻、均匀膏状物或黏稠液体，无气泡、结皮和凝胶现象	流动性、挤出性、定伸粘结性
7	橡胶止水带	每月同标记的止水带产量为一批抽样	尺寸公差；开裂，缺胶，海绵状，中心孔偏心，凹痕，气泡，杂质，明疤	拉伸强度，扯断伸长率，撕裂强度
8	腻子型遇水膨胀止水条	每5000m为一批，不足5000m按一批抽样	尺寸公差；柔软、弹性匀质，色泽均匀，无明显凹凸	硬度，7d膨胀率，最终膨胀率，耐水性
9	遇水膨胀止水胶	每5t为一批，不足5t按一批抽样	细腻、黏稠、均匀膏状物，无气泡、结皮和凝胶	表干时间，拉伸强度，体积膨胀倍率
10	弹性橡胶密封垫材料	每月同标记的密封垫材料产量为一批抽样	尺寸公差；开裂，缺胶，凹痕，气泡，杂质，明疤	硬度，伸长率，拉伸强度，压缩永久变形
11	遇水膨胀橡胶密封垫胶料	每月同标记的膨胀橡胶产量为一批抽样	尺寸公差；开裂，缺胶，凹痕，气泡，杂质，明疤	硬度，拉伸强度，扯断伸长率，体积膨胀倍率，低温弯折
12	聚合物水泥防水砂浆	每10t为一批，不足10t按一批抽样	干粉类：均匀，无结块； 乳胶类：液料经搅拌后均匀无沉淀，粉料均匀、无结块	7d粘结强度，7d抗渗性，耐水性

注：此表摘自《地下防水工程质量验收规范》GB 50208—2011，表中对抽样数量的规定与产品标准中规定的抽样数量可能不完全相同，建议此时按产品标准执行。

第十一章　装　饰　材　料

装饰材料是指用于建筑物表面起装饰效果的材料，也称为装修材料。随着我国经济的快速发展，装饰材料已广泛用各类土木工程，成为建筑材料很重要的组成部分。

第一节　常用装饰材料及其监理

装饰材料品种繁多，由于篇幅所限，下面介绍常用装饰材料的主要技术性能。

一、陶瓷砖

陶瓷砖是由黏土和其他无机非金属材料制造的用于覆盖墙面和地面的薄板制品，陶瓷砖是在室温下通过挤压或干压或其他方法成型，干燥后，在满足性能要求的温度下烧制而成。砖是有釉(GL)和无釉(UGL)的，而且是不可燃、不怕光的。

陶瓷砖的种类繁多，分类各异。根据国家标准《陶瓷砖》GB/T 4100—2006，陶瓷砖有以下几种分类方法：

按成型方法分为：挤压砖、干压砖和其他方法成型砖。挤压砖是将可塑性坯料经过挤压机挤出成型，再将所成型的泥条按砖的预定尺寸进行切割，然后干燥、烧制而成。干压砖是将混合好的粉料置于模具中于一定压力下压制成型，然后干燥、烧制而成。

按坯体材质和成品吸水率分为：瓷质砖(吸水率 $E \leqslant 0.5\%$)、炻瓷砖($0.5\% < E \leqslant 3\%$)、细炻砖($3\% < E \leqslant 6\%$)、炻质砖($6\% < E \leqslant 10\%$)和陶质砖($E > 10\%$)。又将 $E \leqslant 3\%$ 的砖称为低吸水率砖，$3\% < E \leqslant 10\%$ 的砖称为中吸水率砖，$E > 10\%$ 的砖称为高吸水率砖。

按使用部位分为内墙砖、外墙砖、室内地砖、室外地砖、广场砖和配件砖。

陶瓷砖按成型方法和吸水率分类表见表 11-1。

陶瓷砖按成型方法和吸水率分类表(GB/T 4100—2006)　　**表 11-1**

成型方法	Ⅰ类 $E \leqslant 3\%$	Ⅱa类 $3\% < E \leqslant 6\%$	Ⅱb类 $6\% < E \leqslant 10\%$	Ⅲ类 $E > 10\%$
A(挤压)	AⅠ类	AⅡa1类①	AⅡb1类①	AⅢ类
		AⅡa2类①	AⅡb2类①	
B(干压)	BⅠa类 瓷质砖 $E \leqslant 0.5\%$	BⅡa类 细炻砖	BⅡb类 炻质砖	BⅢ类② 陶质砖
	BⅠb类 炻瓷砖 $0.5\% < E \leqslant 3\%$			
C(其他)	Ⅰ类③	CⅡa类③	CⅡb类③	Ⅲ类③

① AⅡa类和 AⅡb类按产品不同性能分为两个部分。

② BⅢ类仅包括有釉砖，此类不包括吸水率大于 10%的干压成型无釉砖。

③ GB/T4100—2006 标准中不包括这类砖。

（一）陶瓷砖性能要求

根据《陶瓷砖》GB/T 4100—2006 规定，陶瓷砖的性能包括尺寸和表面质量、物理性能和化学性能三个部分，如表 11-2 所示，表中“×”表示有该项性能要求。

不同用途陶瓷砖的产品性能要求 **表 11-2**

性能	地砖		墙砖		试验方法
尺寸和表面质量	室内	室外	室内	室外	标准号
长度和宽度	×	×	×	×	GB/T 3810.2
厚度	×	×	×	×	GB/T 3810.2
边直度	×	×	×	×	GB/T 3810.2
直角度	×	×	×	×	GB/T 3810.2
表面平整度（弯曲度和翘曲度）	×	×	×	×	GB/T 3810.2
物理性能	室内	室外	室内	室外	标准号
吸水率	×	×	×	×	GB/T 3810.3
破坏强度	×	×	×	×	GB/T 3810.4
断裂模数	×	×	×	×	GB/T 3810.4
无釉砖耐磨深度	×	×			GB/T 3810.6
有釉砖表面耐磨性	×	×			GB/T 3810.7
线性热膨胀①	×	×	×	×	GB/T 3810.8
抗热震性①	×	×	×	×	GB/T 3810.9
有釉砖抗釉裂性	×	×	×	×	GB/T 3810.11
抗冻性②		×		×	GB/T 3810.12
摩擦系数	×	×			GB/T 4100 附录 M
湿膨胀①	×	×	×	×	GB/T 3810.10
小色差①	×	×	×	×	GB/T 3810.16
抗冲击性①	×	×			GB/T 3810.5
抛光砖光泽度	×	×	×	×	GB/T 13891
化学性能	室内	室外	室内	室外	标准号
有釉砖耐污染性	×	×	×	×	GB/T 3810.14
无釉砖耐污染性①	×	×	×	×	GB/T 3810.14
耐低浓度酸和碱化学腐蚀性	×	×	×	×	GB/T 3810.13
耐高浓度酸和碱化学腐蚀性①	×	×	×	×	GB/T 3810.13
耐家庭化学试剂和游泳池盐类化学腐蚀性	×	×	×	×	GB/T 3810.13
有釉砖铅和镉的溶出量①	×	×	×	×	GB/T 3810.15

① 见 GB/T 4100—2006 附录 Q 试验方法，该部分试验要求不是强制性的；

② 砖在有冰冻情况下使用时。

（二）常用陶瓷砖技术要求及其监理

工程中最常用的陶瓷砖是釉面内墙砖、墙地砖、陶瓷锦砖（陶瓷马赛克），下面分别介绍它们的技术要求。

1. 釉面内墙砖

(1) 釉面内墙砖技术要求

釉面内墙砖按釉面颜色分为单色、花色和图案砖，按形状分为正方形砖、长方形砖和异形配件砖。

《釉面内墙砖》GB/T 4100—1992 曾规定了釉面内墙砖的主要规格尺寸，常用尺寸有：300mm×250mm、300mm×200mm、200mm×200mm、200mm×150mm、150mm×150mm、150mm×75mm、100mm×100mm。这些尺寸的砖是工程上最常用的。由于工程上所用陶瓷砖规格尺寸很多，《陶瓷砖》GB/T 4100—2006 取消了陶瓷砖规格尺寸要求，仅规定了尺寸与表面质量偏差。

各种陶瓷砖主要规格尺寸分为模数化和非模数化两类。模数化砖指尺寸为 M(1M=100mm)、2M、3M 和 5M 以及它们的倍数或分数为基数的砖，但不包括表面积小于 $9000mm^2$ 的砖。非模数化砖是不以模数 M 为尺寸基数的砖。模数化砖的特点是考虑灰缝后的装配尺寸符合模数化，便于与建筑模数相匹配，因此产品尺寸小于装配尺寸；而非模数化砖的特点是砖的工作尺寸(用 W 表示)即为名义尺寸，两者是一致的。

釉面内墙砖应符合《陶瓷砖》GB/T 4100—2006 中 BⅢ类砖的技术要求。尺寸与表面质量要求如表 11-3 所示，物理性能要求如表 11-4 所示，化学性能要求如表 11-5 所示。表 11-4 中规定了有釉地砖耐磨性，其分级方法及使用范围见表 11-6。

釉面内墙砖尺寸与表面质量要求(GB/T 4100—2006，$E>10\%$，BⅢ类砖)　**表 11-3**

<table>
<tr><th colspan="2" rowspan="2">尺寸允许偏差</th><th colspan="2">类别</th></tr>
<tr><th>无间隔凸缘</th><th>有间隔凸缘</th></tr>
<tr><td rowspan="3">长度(l)和宽度(w)</td><td>每块砖(2 条或 4 条边)的平均尺寸相对于工作尺寸(W)的允许偏差(%)</td><td>$l\leqslant12$cm，±0.75
$l>12$cm，±0.50</td><td>+0.60
−0.30</td></tr>
<tr><td>每块砖(2 条或 4 条边)的平均尺寸相对于 10 块砖(20 条或 40 条边)平均尺寸的允许偏差(%)</td><td>$l\leqslant12$cm，±0.50
$l>12$cm，±0.30</td><td>±0.25</td></tr>
<tr><td colspan="3">制造商应选用以下尺寸：
a. 模数砖名义尺寸连接宽度允许在 1.5～5mm 之间。
b. 非模数砖工作尺寸与名义尺寸之间的偏差不大于 2mm。</td></tr>
<tr><td colspan="2">厚度
a. 厚度由制造商确定。
b. 每块砖厚度的平均值相对于工作尺寸厚度的允许偏差(%)</td><td>±10</td><td>±10</td></tr>
<tr><td colspan="2">边直度(正面)
相对于工作尺寸的最大允许偏差(%)</td><td>±0.30</td><td>±0.30</td></tr>
<tr><td colspan="2">直角度
相对于工作尺寸的最大允许偏差(%)</td><td>±0.50</td><td>±0.30</td></tr>
<tr><td rowspan="3">表面平整度
最大允许偏差(%)</td><td>a. 相对于由工作尺寸计算的对角线的中心弯曲度</td><td>+0.50
−0.30</td><td>+0.50
−0.30</td></tr>
<tr><td>b. 相对于工作尺寸的边弯曲度</td><td>+0.50
−0.30</td><td>+0.50
−0.30</td></tr>
<tr><td>c. 相对于由工作尺寸计算的对角线的翘曲度</td><td>±0.50</td><td>±0.50</td></tr>
<tr><td colspan="2">表面质量</td><td colspan="2">至少 95%的砖其主要区域无明显缺陷</td></tr>
</table>

釉面内墙砖物理性能要求(GB/T 4100—2006，E＞10%，BⅢ类砖) **表 11-4**

性能指标		要 求
吸水率(%)		平均值＞10%，单个最小值＞9%。当平均值＞20%时，制造应说明
破坏强度(N)	a. 厚度≥7.5mm	≥600
	b. 厚度＜7.5mm	≥350
断裂模数(MPa) 不适用于破坏强度≥3000N的砖		平均值≥15，单个最小值≥12
有釉地砖表面耐磨性		经试验后报告陶瓷砖耐磨性级别和转数
线性热膨胀 从环境温度到100℃		线性膨胀系数实测值 * 安装在高热变性环境下的砖进行该项试验
抗热震性		10次热震循环试验后可见缺陷的试件数实测值 * 凡是有可能经受热震应力的砖都应进行该项试验
有釉砖抗釉裂性		经试验应无釉裂
抗冻性		100次冻融循环试验后砖样的釉面、正面和边缘的所有损坏情况和砖样损坏情况。 * 对于明示并准备用在受冻环境中的砖必须通过该项试验，一般对明示不用于受冻环境中的砖不要求该项试验
地砖摩擦系数		制造商应报告陶瓷砖摩擦系数和试验方法
湿膨胀		砖样每米湿膨胀(mm/m)和湿膨胀百分比(%)实测值
小色差		被测砖样与参照砖样之间平均CMC色差的实测值 * 仅认为单色有釉砖之间的小色差是重要的特定情况下才测定
抗冲击性		恢复系数实测值 * 该试验使用在抗冲击性有特别要求的场所。一般轻负荷场所要求的恢复系数是0.55，重负荷场所则要求更高的恢复系数

釉面内墙砖化学性能要求(GB/T 4100—2006，E＞10%，BⅢ类砖) **表 11-5**

性能指标		要 求
耐污染性①	a. 有釉砖	最低3级 * 对于某些砖因釉层下的坯体吸水而引起的暂时色差不适用
	b. 无釉砖	若砖在有污染的环境下使用，建议制造商考虑耐污染性的问题
抗化学腐蚀性	耐低浓度酸和碱	制造商应报告陶瓷砖耐化学腐蚀性等级
	耐高浓度酸和碱	若砖准备在有可能受腐蚀的环境下使用，才进行该项试验
	耐家庭化学试剂和游泳池盐类	不低于GB级
铅和镉的溶出量		砖样单位面积铅镉溶出量(mg/dm^2)实测值 * 当砖用于加工食品的工作台或墙面且砖的釉面与食品有可能接触的场所时，则要求进行该项试验

① 陶瓷砖耐污染性分为1、2、3、4、5级，级数越大，越易清洗。详见GB/T 3810.14—2006。

有釉陶瓷砖耐磨性分级及使用范围 表 11-6

级别	可见磨损的转数 (GB/T 3810.7—2006)	使用范围 (GB/T 4100—2006)
0	100	不适用于铺贴地面
1	150	适用于柔软的鞋袜或不带有划痕灰尘的光脚使用的地面(如没有直接通向室外通道的卫生间或卧室使用的地面)
2	600	适用于柔软的鞋袜或普通鞋袜使用的地面(如家中起居室，但不包括厨房、入口处和其他有较多来往的房间)
3	750，1500	适用于平常的鞋袜，带有少量划痕灰尘的地面(如家庭的厨房、客厅、走廊、阳台、凉台和平台)
4	2100，6000，12000	适用于行人来往非常频繁并能经受划痕灰尘的地面，使用条件比 3 类地砖恶劣(如入口处、饭店的厨房、旅店、展览馆和商店等)
5	＞12000	适用于行人来往非常频繁并能经受划痕灰尘的地面，甚至于在使用环境较恶劣的场所(例如公共场所的商务中心、机场大厅、旅馆门厅、公共过道，工业应用场所等)

注：通过 12000 转试验后必须根据 GB/T 3810.14 做耐污染性试验。

(2) 釉面内墙砖特性与应用

釉面砖色泽柔和典雅，图案丰富，热稳定性好，防水、防潮、耐酸碱，表面光滑，易清洗。适用于作厨房、浴室、卫生间、实验室、精密仪器车间及医院等室内墙面、台面。

釉面内墙不宜用于室外，由于釉面内墙砖是多孔的陶质坯体，在长期与空气接触时，特别是在潮湿环境中使用，会吸收大量水分而产生膨胀现象。釉的吸湿膨胀非常小，当坯体湿胀的程度增长产生的拉应力超过釉的抗张强度时，釉面发生开裂，甚至剥落掉皮现象。

釉面砖铺贴前必须浸水 2h 以上，以防止干砖吸水降低粘结强度，甚至造成空鼓、脱落。

(3) 陶瓷砖的标志与说明

1) 标志

陶瓷砖或其包装上应有下列标志：

a. 制造商的标记和/或商标以及产地；

b. 质量标志；

c. 砖的种类及执行标准的相应附录；

d. 名义尺寸和工作尺寸，模数(M)或非模数；

e. 表面特性，如有釉(GL)或无釉(UGL)。

2) 产品特性

对用于地面的陶瓷砖，应报告以下特性：*a*. 摩擦系数；*b*. 有釉砖的耐磨性级别。

3) 说明书

产品说明书中包括下列内容：

a. 成型方法；

b. 陶瓷砖类别及执行标准的相应附录；

c. 名义尺寸和工作尺寸，模数(M)或非模数；

d. 表面特性，如有釉(GL)或无釉(UGL)。

例如：

① 精细挤压砖，GB/T 4100—2006 附录 A。

AⅠ M25cm×12.5cm(W240mm×115mm×10mm) GL

② 普通挤压砖，GB/T 4100—2006 附录 A。

AⅠ 15cm×15cm(W150mm×150mm×12.5mm) UGL

(4) 陶瓷砖检验批和抽样

1) 检验批的构成

一个检验批可以由一种或多种同质量产品构成。任何可能不同质量的产品应假设为同质量的产品，才可以构成检验批。如果不同质量与试验性能无关，可以根据供需双方的一致意见，视为同质量。例如具有同一坯体而釉面不同的产品，尺寸和吸水率可能相同，但表面质量是不相同的；同样，配件产品只是在样本中保持形状不同，而在其他性能方面认为是相同的。

2) 检验范围

经供需双方商定而选择的试验性能，可根据检验批的大小而定。原则上只对检验批大于 5000m² 的砖进行全部项目的检验。对检验批少于 1000m² 的砖，通常认为没有必要进行检验。抽取进行试验的检验批的数量，应得到有关方面的同意。

3) 抽样

抽取样品的地点由供需双方商定。可同时从现场每一部分抽取一个或多个有代表性样本。样本应从检验批中随机抽取。抽取两个样本，第二个样本不一定要检验。每组样本应分别包装和加封，并做出经有关方面认可的标记。

对每项性能试验所需的砖的数量可分别从表 11-7 中“样本量”栏查出。

陶瓷砖的抽样方案 **表 11-7**

<table>
<tr><th rowspan="3">性能</th><th colspan="2" rowspan="2">样本量</th><th colspan="4">计数检验</th><th colspan="4">计量检验</th></tr>
<tr><th colspan="2">第一样本</th><th colspan="2">第一样本＋第二样本</th><th colspan="2">第一样本</th><th colspan="2">第一样本＋第二样本</th></tr>
<tr><th>第一次</th><th>第二次</th><th>接收数 A_{c_1}</th><th>拒收数 R_{e_1}</th><th>接收数 A_{c_2}</th><th>拒收数 R_{e_2}</th><th>接收</th><th>第二次抽样</th><th>接收</th><th>拒收</th></tr>
<tr><td>尺寸①</td><td>10</td><td>10</td><td>0</td><td>2</td><td>1</td><td>2</td><td>—</td><td>—</td><td>—</td><td>—</td></tr>
<tr><td rowspan="11">表面质量②</td><td>10</td><td>10</td><td>0</td><td>2</td><td>1</td><td>2</td><td>—</td><td>—</td><td>—</td><td>—</td></tr>
<tr><td>30</td><td>30</td><td>1</td><td>3</td><td>3</td><td>4</td><td>—</td><td>—</td><td>—</td><td>—</td></tr>
<tr><td>40</td><td>40</td><td>1</td><td>4</td><td>4</td><td>5</td><td>—</td><td>—</td><td>—</td><td>—</td></tr>
<tr><td>50</td><td>50</td><td>2</td><td>5</td><td>5</td><td>6</td><td>—</td><td>—</td><td>—</td><td>—</td></tr>
<tr><td>60</td><td>60</td><td>2</td><td>5</td><td>6</td><td>7</td><td>—</td><td>—</td><td>—</td><td>—</td></tr>
<tr><td>70</td><td>70</td><td>2</td><td>6</td><td>7</td><td>8</td><td>—</td><td>—</td><td>—</td><td>—</td></tr>
<tr><td>80</td><td>80</td><td>3</td><td>7</td><td>8</td><td>9</td><td>—</td><td>—</td><td>—</td><td>—</td></tr>
<tr><td>90</td><td>90</td><td>4</td><td>8</td><td>9</td><td>10</td><td>—</td><td>—</td><td>—</td><td>—</td></tr>
<tr><td>100</td><td>100</td><td>4</td><td>9</td><td>10</td><td>11</td><td>—</td><td>—</td><td>—</td><td>—</td></tr>
<tr><td>1m²</td><td>1m²</td><td>4%</td><td>9%</td><td>5%</td><td>>5%</td><td>—</td><td>—</td><td>—</td><td>—</td></tr>
<tr><td rowspan="2">吸水率</td><td>5</td><td>5</td><td>0</td><td>2</td><td>1</td><td>2</td><td rowspan="2">$\overline{X_1}>L$③
$\overline{X_1}<U$③</td><td rowspan="2">$\overline{X_1}<L$
$\overline{X_1}>U$</td><td rowspan="2">$\overline{X_2}>L$③
$\overline{X_2}<U$③</td><td rowspan="2">$\overline{X_2}<L$
$\overline{X_2}>U$</td></tr>
<tr><td>10</td><td>10</td><td>0</td><td>2</td><td>1</td><td>2</td></tr>
</table>

续表

性能	样本量		计数检验				计量检验			
			第一样本		第一样本+第二样本		第一样本		第一样本+第二样本	
	第一次	第二次	接收数 A_{c_1}	拒收数 R_{e_1}	接收数 A_{c_2}	拒收数 R_{e_2}	接收	第二次抽样	接收	拒收
断裂模量	7	7	0	2	1	2	$\overline{X_1}>L$	$\overline{X_1}<L$	$\overline{X_2}>L$	$\overline{X_2}<L$
	10	10	0	2	1	2				
破坏强度	7	7	0	2	1	2	$\overline{X_1}>L$	$\overline{X_1}<L$	$\overline{X_2}>L$	$\overline{X_2}<L$
	10	10	0	2	1	2				
无釉砖耐磨深度	5	5	0	2	1	2	—	—	—	—
线性热膨胀系数	2	2	0	2	1	2	—	—	—	—
抗釉裂性	5	5	0	2	1	2	—	—	—	—
耐化学腐蚀性	5	5	0	2	1	2	—	—	—	—
耐污染性	5	5	0	2	1	2	—	—	—	—
抗冻性	10	—	0	1	—	—	—	—	—	—
抗热震性	5	5	0	2	1	2	—	—	—	—
湿膨性	5	—	—	由制造商确定性能要求						
有釉砖耐磨性	11	—	—	由制造商确定性能要求						
摩擦系数	12	—	—	由制造商确定性能要求						
小色差	5	—	—	由制造商确定性能要求						
抗冲击性	5	—	—	由制造商确定性能要求						
铅和镉溶出量	5	—	—	由制造商确定性能要求						
光泽度	5	5	0	2	1	2	—	—	—	—

① 仅指单块面积>$4cm^2$ 的砖。

② 对于边长小于 600mm 的砖，样本量至少 30 块，且面积不小于 $1m^2$。对于边长不小于 600mm 的砖，样本量至少 10 块，且面积不小于 $1m^2$。

③ L=下规格限，U=上规格限。

（5）检验方法

按《陶瓷砖试验方法》GB/T 3810.2～16—2006 和《陶瓷砖》GB/T 4100—2006 进行，见表 11-2 中的“试验方法”。

（6）检验批的接收规则

1）计数检验

a. 第一样本检验得出的不合格品数等于或小于表 11-7 所示的第一接收数 A_{c_1} 时，则该检验批可接收

b. 第一样本检验得出的不合格品数等于或大于表 1 所示的第一拒收数 R_{e_1} 时，则该检验批可拒收。

c. 第一样本检验得出的不合格品数介于第一接收数 A_{c_1} 与第一拒收数 R_{e_1} 之间时，应再抽取与第一样本大小相同的第二样本进行检验。

d. 累计第一样本和第二样本经检验得出的不合格品数

e. 若不合格品累计数等于或小于表 11-7 所示的第二接收数 A_{c_2} 时，则该检验批可接收。

f. 若不合格品累计数等于或大于表 11-7 所示的第二拒收数 R_{e_2} 时，则该检验批可拒收。

g. 当有关产品标准要求多于一项试验性能时，抽取的第二个样本只检验根据第一样本检验其不合格品数在接收数 A_{c_1} 和拒收数 R_{e_1} 之间的检验项目。

2）计量检验

a. 若第一样本的检验结果的平均值($\overline{X_1}$)满足要求，则该检验批可接收。

b. 若平均值($\overline{X_1}$)不满足要求，应抽取与第一样本大小相同的第二样本(表 11-7 第 8 列)。

c. 若第一样本和第二样本所有检验结果的平均值($\overline{X_2}$)满足要求(表 11-7 第 9 列)，则该检验批可接收。

d. 若平均值($\overline{X_2}$)不满足要求(表 11-7 第 10 列)，则该检验批可拒收。

2. 墙地砖

墙地砖包括建筑物外墙装饰贴面用砖和室内外地面装饰铺贴用砖，由于目前这类砖的发展趋势可墙、地两用，故称为墙地砖。

墙地砖主要是吸水率在 0.5%～10%之间的各种陶瓷砖，主要有彩色釉面陶瓷墙地砖、无釉陶瓷地砖以及劈离砖，也包括吸水率小于 0.5%的玻化砖等新型陶瓷砖。

(1) 墙地砖技术要求

墙地砖的性能应满足《陶瓷砖》GB/T 4100—2006 所规定的全部Ⅱ类陶瓷砖和部分Ⅰ类陶瓷砖性能要求。由表 11-1 可知，根据成型方式和吸水率的不同，Ⅱ类陶瓷砖和Ⅰ类陶瓷砖共有 9 种。下面以 BⅡa 类为例介绍技术要求，BⅡa 类陶瓷砖尺寸与表面质量要求如表 11-8 所示，物理性能要求如表 11-9 所示，化学性能要求如表 11-10 所示。

BⅡa 类陶瓷砖尺寸与表面质量要求(GB/T 4100—2006，3%<E≤6%)　**表 11-8**

<table>
<tr><th colspan="2" rowspan="2">尺寸允许偏差</th><th colspan="4">产品表面积 S(cm²)</th></tr>
<tr><th>S≤90</th><th>90<S≤190</th><th>190<S≤410</th><th>S>410</th></tr>
<tr><td rowspan="3">长度和宽度</td><td>每块砖(2 条或 4 条边)的平均尺寸相对于工作尺寸(W)的允许偏差(%)</td><td>±1.2</td><td>±1.0</td><td>±0.75</td><td>±0.6</td></tr>
<tr><td>每块砖(2 条或 4 条边)的平均尺寸相对于 10 块砖(20 条或 40 条边)平均尺寸的允许偏差(%)</td><td>±0.75</td><td>±0.5</td><td>±0.5</td><td>±0.5</td></tr>
<tr><td colspan="5">制造商应选用以下尺寸：
a. 模数砖名义尺寸连接宽度允许在 2mm～5mm 之间。
b. 非模数砖工作尺寸与名义尺寸之间的偏差不大于±2%，最大 5mm。</td></tr>
<tr><td colspan="2">厚度
a. 厚度由制造商确定。
b. 每块砖厚度的平均值相对于工作尺寸厚度的允许偏差(%)</td><td>±10</td><td>±10</td><td>±5</td><td>±5</td></tr>
<tr><td colspan="2">边直度(正面)
相对于工作尺寸的最大允许偏差(%)</td><td>±0.75</td><td>±0.5</td><td>±0.5</td><td>±0.5</td></tr>
</table>

续表

尺寸允许偏差		产品表面积 $S(cm^2)$			
		$S \leqslant 90$	$90 < S \leqslant 190$	$190 < S \leqslant 410$	$S > 410$
直角度 相对于工作尺寸的最大允许偏差(%)		±1.0	±0.6	±0.6	±0.6
表面平整度 最大允许偏差(%)	*a*. 相对于由工作尺寸计算的对角线的中心弯曲度	±1.0	±0.5	±0.5	±0.5
	b. 相对于工作尺寸的边弯曲度	±1.0	±0.5	±0.5	±0.5
	c. 相对于由工作尺寸计算的对角线的翘曲度	±1.0	±0.5	±0.5	±0.5
表面质量		至少95%的砖其主要区域无明显缺陷			

BⅡa类陶瓷砖物理性能要求(GB/T 4100—2006，$3\% < E \leqslant 6\%$) **表 11-9**

性能指标		要　求
吸水率(%)		$3\% < E \leqslant 6\%$，单个最大值≤6.5%
破坏强度(N)	*a*. 厚度≥7.5mm	≥1000
	b. 厚度<7.5mm	≥600
断裂模数(MPa) 不适用于破坏强度≥3000N的砖		平均值≥22，单个最小值≥20
耐磨性	*a*. 无釉地砖耐磨损体积(mm^3)	≤345
	b. 有釉地砖表面耐磨性	报告陶瓷砖耐磨性级别和转数
线性热膨胀 从环境温度到100℃		线性膨胀系数实测值 *安装在高热变性环境下的砖进行该项试验
有釉砖抗釉裂性		经试验应无釉裂
抗热震性		10次热震循环试验后可见缺陷的试件数实测值 *凡是有可能经受热震应力的砖都应进行该项试验
抗冻性		经试验应无裂纹或剥落
地砖摩擦系数		制造商应报告陶瓷砖摩擦系数和试验方法
湿膨胀		砖样每米湿膨胀(mm/m)和湿膨胀百分比(%)实测值
小色差		被测砖样与参照砖样之间平均CMC色差的实测值 *仅认为单色有釉砖之间的小色差是重要的特定情况下才测定
抗冲击性		恢复系数实测值 *该试验使用在抗冲击性有特别要求的场所。一般轻负荷场所要求的恢复系数是0.55，重负荷场所则要求更高的恢复系数

BⅡa类陶瓷砖化学性能要求(GB/T 4100—2006，$3\% < E \leqslant 6\%$) **表 11-10**

性能指标		要　求
耐污染性①	*a*. 有釉砖	最低3级 *对于某些砖因釉层下的坯体吸水而引起的暂时色差不适用
	b. 无釉砖	若砖在有污染的环境下使用，建议制造商考虑耐污染性的问题

续表

性能指标		要　求
抗化学腐蚀性	耐低浓度酸和碱 *a*. 有釉砖 *b*. 无釉砖	制造商应报告陶瓷砖耐化学腐蚀性等级
	耐高浓度酸和碱	若砖准备在有可能受腐蚀的环境下使用，才进行该项试验
	耐家庭化学试剂和游泳池盐类	*a*. 有釉砖　不低于 GB 级 *b*. 无釉砖　不低于 UB 级
铅和镉的溶出量		砖样单位面积铅镉溶出量(mg/dm^2)实测值 * 当砖用于加工食品的工作台或墙面且砖的釉面与食品有可能接触的场所时，则要求进行该项试验

① 陶瓷砖耐污染性分为 1、2、3、4、5 级，级数越大，越易清洗。详见 GB/T 3810.14—2006。

(2) 墙地砖特性与应用

彩色釉面墙地砖简称彩釉砖，是以陶土为主要原料，经配料制浆后，经半干压成型、施釉、高温焙烧制成的，吸水率在 0.5%～10%之间的饰面陶瓷砖。这类砖属于炻质陶瓷砖，表面施有美丽的釉色和图案，表面质感可以通过配料和制作工艺制成多种品种，如平面、麻面、毛面、磨面、抛光面、纹点面、仿花岗石面、压花浮雕面、无光釉面、金属光泽面、防滑面和耐磨面等，且均可通过着色颜料制成各种色彩。因此，这类砖质感、色彩、图案丰富，具有良好的装饰效果，同时，具有坚固、耐磨、易清洗、耐腐蚀等物理化学特性。彩釉砖适用于各类建筑的外墙及室内地面装饰。用于地面时应考虑砖的耐磨级别，用于寒冷地区时应选用吸水率较小的(如＜3%)砖。常见的品种有平面砖、麻面砖、仿古砖、渗花砖、金属光泽釉面砖等。

无釉墙地砖简称无釉砖，包括了所有吸水率小于 10%的不施釉的陶瓷砖，按表面情况分为无光和有光两种，后者一般为前者经抛光而成。品种有各类瓷质砖、红地砖、广场砖、不施釉的劈离砖等。无釉砖吸水率较低，常分为无釉瓷质砖、无釉炻瓷砖、无釉细炻砖几种。无釉瓷质抛光砖是以优质瓷土为主要原料，加一种或数种着色喷雾料(单色细颗料)经混匀、冲压、烧制、抛光而成的陶瓷砖，它富丽堂皇，适用于商场、宾馆、饭店、游乐场、会议厅、展览馆等的室内外地面和墙面的装饰。无釉的细炻砖、炻质砖，是专用于铺地的耐磨砖。

劈离砖又名劈裂砖，它以长石，石英，高岭土等陶瓷原料经干法或湿法粉碎混合后制成具有较好可塑性的湿坯料，用真空螺旋挤出机挤压成双面以扁薄的筋条相连的中空砖坯，再经切割，干燥然后在 1100℃以上高温下烧成，再以手工或机械方法将其沿筋条的薄弱连接部位劈开而成 2 片。劈离砖色彩丰富(常见的有红、白、黄、灰等十多种颜色)，颜色自然柔和不褪色；表面质感丰富；坯体密实；制品强度高(抗折强度可达 30MPa 以上)、吸水率小、表面硬度大、耐磨、防滑、耐腐蚀、耐急冷急热。主要规格有 240mm×52mm、240mm×115mm、194mm×94mm、194mm×52mm 、190mm×109mm。适用于各类建筑物的外墙，楼堂馆所、车站、候车室、餐厅等室内地面，厚砖适用于广场、公园、停车场、走廊、人行道等露天地面铺设。

玻化砖采用优质瓷土经高温焙烧而成。玻化砖的烧结程度很高，表面不上釉，其坯体属于高度致密的瓷质坯体，吸水率低(＜0.1～0.5%)，表面如玻璃镜面一样光滑透亮。玻化砖具有结构致密、质地坚硬，莫氏硬度为6～7以上，耐磨性很高，强度高(抗折强度可达46MPa以上)，抗冻性高，抗风化性强，耐酸碱性高，色彩多样，不褪色，易清洗，防滑性好等特点。分为抛光和不抛光两种，主要规格有400mm×400mm、500mm×500mm、600mm×600mm、800mm×800mm、900mm×900mm、1000mm×1000mm。属于高档装饰材料，适用于商业建筑、写字楼、酒店、饭店、娱乐场所、广场、停车场等的室内外地面、外墙面等的装饰。

(3) 标志与说明

陶瓷砖的标志与说明要求是相同的，见本节一(二)1.(3)。

(4) 检验批和抽样

陶瓷砖的检验批和抽样规定是相同的，见本节一(二)1.(4)。

(5) 检验方法

按《陶瓷砖试验方法》GB/T 3810.2～16—2006和《陶瓷砖》GB/T 4100—2006进行，见表11-2中的“试验方法”。

(6) 检验批的接收规则

陶瓷砖检验批的接收规则是相同的，见本节一(二)1.(6)。

3. 陶瓷锦砖

陶瓷锦砖俗称陶瓷马赛克，是用优质瓷土烧制而成的小块陶瓷砖。各种颜色、多种几何形状的小块瓷片(长边一般不大于40mm)铺贴在牛皮纸上形成色彩丰富、图案繁多的装饰砖，故又称纸皮砖。

(1) 陶瓷锦砖技术要求

陶瓷锦砖吸水率一般不大于0.2%，其性能应符合满足《陶瓷砖》GB/T 4100—2006所规定的Ⅰ类陶瓷砖性能要求。下面以BⅠa类为例介绍技术要求，BⅠa类陶瓷砖尺寸与表面质量要求如表11-11所示，物理性能要求如表11-12所示，化学性能要求如表11-13所示。

BⅠa类陶瓷砖尺寸与表面质量要求(GB/T 4100—2006，$E\leqslant 0.5\%$)　　**表11-11**

<table>
<tr><td colspan="2" rowspan="2">尺寸允许偏差</td><td colspan="5">产品表面积$S(cm^2)$</td></tr>
<tr><td>$S\leqslant 90$</td><td>$90<S\leqslant 190$</td><td>$190<S\leqslant 410$</td><td>$410<S\leqslant 1600$</td><td>$S>1600$</td></tr>
<tr><td rowspan="4">长度和宽度</td><td rowspan="2">每块砖(2条或4条边)的平均尺寸相对于工作尺寸(W)的允许偏差(%)</td><td>±1.2</td><td>±1.0</td><td>±0.75</td><td>±0.6</td><td>±0.5</td></tr>
<tr><td colspan="5">每块砖(2条或4条边)的平均尺寸相对于工作尺寸(W)的允许偏差±1.0mm</td></tr>
<tr><td>每块砖(2条或4条边)的平均尺寸相对于10块砖(20条或40条边)平均尺寸的允许偏差(%)</td><td>±0.75</td><td>±0.5</td><td>±0.5</td><td>±0.5</td><td>±0.4</td></tr>
<tr><td colspan="6">制造商应选用以下尺寸：
a. 模数砖名义尺寸连接宽度允许在2～5mm之间。
b. 非模数砖工作尺寸与名义尺寸之间的偏差不大于±2%，最大5mm</td></tr>
<tr><td colspan="2">厚度
a. 厚度由制造商确定。
b. 每块砖厚度的平均值相对于工作尺寸厚度的允许偏差(%)</td><td>±10</td><td>±10</td><td>±5</td><td>±5</td><td>±5</td></tr>
</table>

续表

尺寸允许偏差		产品表面积 S(cm²)				
		$S \leqslant 90$	$90 < S \leqslant 190$	$190 < S \leqslant 410$	$410 < S \leqslant 1600$	$S > 1600$
边直度(正面) 相对于工作尺寸的最大允许偏差(%)		±0.75	±0.5	±0.5	±0.5	±0.3
		抛光砖的边直度允许偏差为±0.2%，且最大偏差≤2.0mm				
直角度 相对于工作尺寸的最大允许偏差(%)		±1.0	±0.6	±0.6	±0.6	±0.5
		抛光砖的直角度允许偏差为±0.2%，且最大偏差≤2.0mm。边长>600mm的砖，直角度用对边长度差和对角线长度差表示，最大偏差≤2.0mm				
表面平整度最大允许偏差(%)	*a*. 相对于由工作尺寸计算的对角线的中心弯曲度	±1.0	±0.5	±0.5	±0.5	±0.4
	b. 相对于工作尺寸的边弯曲度	±1.0	±0.5	±0.5	±0.5	±0.4
	c. 相对于由工作尺寸计算的对角线的翘曲度	±1.0	±0.5	±0.5	±0.5	±0.4
	抛光砖的表面平整度允许偏差为±0.2%，且最大偏差≤2.0mm 边长>600mm的砖，表面平整度用上凸下凹表示，其最大偏差≤2.0mm					
表面质量		至少95%的砖其主要区域无明显缺陷				

BⅠa类陶瓷砖物理性能要求(GB/T 4100—2006，$E \leqslant 0.5\%$) **表 11-12**

性能指标		要求
吸水率(%)		平均值 $E \leqslant 0.5\%$，单值≤0.6%
破坏强度(N)	*a*. 厚度≥7.5mm	≥1300
	b. 厚度<7.5mm	≥700
断裂模数(MPa) 不适用于破坏强度≥3000N的砖		平均值≥35，单值≥32
耐磨性	*a*. 无釉地砖耐磨损体积(mm³)	≤175
	b. 有釉地砖表面耐磨性	报告陶瓷砖耐磨性级别和转数
线性热膨胀 从环境温度到100℃		线性膨胀系数实测值 * 安装在高热变性环境下的砖进行该项试验
有釉砖抗釉裂性		经试验应无釉裂
抗热震性		10次热震循环试验后可见缺陷的试件数实测值 * 凡是有可能经受热震应力的砖都应进行该项试验
抗冻性		经试验应无裂纹或剥落
地砖摩擦系数		制造商应报告陶瓷砖摩擦系数和试验方法
湿膨胀		砖样每米湿膨胀(mm/m)和湿膨胀百分比(%)实测值
小色差		被测砖样与参照砖样之间平均CMC色差的实测值 * 仅认为单色有釉砖之间的小色差是重要的特定情况下才测定
抗冲击性		恢复系数实测值 * 该试验使用在抗冲击性有特别要求的场所。一般轻负荷场所要求的恢复系数是0.55，重负荷场所则要求更高的恢复系数
抛光砖光泽度		≥55

BⅠa类陶瓷砖化学性能要求(GB/T 4100—2006，$E\leqslant 0.5\%$) **表 11-13**

性能指标		要　求
耐污染性①	*a*. 有釉砖	最低3级 ＊对于某些砖因釉层下的坯体吸水而引起的暂时色差不适用
	b. 无釉砖	若砖在有污染的环境下使用，建议制造商考虑耐污染性的问题
抗化学腐蚀性	耐低浓度酸和碱 *a*. 有釉砖 *b*. 无釉砖	制造商应报告陶瓷砖耐化学腐蚀性等级
	耐高浓度酸和碱	若砖准备在有可能受腐蚀的环境下使用，才进行该项试验
	耐家庭化学试剂和游泳池盐类	*a*. 有釉砖　不低于GB级 *b*. 无釉砖　不低于UB级
铅和镉的溶出量		砖样单位面积铅镉溶出量(mg/dm^2)实测值 ＊当砖用于加工食品的工作台或墙面且砖的釉面与食品有可能接触的场所时，则要求进行该项试验

① 陶瓷砖耐污染性分为1、2、3、4、5级，级数越大，越易清洗。详见GB/T 3810.14—2006。

(2) 特性与应用

陶瓷锦砖所形成的一张张的产品，称为“联”。联的边长有284.0mm、295.0mm、305.0mm和325.0mm四种。按常见的联长为305mm计算。每40联为一箱，每箱约3.2～4.2m^2。

陶瓷锦砖薄而小，质地坚实，经久耐用、色彩丰富、美观，通常为单色或带有色斑点。并且耐酸、耐碱、耐磨、不渗水、抗冻、抗压强度高、易清洗、吸水率小、不滑、不易碎裂，在常温下无开裂现象。广泛应用于工业与民用建筑的洁净车间、门厅、走廊、餐厅、厕所、盥洗室、浴室、工作间、化验室等处的地面装饰，亦可用于建筑物的外墙饰面。

(3) 标志与说明

陶瓷砖的标志与说明要求是相同的，见本节一(二)1.(3)。

(4) 检验批和抽样

陶瓷砖的检验批和抽样规定是相同的，见本节一(二)1.(4)。

(5) 检验方法

按《陶瓷砖试验方法》GB/T 3810.2～16—2006和《陶瓷砖》GB/T 4100—2006进行，见表11-2中的“试验方法”。

(6) 检验批的接收规则

陶瓷砖检验批的接收规则是相同的，见本节一(二)1.(6)。

二、水溶性内墙涂料

水溶性内墙涂料是以水溶性化合物为基料，加入一定量的填料、颜料和助剂，经过研磨、分散而成的涂料。常用的有聚乙烯醇玻璃内墙涂料(又称106涂料)和聚乙烯醇缩甲醛内墙涂料(又称803涂料)，它们的技术要求应符合《水溶性内墙涂料》JC/T 423—1991中Ⅱ类的规定；改性聚乙烯醇系内墙涂料，其技术要求应符合JC/T 423—1991中Ⅰ类的规定。

(一) 技术要求(JC/T 423—1991)

产品应符合表11-14的要求。

水溶性内墙涂料技术要求 表 11-14

序号	性能项目	技术要求		序号	性能项目	技术要求	
		Ⅰ类	Ⅱ类			Ⅰ类	Ⅱ类
1	容器中状态	无结块、沉淀和絮凝		6	涂膜外观	平整，色泽均匀	
2	黏度(s)	30～75		7	附着力(%)	100	
3	细度(μm)	≤100		8	耐水性	无脱落、起泡和皱皮	
4	遮盖力(g/m²)	≤300		9	耐干擦性(级)		≤1
5	白度(%)	≥80		10	耐洗刷性(次)	≥300	—

注：白度规定只适用于白色涂料。

（二）水溶性内墙涂料监理

1. 掌握水溶性内墙涂料的特性与应用

106 涂料价格低，生产工艺简单，无毒，无味，耐燃，色彩多样，与基层间有一定的粘结力，但涂层的耐水性及耐水洗刷性差，表面易脱粉。803 涂料成本与 106 涂料相仿，耐洗刷性略优于 106 涂料，可达 100 次，其他性能与 106 涂料基本相同。

改性聚乙烯醇系内墙涂料具有较高的耐水性和耐洗刷性，耐洗刷性可达 300～1000 次，其他性能与 106 涂料基本相同。

Ⅰ类涂料适用于涂刷浴室、厨房内墙。Ⅱ类涂料适用于涂刷建筑物内的一般墙面。

2. 取样及判定

(1) 以 2t 同类产品为一批，不足 2t 按一批计。

(2) 每批抽样桶数为总桶数的 20%，小批量产品抽样不得少于 3 桶，用于容器中状态的检查。然后逐桶按规定进行取样，每批产品取样总量不少于 1kg。

(3) 容器中状态、黏度、细度、遮盖力、白度、涂膜外观、附着力，各项试验结果均应符合规定，耐水性、耐干擦性、耐洗刷性中允许任一项的两块试板板符合规定，则判定为批合格。

(4) 如某项技术要求不符合规定，则应重新双倍取样，对不合格项目进行复验，如仍不符合规定时，则判为批不合格。

3. 试验方法

按《水溶性内墙涂料》JC/T 423—1991 进行。

三、复层建筑涂料

复层建筑涂料是以水泥系、硅酸盐和合成树脂系等粘结料和骨料为主要原料，用刷涂、辊涂和或喷涂等方法，在建筑物墙上涂布 2～3 层，厚度(如为凹凸状，指凸部厚度)为 1～5mm 的凹凸或平状建筑涂料。

复层涂料一般由底涂层、主涂层、面涂层组成，但其中的聚合物水泥系、反应固化型环氧树脂系复层涂料无底涂层。

(1) 底涂层：用于封闭基层和增强主涂料的附着能力；

(2) 主涂层：用于形成立体或平状装饰面的涂层，厚度至少 1mm 以上(如为立体状，指凸部厚度)；

(3) 面涂层：用于增强装饰效果、提高涂膜性能的涂层。其中溶剂型面涂层为A型，水性面涂层为B型。

复层涂料按主涂层所用粘结料分为：

(1) 聚合物水泥系复层涂料：用混有聚合物分散剂或可乳化粉状树脂的水泥作为粘结料，代号为CE；

(2) 硅酸盐系复层涂料：用混有合成树脂乳液的硅溶胶等作为粘结料，代号Si；

(3) 合成树脂乳液系复层涂料：用合成树脂乳液作为粘结料，代号为E。

(4) 反应固化型合成树脂乳液系复层涂料：用环氧树脂或类系统通过反应固化的合成树脂乳液等作为粘结料，代号为RE。

产品按耐沾污性和耐候性分为优等品、一等品和合格品三个等级。

(一) 技术要求(GB/T 9779—2005)

产品物理化学性能应符合表11-15的规定。

复层涂料理化性能要求 **表11-15**

项目			指标		
			优等品	一等品	合格品
容器中状态			无硬块，呈均匀状态		
涂膜外观			无开裂、无明显针孔、无气泡		
低温稳定性			不结块、无组成物质分离、无凝聚		
初期干燥抗裂性			无裂纹		
粘结强度(MPa)	标准状态 ≥	RE	1.0		
		E、Si	0.7		
		CE	0.5		
	浸水后 ≥	RE	0.7		
		E、Si、CE	0.5		
涂层耐温变性(5次循环)			不剥落；不起泡；无裂纹；无明显变色		
透水性(mL)		A型 <	0.5		
		B型 <	2.0		
耐冲击性			无裂纹、剥落以及明显变形		
耐沾污性(白色和浅色)		平状(%) ≤	15	15	20
		立体状(级) ≤	2	2	3
耐候性(白色和浅色)		老化时间(h)	600	400	250
		外观	不起泡、不剥落、无裂纹		
		粉化(级) ≤	1		
		变色(级) ≤	2		

(二) 复层涂料监理

1. 特性与应用

CE涂料价格较低，施工方便，耐久性和耐龟裂性能好，涂层可做得较厚。适用于南方气候环境潮湿的地区，而不宜用于北方气候干燥地区，因为在北方涂层中的水泥不能得到充足的水分水化，涂层的粘结强度较差。

Si 涂料渗透力和附着力强，不起皮，不易粉化和泛白。适用于南北方地区。

E 涂料耐候性良好，不易产生龟裂，不泛白，适用于气候较为干燥的地区。

RE 涂料性能优异，特别是韧性好、硬度大，适用于厚涂饰面工程。

复层涂料广泛用于商场、宾馆、办公室、饭店等的外墙、内墙、顶棚等装修。对多种基层材料均有适应性，但要求基层平整、清洁，施工时首先刷涂 1～2 道基层封闭涂料(CE 系和 RE 系不需基层封闭涂料)。主层涂料在喷涂后，可利用橡胶辊或塑料辊、橡胶刻花辊进行辊压以获得所要求的立体花纹与质感。主层涂料施涂 24h 后，即可喷涂或刷涂罩面涂料，罩面涂料需施涂 2 道。

2. 检验项目、取样方法及数量

(1) 检验项目

出厂检验项目有：容器中状态、涂膜外观、初期干燥抗裂性。

型式检验项目包括产品标准中全部技术要求。

(2) 取样方法及数量

产品按 GB 3186 的规定进行取样。取样量根据检验需要而定。各种检验项目的试板类型、尺寸、数量和养护时间应符合表 11-16 的规定。

复层涂料的试件尺寸、数量及养护时间(GB/T 9779—2005)　　**表 11-16**

检验项目	试板类型	试板尺寸(mm×mm×mm)	试板数量(块)	养护时间[①]		
				底涂(h)	中涂(h)	面涂(h)
初期干燥抗裂性	石棉水泥平板	300×150×(4～6)	3	1～2	立刻试验	—
涂膜外观、透水性			3	1～2	7	7
耐冲击性			1			
粘结强度	砂浆块	70×70×20	10	1～2	7	
涂层耐温变性	石棉水泥平板	150×70×(4～6)	3	1～2	7	7
耐候性			4			
耐沾污性			3			

① 也可根据产品说明要求养护。

3. 试验方法

按《复层建筑涂料》GB/T 9779—2005 进行。

4. 判定规则

(1) 单项判定

单项检验结果的判定按 GB/T 1250 中修约值比较法进行。

1) 初期干燥抗裂性、涂层耐温变性、耐候性每个试验 3 个试件中 2 个试件的试验结果均符合表 11-15 的规定时，判为合格。

2) 耐冲击性试验中 1 个试件上的 3 个位置试验结果均符合表 11-15 的规定时，判为合格。

3) 粘结强度、透水性和耐沾污性 3 个试验结果的平均值分别符合表 11-15 的规定时，判为合格。

(2) 总评定

1) 当产品各项检验结果均符合表 11-15 要求时，判该批产品合格。

2) 若有 2 项及 2 项以上项目不合格时，则判该批产品不合格；若仅有 1 项不合格时，从留样中重新制样对不合格项进行复验，若复验项目合格，则判该批产品合格；否则，则判该批产品不合格。

第二节 装饰装修过程监理

掌握装饰材料的技术要求、特性与应用、取样等内容，是监理工程师搞好装饰装修监理的重要环节，为了保证装修质量，监理工程师还应控制好装饰装修过程的质量。

一、装饰装修设计和施工的基本要求

监理工程师在建筑工程装饰监理过程中，应要求设计单位和施工单位具备相应资质，并建立质量管理体系，要求施工人员持证上岗，这是获得良好装饰装修质量最重要内容之一。同时要控制好以下几个方面：

(一) 设计

1. 建筑装饰装修工程必须进行设计，并出具完整的施工图设计文件。

2. 建筑装饰装修工程设计必须保证建筑物的结构安全和主要使用功能。当涉及主体和承重结构改动或增加荷载时，必须由原结构设计单位或具备相应资质的设计单位核查有关原始资料，对既有建筑结构的安全性进行核验、确认。

3. 建筑装饰装修工程的防火、防雷和抗震设计应符合现行国家标准的规定。

4. 当墙体或吊顶内的管线可能产生冰冻或结露时，应进行防冻或防结露设计。

(二) 施工

1. 建筑装饰装修工程施工中，严禁违反设计文件擅自改动建筑主体、承重结构或主要使用功能；严禁未经设计确认和有关部门批准擅自拆改水、暖、电、燃气、通信等配套设施。

2. 施工单位应遵守有关环境保护的法律法规，并应采取有效措施控制施工现场的各种粉尘、废气、废弃物、噪声、振动等对周围环境造成的污染和危害。

3. 建筑装饰装修工程施工前应有主要材料的样板或做样板间(件)，并应经有关各方确认。

4. 管道、设备等的安装及调试应在建筑装饰装修工程施工前完成，当必须同步进行时，应在饰面层施工前完成。

5. 室内外装饰装修工程施工的环境条件应满足施工工艺的要求。施工环境温度不应低于 5℃。当必须在低于 5℃气温下施工时，应采取保证工程质量的有效措施。

二、装饰材料的基本要求

1. 建筑装饰装修工程所用材料的品种、规格和质量应符合设计要求和国家现行标准的规定。当设计无要求时应符合国家现行标准的规定。严禁使用国家明令淘汰的材料。

2. 建筑装饰装修工程所用材料的燃烧性能应符合现行国家标准《建筑内部装修设计

防火规范》GB 50222、《建筑设计防火规范》GBJ 16 和《高层民用建筑设计防火规范》GB 50045 的规定。

3. 建筑装饰装修工程所用材料应符合国家有关建筑装饰装修材料有害物质限量标准的规定。

4. 所有材料进场时应对品种、规格、外观和尺寸进行验收。材料包装应完好，应有产品合格书、中文说明书及相关性能的检测报告；进口产品应按规定进行商品检验。

5. 进场后需进行复检的材料种类及项目应符合《建筑装饰装修工程质量验收规范》GB 50210—2001 各章的规定。同一厂家生产的同一品种、同一类型的进场材料应至少抽取一组样品进行复检，当合同另有约定时应按合同执行。

6. 当国家规定或合同约定应对材料进行见证检测时，或对材料的质量发生争议时，应进行见证检测。

7. 承担建筑装饰装修材料检测的单位应具备相应的资质，并应建立质量管理体系。

8. 建筑装饰装修工程所使用的材料在运输、储存和施工过程中，必须采取有效措施防止损坏、变质和污染环境。

9. 建筑装饰装修工程所使用的材料应按设计要求进行防火、防腐和防虫处理。

10. 现场配制的材料如砂浆、胶粘剂等，应按设计要求或产品说明书配制。

三、装饰装修工程监理

（一）抹灰工程

1. 抹灰工程应对水泥的凝结时间和安定性进行复检，合格后方可使用。业主、施工单位和设计单位等部门注重主体工程用水泥的质量，一般选用当地较好品牌水泥。但对装饰装修用水泥质量往往不够重视，施工单位为追求效益，使用价格便宜的小水泥较普遍，水泥厂水泥因生产质量控制水平低，小水泥安定性、凝结时间等易不合格，监理应严格把关。

2. 砂浆的配合比应符合设计要求。施工单位一般只在检测单位试配了砌筑砂浆的配合比，而装饰砂浆的配制随意性大，计量不准确，监理工程师应予以纠正，严格按要求配制。

3. 抹灰用的石灰膏的熟化期不应小于 15d；罩面用的磨细石灰粉的熟化期不应小于 3d。以防止过火石灰的危害(如面层爆灰和开裂)。

4. 室内墙面、柱面和门洞口的阳角做法应符合设计要求。设计无要求时，应采用 1：2 水泥砂浆做暗护角，其高度不应低于 2m，每侧宽度不应小于 50mm。建筑物在使用过程中，室内阳角易受碰撞，引起掉角、缺损，所以必须用水泥砂浆护角。

5. 抹灰应分层进行。抹灰工程总厚度大于或等于 35mm 时，应采取加强措施，因为不同材料基体交接处，由于吸水和收缩不一致，接缝处表面的抹灰层容易开裂。当采用加强网时，加强网与各基体的搭接宽度不应小于 100mm。

6. 外墙和顶棚的抹灰层与基层之间及各抹灰层之间必须粘结牢固。

7. 引起抹灰层与基层之间及各抹灰层之间脱层、空鼓等质量问题的主要原因有以下几个方面，在监理时应注意正确控制。

(1) 基体表面清理不干净，如基体表面尘埃及疏松物、脱模剂和油渍等影响抹灰粘结牢固的物质未彻底清除干净。

(2) 基体表面光滑，抹灰前未作毛化处理。毛化处理的方法有凿毛基体表面或甩刷掺界面剂的水泥浆等。

(3) 抹灰前基体表面浇水不透，抹灰后砂浆中的水分很快被基体吸收，砂浆中的水泥无水进行充分水化而影响砂浆强度，或导致砂浆失水过快而开裂。

(4) 一次抹灰过厚，砂浆干缩较大。

(5) 砂浆质量不好。如原材料未达到质量标准要求，配合比选择不正确等。

8. 抹灰工程的允许偏差和检验方法如表 11-17 和表 11-18 所示。

一般抹灰的允许偏差和检验方法 **表 11-17**

项次	项　目	允许偏差(mm)		检验方法
		普通抹灰	高级抹灰	
1	立面垂直度	4	3	用 2m 垂直检测尺检查
2	表面平整度	4	3	用 2m 靠尺和塞尺检查
3	阴阳角方正	4	3	用直角检测尺检查
4	分格条(缝)直线度	4	3	拉 5m 线，不足 5m 拉通线，用钢直尺检查
5	墙裙、勒脚上口直线度	4	3	拉 5m 线，不足 5m 拉通线，用钢直尺检查

装饰抹灰的允许偏差和检验方法 **表 11-18**

项次	项　目	允许偏差(mm)				检验方法
		水刷石	斩假石	干粘石	假面砖	
1	立面垂直度	5	4	5	5	用 2m 垂直检测尺检查
2	表面平整度	3	3	5	4	用 2m 靠尺和塞尺检查
3	阳角方正	3	3	4	4	用直角检测尺检查
4	分格条(缝)直线度	3	3	3	3	拉 5m 线，不足 5m 拉通线，用钢直尺检验
5	墙裙、勒脚上口直线度	3	3	—	—	拉 5m 线，不足 5m 拉通线，用钢直尺检验

(二) 门窗工程

1. 门窗工程应对下列材料及其性能指标进行复检：

(1) 人造木板的甲醛含量。

(2) 建筑外墙金属窗、塑料窗的抗风压性能、空气渗透性能和雨水渗漏性能。

2. 门窗安装前，应对门窗洞口尺寸进行检验(包括单个洞口和通视成排或成列的门窗洞口，用目测或拉通线检查)。如发现有明显偏差，采取处理措施后再安装。

3. 金属门窗和塑料门窗安装应采用预留洞口的方法施工，不得采用边安装边砌口或先安装后砌口的方法施工。这样要求是为了防止门窗框受挤压变形和表面保护层受损。木板门窗也宜采用预留洞口的方法施工，如果采用先安装后砌口的方法施工时，则应注意避免门窗框在施工中受损、受挤压变形或受到污染。

4. 木门窗与砖石砌体、混凝土或抹灰层接触处应进行防腐处理并应设置防潮层；埋入砌体或混凝土中的木砖应进行防腐处理。

5. 当金属窗或塑料窗组合时，其拼樘料的尺寸、规格、壁厚应符合设计要求。因为拼樘料不仅起连接作用，还是重要的受力部件。

6. 建筑外门窗的安装必须牢固。在砌体上安装门窗严禁用射钉固定。

7. 门窗安装必须牢固，并应开关灵活，关闭严密，无倒翘。

8. 门窗的品种、类型、规格、开启方向、安装位置、连接方式及填嵌密封处理应符合设计要求。

9. 木门窗的木材品种、材质等级、规格、尺寸、框扇的线型应符合设计要求。设计未规定材质等级时，所用材质应符合表 11-19 和表 11-20 的规定。

普通木门窗用木材的质量要求 **表 11-19**

木材缺陷		门窗扇的立梃、冒头，中冒头	窗棂、压条、门窗及气窗的线脚，通风窗立梃	门心板	门窗框
活节	不计个数，直径	<15 mm	<5 mm	<15 mm	<15 mm
	计算个数，直径	≤材宽的 1/3	≤材宽的 1/3	≤30mm	≤材宽的 1/3
	任 1 延米个数	≤3	≤2	≤3	≤5
死节		允许，计入活节总数	不允许	允许，计入活节总数	
髓心		不露出表面的，允许	不允许	不露出表面的，允许	
裂缝		深度及长度≤厚度及材长的 1/5	不允许	允许可见裂缝	深度及长度≤厚度及材长的 1/4
斜纹的斜率(%)		≤7	≤5	不限	≤12
油眼		非正面，允许			
其他		浪形纹理、圆形纹理、偏心及化学变色，允许			

高级木门窗用木材的质量要求 **表 11-20**

木材缺陷		木门扇的立梃、冒头，中冒头	窗棂、压条、门窗及气窗的线脚，通风窗立梃	门心板	门窗框
活节	不计个数，直径	<10mm	<5mm	<10mm	<10mm
	计算个数，直径	≤材宽的 1/4	≤材宽的 1/4	≤20mm	≤材宽的 1/3
	任 1 延米个数	≤2	0	≤2	≤3
死节		允许，包括在活节总数中	不允许	允许，包括在活节总数中	不允许
髓心		不露出表面的，允许	不允许	不露出表面的，允许	
裂缝		深度及长度≤厚度及材长的 1/6	不允许	允许可见裂缝	深度及长度≤厚度及材长的 1/5
斜纹的斜率(%)		≤6	≤4	≤15	≤10
油眼		非正面，允许			
其他		浪形纹理、圆形纹理、偏心及化学变色，允许			

10. 木门窗应采用烘干的木材，含水率应符合《建筑木门、木窗》JG/T 122 的规定。

11. 木门窗制作的允许偏差和检验方法应符合表 11-21 的规定。

木门窗制作的允许偏差和检验方法 **表 11-21**

项次	项目	构件名称	允许偏差(mm)		检验方法
			普通	高级	
1	翘曲	框	3	2	将框、扇平放在检查平台上，用塞尺检查
		扇	2	2	
2	对角线长度差	框、扇	3	2	用钢尺检查，框量裁口里角，扇量外角
3	表面平整度	扇	2	2	用 1m 靠尺和塞尺检查
4	高度、宽度	框	0；－2	0；－1	用钢尺检查，框量裁口里角，扇量外角
		扇	＋2；0	＋1；0	
5	裁口、线条结合处高低差	框、扇	1	0.5	用钢直尺和塞尺检查
6	相邻棂子两端间距	扇	2	1	用钢直尺检查

12. 木门窗安装的留缝限值、允许偏差和检验方法应符合表 11-22 的规定。

13. 金属门窗的防腐处理和铝合金门窗的型材壁厚应符合设计要求。

14. 金属推拉门窗必须装防脱落卡，以免引起安全事故。

15. 金属门窗表面应洁净、平整、光滑、色泽一致，无锈蚀。大面应无划痕、碰伤。漆膜或保护层应连接。

16. 铝合金门窗推拉门窗扇开关力应不大于 100N(可用弹簧秤检查)。

木门窗安装的留缝限值、允许偏差和检验方法 **表 11-22**

项次	项目		留缝限值(mm)		允许偏差(mm)		检验方法
			普通	高级	普通	高级	
1	门窗槽口对角线长度差		—	—	3	2	用钢尺检查
2	门窗框的正、侧面垂直度		—	—	2	1	用 1m 垂直检测尺检查
3	框与扇、扇与扇接缝高低差		—	—	2	1	用钢直尺和塞尺检查
4	门窗扇对口缝		1～2.5	1.5～2	—	—	用塞尺检查
5	工业厂房双扇大门对口缝		2～5	—	—	—	
6	门窗扇与上框间留缝		1～2	1～1.5	—	—	
7	门窗扇与侧框间留缝		1～2.5	1～1.5	—	—	
8	窗扇与下框间留缝		2～3	2～2.5	—	—	
9	门扇与下框间留缝		3～5	3～4	—	—	
10	双层门窗内外框间距		—	—	4	3	用钢尺检查
11	无下框时门扇与地面间留缝	外门	4～7	5～6	—	—	用塞尺检查
		内门	5～8	6～7	—	—	
		卫生间门	8～12	8～10	—	—	
		厂房大门	10～20	—	—	—	

17. 钢门窗安装的留缝限值、允许偏差和检验方法应符合表 11-23 的规定。

钢门窗安装的留缝限值、允许偏差和检验方法 **表 11-23**

项次	项目		留缝限值(mm)	允许偏差(mm)	检验方法
1	门窗槽口宽度、高度	≤1500mm	—	2.5	用钢尺检查
		>1500mm	—	3.5	
2	门窗槽口对角线长度差	≤2000mm	—	5	用钢尺检查
		>2000mm	—	6	
3	门窗框的正、侧面垂直度		—	3	用 1m 垂直检测尺检查
4	门窗横框的水平度		—	3	用 1m 水平尺和塞尺检查
5	门窗横框标高		—	5	用钢尺检查
6	门窗竖向偏离中心		—	4	用钢尺检查
7	双层门窗内外框间距		—	5	用钢尺检查
8	门窗框、扇配合间隙		≤2	—	用塞尺检查
9	无下框时门扇与地面间留缝		4～8	—	用塞尺检查

18. 铝合金门窗安装的允许偏差和检验方法应符合表 11-24 的规定。

铝合金门窗安装的允许偏差和检验方法 **表 11-24**

项次	项目		允许偏差(mm)	检验方法
1	门窗槽口宽度、高度	≤1500mm	1.5	用钢尺检查
		>1500mm	2	
2	门窗槽口对角线长度差	≤2000mm	3	用钢尺检查
		>2000mm	4	
3	门窗框的正、侧面垂直度		2.5	用垂直检测尺检查
4	门窗横框的水平度		2	用 1m 水平尺和塞尺检查
5	门窗横框标高		5	用钢尺检查
6	门窗竖向偏离中心		5	用钢尺检查
7	双层门窗内外框间距		4	用钢尺检查
8	推拉门窗扇与框搭接量		1.5	用钢直尺检查

19. 涂色镀锌钢板门窗安装的允许偏差和检验方法应符合表 11-25 的规定。

涂色镀锌钢板门窗安装的允许偏差和检验方法 **表 11-25**

项次	项目		允许偏差(mm)	检验方法
1	门窗槽口宽度、高度	≤1500mm	2	用钢尺检查
		>1500mm	3	
2	门窗槽口对角线长度差	≤2000mm	4	用钢尺检查
		>2000mm	5	
3	门窗框的正、侧面垂直度		3	用垂直检测尺检查

续表

项次	项　目	允许偏差(mm)	检验方法
4	门窗横框的水平度	3	用1m水平尺和塞尺检查
5	门窗横框标高	5	用钢尺检查
6	门窗竖向偏离中心	5	用钢尺检查
7	双层门窗内外框间距	4	用钢尺检查
8	推拉门窗扇与框搭接量	2	用钢直尺检查

20. 塑料门窗内衬增强型钢的壁厚及设置应符合国家现行产品标准的质量要求。

21. 塑料门窗框的固定点(固定片或膨胀螺栓)应距窗角、中横框、中竖框150～200mm，固定点间距应不大于600mm。

22. 塑料门窗拼樘料内衬增强型钢的规格、壁厚必须符合设计要求，型钢应与型材内腔紧密吻合，其两端必须与洞口固定牢固。窗框必须与拼樘料连接紧密，固定点间距应不大于600mm。

23. 塑料门窗扇的开关力(可用弹簧秤检验)应符合下列规定：

(1) 平开门窗扇平铰链的开关力应不大于80N；滑撑铰链的开关力应不大于80N，并不小于30N。

(2) 推拉门窗扇的开关应不大于100N。

24. 塑料门窗安装的允许偏差和检验方法应符合表11-26的规定。

塑料门窗安装的允许偏差和检验方法　　表11-26

项次	项　目		允许偏差(mm)	检验方法
1	门窗槽口宽度、高度	≤1500mm	2	用钢尺检查
		>1500mm	3	
2	门窗槽口对角线长度差	≤2000mm	3	用钢尺检查
		>2000mm	5	
3	门窗框的正、侧面垂直度		3	用1m垂直检测尺检查
4	门窗横框的水平度		3	用1m水平尺和塞尺检查
5	门窗横框标高		5	用钢尺检查
6	门窗竖向偏离中心		5	用钢直尺检查
7	双层门窗内外框间距		4	用钢尺检查
8	同樘平开门窗相邻扇高度差		2	用钢直尺检查
9	平开门窗铰链部位配合间隙		+2；−1	用塞尺检查
10	推拉门窗扇与框搭接量		+1.5；−2.5	用钢直尺检查
11	推拉门窗扇与竖框平行度		2	用1m水平尺和塞尺检查

25. 特种门(防火门、防盗门、自动门、全玻门、旋转门、金属卷帘门等)的表面应洁净，无划痕、碰伤。它们安装留缝限值、允许偏差和检验方法要求见表11-27～表11-29。

推拉自动门安装的留缝限值、允许偏差和检验方法 **表 11-27**

项次	项目		留缝限值（mm）	允许偏差（mm）	检验方法
1	门槽口宽度、高度	≤1500mm	—	1.5	用钢尺检查
		＞1500mm	—	2	
2	门槽口对角线长度差	≤2000mm	—	2	用钢尺检查
		＞2000mm	—	2.5	
3	门框的正、侧面垂直度		—	1	用1m垂直检测尺检查
4	门构件装配间隙		—	0.3	用塞尺检查
5	门梁导轨水平度		—	1	用1m水平尺和塞尺检查
6	下导轨与门梁导轨平行度		—	1.5	用钢尺检查
7	门扇与侧框间留缝		1.2～1.8	—	用塞尺检查
8	门扇对口缝		1.2～1.8	—	用塞尺检查

推拉自动门的感应时间限值和检验方法 **表 11-28**

项次	项目	感应时间限值(s)	检验方法
1	开门响应时间	≤0.5	用秒表检查
2	堵门保护延时	16～20	用秒表检查
3	门扇全开启后保持时间	13～17	用秒表检查

旋转门安装的允许偏差和检验方法 **表 11-29**

项次	项目	允许偏差(mm)		检验方法
		金属框架玻璃旋转门	木质旋转门	
1	门扇正、侧面垂直度	1.5	1.5	用1m垂直检测尺检查
2	门扇对角线长度差	1.5	1.5	用钢尺检查
3	相邻扇高度差	1	1	用钢尺检查
4	扇与圆弧边留缝	1.5	2	用塞尺检查
5	扇与上顶间留缝	2	2.5	用塞尺检查
6	扇与地面间留缝	2	2.5	用塞尺检查

26. 单块玻璃大于1.5m^2时应使用安全玻璃。

（三）吊顶工程

1. 吊顶工程应对人造木板的甲醛含量进行复验。

2. 木吊杆、龙骨和木饰面板必须进行防火处理；木及金属吊杆、龙骨应经过表面防腐处理。防火问题对吊顶工程是至关重要的，根据《建筑内部装修设计防火规范》GB 50222—95规定，顶棚装饰装修材料的燃烧性能必须达到A级或B1级，未经防火处理的木质材料的燃烧性能达不到这一要求。

3. 吊杆距主龙骨端部距离不得大于300mm，当大于300mm时，应增加吊杆。当吊杆长度大于1.5m时，应设置反支撑。当吊杆与设备相遇时，应调整并增设吊杆。

4. 重型灯具、电扇及其他重型设备严禁安装在吊顶工程的龙骨上。

5. 石膏板的接缝应进行板缝防裂处理。安装双层石膏板时，面层板与基层板的接缝应错开，并不得在同一根龙骨上接缝。

6. 对于明龙骨吊顶，饰面材料与龙骨的搭接宽度应大于龙骨受力面宽度的2/3，当饰面材料为玻璃时，应使用安全玻璃或采取可靠的安全措施。

7. 暗龙骨、明龙骨吊顶安装的允许偏差和检验方法分别应符合表11-30和表11-31的规定。

暗龙骨吊顶工程安装的允许偏差和检验方法 **表11-30**

项次	项目	允许偏差(mm)				检验方法
		纸面石膏板	金属板	矿棉板	木板、塑料板、格栅	
1	表面平整度	3	2	3	2	用2m靠尺和塞尺检查
2	接缝直线度	3	1.5	3	3	拉5m线，不足5m拉通线，用钢直尺检查
3	接缝高低差	1	1	1.5	1	用钢直尺和塞尺检查

明龙骨吊顶工程安装的允许偏差和检验方法 **表11-31**

项次	项目	允许偏差(mm)				检验方法
		石膏板	金属板	矿棉板	塑料板、玻璃板	
1	表面平整度	3	2	2	2	用2m靠尺和塞尺检查
2	接缝直线度	3	2	3	3	拉5m线，不足5m拉通线，用钢直尺检查
3	接缝高低差	1	1	2	1	用钢直尺和塞尺检查

（四）轻质隔墙工程

1. 轻质隔墙工程应对人造木板的甲醛含量进行复验。

2. 板材隔墙安装的允许偏差和检验方法应符合表11-32的规定。

板材隔墙安装的允许偏差和检验方法 **表11-32**

项次	项目	允许偏差(mm)				检验方法
		复合轻质墙板		石膏空心板	钢丝水泥板	
		金属夹芯板	其他复合板			
1	立面垂直度	2	3	3	3	用2m垂直检测尺检查
2	表面平整度	2	3	3	3	用2m靠尺和塞尺检查
3	阴阳角方正	3	3	3	4	用直角检测尺检查
4	接缝高低差	1	2	2	3	用钢直尺和塞尺检查

3. 骨架隔墙安装的允许偏差和检验方法应符合表11-33的规定。

4. 活动隔墙安装的允许偏差和检验方法应符合表11-34的规定。

5. 玻璃隔墙安装的允许偏差和检验方法应符合表11-35的规定。

骨架隔墙安装的允许偏差和检验方法 **表 11-33**

项次	项目	允许偏差(mm)		检验方法
		纸面石膏板	人工造木板、水泥纤维板	
1	立面垂直度	3	4	用 2m 垂直检测尺检查
2	表面平整度	3	3	用 2m 靠尺和塞尺检查
3	阴阳角方正	3	3	用直角检测尺检查
4	接缝直线度	—	3	拉 5m 线，不足 5m 拉通线，用钢直尺检查
5	压条直线度	—	3	拉 5m 线，不足 5m 拉通线，用钢直尺检查
6	接缝高低差	1	1	用钢直尺和塞尺检查

活动隔墙安装的允许偏差和检验方法 **表 11-34**

项次	项目	允许偏差(mm)	检验方法
1	立面垂直度	3	用 2m 垂直检测尺检查
2	表面平整度	2	用 2m 靠尺和塞尺检查
3	接缝直线度	3	拉 5m 线，不足 5m 拉通线，用钢直尺检查
4	接缝高低差	2	用钢直尺和塞尺检查
5	接缝宽度	2	用钢直尺检查

玻璃隔墙安装的允许偏差和检验方法 **表 11-35**

项次	项目	允许偏差(mm)		检验方法
		玻璃砖	玻璃板	
1	立面垂直度	3	2	用 2m 垂直检测尺检查
2	表面平整度	3	—	用 2m 靠尺和塞尺检查
3	阴阳角方正	—	2	用直角检测尺检查
4	接缝直线度	—	2	拉 5m 线，不足 5m 拉通线，用钢直尺检查
5	接缝高低差	3	2	用钢直尺和塞尺检查
6	接缝宽度	—	1	用钢直尺检查

（五）饰面板(砖)工程

1. 饰面板(砖)工程应对下列材料及其性能指标进行复验：

(1) 室内用花岗石的放射性。

(2) 粘贴用水泥的凝结时间、安定性和抗压强度。

(3) 外墙陶瓷面砖的吸水率。

(4) 寒冷地区外墙陶瓷面砖的抗冻性。

2. 饰面板安装工程的预埋件(或后置埋件)、连接件的数量、规格、位置、连接方法和防腐处理必须符合设计要求。后置埋件的现场拉拔强度必须符合设计要求。饰面板安装必须牢固。

3. 饰面板安装的允许偏差和检验方法应符合表 11-36 的规定。

饰面板安装的允许偏差和检验方法 表 11-36

项次	项目	允许偏差(mm)							检验方法
		石材			瓷板	木材	塑料	金属	
		光面	剁斧石	蘑菇石					
1	立面垂直度	2	3	3	2	1.5	2	2	用 2m 垂直检测尺检查
2	表面平整度	2	3	—	1.5	1	3	3	用 2m 靠尺和塞尺检查
3	阴阳角方正	2	4	4	2	1.5	3	3	用直角检测尺检查
4	接缝直线度	2	4	4	2	1	1	1	拉 5m 线，不足 5m 拉通线，用钢直尺检查
5	墙裙、勒脚上口直线度	2	3	3	2	2	2	2	拉 5m 线，不足 5m 拉通线，用钢直尺检查
6	接缝高低差	0.5	3	—	0.5	0.5	1	1	用钢直尺和塞尺检查
7	接缝宽度	1	2	2	1	1	1	1	用钢直尺检查

4. 饰面砖粘贴的允许偏差和检验方法应符合表 11-37 的规定。

饰面砖粘贴的允许偏差和检验方法 表 11-37

项次	项目	允许偏差(mm)		检验方法
		外墙面砖	内墙面砖	
1	立面垂直度	3	2	用 2m 垂直检测尺检查
2	表面平整度	4	3	用 2m 靠尺和塞尺检查
3	阴阳角方正	3	3	用直角检测尺检查
4	接缝直线度	3	2	拉 5m 线，不足 5m 拉通线，用钢直尺检查
5	接缝高低差	1	0.5	用钢直尺和塞尺检查
6	接缝宽度	1	1	用钢直尺检查

（六）幕墙工程

1. 幕墙工程应对下列材料及其性能指标进行复检：

（1）铝塑复合板的剥离强度。

（2）石材的弯曲强度；寒冷地区石材的耐冻融性；室内用花岗石的放射性。

（3）玻璃幕墙用结构胶的邵氏硬度、标准条件拉伸粘结强度、相容性试验；石材用结构胶的粘结强度；石材用密封胶的污染性。

幕墙工程使用的硅酮结构密封胶，应选用法定检测机构检测合格的产品，在使用前必须对幕墙工程选用的铝合金型材、玻璃、双面胶带、硅酮耐候密封胶、塑料泡沫棒等与硅酮结构密封胶接触的材料做相容性试验和粘结剥离试验，试验合格后才能进行打胶。

2. 隐框、半隐框幕墙所采用的结构粘结材料必须是中性硅酮结构密封胶，其性能必须符合《建筑用硅酮结构密封胶》GB 16776 的规定；硅酮结构密封胶必须在有效期内使用。

中性硅酮结构密封胶是保证隐框、半隐框玻璃幕墙安全性的关键材料，有单组分和双组分之分。单组分硅酮结构密封胶靠吸收空气中水分而固化，固化时间一般需要 14～21d，双组分靠组分间化学反应而固化，固化时间为 7～10 天。待完全固化后方可进行下一道工序。

3. 立柱和横梁等主要受力构件，其截面受力部分的壁厚应经计算确定，且铝合金型材壁厚不应小于 3.0mm，钢型材壁厚不应小于 3.5mm。

4. 隐框、半隐框幕墙构件中板材与金属框之间硅酮结构密封胶的粘结宽度，应分别计算风荷载标准值和板材自重标准值作用下硅酮结构密封胶的粘结宽度，并取其较大值，且不得小于 7.0mm。

5. 硅酮结构密封胶应打注饱满，并应在温度 15～30℃、相对湿度 50%以上、洁净的室内进行；不得在现场墙上打注。

6. 幕墙的防火除应符合现行国家标准《建筑设计防火规范》GBJ 16 和《高层民用建筑设计防火规范》GB 50045 的有关规定外，还应符合下列规定：

(1) 应根据防火材料的耐火极限决定防火层的厚度和宽度，并应在楼板处形成防火带。

(2) 防火层应采取隔离措施。防火层的衬板应采用经防腐处理且厚度不小于 1.5mm 的钢板，不得采用铝板。

(3) 防火层的密封材料应采用防火密封胶。

(4) 防火层与玻璃不应直接接触，一块玻璃不应跨两个防火分区。

7. 主体结构与幕墙连接的各种埋件，其数量、规格、位置和防腐处理必须符合设计要求。

8. 幕墙的金属框架与主体结构预埋件的连接、立柱与横梁的连接及幕墙面板的安装必须符合设计要求，安装必须牢固。

9. 单元幕墙连接处和吊挂处的铝合金型材的壁厚应通过计算确定，并不得小于 5.0mm。

10. 幕墙的金属框架与主体结构应通过预埋件连接，预埋件应在主体结构混凝土施工时埋入，预埋件的位置应准确。当没有条件采用预埋件连接时，应采用其他可靠的连接措施，并应通过试验确定其承载力。

11. 立柱应采用螺栓与角码连接，螺栓直径应经过计算，并不应小于 10mm。不同金属材料接触时应采用绝缘垫片分隔。

12. 玻璃幕墙使用的玻璃应符合下列规定：

(1) 幕墙应使用安全玻璃，玻璃的品种、规格、颜色、光学性能及安装方向应符合设计要求。

(2) 幕墙玻璃的厚度不应小于 6.0mm。全玻幕墙肋玻璃的厚度不应小于 12mm。

(3) 幕墙的中空玻璃应采用双道密封。明框幕墙的中空玻璃应采用聚硫密封胶及丁基密封胶；隐框和半隐框幕墙的中空玻璃应采用硅酮结构密封胶及丁基密封胶；镀膜面应在中空玻璃的第 2 或第 3 面上。

(4) 幕墙的夹层玻璃应采用聚乙烯醇缩丁醛(PVB)胶片干法加工合成的夹层玻璃。点支承玻璃幕墙夹层玻璃的夹层胶片(PVB)厚度不应小于 0.76mm。

(5) 钢化玻璃表面不得有损伤；8.0mm 以下的钢化玻璃应进行引爆处理。

(6) 所有幕墙玻璃均应进行边缘处理。

13. 每平方米玻璃的表面质量和检验方法应符合表 11-38 的规定。

每平方米玻璃的表面质量和检验方法　表 11-38

项次	项　目	质量要求	检验方法
1	明显划伤和长度＞100mm 的轻微划伤	不允许	观察
2	长度≤100mm 的轻微划伤	≤8 条	用钢尺检查
3	擦伤总面积	≤500mm²	用钢尺检查

14. 一个分格铝合金型材的表面质量和检验方法应符合表 11-39 的规定。

一个分格铝合金型材的表面质量和检验方法　表 11-39

项次	项　目	质量要求	检验方法
1	明显划伤和长度＞100mm 的轻微划伤	不允许	观察
2	长度≤100mm 的轻微划伤	≤2 条	用钢尺检查
3	擦伤总面积	≤500mm²	用钢尺检查

15. 明框玻璃幕墙安装的允许偏差和检验方法应符合表 11-40 的规定。

明框玻璃幕墙安装的允许偏差和检验方法　表 11-40

项次	项　目		允许偏差(mm)	检验方法
1	幕墙垂直度	幕墙高度≤30m	10	用经纬仪检查
		30m＜幕墙高度≤60m	15	
		60m＜幕墙高度≤90m	20	
		幕墙高度＞90m	25	
2	幕墙水平度	幕墙幅宽≤35m	5	用水平仪检查
		幕墙幅宽＞35m	7	
3	构件直线度		2	用 2m 靠尺和塞尺检查
4	构件水平度	构件长度≤2m	2	用水平仪检查
		构件长度＞2m	3	
5	相邻构件错位		1	用钢直尺检查
6	分格框对角线长度差	对角线长度≤2m	3	用钢尺检查
		对角线长度＞2m	4	

16. 隐框、半隐框玻璃幕墙安装的允许偏差和检验方法应符合表 11-41 的规定。

隐框、半隐框玻璃幕墙安装的允许偏差和检验方法　表 11-41

项次	项　目		允许偏差(mm)	检验方法
1	幕墙垂直度	幕墙高度≤30m	10	用经纬仪检查
		30m＜幕墙高度≤60m	15	
		60m＜幕墙高度≤90m	20	
		幕墙高度＞90m	25	

续表

项次	项目		允许偏差(mm)	检验方法
2	幕墙水平度	层高≤3m	3	用水平仪检查
		层高>3m	5	
3	幕墙表面平整度		2	用 2m 靠尺和塞尺检查
4	板材立面垂直度		2	用垂直检测尺检查
5	板材上沿水平度		2	用 1m 水平尺和钢直尺检查
6	相邻板材板角错位		1	用钢直尺检查
7	阳角方正		2	用直角检测尺检查
8	接缝直线度		3	拉 5m 线，不足 5m 拉通线，用钢直尺检查
9	接缝高低差		1	用钢直尺和塞尺检查
10	接缝宽度		1	用钢直尺检查

17. 每平方米金属板的表面质量和检验方法应符合表 11-42 的规定。

每平方米金属板的表面质量和检验方法 **表 11-42**

项次	项目	质量要求	检验方法
1	明显划伤和长度>100mm 的轻微划伤	不允许	观察
2	长度≤100mm 的轻微划伤	≤8 条	用钢尺检查
3	擦伤总面积	≤500mm²	用钢尺检查

18. 金属幕墙安装的允许偏差和检验方法应符合表 11-43 的规定。

金属幕墙安装的允许偏差和检验方法 **表 11-43**

项次	项目		允许偏差(mm)	检验方法
1	幕墙垂直度	幕墙高度≤30m	10	用经纬仪检查
		30m<幕墙高度≤60m	15	
		60m<幕墙高度≤90m	20	
		幕墙高度>90m	25	
2	幕墙水平度	层高≤3m	3	用水平仪检查
		层高>3m	5	
3	幕墙表面平整度		2	用 2m 靠尺和塞尺检查
4	板材立面垂直度		3	用垂直检测尺检查
5	板材上沿水平度		2	用 1m 水平尺和钢直尺检查
6	相邻板材板角错位		1	用钢直尺检查
7	阳角方正		2	用直角检测尺检查
8	接缝直线度		3	拉 5m 线，不足 5m 拉通线，用钢直尺检查
9	接缝高低差		1	用钢直尺和塞尺检查
10	接缝宽度		1	用钢直尺检查

19. 石材幕墙工程所用石材的弯曲强度不应小于8.0MPa；吸水率应不小于0.8%。石材幕墙的铝合金挂件厚度不应小于4.0mm，不锈钢挂件厚度不应小于3.0mm。

20. 每平方米石材的表面质量和检验方法应符合表11-44的规定。

每平方米石材的表面质量和检验方法 **表11-44**

项次	项目	质量要求	检验方法
1	明显划伤和长度>100mm的轻微划伤	不允许	观察
2	长度≤100mm的轻微划伤	≤8条	用钢尺检查
3	擦伤总面积	≤500mm²	用钢尺检查

21. 石材幕墙安装的允许偏差和检验方法应符合表11-45的规定。

石材幕墙安装的允许偏差和检验方法 **表11-45**

项次	项目		允许偏差(mm)		检验方法
			光面	麻面	
1	幕墙垂直度	幕墙高度≤30m	10		用经纬仪检查
		30m<幕墙高度≤60m	15		
		60m<幕墙高度≤90m	20		
		幕墙高度>90m	25		
2	幕墙水平度		3		用水平仪检查
3	板材立面垂直度		3		用水平仪检查
4	板材上沿水平度		2		用1m水平尺和钢直尺检查
5	相邻板材板角错位		1		用钢直尺检查
6	幕墙表面平整度		2	3	用垂直检测尺检查
7	阳角方正		2	4	用直角检测尺检查
8	接缝直线度		3	4	拉5m线，不足5m拉通线，用钢直尺检查
9	接缝高低差		1	—	用钢直尺和塞尺检查
10	接缝宽度		1	2	用钢直尺检查

（七）涂饰工程

1. 涂饰工程的基层处理应符合下列要求：

(1) 新建筑物的混凝土或抹灰基层在涂饰涂料前应涂刷抗碱封闭底漆。

(2) 旧墙面在涂饰涂料前应清除疏松的旧装修层，并涂刷界面剂。

(3) 混凝土或抹灰基层涂刷溶剂型涂料时，含水率不得大于8%；涂刷乳液型涂料时，含水率不得大于10%。木材基层的含水率不得大于12%。

2. 水性涂料涂饰工程施工的环境温度应在5～35℃之间。

3. 薄涂料的涂饰质量和检验方法应符合表11-46的规定。

4. 厚涂料的涂饰质量和检验方法应符合表11-47的规定。

5. 复层涂料的涂饰质量和检验方法应符合表11-48的规定。

薄涂料的涂饰质量和检验方法　　表 11-46

项次	项目	普通涂饰	高级涂饰	检验方法
1	颜色	均匀一致	均匀一致	观察
2	泛碱、咬色	允许少量轻微	不允许	
3	流坠、疙瘩	允许少量轻微	不允许	
4	砂眼、刷纹	允许少量轻微砂眼、刷纹通顺	无砂眼、无刷纹	
5	装饰线、分色线直线度允许偏差(mm)	2	1	拉 5m 线，不足 5m 拉通线，用钢直尺检查

厚涂料的涂饰质量和检验方法　　表 11-47

项次	项目	普通涂饰	高级涂饰	检验方法
1	颜色	均匀一致	均匀一致	观察
2	泛碱、咬色	允许少量轻微	不允许	
3	点状分布	—	疏密均匀	

复层涂料的涂饰质量和检验方法　　表 11-48

项次	项目	质量要求	检验方法
1	颜色	均匀一致	观察
2	泛碱、咬色	不允许	
3	喷点疏密程度	均匀，不允许连片	

6. 色漆的涂饰质量和检验方法应符合表 11-49 的规定。

色漆的涂饰质量和检验方法　　表 11-49

项次	项目	普通涂饰	高级涂饰	检验方法
1	颜色	均匀一致	均匀一致	观察
2	光泽、光滑	光泽基本均匀光滑无挡手感	光泽均匀一致光滑	观察、手摸检查
3	刷纹	刷纹通顺	无刷纹	观察
4	裹棱、流坠、皱皮	明显处不允许	不允许	观察
5	装饰线、分色线直线度允许偏差(mm)	2	1	拉 5m 线，不足 5m 拉通线，用钢直尺检查

注：无光色漆不检查光泽。

7. 清漆的涂饰质量和检验方法应符合表 11-50 的规定。

清漆的涂饰质量和检验方法　　表 11-50

项次	项目	普通涂饰	高级涂饰	检验方法
1	颜色	基本一致	均匀一致	观察
2	木纹	棕眼刮平、木纹清楚	棕眼刮平、木纹清楚	观察
3	光泽、光滑	光泽基本均匀，光滑无挡手感	光泽均匀一致光滑	观察、手摸检查
4	刷纹	无刷纹	无刷纹	观察
5	裹棱、流坠、皱皮	明显处不允许	不允许	观察

（八）裱糊与软包工程、细部工程

1. 软包工程安装的允许偏差和检验方法应符合表 11-51 的规定。

软包工程安装的允许偏差和检验方法　　表 11-51

项次	项　目	允许偏差(mm)	检验方法
1	垂直度	3	用 1m 垂直检测尺检查
2	边框宽度、高度	0；－2	用钢尺检查
3	对角线长度差	3	用钢尺检查
4	裁口、线条接缝高低差	1	用钢直尺和塞尺检查

2. 橱柜安装的允许偏差和检验方法应符合表 11-52 的规定。

橱柜安装的允许偏差和检验方法　　表 11-52

项次	项　目	允许偏差(mm)	检验方法
1	外形尺寸	3	用钢尺检查
2	立面垂直度	2	用 1m 垂直检测尺检查
3	门与框架的平行度	2	用钢尺检查

3. 窗帘盒、窗台板和散热器罩安装的允许偏差和检验方法应符合表 11-53 的规定。

窗帘盒、窗台板和散热器罩安装的允许偏差和检验方法　　表 11-53

项次	项　目	允许偏差(mm)	检验方法
1	水平度	2	用 1m 水平尺和塞尺检查
2	上口、下口直线度	3	拉 5m 线，不足 5m 拉通线，用钢直尺检查
3	两端距窗洞口长度差	2	用钢直尺检查
4	两端出墙厚度差	3	用钢直尺检查

4. 门窗套安装的允许偏差和检验方法应符合表 11-54 的规定。

门窗套安装的允许偏差和检验方法　　表 11-54

项次	项　目	允许偏差(mm)	检验方法
1	正、侧面垂直度	3	用 1m 垂直检测尺检查
2	门窗套上口水平度	1	用 1m 水平检测尺和塞尺检查
3	门窗套上口直线度	3	拉 5m 线，不足 5m 拉通线，用钢直尺检查

5. 护栏和扶手安装的允许偏差和检验方法应符合 11-55 的规定。

护栏和扶手安装的允许偏差和检验方法　　表 11-55

项次	项　目	允许偏差(mm)	检验方法
1	护栏垂直度	3	用 1m 垂直检测尺检查
2	栏杆间距	3	用钢尺检查
3	扶手直线度	4	拉通线，用钢直尺检查
4	扶手高度	3	用钢尺检查

6. 花饰安装的允许偏差和检验方法应符合 11-56 的规定。

花饰安装的允许偏差和检验方法 **表 11-56**

项次	项　目		允许偏差(mm)		检验方法
			室内	室外	
1	条型花饰的水平度或垂直度	每米	1	2	拉线和用 1m 垂直检测尺检查
		全长	3	6	
2	单独花饰中心位置偏移		10	15	拉线和用钢直尺检查

第十二章　民用建筑工程室内环境污染监理

第一节　概　　述

室内空气质量直接影响居住者的身体健康，在过去的30年中，长期生活和工作在现代建筑物内的人们表现出越来越严重的病态反应，这一问题引起了专家学者们的广泛重视，并很快提出了病态建筑(Sick Building)和病态建筑综合症(SBS，Sick Building Syndrome)的概念。所谓病态建筑综合症是指因建筑物使用而产生的病状，包括眼睛发红、流鼻涕、嗓子疼、困倦、头痛、恶心、头晕、皮肤瘙痒等。近十几年来，我国办公、住宅等建筑进行装修非常普遍，而装修材料的污染在我国又十分严重，比如，有关部门对市场销售的人造木板抽查发现甲醛释放量超过欧洲EMB工业标准A级品几十倍，由建筑物内装修引起的病态建筑综合症在我国已十分突出，所以监理工程师有责任学习、宣传室内环境控制知识，并积极贯彻国家相关标准，使我国民用建筑工程真正实现安全适用的目标。

近几年来，国内外对室内环境污染进行了大量研究，发现室内环境污染源有两类，一类是非放射性污染，另一类是放射性污染。非放射性污染主要来源于各种人造木板、涂料、胶粘剂、处理剂等化学建材类建筑材料产品，这些材料会在常温下释放出许多种有毒有害物质，已经检测到的有毒有害物质达数百种，常见的也有10种以上；放射性污染(氡)主要来自无机建筑材料，还与工程地点的地质情况有关。

在我国目前的发展水平下，工程建设阶段对甲醛、氨、苯及总挥发性有机化合物(TVOC)、游离甲苯二异氰酸酯(TDI，在材料中)等环境污染物质进行控制是适宜的。因为这几种污染物对身体危害较大，如甲醛、氨对人有强烈刺激性，对人肺功能、肝功能及免疫功能等都会产生一定的影响；游离甲苯二异氰酸酯会引起肺损伤；苯及挥发性有机化合物中的多种成分都具有一定的致癌性等。因此，我国第一部民用建筑室内环境污染控制规范《民用建筑工程室内环境污染控制规范》GB 50325—2010对上述污染物质含量进行了规定。

另外，我国已出台了几个国家标准，对长寿命天然放射性同位素镭-226、钍-232、钾-40的放射性和氡的放射性进行了规定。自然界中任何天然的岩石、砂子、土壤以及各种矿石，无不含有这些天然放射性核素，它们是室内的放射性污染主要来源，对人体危害最大，人类每年所受到的天然放射性照射剂量大约2.5～3mSv，其中氡的内照射危害大约占一半，因此控制氡对人的危害，对于控制天然放射性照射具有很大的意义。

氡主要有4个放射性同位素：氡-222、氡-220、氡-219、氡-218，因为氡-220、氡-219、氡-218三个同位素在自然界中的含量比氡-222少得多(低3个数量级)，所以氡-222对人体的危害最大。

氡对人体的危害主要是氡衰变过程中产生的半衰期比较短的、具有α、β放射性的子体产物：钋-218、铅-214、铋-214、钋-214，这些子体粒子吸附在空气中飘尘上形成气溶胶，被人体吸入后，沉积于体内，它们放射出的 α、β 粒子对人体，尤其是上呼吸道、肺部产生很强的内照射。

放射理论计算和国内外大量实际测试研究结果表明，只要控制了镭-226、钍-232、钾-40 这三种放射性同位素在建筑材料中的比活度，就可以控制放射性同位素对室内环境带来的内、外照射危害。

《民用建筑工程室内环境污染控制规范》GB 50325—2010 根据控制室内环境污染的不同要求，将民用建筑工程划分为以下两类：

Ⅰ类民用建筑工程：住宅、医院、老年建筑、幼儿园、学校教室等民用建筑工程；

Ⅱ类民用建筑工程：办公楼、商店、旅馆、文化娱乐场所、书店、图书馆、展览馆、体育馆、公共交通等候室、餐厅、理发店等民用建筑工程。

国家标准《建筑材料放射性核素限量》GB 6566—2001 对以下几个名词作出了解释：

1. 放射性比活度

某种核素的放射性比活度是指物质中的某种核素放射性活度除以该物质的质量而得的商。

$$C=\frac{A}{m} \tag{12-1}$$

式中 C——放射性比活度，单位为贝可/千克(Bq/kg)；

A——核素放射性活度，单位为贝可(Bq)；

m——物质的质量，单位为千克(kg)。

2. 内照射指数(I_{Ra})：指建筑材料中天然放射性核素镭-226 的放射性比活度，除以规定的限量 200 而得的商

$$I_{Ra}=\frac{C_{Ra}}{200} \tag{12-2}$$

式中 C_{Ra}——建筑材料中天然放射性核素镭-226 的放射性比活度，单位为贝可/千克(Bq/kg)；

200——仅考虑内照射情况下，标准规定的建筑材料中放射性核素镭-226 的放射性比活度限量，单位为贝可/千克(Bq/kg)。

3. 外照射指数(I_{γ})：指建筑材料中天然性放射性核素镭-226、钍-232 和钾-40 的放射性比活度，分别除以其各自单独存在时规定限量而得的商之和。

$$I_{\gamma}=\frac{C_{Ra}}{370}+\frac{C_{Th}}{260}+\frac{C_{k}}{4200} \tag{12-3}$$

式中 C_{Ra}、C_{Th}、C_{k}——分别为建筑材料中天然放射性核素镭-226、钍-232 和钾-40 的放射性比活度，单位为贝可/千克(Bq/kg)；

370、260、4200——分别为仅考虑外照射情况下，放射性核素镭-226、钍-232 和钾-40 各自单独存在时标准规定的限量，单位为贝可/千克(Bq/kg)。

国家标准《民用建筑工程室内环境污染控制规范》GB 50325—2010 对以下几个名词作出了解释：

1. 环境测试舱：模拟室内环境测试建筑材料和装修材料的污染物释放量的设备。

2. 表面氡析出率：单位面积、单位时间土壤或材料表面析出的氡的放射性活度。

3. 氡浓度：单位体积空气中氡的放射性活度。

4. 挥发性有机化合物：在规定的检测条件下，所测得材料中挥发性有机化合物的总量。简称 VOC。

5. 总挥发性有机化合物：在规定的检测条件下，所测得空气中挥发性有机化合物的总量。简称 TVOC。

第二节　建筑材料和装修材料污染物质控制标准

建筑材料和装修材料是在民用建筑工程中造成室内环境污染的重要污染源，为此《民用建筑工程室内环境污染控制规范》GB 50325—2010、《建筑材料放射性核素限量》GB 6566—2001 等标准对建筑材料和装修材料污染物质进行了规定。

一、无机非金属建筑主体材料和装修材料(GB 50325—2010)

1. 民用建筑工程所使用的砂、石、砖、砌块、水泥、混凝土、混凝土预制构件等无机非金属建筑主体材料的放射性指标限量，应符合表 12-1 的规定。

无机非金属建筑主体材料的放射性指标限量　　表 12-1

测定项目	限量
内照射指数 I_{Ra}	≤1.0
外照射指数 I_{γ}	≤1.0

2. 民用建筑工程所使用的无机非金属装修材料，包括石材、建筑卫生陶瓷、石膏板、吊顶材料、无机瓷质砖粘结材料等，进行分类时，其放射性指标限量应符合表 12-2 的规定。

无机非金属装修材料放射性指标限量　　表 12-2

测定项目	限量	
	A	B
内照射指数 I_{Ra}	≤1.0	≤1.3
外照射指数 I_{γ}	≤1.3	≤1.9

3. 民用建筑工程所使用的加气混凝土和空心率(孔洞率)大于 25%的空心砖、空心砌块等建筑主体材料，其放射性限量应符合表 12-3 的规定。

加气混凝土和空心率(孔洞率)大于 25%的建筑主体材料放射性限量　　表 12-3

测定项目	限量
表面氡析出率 [Bq/(m²·s)]	≤0.015
内照射指数 I_{Ra}	≤1.0
外照射指数 I_{γ}	≤1.3

4. 建筑主体材料和装修材料放射性核素的检验方法应符合现行国家标准《建筑材料

放射性核素限量》GB 6566 的有关规定，表面氡析出率的检验方法应符合 GB 50325—2010 附录 A 的规定。

二、人造木板及饰面人造木板(GB 50325—2010)

1. 民用建筑工程室内用人造木板及饰面人造板，必须测定游离甲醛或游离甲醛释放量。

2. 当采用环境测试舱法测定游离甲醛释放量，并依此对人造木板进行分级时，其限量应符合现行国家标准《室内装饰装修材料　人造板及其制品中甲醛释放限量》GB 18580 的规定，见表 12-4。

环境测试舱法测定游离甲醛释放量限量　　表 12-4

级别	限量(mg/m³)
E_1	≤0.12

3. 当采用穿孔法测定游离甲醛含量，并依此对人造木板进行分级时，其限量应符合现行国家标准《室内装饰装修材料　人造板及其制品中甲醛释放限量》GB 18580 的规定。

4. 当采用干燥器法测定游离甲醛释放量，并依此对人造木板进行分级时，其限量应符合现行国家标准《室内装饰装修材料　人造板及其制品中甲醛释放限量》GB 18580 的规定。

5. 饰面人造木板可采用环境测试舱法或干燥器法测定游离甲醛释放量，当发生争议时应以环境测试舱法的测定结果为准胶；胶合板、细木工板宜采用干燥器法测定游离甲醛释放量；刨花板、纤维等宜采用穿孔法测定游离甲醛含量。

6. 环境测试舱法测定游离甲醛释放量，宜按《民用建筑工程室内环境污染控制规范》GB 50325—2010 附录 B 进行。

7. 采用穿孔法及干燥法进行检测时，应符合现行国家标准《室内装饰装修材料　人造板及其制品中甲醛释放限量》GB 18580 的规定。

三、涂料(GB 50325—2010)

1. 民用建筑工程室内用水性涂料和水性腻子，应测定游离甲醛的含量，其限量应符合表 12-5 的规定。

室内用水性涂料和水性腻子中游离甲醛限量　　表 12-5

测定项目	限量	
	水性涂料	水性腻子
游离甲醛(mg/kg)	≤100	

2. 民用建筑工程室内用溶剂型涂料和木器用溶剂型腻子，应按其规定的最大稀释比例混合后，测定 VOC 和苯、甲苯＋二甲苯＋乙苯的含量，其限量应符合表 12-6 的规定。

室内用溶剂型涂料和木器用溶剂型腻子中 VOC、苯、甲苯＋二甲苯＋乙苯的含量　表 12-6

涂料类别	VOC(g/L)	苯(%)	甲苯＋二甲苯＋乙苯(%)
醇酸类涂料	≤500	≤0.3	≤5
硝基类涂料	≤720	≤0.3	≤30
聚氨酯类涂料	≤670	≤0.3	≤30
酚醛防锈漆	≤270	≤0.3	—
其他溶剂型涂料	≤600	≤0.3	≤30
木器用溶剂型腻子	≤550	≤0.3	≤30

3. 聚氨酯漆测定固化剂中游离二异氰酸酯(TDI、HDI)的含量后，应按其规定的最小稀释比例计算聚氨酯漆中游离二异氰酸酯(TDI、HDI)含量，且不应大于 4g/kg。测定方法宜符合现行国家标准《色漆和清漆用漆基异氰酸酯树脂中二异氰酸酯(TDI)单体的测定》GB/T 18446 的有关规定。

4. 水性涂料和水性腻子中游离甲醛含量的测定方法，宜符合现行国家标准《室内装饰装修材料　内墙涂料中有害物质限量》GB 18582 有关的规定。

5. 溶剂型涂料中挥发性有机化合物(VOC)、苯、甲苯＋二甲苯＋乙苯含量测定方法，宜按《民用建筑工程室内环境污染控制规范》GB 50325—2010 附录 C 进行。

四、胶粘剂(GB 50325—2010)

1. 民用建筑工程室内用水性胶粘剂，应测定挥发性有机化合物(VOC)和游离甲醛的含量，其限量应符合表 12-7 的规定。

室内用水性胶粘剂中 VOC 和游离甲醛限量　表 12-7

测定项目	限量			
	聚乙酸乙烯酯胶粘剂	橡胶类胶粘剂	聚氨酯类胶粘剂	其他胶粘剂
挥发性有机化合物(VOC)(g/L)	≤110	≤250	≤100	≤350
游离甲醛(g/kg)	≤1.0	≤1.0	—	≤1.0

2. 民用建筑工程室内用溶剂型胶粘剂，应测定挥发性有机化合物(VOC)、苯、甲苯＋二甲苯的含量，其限量应符合表 12-8 的规定。

室内用溶剂型胶粘剂中 VOC、苯、甲苯＋二甲苯限量　表 12-8

测定项目	限量			
	氯丁橡胶胶粘剂	SBS 胶粘剂	聚氨酯类胶粘剂	其他胶粘剂
苯(g/kg)	≤5.0			
甲苯＋二甲苯(g/kg)	≤200	≤150	≤150	≤150
挥发性有机物(g/L)	≤700	≤650	≤700	≤700

3. 聚氨酯胶粘剂应测定游离甲苯二异氰酸酯(TDI)的含量，按产品推荐的最小稀释量计算出聚氨酯漆中游离甲苯二异氰酸酯(TDI)含量，且不应大于 4g/kg。测定方法宜符合现行国家标准《室内装饰装修材料　胶粘剂中有害物质限量》GB 18583—2008 附录 D 的规定。

4. 水性缩甲醛胶粘剂中游离甲醛、挥发性有机化合物(VOC)含量的测定方法，宜符合现行国家标准《室内装饰装修材料　胶粘剂中有害物质限量》GB 18583—2008 附录 A 和附录 F 的规定。

5. 溶剂型胶粘剂中挥发性有机化合物(VOC)、苯、甲苯+二甲苯含量测定方法，宜符合《民用建筑工程室内环境污染控制规范》GB 50325—2010 附录 C 的规定。

五、水性处理剂(GB 50325—2010)

1. 民用建筑工程室内用水性阻燃剂(包括防火涂料)、防水剂、防腐剂等水性处理剂，应测定游离甲醛的含量，其限量应符合表 12-9 的规定。

室内用水性处理剂中游离甲醛限量　　**表 12-9**

测定项目	限量
游离甲醛(mg/kg)	≤100

2. 水性处理剂中游离甲醛含量的测定方法，宜按现行国家标准《室内装饰装修材料　内墙涂料中有害物质限量》GB 18582 的方法进行。

六、其他材料(GB 50325—2010)

1. 民用建筑工程中所使用的能释放氨的阻燃剂、混凝土外加剂，氨的释放量不应大于 0.10%，测定方法应符合现行国家标准《混凝土外加剂中释放氨的限量》GB 18588 的有关规定。

2. 能释放甲醛的混凝土外加剂，其游离甲醛含量不应大于 500mg/kg，测定方法应符合现行国家标准《室内装饰装修材料　内墙涂料中有害物质限量》GB 18582 的方法进行。

3. 民用建筑工程中使用的粘合木结构材料，游离甲醛释放量不应大于 0.12mg/m³，其测定方法应符合 GB 50325—2010 附录 B 的规定。

4. 民用建筑工程室内装修时，所使用的壁布、帷幕等游离甲醛释放量不应大于 0.12mg/m³，其测定方法应符合《民用建筑工程室内环境污染控制规范》GB 50325—2010 附录 B 的规定。

5. 民用建筑工程室内用壁纸中甲醛含量不应大于 120mg/kg，测定方法应符合现行国家标准《室内装饰装修材料　壁纸中有害物质限量》GB 18585 的有关规定。

6. 民用建筑工程室内用聚氯乙烯卷材地板中挥发物含量测定方法应符合不应大于 500mg/kg，测定方法应符合现行国家标准《室内装饰装修材料　聚氯乙烯卷材地板中有害物质限量》GB 18586 的规定，其限量应符合表 12-10 的有关规定。

聚氯乙烯卷材地板中挥发物限量　　**表 12-10**

名称		限量(g/m²)
发泡类卷材地板	玻璃纤维基材	≤75
	其他基材	≤35
非发泡类卷材地板	玻璃纤维基材	≤40
	其他基材	≤10

7. 民用建筑工程室内用地毯、地毯衬垫中总挥发性有机化合物和游离甲醛的释放量测定方法应符合《民用建筑工程室内环境污染控制规范》GB 50325—2010 附录B的规定，其限量应符合表12-11的有关规定。

地毯、地毯衬垫中有害物质释放限量 **表 12-11**

名称	有害物质项目	限量($mg/m^2 \cdot h$)	
		A级	B级
地毯	总挥发性有机化合物	≤0.500	≤0.600
	游离甲醛	≤0.050	≤0.050
地毯衬垫	总挥发性有机化合物	≤1.000	≤1.200
	游离甲醛	≤0.050	≤0.050

七、建筑材料放射性核素限量要求(GB 6566—2001)

1. 建筑主体材料

当建筑主体材料中天然放射性核素镭-226、钍-232和钾-40的放射性比活度同时满足 $I_{Ra} \leqslant 1.0$ 和 $I_{\gamma} \leqslant 1.0$ 时，其产销与使用范围不受限制。

对于空心率大于25%的建筑主体材料，其天然放射性核素镭-226、钍-232和钾-40的放射性比活度同时满足 $I_{Ra} \leqslant 1.0$ 和 $I_{\gamma} \leqslant 1.3$ 时，其产销与使用范围不受限制。

2. 装修材料

根据装修材料放射性水平大小划分为以下三类：

(1) A类装修材料

装修材料中天然放射性核素镭-226、钍-232和钾-40的放射性比活度同时满足 $I_{Ra} \leqslant 1.0$ 和 $I_{\gamma} \leqslant 1.3$ 要求的为A类装修材料。A类装修材料产销与使用范围不受限制。

(2) B类装修材料

不满足A类装修材料要求但同时 $I_{Ra} \leqslant 1.3$ 和 $I_{\gamma} \leqslant 1.9$ 要求的为B类装修材料。B类装修材料不可用于Ⅰ类民用建筑的内饰面，但可用于Ⅰ类民用建筑的外饰面及其他一切建筑物的内、外饰面。

(3) C类装修材料

不满足A、B类装修材料要求但满足 $I_{\gamma} \leqslant 2.8$ 要求的为C类装修材料。C类装修材料只可用于建筑物的外饰面及室外其他用途。

(4) $I_{\gamma} > 2.8$ 的花岗石只可用于碑石、海堤、桥墩等人类很少涉及的地方。

第三节 民用建筑工程室内环境污染控制监理

民用建筑工程室内环境污染控制对象包括土壤、非金属建筑材料及装修材料，监理工程师可通过对工程勘察设计、工程施工和验收三个阶段实施监督管理，来完成对控制对象的控制。

一、土壤污染控制

“国家氡监测与防治领导小组”的调查和国内外进行的住宅内氡浓度水平调查结果表

明，室内氡主要来源于地下土壤、岩石和建筑材料，特别是在有地质构造断层的区域。据调查，不同地方的地表土壤氡水平相差悬殊，就同一个城市而言，在有地下地质构造断层的区域，其地表土壤氡水平往往比非地质构造断层的区域高出几倍。

新建、扩建的民用建筑工程设计前，应进行建筑工程所在城市区域土壤中氡浓度或土壤表面氡析出率调查，并提交相应的调查报告。未进行过区域土壤中氡浓度或土壤表面析出率测定的，应进行建筑场地土壤中氡浓度或土壤氡析出率测定，并提供相应的检验报告。

新建、扩建的民用建筑工程的工程地质勘察资料，应包括工程所在城市区域土壤氡浓度或土壤表面氡析出率测定历史资料，及土壤氡浓度或土壤表面氡析出率平均值数据。

已进行过土壤中氡浓度或土壤表面氡析出率区域性测定的民用建筑工程，当土壤氡浓度测定结果平均值不大于 10000Bq/m^3 或土壤表面氡析出率测定结果平均值不大于 0.02Bq/(m^2·s)，且工程场地所在地点不存在地质断裂构造时，可不再进行土壤氡浓度测定；其他情况均应进行工程场地土壤氡浓度或土壤表面氡析出率测定。

当民用建筑工程场地土壤氡浓度不大于 20000Bq/m^3 或土壤表面氡析出率不大于 0.05Bq/(m^2·s)，可不采取防氡工程措施。

当民用建筑工程场地土壤氡浓度测定结果大于 20000Bq/m^3，且小于 30000Bq/m^3，或土壤表面氡析出率大于 0.05Bq/(m^2·s)且小于 0.1Bq/(m^2·s)时，应采取建筑底层地面抗开裂措施。

当民用建筑工程场地土壤氡浓度测定结果大于或等于 30000Bq/m^3，且小于 50000Bq/m^3，或土壤表面氡析出率大于或等于 0.1Bq/(m^2·s)且小于 0.3Bq/(m^2·s)时，除应采取建筑底层地面抗开裂措施外，还必须按现行国家标准《地下工程防水技术规程》GB 50108 中的一级防水要求，对基础进行处理。

当民用建筑工程场地土壤氡浓度大于或等于 50000Bq/m^3，或土壤表面氡析出率大于或等于 0.3Bq/(m^2·s)时，应采取建筑物综合防氡措施。

当Ⅰ类民用建筑工程场地土壤中氡浓度大于或等于 50000Bq/m^3，或土壤表面氡析出率大于或等于 0.3Bq/(m^2·s)时，应进行工程场地镭-226、钍-232、钾-40 的比活度测定。当内照射指数(I_{Ra})大于 1.0 或外照射指数(I_γ)大于 1.3 时，工程地点土壤不得作为工程回填土使用。

二、非金属建筑材料和装修材料污染控制

（一）设计阶段选材要求

民用建筑工程室内不得使用国家禁止使用、限制使用的建筑材料。

Ⅰ类民用建筑工程内装修采用的无机非金属建筑材料必须为 A 类。

Ⅱ类民用建筑工程宜采用 A 类无机非金属装修材料；当 A 类和 B 类无机非金属装修材料混合使用时，应按下式计算，确定每种材料的使用量：

$$\Sigma f_i \cdot I_{Rai} \leqslant 1.0 \tag{12-4}$$

$$\Sigma f_i \cdot I_{\gamma i} \leqslant 1.3 \tag{12-5}$$

式中 f_i——第 i 种材料在材料总用量中所占的质量百分比(%)；

I_{Rai}——第 i 种材料的内照射指数；

$I_{\gamma i}$——第 i 种材料的外照射指数。

Ⅰ类民用建筑工程的室内装修，采用的人造木板及饰面人造木板必须采用 E_1 级要求。

Ⅱ类民用建筑工程的室内装修时，采用的人造木板及饰面人造木板宜达到 E_1 级要求；当采用 E_2 级人造木板时，直接暴露于空气的部位应进行表面涂覆密封处理。

民用建筑工程的室内装修时，所采用的涂料、胶粘剂、水性处理剂，其苯、甲苯、游离甲醛、游离甲苯二异氰酸酯(TDI)、挥发性有机化合物(VOC)的含量，应符合《民用建筑工程室内环境污染控制规范》GB 50325—2010 的规定。

民用建筑工程的室内装修时，不应采用聚乙烯醇水玻璃内墙涂料、聚乙烯醇缩甲醛内墙涂料和树脂以硝化纤维素为主、溶剂以二甲苯为主的水包油型(O/W)多彩内墙涂料。

民用建筑工程的室内装修时，不应采用聚乙烯醇缩甲醛胶粘剂。

民用建筑工程室内装修中所使用的木地板及其他木质材料，严禁采用沥青、煤焦油类防腐、防潮处理剂。

Ⅰ类民用建筑工程室内装修粘贴塑料地板时，不应采用溶剂型胶粘剂。

Ⅱ类民用建筑工程中地下室及不与室外直接通风的房间粘贴塑料地板时，不宜采用溶剂型胶粘剂。

民用建筑工程中，不应在室内采用脲醛树脂泡沫塑料作为保温、隔热和吸声材料。

（二）施工阶段控制方法

建设、施工单位应按设计要求及《民用建筑工程室内环境污染控制规范》GB 50325—2010 的有关规定，对所用建筑材料和装修材料进行进场抽查复验。

当建筑材料和装修材料进场检验，发现不符合设计要求及《民用建筑工程室内环境污染控制规范》GB 50325—2010 的有关规定时，严禁使用。

民用建筑工程中所采用的无机非金属建筑材料和装修材料必须有放射性指标检测报告，并应符合设计要求和《民用建筑工程室内环境污染控制规范》GB 50325—2010 的有关规定。

民用建筑工程室内饰面采用的天然花岗石石材或瓷质砖使用面积大于 $200m^2$ 时，应对不同产品、不同批次材料分别进行放射性指标的抽查复验。

民用建筑工程室内装修中所采用的人造木板及饰面人造木板，必须有游离甲醛含量或游离甲醛释放量检测报告，并应符合设计要求和《民用建筑工程室内环境污染控制规范》GB 50325—2010 的有关规定。

民用建筑工程室内装修中所采用的人造木板及饰面人造木板面积大于 $500m^2$ 时，应对不同产品、不同批次材料游离甲醛含量或游离甲醛释放量分别进行放射性指标的抽查复验。

民用建筑工程室内装修中所采用的水性涂料、水性胶粘剂、水性处理剂必须有同批次产品的挥发性有机化合物(VOC)和游离甲醛含量检测报告；溶剂型涂料、溶剂型胶粘剂必须有同批次产品的发挥性有机化合物(VOC)、苯、甲苯十二甲苯、游离甲苯二异氰酸酯(TDI)含量检测报告，并应符合设计要求和《民用建筑工程室内环境污染控制规范》GB 50325—2010 的有关规定。

建筑材料和装修材料的检测项目不全或对检测结果有疑问时，必须将材料送有资格的检测机构进行检验，检验合格后方可使用。

施工时，采取防氡设计措施的民用建筑工程，其地下工程的变形缝、施工缝、穿墙管(盒)、埋设件、预留孔洞等特殊部位的施工工艺，应符合现行国家标准《地下工程防水技术规程》GB 50108 的有关规定。

Ⅰ类民用建筑工程当采用异地土作为回填土时，该回填土应进行镭-226、钍-232、钾-40 的比活度测定。当内照射指数(I_{Ra})不大于 1.0 或外照射指数(I_{γ})不大于 1.3 时，方可使用。

民用建筑工程室内装修时，严禁使用苯、工业苯、石油苯、重质苯及混苯作为稀释剂和溶剂。

民用建筑工程室内装修施工时，不应使用苯、甲苯、二甲苯和汽油进行除油和清除旧油漆作业。

涂料、胶粘剂、水性处理剂、稀释剂和溶剂等使用后，应及时封闭存放，废料应及时清出。

民用建筑工程室内严禁使用有机溶剂清洗施工用具。

采暖地区的民用建筑工程，室内装修施工不宜在采暖期内进行。

民用建筑工程室内装修中，进行饰面人造木板拼接施工时，除芯板为 A 类外，应对其断面及饰面部位进行密封处理。

壁纸(布)、地毯、装饰板、吊顶等施工时，应注意防潮，避免覆盖局部潮湿区域。空调冷凝水导排应符合现行国家标准《采暖通风与空气调节设计规范》GB 50019 的有关规定。

（三）验收阶段控制

1. 民用建筑工程及其室内装修工程验收时，应检查下列资料：

(1) 工程地质勘察报告、工程地点土壤中氡浓度或氡析出率检验报告、工程地点土壤天然放射性核素镭-226、钍-232、钾-40 含量检验报告；

(2) 涉及室内新风量的设计、施工文件，以及新风量的检测报告；

(3) 涉及室内环境污染控制的施工图设计文件及工程设计变更文件；

(4) 建筑材料和装修材料的污染物检测报告、材料进场检验记录、复验报告；

(5) 与室内环境污染控制有关的隐蔽工程验收记录、施工记录；

(6) 样板间室内环境污染物浓度检验报告(不做样板间的除外)。

2. 民用建筑工程所用建筑材料和装修材料的类别、数量和施工工艺等，应符合设计要求和《民用建筑工程室内环境污染控制规范》GB 50325—2010 的有关规定。

3. 民用建筑工程验收时，必须进行室内环境污染物浓度检测，其限量应符合表 12-12 的规定。

民用建筑工程室内环境污染物浓度限量 **表 12-12**

污染物	Ⅰ类民用建筑工程	Ⅱ类民用建筑工程
氡(Bq/m³)	≤200	≤400
甲醛(mg/m³)	≤0.08	≤0.1
苯(mg/m³)	≤0.09	≤0.09
氨(mg/m³)	≤0.2	≤0.2
TVOC(mg/m³)	≤0.5	≤0.6

注：表中污染物浓度测量值，除氡外均指室内测量值扣除同步测定的室外上风向空气测量值(本底值)后的测量值。

4. 民用建筑工程验收时，采用集中中央空调的工程，应进行室内新风量的检测结果应符合设计要求和现行国家标准《公共建筑节能设计标准》GB 50189 的有关规定。

5. 民用建筑工程验收时，应抽检每个建筑单体有代表性房间室内环境污染物浓度，氡、甲醛、氨、苯、TVOC的抽检量不得少于房间总数的5%，每个建筑单体不得少于3间，当房间总数少于3间时，应全数检测。

6. 民用建筑工程验收时，凡进行了样板间室内环境污染物浓度检测且检测结果合格的，抽检量减半，并不得少于3间。

7. 民用建筑工程验收时，室内环境污染物浓度检测点数应按表12-13设置。

室内环境污染物浓度检测点数设置　　表12-13

房间使用面积(m^2)	检测点数(个)
<50	1
≥50，<100	2
≥100，<500	不少于3
≥500，<1000	不少于5
≥1000，<3000	不少于6
≥3000	每1000m^2不少于3

8. 当房间内有2个及以上检测点时，应采用对角线、斜线、梅花状均衡布点，并取各点检测结果的平均值作为该房间的检测值。

9. 民用建筑工程验收时，环境污染物浓度现场检测点应距内墙面不小于0.5m、距楼地面高度0.8～1.5m。检测点应均匀分布，避开通风道和通风口。

10. 民用建筑工程室内环境中甲醛、苯、氨、总挥发性有机化合物(TVOC)浓度检测时，对采用集中空调的民用建筑工程，应在空调正常运转的条件下进行；对采用自然通风的民用建筑工程，检测时应在对外门窗关闭1h后进行。对甲醛、苯、氨、TVOC取样检测时，装饰装修工程中完成的固定式家具，应保持正常使用状态。

11. 民用建筑工程室内环境中氡浓度检测时，对采用集中空调的民用建筑工程，应在空调正常运转的条件下进行；对采用自然通风的民用建筑工程，检测时应在对外门窗关闭24h以后进行。

12. 当室内环境污染物浓度的全部检测结果符合表12-13的规定时，应判定该工程室内环境质量合格。

13. 当室内环境污染物浓度检测结果不符合《民用建筑工程室内环境污染控制规范》GB 50325—2010的规定时，应查找原因并采取措施进行处理。采取措施进行处理后的工程，可对不合格项进行再次检测。再次检测时，抽检量应增加1倍，并应包含同类型房间及原不合格房间。再次检测结果全部符合《民用建筑工程室内环境污染控制规范》GB 50325—2010规定时，应判定为室内环境质量合格。

14. 室内环境质量验收不合格的民用建筑工程，严禁投入使用。

三、试验方法

按《民用建筑工程室内环境污染控制规范》GB 50325—2001、《公共建筑节能设计标准》GB 50189、《公共场所空气中甲醛测定方法》GB/T 18204.26、《公共场所空气中氨测定方法》GB/T 18204.25等进行。

主 要 参 考 文 献

[1] 柯国军. 土木工程材料(第二版). 北京：北京大学出版社，2012

[2] 符芳. 建筑材料(第二版). 南京：东南大学出版社，2001

[3] 陈志源等. 土木工程材料. 武汉：武汉工业大学出版社，2000

[4] 陈宝璠. 建筑装修材料. 北京：中国建材工业出版社，2009

[5] 陈家珑. 建设监理材料施工试验与质量控制问答. 北京：中国机械工业出版社，1997

[6] 龚洛书，刘巽伯. 轻骨料混凝土应用技术. 中国建筑科学研究院科技资料交流部出版，1991

[7] 张冠伦等. 混凝土外加剂原理与应用. 北京：中国建筑工业出版社，1996

[8] 沈旦申. 粉煤灰混凝土. 北京：中国铁道出版社，1989

[9] 国家标准. 天然大理石建筑板材 GB/T 19766—2005. 北京：中国标准出版社，2005

[10] 国家标准. 天然花岗石建筑板材 GB/T 18601—2009. 北京：中国标准出版社，2009

[11] 国家标准. 砌体结构设计规范 GB 50003—2011. 北京：中国建筑工业出版社，2012

[12] 国家标准. 砌体工程施工质量验收规范 GB 50203—2002. 北京：中国建筑工业出版社，2002

[13] 行业标准. 建筑生石灰 JC/T 479—1992. 北京：中国标准出版社，1992

[14] 国家标准. 建筑石膏 GB/T 9776—2008. 北京：中国标准出版社，2008

[15] 国家标准. 通用硅酸盐水泥 GB 175—2007. 北京：中国标准出版社，2007

[16] 国家标准. 铝酸盐水泥 GB 201—2000. 北京：中国标准出版社，2000

[17] 国家标准. 建设用砂 GB/T 14684—2011. 北京：中国标准出版社，2011

[18] 国家标准. 建设用卵石、碎石 GB/T 14685—2011. 北京：中国标准出版社，2011

[19] 行业标准. 普通混凝土用砂、石质量及检验方法标准 JGJ 52—2006. 北京：中国建筑工业出版社，2006

[20] 行业标准. 混凝土用水标准 JGJ 63—2006. 北京：中国建筑工业出版社，2006

[21] 国家标准. 用于水泥和混凝土中的粉煤灰 GB/T 1596—2005. 北京：中国标准出版社，2005

[22] 国家标准. 用于水泥和混凝土中的粒化高炉矿渣粉 GB/T 18046—2008. 北京：中国标准出版社，2008

[23] 国家标准. 混凝土外加剂 GB/T 8076—2008. 北京：中国标准出版社，2008

[24] 国家标准. 混凝土外加剂应用技术规范 GB 50119—2003. 北京：中国建筑工业出版社，2003

[25] 国家标准. 普通混凝土力学性能试验方法标准 GB/T 50081—2002. 北京：中国建筑工业出版社，2003

[26] 行业标准. 普通混凝土配合比设计规程 JGJ 55—2011. 北京：中国建筑工业出版社，2011

[27] 国家标准. 混凝土结构工程施工质量验收规范 GB 50204—2002. 北京：中国建筑工业出版社，2002

[28] 国家标准. 普通混凝土长期性能和耐久性能试验方法标准 GB/T 50082—2009. 北京：中国建筑工业出版社，2009

[29] 行业标准. 混凝土耐久性检验评定标准 JGJ/T 193—2009. 北京：中国建筑工业出版社，2009

[30] 国家标准. 混凝土强度检验评定标准 GB/T 50107—2010. 北京：中国建筑工业出版社，2010

[31] 行业标准. 轻骨料混凝土技术规定 JGJ 51—2002. 北京：中国建筑工业出版社，2002
[32] 国家标准. 轻集料及其试验方法 GB/T17431.1—2010. 北京：中国标准出版社，2010
[33] 国家标准. 粉煤灰混凝土应用技术规程 GBJ 146—1990. 北京：中国建筑工业出版社，1990
[34] 行业标准. 粉煤灰在混凝土和砂浆中应用技术规程 JGJ 28—1986. 北京：中国建筑工业出版社，1986
[35] 国家标准. 粉煤灰混凝土应用技术规程 GBJ 146—1990. 北京：中国建筑工业出版社，1990
[36] 行业标准. 砌筑砂浆配合比设计规程 JGJ/T 98—2010. 北京：中国建筑工业出版社，2010
[37] 行业标准. 抹灰砂浆技术规程 JGJ/T 220—2010. 北京：中国建筑工业出版社，2010
[38] 行业标准. 建筑砂浆基本性能试验方法 JGJ/T 70—2009. 北京：中国建筑工业出版社，2009
[38] 国家标准. 金属材料 室温拉伸试验方法 GB/T 228—2002. 北京：中国标准出版社，2002
[39] 国家标准. 碳素结构钢 GB/T 700—2006. 北京：中国标准出版社，2006
[40] 国家标准. 低合金高强度结构钢 GB/T 1591—2008. 北京：中国标准出版社，2008
[41] 国家标准. 热轧型钢 GB/T 706—2008. 北京：中国标准出版社，2008
[42] 国家标准. 钢筋混凝土用钢 第1部分 热轧光圆钢筋 GB 1499.1—2008. 北京：中国标准出版社，2008
[43] 国家标准. 钢筋混凝土用钢 第2部分 热轧带肋钢筋 GB 1499.2—2007. 北京：中国标准出版社，2007
[44] 国家标准. 冷轧带肋钢筋 GB 13788—2008. 北京：中国标准出版社，2008
[45] 国家标准. 预应力混凝土用钢棒 GB/T 5223.3—2005. 北京：中国标准出版社，2005
[46] 行业标准. 钢筋焊接及验收规程 JGJ 18 —2003. 北京：中国建筑工业出版社，2003
[47] 行业标准. 建筑钢结构焊接规程 JGJ 81—2002. 北京：中国建筑工业出版社，2002
[48] 国家标准. 烧结普通砖 GB 5101—2003. 北京：中国标准出版社，2003
[49] 国家标准. 砌墙砖试验方法 GB/T 2542—2003. 北京：中国标准出版社，2003
[50] 国家标准. 烧结空心砖和空心砌块 GB 13545—2003. 北京：中国标准出版社，2003
[51] 国家标准. 建筑石油沥青 GB/T 494—2010. 北京：中国标准出版社，2010
[52] 国家标准. 弹性体改性沥青防水卷材 GB 18242—2008. 北京：中国标准出版社，2008
[53] 国家标准. 塑性体改性沥青防水卷材 GB 18243—2008. 北京：中国标准出版社，2008
[54] 国家标准. 屋面工程质量验收规范 GB 50207—2012. 北京：中国建筑工业出版社，2012
[55] 国家标准. 地下防水工程质量验收规范 GB 50208—2011. 北京：中国建筑工业出版社，2011
[56] 国家标准. 陶瓷砖 GB/T 4100—2006. 北京：中国标准出版社，2006
[57] 国家标准. 建筑装饰装修工程质量验收规范 GB 50210—2001. 北京：中国建筑工业出版社，2001
[58] 国家标准. 民用建筑工程室内环境污染控制规范 GB 50325—2010. 北京：中国计划出版社，2010
[59] 国家标准. 建筑材料放射性核素限量 GB 6566—2001. 北京：中国标准出版社，2001